电路理论及应用

主　编　胡福年　黄　艳
副主编　闫俊荣　王晓燕

北京理工大学出版社
BEIJING INSTITUTE OF TECHNOLOGY PRESS

内容简介

本教材由电路的基本概念、电路的基本分析方法、电路定理、正弦稳态电路分析、三相电路、多频信号电路与谐振、耦合电感、理想变压器和二端口网络、动态电路的时域分析、线性动态电路的频域分析和线性电路网络的拓扑分析组成。

本教材在保持完整的电路理论体系的同时，将理论与工程应用、计算机仿真相结合，以增强其实用性。

本教材可作为电气类、电子信息类、自动化类、仪器类专业“电路”课程的教材，也可作为相关课程或全国硕士研究生统一招生考试的参考书。

图书在版编目（CIP）数据

电路理论及应用 / 胡福年，黄艳主编. —北京：北京理工大学出版社，2020. 8
ISBN 978 - 7 - 5682 - 8895 - 8

Ⅰ. ①电…　Ⅱ. ①胡…　②黄…　Ⅲ. ①电路理论 - 高等学校 - 教材　Ⅳ. ①TM13

中国版本图书馆 CIP 数据核字（2020）第 146552 号

出版发行 / 北京理工大学出版社有限责任公司
社　　址 / 北京市海淀区中关村南大街 5 号
邮　　编 / 100081
电　　话 / （010）68914775（总编室）
（010）82562903（教材售后服务热线）
（010）68948351（其他图书服务热线）
网　　址 / http：//www. bitpress. com. cn
经　　销 / 全国各地新华书店
印　　刷 / 唐山富达印务有限公司
开　　本 / 787 毫米 × 1092 毫米　1/16
印　　张 / 23. 5　　　责任编辑 / 江　立
字　　数 / 552 千字　　　文案编辑 / 赵　轩
版　　次 / 2020 年 8 月第 1 版　2020 年 8 月第 1 次印刷　　　责任校对 / 刘亚男
定　　价 / 59. 80 元　　　责任印制 / 李志强

图书出现印装质量问题，请拨打售后服务热线，本社负责调换

前　言

“电路分析”课程为电气类与电子信息类专业的技术基础课，是所有强电专业和弱电专业的必修课。它既是电气类与电子信息类专业课程体系中数学、物理学等科学基础课的后续课程，又是电气类与电子信息类专业的后续课程的基础。在电气类与电子信息类专业的人才培养方案和课程体系中起着承前启后的重要作用。

本教材由10章内容组成：电路的基本概念、电路基本分析方法、电路定理、正弦稳态电路分析、三相电路、多频信号分析与谐振、耦合电感、理想变压器和二端口网络、动态电路的时域分析、线性动态电路的频域分析、线性电路网络的拓扑分析。

“电路分析”课程的目标：通过本课程的学习，学生能够掌握电路的基本理论、分析电路的基本方法和实验的初步技能，并为后续课程准备必要的电路知识。

本教材具有以下特点。

（1）以电路理论知识和分析方法为基础，介绍了电路定理、定律和分析方法，并进行了归纳总结，强调了分析和解决问题时的注意事项。

（2）在理论分析过程中注重与工程实践相结合，依据各章节内容特点设置软件仿真分析和工程案例引入。

（3）根据题目难度分层次安排课后习题。

在本教材的编写上，胡福年教授负责统筹安排、审稿以及工程案例的编写，黄艳老师负责第1章、第2章、第3章、第6章、第7章的编写，闫俊荣老师负责第8章、第9章以及第10章的编写，王晓燕老师负责第4章和第5章的编写。

CONTENTS 目录

第1章 电路的基本概念

章节引入

在日常生活中，人们会遇到或用到各种各样的电子产品和电器设备，它们的内部结构，都是由一些电路元器件连接而成的实际电路（见二维码1-1）。另外，我们在电器的铭牌上也会见到一些参数，如额定电压、额定电流、额定功率等（见二维码1-2）。那么，这些电压、电流如何产生的？如何分析电路中的电压与电流呢？这些电路的基本概念就是本章介绍的内容。

二维码1-1
实际电路

二维码1-2
电器铭牌

本章内容提要

本章主要介绍电路及其物理量、基尔霍夫定律、电路元件、电源元件、复杂电路的等效变换以及输入电阻。本章的最后对电气安全知识及电桥的应用进行了介绍，并利用Multisim软件对基尔霍夫定律进行了仿真分析。本章内容是本课程的基础，后续章节都是在这些基本概念和基本定律的基础上展开的。

工程意义

本章所介绍的电压、电流、功率等参数，可以用来检查系统、设备是否正常运行或出现故障，是选择设备的重要性能指标。

1.1 电路及其物理量

电在日常生活、工农业生产和国防科技等行业应用非常广泛，如电视机、计算机、通信系统以及电力系统等。

1.1.1 实际电路及其电路模型

实际电路是指为了实现某种功能，由电路元器件（如电阻器、电容器、电感线圈、变压器、晶体管等）按照一定的方式相互连接构成的电流通路。实际电路的种类繁多，如自动控制系统、通信系统、电力系统和集成电路芯片等。不同的实际电路几何尺寸也相差很多，如电力系统或通信系统可能跨省跨国，而集成电路芯片小的如同指甲。这些电路的特性和功能也各不相同。总体来说，电路的作用有两种：一种是实现电能的传输、分配与转换，如电力系统；另一种是实现信号的处理、测量、控制和计算等功能，如控制系统、信号处理系统等。

在电路分析中，为了方便对实际电气装置的分析和研究，通常需要在一定条件下对实际电路采用模型化处理，即用抽象的理想电路元件及其组合近似地代替实际的器件，从而构成与实际电路相对应的电路模型。理想电路元件是指根据实际电路元件所具备的电磁性质所假想的具有某种单一电磁性质的元件，其电压、电流关系可用数学公式严格表示。理想的电路元件有电阻元件、电容元件、电感元件和电源元件。电阻元件是一种只消耗电能的元件，电感元件是一种能够产生磁场并储存磁场能量的元件，电容元件是一种能够产生电场并储存电场能量的元件，电源元件是一种能够将其他形式的能量转变成电能的元件。

电路模型只是近似地描述实际电路的电气特性。根据实际电路的不同工作条件以及对模型精确度的不同要求，应当用不同的电路模型模拟同一实际电路，这个过程称为电路的建模。实际电路由电源（信号源）、负载和中间环节构成。其中，电源（信号源）用来提供能量或信息，电源（信号源）的电压或电流称为激励（输入），它推动电路工作。由激励所产生的电压和电流称为响应（输出）。负载是指能够将电能转化为其他形式的能量，或者对信号进行处理的用电设备。中间环节将电源（信号源）与负载连接成通路。实际电路及其模型如图 1-1 所示，从（a）到（b）为建模的过程。

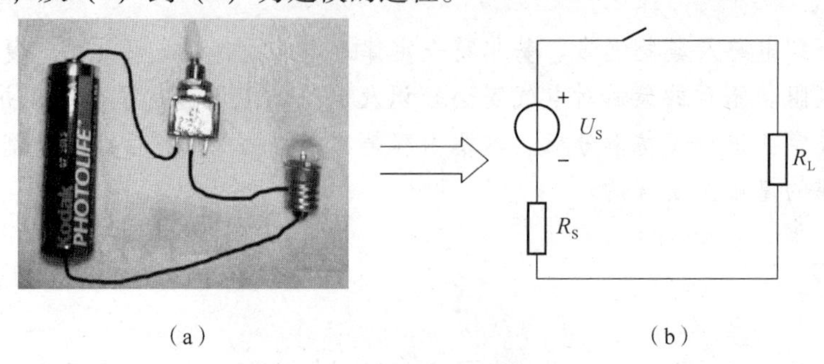

（a）　　（b）

图 1-1　实际电路及其模型

（a）实际电路；（b）电路模型

根据实际电路的几何尺寸 d 与其工作信号波长 λ 的关系，可以将电路分为两大类：集总参数电路和分布参数电路。满足 $d \ll \lambda$ 条件的电路称为集总参数电路；不满足 $d \ll \lambda$ 条件的电路称为分布参数电路。例如，电磁波的传播速度 $v=3\times10^5$ km/s，我国电力系统的用电频率是 50 Hz，则其对应的波长 $\lambda=\frac{v}{f}=6\ 000$ km，一般电路的尺寸远远小于波长，可以视为集总参数电路，但电力系统的远距离传输电路，则需要利用分布参数电路进行建模。

本书主要讨论集总参数电路，简称电路。集总参数电路是电路基本定律（基尔霍夫定律）应用的前提。

1.1.2 电路的基本物理量

电路理论及应用中涉及的物理量主要有电流 $i(t)$、电压 $u(t)$、电荷 q、磁通 Φ、电功率 $p(t)$ 和电磁能量 $W(t)$ 等。在电路分析中，人们主要关心的物理量是电流，电压、电位、电动势、电功率和电能。

1. 电流

电荷的定向移动形成电流。电流既是一种物理现象，也是一个表征带电粒子有秩序运动强弱的物理量。电流既有大小又有方向，我们把单位时间内通过导体横截面的电荷量定义为电流强度，用来衡量电流的大小。电流强度简称电流，用符号 i 表示，其表达式为

$$i=\frac{\mathrm{d}q}{\mathrm{d}t} \tag{1-1}$$

式（1-1）中，如果电荷的单位是库仑（C），时间的单位是秒（s），则电流的国际单位（SI）是安培（A），简称安。另外，电流的单位还有千安（kA）、毫安（mA）、微安（μA）等。它们之间的换算关系为 $1\ \mathrm{kA}=10^3\mathrm{A}$，$1\ \mathrm{A}=10^3\ \mathrm{mA}$，$1\ \mathrm{mA}=10^3\mu\mathrm{A}$。

如果电流的大小和方向都不随时间变化，则称为直流电流，用大写字母 I 表示；如果电流的大小和方向随时间变化，则称为时变电流，用小写字母 i 表示；如果时变电流的大小和方向作周期性变化且平均值为零，则称为交流电流。常用的交流电为正弦交流电，将会在后续章节中介绍。

电流具有三大效应：热效应、磁效应和化学效应。热效应是指电流通过导体时会发热；磁效应是指通过导体的电流在其周围会产生磁场；化学效应是指电流中的带电粒子会使物质发生化学反应。

规定正电荷移动的方向为电流的实际方向。因此，元件（导线）中电流流动的实际方向只能是从 A 流向 B 或者从 B 流向 A，如图 1-2 所示。

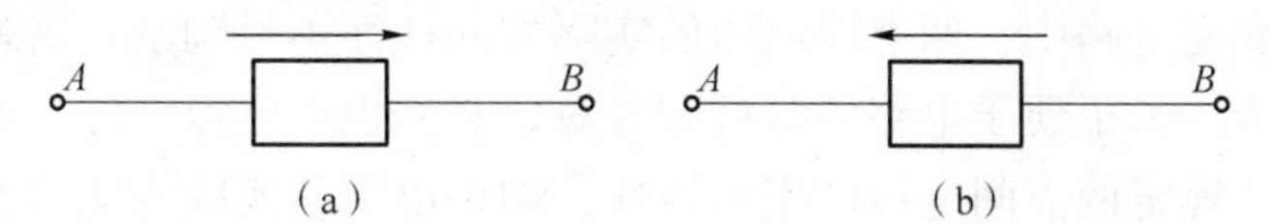

图 1-2 电流的实际流向

(a) A 流向 B；(b) B 流向 A

简单电路电流的实际方向可以由电源的极性判断出来，但对于复杂电路，特别是时变电流的实际方向又随时间不断变化，很难判断出电流的实际方向。因此，引入电流的参考方向，即在分析电路之前任意规定一个方向作为电流的参考方向，标在电路图上，参考方向可以任意设定。

电流的参考方向有两种表示方法，分别是箭头和双下标，如图 1－3 所示。通常使用电流表测量电流，电流的分类和使用见二维码 1－3。

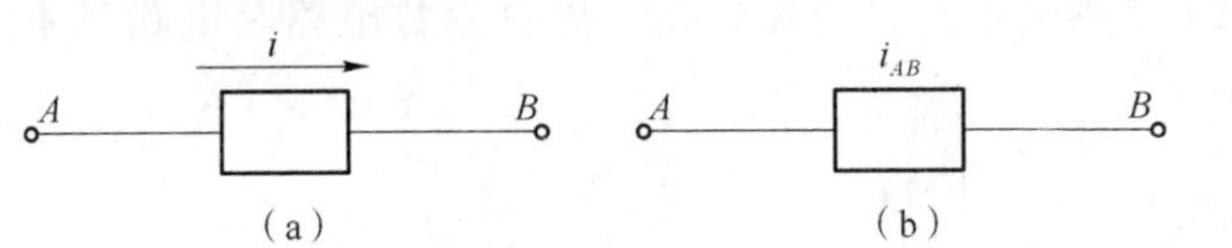

图 1－3　电流参考方向的两种表示方法

(a) 箭头表示法；(b) 双下标表示法

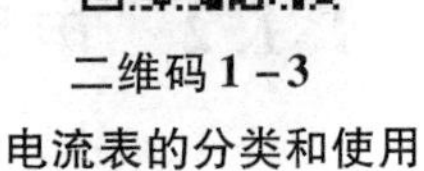

二维码 1－3

电流表的分类和使用

如果电流的实际方向与参考方向一致，则电流为正值，$i>0$。如果电流的实际方向与参考方向相反，则电流为负值，$i<0$。因此，根据电流的参考方向和电流值的正负，就可以判断出电流的实际方向。

例如，当 $i=-1$ A 时，说明电流的实际方向与参考方向相反，当 $i=1$ A 时，说明电流的实际方向与参考方向相同。

在分析和计算电路时，必须先规定电流的参考方向。否则电流的正负毫无意义。

2. 电压、电位和电动势

1) 电压

电荷在电路中移动，就会交换能量。单位正电荷从 a 点移动到 b 点获得的能量或失去的能量定义为 ab 两点之间的电压：

$$u_{ab}=\frac{\mathrm{d}W_{ab}}{\mathrm{d}q} \tag{1-2}$$

式（1－2）中，如果能量的单位是焦耳（J），电荷的单位是库仑（C），则电压的单位为伏特（V），简称伏。另外还有千伏（kV）、毫伏（mV）、微伏（μV）等单位。它们之间的换算关系为 $1\ \mathrm{kV}=10^3\ \mathrm{V}$，$1\ \mathrm{V}=10^3\ \mathrm{mV}$，$1\ \mathrm{mV}=10^3\ \mu\mathrm{V}$。一节干电池的工作电压为 1.5 V，家用电器的工作电压为 220 V，安全用电电压为 36 V。

如果电压的大小和方向都不随时间变化，则称为直流电压，用大写字母 U 表示。如果两点间的电压随时间变化，则称为交流电压，用小写字母 u 表示。

习惯上认为电压的实际方向为从高电位指向低电位，即电位降低的方向。高电位用正极符号“+”表示，低电位用负极符号“－”表示。

在复杂电路或交变电路中，两点间电压的实际方向往往不易判别，这就给实际电路的分析和计算带来了困难。为了便于电路的分析和计算，我们也像电流一样，引入电压的参考方向，即在电路中任意规定两点间电压的正负极性，如果电压的实际方向与参考方向一致，则电压为正，即 $u>0$。如果电压的实际方向与参考方向相反，则电压为负，即 $u<0$。因此，根据电压的参考方向和电压值的正负，可以判断出电压的实际方向。

电压的参考方向有 3 种表示方法，分别是箭头、双下标和正负极性，如图 1－4 所示。

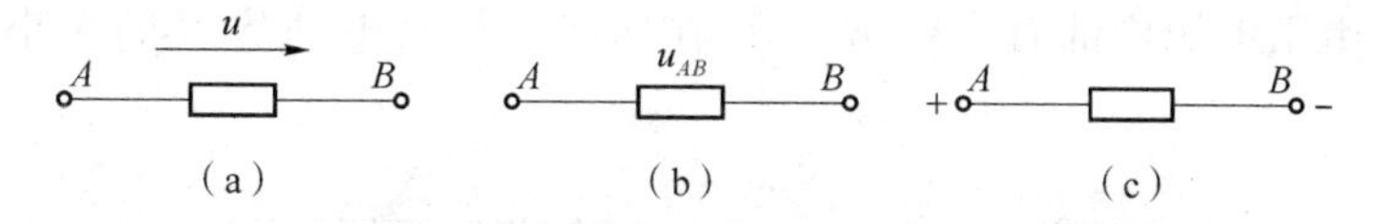

图1-4 电压参考方向的表示方法

(a) 箭头表示法；(b) 双下标表示法；(c) 正负极性表示法

电压的测量采用电压表与被测元件或被测支路并联的方式，在测量直流电压时，应注意电压表的极性。电压表的分类和使用见二维码1-4。

二维码1-4

电压表的分类和使用

2）电位

在分析电路的过程中会经常用到电位的概念，如三极管需要通过计算或测量其3个电极的电位来判断其工作状态。另外，在实际工程应用中也需要通过测量某些点的电位来进行设备的调试和维修。因此，在分析电路时，常常在电路中选择一个点作为参考点，单位正电荷 q 从电路中 a 点移动到参考点时获得或失去的能量就定义为 a 点的电位，用 φ_a 表示。由于参考点的电位为0，因此参考点也称为零电位点。在实际应用中，对于电力电气线路，一般以大地作为参考点，用“⏚”符号表示，而对于电子电路，一般以设备的外壳或底板作为参考点，用“⊥”符号表示。电位的单位和电压相同，用伏特（V）表示。因此，某一点的电位等于该点到参考点之间的电压。参考点的表示如图1-5所示。

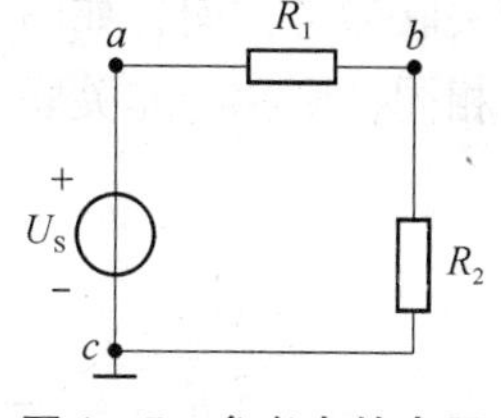

图1-5 参考点的表示

在图1-5中，设 c 点为电位参考点，则 $\varphi_c=0$ V，根据电位和电压的定义可得

$$\varphi_a = U_{ac}$$

$$\varphi_b = U_{bc}$$

$$U_{ab} = U_{ac} - U_{bc} = \varphi_a - \varphi_b \qquad (1-3)$$

由式（1-3）可以看出：电路中任意两点间的电压等于该两点间的电位差。因此，在电路的分析和计算过程中，往往把计算某点电位的问题转化为计算该点到参考点之间电压的问题。

电路中的电位参考点可任意选择。参考点一经选定，电路中各点的电位值就是唯一的。电位的高低是相对的，与选的参考点有关。当选择不同的电位参考点时，电路中各点电位值将改变，但任意两点间电压是绝对的，保持不变。

3）电动势

电动势只存在于电源的内部，由电源本身的性质决定，反映了电源力（非电场力）做功的能力，即电源把其他形式的能转化为电能的本领。电动势定义为在电源内部非电场力把单位正电荷从低电位移动到高电位做的功，用 E 来表示，$E=\frac{\mathrm{d}W}{\mathrm{d}t}$。方向从电源的负极“-”指向电源的正极“+”，单位为伏特（V）。电动势与电压的关系如图1-6所示，其中 R_S 为电源的内阻。在如图1-6（a）所示电路中，直流电源在没有与外电路连接的情况下，其两端电压 U 与其电动势 E 大小相等，方向相反。在如图1-6（b）所示电路中，当与外电路连接时，由于电源内部有电阻 R_S，存在压降，故其电动势 E 的大小会小于两端电压 U 的大小。

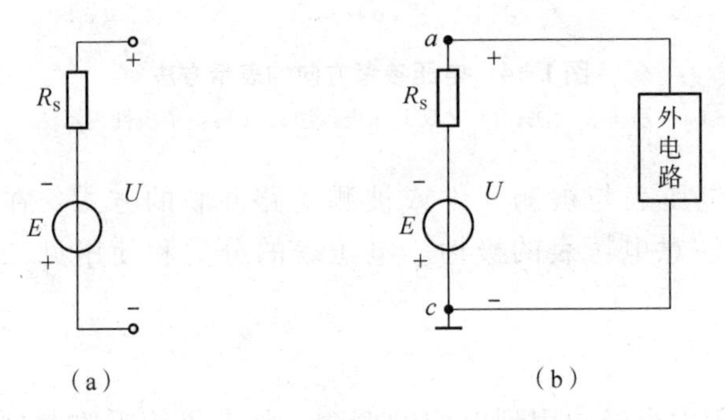

图 1-6　电动势与电压的关系

(a) 电源与外电路无连接；(b) 电源与外电路相连接

通过以上介绍可知，电压和电流的参考方向可以任意假设，且二者相互独立。对于某个二端元件、某条支路或某个二端网络来讲，如果电压的参考方向和电流的参考方向相同，则称为关联参考方向，如图 1-7 所示为关联参考方向。如果电压的参考方向和电流的参考方向不相同，则称为非关联参考方向，如图 1-8 所示为非关联参考方向。

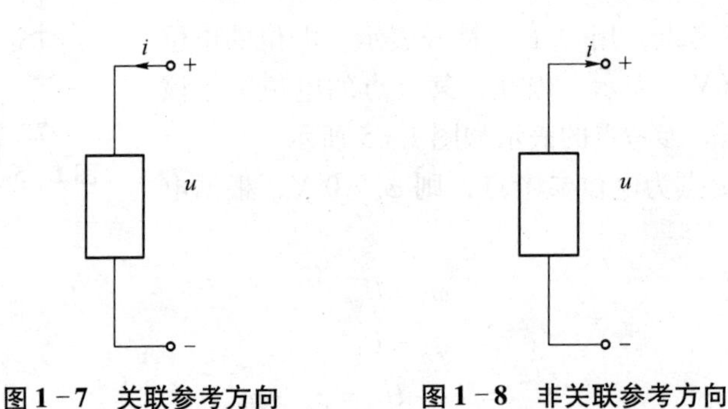

图 1-7　关联参考方向　　**图 1-8　非关联参考方向**

在分析电路时，一般采用关联参考方向。若选取关联参考方向，则只需标出一种参考方向。除特别说明外，本书均采用关联参考方向。

3. 电功率和电能

电路中的电流能够使电路进行工作，如可以让灯泡发光、电动机转动等，即电流能够做功且做功的同时会伴随着能量的产生和转换。另外，在实际应用中，电气设备的功率也会受到限制。在电路中，单位时间内电场力所做的功称为电功率，即

$$p = \frac{\mathrm{d}W}{\mathrm{d}t} \tag{1-4}$$

当电压、电流采取关联参考方向时，i 与 u 表示为

$$i = \frac{\mathrm{d}q}{\mathrm{d}t}$$

$$u = \frac{\mathrm{d}W}{\mathrm{d}q}$$

电功率表示为

$$p=\frac{\mathrm{d}W}{\mathrm{d}t}=\frac{\mathrm{d}W}{\mathrm{d}q}\cdot\frac{\mathrm{d}q}{\mathrm{d}t}=ui \tag{1-5}$$

在国际单位制（SI）中，功率的单位为瓦特（W），1 W = 1 J/s = 1 V · A。另外，功率的单位还有千瓦（kW）、兆瓦（MW）、毫瓦（mW）、微瓦（μW）等。

与电压、电流一样，功率也是一个代数量。当元件或二端电路的电压 u、电流 i 取关联参考方向时，$p=ui$ 表示元件或二端电路吸收的功率。如果求得的功率 $p>0$，则表示吸收正功率（即实际吸收功率）；如果求得的功率 $p<0$，则表示吸收负功率（即实际发出功率）。当元件或二端电路的电压 u、电流 i 取非关联参考方向时，$p=ui$ 表示元件或二端电路发出的功率。如果此时求得的功率 $p>0$，表示发出正功率（即实际发出功率）；如果求得的功率 $p<0$，表示发出负功率（即实际吸收功率）。因此，在计算功率时，必须先判断待求元件或二端电路的电压和电流的参考方向是否关联。

对于同一个电路元件而言，吸收的功率和发出的功率互为相反数，即 $p_{吸收}=-p_{发出}$。根据能量守恒定律，对于一个完整的电路，发出的总功率等于消耗的总功率，满足功率平衡。

变压器、电机等电气设备（或电子元件）在出厂时会在铭牌上标注额定电压、额定电流和额定功率等参数。额定值是指用电设备在长期、安全的工作条件下的最高限值，其中额定功率反映了电气设备在额定条件下能量转换的本领。

注意：电气设备在正常工作时，不得超过其额定值，否则会损害设备。

例如，某电动机铭牌上标有“380 V，2.2 kW”的字样，是指当其工作电压为 380 V 时，输出的功率为 2.2 kW；铭牌上标有“220 V，20 W”的电灯，说明在其工作电压为 220 V 时，吸收的功率为 20 W。

【例 1-1】 在图 1-9 所示的二端电路中，已知 $u=10$ V，$i=-5$ A。求各二端电路的功率，并判断实际是吸收功率还是发出功率。

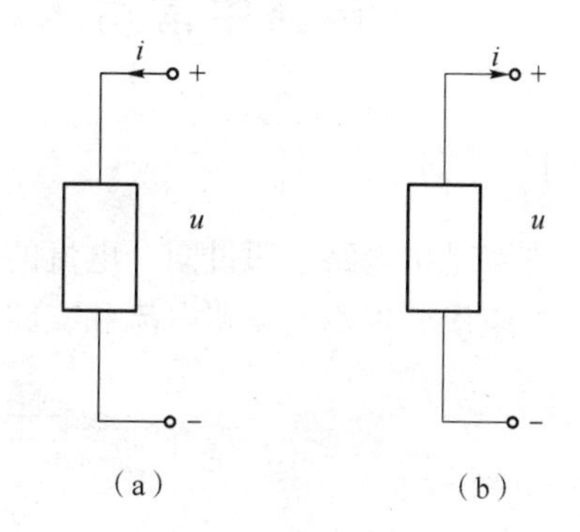

图 1-9 例 1-1 电路

(a) i 流入；(b) i 流出

解：图 1-9（a）：对于二端电路来讲，电压 u 与电流 i 属于关联参考方向，则

$$p_{吸收}=ui=10\ \mathrm{V}\times(-5\ \mathrm{A})=-50\ \mathrm{W}<0$$

因此，二端电路实际发出功率 50 W。

图 1-9（b）：对于二端电路来讲，电压 u 与电流 i 属于非关联参考方向，则

$$p_{发出}=ui=10\ \mathrm{V}\times(-5\ \mathrm{A})=-50\ \mathrm{W}<0$$

因此，二端电路实际吸收功率 50 W。

一段时间内电场力做功的大小用电能来衡量，二端元件或二端电路从 t_0 到 t 时间内吸收的电能为

$$W=\int_{t_0}^{t}p(\xi)\mathrm{d}\xi=\int_{t_0}^{t}u(\xi)i(\xi)\mathrm{d}\xi \tag{1-6}$$

在国际单位制（SI）中，电能的单位是焦耳（J）。

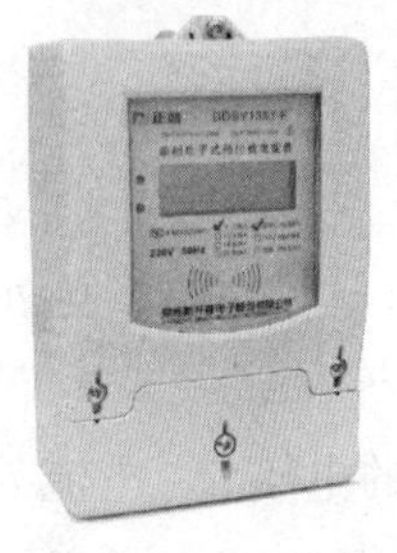

图 1-10　电子式预付费电能表

日常生活中常用“度”来衡量电能，1 度 =1 kW·h。即 1 kW 的设备用电 1 h 消耗的电能为 1 度。例如，功率为 40 W 的灯泡照明 25 h 使用 1 度电。

电能表是用来测量电能的仪表，也称为电度表、火表或千瓦小时表，根据工作原理可分为机械式、电子式和机电一体式。图 1-10 为电子式预付费电能表，这种电能表采用先充值购买电能再消费的方式，显示器显示购买电能的数量和剩余的电量，可以进行余量报警。

【例 1-2】 某电炉连接 110 V 电源，工作电流为 15 A，试计算其工作 2 h 消耗的电能。

解：电炉功率为 $p = ui = 110\ \text{V} \times 15\ \text{A} = 1.65\ \text{kW}$；

工作 2 h 消耗电能为 $W = pt = 1.65\ \text{kW} \times 2\ \text{h} = 3.3\ \text{kW}\cdot\text{h}$。

1.2　基尔霍夫定律

1845 年，德国物理学家 G. R. 基尔霍夫首次提出了基尔霍夫定律。基尔霍夫定律是任何集总参数电路都适用的基本定律，它反映了电路中所有支路电压和电流所遵循的基本规律，在电路分析中具有举足轻重的地位。基尔霍夫定律与元件的伏安特性构成了电路分析的基础。

基尔霍夫定律包括基尔霍夫电流定律和基尔霍夫电压定律。基尔霍夫电流定律描述了电路中各支路电流的约束关系，基尔霍夫电压定律描述了电路中各电压的约束关系。

1.2.1　电路中常用术语

1. 支路

支路是指电路中通过同一电流的分支。通常用 b 表示支路数，支路上流经的电流和支路两端的电压分别称为支路电流和支路电压。

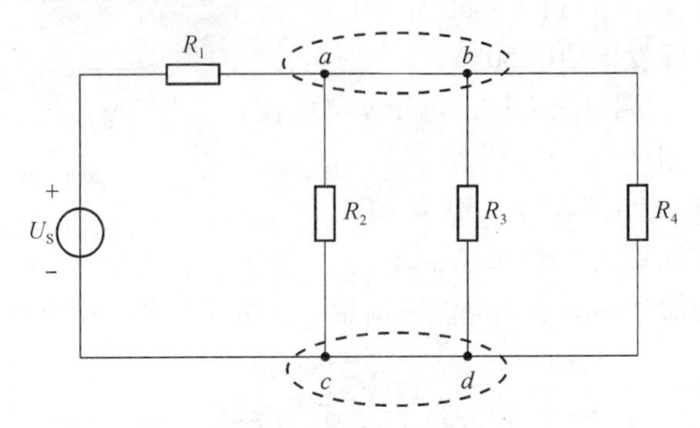

图 1-11　支路、结点和回路示例电路

支路可以由单个元件构成，也可以由多个元件串联组成。在如图 1－11 所示的电路中，U_S 与 R_1 串联可看作 1 条支路，R_2、R_3、R_4 分别为 1 条支路，因此图 1－11 中有 4 条支路，即 $b=4$。

2. 结点

结点是指 3 条或 3 条以上支路的公共连接点。通常用 n 表示结点数。如果两个或多个结点之间通过导线相连，则可以合并为一个结点，即一根理想导线上所有的点，应视为一个结点。

在如图 1－11 所示电路中，a、b 两个结点之间通过导线相连，可以合并为一个结点。c、d 两个结点通过导线相连，也可以合并为一个结点。因此，图 1－11 中共有两个结点，即 $n=2$。

3. 路径

路径是指两个结点之间的一条通路。路径由支路构成。在图 1－11 所示电路中 a、c 两个结点间有 4 条路径。

4. 回路

回路是指由支路组成的闭合路径。通常用 l 表示回路数。图 1－11 所示电路有 6 个回路，回路Ⅰ由 R_1、R_2、U_S 构成，回路Ⅱ由 R_2、R_3 构成，回路Ⅲ由 R_3、R_4 构成，回路Ⅳ由 R_1、R_4、U_S 构成，回路Ⅴ由 R_1、R_3、U_S 构成，回路Ⅵ由 R_2、R_4 构成，即 $l=6$。

5. 网孔

对于平面电路，网孔是指内部不含任何支路的回路，即每个网眼就是一个网孔。因此，网孔是回路，但回路不一定是网孔。平面电路是指能够画在一个平面上而没有支路交叉的电路。

图 1－11 所示电路有 3 个网孔，分别是网孔Ⅰ、网孔Ⅱ和网孔Ⅲ。回路Ⅳ不是网孔。

1.2.2 基尔霍夫电流定律（KCL）

基尔霍夫电流定律（Kithhoff 's Current Law，KCL）是描述电路中与同一结点相连的各支路电流之间相互关系的定律，也是电荷守恒和电流连续性原理在电路中任意结点处的反映。

KCL 的基本内容：对于集总参数电路中的任意结点，在任意时刻流出或流入该结点的电流的代数和为 0，其基本形式为

$$\sum i = 0 \tag{1-7}$$

对电路某结点列写 KCL 方程时，如果假设流出该结点的支路电流为正，则流入该结点的支路电流为负。反之，如果假设流入该结点的支路电流为正，则流出该结点的支路电流

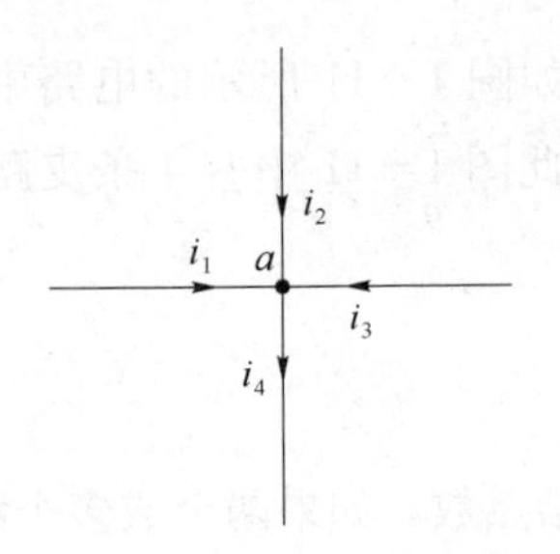

图 1-12　基尔霍夫电流定律示例

为负。

图 1-12 为电路中的一部分，以此为例来说明基尔霍夫电流定律。

对结点 a 列写 KCL 方程，设流出结点的电流为"+"，流入结点的电流为"-"，则有

$$-i_1 - i_2 - i_3 + i_4 = 0$$

或者表示成

$$i_4 = i_1 + i_2 + i_3$$

即

$$\sum i_{入} = \sum i_{出} \tag{1-8}$$

式（1-8）为基尔霍夫电流定律的另一种表示形式。因此，基尔霍夫电流定律又可以叙述为对于集总参数电路中的任意结点，在任意时刻流出该结点的电流之和等于流入该结点的电流之和。

【例 1-3】 在图 1-13 中，若已知 $I_1 = 50$ mA，$I_3 = 10$ mA，$I_4 = 15$ mA，试求 I_2。

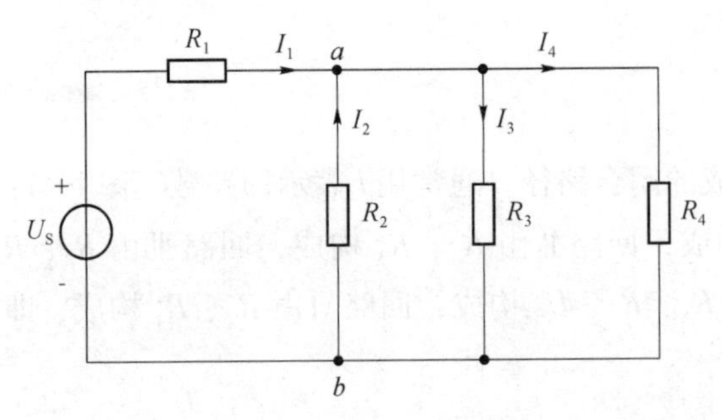

图 1-13　例 1-3 电路

解： 对结点 a 列 KCL 方程，得

$$I_1 + I_2 = I_3 + I_4$$

$$I_2 = I_3 + I_4 - I_1 = (10 + 15 - 50)\ \text{mA} = -25\ \text{mA}$$

KCL 的一个重要应用：根据电路中已知的某些支路电流，可以求出其他支路电流，即如果已知一些电流，要求另外一些电流，则可以通过列写 KCL 方程求解。

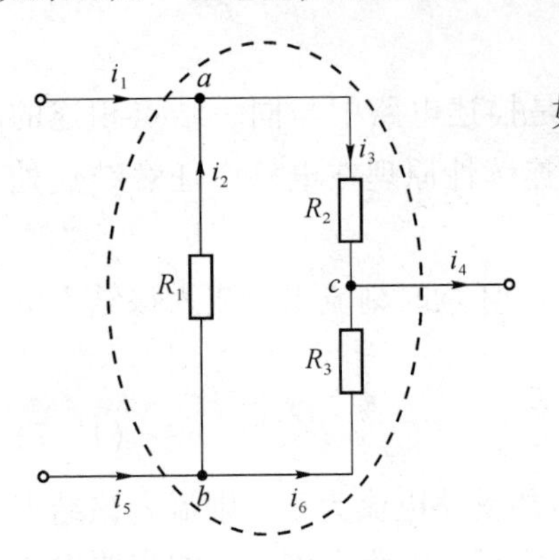

图 1-14　KCL 应用于闭合面

KCL 不仅适用于结点，也适用于任何假想的闭合面，如图 1-14 所示。

在如图 1-14 所示电路中，3 个结点的 KCL 方程为

结点 a：　$i_1 = i_3 - i_2$　（1）

结点 b：　$i_5 = i_2 + i_6$　（2）

结点 c：　$i_4 = i_3 + i_6$　（3）

（1）（2）（3）式联立可得

$$i_4 = i_1 + i_5$$

由此可知，KCL 可推广应用于电路中包围多个结点的

任一闭合面，这里的闭合面可以看作是广义结点，即流入任何闭合面的各支路电流的代数和等于0。

因此，当两个单独的电路只用一条导线相连接时，如图1－15所示，此导线中的电流必定为0，即

$$i=0$$

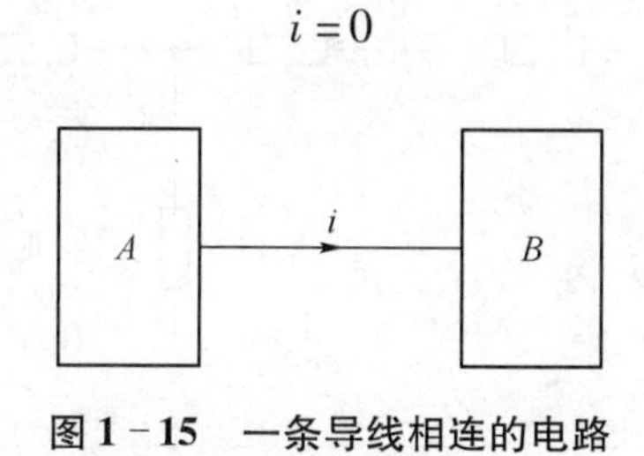

图1－15　一条导线相连的电路

通过以上分析可知：KCL是对支路电流的约束，与支路上连接的元件无关，与电路是线性还是非线性无关；KCL方程是按照电流的参考方向列写的，与电流的实际方向无关；在列写KCL方程时，必须在电路图上标出相关支路的电流及其参考方向。

1.2.3　基尔霍夫电压定律（KVL）

基尔霍夫电压定律（Kithhoff's Voltage law，KVL）是描述回路中各支路（或各元件）电压之间关系的定律。

KVL的基本内容：对于集总参数电路，在任意时刻，沿任意闭合路径绕行，各支路电压的代数和恒等于零，其基本形式为

$$\sum u=0 \tag{1-9}$$

在列写KVL方程时，要标定各元件电压的参考方向，再选定回路绕行方向（顺时针或逆时针），标在选定的回路里。如果电压参考方向与回路绕行方向相同的支路电压取正号，则与绕行方向相反的支路电压取负号。反之，如果电压参考方向与回路绕行方向相同的支路电压取负号，则与绕行方向相反的支路电压取正号。

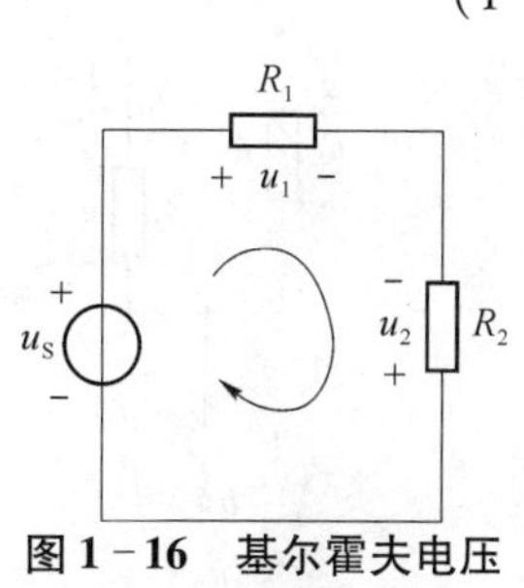

图1－16　基尔霍夫电压定律应用示例

以图1－16为例来说明基尔霍夫电压定律。

在如图1－16所示电路中，选定顺时针为回路绕行方向，对回路列KVL方程为

$$u_1-u_2-u_S=0$$

整理后可得

$$u_2+u_S=u_1$$

即KVL方程的另外一种表示形式为

$$\sum u_{升}=\sum u_{降}$$

【例 1-4】 求图 1-17 所示电路中电压 u_1、u_2、u_3 的值。

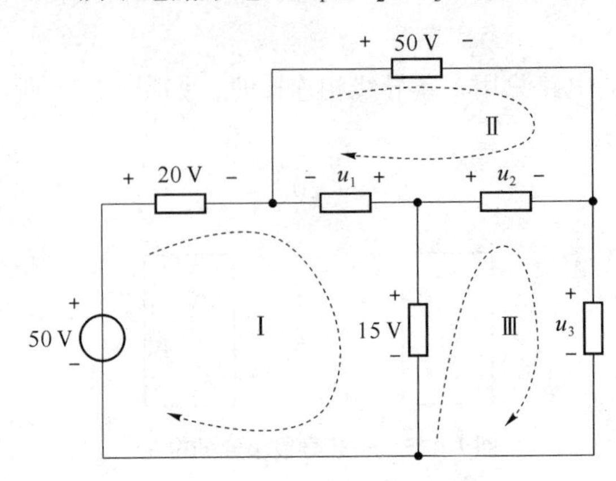

图 1-17 例 1-4 电路

解：对回路Ⅰ列 KVL 方程

$$20\ \text{V} - u_1 + 15\ \text{V} - 50\ \text{V} = 0\ \text{V} \Rightarrow u_1 = -15\ \text{V}$$

对回路Ⅱ列 KVL 方程

$$50\ \text{V} - u_2 + u_1 = 0\ \text{V} \Rightarrow u_2 = 35\ \text{V}$$

对回路Ⅲ列 KVL 方程

$$u_2 + u_3 - 15\ \text{V} = 0\ \text{V} \Rightarrow u_3 = -20\ \text{V}$$

KVL 也适用于电路中任一假想的回路，如图 1-18 所示。

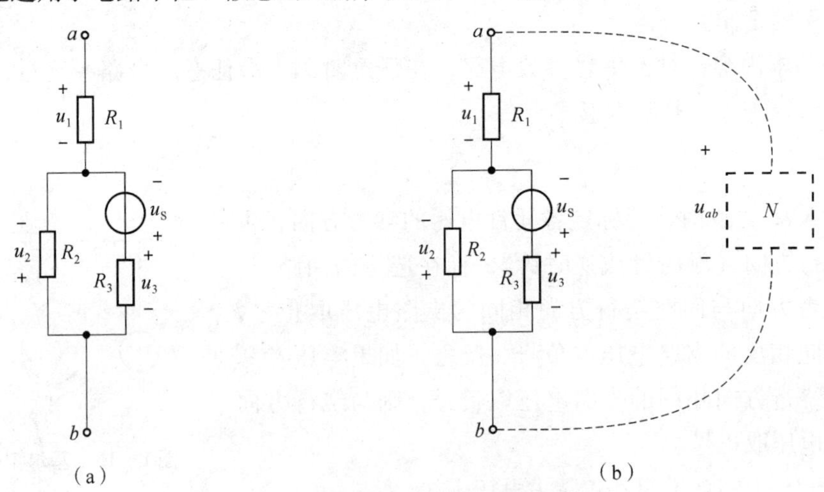

图 1-18 KVL 应用于假想回路

(a) 求解电压 u_{ab}；(b) 构成假想闭合面

当求解图 1-18 (a) 所示 a、b 两点间的电压 u_{ab}时，可以构成一个假想闭合面，如图1-18 (b)所示，分别对 R_1、u_S、R_3 和 N 构成的回路以及 R_1、R_2 和 N 构成的回路列 KVL 方程可得

$$u_{ab} = u_1 - u_S + u_3;\ u_{ab} = u_1 - u_2$$

即求图 1-18 (a) 中电压 u_{ab}时，沿左边支路（R_1 和 R_2 构成的支路）和沿右边支路（R_1、u_S 和 R_3 构成的支路）求得的结果相同。

推论：

电路中任意两点间的电压等于从正极出发沿着任一条路径到达负极经过的各元件电压的代数和，与绕行路径无关。元件电压方向与路径绕行方向一致时取正号，相反时取负号。

基尔霍夫电压定律反映了电路的能量守恒，是对任何一个回路中的各支路电压施加的约束，与回路的各支路上连接的是什么元件无关，与电路是线性还是非线性无关；KVL 方程是按照电压的参考方向列写的，与电压的实际方向无关。

基尔霍夫电压定律的一个重要应用：根据电路中已知的某些支路电压，求出另外一些支路电压，即如果已知一些电压，要求另外一些电压，则可以通过列写 KVL 方程求解。

【例 1-5】 在图 1-19 所示的电路中，已知 a 点电位 $\varphi_a = 20$ V，试求电压 u。

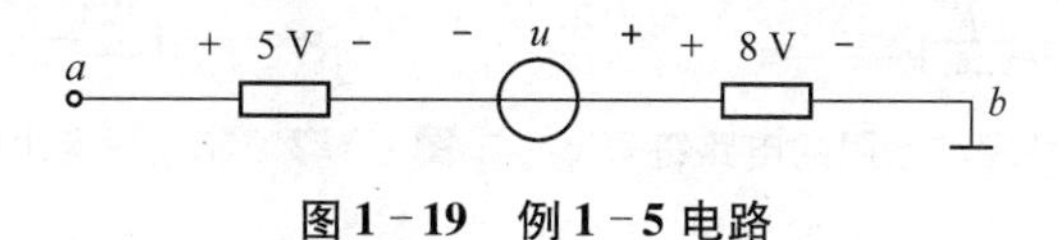

图 1-19 例 1-5 电路

解：两点间的电压等于两点间的电位差，即

$$u_{ab} = \varphi_a - \varphi_b = \varphi_a$$

根据推论，两点间电压 u_{ab} 等于从点 a 到点 b 的任一路径上各段电压的代数和，即

$$u_{ab} = 5\text{ V} - u + 8\text{ V} = 20\text{ V}$$

解得

$$u = -7\text{ V}$$

1.3 电路元件

电路元件是电路中最基本的组成单元。元件的特性通过与端子有关的物理量来描述，每一种元件反映某种确定的电磁性质。

1.3.1 电阻元件

电阻元件是表征材料或器件对电流呈现阻力以损耗能量的元件，其主要作用是限流、分压以及消耗能量，属于无源元件。实际电路中的电阻器、灯泡、电暖器以及烤箱等在一定条件下可以用二端电阻元件作为电路模型。

1. 电阻元件的伏安特性

在任一时刻，电阻元件两端的电压 u 与其上通过的电流 i 之间的关系，都可以由 $u-i$ 平面上的一条曲线来表示。这种电压电流之间的关系称为伏安关系，该曲线称为伏安特性曲线，如图 1-20 所示。

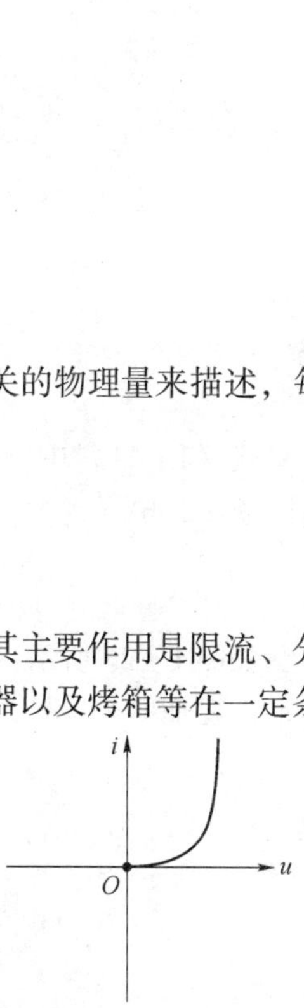

图 1-20 电阻元件的伏安特性曲线

电阻的伏安特性曲线表明了电阻元件两端的电压与其电流之间的约束关系（Voltage Current Relationship，VCR）。其表达式为

$$f(u,i)=0$$

如果在任意时刻，电阻元件两端的电压和其上通过的电流关系都是通过原点的一条直线，则称其为线性定常电阻，简称电阻。若电阻元件的伏安特性曲线不是线性的，则称为非线性电阻，如二极管。不做特殊说明，本书提到的电阻均为线性定常电阻。

线性定常电阻的电路符号如图1－21所示，用R表示，在国际单位制（SI）中，电阻的单位有欧姆（Ω）、千欧（kΩ）、兆欧（MΩ）。

非线性电阻的电路符号如图1－22所示。

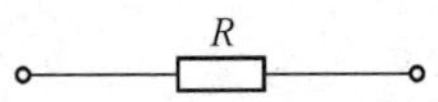

图1－21　线性定常电阻的电路符号 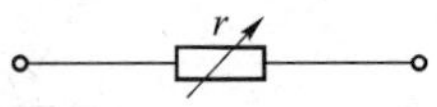　　**图1－22　非线性电阻的电路符号**

线性定常电阻的伏安特性曲线是通过$i-u$平面原点的一条直线，如图1－23所示。电阻的电压u和电流i的关系（VCR）可以用欧姆定律来描述，如图1－24所示，当电阻两端电压u与其上通过的电流i取关联参考方向时，其表达式为

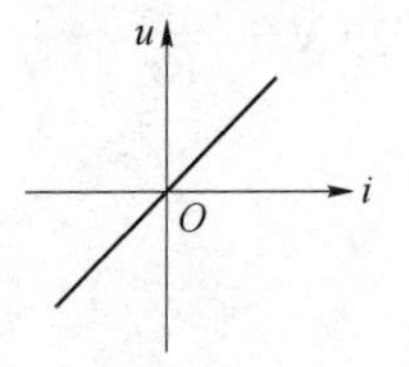

图1－23　线性定常电阻的伏安特性曲线 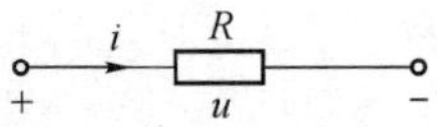　　**图1－24　关联参考方向**

$$u=Ri \tag{1-10}$$

或

$$i=Gu \tag{1-11}$$

式（1－11）中，G称为电导，其国际单位为西门子（S）。电导表示传导电流的能力，电阻越小、电导越大，导电性就越好，其关系表达式为

$$G=\frac{1}{R} \tag{1-12}$$

如图1－25所示，当电阻两端电压u与其上通过的电流i取非关联参考方向时，欧姆定律前需要加一个负号，即

$$u=-Ri \tag{1-13}$$

或

$$i=-Gu \tag{1-14}$$

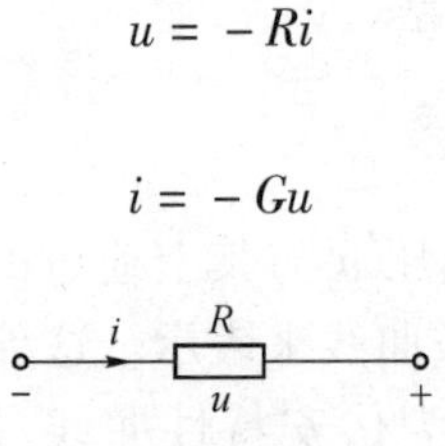

图1－25　非关联参考方向

【例1-6】 如图1-26所示电路，已知电阻 $R=2\ \text{k}\Omega$，其端电压为18 V，请分别计算电阻上通过的电流 i。

（a）　　（b）

图1-26 例1-6电路

解：（a）图：电阻两端电压与其上通过的电流为关联参考方向，故

$$i=\frac{u}{R}=\frac{18\ \text{V}}{2\ \text{k}\Omega}=9\times10^{-3}\ \text{A}=9\ \text{mA}$$

（b）图：电阻两端电压与其上通过的电流为非关联参考方向，故

$$i=-\frac{u}{R}=-\frac{18\ \text{V}}{2\ \text{k}\Omega}=-9\times10^{-3}\ \text{A}=-9\ \text{mA}$$

欧姆定律在应用时应注意：欧姆定律只适用于线性电阻，即 R 为常数；公式必须考虑参考方向，如果电阻上的电压与电流参考方向是非关联参考方向，则公式中应加负号；电阻两端的电压和其上通过的电流是同时存在、同时消失的，因此电阻是无记忆、双向性的元件。

2. 电阻的功率与能量

当电阻上通过电流时，电阻就会发热，这就是电流的热效应。电流的热效应应用非常广泛，如电炉、电烤箱以及电烙铁等电器。但电流的热效应也会使温度升高，从而加快绝缘材料的老化，甚至会烧坏电气设备。因此，为了保障电器能够正常的工作，我们会对电压、电流和功率进行限制，即设定额定功率、额定电压和额定电流，电气设备的额定值通常都标在产品上。

如图1-24所示，当电阻两端的电压和电流的参考方向为关联参考方向时，根据功率的定义以及欧姆定律，电阻吸收的功率为

$$p_{吸}=ui=i^2R=\frac{u^2}{R} \tag{1-15}$$

如图1-25所示，当电阻两端的电压和电流的参考方向为非关联参考方向时，电阻吸收的功率为

$$p_{吸收}=-ui=-(-Ri)\ i=i^2R$$

或

$$p_{吸收}=-ui=-u\left(-\frac{u}{R}\right)=\frac{u^2}{R}$$

【例1-7】 图1-27所示电路中，已知电阻 $R=5\ \text{k}\Omega$，计算电导 G、电流 i 和电阻的功率 p。

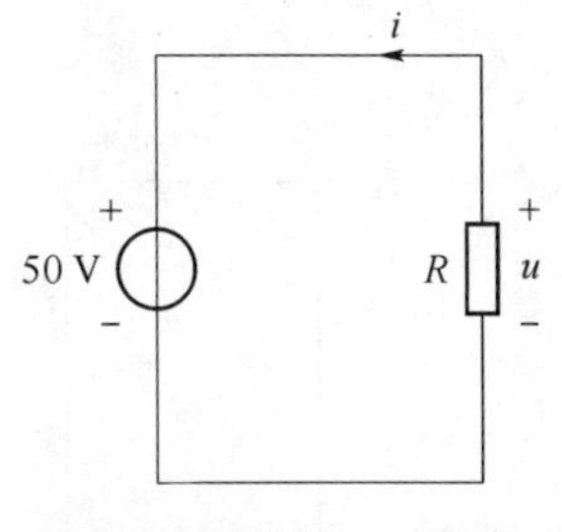

图1-27 例1-7电路

解：电导为

$$G=\frac{1}{R}=\frac{1}{5}\text{S}=0.2\times10^{-3}\text{S}=0.2\ \text{mS}$$

根据基尔霍夫电压定律，$u=50\ \text{V}$，对于电阻 R，其端电压 u 与其上通过的电流 i 为非关联参考方向，得

$$i=-\frac{u}{R}=-\frac{50\ \text{V}}{5\ \text{k}\Omega}=-10\ \text{mA}$$

计算电阻的功率有 3 种方法：

$$p_{吸收} = -ui = -50\ \mathrm{V} \times (-10)\mathrm{mA} = 500\ \mathrm{mW}$$

或

$$p = i^2 R = (-10\ \mathrm{mA})^2 \times 5\ \mathrm{k\Omega} = 500\ \mathrm{mW}$$

或

$$p = \frac{u^2}{R} = \frac{50\ \mathrm{V} \times 50\ \mathrm{V}}{5\ \mathrm{k\Omega}} = 500\ \mathrm{mW}$$

由于实际的阻值是正值，因此，不管电阻两端的电压和电流的参考方向是否关联，其吸收的功率始终大于或等于零，即电阻在任何时刻总是消耗功率的。但是利用某些电子器件（如运算放大器等）构成的电子电路可以实现负电阻，它向外提供的能量来自电源。

电阻消耗的能量可以用功率表示。电阻元件从 t_0 到 t 时刻电阻消耗的能量为

$$W_R = \int_{t_0}^{t} p\mathrm{d}t = \int_{t_0}^{t} ui\mathrm{d}t \tag{1-16}$$

有两种特殊情况：电阻为 $R=\infty$ 和 $R=0$，即开路和短路。

当一个线性电阻元件 $R=\infty$ 时，即其两端的电压不论为何值时，流过它的电流恒为 0，这种情况称为开路，又称为断路，开路电路如图 1-28 所示。此时，$i=0$，$u\neq0$，$R=\infty$ 或 $G=0$。开路时的伏安特性曲线与 u 轴重合，如图 1-29 所示。

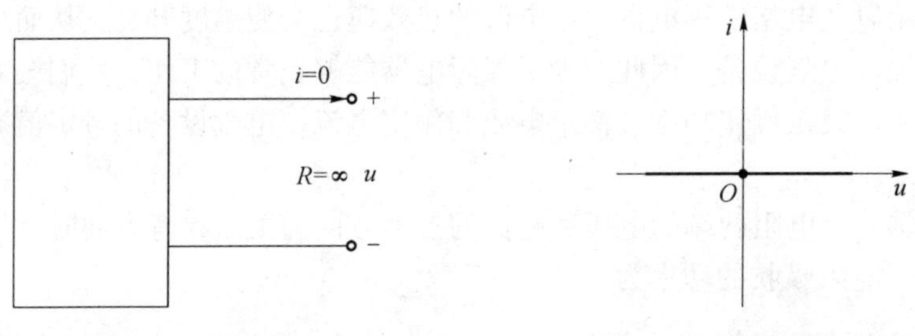

图 1-28　开路电路　　图 1-29　开路的伏安特性

当一个线性电阻元件 $R=0$ 时，流过该电阻元件的电流不论为何值，它的端电压恒为 0，这种情况则称为短路，短路电路如图 1-30 所示。此时，$u=0$，$i\neq0$，$R=0$ 或 $G=\infty$。短路时的伏安特性曲线与 i 轴重合，如图 1-31 所示。

显然，电路模型中的任何一根导线都是短路；断开任何一根导线都是开路；与导线并联的元件其端电压也恒为零。

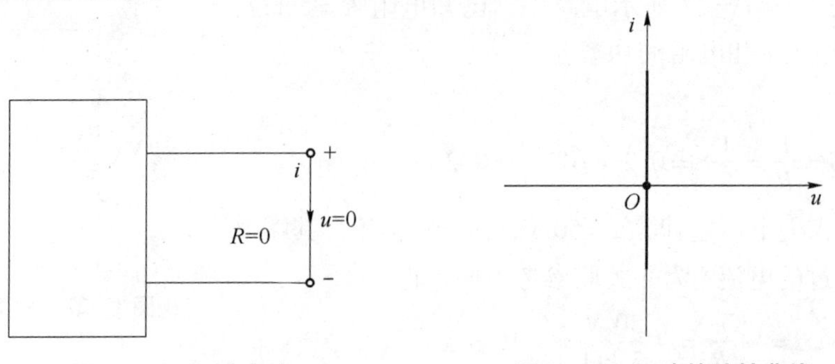

图 1-30　短路电路　　图 1-31　短路的特性曲线

3. 电阻的串联、并联及串并联

在介绍电阻的串并联之前先介绍等效的概念。当电路规模比较大时，建立和求解方程都比较困难。此时，可以利用等效变换的概念将电路规模减小，从而简化电路的分析。

如图 1－32 所示，任何一个复杂的电路，如果向外引出两个端子，而且从一个端子流入的电流等于从另一端子流出的电流，那么这个电路就称为二端网络（或一端口网络）。如果二端网络中含有独立电源，则称其为含源二端网络，若二端网络仅仅由无源元件构成，则称其为无源二端网络。

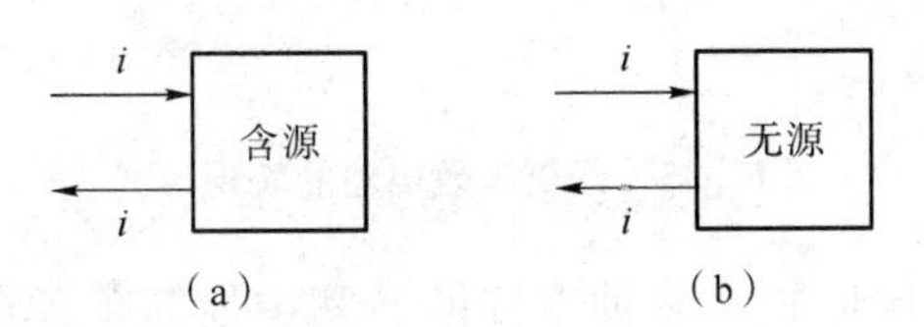

图 1－32　二端网络

（a）含源二端网络；（b）无源二端网络

如图 1－33 所示，对于结构和参数完全不相同的两个二端网络 A 与 B，当它们的端口具有相同的电压、电流关系时，即具有相同的 VCR 方程时，则称 A 与 B 是等效电路。

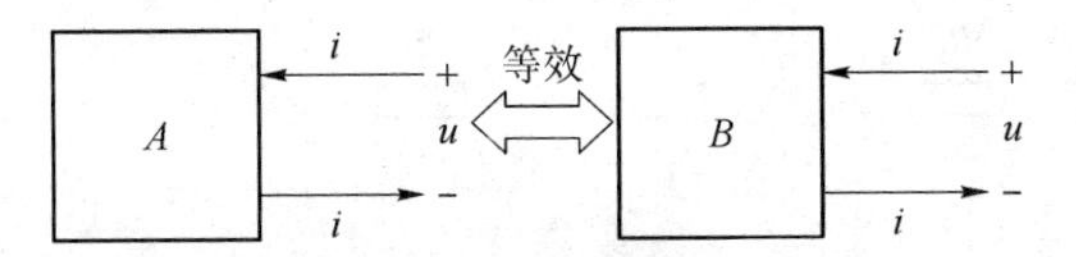

图 1－33　等效二端网络

电路的等效是指对外等效。相互等效的两部分电路 A 与 B 在电路中可以相互替换，替换前的电路和替换后的电路对任意外电路 C 中的电流、电压和功率而言是等效的，如图 1－34 所示，在图（a）中求 C 部分电路的电压、电流、功率与在图（b）中求 C 部分电路的电压、电流、功率结果是一样的。

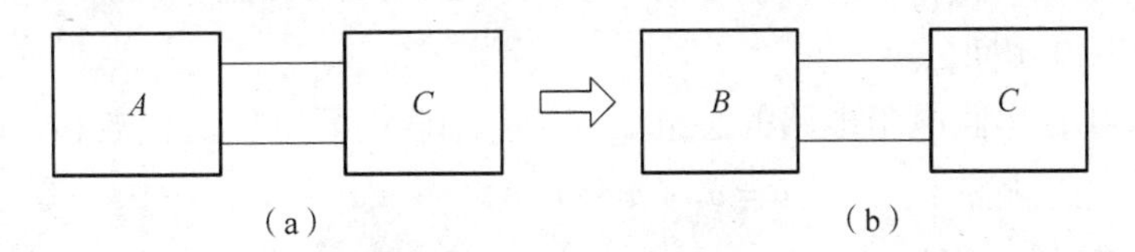

图 1－34　电路的等效变换

图 1－34 中的等效是对外电路 C 而言，如果求图 1－34（a）中 A 部分电路的电流、电压和功率则不能用图 1－34（b）的等效电路来求，因为，A 电路和 B 电路对内不等效。

因此，等效变换是指将电路中的某部分电路用另一种电路结构与元件参数代替后，不影响原电路中未作变换的任何一条支路中的电压和电流。只有二端网络的端口特性（VCR）相同时，才可以等效变换。一般来说，等效变换是指把一个较为复杂的电路用最简单的等效电路替换。

求解等效电路包括以下 3 个步骤：

（1）画出等效电路图；

（2）求解等效电路图中元件的参数；

（3）标出元件参数的相关极性。

图1－35为最简等效电路的表现形式。

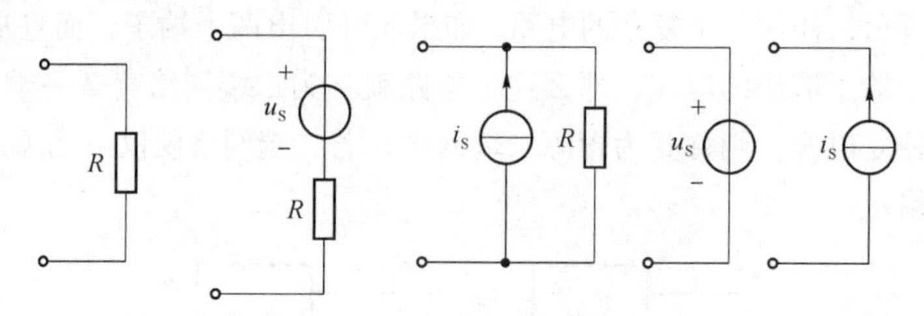

图1－35　最简等效电路的表现形式

在电路中，电阻的连接形式是多种多样的，其中最简单和最常用的是电阻的串联和并联。

1）电阻的串联

若干个二端电阻首尾相连，各电阻流过同一电流的连接方式，称为电阻的串联。判断串联的依据是两个电阻之间没有分支。图1－36（a）表示n个电阻串联形成的二端网络。

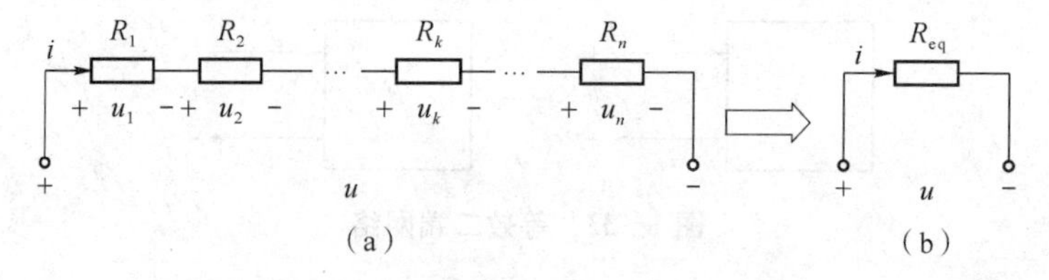

图1－36　电阻的串联及其等效电路

（a）n个电阻串联电路；（b）等效电路

设电压、电流的参考方向相关联，由基尔霍夫定律可以得知串联电路的特点如下。

（1）串联电路中的各个电阻顺序连接，电阻的连接处无分支。由KCL可知：串联电路中各电阻流过的电流相同。

（2）根据KVL，串联电阻电路的总电压等于各串联电阻电压的代数和，即

$$u=u_1+u_2+u_3+\cdots+u_n \tag{1-17}$$

把欧姆定律代入式（1－17），可得

$$\begin{aligned}u&=u_1+u_2+u_3+\cdots+u_n\\&=R_1i+R_2i+R_3i+\cdots+R_ni\\&=(R_1+R_2+R_3+\cdots+R_n)\ i\\&=R_{eq}i\end{aligned} \tag{1-18}$$

式（1－18）表明图1－36（a）多个电阻的串联电路与图1－36（b）单个电阻的电路具有相同的VCR方程，即互为等效电路。其中，R_{eq}的表达式为

$$R_{eq}=R_1+R_2+R_3+\cdots+R_n \tag{1-19}$$

式（1－19）表明：n个电阻串联的二端网络，对外电路而言，可以等效为一个二端电阻，

其等效电阻等于所有串联电阻的电阻之和。因此，等效电阻大于任何一个串联的电阻（分电阻）。

如果已知串联电阻两端的总电压，则求出的各个分电阻上的电压称为分压。根据欧姆定律，第 k 个电阻上的电压 u_k 为

$$u_k = R_k i = R_k \frac{u}{R_{eq}} = \frac{R_k}{R_{eq}} u < u \tag{1-20}$$

$$u_1 : u_2 : u_3 : \cdots : u_n = R_1 : R_2 : R_3 : \cdots : R_n \tag{1-21}$$

式（1-20）和式（1-21）说明：在串联电阻电路中，电阻具有分压的作用。各电阻上分得的电压与其电阻值成正比，电阻越大分得的电压也越大。因此，串联电阻电路可以作为分压电路用于电磁式万用表电压挡扩大量程的原理见二维码1-5。

二维码1-5 电磁式万用表电压挡扩大量程的原理

【例1-8】 求图1-37中两个串联电阻上的电压 u_1 和 u_2。

解： 由串联电阻的分压公式可得

$$u_1 = \frac{R_1}{R_1 + R_2} u \tag{1-22}$$

$$u_2 = \frac{R_2}{R_1 + R_2} u \tag{1-23}$$

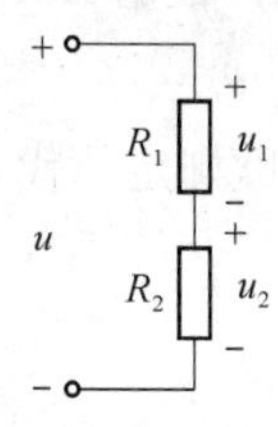

图1-37 例1-8电路

式（1-22）和式（1-23）可以直接作为公式使用，但要注意电压的参考方向。

串联电阻电路中各个电阻的功率为

$$p_1 = R_1 i^2;\ p_2 = R_2 i^2;\ p_3 = R_3 i^2;\ \cdots;\ p_n = R_n i^2 \tag{1-24}$$

所以

$$p_1 : p_2 : p_3 : \cdots : p_n = R_1 : R_2 : R_3 : \cdots : R_n \tag{1-25}$$

串联电路的总功率为

$$\begin{aligned} p &= R_{eq} i^2 \\ &= (R_1 + R_2 + R_3 + \cdots + R_n)\ i^2 \\ &= R_1 i^2 + R_2 i^2 + R_3 i^2 + \cdots + R_n i^2 \\ &= p_1 + p_2 + p_3 + \cdots + p_n \end{aligned} \tag{1-26}$$

从式（1-25）和式（1-26）可以得出如下结论：

（1）电阻串联时，各电阻消耗的功率与电阻的大小成正比，即电阻越大消耗的功率越大；

（2）串联电阻电路消耗的总功率等于各串联电阻消耗功率的总和。

2）电阻的并联

若干个二端电阻首尾分别相连，各电阻都处于同一电压下的连接方式，称为电阻的并联，判断并联的依据是观察电阻两端是否都连在相同的结点上。图1-38表示电阻的并联。

并联电阻电路及等效电路如图1-39所示。

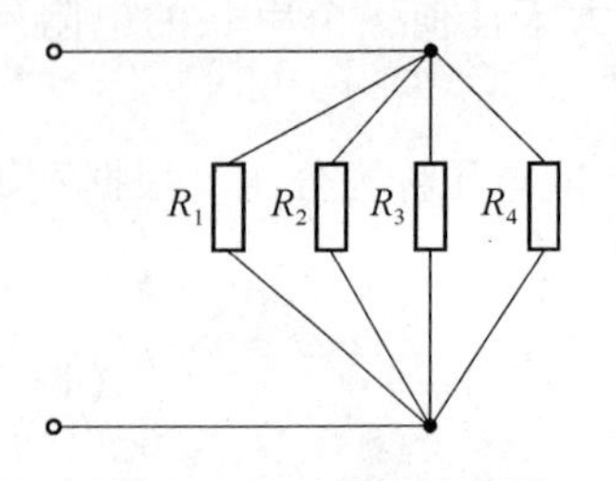

图 1-38　电阻的并联

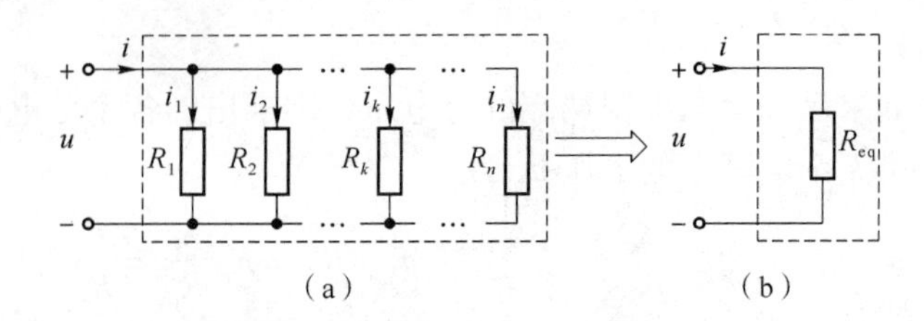

图 1-39　并联电阻电路及其等效电路

(a) 并联电阻电路；(b) 等效电路

设电压、电流的参考方向为关联参考方向，如图 1-39（a）所示，由基尔霍夫定律可以得知并联电路的特点如下：

(1) 由于并联电路中的各电阻两端分别接在一起，根据 KVL 可知，各并联电阻两端的电压相等；

(2) 根据 KCL，电路的总电流等于流过各并联电阻电流的代数和，即

$$i = i_1 + i_2 + i_3 + \cdots + i_n \tag{1-27}$$

把欧姆定律代入式（1-26），可得

$$\begin{aligned} i &= i_1 + i_2 + i_3 + \cdots + i_n \\ &= \frac{u}{R_1} + \frac{u}{R_2} + \frac{u}{R_3} + \cdots + \frac{u}{R_n} \\ &= u\left(\frac{1}{R_1} + \frac{1}{R_2} + \frac{1}{R_3} + \cdots + \frac{1}{R_n}\right) \\ &= u(G_1 + G_2 + G_3 + \cdots + G_n) \\ &= uG_{eq} \end{aligned} \tag{1-28}$$

式（1-28）表明 n 个电阻并联的二端网络，对外电路而言，可以等效为一个二端电阻，如图 1-39（b）所示，其中等效电导的表达式为

$$G_{eq} = G_1 + G_2 + G_3 + \cdots + G_n \tag{1-29}$$

等效电阻与各并联电阻之间的关系式为

$$\frac{1}{R_{eq}} = \frac{1}{R_1} + \frac{1}{R_2} + \frac{1}{R_3} + \cdots + \frac{1}{R_n} = G_{eq} \tag{1-30}$$

并联电阻电路的等效电导等于并联的各电导之和且大于分电导，等效电阻的倒数等于各分电阻倒数之和。因此，等效电阻小于任意一个并联的分电阻。

图 1-39（a）中第 k 个电阻上分得的电流为

$$\frac{i_k}{i} = \frac{\dfrac{u}{R_k}}{\dfrac{u}{R_{eq}}} = \frac{G_k}{G_{eq}} \Rightarrow i_k = \frac{G_k}{G_{eq}} i \tag{1-31}$$

$$i_1 : i_2 : i_3 : \cdots : i_n = G_1 : G_2 : G_3 : \cdots : G_n \tag{1-32}$$

式（1-31）和式（1-32）说明：并联电阻电路具有分流的作用。各分电阻上分得的电流与其电导成正比，与其电阻成反比，电阻越大分得的电流越小。因此，并联电阻电路

可以作为分流电路，用于电磁式万用表直流电流挡扩大量程的原理见二维码 1－6。

二维码 1－6
电磁式万用表直流电流挡扩大量程的原理

两个电阻的并联电路如图 1－40 所示。

等效电阻为

$$\frac{1}{R_{eq}}=\frac{1}{R_1}+\frac{1}{R_2}$$

$$R_{eq}=\frac{R_1R_2}{R_1+R_2} \tag{1-33}$$

根据式（1－33），两个阻值同为 R 的电阻并联后的等效电阻为 $\frac{R}{2}$。

$$i_1=\frac{\frac{1}{R_1}}{\frac{1}{R_1}+\frac{1}{R_2}}i=\frac{R_2}{R_1+R_2}i \tag{1-34}$$

$$i_2=\frac{-\frac{1}{R_2}}{\frac{1}{R_1}+\frac{1}{R_2}}i=\frac{-R_1}{R_1+R_2}i \tag{1-35}$$

图 1－40　两个电阻的并联电路

式（1－33）、式（1－34）和式（1－35）可以直接作为公式使用，但要注意电流的参考方向。

并联电阻电路中各个电阻的功率为

$$p_1=G_1u^2;\ p_2=G_2u^2;\ p_3=G_3u^2;\ \cdots;\ p_n=G_nu^2 \tag{1-36}$$

所以

$$p_1:p_2:p_3:\cdots:p_n=G_1:G_2:G_3:\cdots:G_n \tag{1-37}$$

并联电路的总功率为

$$\begin{aligned}p&=G_{eq}u^2\\&=(G_1+G_2+G_3+\cdots+G_n)\ u^2\\&=G_1u^2+G_2u^2+G_3u^2+\cdots+G_nu^2\\&=p_1+p_2+p_3+\cdots+p_n\end{aligned} \tag{1-38}$$

从式（1－37）和式（1－38）可以得出如下结论：

（1）电阻并联时，各电阻消耗的功率与电阻的大小成反比，即电阻越大消耗的功率越小；

（2）并联电阻电路消耗的总功率等于各并联电阻消耗功率的总和。

【例 1－9】　如图 1－41 所示电路中，$R_1=10\ \Omega$，$R_2=5\ \Omega$，$R_3=2\ \Omega$，求图中的电流 i、i_1、i_2、i_3 和每个元件的功率。

解：用以下两种方法求解。

方法一：

先依次求出 i_1、i_2、i_3 和 i，求解时注意参考方向。

$$i_1=-\frac{50\ \text{V}}{10\ \Omega}=-5\ \text{A}$$

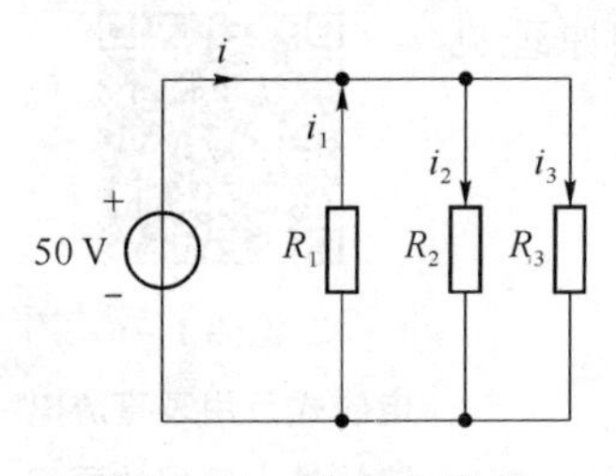

图 1-41　例 1-9 电路

$$i_2 = \frac{50\ \text{V}}{5\ \Omega} = 10\ \text{A}$$

$$i_3 = \frac{50\ \text{V}}{2\ \Omega} = 25\ \text{A}$$

列写出 KCL 方程，即

$$i + i_1 = i_2 + i_3$$

$$i = i_2 + i_3 - i_1 = (10 + 25 + 5)\ \text{A} = 40\ \text{A}$$

10 Ω 电阻的功率为

$$p_1 = R_1 i_1^2 = 10\ \Omega \times (-5\ \text{A})^2 = 250\ \text{W}$$

故 10 Ω 电阻吸收 250 W 的功率。

5 Ω 电阻的功率为

$$p_2 = R_2 i_2^2 = 5\ \Omega \times (10\ \text{A})^2 = 500\ \text{W}$$

故 5 Ω 电阻吸收 500 W 的功率。

2 Ω 电阻的功率为

$$p_3 = R_3 i_3^2 = 2\ \Omega \times (25\ \text{A})^2 = 1.25\ \text{kW}$$

2 Ω 电阻吸收 1.25 kW 的功率。

由于电压源电压与其电流为非关联参考方向，因此，电压源的功率为

$$p_{\text{发出}} = ui = 50\ \text{V} \times 40\ \text{A} = 2\ \text{kW}$$

对于整个电路而言，吸收的功率 = 发出的功率，满足功率守恒。

方法二：

先求出等效电阻，即

$$\frac{1}{R_{\text{eq}}} = \frac{1}{R_1} + \frac{1}{R_2} + \frac{1}{R_3} = \frac{1}{10\ \Omega} + \frac{1}{5\ \Omega} + \frac{1}{2\ \Omega} = 0.8\ \text{S},$$

$$R_{\text{eq}} = 1.25\ \Omega$$

则总电流为

$$i = \frac{u}{R_{\text{eq}}} = \frac{50\ \text{V}}{1.25\ \Omega} = 40\ \text{A}$$

再利用分流公式依次求出 i_1、i_2、i_3，求解时注意参考方向。

$$i_1 = -\frac{R_{\text{eq}}}{R_1} i = \left(-\frac{1.25}{10} \times 40\right)\text{A} = -5\ \text{A}$$

$$i_2 = \frac{R_{\text{eq}}}{R_2} i = \left(\frac{1.25}{5} \times 40\right)\text{A} = 10\ \text{A}$$

$$i_3 = \frac{R_{\text{eq}}}{R_3} i = \left(\frac{1.25}{2} \times 40\right)\text{A} = 25\ \text{A}$$

电压源功率的求解同方法一，电阻功率的求解除了方法一，还可以利用公式 $p = \frac{u^2}{R}$ 或 $p = ui$ 进行求解。

如果电路中既有电阻的串联，又有电阻的并联，那么在分析电路时，串联部分和并联部分要分别根据电阻的串联特点、串联等效、串联分压作用、并联特点、并联等效以及并联分流作用进行分析。

4. 电阻的分类

电阻的种类有很多，可以应用于不同的场合。通常按功率和阻值形成不同的系列，供电路设计者选用。按照材料，电阻可以分为绕线电阻、碳膜电阻、金属膜电阻和水泥电阻等。小功率电阻器通常由封装在塑料外壳中的碳膜构成，而大功率的电阻器通常为绕线电阻器，通过将大电阻率的金属丝绕在磁心上而制成。按照功率，电阻可以分为$\frac{1}{16}$ W、$\frac{1}{8}$ W、$\frac{1}{4}$ W、$\frac{1}{2}$ W、1 W 等额定功率的电阻。按照阻值是否可调，电阻可以分为固定电阻和可变电阻两大类，其中应用最广泛的是固定电阻，固定电阻中比较常见的是 RT 型碳膜电阻、RJ 型金属型电阻、RX 型绕线型电阻和贴片电阻，贴片电阻和 RT 型碳膜电阻如图 1－42 所示。

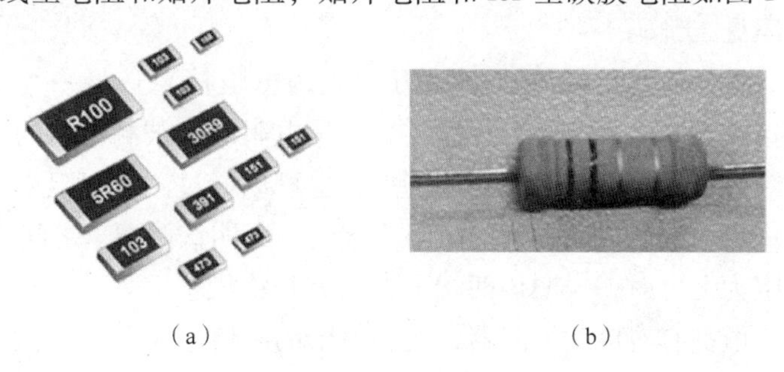

图 1－42　固定电阻

（a）贴片电阻；（b）RT 型碳膜电阻

在实际应用过程中，具体选用哪一种材料和结构的固定电阻应根据应用电路的具体要求而定。例如，高频电路应选用碳膜电阻、金属电阻、金属氧化膜电阻、薄膜电阻和合金电阻等分布电感，以及分布电容小的非绕线电阻器，而高增益小信号放大电路应选用金属膜电阻、碳膜电阻和绕线电阻这一类低噪声电阻。

可变电阻的阻值可以人工进行调整或者随外界环境的变化而变化，常见的可变电阻有可调电阻和敏感电阻，如图 1－43 所示。

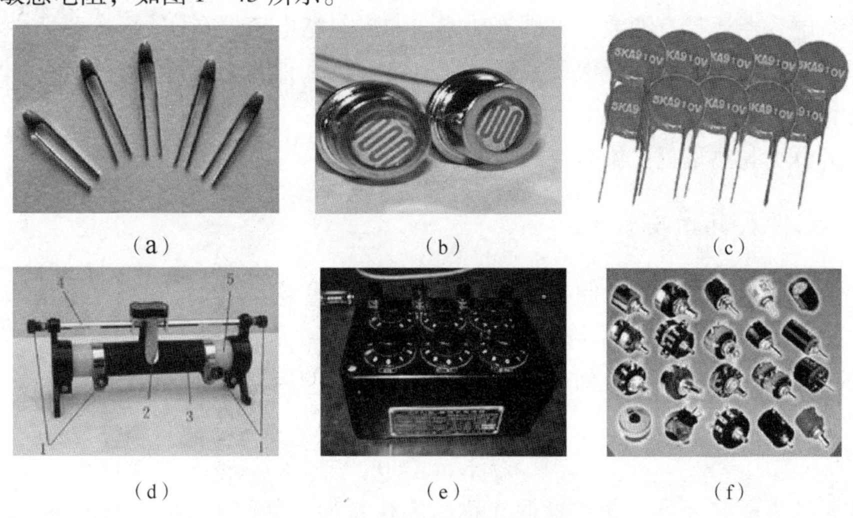

图 1－43　常见的可变电阻

（a）热敏电阻；（b）光敏电阻；（c）压敏电阻；（d）滑动变阻器；（e）电阻箱；（f）电位器

可调电阻有滑动变阻器、电阻箱和电位器。其中滑动变阻器通过滑动滑片来改变接入电路的电阻丝长度从而改变电阻的阻值，它可以连续调节电阻的阻值。电阻箱可以调节电阻的大小并且表示出电阻的阻值，但阻值变化是不连续的。电位器通常是由电阻体与转动或滑动系统组成，即靠一个动触点在电阻体上移动，获得部分电压输出。

敏感电阻有压敏电阻、热敏电阻、湿敏电阻以及光敏电阻等，其中，热敏电阻则是利用温度对电阻的影响，通过温度来改变电阻的阻值。光敏电阻则是利用光对电阻的影响，通过光照强度来改变电阻的阻值。压敏电阻利用压力对电阻的影响，通过压力来改变电阻的阻值。压敏电阻、热敏电阻、湿敏电阻以及光敏电阻都属于半导体器件。

在实际应用过程中，电阻的阻值可以通过欧姆表（或万用表的电阻挡）来测量，另外，对于小型带有色环的电阻，也可以通过色环法读取电阻的阻值。色环法读取电阻见二维码 1－7。

二维码 1－7
色环法读取电阻

在测量电阻时，首先需要给欧姆表（或万用表的电阻挡）选择一个合适的量程，然后连接在被测电阻两端，注意，当测量电阻时，被测电阻的一个端子应从电路中断开。根据开路和短路的特点，也可以通过测量电阻来判别开路和短路情况。当两端子之间测得的电阻为零时，说明该两端子之间为短路状态；当两端子之间测得的电阻为无穷时，说明该两端子之间为开路状态。

不是所有的电阻值都有对应的电阻器，成品电阻的阻值称为标称值。

1.3.2 电容元件

电容元件是实际电容器的理想模型。电容器是由绝缘体或电介质材料隔开的两个金属体组成的，应用非常广泛，种类也很多，如空气电容、陶瓷电容、纸电容、云母电容、电解电容和贴片电容等。实际的电容器能够聚集电荷，在电荷聚集的过程中伴随着电场的形成。在外电源作用下，电容器两个极板上分别带有等量的异号电荷，撤去电源，极板上的电荷仍可长久地聚集下去，是一种储存电能的部件。充电和放电是电容器的基本功能，另外，电容器还具有滤波、去耦等功能。如果忽略电容器在实际工作中的漏电流和磁场的影响等次要因素，在电路分析和计算中就可以用电容元件替代电容器。

二维码 1－8
电容器的分类与测量

电容器的分类与测量见二维码 1－8。

1. 电容元件及其伏安特性

电容元件是表征产生电场、储存电场能量的元件。电容元件上的电荷和电压的关系往往用来反映电容的储能特性。

如果一个二端元件在任意时刻，其电荷与电压之间的关系由 $q-u$ 平面上一条曲线所确定，即

$$f(u,q)=0$$

则称此二端元件为电容元件。此特性曲线称为库伏特性，如图 1－44 所示。如果在任意时刻，电容元件极板上的电荷 q 与电压 u 成正比，即特性曲线是通过 $q-u$ 平面上原点的一条

直线，如图1-45所示，则称之为线性时不变电容。

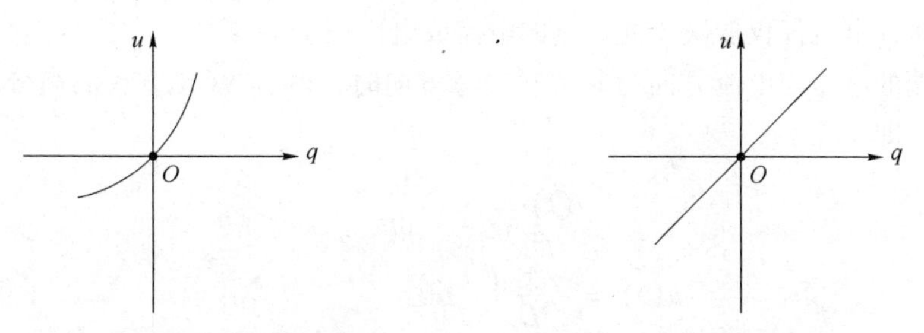

图1-44 电容元件的库伏特性曲线　　**图1-45 线性电容元件的库伏特性曲线**

线性电容元件简称电容，其电路符号如图1-46所示。

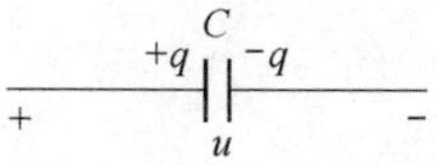

电容的大小用 C 表示，其表达式为

$$q = Cu \tag{1-39}$$

或

$$C = \frac{q}{u} \tag{1-40}$$

图1-46 线性电容元件的电路符号

式（1-39）中，电容 C 的单位是法拉，简称法（F），常常用微法（μF）和皮法（pF）表示。它们之间的换算关系为

$$1\ \mu\text{F} = 10^{-6}\ \text{F}$$

$$1\ \text{pF} = 10^{-12}\ \text{F}$$

当电容两端的电压发生变化时，聚集在电容极板上的电荷也发生相应的变化，连接电容的导线上就有电荷的移动，即有电流流过；如果电容两端的电压没有发生变化，则聚集在电容极板上的电荷也不会发生变化，即不会有电流流过。

当电容两端的电压与其上流过的电流取关联参考方向时，由于 $i = \frac{\mathrm{d}q}{\mathrm{d}t}$ 和 $q = cu$，电容两端的电压与其上通过的电流的关系式（VCR）为

$$i = C\frac{\mathrm{d}u}{\mathrm{d}t} \tag{1-41}$$

式（1-41）为电容VCR方程的微分形式，表明电容元件的特点如下：

（1）在任一时刻电容电流 i 的大小与电压 u 的变化率成正比，与 u 的大小无关，因此，电容是动态元件；

（2）对于直流电路（u 为常数），电压的变化率为0，所以电容的电流为0，即在直流电路中，电容相当于开路，因此，电容有隔直流、通交流的作用；

（3）在实际电路中通过电容的电流 i 为有限值，所以电容电压 u 是时间的连续函数。

根据式（1-41），如果电容上的电流已知，则电容两端的电压为

$$u(t) = \frac{1}{C}\int_{-\infty}^{t} i\mathrm{d}\xi = \frac{1}{C}\int_{-\infty}^{t_0} i\mathrm{d}\xi + \frac{1}{C}\int_{t_0}^{t} i\mathrm{d}\xi = u(t_0) + \frac{1}{C}\int_{t_0}^{t} i\mathrm{d}\xi \tag{1-42}$$

式（1-42）是电容VCR的积分形式。其中，$u_C(t_0)$ 为电容电压的初始值，反映了电容初始时刻的储能状况，也称为初始状态。由式（1-42）可知，电容具有记忆电流的作用，故称电容为记忆元件。在任意 t 时刻，电容电压的数值 $u_C(t)$，都要由从 $-\infty$ 到 t 时刻之间

的全部电流 $i_C(t)$ 来确定，即此时刻以前流过电容的电流都对 t 时刻的电压有一定的贡献。这与电阻的电压或电流仅仅取决于此时刻的电流或电压完全不同。

当电容两端的电压与电流方向为非关联参考方向时，电容 VCR 方程的微分和积分表达式前要加负号，即

$$i(t) = -C\frac{\mathrm{d}u}{\mathrm{d}t} \tag{1-43}$$

$$\begin{aligned} u(t) &= -\frac{1}{C}\int_{-\infty}^{t} i\mathrm{d}\xi \\ &= -\left(\frac{1}{C}\int_{-\infty}^{t_0} i\mathrm{d}\xi + \frac{1}{C}\int_{t_0}^{t} i\mathrm{d}\xi\right) \\ &= -\left(u(t_0) + \frac{1}{C}\int_{t_0}^{t} i\mathrm{d}\xi\right) \end{aligned} \tag{1-44}$$

2. 电容的功率和能量

对电容施加电压，极板之间会产生电场，并储存电场能量。当电容电压 u 与其电流 i 取关联参考方向时，电容吸收的功率为

$$p = ui = Cu\frac{\mathrm{d}u}{\mathrm{d}t} \tag{1-45}$$

式（1-45）表明电容充放电的情况如下：

（1）当电容充电且 $u>0$ 时，$\frac{\mathrm{d}u}{\mathrm{d}t}>0$，则 $i>0$，电容器极板上的电荷 q 增加，$p>0$，电容吸收功率；

（2）当电容放电且 $u>0$ 时，$\frac{\mathrm{d}u}{\mathrm{d}t}<0$，则 $i<0$，电容器极板上的电荷 q 减小，$p<0$，电容发出功率。

从以上分析可以看出，电容能在一段时间内吸收外部供给的能量，并将其转化为电场能量储存起来，另一段时间内又把能量释放回电路，因此电容是无源元件和储能元件，且它本身并不消耗能量。

在任意时刻 t，电容的储能为

$$\begin{aligned} W(t) &= \int_{-\infty}^{t} p(t)\mathrm{d}\xi = \int_{-\infty}^{t} Cu\frac{\mathrm{d}u}{\mathrm{d}\xi}\mathrm{d}\xi = \frac{1}{2}Cu^2\ \Big|_{-\infty}^{t} \\ &= \frac{1}{2}Cu^2(t) = \frac{1}{2C}q^2(t) \geqslant 0 \end{aligned} \tag{1-46}$$

式（1-46）表明电容储能的特点如下：

（1）电容的储能只与当时的电压值有关，电压不能跃变，即储能不能跃变。

（2）电容储存的能量一定大于或等于0。

【例1-10】 已知 100 μF 的电容两端的电压波形如图 1-47（a）所示，当其两端电压与其上通过的电流为关联参考方向时，试计算电容上流过的电流 $i_C(t)$，并画出波形图。

解：根据图 1-47(a) 中电容电压的波形图，按照时间分段来进行计算：

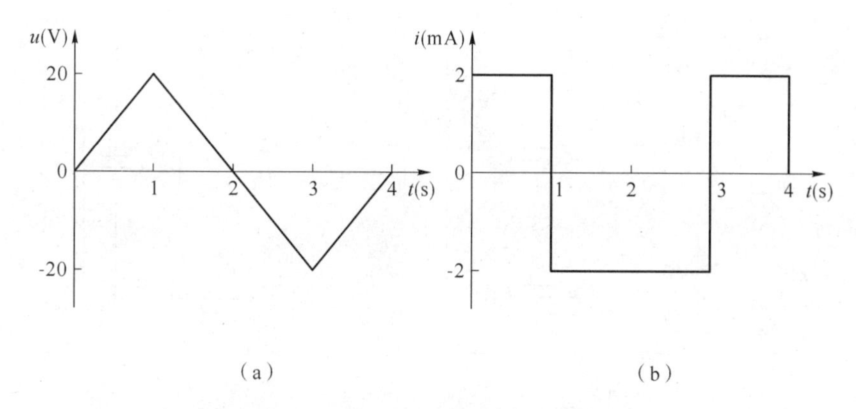

图1-47 例1-10电容电路的波形图

(a) 电压；(b) 电流

(1) 当0 s≤t≤1 s时，$u(t)=20\,t$，根据$i(t)=C\frac{\mathrm{d}u}{\mathrm{d}t}$可以得到

$$i(t)=C\frac{\mathrm{d}u}{\mathrm{d}t}=\left[100\times10^{-6}\times\frac{\mathrm{d}(20t)}{\mathrm{d}t}\right]\ \mathrm{A}=2\ \mathrm{mA}$$

(2) 当1 s≤t≤3 s时，$u(t)=(-20t+40)\,\mathrm{V}$，可以得到

$$i(t)=C\frac{\mathrm{d}u}{\mathrm{d}t}=\left[100\times10^{-6}\times\frac{\mathrm{d}(-20t+40)}{\mathrm{d}t}\right]\ \mathrm{A}=-2\ \mathrm{mA}$$

(3) 当3 s≤t≤4 s时，$u(t)=(20t-80)\,\mathrm{V}$，可以得到

$$i(t)=C\frac{\mathrm{d}u}{\mathrm{d}t}=\left[100\times10^{-6}\times\frac{\mathrm{d}(20t-80)}{\mathrm{d}t}\right]\ \mathrm{A}=2\ \mathrm{mA}$$

根据以上计算结果，电容电流的波形图如图1-47(b) 所示。

3. 电容的串联与并联

和电阻的串并联相同，电容的串并联也可以进行等效。

1) 电容的串联

如图1-48所示，n个电容串联的二端网络，就其端口特性而言，对外电路可以等效为一个电容。

在图1-48(a) 所示电路中，根据KVL可知

$$u=u_1(t)+u_2(t)+\cdots+u_n(t)$$

代入各电容的电压、电流关系式，可得

$$\begin{aligned}u(t)&=\frac{1}{C_1}\int_0^t i(\xi)\mathrm{d}\xi+u_1(0)+\frac{1}{C_2}\int_0^t i(\xi)\mathrm{d}\xi+u_2(0)+\cdots+\frac{1}{C_n}\int_0^t i(\xi)\mathrm{d}\xi+u_n(0)\\&=\left(\frac{1}{C_1}+\frac{1}{C_2}+\cdots+\frac{1}{C_n}\right)\int_0^t i(\xi)\mathrm{d}\xi+\sum_{k=1}^{n}u_k(0)\\&=\frac{1}{C_{\mathrm{eq}}}\int_0^t i(\xi)\mathrm{d}\xi+u(0)\end{aligned}$$

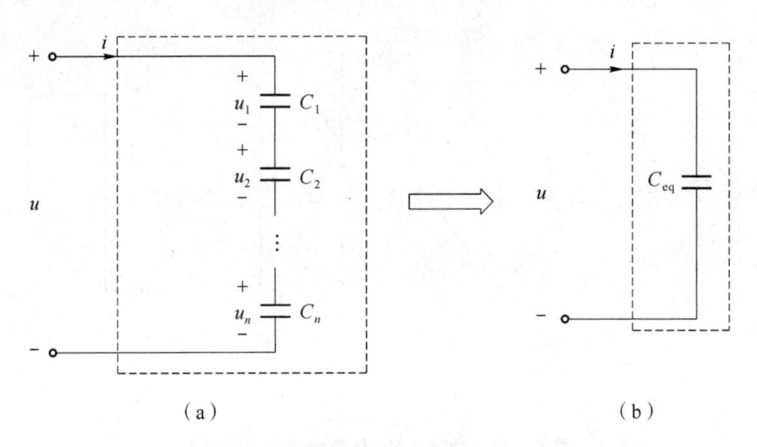

图 1-48　电容的串联及其等效电路

(a) 电容的串联；(b) 等效电路

因此，串联电容电路的等效电容与各电容的关系式为

$$\frac{1}{C_{eq}}=\frac{1}{C_1}+\frac{1}{C_2}+\frac{1}{C_3}+\cdots+\frac{1}{C_n} \tag{1-47}$$

由式（1-47）可知，n 个串联电容的等效电容值的倒数等于各串联电容值的倒数之和。当两个电容串联，即 $n=2$ 时，等效电容值为

$$C_{eq}=\frac{C_1C_2}{C_1+C_2} \tag{1-48}$$

2）电容的并联

如图 1-49 所示，n 个电容并联的二端网络，就其端口特性而言，对外电路可以等效为一个电容。

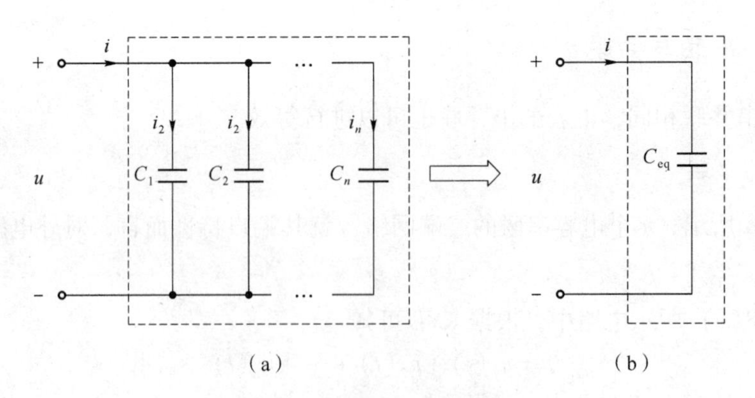

图 1-49　电容的并联及等效电路

(a) 电容的并联；(b) 等效电路

在图 1-49（a）所示电路中，根据 KCL 可知

$$i=i_1+i_2+\cdots+i_n$$

代入各电容的电压、电流关系式，可得

$$
\begin{aligned}
i(t) &= C_1 \frac{\mathrm{d}u}{\mathrm{d}t} + C_2 \frac{\mathrm{d}u}{\mathrm{d}t} + \cdots + C_n \frac{\mathrm{d}u}{\mathrm{d}t} \\
&= (C_1 + C_2 + \cdots + C_n) \frac{\mathrm{d}u}{\mathrm{d}t} \\
&= C_{\mathrm{eq}} \frac{\mathrm{d}u}{\mathrm{d}t}
\end{aligned}
$$

因此，并联电容电路的等效电容与各并联电容之间的关系式为

$$C_{\mathrm{eq}} = C_1 + C_2 + C_3 + \cdots + C_n \tag{1-49}$$

由式（1-49）可知，n 个并联电容的等效电容值等于各并联电容的电容值之和。

1.3.3 电感元件

电感元件是实际电感器的理想模型。把金属导线绕在磁芯上就会构成实际的电感器，该磁芯可以是磁性材料也可以是空气。电感器广泛应用在电子和电力系统中，如变压器、收音机中的振荡线圈等。电感器是一种储存磁场能量的电子元件。

图1-50所示为电感线圈。当电流 $i(t)$ 通过线圈时就会产生磁通 $\Phi(t)$，如果忽略耗能等次要因素，在电路分析和计算中，就可以用电感元件替代实际电感器。

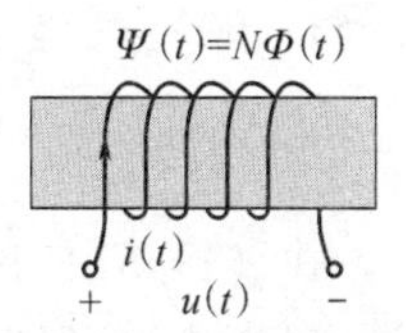

图1-50 电感线圈

电感器的分类与测量见二维码1-9。

二维码1-9 电感器的分类与测量

1. 电感元件及其伏安特性

电感元件的特性往往用其通过的电流 $i(t)$ 和产生的磁通链 $\Psi(t)$ 的关系来描述。如果一个二端元件在任一时刻，其上通过的电流与其产生的磁通链之间的关系可以由 $i-\Psi$ 平面上的一条曲线所确定，即

$$f(\Psi, i) = 0$$

则称此二端元件为电感元件。此特性曲线称为韦安特性曲线，如图1-51（a）所示。在任何时刻，如果通过电感元件的电流 i 与其磁通链 Ψ 成正比，即 $i-\Psi$ 韦安特性是过原点的一条直线，则称该电感元件为线性定常电感元件，简称电感。如果不加说明，本书提到的电感都是指线性定常电感元件。电感元件的韦安特性曲线如图1-51（b）所示。

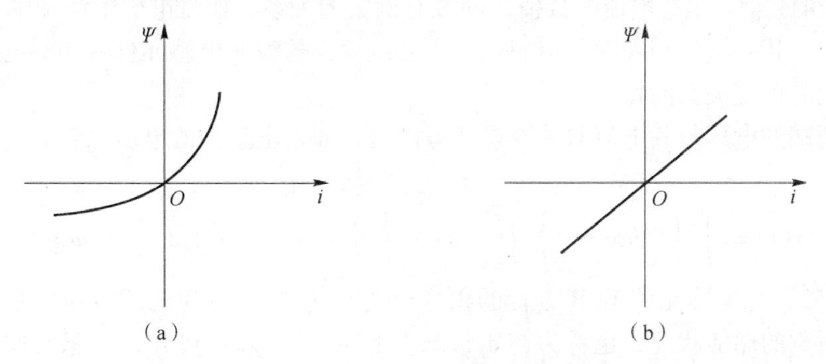

图1-51 电感元件的韦安特性曲线

（a）电感元件；（b）线性定常电感元件

电感的电路符号如图 1－52 所示。

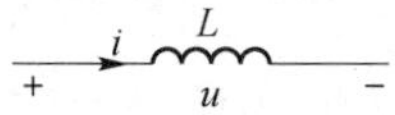

i L $+$ u $-$

图 1－52　电感的电路符号

通过电感元件的电流 i 与其磁通链 Ψ 之间的关系为

$$\Psi = Li \tag{1-50}$$

式（1－50）中，L 为电感的自感系数，对于线性定常电感元件来讲，L 是常数。电感的国际单位是 H（亨），当电感量较小时，常用毫亨（mH）、微亨（μH）表示，它们之间的换算关系为

$$1\ \text{mH} = 10^{-3}\ \text{H}$$

$$1\ \mu\text{H} = 10^{-6}\ \text{H}$$

当电感线圈上有变化的电流时，电感中的磁通发生变化，从而在线圈两端感应电压。若电感的端电压 u 和电流 i 取关联参考方向，则根据电磁感应定律与楞次定律 $u = \dfrac{\mathrm{d}\Psi}{\mathrm{d}t}$以及式（1－50）,可得

$$u(t) = L\frac{\mathrm{d}i}{\mathrm{d}t} \tag{1-51}$$

式（1－51）称为电感元件 VCR 方程的微分形式，表明电感元件的特点如下：

（1）电感两端的电压 u 的大小取决于其电流 i 的变化率，而与 i 的大小无关，因此，电感是动态元件；

（2）当 i 为常数（直流）时，电流的变化率为零，所以电感的电压为零，即电感相当于短路；

（3）在实际电路中，电感的电压 u 为有限值，因此，电感电流 i 不能跃变，而是时间的连续函数。

在已知电感电流 $i(t)$ 的条件下，用式（1－51）即可求出其电压 $u(t)$ 。

例如，在 $L=1$ mH 的电感上，施加电流为 $i(t) = 10\sin(5t)$ A 时，其关联参考方向的电压为

$$u(t) = L\frac{\mathrm{d}i}{\mathrm{d}t} = \left\{10^{-3} \times \frac{\mathrm{d}[10\sin(5t)]}{\mathrm{d}t}\right\}\text{V} = [50 \times 10^{-3}\cos(5t)]\text{V} = 50\cos(5t)\ \text{mV}$$

电感电压的数值与电感电流的数值之间没有确定的关系，如将电感电流增加一个常量 k，变为 $i(t) = [k + 10\sin(5t)]$A 时，电感电压不会改变，这说明电感元件并不具有电阻元件在电压电流之间有确定关系的特性。

当电感两端的电压与其电流取关联参考方向时，如果电感上的电压已知，则电感上的电流为

$$i(t) = \frac{1}{L}\int_{-\infty}^{t} u\mathrm{d}\xi = \frac{1}{L}\int_{-\infty}^{t_0} u\mathrm{d}\xi + \frac{1}{L}\int_{t_0}^{t} u\mathrm{d}\xi = i(t_0) + \frac{1}{L}\int_{t_0}^{t} u\mathrm{d}\xi \tag{1-52}$$

式（1－52）是电感元件 VCR 方程的积分形式，其中 $i(t_0)$ 为电感电流的初始值，反映了电感初始时刻的储能状况，也称为初始状态。由式（1－52）可知，电感元件有记忆电压的作用，故称电感为记忆元件。在任意时刻 t，电感电流的数值 $i(t)$，要由从 $-\infty$ 到 t 时刻之间的全部电压来确定，即此时刻以前在电感上的电压都对 t 时刻的电感电流有一定的贡

献。这与电阻元件的电压或电流仅取决于此时刻的电流或电压完全不同。

当电感两端的电压 u 与电流 i 方向为非关联参考方向时，电感元件 VCR 方程的微分和积分表达式前都要加负号，即

$$u(t) = -L\frac{\mathrm{d}i}{\mathrm{d}t} \tag{1-53}$$

$$i(t) = -\frac{1}{L}\int_{-\infty}^{t} u\mathrm{d}\xi = -\left(\frac{1}{L}\int_{-\infty}^{t_0} u\mathrm{d}\xi + \frac{1}{L}\int_{t_0}^{t} u\mathrm{d}\xi\right) = -\left(i(t_0) + \frac{1}{L}\int_{t_0}^{t} u\mathrm{d}\xi\right) \tag{1-54}$$

【例 1-11】 已知 $L=0.5$ mH 的电感电压 $u(t)=\begin{cases}20t^2\ \mathrm{V} & (t>0)\\ 0\ \mathrm{V} & (t<0)\end{cases}$，试求电感电流 $i(t)$。

解：根据电感元件 VCR 方程的积分形式得

（1）当 $t>0$ 时，$i(t) = \frac{1}{L}\int_{-\infty}^{t} u\mathrm{d}\xi = \frac{1}{0.5\times 10^{-3}}\int_{0}^{t} 60t^2\mathrm{d}\xi = 4\times 10^4 t^3\ \mathrm{A}$

（2）当 $t<0$ 时，$i=0$ A。

2. 电感的功率和能量

电感的记忆特性是其储存能量的表现，电感线圈上通电流，线圈会感应磁场并储存磁场能量。当电感电压 u 与其电流 i 取关联参考方向时，电感吸收的功率为

$$p = ui = Li\frac{\mathrm{d}i}{\mathrm{d}t} \tag{1-55}$$

式（1-55）表明电感充放电的情况如下：

（1）当电流增大且 $i>0$ 时，$\frac{\mathrm{d}i}{\mathrm{d}t}>0$，则 $u>0$，线圈中的磁通链 Ψ 增加，$p>0$，此时电感吸收功率；

（2）当电流减小，且 $i>0$ 时，$\frac{\mathrm{d}i}{\mathrm{d}t}<0$，则 $u<0$，线圈中的磁通链 Ψ 减小，$p>0$，此时电感发出功率。

从以上分析可以看出，电感能在一段时间内吸收外部供给的能量，并将其转化为磁场能量储存起来，在另一段时间内又可以把能量释放回电路，因此电感元件是无源元件和储能元件，且它本身并不消耗能量。

在任意 t 时刻，电感的储能是对其功率的积分，即

$$W_L(t) = \int_{-\infty}^{t} p(t)\mathrm{d}\xi = \int_{-\infty}^{t} Li\frac{\mathrm{d}i}{\mathrm{d}\xi}\mathrm{d}\xi = \frac{1}{2}Li^2\Big|_{-\infty}^{t} = \frac{1}{2}Li^2(t) \geqslant 0 \tag{1-56}$$

式（1-56）表明电感储能的特点如下：

（1）电感的储能只与当时的电流值有关，电感的电流不能跃变，反映了储能也不能跃变；

（2）电感储存的能量一定大于或等于 0。

3. 电感的串联与并联

1）电感的串联

如图 1-53 所示，对于 n 个电感串联的二端网络，就其端口特性而言，对外电路可以等

效为一个电感。

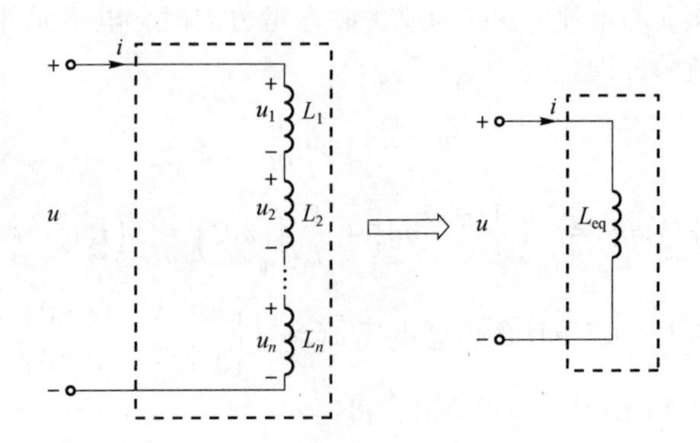

图 1-53 电感的串联及其等效电路

(a) 电感的串联;(b) 等效电路

在图 1-53(a)所示电路中,根据 KVL 和电感的电压电流的关系,有

$$\begin{aligned} u &= u_1 + u_2 + \cdots + u_n = L_1 \frac{\mathrm{d}i}{\mathrm{d}t} + L_2 \frac{\mathrm{d}i}{\mathrm{d}t} + \cdots + L_n \frac{\mathrm{d}i}{\mathrm{d}t} \\ &= (L_1 + L_2 + \cdots L_n) \frac{\mathrm{d}i}{\mathrm{d}t} \\ &= L_{eq} \frac{\mathrm{d}i}{\mathrm{d}t} \end{aligned}$$

因此,串联电感电路的等效电感与各电感的关系式为

$$L_{eq} = L_1 + L_2 + \cdots + L_n \tag{1-57}$$

由式(1-57)可知,n 个串联电感的等效电感值等于各串联电感值之和。

2)电感的并联

如图 1-54 所示,对于 n 个电感并联的二端网络,就其端口特性而言,对外电路可以等效为一个电感。

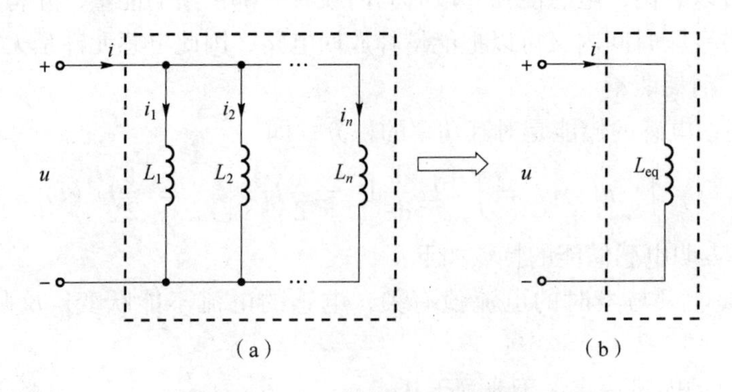

图 1-54 电感的并联及其等效电路

(a) 电感的并联;(b) 等效电路

如图 1-54(a)所示,根据 KCL 及电感的电压与电流的关系式,有

$$i = i_1 + i_2 + \cdots + i_n$$

$$
\begin{aligned}
i(t) &= \frac{1}{L_1}\int_0^t u(\xi)\mathrm{d}\xi + i_1(0) + \frac{1}{L_2}\int_0^t u(\xi)\mathrm{d}\xi + i_2(0) + \cdots + \frac{1}{L_n}\int_0^t u(\xi)\mathrm{d}\xi + i_n(0) \\
&= \left(\frac{1}{L_1} + \frac{1}{L_2} + \cdots + \frac{1}{L_n}\right)\int_0^t u(\xi)\mathrm{d}\xi + \sum_{k=1}^{n} i_k(0) \\
&= \frac{1}{L_{\mathrm{eq}}}\int_0^t u(\xi)\mathrm{d}\xi + i(0)
\end{aligned}
$$

因此，并联电感电路的等效电感与各电感的关系式为

$$
\frac{1}{L_{\mathrm{eq}}} = \frac{1}{L_1} + \frac{1}{L_2} + \cdots + \frac{1}{L_n} \tag{1-58}
$$

由式（1－58）可知，n 个并联电感的等效电感值的倒数等于各并联电感值的倒数和。

当两个电感并联，即 $n=2$ 时，等效电感值为

$$
L_{\mathrm{eq}} = \frac{L_1 L_2}{L_1 + L_2} \tag{1-59}
$$

1.4 电源元件

电源元件是指将其他能量转化为电能的元件，实际电源种类很多，如电池、稳压电源、光电池、电力系统提供的交流电源、交流稳压电源和各种信号发生器等。本节主要介绍独立（理想）电源和受控源。

1.4.1 独立电源

独立电源对外提供的电压和电流不受外界控制，由自身决定。独立电源包括独立电压源和独立电流源。

1. 独立电压源

如果一个二端元件两端的电压保持定值 U_S 或者按照给定的时间函数 $U_S(t)$ 变化，且电压值与流过它的电流 i 无关，则称此二端元件为独立电压源，又称为理想电压源，简称电压源。

目前，在实验室常见的各种直流和交流稳压电源，以及在各种电子设备中配置的直流稳压电源，都属于独立电压源。图 1－55 所示为常用的独立电压源。

如果电压源产生的电压保持不变，则称为恒定电压源或直流电压源；如果电压源的电压随时间变化，则称为时变电压源；如果电压源的电压随时间作周期性变化且平均值为 0，则称为交流电压源。

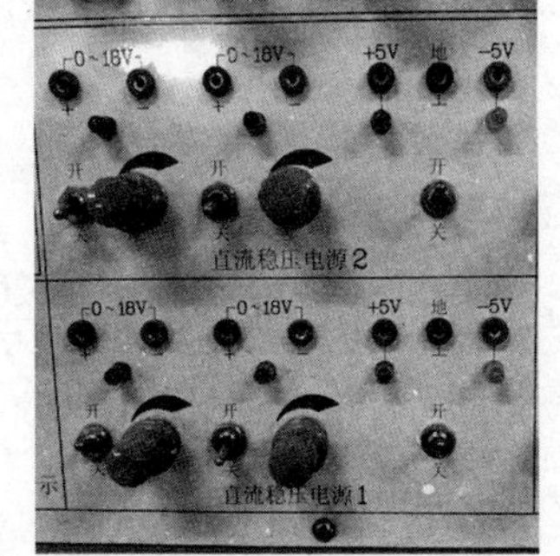

图 1－55　常用的独立电压源

独立电压源的电路符号如图 1－56（a）所示。根据独立电压源的定义，独立电压源两端的电压由电压源本身决定，与外电路无关，与流经它的电流的方向和大小无关；通过电压源的电流由电压源以及外电路共同决定。独立电压源的伏安特性是平行于 i 轴的一条直线，如图 1－55（b）所示。

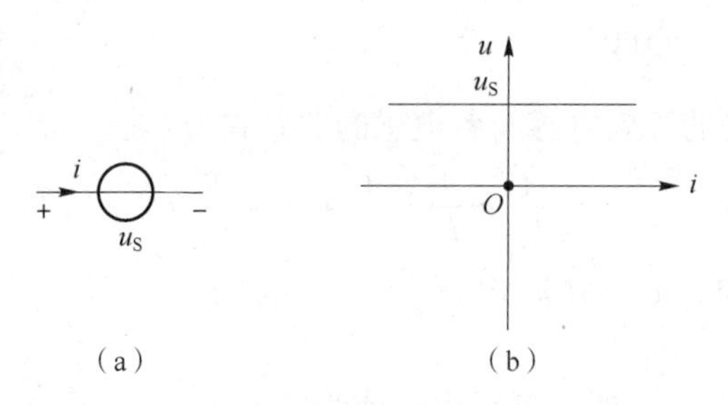

图 1－56　独立电压源的电路符号和伏安特性曲线

（a）电路符号；（b）伏安特性曲线

当独立电压源两端的电压与其上通过的电流为非关联参考方向时，其发出的功率为 $p=u_{S}i$，此时电流（正电荷）方向为由低电位指向高电位，外力克服电场力做功，独立电压源发出功率，起到电源的作用。当独立电压源两端的电压与其上通过的电流为关联参考方向时，其吸收功率为 $p=u_{S}i$，此时电流（正电荷）方向为由高电位指向低电位，电场力做功，独立电压源吸收功率，充当负载，即独立电压源在不同的工作状态下，可以发出功率，也可以吸收功率。

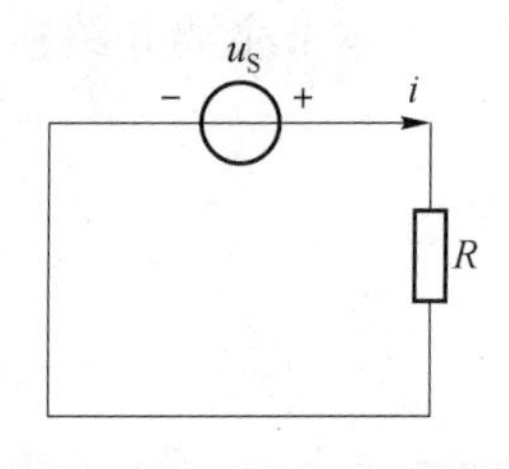

图 1－57　例 1－12 电路

【例 1－12】　如图 1－57 所示电路，已知电压源 $u_{S}=20\ \text{V}$，当电阻 $R=0\ \Omega$、$R=5\ \Omega$ 以及 $R=\infty$ 时，试求电流 i、电压源及电阻的功率。

解：由于电源两端的电压 u_{s} 和流经的电流 i 为非关联参考方向，故其发出的功率为

$$p_{1发出}=u_{S}i$$

电阻吸收的功率为

$$p_{2吸收}=i^{2}R=\frac{{u_{S}}^{2}}{R}=u_{S}i$$

（1）当电阻 $R=0$ 时，电压源处于短路状态，流经电压源的电流 $i\rightarrow\infty$，会烧毁电压源，因此，电压源在使用过程中不允许短路。此时，电压源发出的功率为

$$p_{1发出}=u_{S}i\rightarrow\infty$$

电阻吸收的功率为

$$p_{2吸收}=i^{2}R\rightarrow\infty$$

（2）当 $R=5\ \Omega$ 时，$i=\dfrac{20\ \text{V}}{5\ \Omega}=4\ \text{A}$，电压源发出的功率为

$$p_{1发出}=u_{S}i=20\ \text{V}\times4\ \text{A}=80\ \text{W}$$

电阻吸收的功率为

$$p_{2吸收}=i^{2}R=(4\text{A})^{2}\times5\ \Omega=80\ \text{W}$$

（3）当 $R=\infty$ 时，电压源处于开路状态，流经电压源的电流 $i=0$，电压源发出的功

率为

$$p_{1发出} = u_S i = 0\ W$$

电阻吸收的功率为

$$p_{2吸收} = i^2 R = 0\ W$$

由例 1-12 可以看出：独立电压源的电流是由该电压源与外部电路共同决定的。完整的电路遵循功率守恒定律，即吸收的总功率等于发出的总功率。

电压源的端电压是已知的，因此，要想求电压源的功率，必须先求出电压源上通过的电流。

2. 独立电流源

如果一个二端元件的输出电流保持恒定值 I_S 或者按照给定的时间函数 $i_S(t)$ 变化，且电流值与其端电压 u 无关，则称此二端元件为独立电流源，又称为理想电流源，简称电流源。

如果电流源产生的电流保持常量不变，则称为恒定电流源或直流电流源；如果电流源的电流随时间变化，则称为时变电流源；如果电流源的电流随时间周期性变化且平均值为 0，则称为交流电流源。

独立电流源的电路符号如图 1-58（a）所示。根据独立电流源的定义，独立电流源的输出电流由电源本身决定，与外电路无关，与它两端的电压无关；独立电流源两端的电压由其本身输出的电流及外部电路共同决定。独立电流源的伏安特性曲线是平行于 u 轴的一条直线，如图 1-58（b）所示。

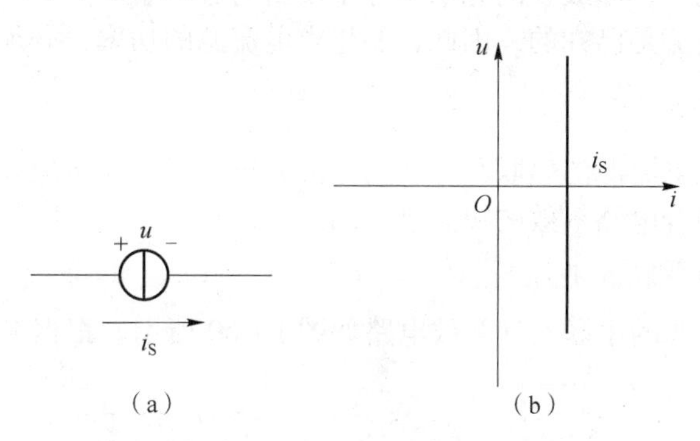

1-58 独立电流源的电路符号及其伏安特性曲线

（a）电路符号；（b）伏安特性曲线

当独立电流源两端的电压与其电流为非关联参考方向时，其发出的功率 $p = ui_S$，此时，电流（正电荷）方向由低电位流向高电位，外力克服电场力做功，电流源发出功率，起到电源的作用。当电流源两端的电压与其电流为关联参考方向时，其发出的功率 $p = ui_S$，此时，电流（正电荷）方向由高电位流向低电位，电场力做功，电流源吸收功率，充当负载，即独立电流源两端的电压可以有不同的极性，它可以向外电路提供能量，也可以从外电路吸收能量。

【例 1-13】 如图 1-59 所示电路中，已知电流源 $i_S = 10$ A，当电阻 $R = 0\ \Omega$、$R = 5\ \Omega$ 以及 $R = \infty$ 时，求电压 u、电流源及电阻的功率。

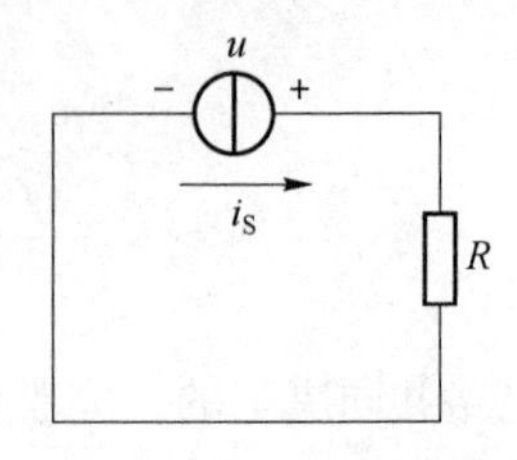

图 1－59　例 1－13 电路

解：由于电流源的电流 i_S 与其两端的电压 u 为非关联参考方向，故其发出的功率为

$$p_{1发出} = ui_S$$

电阻吸收的功率为

$$p_{2吸收} = i_S^2 R = \frac{u^2}{R} = ui_S$$

（1）当电阻 $R = 0\ \Omega$ 时，电流源处于短路状态，$u = Ri_S = 0$ V，电流源发出的功率为

$$p_{1发出} = ui_S = 0\ \text{W}$$

电阻吸收的功率为

$$p_{2吸收} = i_S^2 R = 0\ \text{W}$$

（2）当 $R = 5\ \Omega$ 时，$u = Ri_S = 50$ V，电流源发出的功率为

$$p_{1发出} = ui_S = 50\ \text{V} \times 10\ \text{A} = 500\ \text{W}$$

电阻吸收的功率为

$$p_{2吸收} = i_S^2 R = (10\ \text{A})^2 \times 5\ \Omega = 500\ \text{W}$$

（3）当 $R = \infty$ 时，电流源处于开路状态，电流源两端的电压 $u \to \infty$，因此电流源在使用过程中不允许开路。电流源发出的功率为

$$p_{1发出} = ui_S \to \infty$$

电阻吸收的功率为

$$p_{2吸收} = i_S^2 R \to \infty$$

由例 1－13 可以看出：独立电流源的端电压是由该电流源与外部电路共同决定的。完整的电路遵循功率守恒定律，即吸收的总功率等于发出的总功率。

电流源上通过的电流是已知的，因此，要想求电流源的功率，必须先求出其两端电压。

3. 独立电源的串联和并联

独立电压源、独立电流源的串联和并联问题的分析是以独立电压源和独立电流源的定义及伏安特性为基础，结合电路等效的概念进行的。

1）独立电压源的串联和并联

（1）n 个独立电压源的串联及其等效电路如图 1－60 所示。根据 KVL 可知，总电压为

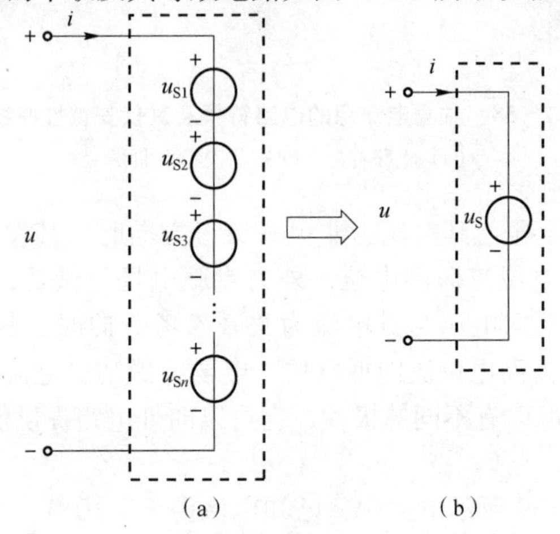

图 1－60　独立电压源的串联及其等效电路

（a）独立电压源的串联；（b）等效电路

$$u = u_S = u_{S1} + u_{S2} + u_{S3} + \cdots + u_{Sn} = \sum_{k=1}^{n} u_{Sk} \tag{1-60}$$

注意：

如果式（1-60）中 u_{Sk} 的参考方向与 u_S 的参考方向一致，则 u_{Sk} 在式中取“+”号，反之，u_{Sk} 在式中取“-”号。根据电路等效变换的概念，就端口特性而言，n 个独立电压源串联的二端网络对外电路可以等效为一个独立电压源，独立电压源为所有串联独立电压源的代数和。因此，通过独立电压源的串联可以得到一个较高的输出电压。

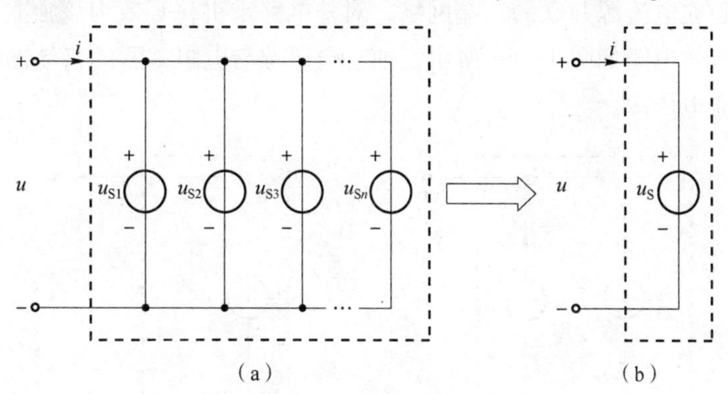

图1-61 独立电压源的并联及其等效电路

（a）独立电压源的并联；（b）等效电路

（2）n 个独立电压源的并联及其等效电路如图1-61所示。根据KVL得

$$u = u_S = u_{S1} = u_{S2} = u_{S3} = \cdots = u_{Sn}$$

因此，只有电压相等且方向相同的独立电压源才能并联，此时并联电压源的对外特性与单个电压源一样。根据电路等效变换的概念，多个大小相等方向相同的独立电压源的并联，对外电路可以等效为一个独立电压源，等效独立电压源为参与并联的任意一个独立电压源。

注意：

① 大小不同或参考方向不同的独立电压源是不允许并联的，否则违反KVL；

② 独立电压源并联时，每个电压源的电流是不确定的。

（3）独立电压源与任意二端电路（元件）的并联电路及其等效电路如图1-62所示。设外电路接电阻 R，根据KVL和欧姆定律得到端口电压、电流为

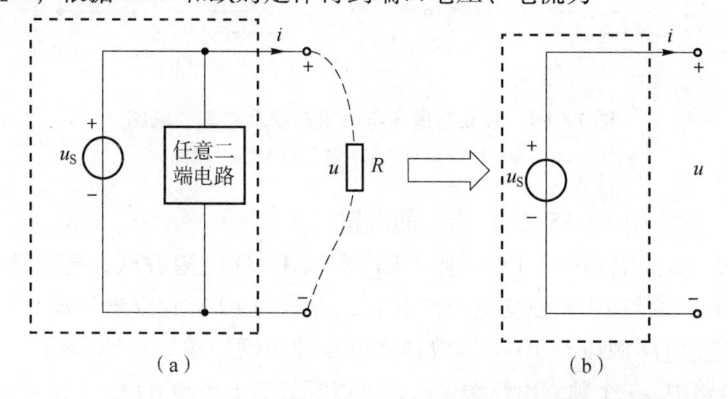

图1-62 独立电压源与任意二端电路（元件）的并联电路及其等效电路

（a）独立电压源与任意二端电路（元件）的并联电路；（b）等效电路

$$u = u_S$$

$$i = \frac{u}{R}$$

即端口电压、电流只由电压源和外电路决定，与并联的元件无关。因此，对外电路而言，独立电压源和任意元件并联电路可以等效为该独立电压源。

任意二端电路也可以是二端元件，当二端元件为电流源时，等效电路如图 1－63 所示，即独立电压源与独立电流源并联的二端网络，对外电路来讲，等效为该独立电压源。当任意元件为电阻时，等效电路如图 1－64 所示，独立电压源与电阻并联的二端网络，对外电路来讲，等效为该独立电压源。

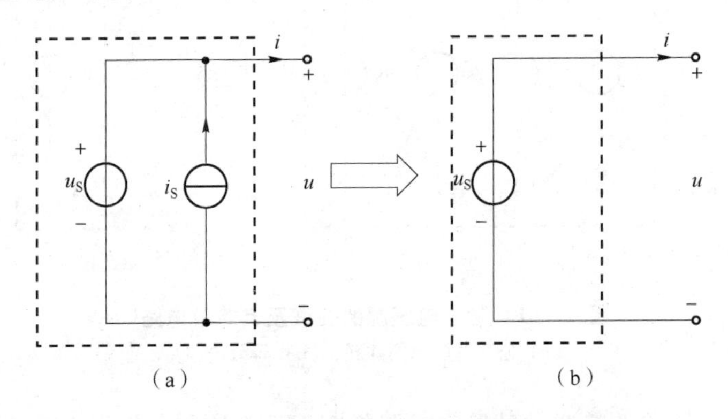

图 1－63　独立电压源与独立电流源并联及其等效电路

（a）独立电压源与独立电流源并联；（b）等效电路

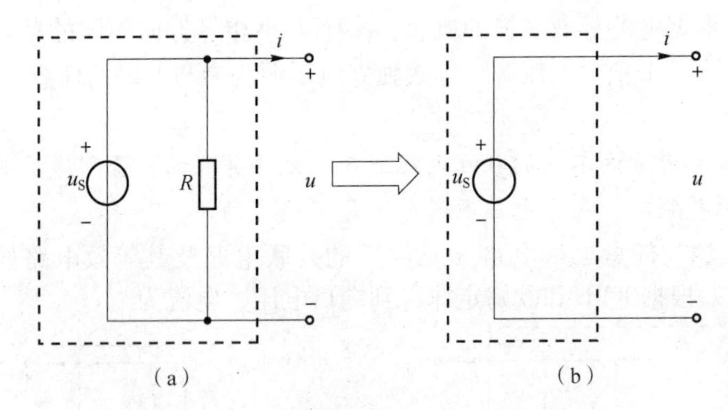

图 1－64　独立电压源与电阻并联及其等效电路

（a）独立电压源与电阻并联；（b）等效电路

【例 1－14】　化简图 1－65（a）所示的电路。

解：图 1－65（a）电路中，18 V 独立电压源与 1 kΩ 电阻并联，等效为 18 V 独立电压源；15 mA 独立电流源与 10 V 独立电压源并联，等效为 10 V 独立电压源；18 V 的等效独立电压源与 50 V 独立电压源以及 10 V 等效独立电压源串联，等效电路如图 1－65（b）所示，图 1－65（b）电路中，3 个独立电压源串联，可以等效为 1 个独立电压源：(18－50＋10) V＝－22 V，如图 1－65（c）所示。

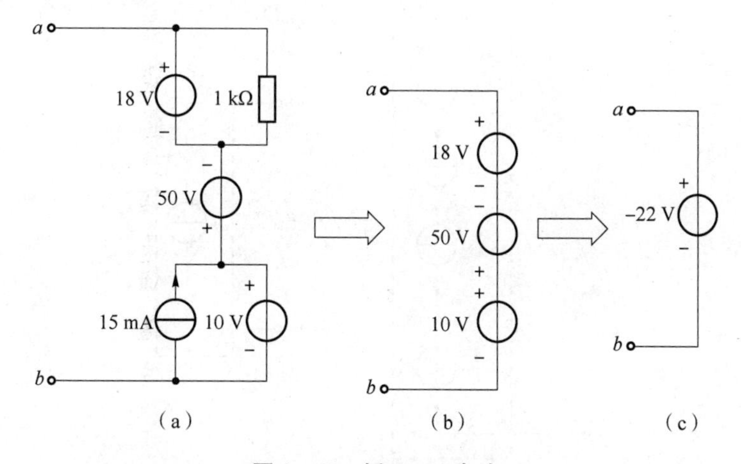

图 1-65 例 1-14 电路

(a) 待化简电路；(b) 等效电路-1；(c) 等效电路-2

2) 独立电流源的串联和并联

(1) n 个独立电流源的并联及其等效电路如图 1-66 所示。根据 KCL 可得

$$i_{S} = i_{S1} + i_{S2} + i_{S3} + \cdots + i_{Sn} = \sum_{k=1}^{n} i_{Sk} \tag{1-61}$$

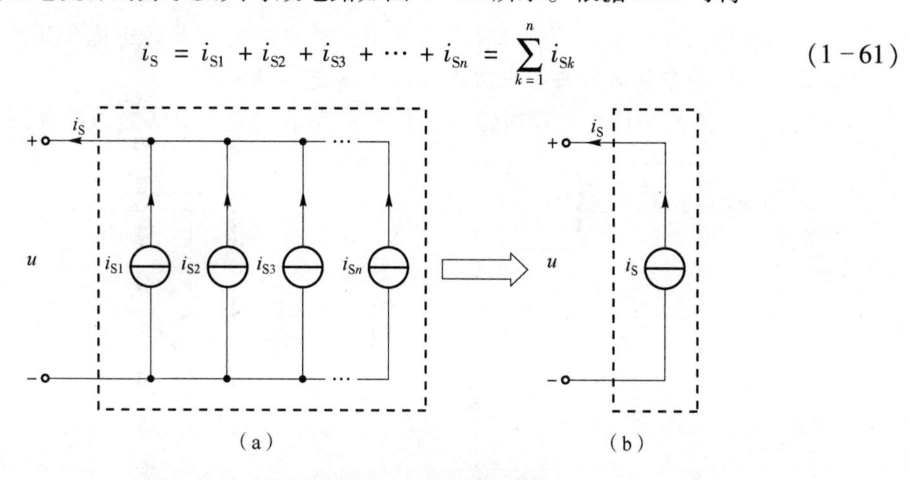

图 1-66 独立电流源的并联及其等效电路

(a) 独立电流源的并联；(b) 等效电路

注意：

式 (1-61) 中 i_{Sk} 的参考方向与 i_{S} 的参考方向一致时，i_{Sk} 在式中取“+”号，反之，i_{Sk} 在式中取“-”号。根据电路等效变换的概念，就端口特性而言，n 个独立电流源并联的二端网络可以等效为 1 个独立电流源，独立电流源为所有并联独立电流源的代数和。因此，通过独立电流源的并联可以得到一个较大的输出电流。

(2) 为 n 个独立电流源的串联及其等效电路如图 1-67 所示。根据 KCL 可得

$$i = i_{S} = i_{S1} = i_{S2} = i_{S3} = \cdots = i_{Sn} \tag{1-62}$$

式 (1-62) 说明：独立电流源的电流只有大小相等且输出电流的方向一致时才能进行串联，此时串联电流源的对外特性与单个电流源一样。根据电路等效变换的概念，多个大小相等、方向相同的独立电流源的串联，对外电路可以等效为一个独立电流源，等效独立电流源为参与串联的任意一个独立电流源。

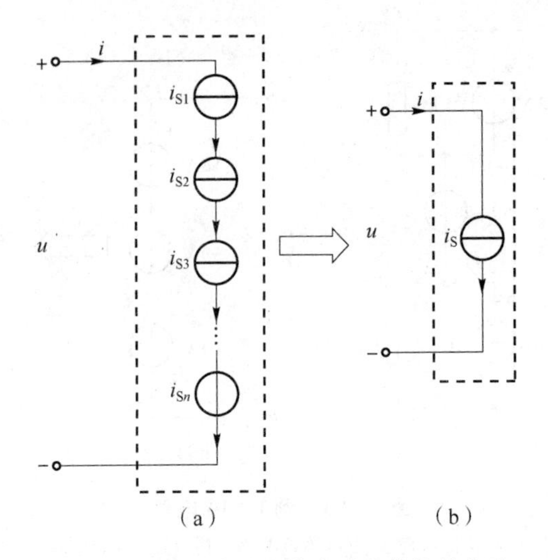

图 1-67　独立电流源的串联及其等效电路

(a) 独立电流源的串联；(b) 等效电路

注意：

① 大小不同或方向不同的独立电流源是不允许串联的，否则违反 KCL；

② 独立电流源串联时，每个电流源上的电压是不确定的。

(3) 独立电流源与任意二端电路（元件）的串联电路及其等效电路如图 1-68 所示。

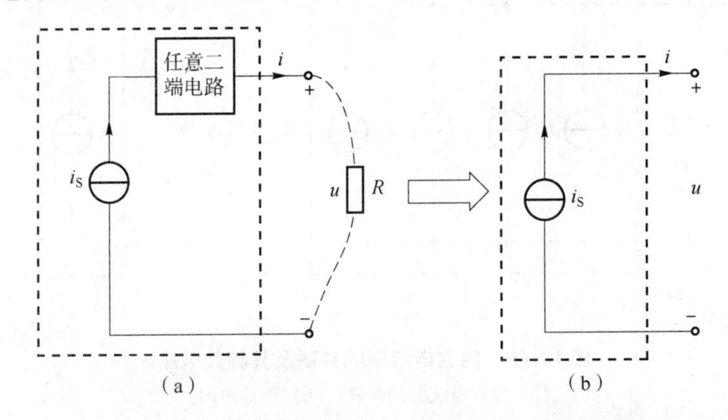

图 1-68　独立电流源与任意二端电路（元件）的串联电路及其等效电路

(a) 独立电流源与任意二端电路（元件）的串联电路；(b) 等效电路

设外电路接电阻 R，根据欧姆定律和 KVL 可以得到端口的电流和电压为

$$i = i_S$$

$$u = i_S R$$

即端口的电压、电流只由电流源和外电路决定，与串联的元件无关。因此，独立电流源和任意二端电路（元件）的串联电路，对外电路可以等效为该独立电流源。

任意二端电路也可以只有二端元件。当二端元件为电压源时，等效电路如图 1-69 所示，即独立电流源与独立电压源串联的二端网络，对外电路等效为该独立电流源。当任意元件为电阻时，等效电路如图 1-70 所示，独立电流源与电阻串联的二端网络，对外电路等效为该独立电流源。

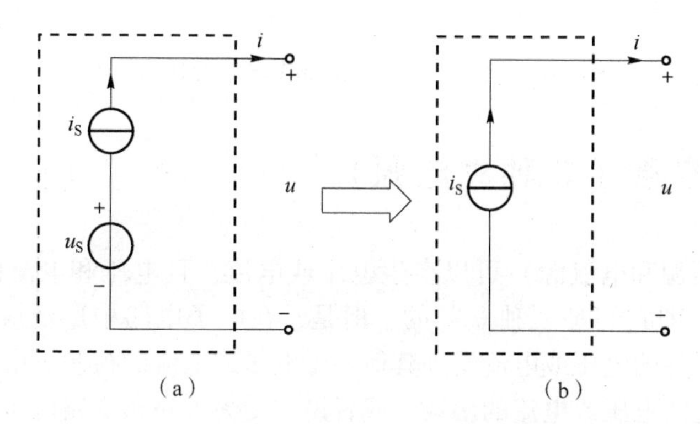

图 1-69　独立电流源与独立电压源串联及其等效电路

(a) 独立电流源与独立电压源串联；(b) 等效电路

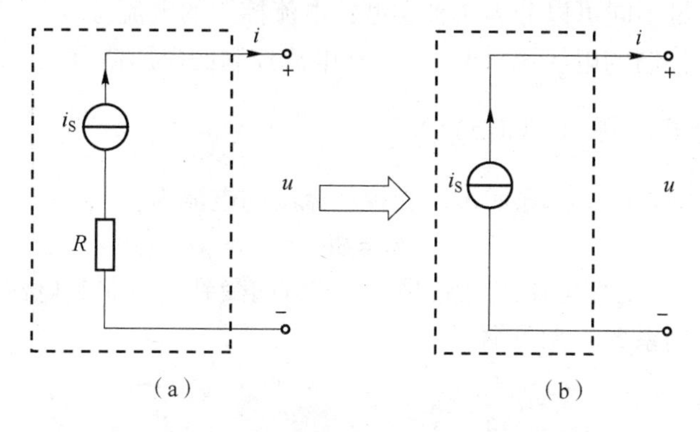

图 1-70　独立电流源与电阻串联及其等效电路

(a) 独立电流源与电阻串联；(b) 等效电路

【例 1-15】　在图 1-71 (a) 所示电路中，已知 $i_{S1}=20$ mA，$i_{S2}=100$ mA，$i_{S3}=30$ mA，$u_S=10$ V，$R_1=25\ \Omega$，$R_2=5\ \Omega$，求电阻 R 的电流和电压。

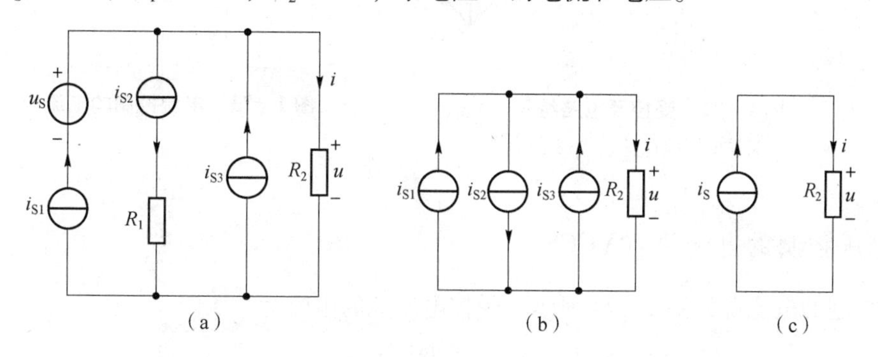

图 1-71　例 1-15 电路

解：由图 1-71 (a) 可知，电压源 u_S 与电流源 i_{S1} 串联，可以等效为电流源 i_{S1}；电流源 i_{S2} 与电阻 R_1 串联，可以等效为电流源 i_{S2}；等效电路图如图 1-71 (b) 所示。由图1-71 (b)电路可知，电流源 i_{S1} 与电流源 i_{S2}、电流源 i_{S3} 并联，可以等效为一个电流源，其电流为 $i_S=i_{S1}-i_{S2}+i_{S3}=(20-100+30)\text{mA}=-50$ mA，等效电路如图 1-71 (c) 所示。在图 1-71 (c)电路中，电流和电压为

$$i = i_S = -50\ \text{mA}$$
$$u = R_2 i = 5\ \Omega \times (-50)\text{mA} = -250\ \text{mV}$$

1.4.2 受控源（非独立电源）

独立电源（电压源和电流源）可以产生电压或电流，且电压和电流由其本身决定，不受任何变量的控制，即它们是“独立”的。但是，在电子电路中广泛应用的各种晶体管、运算放大器等多端器件的电压或电流受到其他端子电压或电流的控制。由于它们的电压或电流是另外一条支路上的电压或电流的函数，或者说，受另外一条支路电压或电流的控制，所以这类电源称为受控源或非独立电源。受控源反映了电路中某处的电压或电流与另一处的电压或电流的控制关系。受控源电路符号通常用菱形表示，如图 1－72 所示。

受控源根据控制量不同可以分为 4 种类型：电流控制的电流源（CCCS）、电压控制的电流源（VCCS）、电压控制的电压源（VCVS）和电流控制的电压源（CCVS）。

1. 电流控制的电流源（CCCS）

电流控制的电流源如图 1－73 所示。受控电流源的电流为

$$i_2 = \beta i_1 \tag{1-63}$$

式（1－63）表明，受控电流源电流的大小和方向受到其控制量电流 i_1 的控制，其中控制系数 β 称为电流控制系数，无量纲。

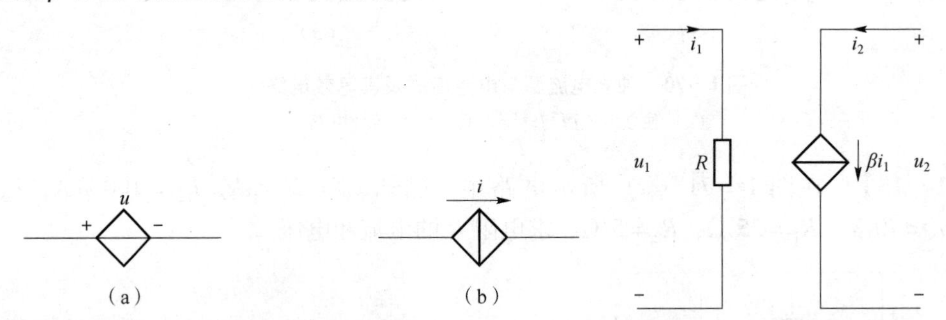

图 1－72　受控源电路符号

（a）受控电压源；（b）受控电流源

图 1－73　电流控制的电流源

2. 电压控制的电流源（VCCS）

电压控制的电流源如图 1－74 所示。受控电流源的电流为

$$i_2 = g u_1 \tag{1-64}$$

式（1－64）表明，受控电流源电流的大小和方向受到其控制量电压 u_1 的控制，其中控制系数 g 称为转移电导，单位为 S（西门子）。

3. 电压控制的电压源（VCVS）

电压控制的电压源如图 1－75 所示。受控电压源的电压为

$$u_2 = \mu u_1 \tag{1-65}$$

式（1－65）表明，受控电压源电压的大小和方向受到其控制量电压 u_1 的控制，其中控制系数 μ 称为电压控制系数，无量纲。

4. 电流控制的电压源（CCVS）

电流控制的电压源如图 1－76 所示。受控电压源的电压为

$$u_2 = ri_1 \quad (1-66)$$

式（1－66）表明，受控电压源电压的大小和方向受到其控制量电流 i_1 的控制，其中控制系数 r 称为转移电阻，单位为 Ω（欧姆）。

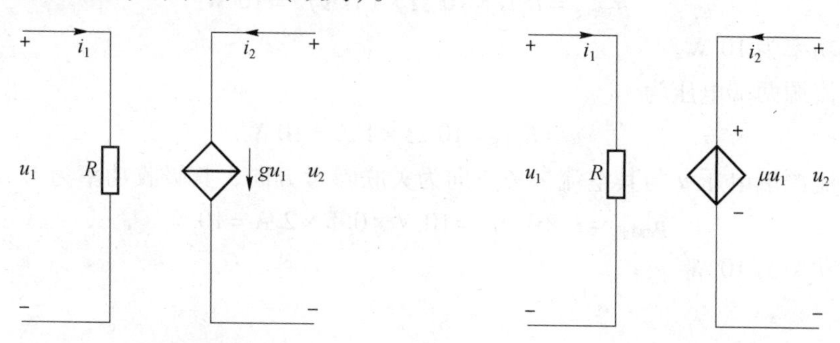

图 1－74　电压控制的电流源　　**图 1－75　电压控制的电压源**

当受控源的控制系数为常数时，称为线性受控源，反之，称为非线性受控源。

由以上分析可知：

（1）独立电源的电压（或电流）由电源本身决定，与电路中其他电压、电流无关，而受控源的电压（或电流）由其控制量决定；

（2）独立电源在电路中起“激励”作用，在电路中产生电压、电流，而受控源只反映输出端与输入端的受控关系，在电路中不能作为“激励”。

【例 1－16】　如图 1－77 所示的电路中，$R_1 = 5\ \Omega$，$R_2 = 10\ \Omega$，求各元件的功率。

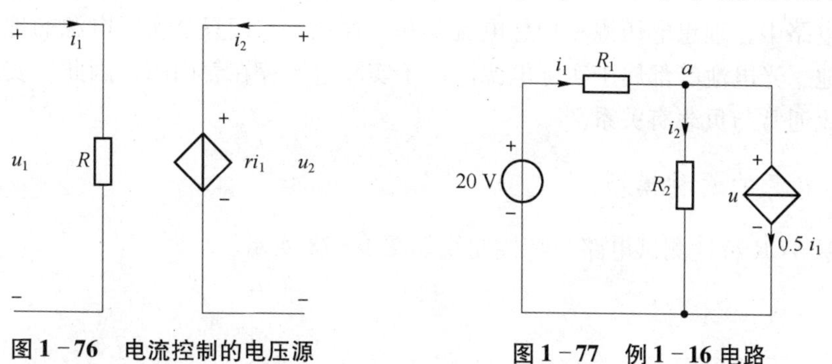

图 1－76　电流控制的电压源　　**图 1－77　例 1－16 电路**

解：图 1－77 中受控电流源的电流为 $0.5i_1$，结点 a 的 KCL 方程为

$$i_1 = i_2 + 0.5i_1$$

对左边网孔列 KVL 方程为

$$5i_1 + 10i_2 = 20$$

联立求解可得

$$i_1 = 2\ \text{A},\ i_2 = 1\ \text{A}$$

电压源两端电压与其上电流为非关联参考方向，其发出的功率为

$$p_{1发出}=20i_1=20\ \text{V}\times2\ \text{A}=40\ \text{W}$$

故实际发出功率为 40 W。

电阻 R_1 吸收的功率为

$$p_{2吸收}=R_1i_1^2=5\ \Omega\times(2\ \text{A})^2=20\ \text{W}$$

故实际吸收功率为 20 W。

电阻 R_2 吸收的功率为

$$p_{3吸收}=R_2i_2^2=10\ \Omega\times(1\ \text{A})^2=10\ \text{W}$$

故实际吸收功率为 10 W。

受控电流源两端电压为

$$u=R_2i_2=10\ \Omega\times1\ \text{A}=10\ \text{V}$$

受控电流源端电压 u 与其电流参考方向为关联参考方向，其吸收功率为

$$p_{4吸收}=u\times0.5i_1=10\ \text{V}\times0.5\times2\ \text{A}=10\ \text{W}$$

故实际吸收功率为 10 W。

1.5 复杂电路的等效变换

对于复杂电路的分析与计算，可以通过等效变换的方法将其化简成简单电路再进行分析。

1.5.1 实际电源电路模型及其等效变换

在实际电路中，理想电压源和理想电流源并不存在，它们只是实际电源的理想模型。蓄电池、干电池、光电池等都属于实际电源。由于实际电源存在着内阻，因此，实际电源的输出电压、电流通常与负载有关系。

1. 实际电源的两种模型

实际电源 VCR 特性测试电路与特性曲线如图 1－78 所示。

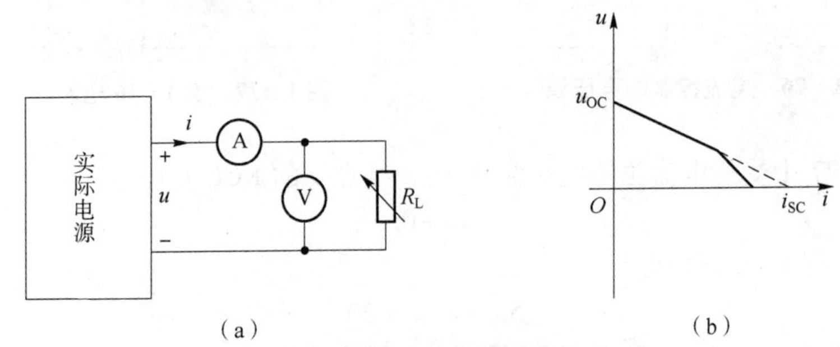

图 1－78 实际电源 VCR 特性测试电路与特性曲线

(a) VCR 测试电路；(b) 特性曲线

由图1-78（b）可知，实际电源的端口电压u随着端口电流i的增大而减小。当电流超过某一值时，电压会急剧下降，但是为得到实际电源的等效模型，把直线部分进行延长，即图1-78（b）中的虚线部分，直线与i轴的交点为实际电源短路时的电流i_{SC}，与u轴的交点为实际电源的开路电压u_{OC}。因此可以得到实际电源的VCR方程为

$$u = u_S - R_S i \tag{1-67}$$

其中，u_S为实际电源的开路电压，即$R_L = \infty$时实际电源的端口电压；R_S为电源的内电阻，由直线的斜率确定。因此，实际电源模型可以等效为理想电压源和电阻的串联，如图1-79（a）所示。电源的内阻越小，其输出电压越稳定，该模型称为电压源模型。当实际电压源的内阻趋于0时，即为理想电压源。

根据图1-78（b）所示的特性曲线，列出电源的端口电流和电压之间的表达式为

$$i = i_S - \frac{1}{R_S}u = i_S - G_S u \tag{1-68}$$

其中，i_S为负载短路时的电流；R_S为电源的内电阻，由电流特性的直线斜率决定。因此实际电源模型又可以等效为电流源和电阻的并联，如图1-79（b）所示，并联的电阻越大，电源输出的电流越稳定，该模型称为电流源模型。当实际电流源的内阻趋于∞时，即为理想电流源。

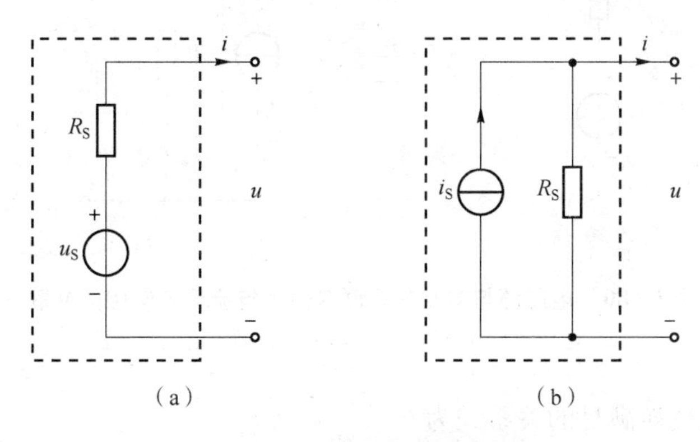

图1-79　实际电源的两种模型

（a）电压源模型；（b）电流源模型

2. 实际电源两种模型的等效变换

实际电源有两种模型：电压源模型和电流源模型。这两种模型可以进行等效变换，也称为电源等效变换。等效变换在某些情况下可以使电路的分析变得更为简单。根据等效变换的定义，在等效变换过程中端口的电压、电流应保持不变。

根据KVL和欧姆定律，实际电压源模型的端口特性（VCR）为

$$u = u_S - R_S i \Rightarrow i = \frac{u_S}{R_S} - \frac{u}{R_S} \tag{1-69}$$

根据KCL和欧姆定律，实际电流源模型的端口特性（VCR）为

$$i = i_S - G_S u \tag{1-70}$$

根据等效变换的概念，式（1-69）和式（1-70）对应的系数应该相等，因此，可以

得出实际电源两种模型等效变换的条件，即

$$u_S = R_S i_S$$

$$R_S = \frac{1}{G_S}$$

根据以上分析可知，电压源与电阻的串联可以等效为电流源和电阻的并联，如图1－80所示。电流源与电阻的并联可以等效为电压源和电阻的串联，如图 1－81 所示。等效的条件就是实际电源两种模型等效变换的条件。

注意：

① 电源等效除了数值上要满足等效变换的条件，还要满足方向上的关系：电流源电流方向与电压源电压方向相反，即电流源的电流应从电压源的正极流出；

② 这种互换是电路等效变换的一种方法，是对电源以外部分的电路等效，对电源内部电路是不等效的；

③ 理想电压源与理想电流源的定义本身是相互矛盾的，不会有相同的 VCR，因此不能相互转换。

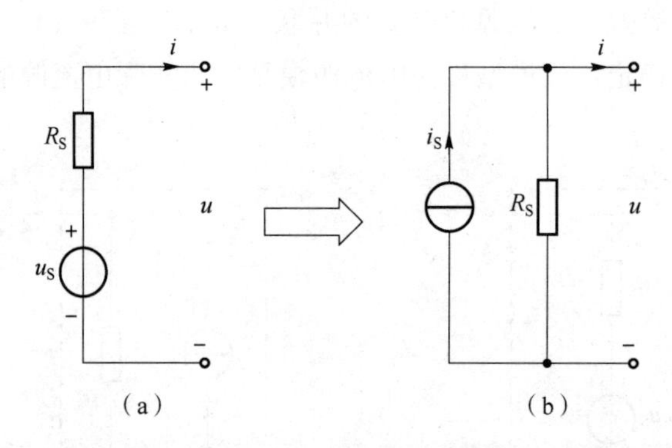

图 1－80　电压源与电阻的串联等效为电流源与电阻的并联

(a) 电压源与电阻的串联；(b) 电流源与电阻的并联

图 1－80 中等效变换满足的关系式为

$$i_S = \frac{u_S}{R_S}$$

$$G_S = \frac{1}{R_S}$$

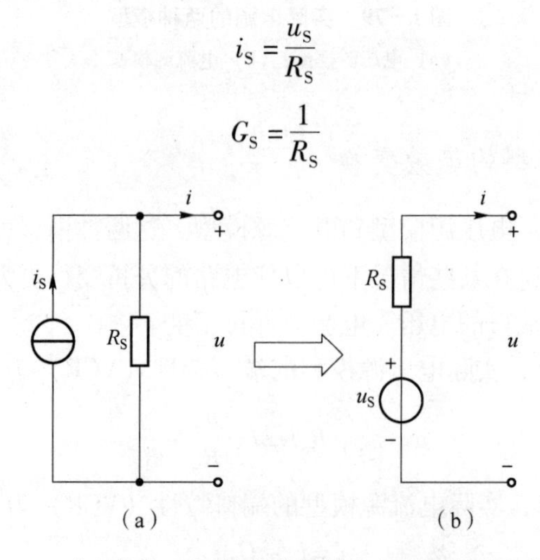

图 1－81　电流源与电阻的并联等效为电压源与电阻的串联

图 1－81 中等效变换满足的关系式为

$$u_S = \frac{i_S}{G_S}$$

$$R_S = \frac{1}{G_S}$$

电压源和电阻的串联与电流源和电阻的并联之间的等效变换常常用来化简电路。等效的步骤：首先画出等效电路，在等效电路图中标出电源的参考方向，然后根据数值关系计算等效电路中元件的参数。

【例 1－17】 通过电源等效变换求如图 1－82 所示电路的等效电路。

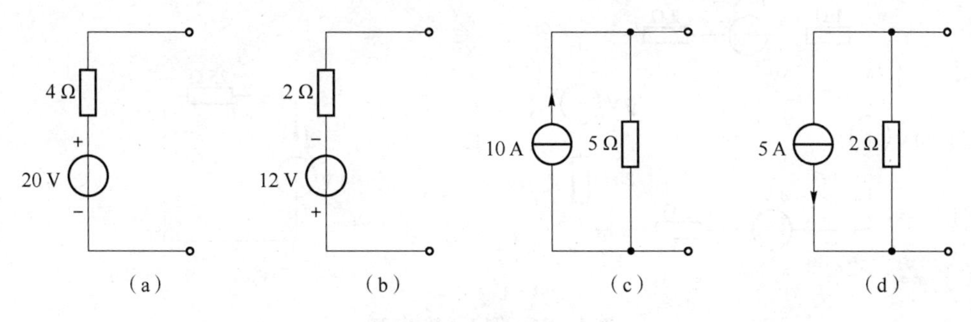

图 1－82 例 1－17 电路

解：根据电压源和电阻的串联与电流源和电阻的并联之间的等效变换，画出相应的等效电路，标出电源的参考方向，根据数值关系计算元件参数。

图 1－82（a）的等效电路如图 1－83（a）所示，其中 $i_S = \frac{20\ \text{V}}{4\ \Omega} = 5\ \text{A}$，$R = 4\ \Omega$；

图 1－82（b）的等效电路如图 1－83（b）所示，其中 $i_S = \frac{12\ \text{V}}{2\ \Omega} = 6\ \text{A}$，$R = 2\ \Omega$；

图 1－82（c）的等效电路如图 1－83（c）所示，其中 $u_S = 10\ \text{A} \times 5\ \Omega = 50\ \text{V}$，$R = 5\ \Omega$；

图 1－82（d）的等效电路如图 1－83（d）所示，其中 $u_S = 5\ \text{A} \times 2\ \Omega = 10\ \text{V}$，$R = 2\ \Omega$。

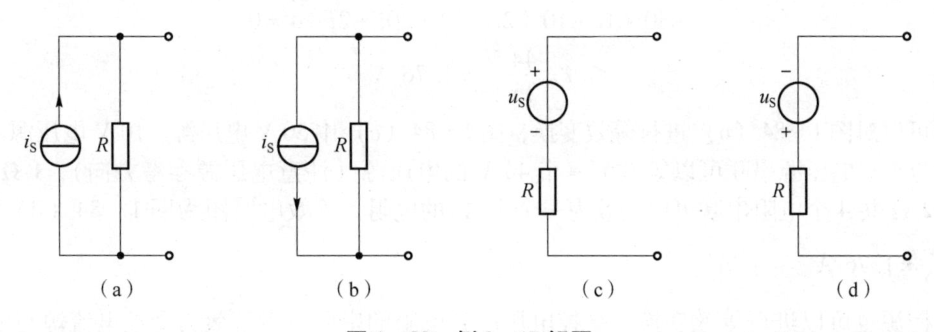

图 1－83 例 2－17 解题

【例1-18】 求解如图1-84（a）所示电路中的电流 i。

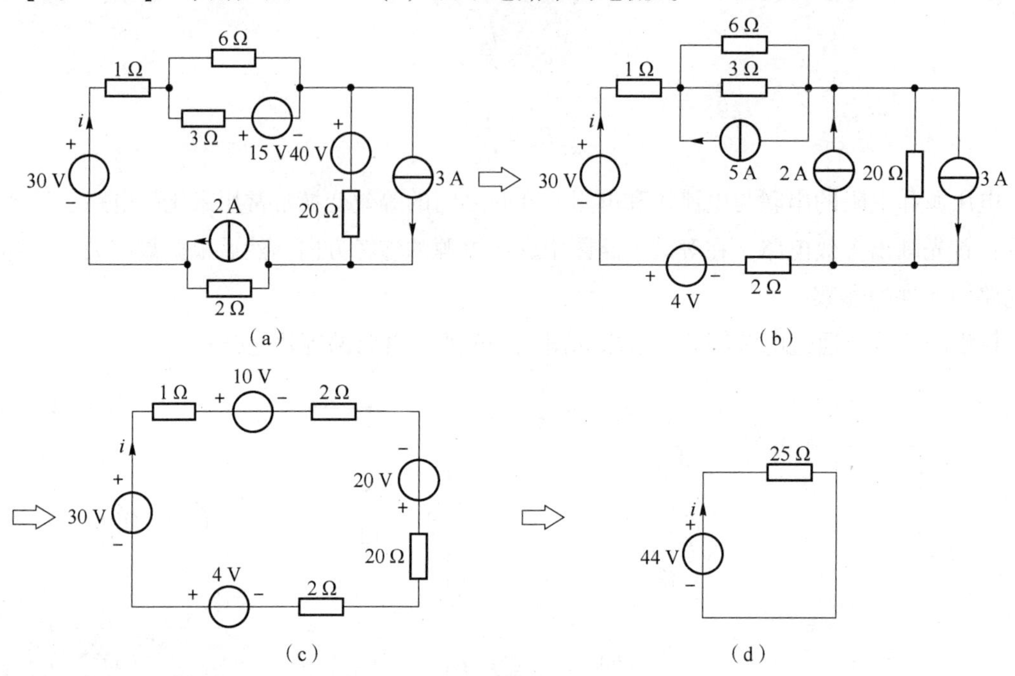

图1-84　例1-18电路

解：根据电源等效变换，首先把3 Ω电阻与15 V电压源串联支路等效为电流源与电阻的并联，电流源大小为 $\frac{15\ \text{V}}{3\ \Omega}=5\ \text{A}$，并联的电阻为3 Ω；40 V电压源与20 Ω电阻串联支路等效为电流源与电阻并联，电流源大小为 $\frac{40\ \text{V}}{20\ \Omega}=2\ \text{A}$，并联的电阻为20 Ω；2 A电流源与2 Ω电阻并联支路等效为电压源与电阻串联，电压源大小为2 A×2 Ω=4 V，串联的电阻为2 Ω;等效电路如图1-84（b）所示。

图1-84（b）电路中，3 Ω电阻与6 Ω电阻并联等效为2 Ω电阻，和5 A电流源并联，根据电源等效变换，可以等效为电压源与电阻串联，电压源为2 Ω×5 A=10 V，串联的电阻为2 Ω;2 A电流源与3 A电流源并联等效为1 A的电流源（注意参考方向），然后和20 Ω电阻并联，根据电源变换等效电压源与电阻串联，电压源为1 A×20 Ω=20 V，串联的电阻为20 Ω，如图1-84（c）所示。在图1-84（c）回路中列KVL方程为

$$-30+1i+10+2i-20+20i+2i-4=0$$

$$i=\frac{44\ \text{V}}{25\ \Omega}=1.76\ \text{A}$$

也可以对图1-84（c）进行等效变换，图1-84（c）中30 V电压源、10 V电压源、20 V电压源与4 V电压源串联可以等效为一个44 V的电压源（注意电压源参考方向），1 Ω、2 Ω、20 Ω、2 Ω共4个电阻串联可以等效为一个25 Ω的电阻，等效电路图为图1-84（d）所示，$i=\frac{44\ \text{V}}{25\ \Omega}=1.76\ \text{A}$。

受控源也可以进行等效变换：受控电压源与电阻的串联可以等效为受控电流源与电阻的并联，受控电流源与电阻的并联可以等效为受控电压源与电阻的串联，但转换过程中要特别注意不要把受控源的控制量丢掉。

【例1-19】 计算如图1-85（a）所示电路的电流 i。

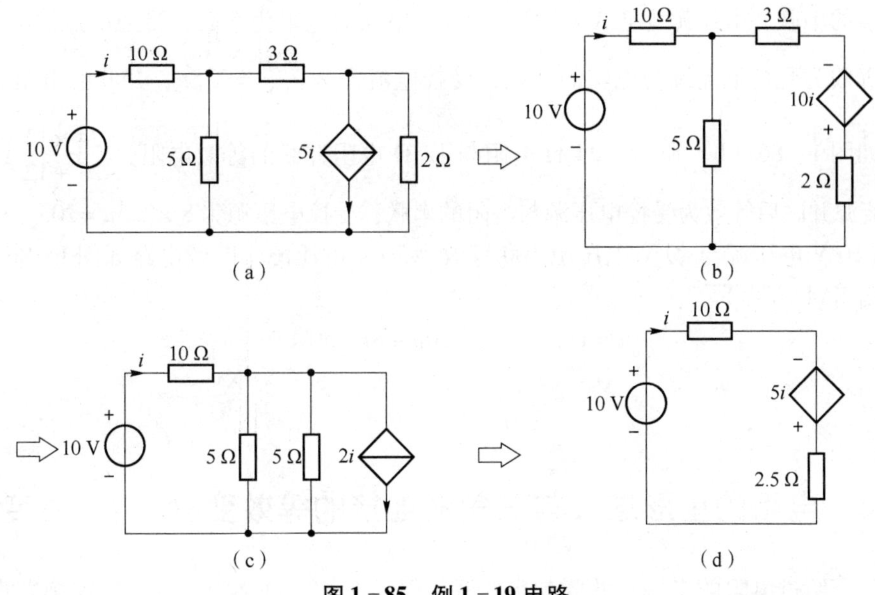

图1-85 例1-19电路

解：利用电源等效变换，把受控电流源与电阻的并联等效为受控电压源与电阻的串联，受控电压源为 $5i\times2=10i$，电阻为2 Ω，电路等效如图1-85（b）所示；2 Ω与3 Ω串联等效为5 Ω电阻后与受控电压源的串联等效为受控电流源与电阻的并联，受控电流源为 $\frac{10i}{5}=2i$，电阻为5 Ω，如图1-85（c）所示；5 Ω电阻与5 Ω电阻并联等效为2.5 Ω电阻，然后与受控电流源的并联等效为受控电压源与电阻的串联，受控电压源为 $5i$，电阻为2.5 Ω，等效电路如图1-85（d）所示。列写的KVL方程为

$$10i-5i+2.5i-10=0$$

$$i=1.33\ \text{A}$$

【例1-20】 计算如图1-86（a）所示电路的电压 u。

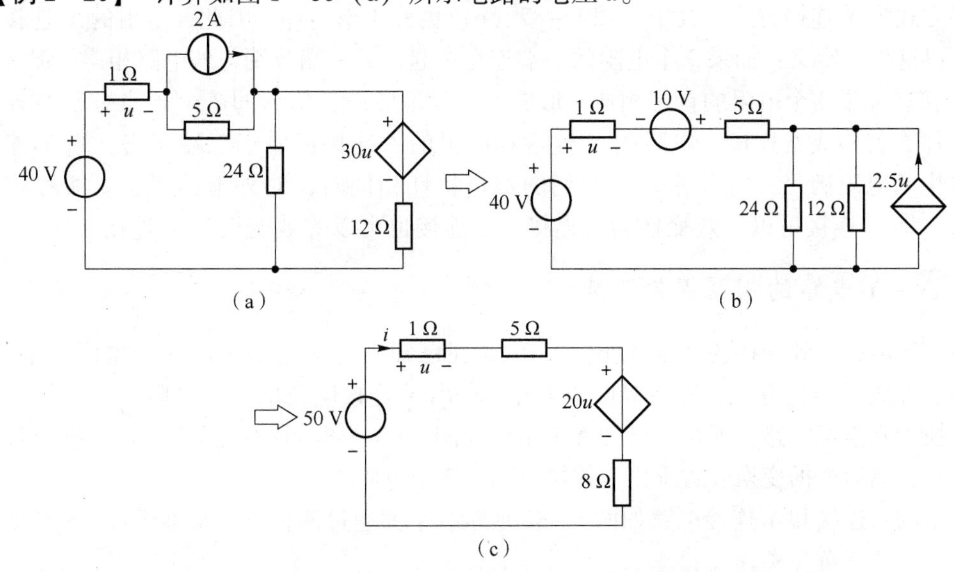

图1-86 例1-20电路

解：利用电源等效变换，把图 1-86（a）中的 2 A 电流源与 5 Ω 电阻的并联等效为电压源与电阻的串联，电压源为 2 A×5 Ω=10 V，串联的电阻为 5 Ω；受控电压源与 12 Ω 电阻的串联等效为受控电流源与电阻的并联，受控电流源为 $\frac{30u}{12}=2.5u$，并联的电阻为 12 Ω，等效电路如图 1-86（b）所示。24 Ω 电阻与 12 Ω 电阻并联的等效电阻为 $\frac{24\times12}{24+12}\ \Omega=8\ \Omega$，与受控电流源并联后等效为受控电压源与电阻的串联，受控电压源为 $8\times2.5u=20u$，串联的电阻为 8 Ω，10 V 电压源与 40 V 电压源串联等效为 50 V 电压源。等效电路如图 1-86（c）所示。列写出 KVL 方程为

$$u=1i,\ u+5i+20u+8i-50=0$$

可得

$$u=1.47\ \text{V}$$

1.5.2 电阻的星形连接与三角形连接的等效变换（Y-△变换）

前面已介绍过电阻的串联、并联和串并联，但是在一些电路中，电阻的连接方式并不只有这几种，还有星形（Y）连接和三角形（△）连接。例如，在电力电子系统、传输电网和滤波器等电子设备电路中经常会遇到 Y 连接和 △连接，如果把△连接等效变换为 Y 连接或者把 Y 连接等效变换为△连接，电路就可以等效变换为串并联连接电路，简化电路的分析和计算。

1. 电阻的 Y 连接和△连接

电阻的 Y 连接和△连接电路如图 1-87 所示（a）所示。为电桥电路，电路中的电阻既不是串联也不是并联，而是 Y 连接和△连接，其中 R_1、R_3 和 R_5，R_2、R_4 和 R_5 分别构成了△连接，而 R_1、R_2 和 R_5，R_3、R_4 和 R_5 分别构成了 Y 连接。图 1-87（b）和图 1-87（c）的连接方式为△连接方式，其中图 1-87（c）也称为 π 形电路。图 1-87（d）和图 1-87（e）的连接方式为 Y 连接方式，其中，图 1-87（e）也称 T 形电路。因此，电阻的 Y 连接和△连接可以这样来定义：如果 3 个电阻的一端连在一起，另一端分别与外电路相连，那么就构成 Y 连接。如果 3 个电阻的首尾相连，形成一个三角形，三角形的 3 个顶点分别与外电路相连，那么就构成△连接。电阻的 Y 连接和电阻的△连接都属于三端网络。当 Y 连接和△连接中的电阻满足一定关系，且它们的端口特性相同时，对外电路而言，能够相互等效变换，即 Y 连接可以等效变换为△连接，△连接也可以等效变换为 Y 连接。

2. △-Y 电路的相互等效变换

△连接电路等效变换为 Y 连接电路，就是在已知△连接电路中的 3 个电阻的前提下，首先画出等效 Y 连接电路，然后根据变换公式求出 Y 连接电路的 3 个电阻。而 Y 连接电路等效变换为△连接电路，就是在已知 Y 连接电路中的 3 个电阻的前提下，首先画出等效△连接电路，然后根据变换公式求出△连接电路的 3 个电阻。

电阻的△连接和 Y 连接电路如图 1-88 所示，下面通过两种方法来推导△-Y 的变换公式和 Y-△的变换公式。

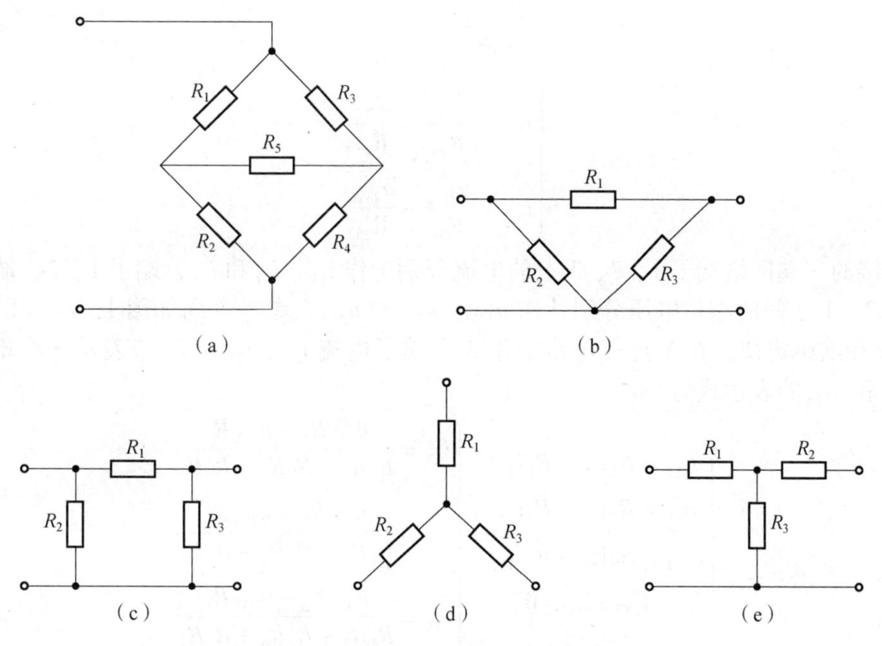

图 1－87　电阻的 Y 连接和△连接电路

方法一：

利用等效的基本概念，分别写出 Y 和△连接电路的端口电流和电压的表达式，令其相等。

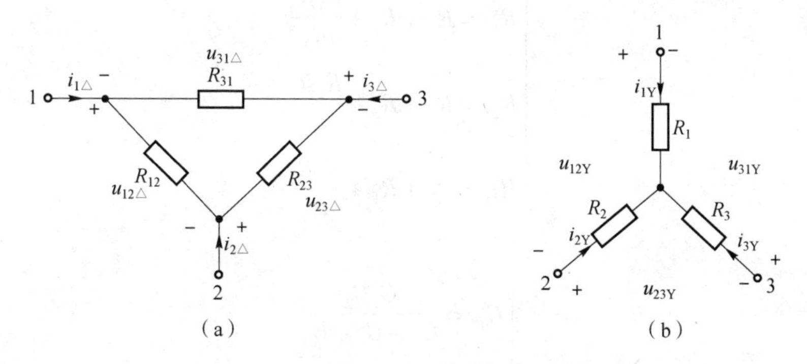

图 1－88　电阻的△连接和 Y 连接电路

(a) △连接；(b) Y 连接

为了便于计算，△连接和 Y 连接的 3 个端子通常标上序号 1、2、3。在 Y 连接电路中，与端子 1 相连的电阻记作 R_1，与端子 2 相连的电阻记作 R_2，与端子 3 相连的电阻记作 R_3。在△连接电路中，连接在端子 1 和端子 2 之间的电阻记作 R_{12}，连接在端子 2 和端子 3 之间的电阻记作 R_{23}，连接在端子 3 和端子 1 之间的电阻记作 R_{31}。

△连接的三端网络端子 1、2、3 上的电流分别记作 $i_{1\triangle}$、$i_{2\triangle}$和 $i_{3\triangle}$，端子 1、2、端子 2、3 以及端子 3、1 之间的端口电压分别记作 $u_{12\triangle}$、$u_{23\triangle}$和 $u_{31\triangle}$，参考方向如图 1－88 (a)所示。根据 KCL 和欧姆定律，在△连接电路中用 3 个端口电压 $u_{12\triangle}$、$u_{23\triangle}$和 $u_{31\triangle}$表示端子的电流 $i_{1\triangle}$、$i_{2\triangle}$和 $i_{3\triangle}$。的表达式为

$$\begin{cases} i_{1\triangle} = \dfrac{u_{12\triangle}}{R_{12}} - \dfrac{u_{31\triangle}}{R_{31}} \\ i_{2\triangle} = \dfrac{u_{23\triangle}}{R_{23}} - \dfrac{u_{12\triangle}}{R_{12}} \\ i_{3\triangle} = \dfrac{u_{31\triangle}}{R_{31}} - \dfrac{u_{23\triangle}}{\mathrm{R}_{23}} \end{cases} \tag{1-71}$$

Y 连接的三端网络端子 1、2、3 上的电流分别记作 i_{1Y}、i_{2Y}和 i_{3Y}，端子 1、2、端子 2、3 以及端子 3、1 之间的端口电压分别计作 u_{12Y}、u_{23Y}和 u_{31Y}，参考方向如图 1－88（b）所示，根据 KVL 和欧姆定律，在 Y 连接电路中用 3 个端子电流 i_{1Y}、i_{2Y}和 i_{3Y}来表示 3 个端口电压 u_{12Y}、u_{23Y}和 u_{31Y}的表达式为

$$\begin{cases} u_{12Y} = R_1 i_{1Y} - R_2 i_{2Y} \\ u_{23Y} = R_2 i_{2Y} - R_3 i_{3Y} \\ u_{31Y} = R_3 i_{3Y} - R_1 i_{1Y} \\ i_{1Y} + i_{2Y} + i_{3Y} = 0 \end{cases} \Rightarrow \begin{cases} i_{1Y} = \dfrac{u_{12Y}R_3 - u_{31Y}R_2}{R_1R_2 + R_2R_3 + R_3R_1} \\ i_{2Y} = \dfrac{u_{23Y}R_1 - u_{12Y}R_3}{R_1R_2 + R_2R_3 + R_3R_1} \\ i_{3Y} = \dfrac{u_{31Y}R_2 - u_{23Y}R_1}{R_1R_2 + R_2R_3 + R_3R_1} \end{cases} \tag{1-72}$$

根据等效的条件，对应的端口特性应相同，即

$$i_{1\triangle} = i_{1Y},\ i_{2\triangle} = i_{2Y},\ i_{3\triangle} = i_{3Y}$$

$$u_{12\triangle} = u_{12Y},\ u_{23\triangle} = u_{23Y},\ u_{31\triangle} = u_{31Y}$$

即式（1－71）与式（1－72）的系数相等，此时，可以得到 Y→△连接的表达式为

$$\begin{cases} R_{12} = R_1 + R_2 + \dfrac{R_1R_2}{R_3} \\ R_{23} = R_2 + R_3 + \dfrac{R_2R_3}{R_1} \\ R_{31} = R_3 + R_1 + \dfrac{R_3R_1}{R_2} \end{cases} \tag{1-73}$$

或

$$\begin{cases} G_{12} = \dfrac{G_1G_2}{G_1 + G_2 + G_3} \\ G_{23} = \dfrac{G_2G_3}{G_1 + G_2 + G_3} \\ G_{31} = \dfrac{G_3G_1}{G_1 + G_2 + G_3} \end{cases} \tag{1-74}$$

同理，可以得到△→Y 连接的表达式为

$$\begin{cases} G_1 = G_{12} + G_{31} + \dfrac{G_{12}G_{31}}{G_{23}} \\ G_2 = G_{23} + G_{12} + \dfrac{G_{23}G_{12}}{G_{31}} \\ G_3 = G_{31} + G_{23} + \dfrac{G_{31}G_{23}}{G_{12}} \end{cases} \tag{1-75}$$

或

$$\begin{cases} R_1 = \dfrac{R_{12}R_{31}}{R_{12}+R_{23}+R_{31}} \\ R_2 = \dfrac{R_{23}R_{12}}{R_{12}+R_{23}+R_{31}} \\ R_3 = \dfrac{R_{31}R_{23}}{R_{12}+R_{23}+R_{31}} \end{cases} \tag{1-76}$$

方法二：

△连接电路和Y连接电路都是三端元件，在求两个端子之间的等效电阻时，把另外一个端子断开。例如，在图1-88（a）所示的△连接电路中，当求端子1和端子2之间的电阻R_{12}时，先把端子3断开，此时，R_{23}和R_{31}串联，再和R_{12}并联，即

$$R_{12\triangle} = \frac{R_{12}(R_{23}+R_{31})}{R_{12}+R_{23}+R_{31}}$$

在图1-88（b）所示的Y连接电路中，求R_{12}时，也要把端子3断开，此时，R_1和R_2串联，即

$$R_{12Y} = R_1 + R_2$$

根据等效条件$u_{12\triangle}=u_{12Y}$，$i_{1\triangle}=i_{1Y}$，$i_{2\triangle}=i_{2Y}$，可知

$$R_{12\triangle} = R_{12Y}$$

即

$$R_{12\triangle} = \frac{R_{12}(R_{23}+R_{31})}{R_{12}+R_{23}+R_{31}} = R_{12Y} = R_1 + R_2 \tag{1-77}$$

同理

$$R_{23\triangle} = R_{23Y}，R_{31\triangle} = R_{31Y}$$

$$R_{23\triangle} = \frac{R_{23}(R_{12}+R_{31})}{R_{23}+R_{12}+R_{31}} = R_{23Y} = R_2 + R_3 \tag{1-78}$$

$$R_{31\triangle} = \frac{R_{31}(R_{12}+R_{23})}{R_{31}+R_{12}+R_{23}} = R_{31Y} = R_3 + R_1 \tag{1-79}$$

联立式（1-77）、式（1-78）和式（1-79），可得

$$\begin{cases} R_{12} = R_1 + R_2 + \dfrac{R_1R_2}{R_3} \\ R_{23} = R_2 + R_3 + \dfrac{R_2R_3}{R_1} \\ R_{31} = R_3 + R_1 + \dfrac{R_3R_1}{R_2} \end{cases}$$

和

$$\begin{cases} R_1 = \dfrac{R_{12}R_{31}}{R_{12}+R_{23}+R_{31}} \\ R_2 = \dfrac{R_{23}R_{12}}{R_{12}+R_{23}+R_{31}} \\ R_3 = \dfrac{R_{31}R_{23}}{R_{12}+R_{23}+R_{31}} \end{cases}$$

方法一和方法二得到的结果一样。

电阻△连接等效变换为电阻Y连接的公式可以简单记忆为

$$R_i=\frac{\text{接在}\,i\,\text{端的两个电阻的乘积}}{\triangle\text{连接的电阻之和}} \tag{1-80}$$

电阻Y连接等效变换为电阻△连接的公式可以简单记忆为

$$R_{mn}=\frac{\text{Y形电阻两两乘积之和}}{\text{不与}\,mn\,\text{端相连的电阻}} \tag{1-81}$$

如果在△连接电路或者Y连接电路中的3个电阻相等（对称），即

（1）当 $R_{12}=R_{23}=R_{31}=R_{\triangle}$ 时，有

$$R_1=R_2=R_3=R_Y=\frac{1}{3}R_{\triangle}$$

（2）当 $R_1=R_2=R_3=R_{\mathrm{Y}}$ 时，有

$$R_{12}=R_{23}=R_{31}=R_{\triangle}=3R_{\mathrm{Y}}$$

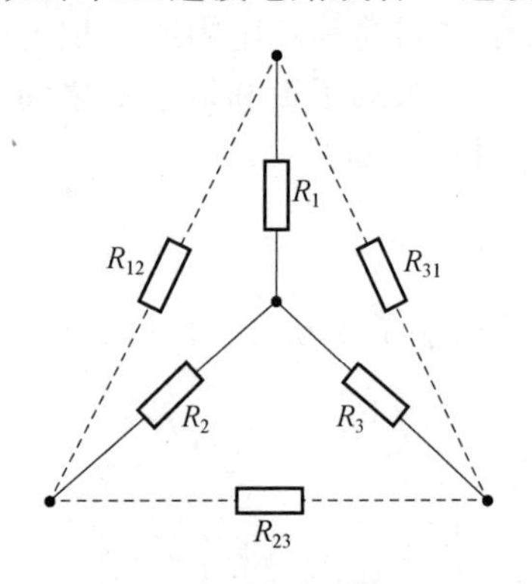

图1-89　3个相等电阻的Y连接和△连接的等效变换

3个相等电阻的Y连接和△连接的等效变换如图1-89所示。等效电阻可以简单记忆为外大里小，外面是△连接，里面是Y连接，即

$$R_{\triangle}=3R_{\mathrm{Y}} \tag{1-82}$$

注意：

① △-Y电路的等效变换属于多端子电路的等效，在应用中，除了正确使用电阻变换公式计算各电阻值外，还必须正确连接各对应端子；

② 等效对外部（端子以外）电路有效，对内部不成立；

③ 等效电路与外部电路无关；

④ 等效变换应用于简化电路，不要把本是串并联的问题看作△、Y结构进行等效变换，那样会使问题的计算更复杂。

（1）在分析和计算电路时，如果需要△→Y的变换，其解题步骤如下：

① 在需要变换的△连接电路的3个端子上分别标上序号1、2、3，标注对应的电阻为 R_{12}、R_{23}、R_{31}；

② 画等效电路：先画出外电路，然后在端子1、2、3之间画出3个电阻的Y连接，对应的电阻标上 R_1、R_2、R_3；

③ 根据△→Y的相关公式计算等效后的Y连接对应电阻的阻值。

（2）如果需要Y→△的变换，其解题步骤如下：

① 在需要变换的Y连接电路的3个端子上分别标上序号1、2、3，标注对应的电阻 R_1、R_2、R_3；

② 画等效电路：先画出外电路，然后在端子1、2、3之间画出3个电阻的△连接电路，对应的电阻标上 R_{12}、R_{23}、R_{31}；

③ 根据Y→△的相关公式计算等效后的△连接对应电阻的阻值。

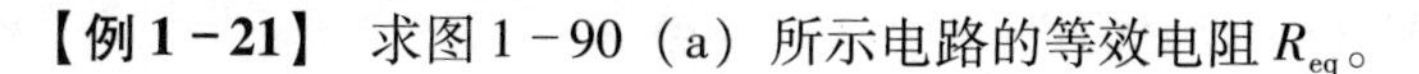

【例 1-21】 求图 1-90（a）所示电路的等效电阻 R_{eq}。

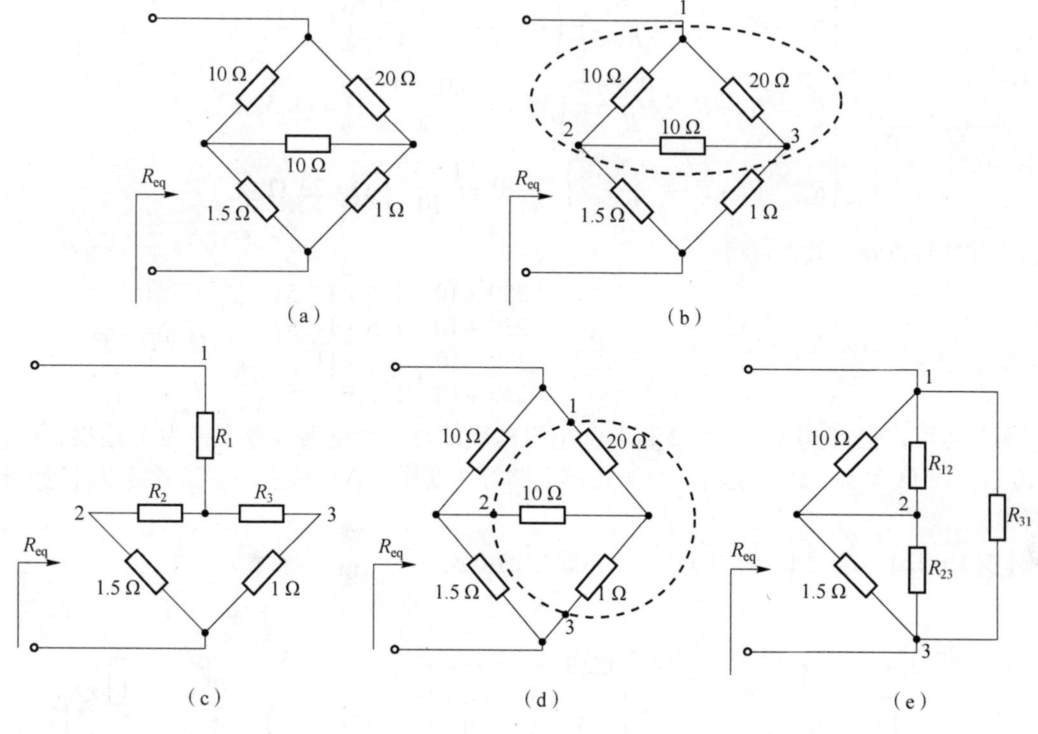

图 1-90 例 1-21 电路

解：有两种方法可以求解。

方法一：

将 10 Ω、10 Ω 和 20 Ω 电阻构成的△连接电路等效变换为 Y 连接。在其 3 个端子上标上序号 1、2、3，如图 1-90（b）所示，则 $R_{12}=10\ \Omega$，$R_{23}=10\ \Omega$，$R_{31}=20\ \Omega$，然后在端子 1、2、3 之间画出电阻的 Y 连接，与端子 1 相连的电阻标上 R_1，与端子 2 相连的电阻标上 R_2，与端子 3 相连的电阻标上 R_3，如图 1-90（c）所示；根据等效变换的公式可得

$$\begin{cases} R_1=\dfrac{R_{12}R_{31}}{R_{12}+R_{23}+R_{31}}=\dfrac{10\times 20}{10+10+20}\ \Omega=5\ \Omega \\ R_2=\dfrac{R_{23}R_{12}}{R_{12}+R_{23}+R_{31}}=\dfrac{10\times 10}{10+10+20}\ \Omega=2.5\ \Omega \\ R_3=\dfrac{R_{31}R_{23}}{R_{12}+R_{23}+R_{31}}=\dfrac{20\times 10}{10+10+20}\ \Omega=5\ \Omega \end{cases}$$

在图 1-89（c）中利用电阻的串联和并联公式，求得等效电阻 R_{eq} 为

$$R_{eq}=\left[5+\frac{(2.5+1.5)\ (5+1)}{2.5+1.5+5+1}\right]\ \Omega=7.4\ \Omega$$

方法二：

将 20 Ω、10 Ω 和 1 Ω 电阻构成的 Y 连接电路等效变换为△连接电路，如图 1-90（d）所示。在 Y 连接的 3 个端子上标出 1、2、3，即

$$R_1=20\ \Omega\ ,\ R_2=10\ \Omega\ ,\ R_3=1\ \Omega$$

然后画出等效电路，如图 1-90（e）所示。

$$\begin{cases} R_{12}=R_1+R_2+\dfrac{R_1R_2}{R_3}=\left(20+10+\dfrac{20\times10}{1}\right)\ \Omega=230\ \Omega \\ R_{23}=R_2+R_3+\dfrac{R_2R_3}{R_1}=\left(10+1+\dfrac{10\times1}{20}\right)\ \Omega=11.5\ \Omega \\ R_{31}=R_3+R_1+\dfrac{R_3R_1}{R_2}=\left(1+20+\dfrac{1\times20}{10}\right)\ \Omega=23\ \Omega \end{cases}$$

根据串并联特点及等效，可得

$$R_{eq}=(10//R_{12}+1.5//R_{23})//R_{31}=\frac{\left(\dfrac{230\times10}{230+10}+\dfrac{1.5\times11.5}{1.5+11.5}\right)\times23}{\dfrac{230\times10}{230+10}+\dfrac{1.5\times11.5}{1.5+11.5}+23}\ \Omega=7.4\ \Omega$$

另外也可以把将 10 Ω、1.5 Ω 和 1 Ω 电阻构成的△连接电路等效变换为 Y 连接，或者将 10 Ω、10 Ω 和 1.5 Ω 电阻构成的 Y 连接电路等效变换为△连接电路。读者可以自行分析和计算。

【例 1-22】 求图 1-91（a）所示电路中的电流 i。

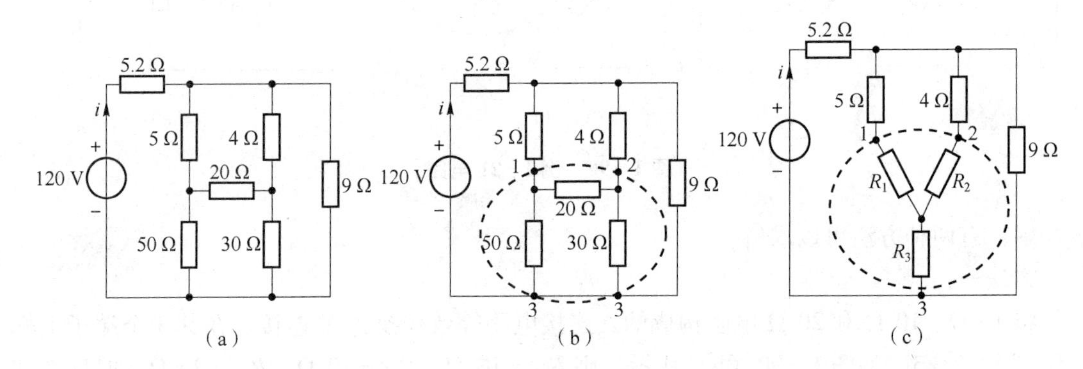

图 1-91　例 1-22 电路

解：首先把需要等效变换的△连接的 3 个电阻 20 Ω、50 Ω、30 Ω 用圆圈出，对 3 个端子进行标号 1、2、3，如图 1-91（b）所示。则

$$R_{12}=20\ \Omega,\ R_{23}=30\ \Omega,\ R_{31}=50\ \Omega$$

然后画△→Y 等效电路，即在端子 1、2、3 之间画出电阻的 Y 连接，与端子 1 相连的电阻标上 R_1，与端子 2 相连的电阻标上 R_2，与端子 3 相连的电阻标上 R_3，如图 1-91（c）所示。根据等效变换的公式可得

$$\begin{cases} R_1=\dfrac{R_{12}R_{31}}{R_{12}+R_{23}+R_{31}}=\dfrac{20\times50}{20+30+50}\ \Omega=10\ \Omega \\ R_2=\dfrac{R_{23}R_{12}}{R_{12}+R_{23}+R_{31}}=\dfrac{30\times20}{20+30+50}\ \Omega=6\ \Omega \\ R_3=\dfrac{R_{31}R_{23}}{R_{12}+R_{23}+R_{31}}=\dfrac{50\times30}{20+30+50}\ \Omega=15\ \Omega \end{cases}$$

在图 1-91（c）中，根据电阻的串并联，可得出与电压源相连的二端网络的等效电阻为

$$R_{eq}=[(5+R_1)//(4+R_2)+R_3]//9+5.2$$

$$=\frac{\left(\frac{15\times10}{15+10}+15\right)\times9}{\frac{15\times10}{15+10}+15+9}\ \Omega+5.2\ \Omega=11.5\ \Omega$$

电路中电流 i 为

$$i=\frac{120}{11.5}\ \text{A}=10.43\ \text{A}$$

1.5.3 平衡电桥

电桥电路早期用来精确测量电阻的阻值，在实际应用中往往把电阻片的电阻变化率转换成电压，提供给放大电路放大后进行测量，被广泛用于传感器检测领域。电桥电路属于星形、三角形连接方式，图 1-92 为不同形式的电桥电路，其中 R_1、R_2、R_3、R_4 为电桥的桥臂，u_{ab}为输出。

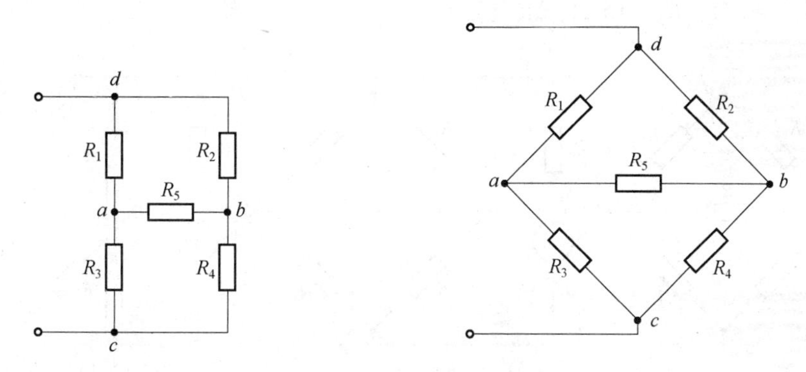

图 1-92　不同形式的电桥电路

图 1-93（a）中，当 a 点电位与 b 点电位相等，即 $u_{ab}=0$ V 时，称为电桥平衡。a 点电位与 b 点电位不相等，即 $u_{ab}\neq0$ V 时，电桥打破平衡，ab 两点间有电压输出。该原理应用于测量压力、温度等物理量。当电桥平衡时，由于 ab 两点电位相等，因此，ab 两点间可以视作短路。另外，由于 $u_{ab}=0$ V，ab 两点间也可以视作开路，此时电路等效如图 1-93（b）所示。

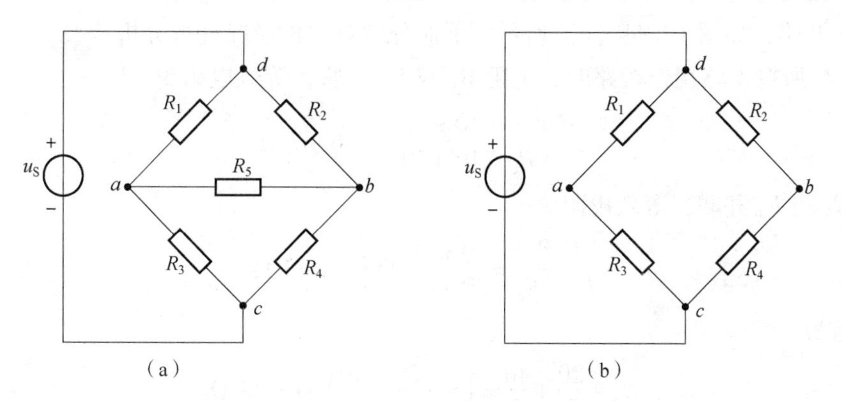

图 1-93　电桥平衡条件推导

在图 1-93（b）中，当电桥平衡时

$$u_a = u_b$$

所以

$$u_{ac} = u_{bc}$$

根据分压公式

$$u_{ac} = \frac{R_3}{R_1 + R_3} u_S, \quad u_{bc} = \frac{R_4}{R_2 + R_4} u_S$$

可以得到电桥平衡的条件为

$$R_1 R_4 = R_2 R_3 \tag{1-83}$$

在分析电桥电路的过程中，如果满足电桥平衡条件，则

$$u_{ab} = 0\ \text{V}, \quad i_{ab} = 0\ \text{A}$$

ab 两点间可以视作开路或短路。

【例 1-23】 在图 1-94 所示电路中，已知 $u_S = 20$ V，$R_S = 8\ \Omega$，$R_1 = 10\ \Omega$，$R_2 = 20\ \Omega$，$R_3 = 20\ \Omega$，$R_4 = 40\ \Omega$，$R_5 = 15\ \Omega$，求电流 i。

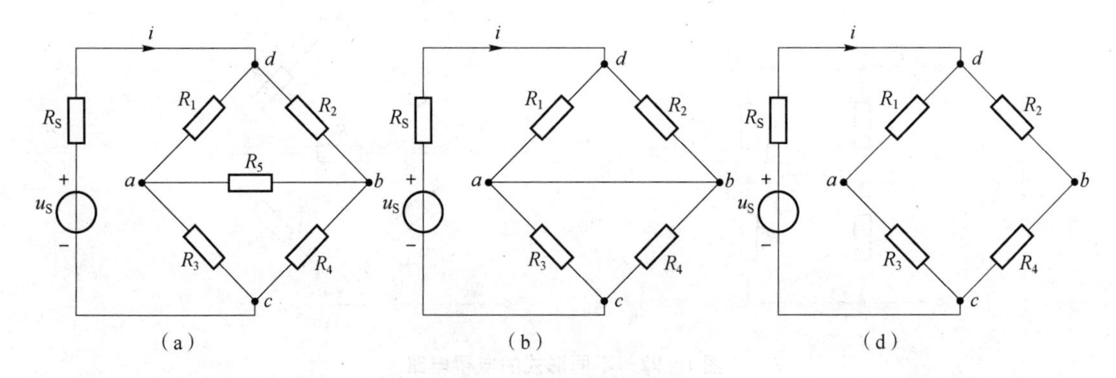

图 1-94 例 1-23 电路

解：在图 1-94（a）中，以下等式成立。

$$R_1 R_4 = 10 \times 40 = 400$$

$$R_2 R_3 = 20 \times 20 = 400 = R_1 R_4$$

该等式满足电桥平衡条件，故电阻 R_5 所在支路可以视作短路，如图 1-94（b）所示，也可以视作开路，如图 1-94（c）所示。下面分别对两种情况进行分析：

① 当 R_5 所在支路视作短路时，电阻 R_1 与 R_2 并联，等效电阻为

$$\frac{R_1 R_2}{R_1 + R_2} = \frac{10 \times 20}{10 + 20}\ \Omega = 6.67\ \Omega$$

电阻 R_3 与 R_4 并联，等效电阻为

$$\frac{R_3 R_4}{R_3 + R_4} = \frac{20 \times 40}{20 + 40}\ \Omega = 13.33\ \Omega$$

总电阻为

$$R_S + \frac{20}{3} + \frac{40}{3} = \left(8 + \frac{20}{3} + \frac{40}{3}\right)\ \Omega = 28\ \Omega$$

电流 i 为

$$i=\frac{u_S}{28\ \Omega}=\frac{20\ V}{28\ \Omega}=714\ mA$$

② 当 R_5 所在支路视作开路时，电阻 R_1 与 R_3 串联，等效电阻为

$$R_1+R_3=(10+20)\Omega=30\ \Omega$$

电阻 R_2 与 R_4 串联，等效电阻为

$$R_2+R_4=(20+40)\Omega=60\ \Omega$$

30 Ω 电阻与 60 Ω 电阻并联后与 R_S 串联，总电阻为

$$R_S+\frac{30\times60}{30+60}=(8+20)\Omega=28\ \Omega$$

电流 i 为

$$i=\frac{u_S}{28\ \Omega}=\frac{20\ V}{28\ \Omega}=714\ mA$$

1.6　输入电阻

对于一个无源（不含独立源）二端网络，无论其内部如何复杂，如果在其端口加上独立电源，则端口电压与端口电流的比值定义为该二端网络的输入电阻，也称为等效电阻。

根据输入电阻的定义，计算输入电阻的方法有以下两种。

（1）如果二端网络的内部仅含电阻，不含受控源，则可以利用电阻的串并联和 Y－Δ 等效变换的方法求解等效电阻，输入电阻等于其等效电阻。

（2）如果二端网络内部含有受控源和电阻，则根据输入电阻的定义求解，即利用在二端网络端口加电源的方法求输入电阻：

① 在二端网络的端口加电压源，列出其端口电压与端口电流的关系式，然后计算端口电压和端口电流的比值，求得输入电阻。如图 1－95（a）所示，输入电阻为

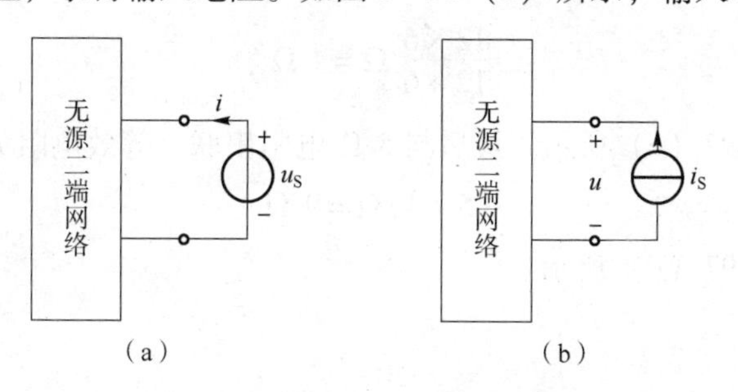

图 1－95　外加电源法求解输入电阻

（a）外加电压源；（b）外加电流源

$$R_{in}=\frac{u_S}{i}$$

② 在二端网络的端口加电流源，列出其端口电压与端口电流的关系式，然后计算端口电压和端口电流的比值，求得输入电阻。如图 1－95（b）所示，输入电阻为

$$R_{\text{in}}=\frac{u}{i_{\text{S}}}$$

这种方法称为外加电源法，此时，端口电压和端口电流不一定给出确定的数值，只要找出它们的关系即可。

注意：

利用外加电源法时，端口电压、电流的参考方向对二端网络来讲应该是关联的。

【例 1-24】 求图 1-96 所示两个二端网络的输入电阻 R_{in}。

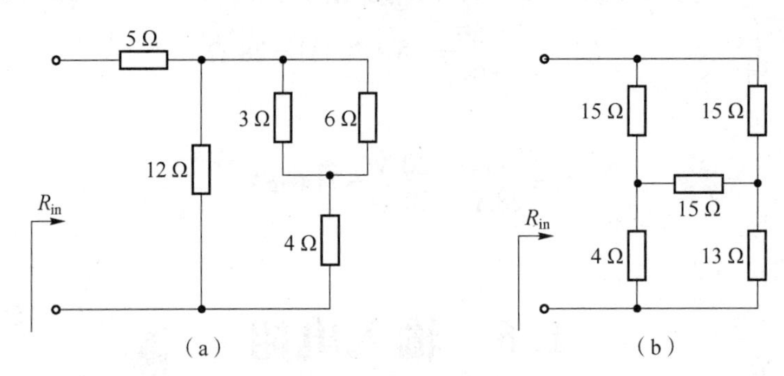

图 1-96　例 1-24 电路

解：由于图 1-96 所示二端网络只含有电阻，因此，等效电阻就是输入电阻，可利用电阻的串并联或 Y-△变换等效公式进行计算。

在图 1-96（a）电路中，电路的连接方式为 3 Ω 电阻与 6 Ω 电阻并联，等效电阻为

$$\frac{3\times 6}{3+6}\ \Omega=2\ \Omega$$

等效电路如图 1-97（a）所示。与 4 Ω 电阻串联后，等效电阻为

$$(2+4)\Omega=6\ \Omega$$

等效电路如图 1-97（b）所示。与 12 Ω 电阻并联后，等效电阻为

$$\frac{12\times 6}{12+6}\ \Omega=4\ \Omega$$

等效电路如图 1-97（c）所示。最后与 5 Ω 电阻串联，等效电阻为

$$(5+4)\Omega=9\ \Omega$$

等效电路如图 1-97（d）所示。

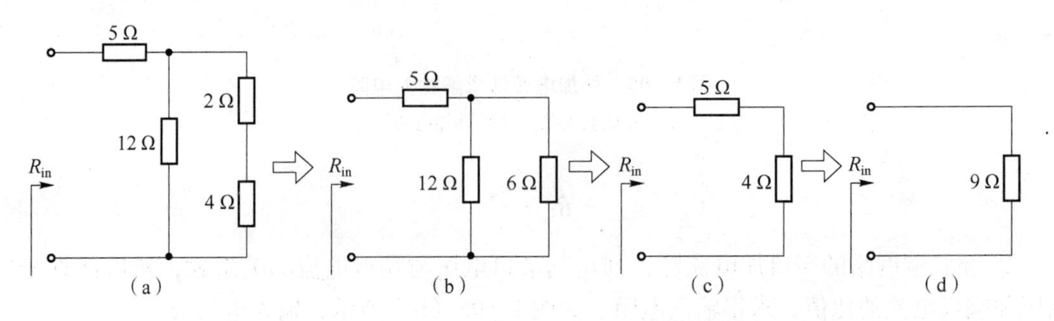

图 1-97　例 1-24 图 1-95（a）解题过程

在图 1－96（b）电路中，首先把△连接的 3 个 15 Ω 电阻等效变换为 3 个 Y 连接的电阻

$$\frac{15}{3}\ \Omega=5\ \Omega$$

如图 1－98（a）所示。再利用串并联等效进行计算。电阻的连接方式为 5 Ω 电阻与 4 Ω 电阻串联，等效电阻为

$$(5+4)\Omega=9\ \Omega$$

另一条支路的 5 Ω 电阻与 13 Ω 电阻串联，等效电阻为

$$(5+13)\Omega=18\ \Omega$$

等效电路如图 1－98（b）所示。然后 9 Ω 电阻与 18 Ω 电阻并联，再与 5 Ω 电阻串联，等效电阻为

$$\left(\frac{9\times18}{9+18}+5\right)\Omega=(6+5)\Omega=11\ \Omega$$

化简电路如图 1－98（c）所示。

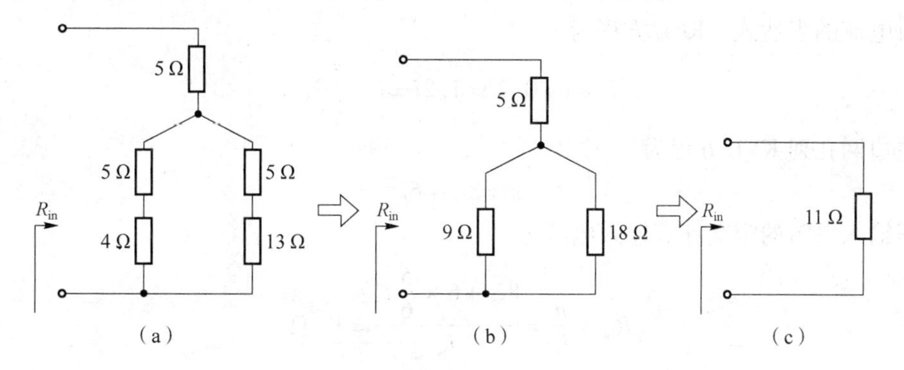

图 1－98　例 1－24 图 1－96（b）解题过程

【例 1－25】 求图 1－99（a）所示电路的输入电阻 R_{in}。

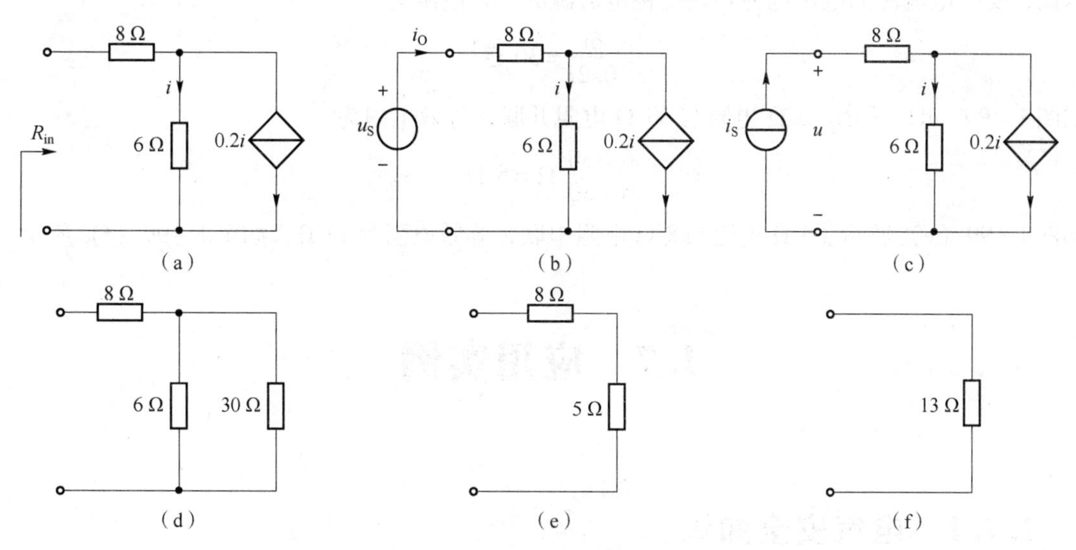

图 1－99　例 1－25 电路

解：图1-99（a）所示电路中含有受控源，因此采用外加电源法求输入电阻。

方法一：

如图1-99（b）所示，在二端网络的端口外加电压源u_S，设在端口产生的电流为i_0，列出端口电压与端口电流的表达式。KCL方程为

$$i_0 = i + 0.2i = 1.2i \Rightarrow i = \frac{5}{6}i_0$$

对左边网孔列写KVL方程为

$$u_S = 8i_0 + 6i$$

根据输入电阻的定义计算输入电阻为

$$R_{in} = \frac{u_S}{i_0} = \frac{8i_0 + 6 \times \frac{5}{6}i_0}{i_0} = 13\ \Omega$$

方法二：

如图1-99（c）所示，在二端网络的端口外加电流源i_S，端口电压设为u，列出端口电压与端口电流的表达式。KCL方程为

$$i_S = i + 0.2i = 1.2i \Rightarrow i = \frac{5}{6}i_S$$

对左边网孔列KVL方程为

$$u = 8i_S + 6i$$

根据输入电阻的定义计算输入电阻为

$$R_{in} = \frac{u}{i_S} = \frac{8i_S + 6 \times \frac{5}{6}i_S}{i_S} = 13\ \Omega$$

方法三：

如图1-99（a）所示电路中受控电流源与6 Ω电阻并联，6 Ω电阻两端的电压为$6i$，因此，受控电流源的电压也为$6i$，受控电流源的等效电阻为

$$\frac{6i}{0.2i} = 30\ \Omega$$

如图1-99（d）所示。6 Ω电阻与30 Ω电阻并联，等效电阻为

$$\frac{6 \times 30}{6 + 30}\ \Omega = 5\ \Omega$$

如图1-99（e）所示。5 Ω电阻与8 Ω电阻串联，等效电阻为13 Ω，如图1-99（f）所示。

1.7 应用实例

1.7.1 电气安全知识

前面介绍了电路中的一些物理量，如电压、电流等。本节主要介绍与生活、生产等相关

的电气安全知识。

与电气相关的危害有 3 种：电击、电伤与电磁场生理伤害。电击是指电流通过人体，对人体的心脏、肺等器官和神经系统造成的破坏。电伤是指由于电流的热效应、化学效应和机械效应对人体造成的伤害，一般指外伤，如电流灼伤、电弧烧伤等。电磁场生理伤害是指在高频磁场作用下，吸收辐射的能量对人体中枢神经造成的影响。

触电事故是由于电击引起的。一般情况下，人体能够承受的安全电压为 36 V，安全电流为 10 mA。当人体电阻一定时，人体接触的电压越高，通过人体的电流就越大，对人体的损害也就越严重。安全电流又称安全流量或允许持续电流，人体安全电流即通过人体电流的最低值。一般 1 mA 的电流通过时人体就会有感觉，25 mA 以上的电流人体就很难摆脱。50 mA 的电流人体就有生命危险，主要会导致心脏停止和呼吸麻痹。

电流对人体的伤害程度与电流的大小、电流持续时间的长短、电流流经的途径、电流的频率以及人体的状况等因素有关。电流越大，持续的时间越长，伤害也就越大。电流流经人体心肺、中枢神经系统时带给人体的危害最大。当电流为 25 ~ 300 Hz 的交流电时，对人体的伤害最严重。当然也和人体的电阻、年龄、身体状况等有关。

触电可以分为直接触电和间接触电。直接触电是指人体直接接触电气设备或电气线路的带电部分而遭受电击，它的特征是人体接触电压。间接触电是指当电气设备或电气线路绝缘损坏发生单相接地故障时，其外露部分存在着对地故障电压，人体接触这一外露部分而遭受的电击。

触电又可以分为单相触电、两相触电和跨步电压触电。单相触电是指人体接触带电设备或线路中的某一相导体时，一相电流通过人体后，经过大地流回到中性点，如图 1 - 100（a）所示。这是一种危险的触电形式，在生活中较为常见。两相触电是指人体的不同部位分别接触到同一电源的两根不同相位的相线，电流从一根相线经过人体流到另一根相线的触电现象。电流经过一根火线流经人体再经过另外一根火线 ，形成回路从而造成触电，如图 1 - 100（b）所示。跨步电压触电是人站在距离高压电线落地点 8 ~ 10 m 以内发生的触电事故，人接触到跨步电压时，*AB* 之间存在电压，电流沿着人的下身，从脚经腿、胯部又到脚与大地形成通路，如图 1 - 100（c）所示。

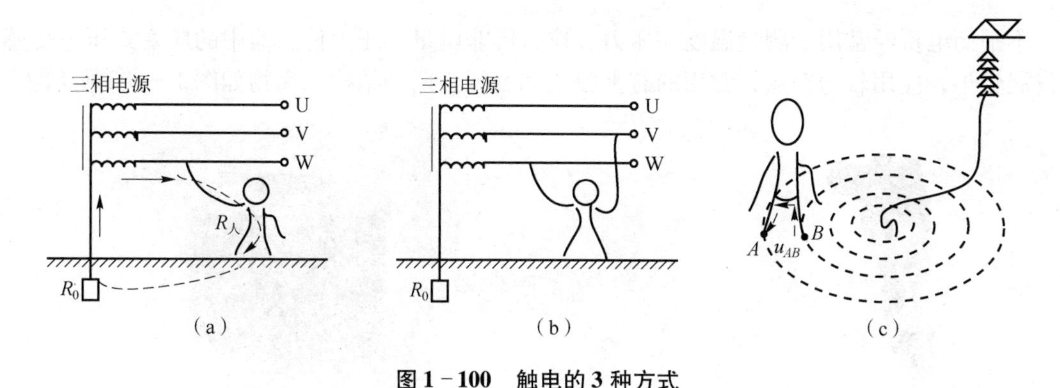

图 1 - 100　触电的 3 种方式

（a）单相触电；（b）两相触电；（c）跨步电压触电

因此，人们在生活或生产中一定要注意安全用电，当发现有人触电时，应尽快使触电者脱离电源并迅速根据具体情况进行救治。在此过程中一定不要直接接触触电者。

1.7.2 电桥电路的应用

电桥电路还可以用来测量电阻、电感、电容等参数，如果配合其他的传感器件还可以测量压力、温度等非电量。本节主要介绍电桥电路在测量技术中的应用。

电桥可以分为直流电桥和交流电桥。直流电桥主要用于电阻的测量，又可以分为单臂电桥和双臂电桥。单臂电桥是指电桥中只有一个臂接入被测量，其他三个臂接入固定电阻。如果电桥两个臂接入被测量，另外两个为固定电阻，该电桥就称为双臂电桥，又称为半桥形式。如果4个桥臂都接入被测量则称为全桥形式。

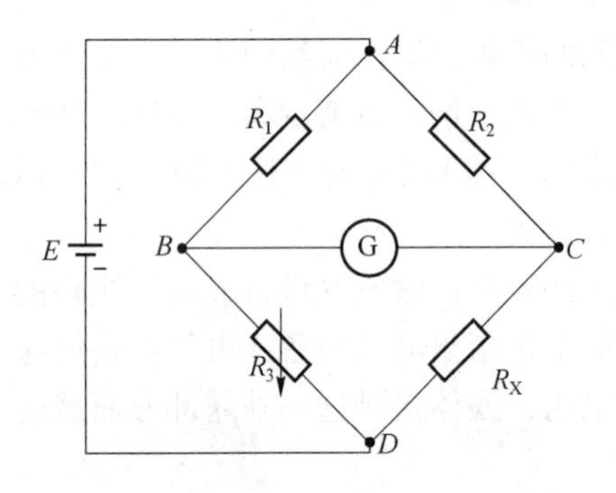

图1-101 电桥电路测量电阻原理

1. 电桥电路在电阻检测中的应用

电阻可以通过万用表的电阻挡直接测量，但利用电桥电路测量电阻会提高测量的精确度。在如图1-101所示电桥电路中，3个桥臂接入固定电阻（已知电阻）R_1、R_2和R_3（可调电阻），1个桥臂接入被测电阻R_x。电桥对角线*AD*接直流电源，*BC*接检流计G，检流计用来检测对角线*BC*支路有无电流，即用来检测电桥是否平衡。如果有电流，检流计指针偏转，并显示电流的大小，此时，电桥不平衡。调节可调电阻R_3，使检流计中的电流为零，*BC*两点电位相等，此时，电桥平衡。根据电桥平衡条件，即

$$R_1 R_x = R_2 R_3$$

可知被测电阻

$$R_X = \frac{R_2}{R_1} R_3$$

2. 电桥电路在压力传感器中的应用

不平衡电桥经常用于测量温度、压力、拉力等非电量。压力传感器中的应变式压力传感器发展较早，应用较为普遍，常用的有平膜式和圆桶式两种结构，实物如图1-102所示。

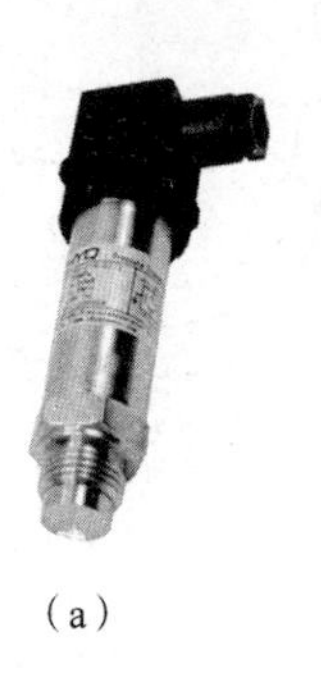

（a）

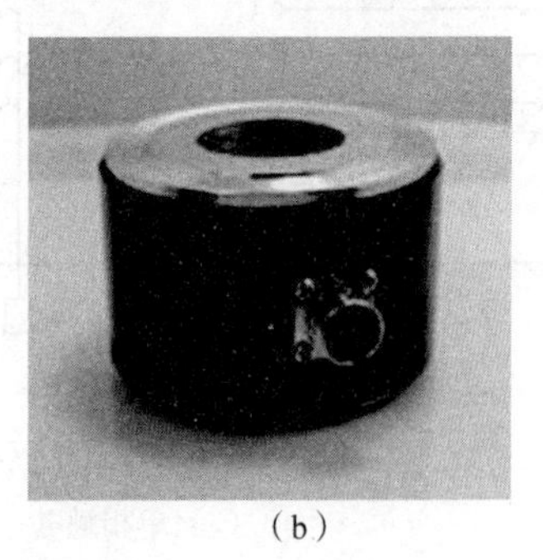

（b）

图1-102 应变式压力传感器实物

（a）平膜式；（b）圆桶式

压力传感器中单臂电桥电路的测量原理如图1－103所示，电桥中的桥臂是电阻应变片，电阻应变片利用电阻的应变效应把压力产生的机械形变转换为电阻阻值的变化，从而影响输出电压的变化。图中，R_1 为电阻应变片，R_2、R_3 和 R_4 为固定电阻。当电阻应变片 R_1 受到力作用时，电阻会发生变化，从而使得输出电压 U_0 发生变化。

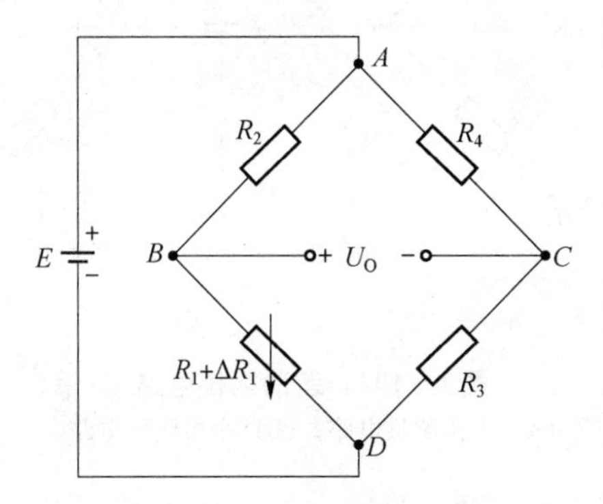

图1－103　电阻应变式压力传感器单臂电桥电路

输出电压为

$$U_0=\left(\frac{R_1+\Delta R_1}{R_1+\Delta R_1+R_2}-\frac{R_3}{R_3+R_4}\right)\times E$$

$$=\frac{\dfrac{R_4}{R_3}\dfrac{\Delta R_1}{R_1}}{\left(1+\dfrac{\Delta R_1}{R_1}+\dfrac{R_2}{R_1}\right)\left(1+\dfrac{R_4}{R_3}\right)}\times E$$

由于 $\Delta R_1 \ll R_1$，所以，分母中的$\dfrac{\Delta R_1}{R_1}$可以忽略，根据电桥平衡条件

$$R_1R_4=R_2R_3$$

故输出电压为

$$U_0=\frac{\dfrac{R_2}{R_1}}{\left(1+\dfrac{R_2}{R_1}\right)^2}\times\frac{\Delta R_1}{R_1}\times E$$

应变片是一种本身电阻随应力变化而改变的传感器，灵敏度比较低，因此，在实际应用中电桥电路往往是差动电桥电路，以提高其灵敏度，并使输入和输出呈线性关系。差动电桥电路有半桥电路和全桥电路，如图1－104所示。半桥电路把不同应力方向的两个应变片接入电桥作为邻边，输出电压为

$$U_0=\frac{\Delta R_1}{R_1}\times\frac{E}{2}$$

图1－104所示应变片全桥测量电路中把应力方向相同的两个应变片接入电桥的对边，应力方向相反的接入电桥邻边，其灵敏度比半桥测量电路提高了一倍，非线性也得到了改善，输出电压为

$$U_0=\frac{\Delta R_1}{R_1}\times E$$

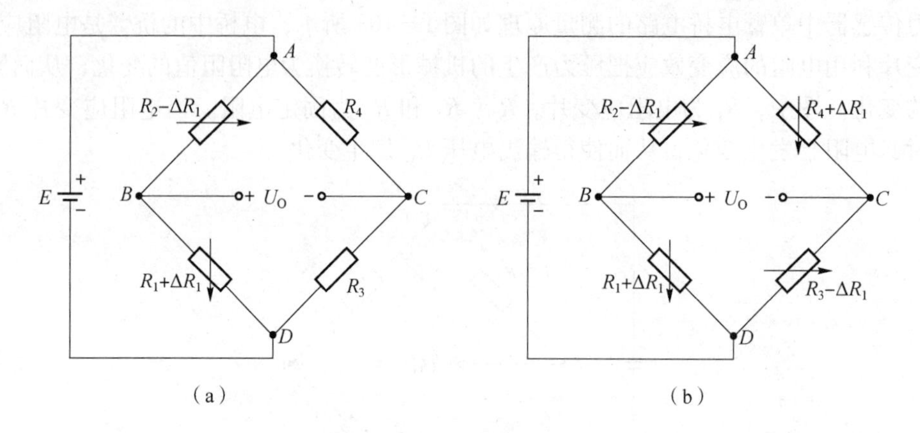

图 1-104 差动电桥电路

（a）半桥测量电路；（b）全桥测量电路

1.8 Multisim 仿真分析

Multisim 软件是美国国家仪器（NI）有限公司推出的以 Windows 为基础的电路辅助设计和分析计算仿真工具，它包含了电路原理图的图形输入和电路硬件描述语言输入两种输入方式，具有较强的仿真分析能力。Multisim 具有丰富的元件库、仪器仪表和仿真分析功能，如直流工作点分析、交流分析和单一频率交流分析等。

本节将利用 Multisim 软件对基尔霍夫定律进行仿真分析。

基尔霍夫定律实验电路如图 1-105 所示。

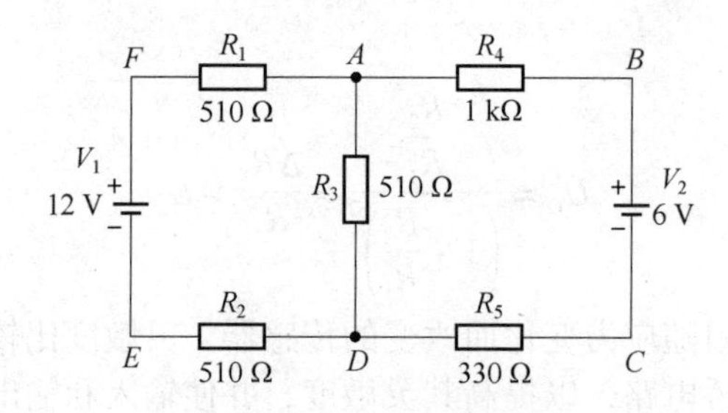

图 1-105 基尔霍夫定律实验电路

1. 基尔霍夫电流定律的验证

（1）按照实验电路图绘制仿真电路，分别从元件库中选择直流电压源和电阻，并双击修改其属性，确认参数。

（2）从“仿真/仪器”选项中选择“数字万用表”，并串联在电路中，设置测量直流电流。

（3）放置导线、结点和接地符号。基尔霍夫电流定律仿真电路如图 1-106所示。

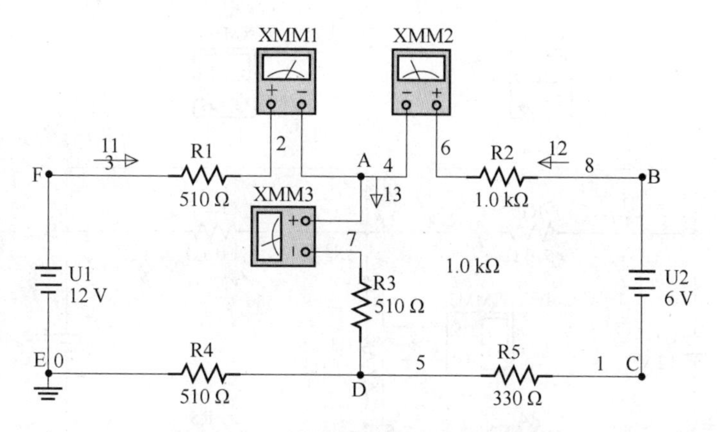

图1－106 基尔霍夫电流定律仿真电路

（4）选择“仿真/运行”选项，双击万用表，即可测量各支路电流，仿真结果如图1－107电路所示。

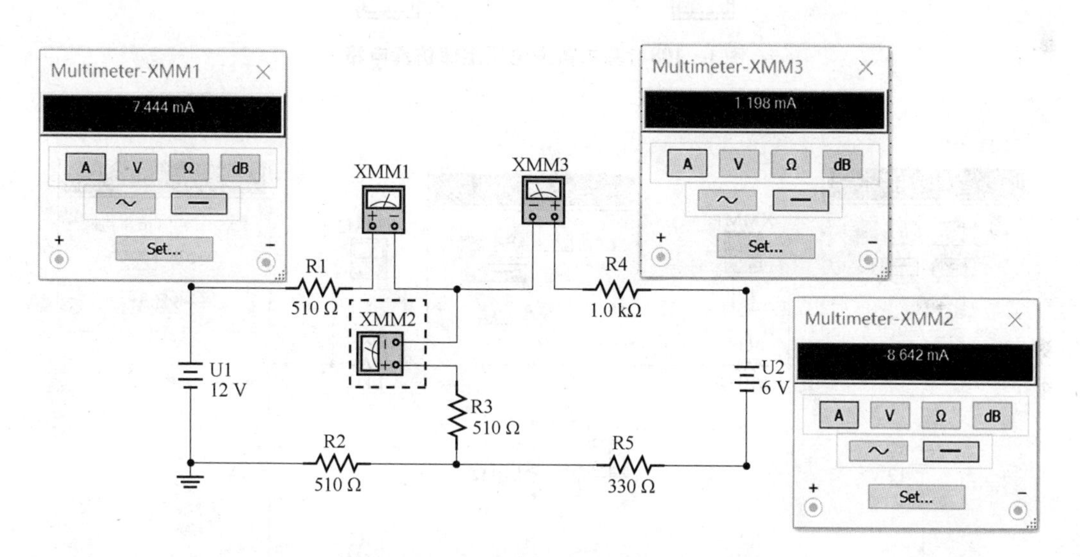

图1－107 基尔霍夫电流定律仿真结果

仿真结果满足（7.444＋1.198）mA＝8.642 mA，符合基尔霍夫电流定律。

2. 基尔霍夫电压定律的验证

（1）按照实验电路图绘制仿真电路，分别从元件库中选择直流电压源和电阻，并双击修改其属性，确认参数。

（2）从“仿真/仪器”选项中选择“数字万用表”，并联在电路中，设置测量直流电压。

（3）放置导线、结点和接地符号。基尔霍夫电压定律仿真电路如图1－108所示。

（4）选择“仿真/运行”选项，双击万用表，即可测量各元件的电压，仿真如图1－109电路所示。

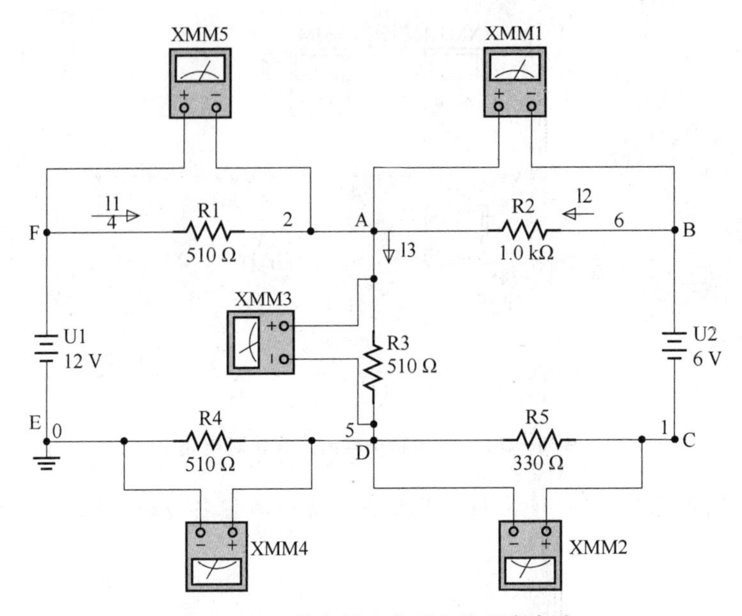

图 1－108　基尔霍夫电压定律仿真电路

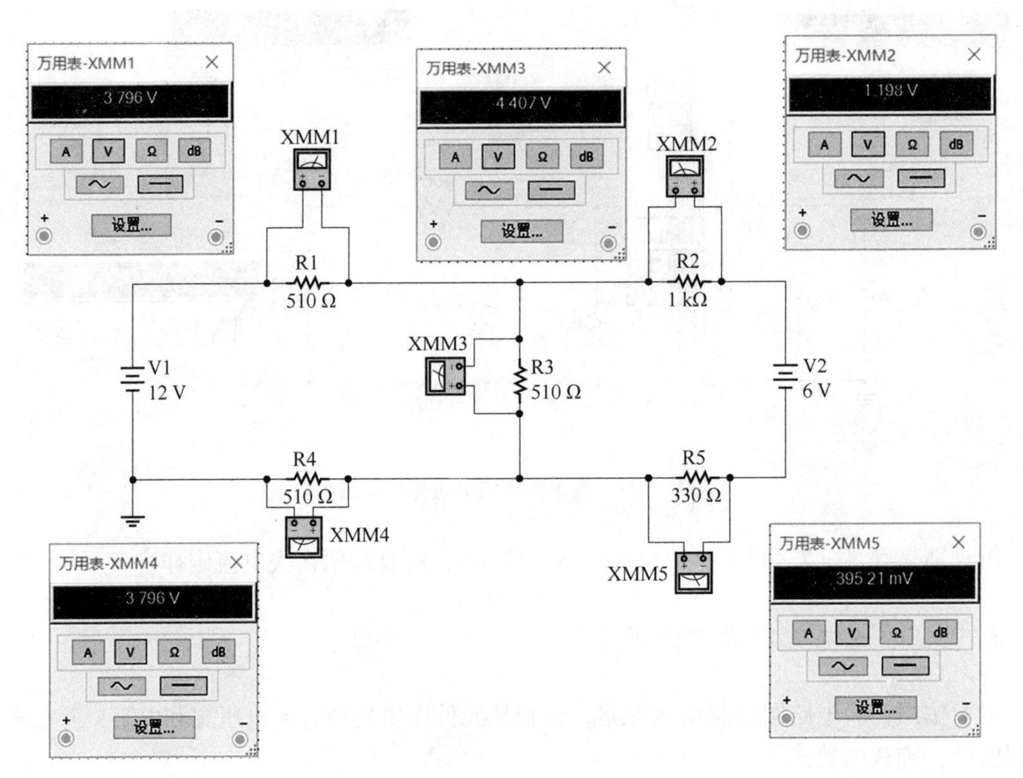

图 1－109　基尔霍夫电流定律仿真结果

通过仿真测量结果可知，左边网孔满足 [3.796 －（－4.407）＋3.796] V＝11.999 V≈12 V，右边网孔满足 [1.198 ＋（－4.407）＋0.395] V＝6 V，仿真结果符合基尔霍夫电压定律。

习　题

1－1　在题图1－1所示电路中，已知 $U_{ac}=5$ V，$U_{ab}=3$ V，若分别以 a 和 c 作为参考点，求 a、b、c 三点的电位及 U_{cb}。

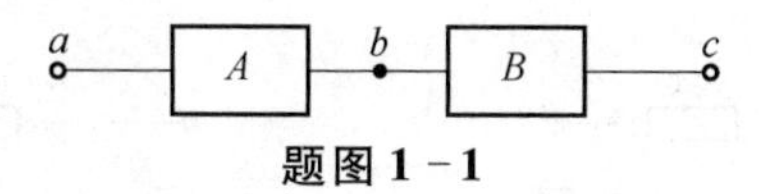

题图1－1

1－2　求题图1－2所示电路中元件的功率，并判别实际是吸收还是发出功率。

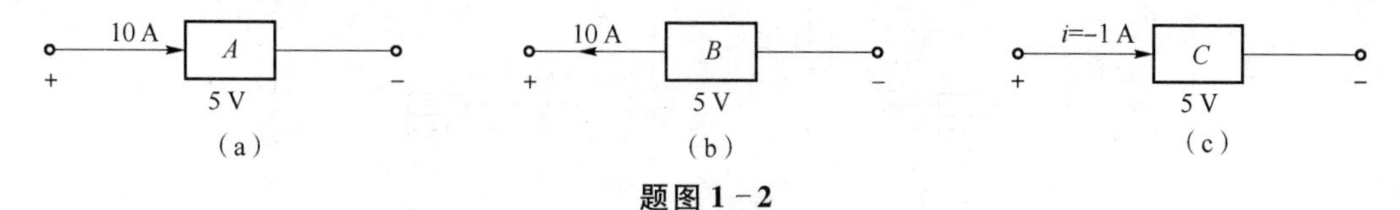

题图1－2

1－3　把一个2.5 kW的电暖器接到220 V的电源上，求：

(1) 该电暖器的工作电流；

(2) 若该电暖器连续工作5 h，求其消耗的能量；

(3) 若电价为0.5 元/(kW·h)，试计算该电暖器连续工作5 h所需的电费。

1－4　判断题图1－3所示电路中电压源 u_S、电阻 R_1 及电阻 R_2 两端电压与其上电流的参考方向是否关联，并写出每个元件吸收功率的表达式。

1－5　题图1－4所示电路中，已知电流 $i_1=2$ A，$i_3=5$ A，$i_5=10$ A，试求电流 i_2 和 i_4。

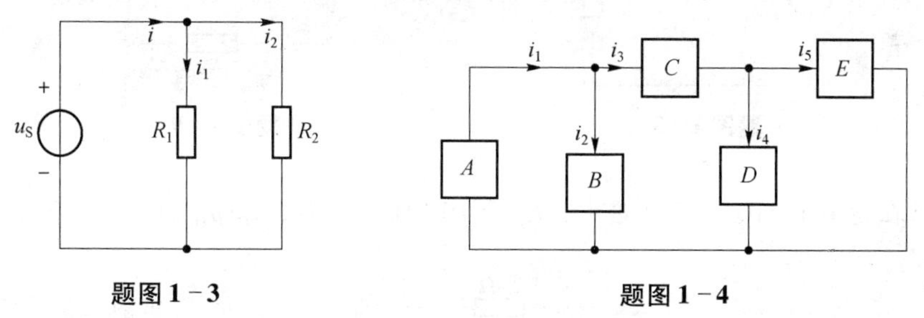

题图1－3　　　　题图1－4

1－6　计算题图1－5所示电路中的电流 i_1、i_2、i_3。

1－7　计算题图1－6所示电路中的电压 u_1、u_2、u_3 和 u_4。

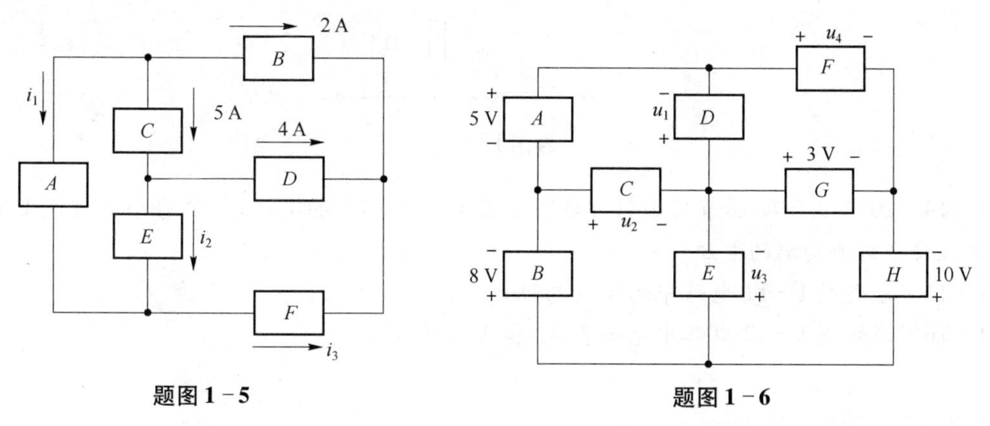

题图1－5　　　　题图1－6

1-8 把一只“220 V，100 W”的灯泡接到 220 V 电源上，试求其额定电流及灯泡的电阻。把该灯泡接在 110 V 的电源上时，它的实际功率是多少？

1-9 一个电熨斗接到 220 V 的电源上产生的电流为 2.2 A，求该电熨斗的阻值及其电导。

1-10 求题图 1-7 所示电路的等效电阻 R_{eq}。

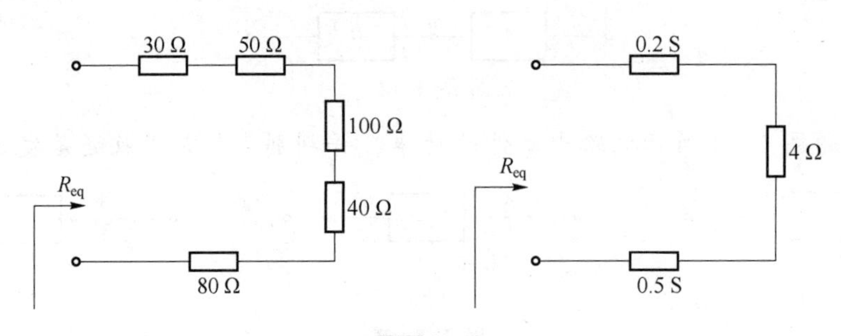

题图 1-7

1-11 在题图 1-8 所示电路中，$u_S=50$ V，$i=5$ A，$R_2=2$ Ω，求电阻 R_1。

1-12 在题图 1-9 所示电路中，电压源 $u_S=30$ V，$i=3$ A，$u_2=6$ V，电阻 R_3 的功率 $P=45$ W，求 R_1、R_2、R_3。

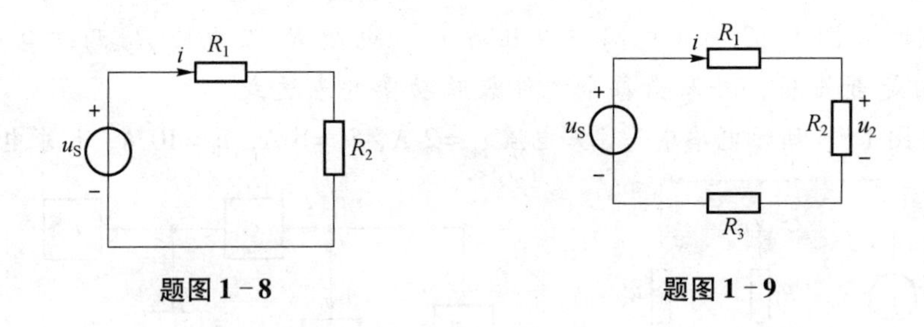

题图 1-8 **题图 1-9**

1-13 在题图 1-10 所示电路中，R_x 为 10 kΩ 电位器，求 u_O 的变化范围。

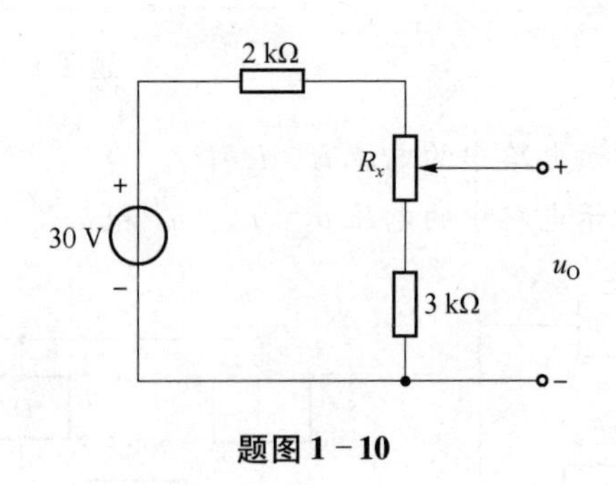

题图 1-10

1-14 20 只 2.2 W 的节日小彩灯串联在 220 V 的电压两端，试计算每个小灯泡上流过的电流及每个灯泡两端的电压。

1-15 求题图 1-11 电路中的等效电阻 R_{eq}。

1-16 求题图 1-12 电路中电流表 A_1 和 A_2 的读数。

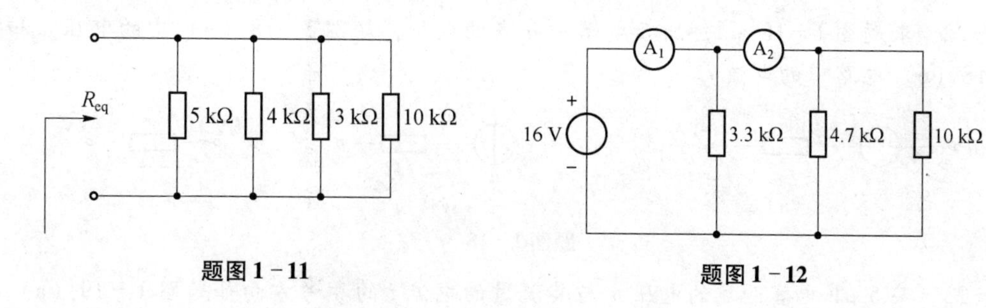

题图 1-11　　题图 1-12

1-17　已知题图 1-13 中电流源 $i_S=20$ mA，$R_1=1$ kΩ，$R_2=25$ kΩ，$R_3=20$ kΩ，求电流 i_1、i_2、i_3。

1-18　计算题图 1-14 所示电路的电流 i 和电压 u。

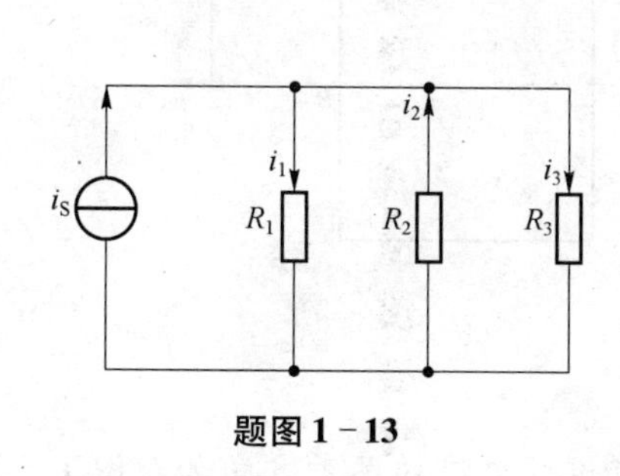

题图 1-13

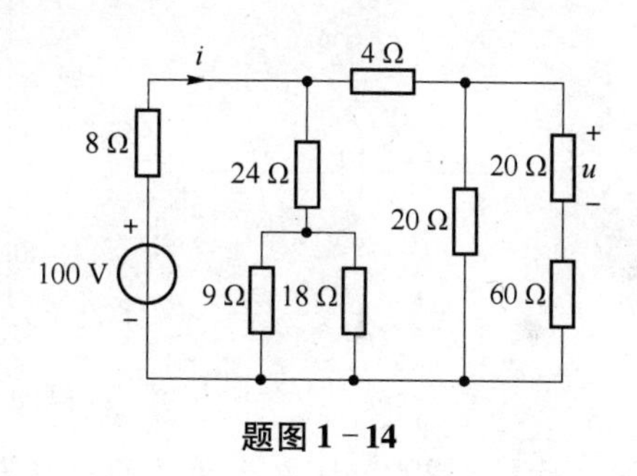

题图 1-14

1-19　计算题图 1-15 电路中的电压 u_{ab}。

1-20　计算题图 1-16 电路中的电流 i。

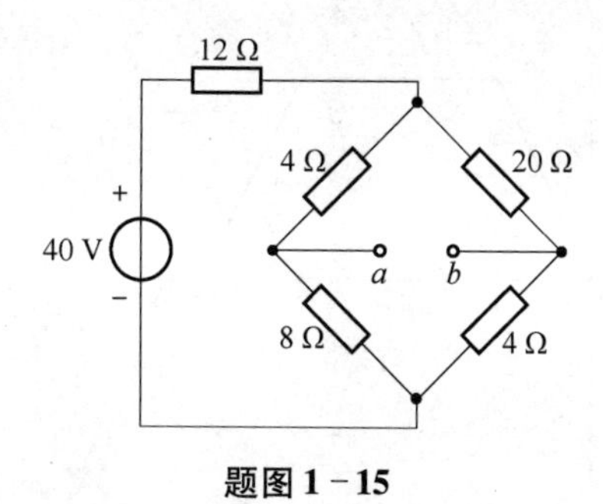

题图 1-15

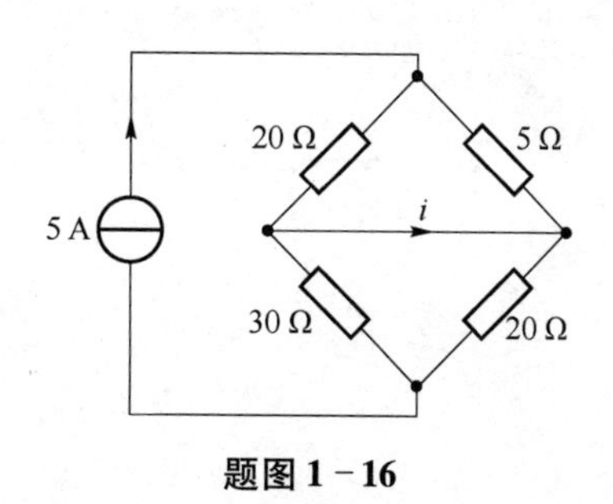

题图 1-16

1-21　电压和电流的参考方向如题图 1-17 所示，试写出各元件的电压与电流的关系（VCR）。

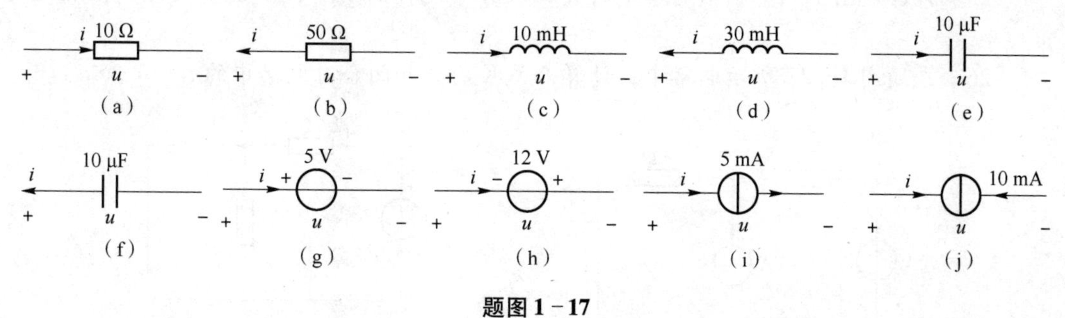

题图 1-17

1－22　求题图1－18（a）所示电路中a点的电位，题图1－18（b）中的电压u和题图1－18（c）电路中的电流i。

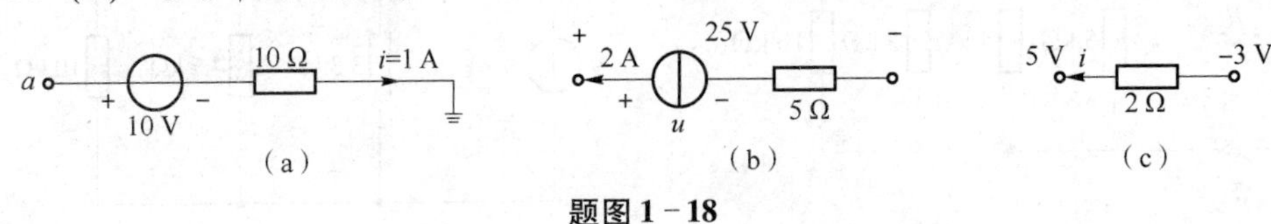

题图1－18

1－23　某5 μF电容两端的电压u与其流过的电流i的参考方向如题图1－19（a）所示，i的波形图如题1－19（b）所示，计算该电容两端的电压u。

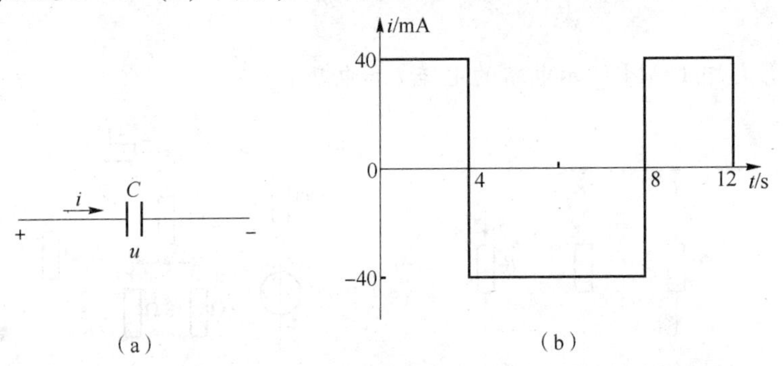

题图1－19

1－24　已知某200 mH电感两端的电压与其流过的电流的参考方向如题图1－20（a）所示，电流波形如题图1－20（b）所示，求该电感两端的电压。

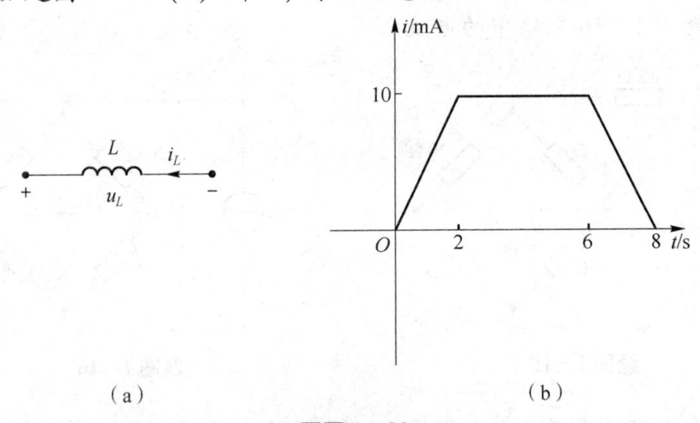

题图1－20

1－25　计算题图1－21所示电路中的u以及各个元件的功率，并说明实际是吸收还是发出功率。

1－26　在题图1－22所示电路中，计算开关K打开和闭合时电路中的i_1、i_2和u_{ab}。

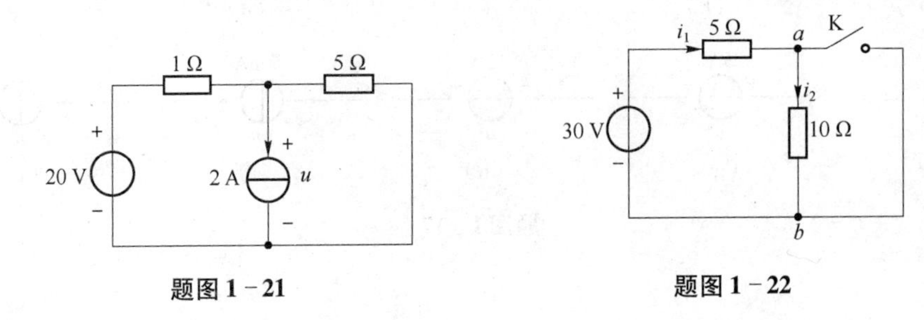

题图1－21　　**题图1－22**

1－27 计算题图1－23所示电路中的电压 u_{ab}。

1－28 计算题图1－24所示电路中的电压 u。

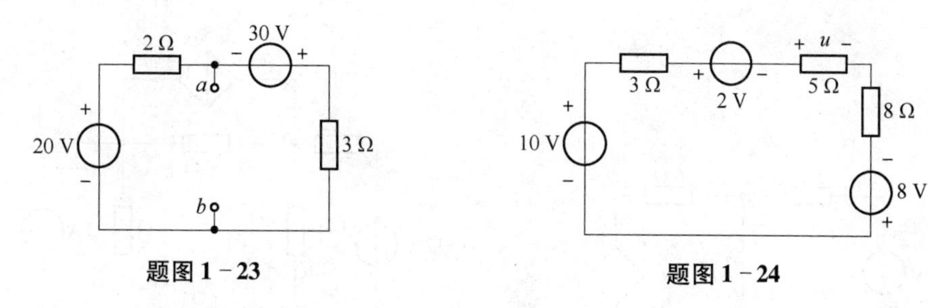

题图1－23　　　　题图1－24

1－29 计算题图1－25所示电路中的 a 点电位。

1－30 计算题图1－26所示电路中的电流 i。

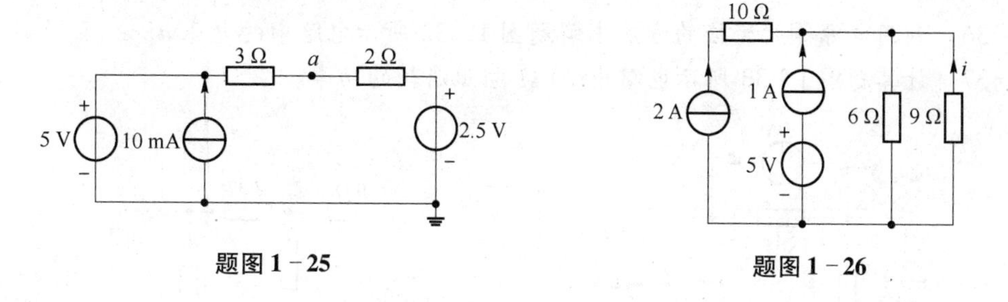

题图1－25　　　　题图1－26

1－31 计算题图1－27所示电路中的电流 i 及各个元件的功率。

1－32 计算题图1－28所示电路中的电流 i_1 和 i_2。

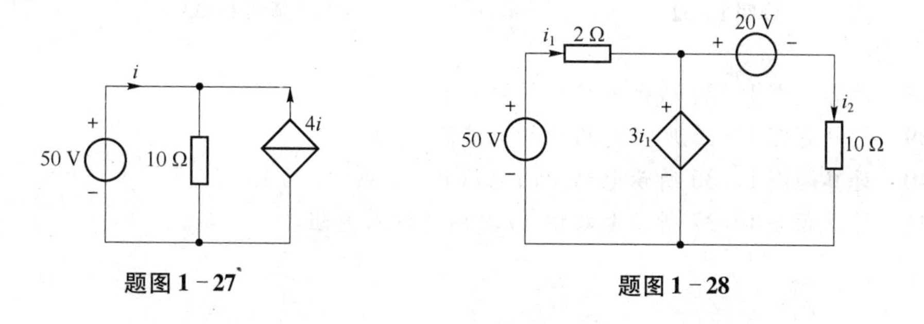

题图1－27　　　　题图1－28

1－33 化简题图1－30电路为实际电压源模型或实际电流源模型。

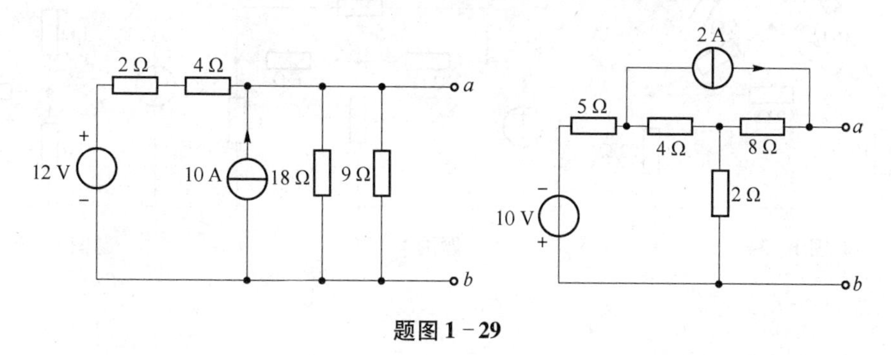

题图1－29

1－34　计算题图1－30所示电路中的电流 i。

1－35　利用电源等效变换的方法求解题图1－31所示电路中的电压 u_X。

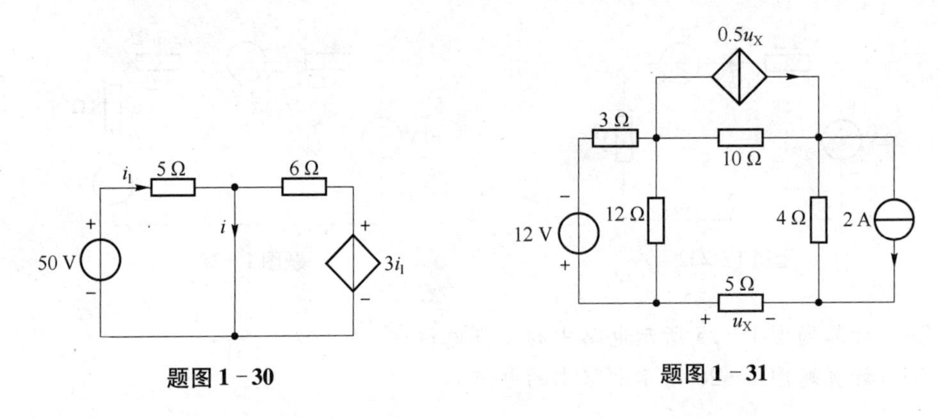

题图1－30　　　　题图1－31

1－36　利用电源等效变换的方法求解题图1－32所示电路中的电压 u。

1－37　计算题图1－33所示电路中10 Ω电阻消耗的功率。

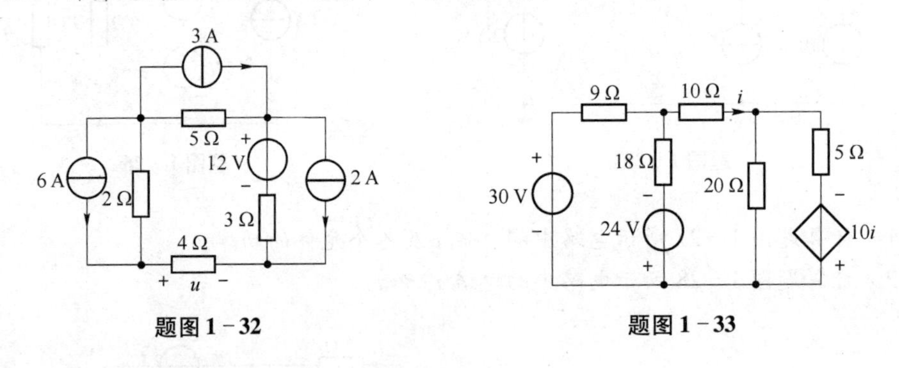

题图1－32　　　　题图1－33

1－38　计算题图1－34所示电路中的电流 i。

1－39　计算题图1－35所示电路中的电流 i。

1－40　计算题图1－36所示电路中的电压 u。

1－41　计算题图1－37所示电路中 ab 之间的输入电阻。

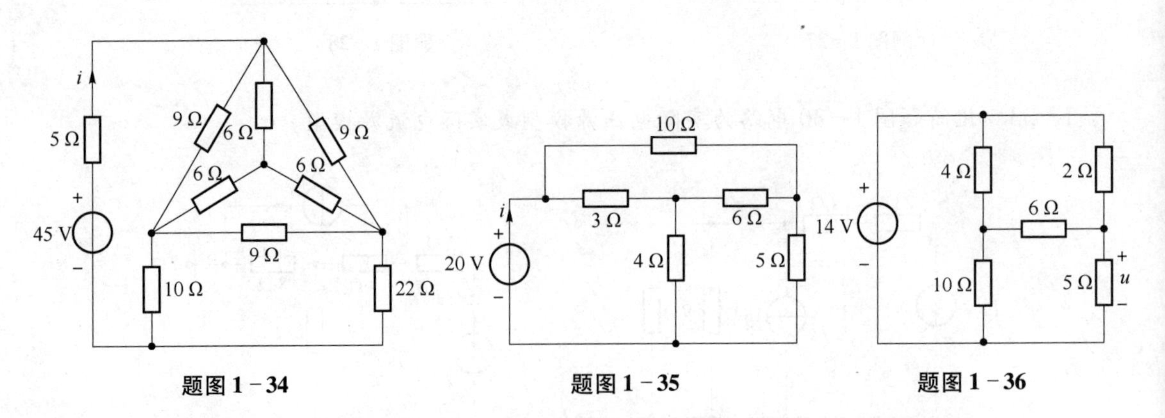

题图1－34　　　　题图1－35　　　　题图1－36

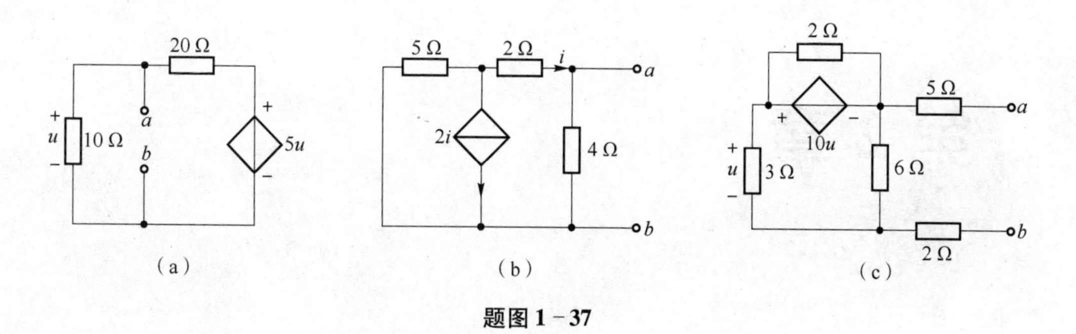

题图 1－37

1－42　计算题图 1－38 所示电路的等效电阻 R_{eq}。

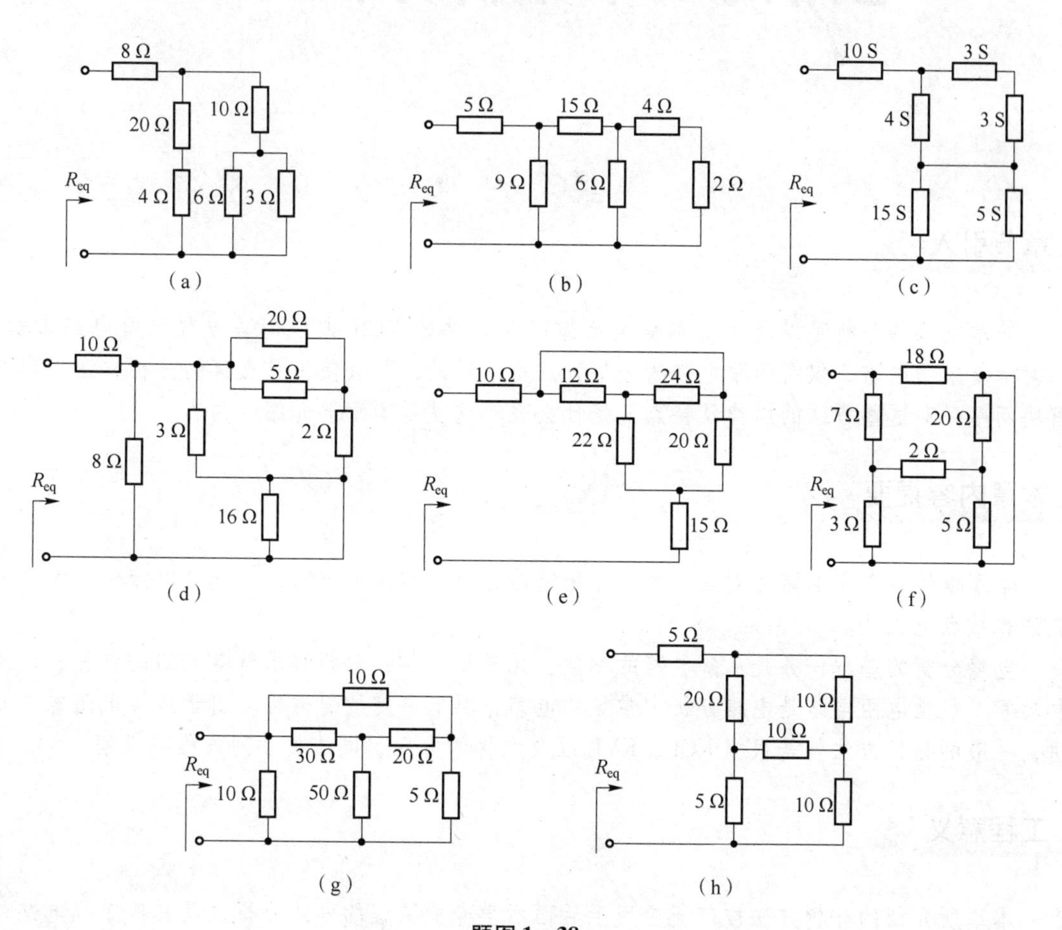

题图 1－38

第2章

电路的基本分析方法

章节引入

简单电路的分析可以通过基尔霍夫定律以及元件的 VCR 方程列写方程求解电路参数，但对于复杂的电路，仅有简单电路的分析方法是不够的，那么使用什么样的分析方法更容易解决问题呢？这些方法的规律及特点又是什么呢？这就是本章要介绍的内容。

本章内容提要

本章以线性电阻电路为对象，主要介绍电路分析中常用的方法，如支路电流法、网孔电流法和结点电压法。

电路分析的基本任务是已知电路的参数、元件和结构，分析和求解各支路的电压、电流和功率。线性电阻电路是电路分析中常见的电路，具有一定的普遍性。对于线性电阻电路来讲，一般的分析方法就是根据 KCL、KVL 以及元件的电压、电流关系列方程并求解。

工程意义

本章所介绍的分析方法被广泛应用于后面所学专业课程的电路分析以及其他工程电路的分析。

2.1 支路电流法

利用 KCL、KVL 和电阻的 VCR 特性列出的方程称为电路的基本方程。下面以电阻电路为例，研究 KCL 和 KVL 方程的独立性。

2.1.1 KCL 和 KVL 方程的独立性

KCL 和 KVL 方程的独立性示例如图 2－1 所示。

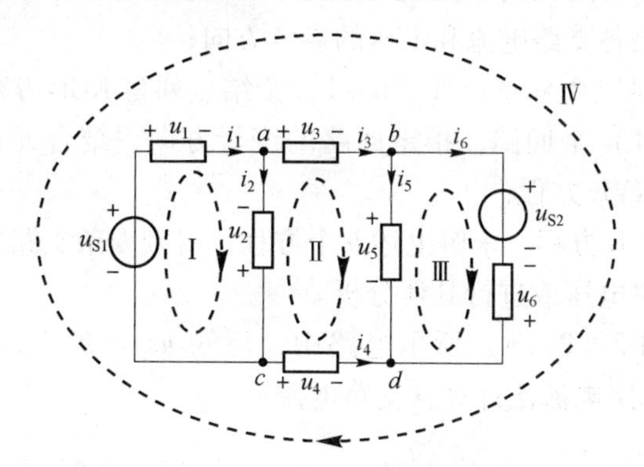

图 2－1　KCL 和 KVL 方程的独立性示例

图 2－1 中有 4 个结点，即 $n=4$ 。分别对结点 a、b、c、d 列写出 KCL 方程

$$\begin{cases} i_1 - i_2 - i_3 = 0 \\ i_3 - i_5 - i_6 = 0 \\ -i_1 + i_2 - i_4 = 0 \\ i_4 + i_5 + i_6 = 0 \end{cases}$$

由于上述 4 个方程相加为 0，因此，上述 4 个方程并不相互独立，即其中的任意一个方程都可以由其他 3 个方程推导出，也就是说，对于 4 个结点列出的 KCL 方程只有 3 个是相互独立的。此结论对 n 个结点的电路同样适用，即对 n 个结点的电路，能且只能列出（$n-1$）个独立的 KCL 方程。因此，在分析电路和求解电路参数时，对于具有 n 个结点的电路，只需要选取（$n-1$）个结点来列写 KCL 方程即可。

根据结点和支路的定义可知，电路中结点数 $n=4$，支路数 $b=6$。

选取回路列写 KVL 方程。

$$\begin{cases} \text{回路Ⅰ}: u_1 - u_2 - u_{S1} = 0 \\ \text{回路Ⅱ}: u_3 + u_5 - u_4 + u_2 = 0 \\ \text{回路Ⅲ}: u_{S2} - u_6 - u_5 = 0 \\ \text{回路Ⅳ}: u_1 + u_3 + u_{S2} - u_6 - u_4 - u_{S1} = 0 \end{cases}$$

上述 4 个回路的方程并不独立。可以证明，对于 n 个结点，b 条支路的电路，KVL 方程的独立个数为（$b-n+1$）个，即平面电路独立的 KVL 方程数就是网孔的个数。

2.1.2　支路电流法概述

对于一个含有 n 个结点、b 条支路的电路可以列写（$n-1$）个独立的 KCL 方程，（$b-n+1$）个独立的 KVL 方程，如果把电阻的 VCR 方程（$u=Ri$）或支路的 VCR 方程代入到 KVL 方程中，则 KVL 方程就变成了含有支路电流的方程。将 KVL 方程与 KCL 方程联立，就可以得到以支路电流为变量的 b 个独立的方程，这种分析方法称为支路电流法。

支路电流法列写的是 KCL 方程和 KVL 方程，方程列写方便、直观，但方程数较多，适用于支路数目不多的电路分析。

根据以上分析，可以得到支路电流法的解题方法与步骤如下：

（1）在电路图上标出各支路电流和电压的参考方向；

（2）从电路的 n 个结点中任意选择（$n-1$）个结点列写 KCL 方程；

（3）选择（$b-n+1$）个回路，指定回路的绕行方向，结合元件的特性（VCR 方程）列写用支路电流表示的 KVL 方程；

（4）联立 KCL 和 KVL 方程，求解上述 b 个方程，得到 b 条支路的支路电流；

（5）进一步计算支路电压或进行其他分析。

【例 2－1】　在如图 2－2（a）所示电路中，已知 $u_{S1}=12\ \text{V}$，$u_{S2}=20\ \text{V}$，$R_1=3\ \Omega$，$R_2=2\ \Omega$，$R_3=5\ \Omega$，用支路电流法计算各支路电流。

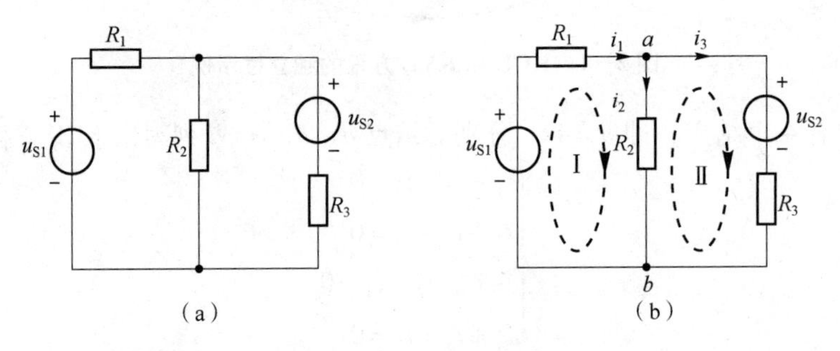

图 2－2　例 2－1 电路

解：标出各支路电流，符号及参考方向如图 2－2（b）所示，参考方向可以任意标示。电路中有 2 个结点，因此，可以列写 $n-1=2-1=1$ 个独立的 KCL 方程。

① 对结点 a 列写 KCL 方程，即

$$i_1=i_2+i_3$$

② 对回路Ⅰ、回路Ⅱ分别列写 KVL 方程，绕行方向如图 2－2（b）所示，同时把电阻的 VCR 方程($u=Ri$)代入 KVL 方程。

回路Ⅰ：$R_1i_1+R_2i_2-u_{S1}=0$

$3i_1+2i_2-12=0$

回路Ⅱ：$u_{S2}+R_3i_3-R_2i_2=0$

$20+5i_3-2i_2=0$

③ 联立 KCL、KVL 方程求解，得：

$$i_1 = 1.42\ \text{A},\ i_2 = 3.87\ \text{A},\ i_3 = -2.45\ \text{A}。$$

2.1.3 含独立电流源电路的支路电流法

支路电流法适用于含有独立电压源与电阻的电路。当电路中含有独立电流源时，包含两种情况：一是独立电流源与电阻的并联；二是只有独立电流源。

当独立电流源与电阻并联时，首先利用电源的等效变换将其转换为独立电压源与电阻的串联，然后利用支路电流法的解题方法与步骤进行求解。

当电路中只含有独立电流源时，由于独立电流源的端电压是由外电路与其电流共同决定的，在列写 KVL 方程时其端电压无法表示，因此需要做特殊处理。方法有如下两种。

方法一：

设独立电流源两端电压，把独立电流源当作电压源来列写方程，由于多了独立电流源电压这一未知数，因此需要增补方程。增补方程的原则是利用已知条件的同时不再增加未知数，因此补充独立电流源的电流与支路电流之间的关系方程，令独立电流源所在支路电流等于独立电流源的电流即可。

方法二：

在选取回路列 KVL 方程时，避开独立电流源所在的支路，同时把独立电流源所在支路的电流作为已知条件。

【例 2-2】 利用支路电流法计算如图 2-3（a）所示电路的电压 u。

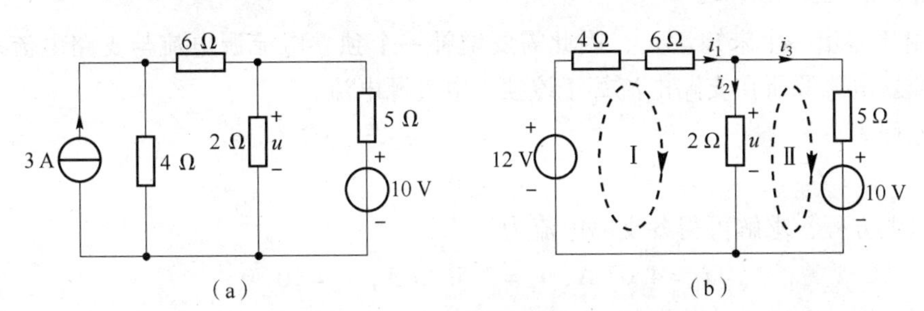

图 2-3 例 2-2 电路

解： 在图 2-3（a）所示电路中，包含了 3 A 独立电流源与 4 Ω 电阻的并联，通过电源等效变换为独立电压源与电阻的串联，独立电压源为 3 A × 4 Ω = 12 V，串联的电阻为 4 Ω，等效电路如图 2-3（b）所示。根据支路电流法进行分析。

在图 2-3（b）电路中，标示出各个支路的支路电流 i_1、i_2、i_3。该电路共有两个结点，任选其中一个结点列写 KCL 方程，即

$$i_1 = i_2 + i_3$$

选取两个网孔列写 KVL 方程，其回路绕行方向如图 2-3（b）所示。

网孔Ⅰ：$4i_1 + 6i_1 + 2i_2 - 12 = 0$

网孔Ⅱ：$10 + 5i_3 - 2i_2 = 0$

联立 KCL 方程和 KVL 方程，求解可得

$$i_1 = 0.8\ \text{A},\ i_2 = 2\ \text{A},\ i_3 = -1.2\ \text{A},\ u = 2i_2 = 2\ \Omega \times 2\ \text{A} = 4\ \text{V}。$$

【例 2-3】 利用支路电流法求解如图 2-4（a）所示电路的支路电流。

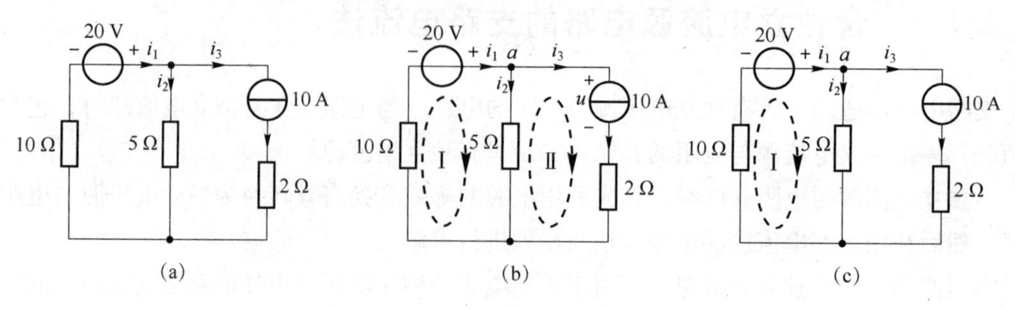

图 2-4　例 2-3 电路

解：图 2-4（a）电路中含有独立电流源，故可以利用如下两种方法进行求解。

方法一：

设电流源两端电压，并将电流源看作电压源。

（1）对结点 a 列 KCL 方程，即

$$i_1 = i_2 + i_3$$

（2）设电流源两端电压为 u，参考方向如图 2-4（b）所示，选两个网孔为独立回路，列写 KVL 方程。

回路Ⅰ：$5i_2 + 10i_1 - 20 = 0$

回路Ⅱ：$u + 2i_3 - 5i_2 = 0$

（3）由于多出一个未知量 u，因此需要增补一个独立电流源电流与支路电流之间的关系方程，独立电流源所在支路电流等于该独立电流源电流。

补充方程为

$$i_3 = 10\ \text{A}$$

联立以上方程，求解可得各支路电流为

$$i_1 = 4.67\ \text{A},\ i_2 = -5.33\ \text{A},\ i_3 = 10\ \text{A}。$$

方法二：

列写 KCL 方程，且在列写 KVL 方程时避开独立电流源所在的支路。由于独立电流源所在支路的支路电流等于独立电流源电流，因此该支路电流可以作为已知条件，即

$$i_3 = 10\ \text{A}$$

两个支路电流未知，因此只需列写两个方程。

（1）对结点 a 列写 KCL 方程，即

$$i_1 = i_2 + i_3 = i_2 + 10$$

（2）避开独立电流源支路取回路，选左边的网孔，绕行方向如图 2-4（c）所示，列写 KVL 方程为

$$5i_2 + 10i_1 - 20 = 0$$

联立方程求各支路电流得

$$i_1 = 4.67\ \text{A},\ i_2 = -5.33\ \text{A},\ i_3 = 10\ \text{A}。$$

2.1.4　含受控源电路的支路电流法

对于含有受控源电路，在应用支路电流法求解时，方程列写分为如下两步：

(1) 将受控源看作独立电源列方程：受控的电压源作为独立的电压源列写方程，即把受控电压源两端的电压直接列入 KVL 方程；受控的电流源作为独立的电流源列写方程。

(2) 由于在列写方程时，除了未知量支路电流，还有受控源的控制量，因此需要补充方程。补充的原则是不增加未知量，不论是受控电流源还是受控电压源，都要补充控制量与支路电流之间的关系方程。

【例 2-4】 列写如图 2-5 所示电路的支路电流方程。

解：由于图 2-5 电路中含有受控电压源，因此把受控电压源作为独立电压源列写 KVL 方程，补充控制量与支路电流之间的方程。

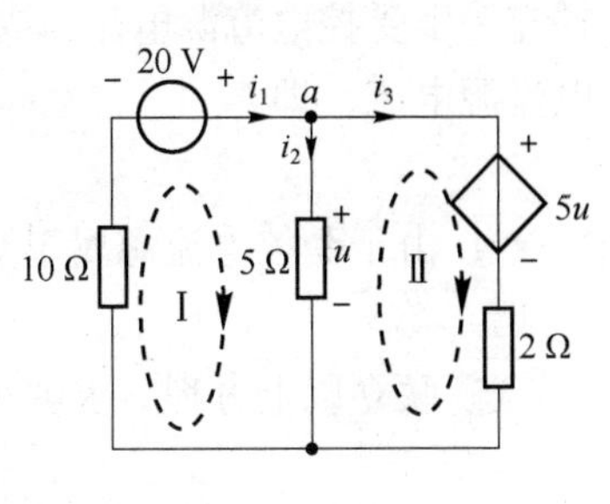

图 2-5　例 2-4 电路

① 对结点 a 列写 KCL 方程，即

$$i_1 = i_2 + i_3$$

② 选取两个网孔为独立回路，列写 KVL 方程。

网孔Ⅰ：$5i_2 + 10i_1 - 20 = 0$

网孔Ⅱ：$5u + 2i_3 - 5i_2 = 0$

③ 由于受控电压源的控制量 u 是未知量，因此需要增补一个控制量与支路电流之间的关系方程，即

$$u = 5i_2$$

④ 联立以上 4 个方程，消去控制量 u，即

$$\begin{cases} i_1 = i_2 + i_3 \\ 10i_1 + 5i_2 - 20 = 0 \\ 10i_2 + i_3 = 0 \end{cases}$$

求解可得

$$i_1 = 2.12\ \text{A},\ i_2 = -0.24\ \text{A},\ i_3 = 2.35\ \text{A}$$

【例 2-5】 列写如图 2-6 (a) 所示电路的支路电流方程。

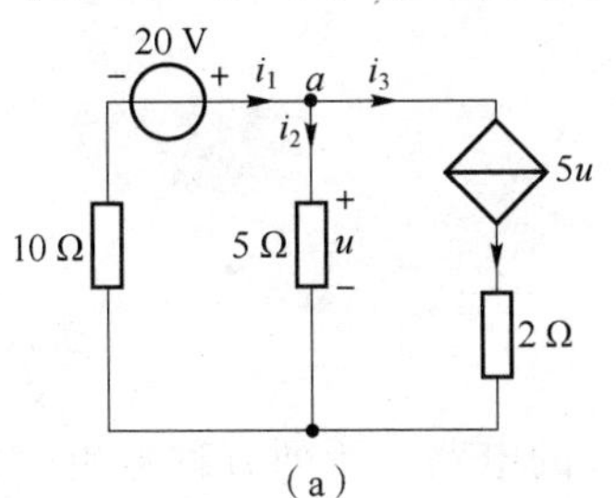

(a)

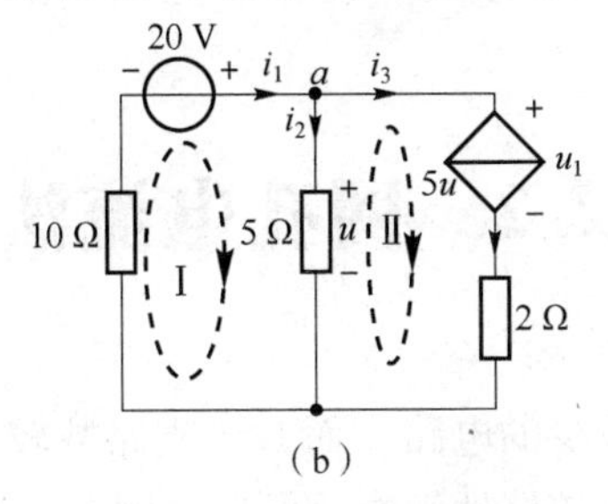

(b)

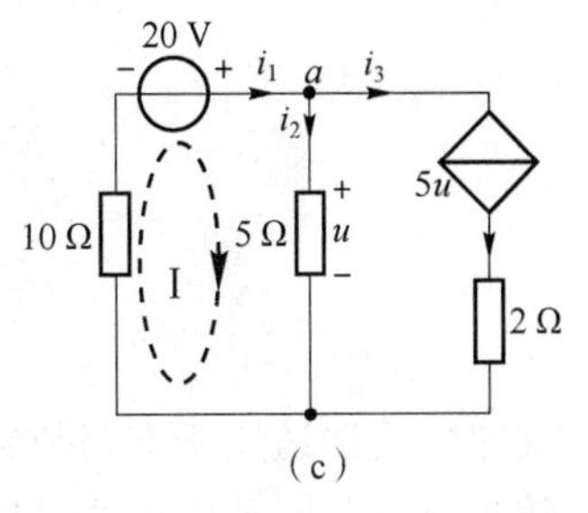

(c)

图 2-6　例 2-5 电路

解：图 2-6（a）电路中含有受控电流源，将其看作理想电流源，有如下两种方法可以进行求解。

方法一：

设受控电流源两端电压。

① 对结点 a 列写出 KCL 方程，即

$$i_1 = i_2 + i_3$$

② 设受控电流源两端电压为 u_1，参考方向如图 2-6（b）所示，选两个网孔为独立回路，列写 KVL 方程。

回路Ⅰ：$5i_2 + 10i_1 - 20 = 0$

回路Ⅱ：$u_1 + 2i_3 - 5i_2 = 0$

③ 由于将受控电流源看作电流源，设其两端的电压为 u_1，多出一个未知量，因此需要补充一个受控电流源电流与支路电流之间的关系方程，受控电流源所在支路电流等于该受控电流源电流，即

$$i_3 = 5u$$

④ 由于受控电流源属于受控源，因此需要补充控制量与支路电流之间的关系方程，即

$$u = 5i_2$$

⑤ 联立以上方程，求解可得各支路电流为

$$i_1 = 1.96\ \text{A},\ i_2 = 0.075\ \text{A},\ i_3 = 1.89\ \text{A}。$$

方法二：

列写 KCL 方程，且在列写 KVL 方程时避开受控电流源所在的支路。受控电流源所在支路的支路电流等于受控电流源电流，即

$$i_3 = 5u$$

① 对结点 a 列写出 KCL 方程，即

$$i_1 = i_2 + i_3 = i_2 + 5u$$

② 避开受控电流源支路取回路，选取左边的网孔，绕行方向如图 2-6（c）所示，其 KVL 方程为

$$5i_2 + 10i_1 - 20 = 0$$

③ 由于受控电流源属于受控源，因此需要补充控制量与支路电流之间的关系方程，即

$$u = 5i_2$$

联立方程即可求得各支路电流为

$$i_1 = 1.96\ \text{A},\ i_2 = 0.075\ \text{A},\ i_3 = 1.89\ \text{A}。$$

2.2 网孔电流法

支路电流法适用于支路数较少的电路，而对于支路数较多的电路，所列方程数也较多，求解较为复杂。网孔电流法可以较好地解决该问题。网孔电流法是指以网孔电流为变量列写方程求解参数的方法，适用于平面电路。

2.2.1 网孔电流法概述

网孔电流法的基本思想：假设每个网孔中都有一个网孔电流沿着构成该网孔的各支路流动，则各支路电流可以用网孔电流的线性组合表示。

在如图2-7所示电路中，有Ⅰ、Ⅱ、Ⅲ3个网孔，假设有3个网孔电流 i_{l1}、i_{l2} 和 i_{l3} 沿顺时针方向在流动，可以清楚地看出，当某个支路只属于一个网孔时，那么该支路电流就等于该网孔电流；如果某个支路属于两个网孔所共有，则该支路电流就等于流经该支路的两个网孔电流的代数和。当网孔电流方向与支路电流方向一致时为正，反之为负。

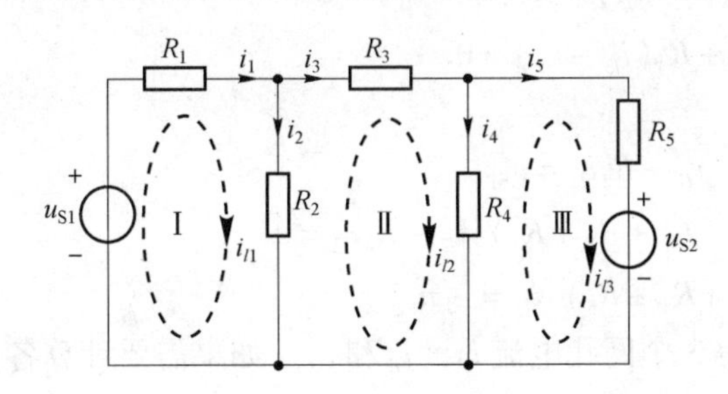

图2-7 网孔电流示例

由于 R_1 和 u_{S1} 为串联支路，只属于网孔Ⅰ，而且网孔电流 i_{l1} 流过该支路的方向与该支路电流方向一致，所以 R_1 和 u_{S1} 串联支路电流 $i_1=i_{l1}$；电阻 R_3 所在支路只属于网孔Ⅱ，而且网孔电流 i_{l2} 流过该支路的方向与该支路电流方向一致，所以 R_3 所在支路电流 $i_3=i_{l2}$；R_5 和 u_{S2} 串联支路只属于网孔Ⅲ，而且网孔电流 i_{l3} 流过该支路的方向与该支路电流 i_5 方向一致，所以 R_5 和 u_{S2} 串联支路电流 $i_5=i_{l3}$。

电阻 R_2 所在支路既属于网孔Ⅰ又属于网孔Ⅱ，即网孔电流 i_{l1} 和网孔电流 i_{l2} 都通过电阻 R_2，因此 R_2 所在支路电流 i_2 为网孔电流 i_{l1} 和网孔电流 i_{l2} 的叠加，同时由于网孔电流 i_{l1} 和支路电流 i_2 参考方向一致，因此 i_{l1} 取正，网孔电流 i_{l2} 和支路电流 i_2 参考方向相反，因此 i_{l2} 取负，即 $i_2=i_{l1}-i_{l2}$。电阻 R_4 所在支路既属于网孔Ⅱ又属于网孔Ⅲ，即网孔电流 i_{l2} 和网孔电流 i_{l3} 都通过电阻 R_4，因此 R_4 所在支路电流 i_4 为网孔电流 i_{l2} 和网孔电流 i_{l3} 的叠加，同时由于网孔电流 i_{l2} 和支路电流 i_4 参考方向一致，因此 i_{l2} 取正，网孔电流 i_{l3} 和支路电流 i_4 参考方向相反，因此 i_{l3} 取负，即 $i_4=i_{l2}-i_{l3}$。

由以上分析可知，只要求得网孔电流，电路中所有的支路电流便可以根据网孔电流与支路电流之间的关系得到。

由图2-7可知，网孔电流沿着闭合的网孔边界流动，当流过某一个结点时，必然从该结点流入，又从该结点流出，因此网孔电流满足KCL方程，而且相互独立。网孔电流法是对基本回路列写KVL方程，方程数为 $[b-(n-1)]$，与支路电流法相比，方程个数减少了 $(n-1)$ 个。

网孔电流法分析电路的关键是如何简便、正确地列写出以网孔电流为变量的网孔电压方程。列写网孔电流方程有两种方法：一是直接根据定义列写各网孔的KVL方程，电阻两端的电压用电阻阻值与该电阻上通过的所有网孔电流的代数和表示，此方法称为一般方法；二是观察法。下面分别进行介绍。

方法一：

利用一般方法列写网孔电流方程的步骤如下：

① 找到网孔，在网孔中标出网孔电流及其参考方向；

② 以网孔电流为未知量列写每个网孔的 KVL 方程，绕行方向取该网孔的网孔电流方向。列写 KVL 方程时，电阻两端的电压用电阻阻值与该电阻上通过所有网孔电流代数和的乘积表示，当流过某个电阻的网孔电流与绕行方向一致时取正，反之取负。

下面以图 2-7 电路为例，分别列写网孔的 KVL 方程。

$$\begin{cases}\text{网孔 I}: R_1 i_{l1} + R_2(i_{l1} - i_{l2}) - u_{S1} = 0 \\ \text{网孔 II}: R_3 i_{l2} + R_4(i_{l2} - i_{l3}) + R_2(i_{l2} - i_{l1}) = 0 \\ \text{网孔 III}: R_5 i_{l3} + u_{S2} + R_4(i_{l3} - i_{l2}) = 0\end{cases} \tag{2-1}$$

整理后可得

$$\begin{cases}\text{网孔 I}: (R_1 + R_2)\ i_{l1} - R_2 i_{l2} = u_{S1} \\ \text{网孔 II}: -R_2 i_{l1} + (R_2 + R_3 + R_4)\ i_{l2} - R_4 i_{l3} = 0 \\ \text{网孔 III}: -R_4 i_{l2} + (R_4 + R_5)\ i_{l3} = -u_{S2}\end{cases} \tag{2-2}$$

式（2-2）可以解得 3 个网孔电流 i_{l1}、i_{l2} 和 i_{l3}。如果需要计算各支路电流，则可以通过支路电流与网孔电流的关系得

$$i_1 = i_{l1},\ i_2 = i_{l1} - i_{l2},\ i_3 = i_{l2},\ i_4 = i_{l2} - i_{l3},\ i_5 = i_{l3}$$

【例 2-6】 已知图 2-8（a）所示电路中，$R_1 = R_3 = R_4 = 1\ \Omega$，$R_2 = 2\ \Omega$，$u_{S1} = 3\ \text{V}$，$u_{S2} = 1\ \text{V}$，利用网孔电流法计算 R_2 两端的电压 u。

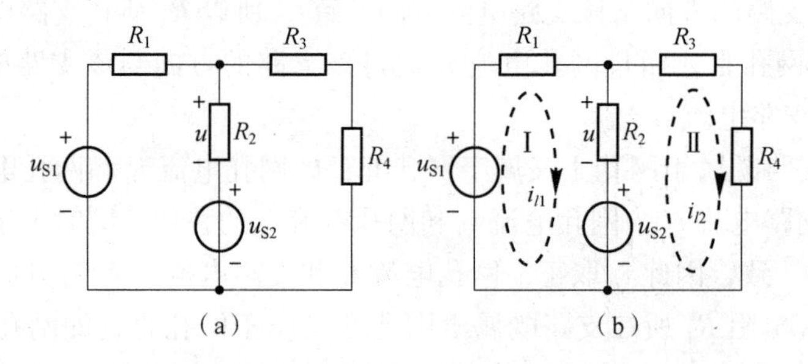

图 2-8 例 2-6 电路

解：图 2-8（a）所示电路中有两个网孔，在两个网孔中标出网孔电流 i_{l1} 和 i_{l2}，参考方向取顺时针，如图 2-8（b）所示。对两个网孔列写 KVL 方程，回路绕行方向取该回路网孔电流的参考方向，电阻上的电压用电阻阻值与通过该电阻所有网孔电流代数和的乘积表示。

$$\begin{cases}\text{网孔 I}: R_1 i_{l1} + R_2(i_{l1} - i_{l2}) + u_{S2} - u_{S1} = 0 \\ \text{网孔 II}: R_3 i_{l2} + R_4 i_{l2} - u_{S2} + R_2(i_{l2} - i_{l1}) = 0\end{cases}$$

把已知条件代入，整理可得

$$\begin{cases}3i_{l1} - 2i_2 = 2 \\ -2i_{l1} + 4i_{l2} = 1\end{cases}$$

解得

$$\begin{cases}i_{l1} = 1.25\ \text{A} \\ i_{l2} = 0.875\ \text{A}\end{cases}$$

电压 u 为电阻 R_2 两端的电压，R_2 上共有两个网孔电流 i_{l1} 和 i_{l2} 流过，且网孔电流 i_{l1} 的参考方向与电压 u 参考方向相关联，网孔电流 i_{l2} 的参考方向与电压 u 参考方向非关联，因此

$$u = R_2(i_{l1} - i_{l2}) = 2\ \Omega \times (1.25 - 0.875)\ \text{A} = 0.75\ \text{V}$$

以上是列写网孔电流方程的一般方法，此方法在应用时虽然简单，但容易漏掉电阻上流过的网孔电流。

方法二：

式（2－2）为利用一般方法对图2－7列出的网孔电流方程，对图2－7分别列写网孔的KVL方程。

$$\begin{cases} \text{网孔 I}：(R_1 + R_2)i_{l1} - R_2 i_{l2} + 0 i_{l3} = u_{S1} \\ \text{网孔 II}：-R_2 i_{l1} + (R_2 + R_3 + R_4)i_{l2} - R_4 i_{l3} = 0 \\ \text{网孔 III}：0 i_{l1} - R_4 i_{l2} + (R_4 + R_5)i_{l3} = -u_{S2} \end{cases} \tag{2-3}$$

由式（2－3）可知，在网孔Ⅰ的网孔电流方程中，i_{l1} 前的系数（$R_1 + R_2$）是网孔Ⅰ中所有的电阻和，用 R_{11} 表示，因此，R_{11} 称为网孔Ⅰ的自电阻；i_{l2} 前的系数（$-R_2$）是网孔Ⅰ和网孔Ⅱ公共支路上的电阻，用 R_{12} 表示，R_{12} 称为网孔Ⅰ和网孔Ⅱ的互电阻，由于流过 R_2 的网孔电流 i_{11} 和 i_{l2} 方向相反，因此 R_2 前为负号；i_{l3} 前的系数为0，是网孔Ⅰ和网孔Ⅲ公共支路上的电阻，用 R_{13} 表示，R_{13} 称为网孔Ⅰ和网孔Ⅲ的互电阻，由于网孔Ⅰ和网孔Ⅲ之间没有公共电阻，因此网孔Ⅰ和网孔Ⅲ的互电阻 $R_{13} = 0$；等式的右边 u_{S1} 表示网孔Ⅰ中所有电压源的代数和，用 u_{S11} 表示，即网孔Ⅰ中的等效电压源，若电压源电压的方向与网孔电流方向相反，则取正号，否则为负，即等号的右边为网孔Ⅰ所有等效电压源的电压升的代数和，沿着该网孔电流方向进行绕行，当经过等效电压源时，如果电压方向为从负流向正，则取正号，反之取负号。

同理可以得出网孔Ⅱ的网孔电流方程中的自电阻、互电阻和等效电压源分别如下。

自电阻：$R_{22} = R_2 + R_3 + R_4$

互电阻：$R_{21} = -R_2$，$R_{23} = -R_4$

等效电压源：$u_{S22} = 0$

网孔Ⅲ的网孔电流方程中的自电阻、互电阻和等效电压源分别如下。

自电阻：$R_{33} = R_4 + R_5$

互电阻：$R_{31} = 0$，$R_{32} = -R_4$

等效电压源：$u_{S33} = -u_{S2}$

因此，可以得到3个网孔的网孔电流方程的标准形式为

$$\begin{cases} R_{11}i_{l1} + R_{12}i_{l2} + R_{13}i_{l3} = u_{S11} \\ R_{21}i_{l1} + R_{22}i_{l2} + R_{23}i_{23} = u_{S22} \\ R_{31}i_{l1} + R_{32}i_{l2} + R_{33}i_{l3} = u_{S33} \end{cases} \tag{2-4}$$

对于具有 $l = b - (n-1)$ 个基本（独立）回路的电路，网孔电流方程的标准形式为

$$\begin{cases} R_{11}i_{l1} + R_{12}i_{l2} + \cdots + R_{1l}i_{ll} = u_{S11} \\ R_{21}i_{l1} + R_{22}i_{l2} + \cdots + R_{2l}i_{ll} = u_{S22} \\ \qquad \vdots \\ R_{l1}i_{l1} + R_{l2}i_{l2} + \cdots + R_{ll}i_{ll} = u_{Sll} \end{cases} \tag{2-5}$$

其中，自电阻 R_{kk} 为网孔 k 中所有的电阻和，自电阻始终为正；互电阻 R_{jk} 和 R_{kj} 为网孔 k 和网孔 j 的公共电阻和，可以是正数或负数，也可以为0，当流过互电阻的两个网孔电流方向相同时，互电阻为正，当流过互电阻的网孔电流方向相反时，互电阻为负，如果两个网孔没有公共电阻，则互电阻为0。等效电压源 u_{Skk} 为网孔 k 中所有等效电压源的电压升的代数和，沿着该网孔电流方向进行绕行，当经过等效电压源时，如果电压方向为从负流向正，则其符号为正，反之为负。

网孔电流方程的实质是对网孔列写 KVL 方程。因此，方程等号的左边是各网孔电流在任一网孔中电阻电压的代数和；方程等号的右边是在无电流源的情况下，该网孔中各电压源产生的电压的代数和。当电路中不含受控源时，网孔电流方程的系数矩阵为对称阵。

从以上分析可以看出，由独立电压源和线性电阻构成电路的网孔电流方程，其系数很有规律，可以用观察电路图的方法直接写出网孔电流方程。

通过观察得到自电阻、互电阻和等效电压源，代入网孔电流方程的标准形式，这种方法称为观察法，也称为标准形式法或格式化方法。

观察法列写网孔电流方程的解题步骤如下：

（1）找到网孔，标出各网孔电流及其参考方向；

（2）写出网孔电流方程的标准形式，通过观察，计算出自电阻、互电阻和网孔中电压源电压的代数和，代入网孔电流方程的标准形式；

（3）求解网孔电流方程，得到网孔电流方程；

（4）进行其他分析。

【例2-7】 在如图2-9（a）所示电路中，$u_{S1}=20\ \text{V}$，$u_{S2}=10\ \text{V}$，$u_{S3}=5\ \text{V}$，$R_1=6\ \Omega$，$R_2=4\ \Omega$，$R_3=6\ \Omega$，$R_4=10\ \Omega$，$R_5=2\ \Omega$，$R_6=8\ \Omega$，用网孔电流法求各支路电流。

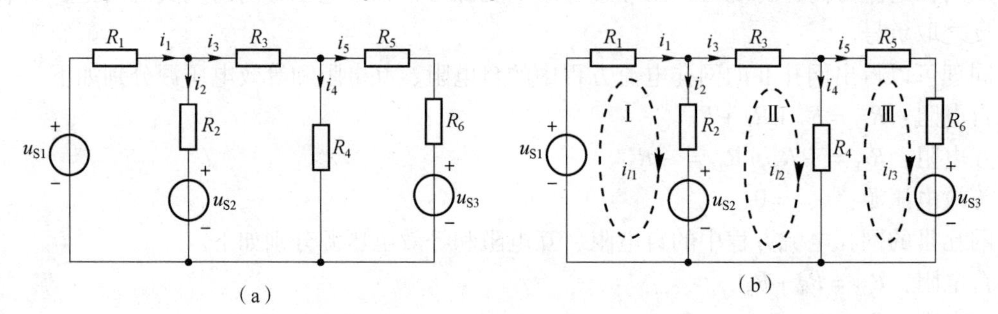

图2-9 例2-7电路

解：分别用一般方法和观察法列写网孔电流方程。

方法一：一般方法

① 找到网孔，标出网孔电流及其参考方向。图2-9（a）中共有3个网孔，网孔电流分别为 i_{l1}、i_{l2} 和 i_{l3}，参考方向全部取顺时针，如图2-9（b）所示。

② 列写3个网孔的KVL方程。

$$\begin{cases}\text{网孔Ⅰ}: R_1 i_{l1} + R_2(i_{l1} - i_{l2}) + u_{S2} - u_{S1} = 0 \\ \text{网孔Ⅱ}: R_3 i_{l2} + R_4(i_{l2} - i_{l3}) - u_{S2} + R_2(i_{l2} - i_{l1}) = 0 \\ \text{网孔Ⅲ}: R_5 i_{l3} + R_6 i_{l3} + u_{S3} + R_4(i_{l3} - i_{l2}) = 0\end{cases}$$

代入数据整理可得网孔电流方程为

$$\begin{cases}5i_{l1}-2i_{l2}=5\\-2i_{l1}+10i_{l2}-5i_{l3}=5\\-2i_{l2}+4i_{l3}=-1\end{cases}$$

③ 求解网孔电流方程，可得

$$\begin{cases}i_{l1}=1.34\ \text{A}\\i_{l2}=0.86\ \text{A}\\i_{l3}=0.18\ \text{A}\end{cases}$$

④ 根据支路电流与网孔电流的关系，可以求得各支路电流为

$$\begin{cases}i_1=i_{l1}=1.34\ \text{A}\\i_2=i_{l1}-i_{l2}=(1.34-0.86)\ \text{A}=0.48\ \text{A}\\i_3=i_{l2}=0.86\ \text{A}\\i_4=i_{l2}-i_{l3}=(0.86-0.18)\ \text{A}=0.68\ \text{A}\\i_5=i_{l3}=0.18\ \text{A}\end{cases}$$

方法二：观察法

① 找到网孔，标出网孔电流及其参考方向。图2-9（a）共有3个网孔，网孔电流分别为 i_{l1}、i_{l2} 和 i_{l3}，参考方向全部取顺时针，如图2-9（b）所示。

② 写出网孔电流方程的标准形式，通过观察得到各个网孔的自电阻、互电阻和等效电压源。

$$\begin{cases}\text{网孔 I}: R_{11}i_{l1}+R_{12}i_{l2}+R_{13}i_{l3}=u_{S11}\\\text{网孔 II}: R_{21}i_{l1}+R_{22}i_{l2}+R_{23}i_{l3}=u_{S22}\\\text{网孔 III}: R_{31}i_{l1}+R_{32}i_{l2}+R_{33}i_{l3}=u_{S33}\end{cases}$$

通过观察可得

网孔Ⅰ自电阻：$R_{11}=R_1+R_2$

网孔Ⅱ自电阻：$R_{22}=R_2+R_3+R_4$

网孔Ⅲ自电阻：$R_{33}=R_4+R_5+R_6$

网孔Ⅰ与网孔Ⅱ的互电阻：$R_{12}=R_{21}=-R_2$

网孔Ⅱ与网孔Ⅲ的互电阻：$R_{23}=R_{32}=-R_4$

网孔Ⅰ与网孔Ⅲ的互电阻：$R_{13}=R_{31}=0$

网孔Ⅰ的等效电压源：$u_{S11}=u_{S1}-u_{S2}$

网孔Ⅱ的等效电压源：$u_{S22}=u_{S2}$

网孔Ⅲ的等效电压源：$u_{S33}=-u_{S3}$

代入标准形式的网孔电流方程中，可得

$$\begin{cases}(R_1+R_2)i_{l1}-R_2i_{l2}=u_{S1}-u_{S2}\\-R_2i_{l1}+(R_2+R_3+R_4)i_{l2}-R_4i_{l3}=u_{S2}\\-R_4i_{l2}+(R_4+R_5+R_6)i_{l3}=-u_{S3}\end{cases}$$

化简为

$$\begin{cases}5i_{l1}-2i_{l2}=5\\-2i_{l1}+10i_{l2}-5i_{l3}=5\\-2i_{l2}+4i_{l3}=-1\end{cases}$$

③ 求解网孔电流方程，可得

$$i_{l1}=1.34\ \text{A},\ i_{l2}=0.86\ \text{A},\ i_{l3}=0.18\ \text{A}$$

④ 根据支路电流与网孔电流的关系，可以求得各支路电流为

$$\begin{cases} i_1=i_{l1}=1.34\ \text{A} \\ i_2=i_{l1}-i_{l2}=(1.34-0.86)\ \text{A}=0.48\ \text{A} \\ i_3=i_{l2}=0.86\ \text{A} \\ i_4=i_{l2}-i_{l3}=(0.86-0.18)\ \text{A}=0.68\ \text{A} \\ i_5=i_{l3}=0.18\ \text{A} \end{cases}$$

2.2.2　含独立电流源电路的网孔电流法

网孔电流法是对网孔列写 KVL 方程，每个元件两端的电压需要已知，或能够写出表达式。因为独立电流源两端的电压由自身与外电路共同决定，如果电路中含有电流源，则需要做相应的处理，才可以用一般方法和观察法列写网孔电流方程。含独立电流源的电路有两种情况：一是无伴电流源；二是含有独立电流源与电阻的并联。

1. 电路中含有无伴电流源

当电路中含有无伴电流源时，考虑如下两种情况。

（1）当独立电流源只属于一个网孔时，该电流源的电流就是该网孔电流，其他网孔正常列写网孔电流方程。

【例 2-8】 利用网孔电流法计算图 2-10（a）所示电路的电流 i。

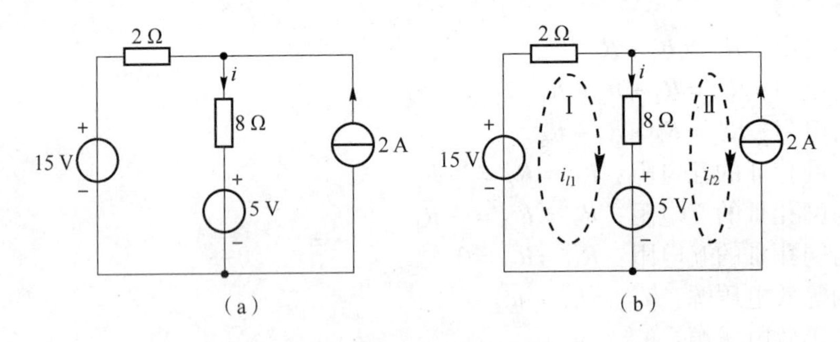

图 2-10　例 2-8 电路

解：图 2-10（a）所示电路中有两个网孔，网孔电流分别为 i_{l1} 和 i_{l2}，参考方向如图 2-10（b）所示。

对网孔 I 列写网孔电流方程，即

$$(2+8)\ i_{l1}-8i_{l2}=(-5+15)\ \text{V}=10\ \text{V}$$

该电路含有无伴电流源，且电流源只属于一个网孔 II，因此网孔 II 的网孔电流就是该电流源电流，即网孔 II 的网孔电流方程为

$$i_{l2}=-2\ \text{A}$$

联立两个网孔电流方程，可求得

$$i_{l1} = -0.6\ \text{A}$$

$$i = i_{l1} - i_{l2} = [-0.6-(-2)]\text{A} = 1.4\ \text{A}$$

（2）当独立电流源属于两个网孔时，设独立电流源两端电压，然后把独立电流源作为电压源来列写方程。由于多了独立电流源电压这一未知数，需要增补方程，因此，补充独立电流源的电流与网孔电流之间的关系方程，即独立电流源的电流等于该独立电流源上流过的所有网孔电流的代数和。

【例2-9】 利用网孔电流法计算图2-11（a）电路中的电压 u。

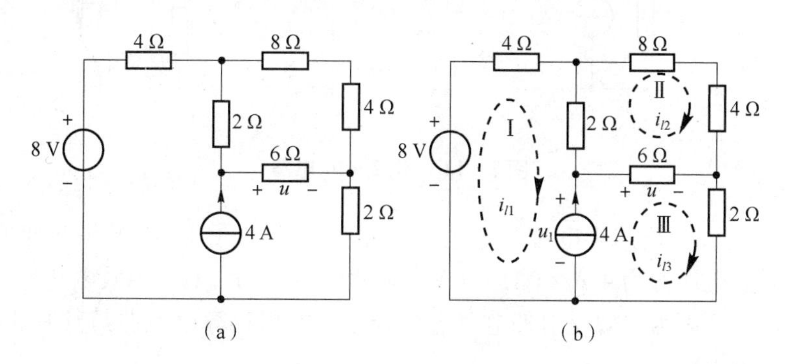

图2-11 例2-9电路

解： 图2-11（a）共有3个网孔，网孔电流分别为 i_{l1}、i_{l2} 和 i_{l3}，参考方向如图2-11（b）所示。该电路中含有无伴电流源，且无伴电流源属于两个网孔。因此，设电流源两端电压为 u_1，参考方向如图2-11（b）所示。对3个网孔列写网孔电流方程为

$$\begin{cases}(4+2)i_{l1}-2i_{l2}=-u_1+8\\ -2i_{l1}+(8+4+6+2)i_{l2}-6i_{l3}=0\\ -6i_{l2}+(6+2)i_{l3}=u_1\end{cases}$$

增补方程为

$$4 = i_{l3} - i_{l1}$$

联立以上方程求解可得

$i_{l1} = -1.33\ \text{A}$，$i_{l2} = 0.67\ \text{A}$，$i_{l3} = 2.67\ \text{A}$

电压 u 为6 Ω电阻两端的电压，应该等于6 Ω电阻的阻值与其上流过的所有网孔电流代数和的乘积。6 Ω电阻上有两个网孔电流 i_{l2} 和 i_{l3} 流过，i_{l2} 的参考方向与 u 的参考方向相反，为非关联参考方向；i_{l3} 的参考方向与 u 的参考方向相同，为相关联参考方向。因此，电路中的电压为

$$u = 6\ \Omega \times (-i_{l2} + i_{l3}) = 12\ \text{V}$$

2. 电路中含有独立电流源与电阻并联

当电路中独立电流源与电阻并联时，利用电源的等效变换将其转换为独立电压源与电阻的串联，再利用网孔电流法的一般方法或观察法列写网孔电流方程来分析和解决问题。但需要注意，该方法改变了电路的结构，如果求解电流源与其并联电阻的参数，则不可以使用该方法。

【例 2-10】 利用网孔电流法计算如图 2-12（a）电路中的电压 u。

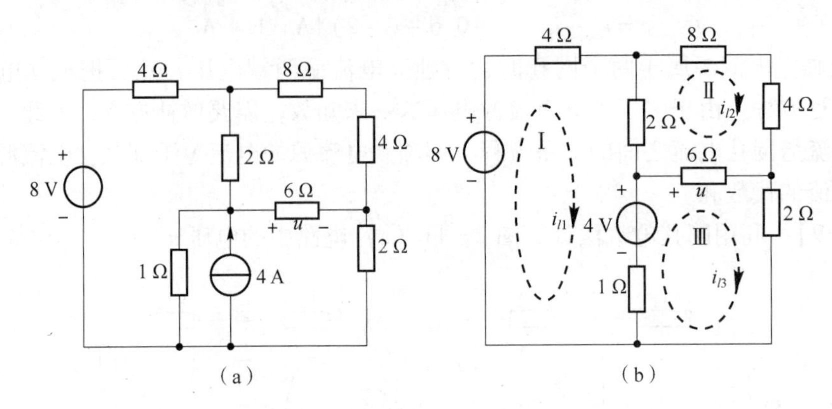

图 2-12 例 2-10 电路

解：图 2-12（a）电路中电流源与电阻的并联，可以利用电源的等效变换等效为电压源与电阻的串联。电压源为 4 A × 1 Ω = 4 V，串联的电阻为 1 Ω。等效电路如图 2-12（b）所示。但需要注意：因为等效是对外电路进行等效，如果计算电流源与其并联电阻的参数，则不可以进行以上等效。

网孔电流 i_{l1}、i_{l2}、i_{l3} 及其参考方向如图 2-12（b）所示。

列写 3 个网孔的网孔电流方程为

$$\begin{cases}(4+2+1)i_{l1}-2i_{l2}-i_{l3}=-4+8\\-2i_{l1}+(2+8+4+6)i_{l2}-6i_{l3}=0\\-i_{l1}-6i_{l2}+(6+2+1)i_{l3}=4\end{cases}$$

联立 3 个方程可以求得

$$\begin{cases}i_{l1}=0.759\ \text{A}\\i_{l2}=0.293\ \text{A}\\i_{l3}=0.724\ \text{A}\\u=6\ \Omega\times(-i_{l2}+i_{l3})=2.586\ \text{V}\end{cases}$$

2.2.3 含受控源电路的网孔电流法

对于含有受控源的电路，可以先把受控源看作独立电源列写方程，再补充控制量与网孔电流之间的关系方程。

1. 将受控源看作独立电源列写方程

（1）将受控的电压源当作独立的电压源列写方程，即把受控电压源两端的电压直接列入网孔电流方程（KVL）。

（2）将受控的电流源当作独立的电流源列写方程。有两种情况：无伴受控电流源和受控电流源与电阻的并联。

① 无伴受控电流源。当无伴受控电流源只属于一个网孔时，则该受控电流源电流就是

该网孔电流，其余网孔正常列写网孔电流方程。当无伴受控电流源属于两个网孔时，先假设受控电流源两端电压，然后把受控电流源当作电压源来列写方程，即把受控电流源两端设的电压列入网孔电流方程（KVL），由于多了受控电流源电压这一未知数，需要增补方程，即受控电流源电流等于流过受控电流源的所有网孔电流的代数和。

② 受控电流源与电阻的并联。通过电源等效变换等效为受控电压源与电阻串联，列写网孔电流方程。等效变换是对外电路进行等效，如果计算受控电流源与其并联电阻的参数，则不可以使用该方法。

2. 列写增补方程

由于在列写方程时，除了未知量网孔电流外，多了受控源的控制量，因此需要补充方程，补充的原则是不增加未知量，不论是受控电流源还是受控电压源，都要补充控制量与网孔电流之间的关系方程。

【例 2-11】 列写如图 2-13 所示电路的网孔电流方程。

解：图 2-13 电路中含有受控电压源，因此把受控电压源看作独立电压源列写网孔电流方程，补充控制量与网孔电流之间的关系方程。

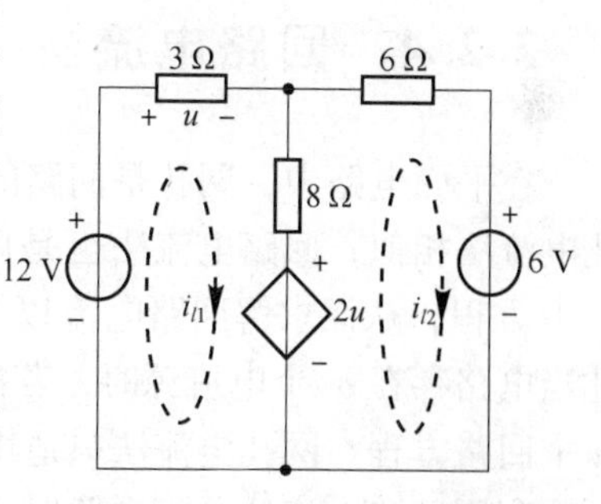

图 2-13 例 2-11 电路

$$\begin{cases}\text{网孔 I}: (3+8)i_{l1}-8i_{l2}=-2u+12\\ \text{网孔 II}: -8i_{l1}+(6+8)i_{l2}=-6+2u\end{cases}$$

由于多一个未知量（控制量）u，因此补充控制量 u 与网孔电流之间的关系方程。电压 u 为 3 Ω 电阻两端的电压，3 Ω 电阻上通过的网孔电流为 i_{l1}，且 u 的参考方向和 i_{l1} 的参考方向是关联参考方向，故增补方程为

$$u=3i_{l1}$$

【例 2-12】 列写如图 2-14（a）所示电路的网孔电流方程。

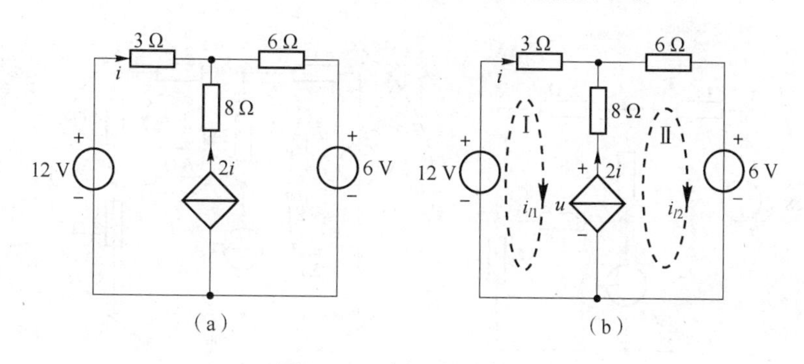

图 2-14 例 2-12 电路

解：图 2-14（a）所示电路中共有两个网孔，网孔电流设为 i_{l1} 和 i_{l2}，参考方向如图 2-14（b）所示。

该电路中含有受控电流源，设受控电流源两端电压为 u，参考方向如图 2-14（b）所示。

对两个网孔列写网孔电流方程。

$$\begin{cases}网孔\text{I}:(3+8)i_{l1}-8i_{l2}=-u+12\\ 网孔\text{II}:-8i_{l1}+(6+8)i_{l2}=-6+u\end{cases}$$

因为受控电流源设了其两端电压，多了未知量 u，因此要补充受控电流源电流与网孔电流之间的关系方程，受控电流源电流应等于其上通过的所有网孔电流代数和。受控电流源上通过的网孔电流为 i_{l1} 和 i_{l2}，i_{l1} 流过受控电流源时参考方向与受控电流源电流的参考方向相反，i_{l2} 流过受控电流源时参考方向与受控电流源电流的参考方向相同，故增补方程为

$$2i=-i_{l1}+i_{l2}$$

另外，由于受控电流源属于受控源，因此，需要补充控制量与网孔电流之间的关系方程。受控电流源的控制量为 i，是 3 Ω 所在支路电流，而 3 Ω 所在支路只属于网孔Ⅰ，故增补方程为

$$i=i_{l1}$$

2.2.4 回路电流法

在平面电路中，网孔是回路的特殊情况，网孔电流法也是回路电流法的特殊情况。与网孔电流法相似，回路电流法也是以 $(b-n+1)$ 个独立回路电流作为未知变量，列写回路的 KVL 方程，从而求解回路电流以及其他参数的方法。由于回路的选择具有较大灵活性，因此当电路存在 m 个电流源时，若能选择每个电流源电流作为一个回路电流，就可以少列写 m 个回路方程。网孔电流法只适用于平面电路，而回路电流法却是普遍适用的方法。

利用回路电流法分析电路时，要确定一组基本回路，标定回路电流的绕行方向，其余步骤与网孔电流法类似。

当电路中含有电流源（包括独立电流源和受控电流源）时，为了减少回路电流方程的数目，往往在选取独立回路时，让电流源支路仅仅属于一个回路，则电流源电流就是该回路电流。

【例 2－13】 用回路电流法计算如图 2－15 所示的电压 u。

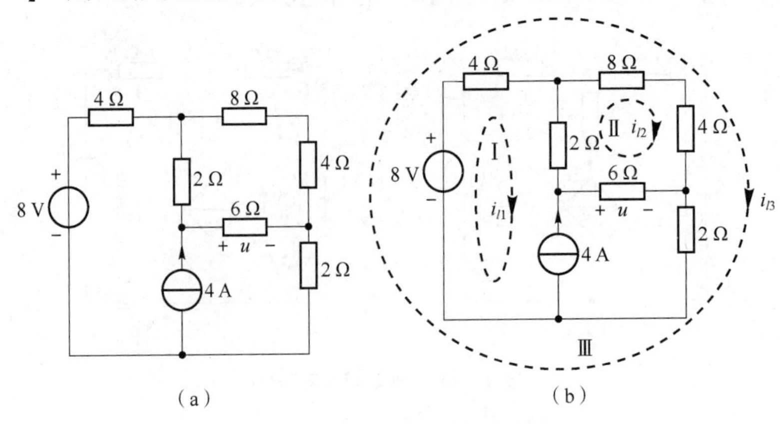

图 2－15　例 2－13 电路

解： 如图 2－15（a）所示。由于该电路含有一个电流源，因此在选择回路时，让该电流源只属于一个回路。选择的 3 个回路Ⅰ、Ⅱ和Ⅲ，如图 2－15（b）所示，由于 4 A 电流源只属于回路Ⅰ，因此该回路电流就是该电流源电流。回路电流 i_{l1} 的参考方向与 4 A 电流源

的参考方向相反。因此，回路Ⅰ的回路电流方程为

$$i_{l1} = -4\ \text{A}$$

回路Ⅱ的自电阻为

$$R_{22} = (8+4+6+2)\ \Omega = 20\ \Omega$$

回路Ⅲ的自电阻为

$$R_{33} = (4+8+4+2)\ \Omega = 18\ \Omega$$

互电阻为

$$R_{21} = -2\ \Omega,\ R_{23} = (8+4)\Omega = 12\ \Omega,\ R_{31} = 4\ \Omega,\ R_{32} = (8+4)\ \Omega = 12\ \Omega。$$

等效电压源为

$$u_{S22} = 0\ \text{V},\ u_{S33} = 8\ \text{V}。$$

列出回路电流方程

$$\begin{cases} 回路Ⅱ：R_{21}i_{l1} + R_{22}i_{l2} + R_{23}i_{l3} = u_{S22} \\ 回路Ⅲ：R_{31}i_{l1} + R_{32}i_{l2} + R_{33}i_{l3} = u_{S33} \end{cases}$$

代入数据可得

$$\begin{cases} 回路Ⅰ：i_{l1} = -4\ \text{A} \\ 回路Ⅱ：-2i_{l1} + 20i_{l2} + 12i_{l3} = 0 \\ 回路Ⅲ：4i_{l1} + 12i_{l2} + 18i_{l3} = 8 \end{cases}$$

联立3个方程，求解可得

$$i_{l1} = -4\ \text{A},\ i_{l2} = -2\ \text{A},\ i_{l3} = 2.67\ \text{A},\ u = -6i_{l2} = 12\ \text{V}。$$

2.3　结点电压法

前面介绍了支路电流法和网孔电流法。本节将介绍另外一种电路的分析方法：结点电压法。

2.3.1　结点电压法概述

在具有 n 个结点的电路中，如果选其中一个结点作为参考点，那么其余（$n-1$）个结点相对于参考点的电压，就称为结点电压。参考点用接地符号表示，由于参考点电位为0，根据电压与电位的关系（某点电位等于该点到参考点之间的电压，两点间的电压等于两点间的电位差）可知，各结点电压等于各结点电位。那么以结点电压为未知变量，对结点列KCL方程，求解电路参数的方法称为结点电压法。该方法适用于结点较少的电路。

结点电压自动满足KVL，因此只需列写KCL方程就可以求解电路。而各支路的电流和电压都可以看作是结点电压的线性组合。因此，求出结点电压后，就可以方便地得到各支路电压和电流。下面以图2-16为例进行说明。

图2-16电路中共有4个结点，选取结点0作为参考结点，其他结点1、2、3称为独立结点，独立结点与参考点之间的电压为各结点的结点电压，记作 u_{n1}、u_{n2} 和 u_{n3}。

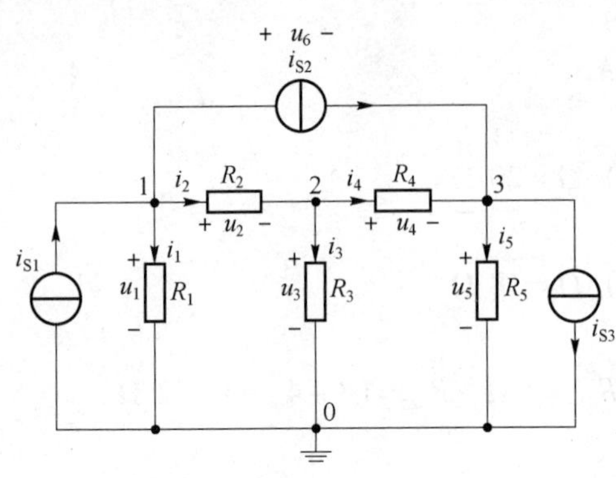

图 2-16　结点电压法示例

根据电压与电位的关系，支路电压为

$$u_1 = u_{n1}$$
$$u_2 = u_{n1} - u_{n2}$$
$$u_3 = u_{n2}$$
$$u_4 = u_{n2} - u_{n3}$$
$$u_5 = u_{n3}$$
$$u_6 = u_{n1} - u_{n3}$$

即各支路电压可以用结点电压表示。

各支路电流也可以用结点电压来表示。因此，只要用结点电压法求出结点电压，那么根据结点电压与支路电压的关系就可以得到各支路电压。

结点电压分析电路有两种方法：一是根据定义列写独立结点的 KCL 方程，各支路电流用结点电压来表示，此方法称为一般方法；二是观察法，又称为标准形式法。

方法一：一般方法

(1) 对 3 个独立结点列写 KCL 方程，即

$$\begin{cases} i_1 + i_2 + i_{S2} = i_{S1} \\ i_2 = i_3 + i_4 \\ i_4 + i_{S2} = i_5 + i_{S3} \end{cases} \tag{2-6}$$

(2) 支路电流用结点电压来表示，即

$$\begin{cases} i_1 = \dfrac{u_1}{R_1} = \dfrac{u_{n1}}{R_1} \\ i_2 = \dfrac{u_2}{R_2} = \dfrac{u_{n1} - u_{n2}}{R_2} \\ i_3 = \dfrac{u_3}{R_3} = \dfrac{u_{n2}}{R_3} \\ i_4 = \dfrac{u_4}{R_4} = \dfrac{u_{n2} - u_{n3}}{R_4} \\ i_5 = \dfrac{u_5}{R_5} = \dfrac{u_{n3}}{R_5} \end{cases}$$

代入式 (2-6) 中，整理可得结点电压方程：

$$\begin{cases} \text{结点 1：} \left(\dfrac{1}{R_1} + \dfrac{1}{R_2}\right) u_{n1} - \dfrac{1}{R_2} u_{n2} = i_{S1} - i_{S2} \\ \text{结点 2：} -\dfrac{1}{R_2} u_{n1} + \left(\dfrac{1}{R_2} + \dfrac{1}{R_3} + \dfrac{1}{R_4}\right) u_{n2} - \dfrac{1}{R_4} u_{n3} = 0 \\ \text{结点 3：} -\dfrac{1}{R_4} u_{n2} + \left(\dfrac{1}{R_4} + \dfrac{1}{R_5}\right) u_{n3} = i_{S2} - i_{S3} \end{cases}$$

因此，用结点电压一般方法求解问题的一般步骤如下：

(1) 选择参考结点，给独立结点标上标号，如 1、2、3 等，如果图中已选择参考结点，

则无须再选；

（2）列写独立结点的 KCL 方程，用结点电压表示电阻所在支路的电流；

（3）联立结点电压方程，求解结点电压；

（4）进行其他分析。

【例 2－14】 已知图 2－17 电路中，$R_1=2\ \Omega$，$R_2=3\ \Omega$，$R_3=6\ \Omega$，$i_{S1}=6\ \text{A}$，$i_{S2}=12\ \text{A}$，利用结点电压法的一般分析方法求解各结点电压。

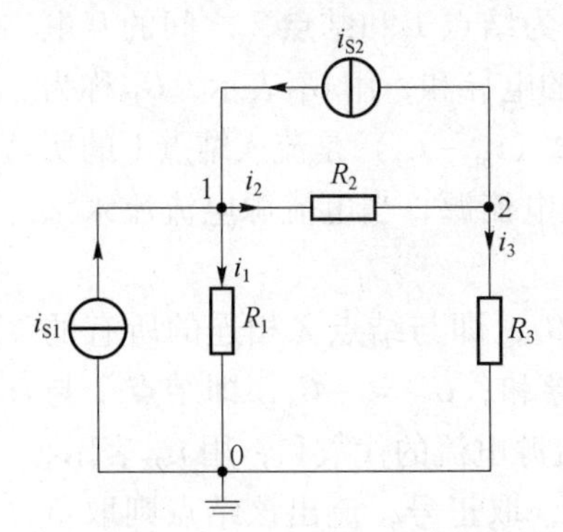

图 2－17　例 2－14 电路

解：参考结点及独立结点标号如图 2－17 所示，列写两个独立结点的 KCL 方程为

$$\begin{cases}\text{结点 1：}i_1+i_2=6+12\\ \text{结点 2：}i_2=i_3+12\end{cases}$$

KCL 方程中电流 i_1、i_2 和 i_3 分别用结点电压 u_{n1}、u_{n2} 和 u_{n3} 表示，即

$$\begin{cases}i_1=\dfrac{u_{n1}}{2}\\ i_2=\dfrac{u_{n1}-u_{n2}}{3}\\ i_3=\dfrac{u_{n2}}{6}\end{cases}$$

代入 KCL 方程，整理可得结点电压方程为

$$\begin{cases}\text{结点 1：}\dfrac{5}{6}u_{n1}-\dfrac{1}{3}u_{n2}=18\\ \text{结点 2：}-\dfrac{1}{3}u_{n1}+\dfrac{1}{2}u_{n2}=-12\end{cases}$$

联立求解可得结点电压为

$$u_{n1}=16.364\ \text{V},\ u_{n2}=-13.091\ \text{V}$$

方法二：结点电压法的观察法，也称为标准形式法或格式化法，其具体步骤如下。

（1）如图 2－18 所示，由结点电压的一般方法得到的 3 个独立结点的结点电压方程为

$$\begin{cases}\text{结点 1：}\left(\dfrac{1}{R_1}+\dfrac{1}{R_2}\right)u_{n1}-\dfrac{1}{R_2}u_{n2}=i_{S1}-i_{S2}\\ \text{结点 2：}-\dfrac{1}{R_2}u_{n1}+\left(\dfrac{1}{R_2}+\dfrac{1}{R_3}+\dfrac{1}{R_4}\right)u_{n2}-\dfrac{1}{R_4}u_{n3}=0\\ \text{结点 3：}-\dfrac{1}{R_4}u_{n2}+\left(\dfrac{1}{R_4}+\dfrac{1}{R_5}\right)u_{n3}=i_{S2}-i_{S3}\end{cases}$$

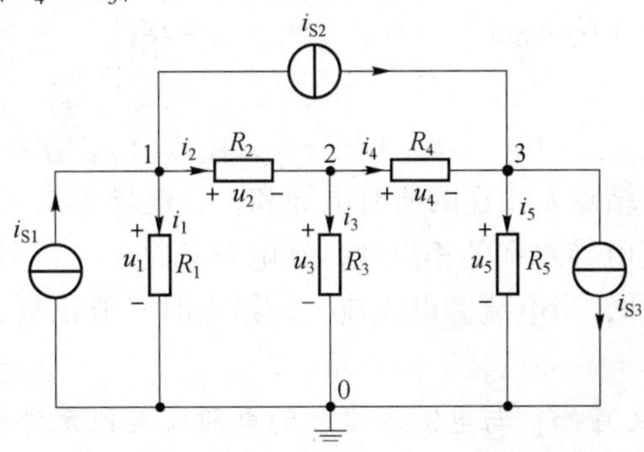

图 2－18　结点电压观察法示例

（2）整理以上3个结点电压方程可得

结点1：$(G_1+G_2)u_{n1}-G_2u_{n2}+0u_{n3}=i_{S1}-i_{S2}$ （2-7）

结点2：$-G_2u_{n1}+(G_2+G_3+G_4)u_{n2}-G_4u_{n3}=0$ （2-8）

结点3：$0u_{n1}-G_4u_{n2}+(G_4+G_5)u_{n3}=i_{S2}-i_{S3}$ （2-9）

式（2-7）结点电压u_{n1}前的系数（G_1+G_2）是与结点1相连的所有的电导和，用G_{11}表示，因此，G_{11}称为结点1的自电导，自电导总是正的。结点2的结点电压u_{n2}前的系数（$-G_2$）是结点1和结点2之间的电导和，用G_{12}表示，G_{12}称为结点1和结点2之间的互电导。结点3的结点电压u_{n3}前的系数0是结点1和结点3之间的电导和，用G_{13}表示，G_{13}称为结点1和结点3之间的互电导。互电导总是负的。等式的右边（$i_{S1}-i_{S2}$）是流入结点1的所有电流源电流的代数和，用i_{S11}表示，即与结点1相连的等效电流源，当电流源电流流入该结点时，取正号，流出该结点则取负号。

同理可以得出式（2-8）中的自电导为$G_{22}=G_2+G_3+G_4$，即与结点2相连的所有的电导和。互电导为$G_{21}=-G_2$，即结点2与结点1之间的电导和；$G_{23}=-G_4$，即结点2与结点3之间的电导和；等式的右边0是流入结点2的所有电流源电流的代数和，用i_{S22}表示，即与结点2相连的等效电流源，当电流源电流流入该结点时，取正号，流出该结点则取负号。由于没有电流源与结点2相连，因此，等效电流源$i_{S22}=0$。

式（2-9）中的自电导为$G_{33}=G_4+G_5$，即与结点3相连的所有的电导和。互电导为$G_{31}=0$，即结点3与结点1之间的电导和；$G_{32}=-G_4$，即结点3与结点2之间的电导和。等式的右边（$i_{S2}-i_{S3}$）是流入结点3的所有电流源电流的代数和，用i_{S33}表示，即与结点3相连的等效电流源，当电流源电流流入该结点时，取正号，流出该结点则取负号。

（3）4个结点的结点电压方程标准形式为

$$\begin{cases}G_{11}u_{n1}+G_{12}u_{n2}+G_{13}u_{n3}=i_{S11}\\G_{21}u_{n1}+G_{22}u_{n2}+G_{23}u_{n3}=i_{S22}\\G_{31}u_{n1}+G_{32}u_{n2}+G_{33}u_{n3}=i_{S33}\end{cases} \tag{2-10}$$

其中，G_{11}、G_{22}、G_{33}分别称为结点1、结点2和结点3的自电导，是与该结点相连的所有电导的总和。

从以上分析可以看出，由独立电流源和线性电阻构成电路的结点电压方程，其系数很有规律，可以用观察法直接写出结点电压方程。

对于由独立电流源和线性电阻构成的具有n个结点的连通电路，其结点电压方程的标准形式为

$$\begin{cases}G_{11}u_{n1}+G_{12}u_{n2}+\cdots+G_{1(n-1)}u_{n(n-1)}=i_{S11}\\G_{21}u_{n1}+G_{22}u_{n2}+\cdots+G_{2(n-1)}u_{n(n-1)}=i_{S22}\\\qquad\vdots\\G_{(n-1)1}u_{n1}+G_{(n-1)2}u_{n2}+\cdots+G_{(n-1)(n-1)}u_{n(n-1)}=i_{S(n-1)(n-1)}\end{cases} \tag{2-11}$$

其中，自电导G_{kk}为与结点k相连的所有电导和，自电导总是正的；互电导$G_{ij}(i\neq j)$为结点i和结点j之间的所有电导之和的相反数，互电导总是负。等效电流源i_{Skk}为流入结点k的所有电流源电流的代数和，当电流源电流流入该结点时，取正号，反之取负号。

注意：

根据独立电流源的定义可知，与电流源串联的电阻或其他元件存在与否，对于电流源所

在支路的电流无任何影响，而结点电压方程列写的是结点电流方程，因此，与电流源串联的电阻或其他元件不参与列方程。另外，支路中有多个电阻串联时，要先求出串联的总电阻再列写方程。

当电路不含受控源时，结点电压方程的系数矩阵为对称阵。

根据以上分析可知，用观察法列写独立电流源和线性电阻构成的具有 n 个结点的连通电路的结点电压方程的步骤如下：

(1) 选择连通电路中任一结点为参考结点，标出独立结点电压，其参考方向总是独立结点为“+”，参考结点为“-”；

(2) 写出 $(n-1)$ 个独立结点电压方程的标准形式，用观察法得到每个独立结点的自电导、互电导和等效电流源，代入结点电压方程的标准形式；

(3) 联立各结点电压方程求解，得到各结点电压；

(4) 进行其他分析。

【例2-15】 如图2-19 (a) 所示，已知 $i_{S1}=3$ A，$i_{S2}=6$ A，$i_{S3}=5$ A，$R_1=4\ \Omega$，$R_2=2\ \Omega$，$R_3=10\ \Omega$，$R_4=5\ \Omega$，用结点电压法求电压 u。

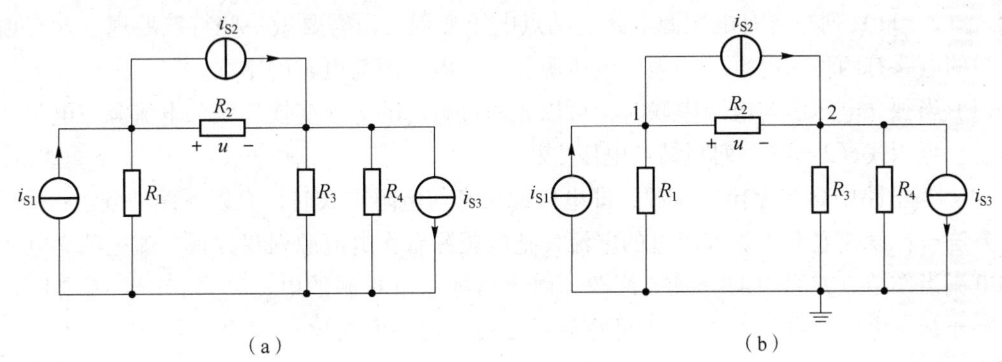

图2-19 例2-15电路

解：用结点电压法求解步骤如下。

① 选取参考点，给独立结点标号，如图2-19 (b) 所示。

② 写出两个独立结点的结点电压方程的标准形式，即

$$\begin{cases} G_{11}u_{n1}+G_{12}u_{n2}=i_{S11} \\ G_{21}u_{n1}+G_{22}u_{n2}=i_{S22} \end{cases}$$

用观察法得到

$$G_{11}=\left(\frac{1}{4}+\frac{1}{2}\right)\text{S}=\frac{3}{4}\ \text{S}$$

$$G_{12}=-\frac{1}{2}\ \text{S}$$

$$G_{21}=-\frac{1}{2}\ \text{S}$$

$$G_{22}=\left(\frac{1}{2}+\frac{1}{10}+\frac{1}{5}\right)\text{S}=\frac{4}{5}\ \text{S}$$

$$i_{S11}=(3-6)\text{A}=-3\ \text{A}$$

$$i_{S11}=(6-5)\text{A}=1\ \text{A}$$

代入标准方程可得

$$\begin{cases}结点1:\ \dfrac{3}{4}u_{n1}-\dfrac{1}{2}u_{n2}=-3\\ 结点2:\ -\dfrac{1}{2}u_{n1}+\dfrac{4}{5}u_{n2}=1\end{cases}$$

③ 联立 2 个结点的结点电压方程，解得各结点电压为

$$u_{n1}=-5.429\ \text{V},\ u_{n2}=-2.143\ \text{V}$$

④ 其他分析为

$$u=u_{n1}-u_{n2}=-3.286\ \text{V}$$

2.3.2 含独立电压源电路的结点电压法

结点电压法的实质是对独立结点列写 KCL 方程，然后用结点电压表示支路电流。当电路中含有独立电压源时，独立电压源上流过的电流不能直接用结点电压表示，因此就不能直接用式（2－11）列写含有电压源电路的结点电压方程，而需要做一些特殊处理。含有独立电压源的电路有两种情况：一是无伴电压源；二是电压源与电阻的串联。

（1）当独立电压源与电阻串联时，可以先通过电源的等效变换等效为电流源与电阻并联电路后，再用式（2－11）列写结点电压方程。

（2）当电路中含有无伴电压源，即电压源没有与电阻串联时，有以下两种方法：

方法一：设独立电压源上流过的电流，把电压源看作电流源列写方程，即把独立电压源设的电流当作结点方程中的等效电流源。由于增加了电压源的电流变量，所以需要增补方程，补充结点电压与电压源电压之间的关系方程。这种方法比较直观，但列写的方程数目较多。

方法二：选择合适的参考点，使无伴独立电压源电压等于某个结点电压。此时往往设独立电压源负极或正极所在的结点为参考结点。这种方法列写的方程数比方法一列写的方程数少。

在包含多个无伴电压源的电路中，以上两种方法常常并用。

【例 2－16】 用结点分析法求如图 2－20（a）所示电路的电压 u。

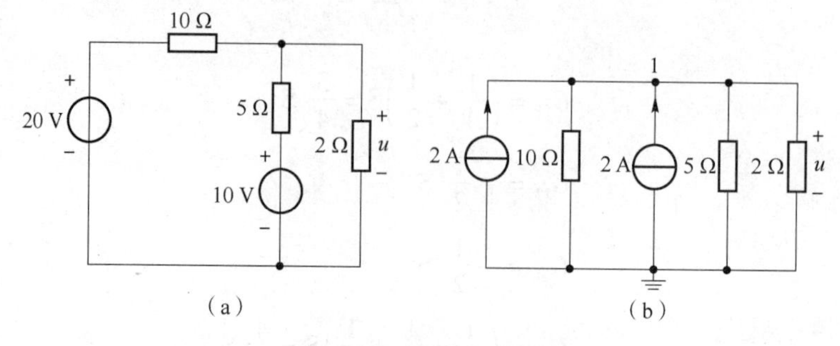

图 2－20　例 2－16 电路

解：图 2－20（a）中含有独立电压源与电阻的串联电路。先利用电源等效变换将独立

电压源与电阻的串联电路等效变换为独立电流源与电阻的并联电路，选取参考点并对独立结点标号，如图 2－20（b）所示，对结点 1 列写结点电压方程为

$$\left(\frac{1}{10}+\frac{1}{5}+\frac{1}{2}\right)u_{n1}=(2+2)\text{ A}=4\text{ A}$$

解得

$$u=u_{n1}=5\text{ V}$$

【例 2－17】　试利用结点电压法求解如图 2－21（a）所示电路中的电压 u。

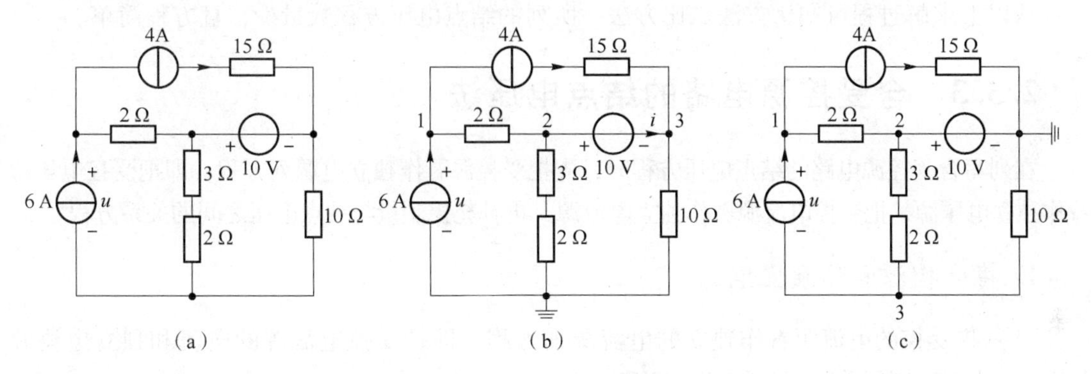

图 2－21　例 2－17 电路

解：图 2－21（a）电路中包含 4 A 电流源与 15 Ω 电阻串联的支路，由于结点电压方程列写的是 KCL 方程，因此，与电流源串联的 15 Ω 电阻不列入方程；对于串联的 2 Ω 和 3 Ω 电阻，列方程时应先求出其总电阻（2＋3）Ω，再列结点电压方程。

另外，该电路还含有无伴电压源，有两种方法可以使用。

方法一：

设电压源电流，把电压源当作电流源列方程。

独立结点编号及参考结点的选取如图 2－21（b）所示，设流过电压源的电流为 i，把电压源所设的电流 i 看作电流源的电流，根据结点电压方程的标准形式列写结点电压方程为

$$\begin{cases}\text{结点 1：}\dfrac{1}{2}u_{n1}-\dfrac{1}{2}u_{n2}=6-4\\ \text{结点 2：}-\dfrac{1}{2}u_{n1}+\left(\dfrac{1}{2}+\dfrac{1}{3+2}\right)u_{n2}=-i\\ \text{结点 3：}\dfrac{1}{10}u_{n3}=4+i\end{cases}$$

由于设电压源通过的电流 i，多了一个未知量，因此需要增补方程，即

$$u_{n2}-u_{n3}=10\text{ V}$$

联立以上方程求解结点电压可得

$$u_{n1}=27.333\text{ V},\ u_{n2}=23.333\text{ V},\ u_{n3}=13.333\text{ V},\ u=u_{n1}=27.333\text{ V}。$$

方法二：

选择合适的结点，即选择独立电压源负极所在的结点为参考结点。

结点编号及参考结点的选取如图 2－21（c）所示，此时结点 2 的结点电压等于电压源的电压，结点电压方程为

$$\begin{cases} 结点1：\frac{1}{2}u_{n1}-\frac{1}{2}u_{n2}=(6-4)\text{ A}=2\text{ A} \\ 结点2：u_{n2}=10\text{ V} \\ 结点3：-\frac{1}{3+2}u_{n1}+\left(\frac{1}{3+2}+\frac{1}{10}\right)u_{n3}=-6\text{ A} \end{cases}$$

联立3个结点电压方程求解可得

$$u_{n1}=14\text{ V},\ u_{n2}=10\text{ V},\ u_{n3}=-13.333\text{ V},\ u=u_{n1}-u_{n3}=27.333\text{ V}。$$

从以上求解过程可知，方法二比方法一所列的结点电压方程数量少，且方程简单。

2.3.3 含受控源电路的结点电压法

在列写含受控源电路的结点电压方程时，先把受控源看作独立电源列方程，即把受控电压源看作独立电压源，把受控电流源看作独立电流源，再补充控制量与结点电压之间的关系方程。

1. 将受控源看作独立电源

（1）将受控的电流源看作独立的电流源列方程，即把受控电流源的电流和独立电流源的电流一样直接列入结点电压方程（KCL）。

（2）将受控的电压源看作独立的电压源列方程。有两种情况：一是无伴受控电压源，二是受控电压源与电阻的串联。

①无伴受控电压源列写方程的方法如下：

方法一：设受控电压源上流过的电流，把受控电压源看作电流源列写方程，即把受控电压源所设的电流当作结点方程中的等效电流源列入结点电压方程。由于增加了受控电压源的电流变量，因此需要补充结点电压与受控电压源电压之间的关系方程。

方法二：选择合适的参考点，使无伴受控电压源电压等于某一结点电压。此时往往设受控电压源负极或正极所在的结点为参考结点。

②受控电压源和电阻串联时，可以通过电源等效变换将其等效为受控电流源与电阻并联，再列写结点电压方程。

2. 增补方程

由于在列写结点电压方程时，除了未知量结点电压外，还有受控源的控制量，因此需要增补方程，增补的原则是不增加未知量，不论是受控电流源还是受控电压源，都要补充控制量与结点电压之间的关系方程。

【例2-18】 利用结点电压法求解如图2-22（a）所示电路的电流 i。

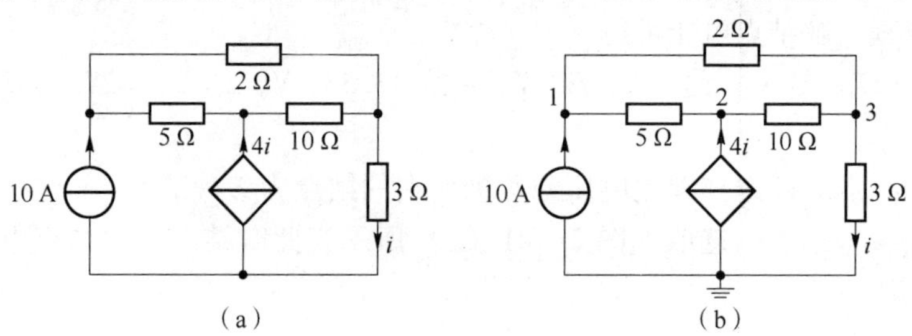

图2-22 例2-18电路

解：选择参考点并标注独立结点标号，如图 2－22（b）所示。由于电路中含有受控电流源，因此，把它看作独立电流源列写方程，即把受控电流源的电流 $4i$ 列写在结点电压方程的右边。结点方程为

$$\begin{cases}\text{结点 1：}\left(\frac{1}{5}+\frac{1}{2}\right)u_{n1}-\frac{1}{5}u_{n2}-\frac{1}{2}u_{n3}=10\\ \text{结点 2：}-\frac{1}{5}u_{n1}+\left(\frac{1}{5}+\frac{1}{10}\right)u_{n2}-\frac{1}{10}u_{n3}=4i\\ \text{结点 3：}-\frac{1}{2}u_{n1}-\frac{1}{10}u_{n2}+\left(\frac{1}{10}+\frac{1}{2}+\frac{1}{3}\right)u_{n3}=0\end{cases}$$

由于受控源的控制量 i 是个未知量，因此，需要增补方程，即

$$u_{n3}=3i$$

联立以上方程求解可得

$$u_{n1}=-8.03\ \text{V},\ u_{n2}=-53.105\ \text{V},\ u_{n3}=-10\ \text{V},\ i=-3.33\ \text{V}。$$

【例 2－19】 电路如图 2－23（a）所示，列写其结点电压方程。

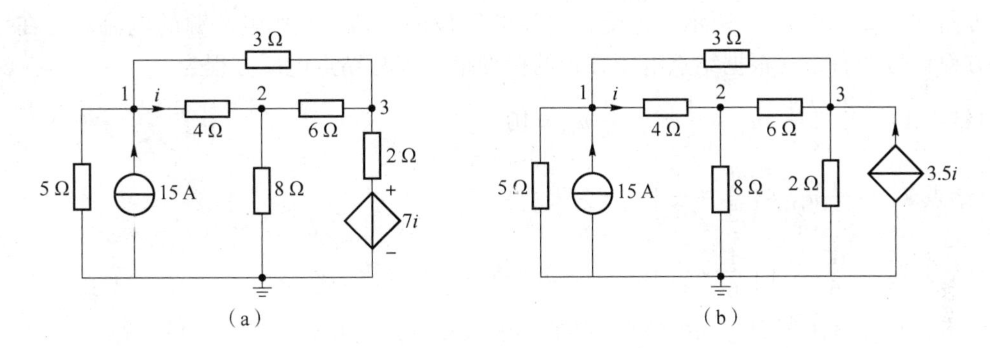

图 2－23 例 2－19 电路

解：图 2－23（a）中含有受控电压源与电阻的串联电路，根据电源等效变换将其等效为受控电流源与电阻的并联，受控电流源为 3.5，并联电阻为 2 Ω，如图 2－24（b）所示。对该电路列写结点电压方程为

$$\begin{cases}\text{结点 1：}\left(\frac{1}{5}+\frac{1}{4}+\frac{1}{3}\right)u_{n1}-\frac{1}{4}u_{n2}-\frac{1}{3}u_{n3}=15\\ \text{结点 2：}-\frac{1}{4}u_{n1}+\left(\frac{1}{4}+\frac{1}{8}+\frac{1}{6}\right)u_{n2}-\frac{1}{6}u_{n3}=0\\ \text{结点 3：}-\frac{1}{3}u_{n1}-\frac{1}{6}u_{n2}+\left(\frac{1}{3}+\frac{1}{6}+\frac{1}{2}\right)u_{n3}=3.5i\end{cases}$$

由于含有受控源，因此，要补充控制量与结点电压的关系方程，受控源的控制量是 i，而 i 是 4 Ω 电阻上通过的电流，其增补方程为

$$i=\frac{u_{n1}-u_{n2}}{4}$$

【例 2-20】 利用结点电压法计算如图 2-24（a）所示电路的电压 u。

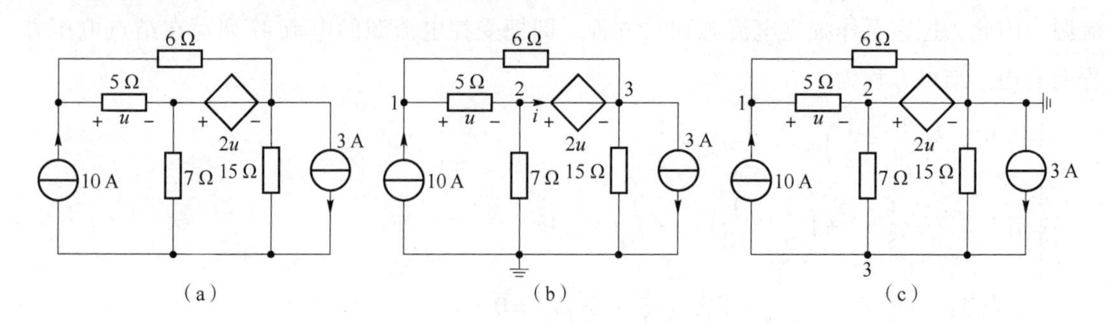

图 2-24 例 2-20 电路

解：图 2-24（a）所示电路中含有无伴的受控电压源，将其看作独立电压源，有两种方法求解。

方法一：

设受控电压源电流，把受控电压源看作电流源列方程。

独立结点标号及参考结点的选取如图 2-24（b）所示，设流过受控电压源的电流为 i，参考方向如图 2-24（b）所示。把受控电压源所设的电流 i 看作电流源的电流，写在结点电压方程等号的右边。根据结点电压方程的标准形式列写结点电压方程为

$$\begin{cases}\text{结点 1：}\left(\frac{1}{5}+\frac{1}{6}\right)u_{n1}-\frac{1}{5}u_{n2}-\frac{1}{6}u_{n3}=10\\ \text{结点 2：}-\frac{1}{5}u_{n1}+\left(\frac{1}{5}+\frac{1}{7}\right)u_{n2}=-i\\ \text{结点 3：}-\frac{1}{6}u_{n1}+\left(\frac{1}{6}+\frac{1}{15}\right)u_{n3}=i-3\end{cases}$$

由于设受控电压源通过的电流 i，多了一个未知量，因此需要增补方程，即

$$2u=u_{n2}-u_{n3}$$

另外受控电压源属于受控源，因此，还要补充控制量与结点电压之间的关系方程，受控电压源的控制量为 u，是 5 Ω 电阻两端的电压，根据电压与电位的关系，其增补方程为

$$u=u_{n1}-u_{n2}$$

联立以上方程求解结点电压可得

$$u_{n2}=42.5\ \text{V},\ u_{n3}=13.93\ \text{V},\ u=\frac{u_{n2}-u_{n3}}{2}=14.29\ \text{V}。$$

方法二：

选择合适的结点，即选择受控电压源负极所在的结点为参考结点。结点标号及参考结点的选取如图 2-24（c）所示，此时结点 2 的结点电压 u_{n2} 等于受控电压源的电压 $2u$，结点电压方程为

$$\begin{cases}\text{结点 1：}\left(\frac{1}{5}+\frac{1}{6}\right)u_{n1}-\frac{1}{5}u_{n2}=10\\ \text{结点 2：}u_{n2}=2u\\ \text{结点 3：}-\frac{1}{7}u_{n2}+\left(\frac{1}{7}+\frac{1}{15}\right)u_{n3}=3-10\end{cases}$$

另外，受控电压源属于受控源，因此，还要补充控制量与结点电压之间的关系方程，受控电压源的控制量为 u，是 5 Ω 电阻两端的电压，根据电压与电位的关系，其增补方程为

$$u = u_{n1} - u_{n2}$$

联立 3 个结点电压方程求解可得

$$u_{n1} = 42.86\ \text{V},\ u_{n2} = 28.57\ \text{V},\ u_{n3} = -13.93\ \text{V},\ u = u_{n1} - u_{n2} = 14.29\ \text{V}。$$

习　　题

2－1　利用支路电流法求解题图 2－1 中的电流 i。

2－2　利用支路电流法求解题图 2－2 中的电压 u。

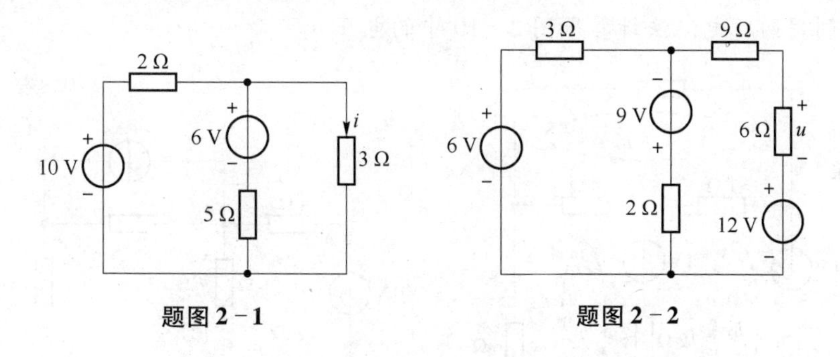

题图 2－1　　题图 2－2

2－3　利用支路电流法求解题图 2－3 中 5 Ω 消耗的功率。

2－4　利用支路电流法计算题图 2－4 电路中电源的功率，并说明实际是吸收功率还是发出功率。

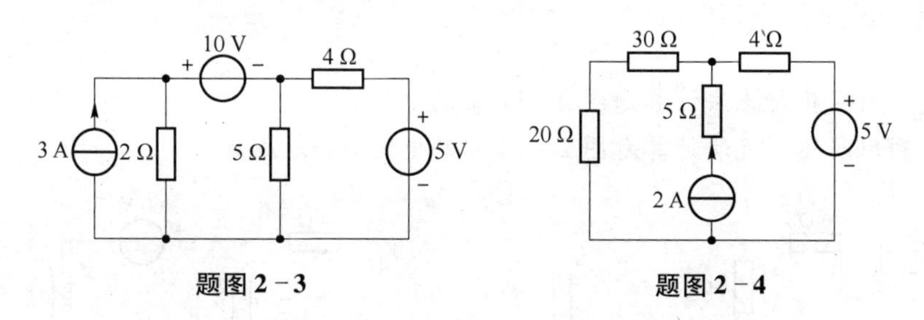

题图 2－3　　题图 2－4

2－5　利用支路电流法计算题图 2－5 中的电压 u。

2－6　利用支路电流法计算题图 2－6 中的电流 i。

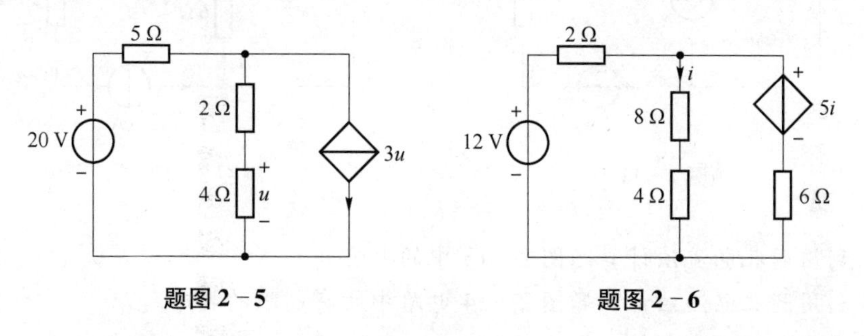

题图 2－5　　题图 2－6

2－7　利用网孔电流法计算题图 2－7 中的电流 i_1、i_2 和 i_3。

2－8　利用网孔电流法计算题图 2－8 中桥式电路的电流 i。

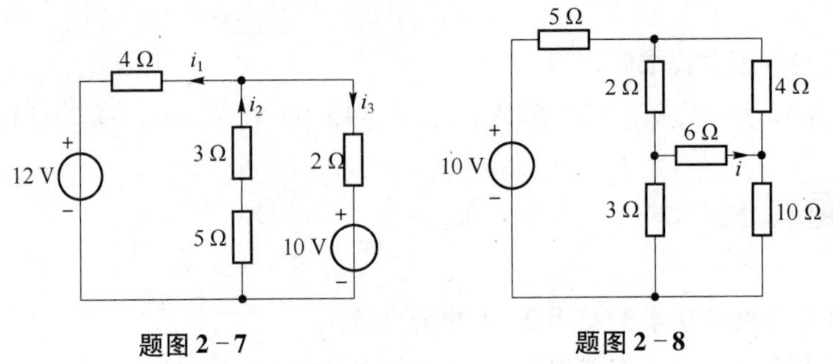

题图 2－7　　　　题图 2－8

2－9　列写题图 2－9 中的网孔电流方程。

2－10　利用网孔电流法计算题图 2－10 中的电压 u。

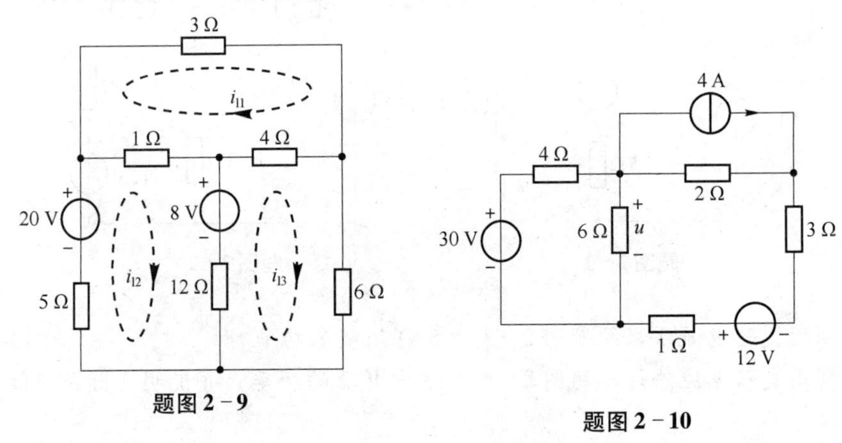

题图 2－9　　　　题图 2－10

2－11　利用网孔电流法计算题图 2－11 中的电流 i。

2－12　利用网孔电流法计算题图 2－12 中的电流 i 和电压 u。

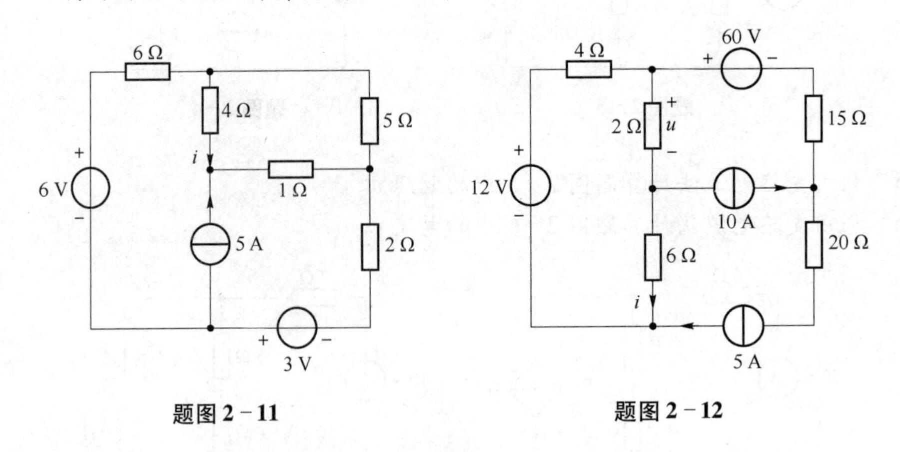

题图 2－11　　　　题图 2－12

2－13　利用网孔电流法计算题图 2－13 中的电流 i。

2－14　利用网孔电流法计算题图 2－14 电路中所有电阻的功率。

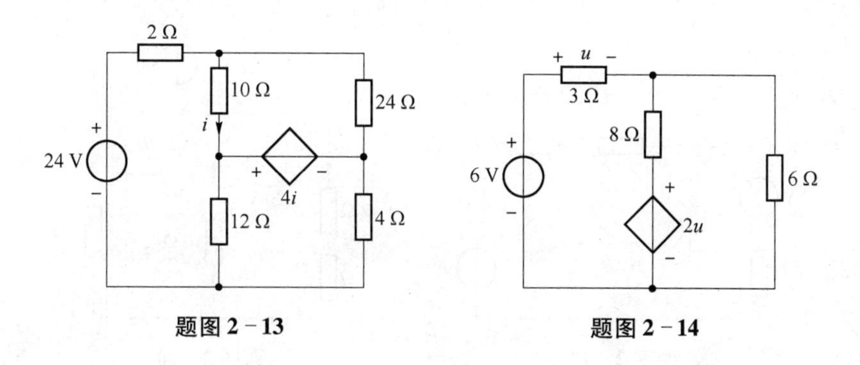

题图 2－13　　　　题图 2－14

2－15　利用网孔电流法计算题图 2－15 中 50 V 电压源的功率。

2－16　列出题图 2－16 中的网孔电流方程，并用回路法求解电压 u。

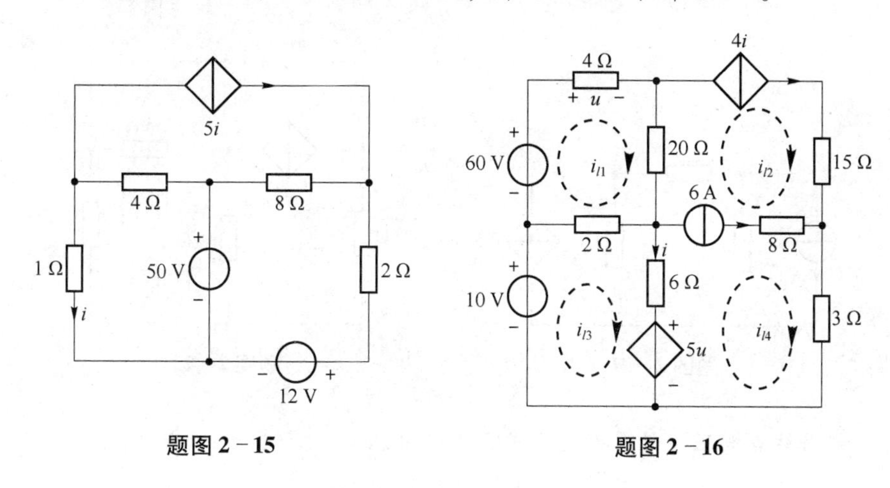

题图 2－15　　　　题图 2－16

2－17　用结点电压法计算题图 2－17 中的电压 u。

2－18　列写题图 2－18 中的结点电压方程。

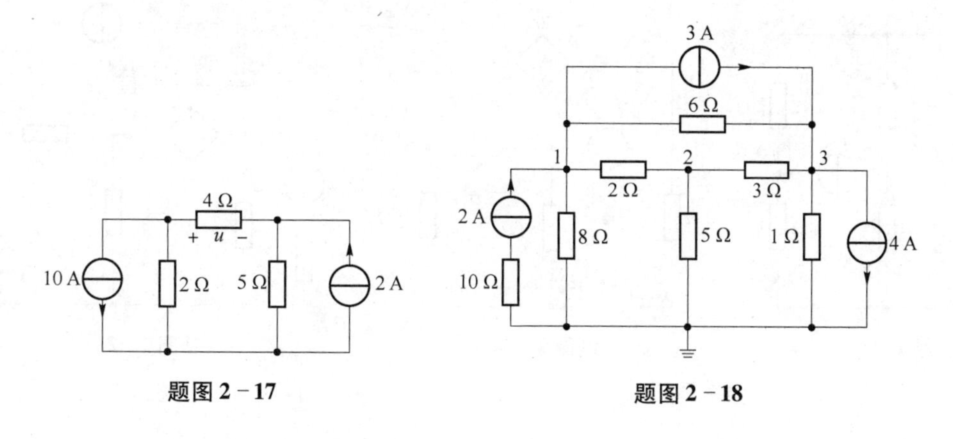

题图 2－17　　　　题图 2－18

2－19　利用结点电压方程计算题图 2－19 中的电流 i。

2－20　利用结点电压法计算题图 2－20 中的电压 u。

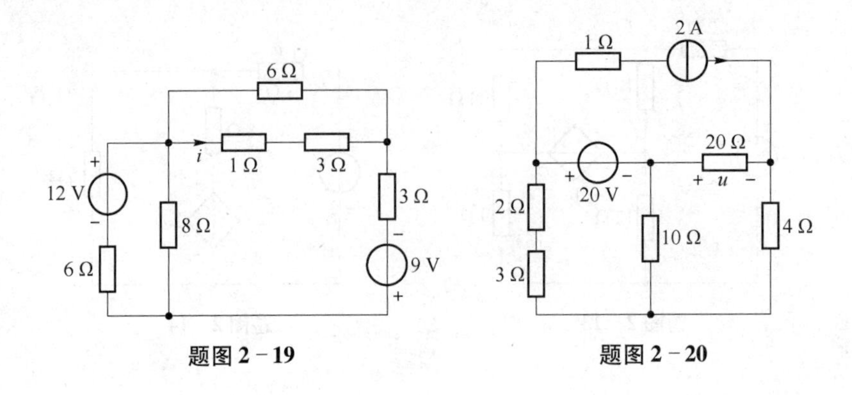

题图 2－19　　题图 2－20

2－21　利用结点电压法计算题图 2－21 中的电压 u。

2－22　利用结点电压法计算题图 2－22 中电流 i 及各电阻的功率。

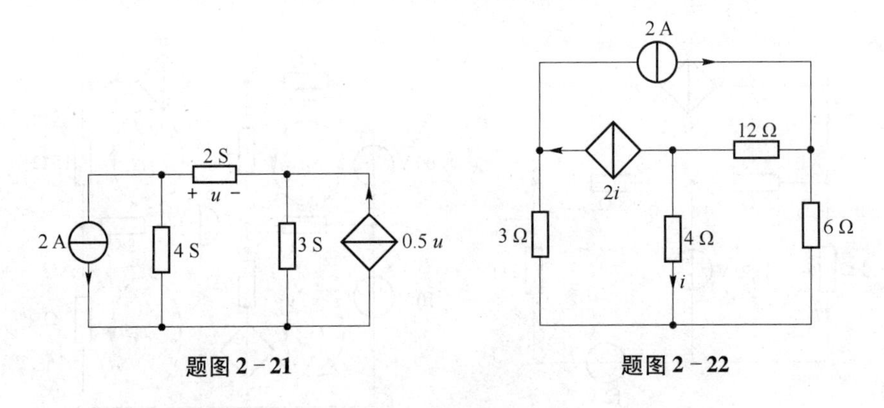

题图 2－21　　题图 2－22

2－23　利用结点电压法计算题图 2－23 中的电压 u。

2－24　利用结点电压法计算题图 2－24 中的电流 i。

2－25　利用结点电压法计算题图 2－25 中的电压 u 和电流 i。

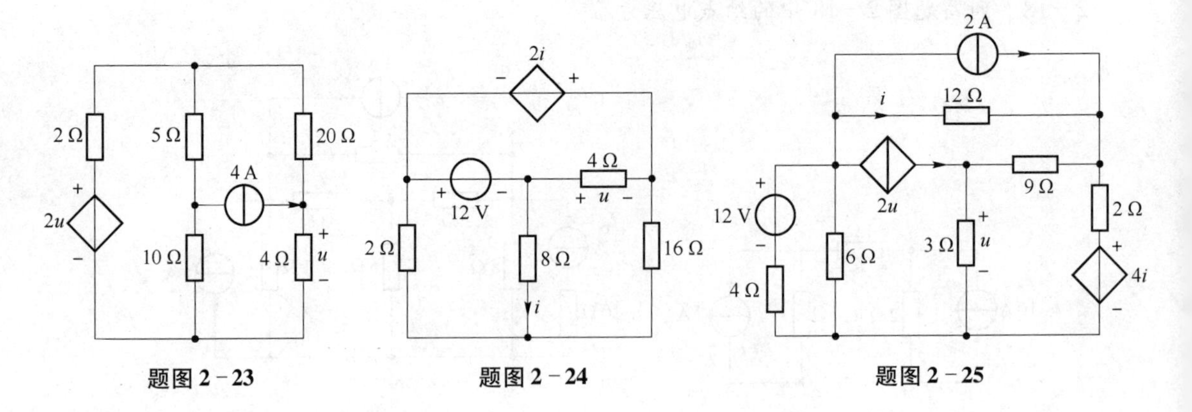

题图 2－23　　题图 2－24　　题图 2－25

第3章

电路定理

章节引入

前几章介绍了常用的电路元件、电路的基本定律和各种分析方法。但这些方法大多是在原电路结构不变的前提下使用的。随着电子设备应用领域的进一步扩展，复杂电路越来越多，对于复杂电路，如果再用前面介绍的方法，电路的分析、求解过程就会复杂。另外，在混合动力系统、电力系统、音箱系统等实际电路中也会经常遇到负载与电源匹配的问题。

本章内容提要

本章主要介绍线性电阻电路的相关定理，包括叠加定理、戴维南定理、诺顿定理和最大功率传输定理，以便进一步了解线性电阻电路的基本性质。利用这些定理可以把复杂电路等效为简单电路，进行电路的分析和计算。

工程意义

本章介绍的叠加定理、戴维南定理、诺顿定理和最大传输定理主要用于简化复杂电路的分析与计算，如电源建模、扩音器系统和电阻测量系统等。

3.1 叠加定理

通过第2章的分析可知，线性电阻电路的电压与电流的关系是以电压与电流为变量的一组线性代数方程。作为电路的输入或激励的独立电源，其电压 u_S 和电流 i_S 总是作为与电压、电流变量无关的量出现在方程等号的右边，求解这些电路方程得到的各支路电压和电流（即输出或响应）是独立电源 u_S 和 i_S 的线性函数。电路响应与激励之间的这种线性关系称为齐次性和叠加性，它们是线性电阻电路的一种基本性质。

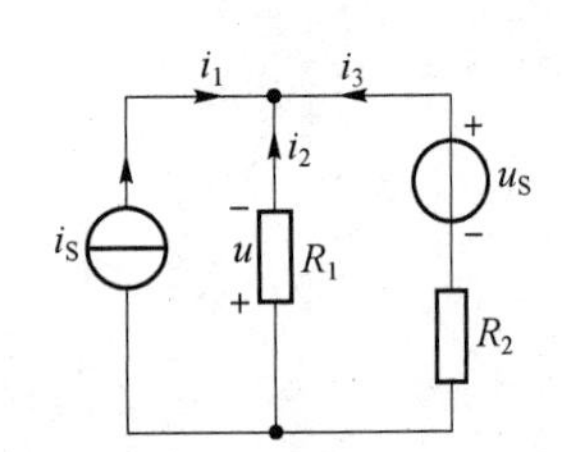

图3-1 叠加定理示例

现以线性电路图3-1为例讨论线性电阻电路中激励和响应的关系。在图3-1中，电压源、电流源为激励，电流 i_1、i_2、i_3 和电压 u 为响应。

假设图3-1电路中两个网孔的网孔电流为 i_1 和 i_3，其网孔电流方程为

$$\begin{cases} i_1 = i_S \\ R_1 i_1 + (R_1 + R_2) i_3 = u_S \end{cases}$$

可以解得电流 i_1、i_2、i_3 和电压 u 分别为

$$i_1 = i_S = 0u_S + i_S = a_1 u_S + a_2 i_S \tag{3-1}$$

$$i_2 = \frac{-1}{R_1 + R_2} u_S + \frac{-R_2}{R_1 + R_2} i_S = b_1 u_S + b_2 i_S \tag{3-2}$$

$$i_3 = \frac{1}{R_1 + R_2} u_S + \frac{-R_1}{R_1 + R_2} i_S = c_1 u_S + c_2 i_S \tag{3-3}$$

$$u = R_1 i_2 = \frac{-R_1}{R_1 + R_2} u_S + \frac{-R_1 R_2}{R_1 + R_2} i_S = d_1 u_S + d_2 i_S \tag{3-4}$$

在式（3-1）、式（3-2）、式（3-3）和式（3-4）中，a_1、a_2、b_1、b_2、c_1、c_2、d_1、d_2 与电路的结构及参数有关，对于固定的电路结构及参数，a_1、a_2、b_1、b_2、c_1、c_2、d_1、d_2 是常数。从以上4个式子可以看出，响应（输出）与激励（输入）成线性关系，而且响应是激励的线性组合。当只有一个激励时，响应与激励成正比。

由以上分析可知，在线性电路中，如果所有激励（独立电源）都增大（或减小）相同的倍数，则电路中响应（电压或电流）也增大（或减小）相同的倍数。当只有一个激励（独立电源）时，响应（电压和电流）与激励（独立电源）成正比。这就是线性电路的另一个特性，即线性电路的齐次性，也称为齐次定理。

注意：

由于功率 $p=ui$，是关于电压、电流的二次函数，因此功率与电压、电流的关系不是线性关系，本节所介绍的定理不适用于功率的计算。

【例3-1】 在如图3-2所示线性电路中，已知电流源电流 $i_S=12$ A，$u=4$ V，求电压 $u=6$ V时，电流源电流 i_S 的值。

解： 由于只有一个激励电流源，因此响应 u 与激励 i_S 成正比。设 $u=ki_S$，其中 k 为常数。

把已知条件 $i_S=12$ A，$u=4$ V 代入 $u=ki_S$ 中，可得

$$4=12k$$

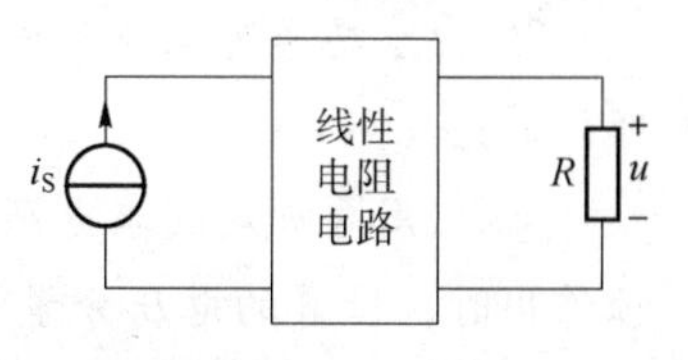

图 3－2　例 3－1 电路

解得

$$k=\frac{1}{3}$$

即

$$u=\frac{1}{3}i_S$$

当 $u=6$ V，电流源电流为

$$i_S=18\ \text{A}$$

式（3－2）可以写成

$$i_2=\frac{-1}{R_1+R_2}u_S+\frac{-R_2}{R_1+R_2}i_S=b_1u_S+b_2i_S=i_2'+i_2'' \tag{3-5}$$

由式（3－5）可知，响应 i_2 由 i_2' 和 i_2'' 两部分叠加而成，其中，$\frac{-1}{R_1+R_2}u_S$ 可以看作激励独立电流源为0（独立电流源开路）时，另一个激励独立电压源单独作用产生的响应，记作 i_2'，即

$$i_2'=i_2\Big|_{i_S=0}=\frac{-1}{R_1+R_2}u_S$$

$\frac{-R_2}{R_1+R_2}i_S$ 可以看作激励独立电压源为0（独立电压源短路）时，另一个激励独立电流源单独作用产生的响应，记作 i_2''，即

$$i_2''=i_2\Big|_{u_S=0}=\frac{-R_2}{R_1+R_2}i_S$$

同理，其他响应也有以上结论，即

$$i_1=i_S=0u_S+i_S=a_1u_S+a_2i_S=i_1'+i''$$

$$i_3=\frac{1}{R_1+R_2}u_S+\frac{-R_1}{R_1+R_2}i_S=c_1u_S+c_2i_S=i_3'+i_3''$$

$$u=R_1i_2=\frac{-R_1}{R_1+R_2}u_S+\frac{R_1(-R_2)}{R_1+R_2}i_S=d_1u_S+d_2i_S=u'+u''$$

该结果具有普遍意义，因此，在线性电阻电路中，两个独立电源共同产生的响应，等于每个独立电源单独作用产生响应的代数和。线性电路的这种叠加性称为叠加定理。

叠加定理的内容：在多个独立电源共同作用的线性电路中，任一支路的电流（或电压）都可以看成是电路中每一个独立电源单独作用于电路时，在该支路上产生的电流（或电压）的代数和。

注意：

① 叠加定理只适用于线性电路。这是因为线性电路中的电压、电流与激励（独立源）成线性关系；

② 当一个独立电源单独作用时，将其余的独立电源全部置为0（理想电压源短路，理想电流源开路），即所有独立电源共同作用的电路称为总电路，总电路中的参数称为总量，单个（或其中几个）作用时的电路称为分电路图，分电路图中的参数称为分量；

③ 由于功率为电压和电流的乘积，与独立电源不是线性关系，因此功率不能用叠加定理计算；

④ 应用叠加定理求电压和电流时，总量应该是分量的代数和，即注意在各独立电源单独作用时，计算的电压分量、电流分量的参考方向是否与所有独立电源共同作用时的电压和电流的参考方向一致，一致时相加，反之相减；

⑤ 含受控源（线性）的电路，在使用叠加定理时，受控源不要单独作用，而应把受控源作为一般元件保留在电路中，这是因为受控电压源的电压和受控电流源的电流受电路的结构和各元件的参数所约束；

⑥ 叠加的方式可以是任意的，既可以一次使一个独立源单独作用，也可以一次使几个独立源同时作用，方式的选择取决于分析问题的方便。

通过以上分析可知，利用叠加定理分析问题的步骤如下：

(1) 画出每个独立电源单独作用时的电路图，即分电路图，并标出分量及其参考方向；

(2) 在分电路图中求分量；

(3) 叠加，即总量等于相应分量的代数和。

注意：

每个独立电源单独作用时，其他独立电源为 0（独立电压源短路，独立电流源开路）。在分电路图中，所有的电压、电流变为相应的分量，分量标在原来的位置（不管原来位置的元件或支路开路或短路）参考方向可以任意标示，但如果与总量的参考方向相反，则叠加时为负；反之则为正。受控源保留在分电路中，但控制量应变为相应的分量。

【例 3-2】 利用叠加定理计算如图 3-3（a）所示电路的电压 u。

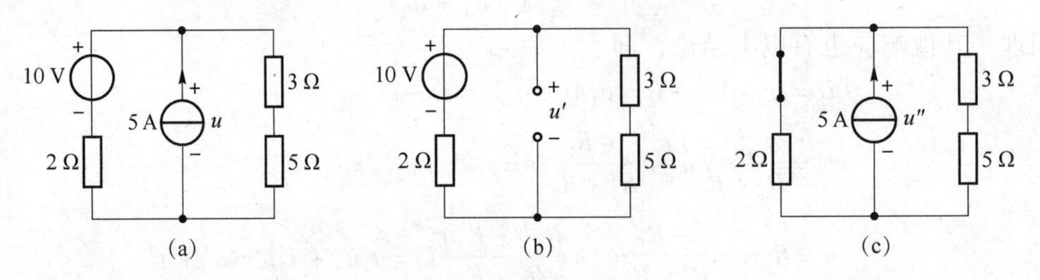

图 3-3　例 3-2 电路

解：计算电压 u 的步骤如下。

① 画出分电路图，标出分量。

当 10 V 的电压源单独作用时，5 A 的电流源为 0，即 5 A 的电流源开路。分电路图如图 3-3（b）所示。电压 u 对应的分量为 u'，虽然电流源开路，但分量 u' 仍然标在原来的位置，参考方向与总量电压 u 的参考方向相同。

当 5 A 的电流源单独作用时，10 V 的电压源为零，即 10 V 的电压源短路，分电路图如图 3-3（c）所示。电压 u 对应的分量为 u''，参考方向与总量电压 u 的参考方向相同。

② 在分电路图中求分量 u' 和 u''。

在图 3-3（b）中，应用分压公式计算 u'：

$$u'=\frac{3+5}{2+3+5}\times 10\ \text{V}=8\ \text{V}$$

在图 3-3（c）中，3 Ω 电阻与 5 Ω 电阻串联，然后与 2 Ω 电阻并联，等效电阻为

$$\frac{(3+5)\times 2}{3+5+2}\ \Omega=1.6\ \Omega$$

$$u''=1.6\ \Omega\times 5\ \text{A}=8\ \text{V}$$

③ 将各分量叠加。

由于分量 u'和 u''的参考方向与总量 u 的参考方向都相同，因此叠加时都为正，即

$$u=u'+u''=(8+8)\text{V}=16\ \text{V}$$

【例 3-3】 利用叠加定理计算如图 3-4（a）电路中的电压 u。

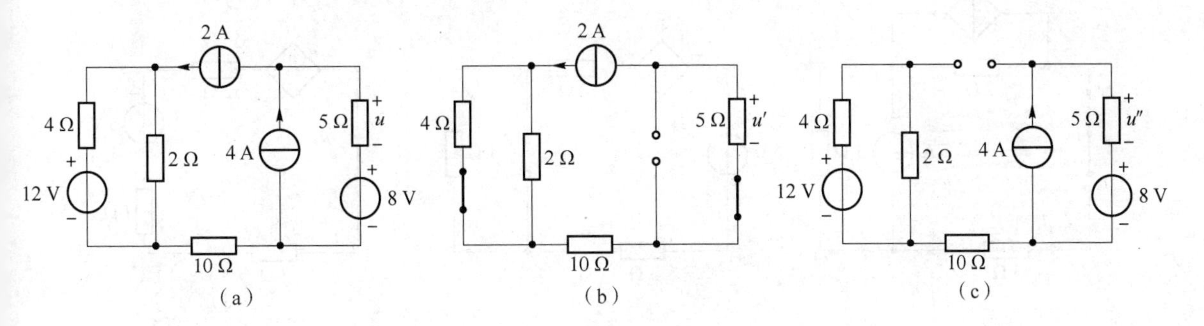

图 3-4 例 3-3 电路

解：计算电压 u 的步骤如下。

① 画出分电路图，标出分量。

图 3-4 电路中包含 4 个独立电源，可以让每个独立电源单独作用，也可以让多个独立电源共同作用。本例题采用让 2 A 独立电流源单独作用，4 A 电流源、12 V 电压源和 8 V 电压源共同作用的方式。分电路图如图 3-4（b）和图 3-4（c）所示，分量分别为 u'和 u''，参考方向与总量 u 的参考方向相同。

② 在分电路图中求分量。

在图 3-4（b）电路中，5 Ω 电阻上流过的电流为 2 A 电流源的电流，但参考方向与其端电压 u'为非关联参考方向，即

$$u'=-(2\ \text{A}\times 5\ \Omega)=-10\ \text{V}$$

在图 3-4（c）电路中，5 Ω 电阻上流过的电流为 4 A 电流源的电流，参考方向与其端电压 u''为关联参考方向，即

$$u''=4\ \text{A}\times 5\ \Omega=20\ \text{V}$$

③ 将各分量叠加。

由于分量 u'和 u''的参考方向与总量 u 的参考方向都相同，因此叠加时都为正，即

$$u=u'+u''=(-10+20)\text{V}=10\ \text{V}$$

【例 3-4】 利用叠加定理计算如图 3-5（a）所示电路中的电流 i。

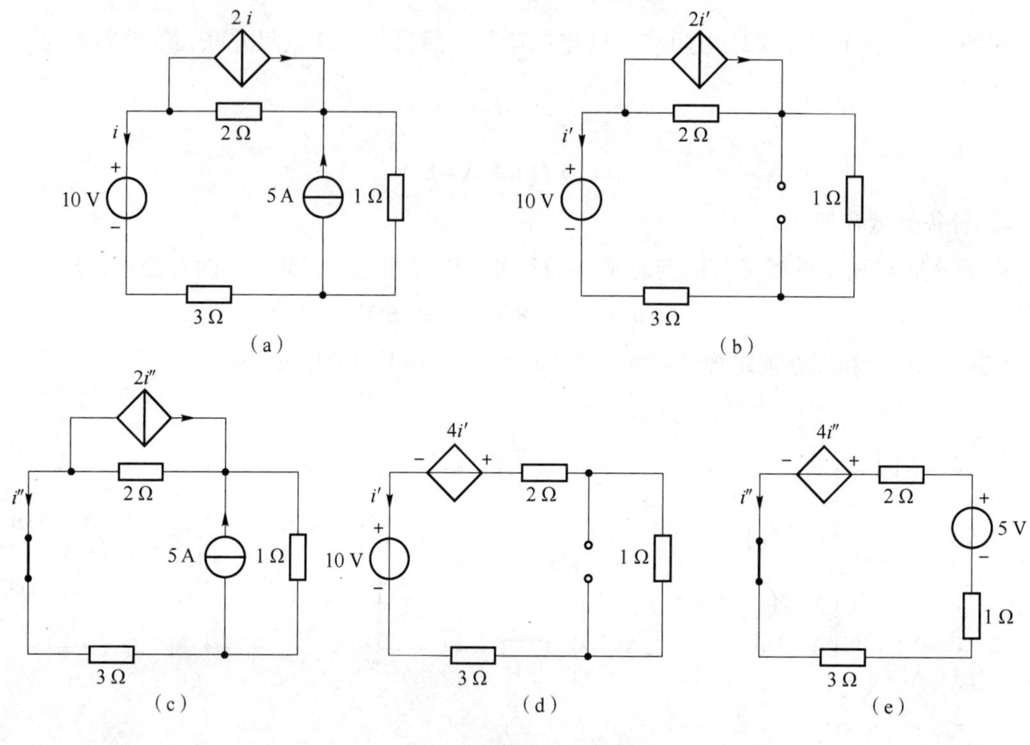

图 3-5 例 3-4 电路

解：计算电流 i 的步骤如下。

① 画分电路图，标出分量。

10 V 独立电压源和 5 A 独立电流源单独作用的电路，如图 3-5（b）和图 3-5（c）所示。在每个分电路中均保留受控源，但控制量分别改为分电路中相应的分量，在本例题中控制量 i 在分电路中分别变为 i' 和 i''，受控电流源的电流也分别变为 $2i'$ 和 $2i''$。

② 在分电路中求分量。

在图 3-5（b）中，首先利用电源等效变换把受控电流源与电阻的并联等效为受控电压源与电阻的串联，受控电压源为 $2i'\times 2=4i'$，串联的电阻为 2 Ω，等效电路如图 3-5（d）所示。对图 3-5（d）逆时针列写 KVL 方程，即

$$10+3i'+1i'+2i'+4i'=0$$

$$i'=-1\ \text{A}$$

在图 3-5（c）中，利用电源等效变换把受控电流源与电阻的并联等效为受控电压源与电阻的串联，受控电压源为 $2i''\times 2=4i''$，串联电阻为 2 Ω；5 A 电流源与 1 Ω 电阻的并联等效为电压源与电阻的串联，电压源为 5 A×1 Ω=5 V，串联的电阻为 1 Ω。等效电路如图 3-5（e）所示。

对图 3-5（d）逆时针列写 KVL 方程，即

$$3i''+1i''-5+2i''+4i''=0$$

$$i''=0.5\ \text{A}$$

③ 将各分量叠加。

由于分量 i' 和 i'' 的参考方向与总量 i 的参考方向相同，因此叠加时都为正，即

$$i = i' + i'' = (-1 + 0.5)\,\mathrm{A} = -0.5\ \mathrm{A}$$

3.2 戴维南定理和诺顿定理

电路分析的大多数方法需要列写多个方程联立求解，而在某些实际问题中只需要求解某一个支路的电流或电压，此时如果再列写方程组求解，就会把问题复杂化。针对这种情况，只需找出待求支路以外的等效电路即可，这也是戴维南定理和诺顿定理解决的问题。

3.2.1 戴维南定理

戴维南定理是指对于任意一个线性含源二端网络，对外电路来讲，都可以用一个独立电压源和电阻的串联组合电路来等效变换，该组合电路称为戴维南等效电路。此独立电压源的电压等于外电路断开时二端网络端口处的开路电压 u_{OC}，参考方向与开路电压的参考方向一致。而串联的电阻等于二端网络的输入电阻（或等效电阻 R_{eq}）。独立电压源和电阻的串联组合称为戴维南等效电路，如图3-6所示。戴维南定理可以用来化简电路，另外，由于戴维南定理可以把一个大规模的复杂电路等效为一个独立电压源与电阻的串联，因此，在电路设计过程中也可以简化电路的设计。

应用戴维南定理的关键是正确求出二端网络的开路电压和输入电阻。

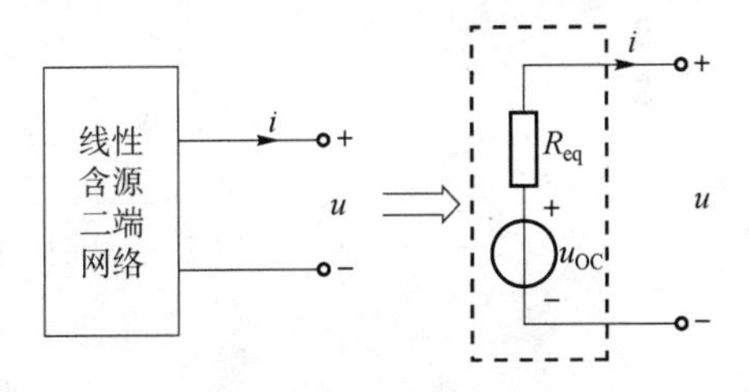

图3-6 戴维南定理

注意：

① 含源二端网络是线性的，但含源二端网络所接的外电路可以是线性或非线性电路，当外电路发生改变时，含源二端网络的等效电路不变；

② 当含源二端网络内部含有受控源时，控制电路与受控源必须包含在被化简的同一部分电路中；

③ 戴维南等效电路中独立电压源电压等于将外电路断开时的开路电压 u_{OC}，独立电压源的方向与所求的开路电压的方向有关；

④ 等效电阻 R_{eq} 是将二端网络内部的独立电源全部置0（电压源短路，电流源开路）后，所得到的无源二端网络的输入电阻。

计算等效电阻有如下3种方法。

(1) 当二端网络内部不含受控源时，可以先把二端网络内部的独立电源全部置0再利用电阻的串并联和△-Y互换变换的方法计算。

(2) 外加电源法。计算时需要先把二端网络内部的独立电源全部置0，再外加电压源或者电流源。

如图3-7 (a) 所示，外加电压源，设其电压为 u，产生电流 i，或者如图3-7 (b) 所

示，外加电流源，设其电流为 i，电流源两端电压设为 u。u、i 的参考方向对于二端网络是关联的，则等效电阻 $R_{eq}=\frac{u}{i}$。使用外加电源法时，不需要知道 u 和 i 的确切值，只要找出电压 u 与电流 i 的关系，求出其比值即可。

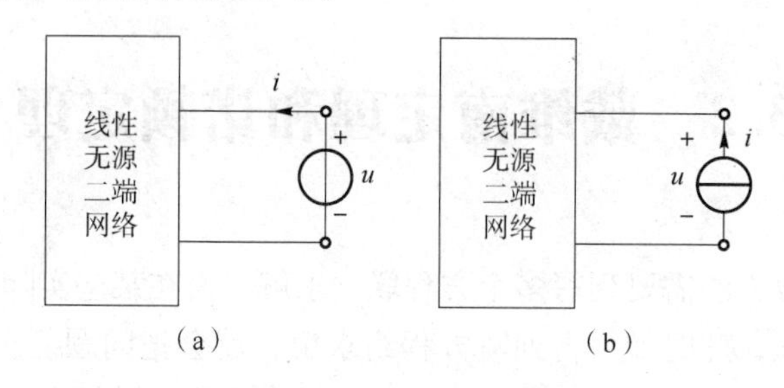

图 3－7　外加电源法

(a) 外加电压源；(b) 外加电流源

(3) 开路电压和短路电流法。此方法不需要把二端网络内部的独立电源置 0，即保留内部独立电源。但需注意，对于二端网络来讲，端口的开路电压 u_{OC} 的参考方向与短路电流 i_{SC} 的参考方向取关联方向。

求得二端网络端口的开路电压 u_{OC} 后，将二端网络的端口短路，求短路电流 i_{SC}，如图 3－8 所示，等效电阻为

$$R_{eq}=\frac{u_{OC}}{i_{SC}}$$

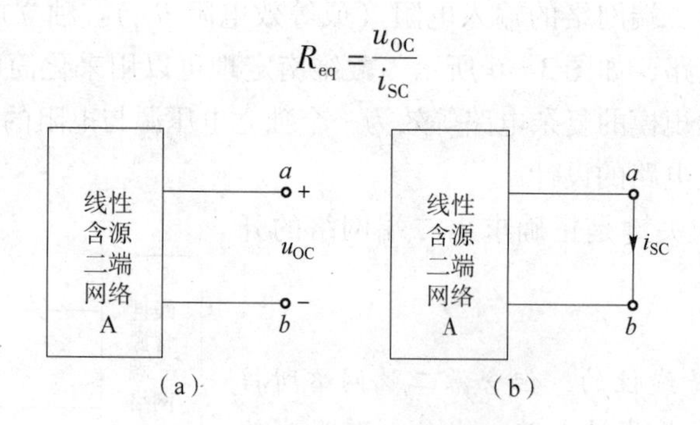

图 3－8　开路电压和短路电流法

(a) 求开路电压；(b) 求短路电流

戴维南定理应用于分析电路时，有如下两种情况。

(1) 已知线性二端网络，求解其戴维南等效电路，如图 3－9 所示。

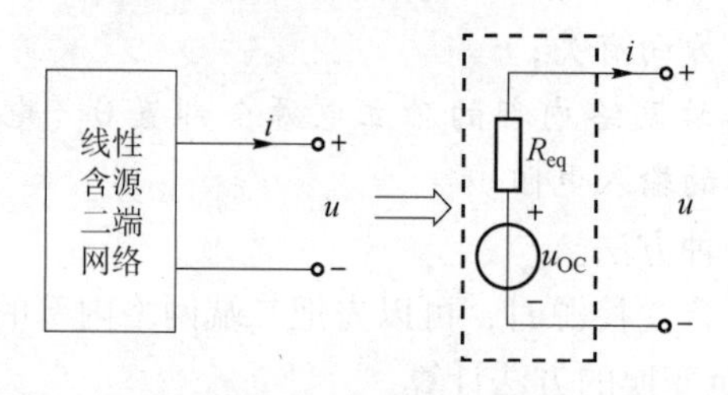

图 3－9　线性含源二端网络的戴维南等效电路

该题型的解题步骤：利用电源等效变换（有时候是多次利用）把线性含源二端网络化简为一个独立电压源与一个电阻的串联，求其开路电压和等效电阻，并画出戴维南等效电路。

（2）在复杂电路中，求解某一支路电压或电流，如图 3－10 所示。

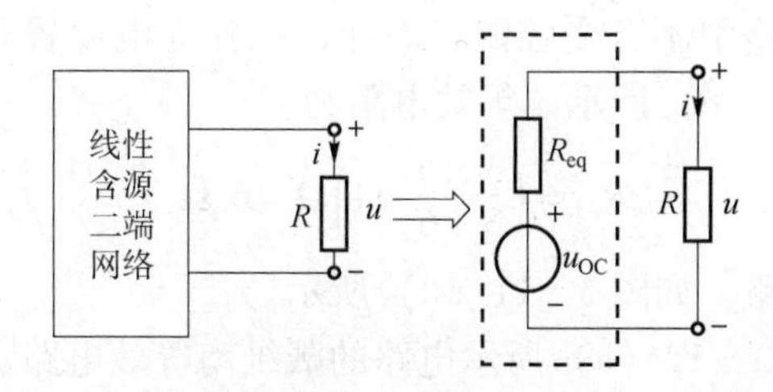

图 3－10 戴维南定理在带有负载电路中的应用

该题型的解题步骤：首先断开待求支路（把待求支路从原电路图中移走），标出余下部分的端口；然后计算余下二端网络的开路电压和戴维南等效电阻，接着画出余下二端网络的戴维南等效电路，并把断开的待求支路连接在戴维南等效电路的两个端子之间；最后在等效电路中求解参数。

【例 3－5】 求如图 3－11（a）所示二端网络的戴维南等效电路。

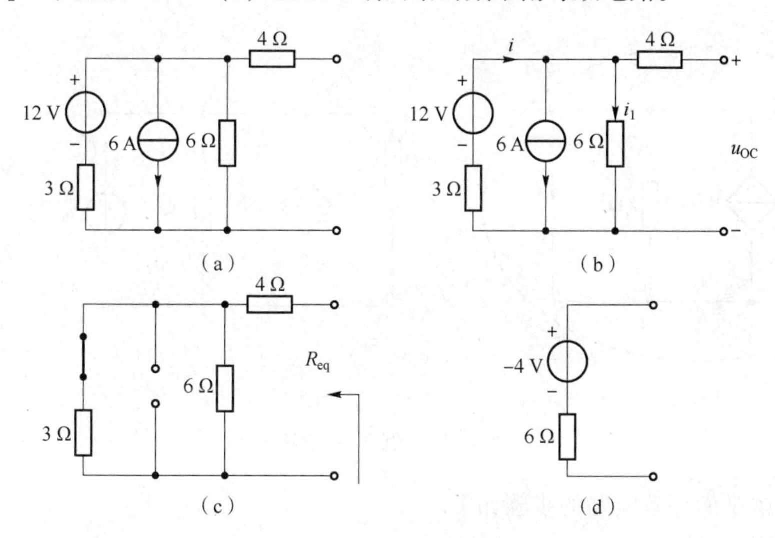

图 3－11 例 3－5 电路

解：求解戴维南等效电路的步骤如下。

① 求开路电压 u_{OC}。

设 12 V 电压源所在支路电流为 i，6 Ω 电阻所在支路电流为 i_1，开路电压为 u_{OC}，参考方向如图 3－11（b）所示。列写 KCL 方程为

$$i = i_1 + 6$$

列写 12 V 电压源、6 Ω 电阻与 3 Ω 电阻组成的回路的 KVL 方程为

$$12 - 6i_1 - 3i = 0$$

联立求解，可得

$$i_1 = -\frac{2}{3}\ \text{A}$$

$$u_{OC} = 6i_1 = 6\ \Omega \times \left(-\frac{2}{3}\right)\ \text{A} = -4\ \text{V}$$

② 求等效电阻 R_{eq}。

由于图 3-11（a）电路中不含受控源，因此，把独立电源置 0 后，利用电阻的串并联进行求解即可，如图 3-11（c）所示。等效电阻为

$$R_{eq}=\left(\frac{3\times6}{3+6}+4\right)\Omega=6\ \Omega$$

③ 画出戴维南等效电路，如图 3-11（d）所示。

【例 3-6】 画出如图 3-12（a）所示电路的戴维南等效电路。

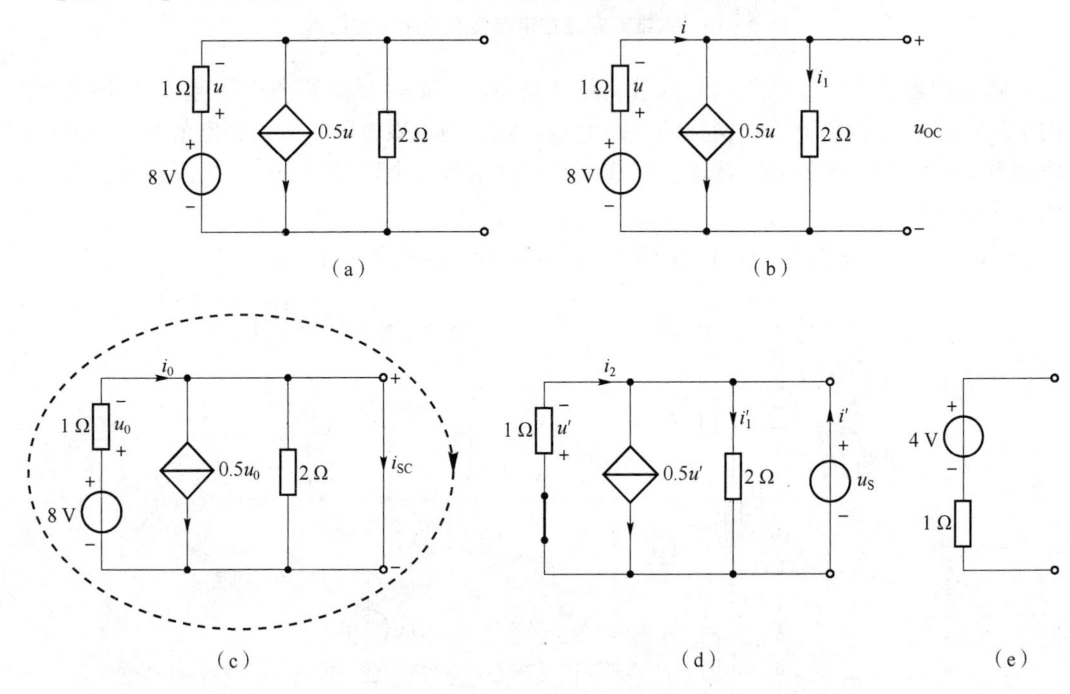

图 3-12 例 3-6 电路

解：求解戴维南等效电路的步骤如下。

① 求开路电压 u_{OC}。

设 8 V 电压源与 1 Ω 电阻串联所在支路电流为 i，2 Ω 电阻所在支路电流为 i_1，开路电压为 u_{OC}，参考方向如图 3-12（b）所示。列写 KCL 方程为

$$i=i_1+0.5u$$

1 Ω 电阻两端电压为

$$u=1\times i$$

列写 8 V 电压源、1 Ω 电阻与 2 Ω 电阻组成的回路的 KVL 方程，即

$$1\times i+2i_1-8=0$$

联立以上 3 个方程求解，可得

$$i_1=2\ \text{A}$$

$$u_{OC}=2i_1=2\ \Omega\times2\ \text{A}=4\ \text{V}$$

② 求等效电阻 R_{eq}。

由于图 3-12（a）电路中含有受控源，下面用两种方法求解等效电阻。

方法一：开路电压和短路电流法

首先把二端网络的两个端子短接，标出短路电流 i_{SC}。设 8 V 电压源与 1 Ω 电阻串联所

在支路电流为 i_0，参考方向如图 3－12（c）所示。列写 KCL 方程为

$$i_0 = 0.5u_0 + i_{SC}$$

对最大回路列写 KVL 方程，即

$$1 \times i_0 - 8 = 0$$

1 Ω 电阻两端的电压为

$$u_0 = 1 \times i_0$$

联立以上 3 个方程可得

$$i_{SC} = 4\ \text{A}$$

等效电阻为

$$R_{eq} = \frac{u_{OC}}{i_{SC}} = \frac{4\ \text{V}}{4\ \text{A}} = 1\ \Omega$$

方法二：外加电源法

如图 3－12（d）所示，首先把二端网络内独立电源置 0，即把 8 V 电压源短路，然后在二端网络的端口加上电源（此例题外加电压源，也可以外加电流源），电压源电压为 u_S，产生电流为 i'。设 1 Ω 电阻所在支路电流为 i_2，2 Ω 电阻所在支路电流为 i_1'，参考方向如图3－12（d）所示。

1 Ω 电阻、2 Ω 电阻与电压源 u_S 并联，即

$$u_S = 2i_1'$$

$$u_S = -1 \times i_2$$

列写 KCL 方程，即

$$i' + i_2 = i_1' + 0.5u'$$

1 Ω 电阻两端的电压为

$$u' = 1 \times i'$$

联立以上 4 个方程可以得到 u_S 和 i' 的关系，即

$$u_S = i'$$

等效电阻为

$$R_{eq} = \frac{u_S}{i'} = 1\ \Omega$$

③ 画出戴维南等效电路，如图 3－12（e）所示。

【例 3－7】 计算图 3－13（a）所示电路中的电流 i。

解：本例题中只求解一条支路上的电流，因此，可以利用戴维南定理进行求解。如图3－13（b）所示，把待求支路（10 Ω 所在支路）断开，求余下二端网络（图 3－13（b））的戴维南等效电路。其步骤如下。

① 求开路电压 u_{OC}。

首先根据电源等效变换，把 4 A 电流源与 3 Ω 电阻并联支路，等效为 12 V 电压源与 3 Ω电阻的串联，开路电压 u_{OC} 及其参考方向如图 3－13（c）所示，列写 KVL 方程，即

$$(3 + 6 + 5)i_0' - 4i_0' + 12 = 0$$

解得

$$i_0' = -1.2\ \text{A}$$

开路电压为

$$u_{OC} = -5i_0' = -5\ \Omega \times (-1.2)\text{A} = 6\ \text{V}$$

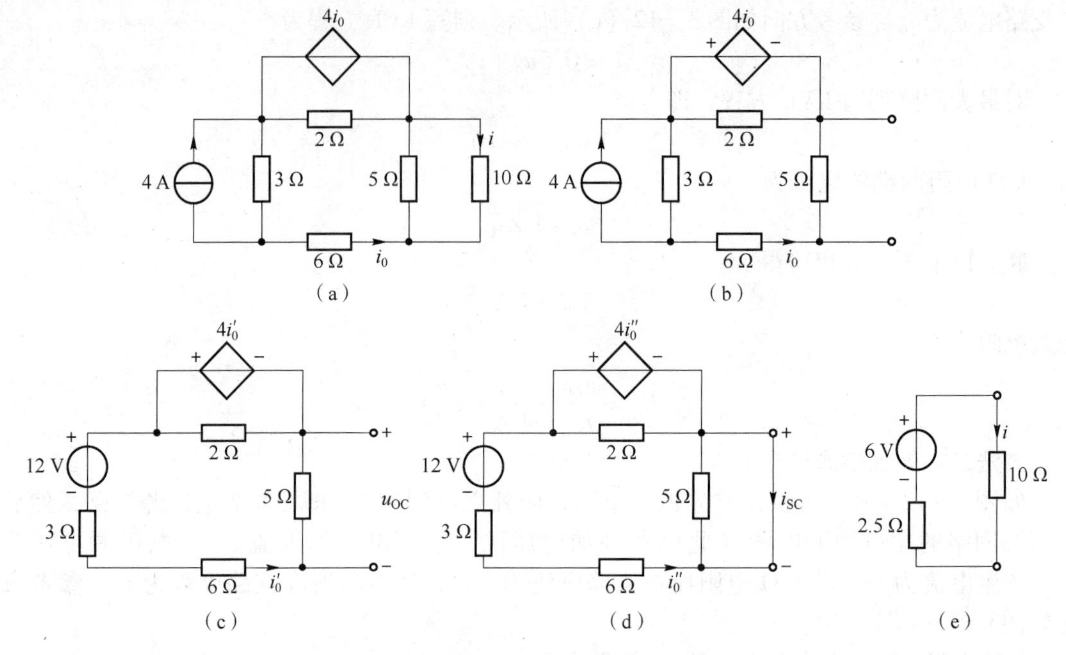

图 3-13　例 3-7 电路

② 求等效电阻 R_{eq}。

本例题利用开路电压和短路电流法，将二端网络两个端子短接，标出短路电流 i_{SC}，如图 3-13（d）所示。5 Ω 电阻被短接，列写最大回路的 KVL 方程为

$$(3+6)i_0''-4i_0''+12=0$$

解得

$$i_0''=-2.4\ \text{A}$$

短路电流为

$$i_{SC}=-i_0''=2.4\ \text{A}$$

等效电阻为

$$R_{eq}=\frac{u_{OC}}{i_{SC}}=\frac{6\ \text{V}}{2.4\ \text{A}}=2.5\ \Omega$$

③ 画出戴维南等效电路，如图 3-13（e）所示，电流 i 为

$$i=\frac{6\ \text{V}}{(2.5+10)\ \Omega}=0.48\ \text{A}$$

3.2.2　诺顿定理

根据电源等效变换，既然独立电压源与电阻的串联可以和独立电流源与电阻的并联进行等效变换，那么含源二端网络也可以等效为独立电流源与电阻的并联，也称为诺顿定理。诺顿定理是由美国工程师诺顿（E. L. Norton）于 1926 提出的，其内容如下：任何一个含源线性二端网络，对外电路来说，可以等效为一个独立电流源和电阻（电导）的并联，如图 3-14 所示。

图 3-14（a）中，独立电流源的电流等于该二端网络的短路电流，参考方向如图 3-14（b）所示。而电阻（电导）等于把该二端网络的全部独立电源置零后的输入电阻（电导）。

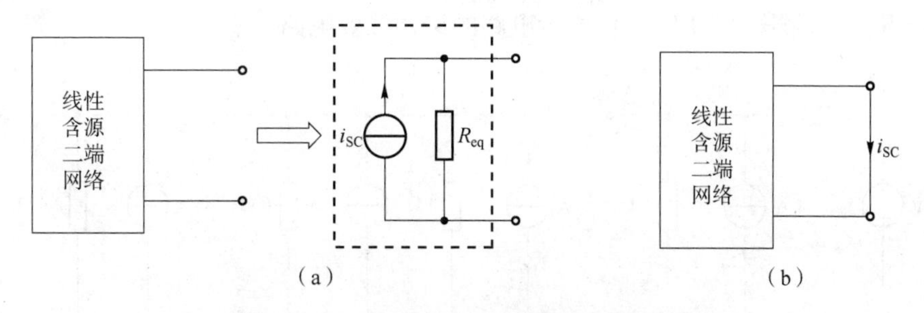

图 3-14 诺顿等效电路及电流源电流求解

诺顿等效电路中的等效电阻的求法与戴维南定理中等效电阻的求法相同。

诺顿等效电路中独立电流源的参考方向与线性含源二端网络短路电流参考方向的关系和戴维南定理应用于分析电路时情况相似。

(1) 已知一线性二端网络，求解其诺顿等效电路，如图 3-15 所示。

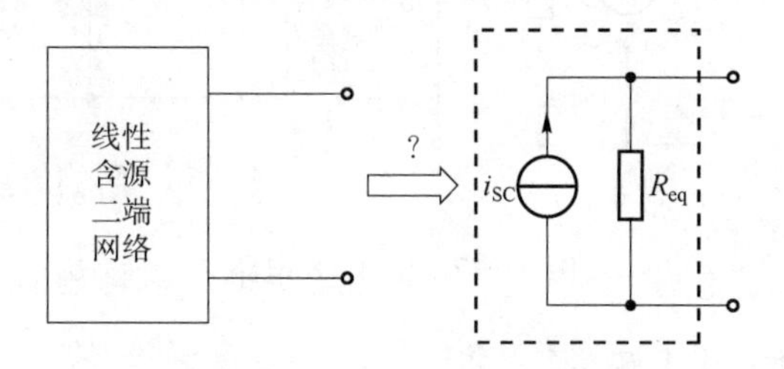

图 3-15 线性含源二端网络诺顿等效电路

该题型的解题步骤：利用电源等效变换（有时候是多次利用）把线性含源二端网络化简为一个独立电流源与一个电阻的并联；或者求其短路电流和等效电阻，并画出诺顿等效电路。

(2) 在复杂电路中，求解某一支路电压或电流，如图 3-16 所示。

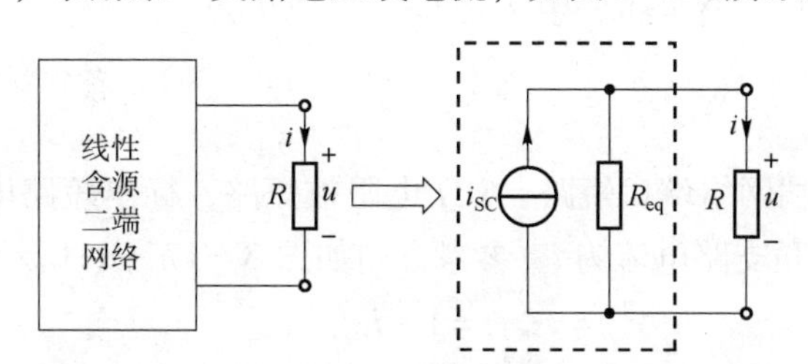

图 3-16 戴维南定理在带有负载电路中的应用

该题型的解题步骤：断开待求支路（把待求支路从原电路图中移走），标出余下部分的端口；计算余下二端网络的短路电流和诺顿等效电阻，并画出诺顿等效电路；把断开的待求支路连接在诺顿等效电路的两个端子之间，在等效电路中求解参数。

注意：

① 当线性含源二端网络的等效电阻 $R_{eq}=0$ 时，该网络只有戴维南等效电路，而无诺顿等效电路。

② 当线性含源二端网络的等效电阻 $R_{eq}=\infty$ 时，该网络只有诺顿等效电路，而无戴维南等效电路。

【例3-8】 求解图3-17（a）所示电路的诺顿等效电路。

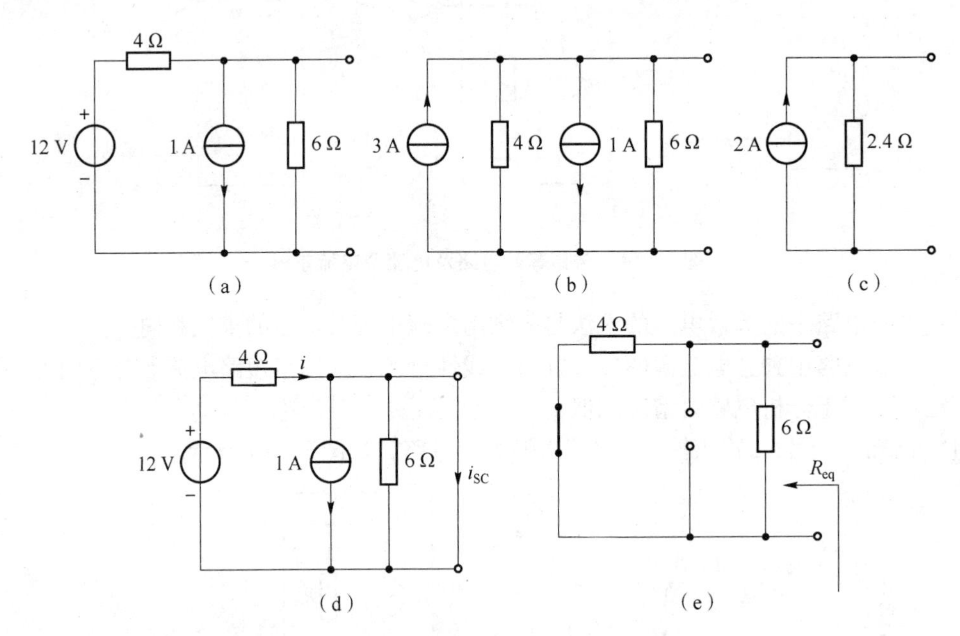

图3-17 例3-8电路

解：本例题采用两种方法求解。

方法一：电源等效变换法

首先根据电源等效变换，把3-17（a）电路中的12 V独立电压源与4 Ω电阻的串联等效为3 A独立电流源与4 Ω电阻的并联，如图3-17（b）所示；再把3 A独立电流源与1 A独立电流源并联（注意参考方向）等效为一个2 A的独立电流源，4 Ω电阻与6 Ω电阻并联等效为2.4 Ω电阻。诺顿等效电路如图3-17（c）所示。

方法二：诺顿定理

① 求解短路电流i_{SC}。

首先把线性含源二端网络端口短路，6 Ω电阻被短路，标出短路电流i_{SC}，设12 V独立电压源与4 Ω电阻的串联支路电流为i，参考方向如图3-17（d)所示。列写KCL方程，即

$$i=1+i_{SC}$$

列写最大回路的KVL方程，即

$$4i=12$$

联立以上2个方程，求解可得

$$i_{SC}=2\ \text{A}$$

② 求等效电阻R_{eq}。

把图3-17（a）电路中的独立电源置0，即12 V独立电压源短路，1 A独立电流源开路，如图3-17（e）所示。其等效电阻为

$$R_{eq}=\frac{4\times6}{4+6}\ \Omega=2.4\ \Omega$$

③ 画出诺顿等效电路，如图3-17（b）所示。

【例 3-9】 利用诺顿定理求解图 3-18（a）所示电路的电压 u。

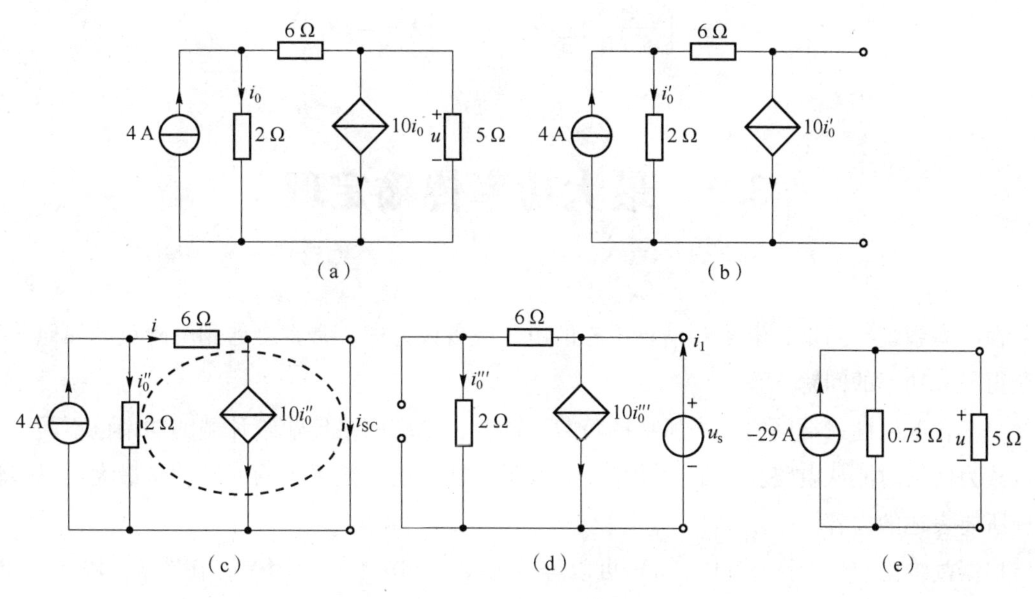

图 3-18　例 3-9 电路

解：求解电压 u 的步骤如下。

① 把待求支路断开，即把 5 Ω 所在支路断开，如图 3-18（b）所示。

② 求解短路电流 i_{SC}。把端口短路，标出短路电流 i_{SC}，设 6 Ω 所在支路电流为 i，如图 3-18（c）所示。

列写 KCL 方程，即

$$i + i_0'' = 4$$

$$i = 10i_0'' + i_{SC}$$

列写回路 KVL 方程

$$6i - 2i_0'' = 0$$

联立以上 3 个方程，解得

$$i_{SC} = -29\ \text{A}$$

③ 求解等效电阻 R_{eq}。本例题采用外加电源法计算等效电阻。把图 3-18（b）中的独立电源置 0，即把 4 A 独立电源开路，外加独立电压源 u_S，独立电压源产生的电流为 i_1，如图 3-18（d）所示。列写 KCL 方程，即

$$i_1 = i_0''' + 10i_0''' = 11i_0'''$$

列写最大回路的 KVL 方程，即

$$u_S = (6+2)i_0''' = 8i_0'''$$

联立以上 2 个方程可得

$$R_{eq} = \frac{u_S}{i_1} = \frac{8i_0'''}{11i_0'''} = 0.73\ \Omega$$

④ 画出诺顿等效电路，接入 5 Ω 所在支路，如图 3 - 18（e）所示，电路的电压为

$$u = 5\ \Omega \times \left[\frac{0.73}{5 + 0.73} \times (-29)\right]\text{A} = -18.41\ \text{V}$$

3.3 最大功率传输定理

在电力系统、测量、电子和信息工程的电子设备设计中，常常会遇到电阻负载如何从电路获得最大功率的问题。

一个含源线性二端网络，当所接的负载不同时，二端网络传输给负载的功率也不同，讨论负载为何值时能从电路获取最大功率，以及最大功率的值是多少的问题就是最大功率传输定理所要表述的内容。

根据戴维南定理，图 3 - 19（a）可以等效为图 3 - 19（b），因此，在图 3 - 19（a）电路中求解负载获得最大功率问题就可以转化为在图 3 - 19（b）电路中求解。

在图 3 - 19（b）电路中，负载吸收的功率为

$$p = i^2 R_L = \frac{u_{OC}^2 R_L}{(R_{eq} + R_L)^2} \tag{3-6}$$

可变负载吸收功率与负载之间的关系曲线如图 3 - 20 所示。

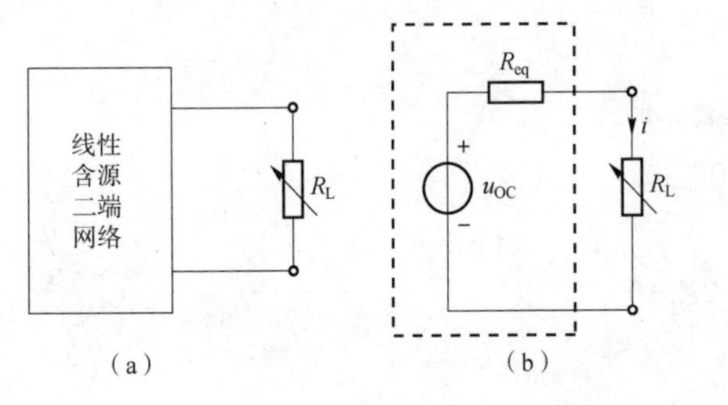

图 3 - 19　最大功率传输定理示例

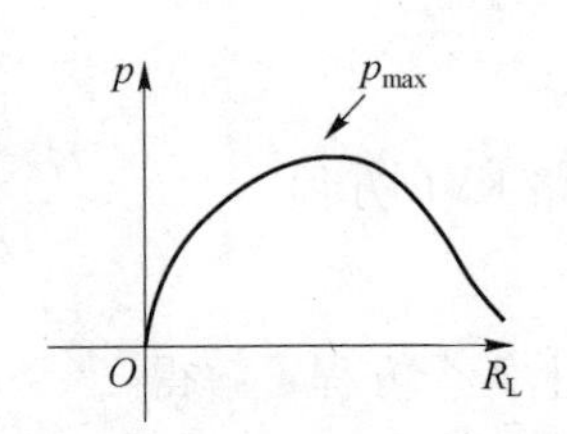

图 3 - 20　可变负载吸收功率与负载之间的关系曲线

从图 3 - 20 中可以看出该曲线存在一个极大值点。为了找出这个极大值点，首先对功率 p 求导，然后令其导数为 0，即

$$\frac{\mathrm{d}p}{\mathrm{d}R_L} = \frac{u_{OC}^2}{(R_{eq} + R_L)^2} + \frac{-2R_L u_{OC}^2}{(R_{eq} + R_L)^3} = \frac{(R_{eq} - R_L) u_{OC}^2}{(R_{eq} + R_L)^3} = 0$$

解得当 $R_L = R_{eq}$ 时，即负载电阻等于线性含源二端网络的等效电阻时，负载可以获得最大功率，此条件称为最大功率匹配条件。

把 $R_L = R_{eq}$ 代入式（3 - 6）中可以求得此时获得的最大功率为

$$p_{max} = \frac{u_{OC}^2}{4R_{eq}} \tag{3-7}$$

以上就是最大功率传输定理的内容。因此，求解最大功率问题就可以转化为求解戴维南（诺顿）等效电路的问题。先求出断开负载之后线性含源二端网络的开路电压和等效电阻，再利用最大功率传输定理的公式计算即可。

但应当注意，当负载电阻 $R_L = R_{eq}$，即满足最大功率匹配条件时，负载 R_L 吸收的功率和二端网络等效电阻 R_{eq} 吸收的功率相同，对于戴维南等效电压源 u_{OC} 来讲，其功率传输效率为 50%，但是对于二端网络里的独立电源来讲，其功率传输效率可能更低一些。电力系统为了充分利用能源，要求功率传输效率要高，因此，在电力系统中不能采用最大功率匹配条件。而在电子信息与工程、电子测量中则更注重获得最大功率，而不是效率的高低。

【例 3-10】 在图 3-21（a）所示电路中，当负载电阻 R_L 为多少时，可以获得最大功率？获得的最大功率为多少？

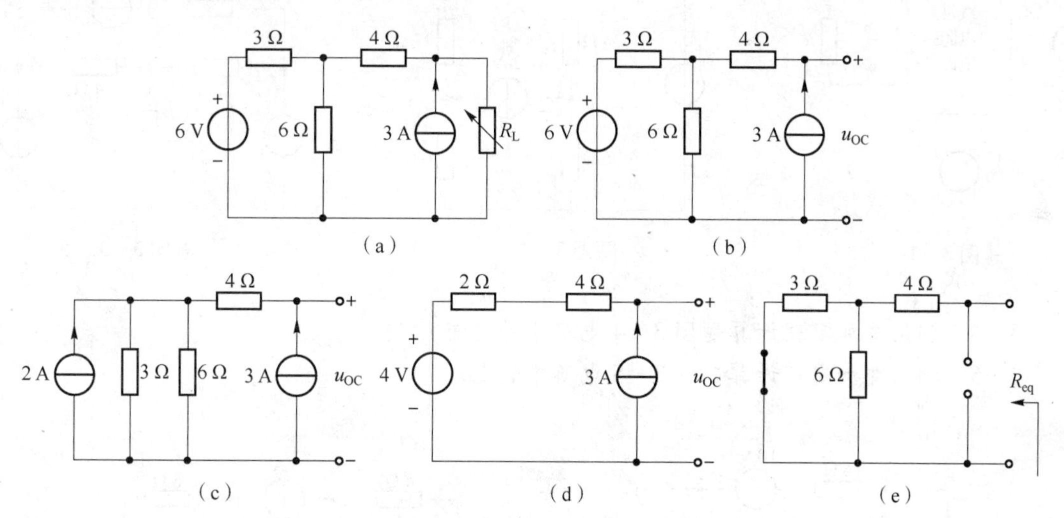

图 3-21 例 3-10 电路

解：求解最大功率的步骤如下。

① 断开负载 R_L，求余下二端网络的开路电压 U_{OC}，参考方向如图 3-21（b）所示；根据电源等效变换把 6 V 电压源与 3 Ω 电阻串联支路等效为 2 A 电流源与 3 Ω 电阻的并联，如图 3-21（c）所示；3 Ω 电阻与 6 Ω 电阻并联等效为 2 Ω 电阻，根据电源等效变换，把 2 A 电流源与 2 Ω 电阻的并联等效为 4 V 电压源与 2 Ω 电阻的串联，如图 3-21（d）所示。开路电压为

$$u_{OC} = (4+2)\Omega \times 3\ \text{A} + 4\ \text{V} = 22\ \text{V}$$

② 求二端网络的等效电阻 R_{eq}。

把含源二端网络端口内独立电源置 0，即 6 V 独立电压源短路，3 A 独立电流源开路，如图 3-21（e）所示。等效电阻为

$$R_{eq} = \left(\frac{3 \times 6}{3+6} + 4\right)\Omega = 6\ \Omega$$

③ 根据最大功率传输定理，当负载电阻 $R_L = R_{eq} = 6\ \Omega$ 时，可以获得最大功率，即

$$p = \frac{u_{OC}^2}{4R_{eq}} = \frac{(22\ \text{V})^2}{4 \times 6\ \Omega} = 20.17\ \text{W}$$

习　题

3-1　在题图3-1电路中，已知当 $u_S=1$ V，$i_S=4$ A时，电流 $i=2$ A；当 $u_S=3$ V，$i_S=6$ A时，电流 $i=4$ A。问：当 $u_S=6$ V，$i_S=12$ A时，电流 i 为多少？

3-2　利用叠加定理计算题图3-2电路中的电压 u。

3-3　利用叠加定理计算题图3-3电路中的电压 u。

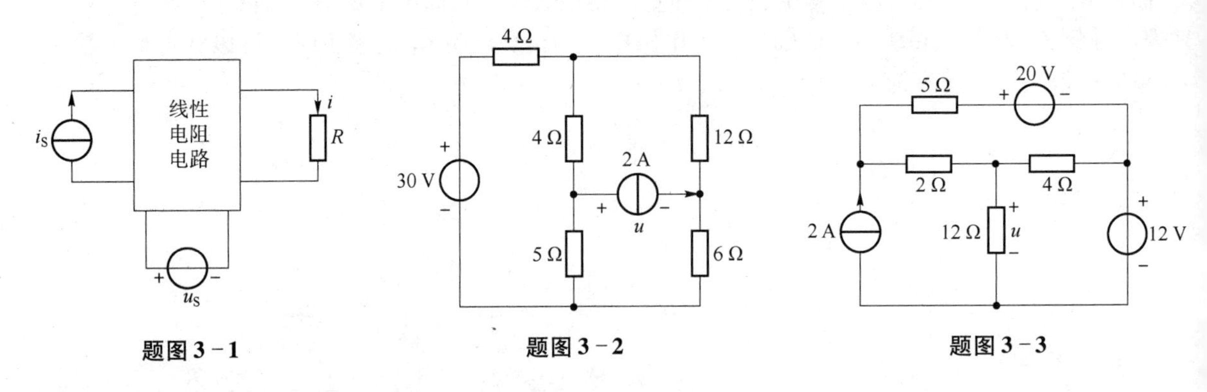

题图3-1　　题图3-2　　题图3-3

3-4　利用叠加定理计算题图3-4电路中的电流 i。

3-5　利用叠加定理计算题图3-5电路中的电压 u。

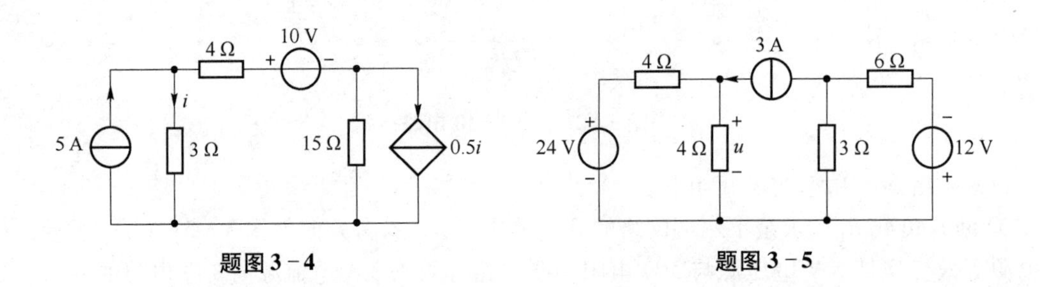

题图3-4　　题图3-5

3-6　利用叠加定理计算题图3-6电路中的电流 i 和2 Ω电阻的功率。

3-7　利用叠加定理计算题图3-7电路中的电压 u 与电流 i。

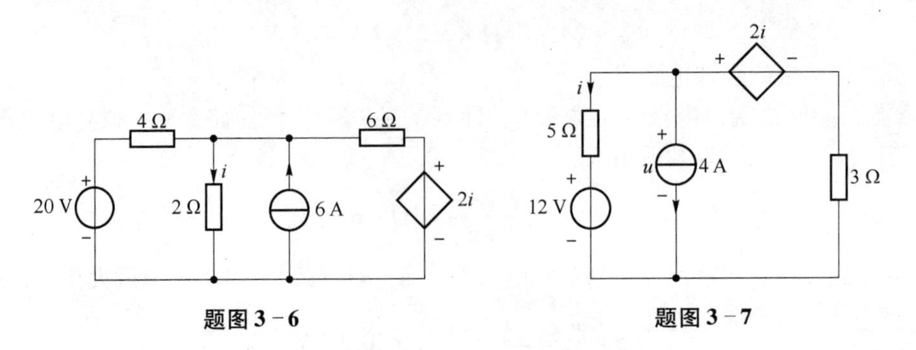

题图3-6　　题图3-7

3-8　求题图3-8电路的戴维南等效电路。

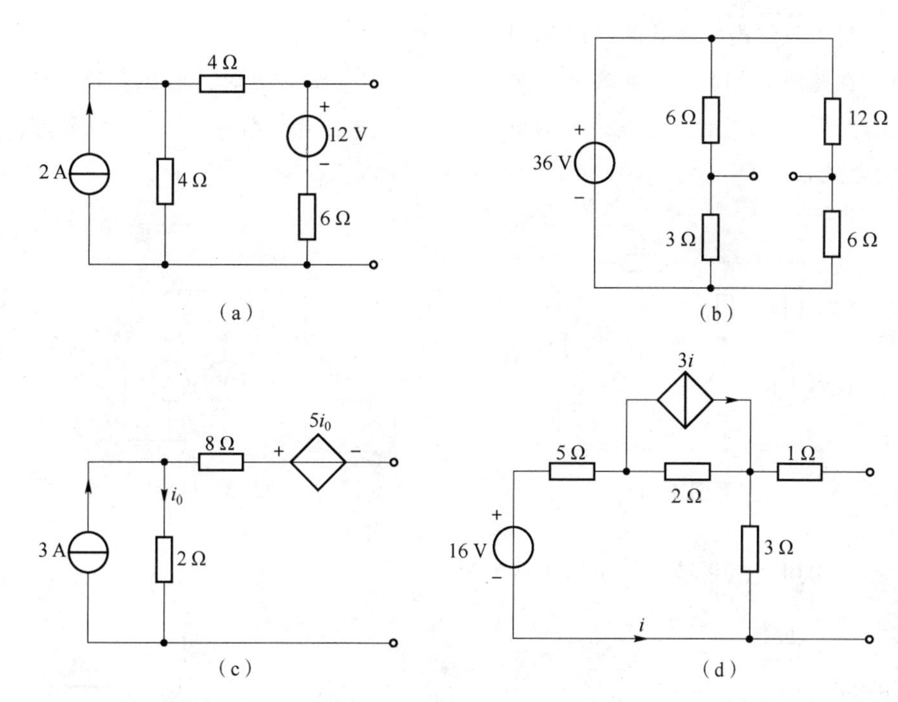

题图 3－8

3－9　求题图 3－9 电路中 ab、bc 之间的戴维南等效电路。

3－10　利用戴维南定理计算题图 3－10 电路中的电流 i。

3－11　利用戴维南定理计算题图 3－11 电路中的电流 i。

3－12　利用戴维南定理计算题图 3－12 电路中的电压 u。

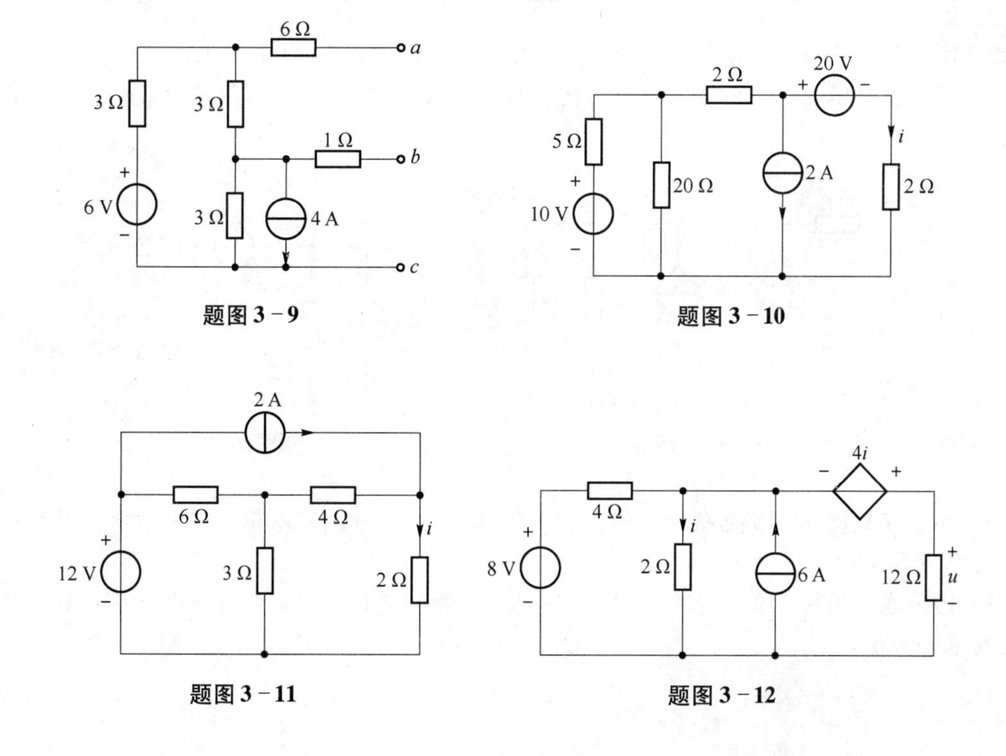

题图 3－9　　题图 3－10

题图 3－11　　题图 3－12

3－13　利用戴维南定理计算题图 3－13 电路中的电流 i。

3－14　在题图 3－14 所示电路中，当开关打在“1”的位置时，电压表的读数为 24 V；当开关打在“2”的位置时，电流表的读数为 4 A。计算当开关打在“3”的位置时，4 Ω 电阻上流过的电流 i。

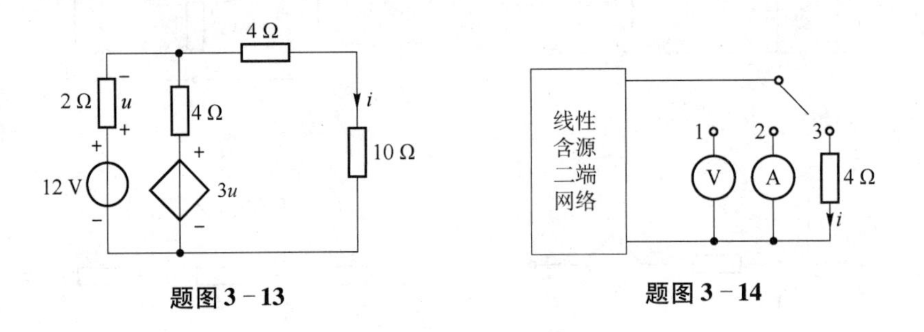

题图 3－13　　题图 3－14

3－15　求题图 3－15 电路的诺顿等效电路。

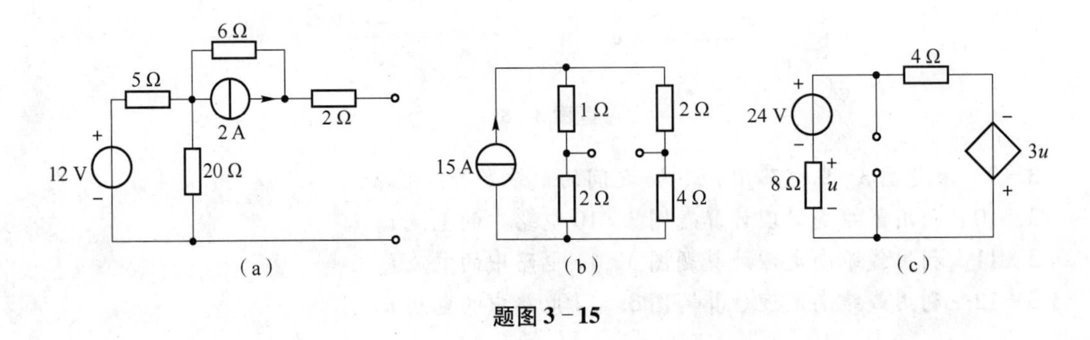

题图 3－15

3－16　晶体管模型如题图 3－16，请利用诺顿定理计算 6 kΩ 电阻上流过的电流 i。

3－17　在题图 3－17 所示电路中，问：当电阻 R_L 为何值时，可以获得最大功率，且获得的最大功率为多少？

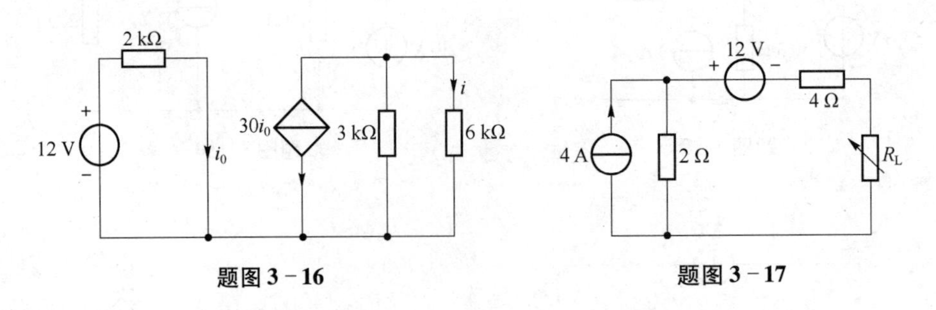

题图 3－16　　题图 3－17

3－18　在题图 3－18 电路中，问：当电阻 R_L 为何值时，可以获得最大功率，且获得的最大功率为多少？

3－19　在题图 3－19 电路中，问：当电阻 R_L 为何值时，可以获得最大功率，且获得的最大功率为多少？

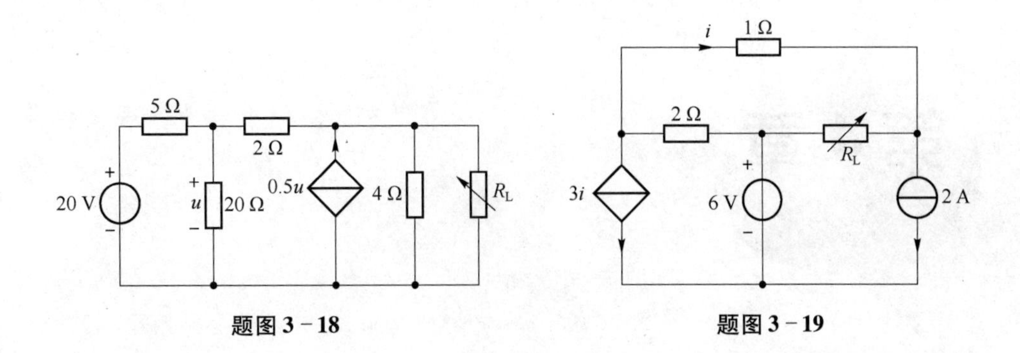

题图 3 - 18　　　　题图 3 - 19

3 - 20　在题图 3 - 20 电路中，问：当电阻 R_L 为何值时，可以获得最大功率，且获得的最大功率为多少？

3 - 21　在题图 3 - 21 所示电路中，已知当 $R_L = 100\ \Omega$ 时，电压表的读数为 30 V；当 $R_L = 200\ \Omega$ 时，电压表的读数为 40 V；问：当 $R_L = 400\ \Omega$ 时，电压表的读数为多少？

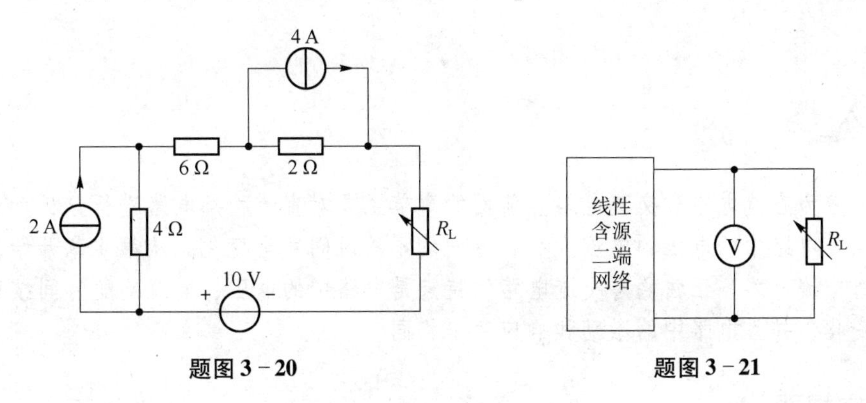

题图 3 - 20　　　　题图 3 - 21

第 4 章 正弦稳态电路分析

章节引入

电路可分为直流电路和交流电路。前面的章节主要对直流稳态电路进行分析。直流稳态电路的特点是电路中的电压、电流大小和方向均不随时间发生变化。从第 4 章开始，重点转向正弦稳态交流电路。正弦稳态交流电路的特点是电路中的电压、电流均随时间按正弦规律作周期性变化，并且电路中的激励和响应频率相同。

本章内容提要

本章主要学习正弦交流电路三要素、相量法、电路基本定律与元件 VCR 的相量形式、无源一端口网络的阻抗和导纳、相量法分析正弦稳态电路、正弦稳态电路的功率、最大功率传输定理和工程应用实例。

工程意义

有功功率、无功功率、视在功率、复功率和功率因数等参数是对交流稳态电路进行电能计量的主要技术参数，是进行电力负荷监测的主要性能指标。特别是功率因数参数的定义，对分析和提升交流电网电源的有效利用率意义重大。

4.1 正弦交流电路

正弦交流电路是交流电路最基本和最重要的形式。在电力系统中，电能的生产、传输和分配主要以正弦交流电的形式进行。在信号产生、处理、应用领域，如广播通信，正弦交流信号应用非常广泛。其他任意形式的非正弦交流电信号均可以应用高等数学中傅里叶级数展开的分解方法，将其分解为一系列不同频率、不同幅值的正弦交流信号的代数叠加。因此，学习研究正弦交流电路的分析方法，意义重大。

4.1.1 正弦量的三要素

正弦交流电路中的电压和电流，均随时间按正弦规律变化，统称其为正弦量。正弦量的瞬时值表达可选用正弦三角函数式，也可选用余弦三角函数式，其本质规律相同。本教材选用余弦三角函数式来表示正弦量的瞬时值。

如图 4－1 所示，某正弦交流电路的支路电流 $i(t)$ 的瞬时值表达式为

$$i(t)=I_{\mathrm{m}}\cos(\omega t+\phi_i) \tag{4-1}$$

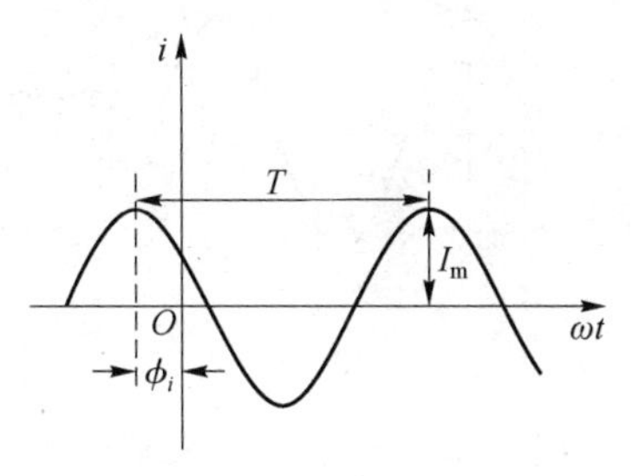

图 4－1 正弦交流电流波形

正弦量的瞬时值由幅值、角频率和初相位共同确定，统称为正弦量的三要素。

1. 幅值

I_{m}为正弦交流电流的幅值，也称为振幅、最大值或峰值，它反映了正弦量变化幅度的大小。

2. 角频率

$(\omega t+\phi_{\mathrm{i}})$称为正弦量的相位或相角。正弦量的相位随时间变化的速度称为正弦量的角频率 ω，其定义式为

$$\omega=\frac{\mathrm{d}(\omega t+\phi_i)}{\mathrm{d}t} \tag{4-2}$$

ω 反映正弦量变化的快慢，单位为弧度/秒（rad/s）。与角频率 ω 紧密相关的两个参数是周期 T 和频率 f。周期 T 是正弦量发生一个周期性变化的时间，单位为秒（s）；频率 f 是

每秒时间内，正弦量发生变化的次数，单位为赫兹（Hz）。周期 T 与频率 f 互为倒数关系。由于正弦函数的周期为 2π，即 $\omega T = 2\pi$，所以角频率 ω 和周期 T、频率 f 之间的关系式为

$$\omega = 2\pi f = \frac{2\pi}{T} \tag{4-3}$$

当前，我国和大多数欧洲国家的电力系统的额定频率为 50 Hz，也称为工频。北美的一些国家和日本的电力系统的额定频率是 60 Hz。在我国，规定 300 万 kW 以上的电力系统的交流电频率偏差要低于 ±0.2 Hz，300 万 kW 以下的小电力系统的交流电频率偏差低于 ±0.5 Hz。若超过允许的频率偏差，则电力系统的运行有隐患。在无线电技术中涉及的交流电信号频率一般较大，已经可以达到 THz 级。

3. 初相位

当时间 $t=0$ 时，正弦量的相位$(\omega t+\phi_i)$为 ϕ_i，ϕ_i称为正弦量的初相位角，简称初相位、初相角或初相。初相反映了正弦量的计时起点，决定了正弦量在 $t=0$ 时刻初始值的大小。正弦量波形曲线正波峰对应的横轴点到直角坐标原点之间，绝对值小于 π 的弧度（或角度）为初相。

同一个正弦量的计时起点不同，初相不同。例如，正弦交流电流 $i(t)=I_m\cos(\omega t+\phi_i)$，选取 3 个不同的计时起点，分别对应图 4-2 所示的 3 个初相取值状态。

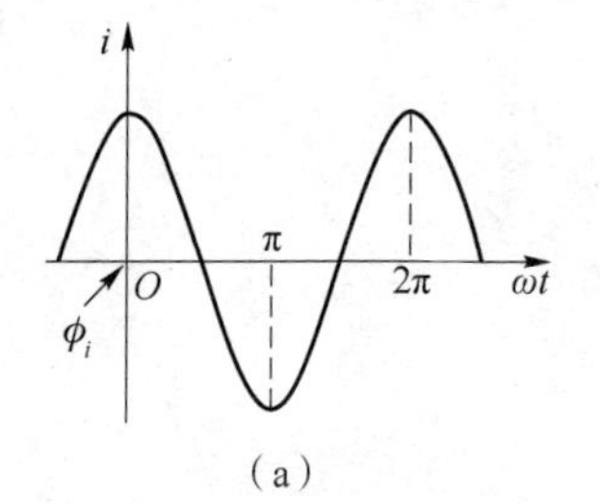

(a)

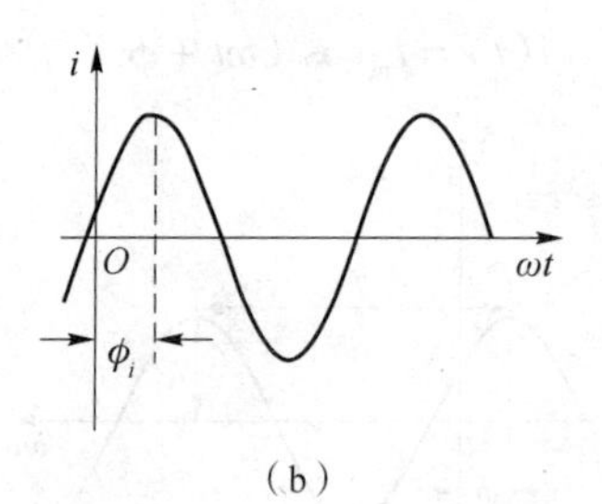

(b)

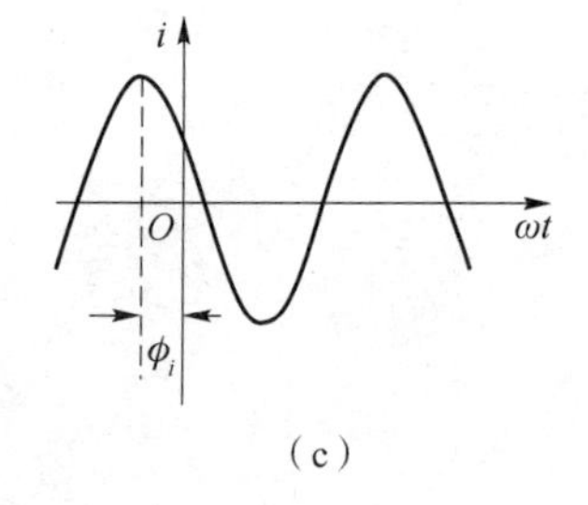

(c)

图 4-2　正弦量初相位取值

(a) $\phi_i=0$；(b) $\phi_i<0$；(c) $\phi_i>0$

单一的正弦量的初相可以任意指定，当一个电路中有多个相关的正弦量，就需要统一确定一个共同的计时起点，即需要明确每个正弦量的初相。

4.1.2　同频正弦量相位差

在正弦稳态交流电路中，要同时对多个同频率的正弦量进行分析和计算，其中两个同频率正弦量的相位之差，简称相位差，通常用 φ 来表示。一般来说，$|\varphi|\leq\pi$。

例如，已知两个同频率正弦量瞬时值表达式为

$$u(t)=U_m\cos(\omega t+\phi_u)$$

$$i(t)=I_m\cos(\omega t+\phi_i)$$

它们的相位差为

$$\varphi=(\omega t+\phi_u)-(\omega t+\phi_i)=\phi_u-\phi_i \tag{4-4}$$

由式（4-4）可知，两个同频的正弦量相位差等于两个正弦量的初相位之差。在确定的正

弦稳态交流电路中的任一时刻，两个同频的正弦量相位差都为确定的值，可以以此明确两个正弦量的相位超前、滞后关系。如图 4－3 所示，$\varphi>0$，可表述为 u 超前于 i，或 i 滞后于 u。

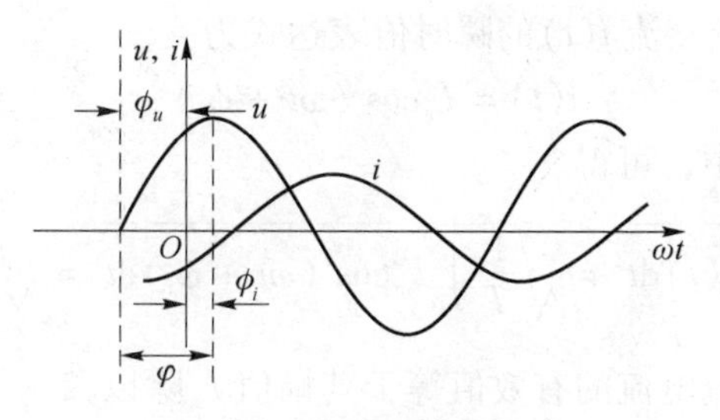

图 4－3　同频正弦量相位差

常见的两个同频正弦量的特殊相位关系有同相、反相、正交 3 种，如图 4－4 所示。

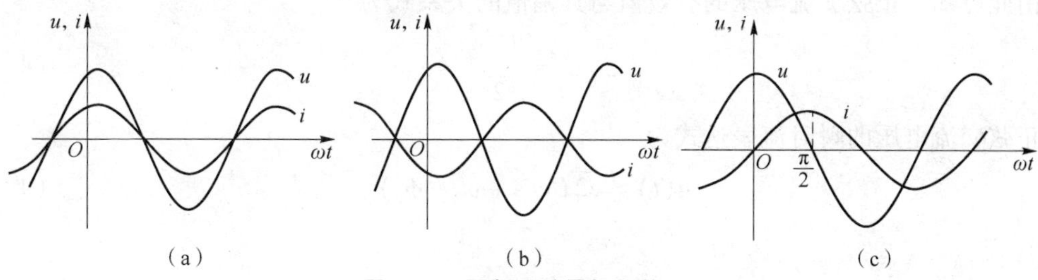

图 4－4　同频正弦量相位关系

(a) $\varphi=0$，同相；(b) $\varphi=\pm\pi$，反相；(c) $\varphi=\pi/2$，正交

4.1.3　正弦量有效值

表达正弦量大小概念的参数除了瞬时值、幅值外，应用更多的是有效值。在实际的工程应用中，一般提到的正弦电压、正弦电流的大小都是指其对应的有效值，如设备铭牌额定值、电网的电压等级等。在实际工程应用中，交流电气测量仪表的测量读数也多为有效值。

正弦量的有效值是从电阻性负载所消耗的功率等同的角度进行定义的。下面以正弦交流电流的有效值定义为例进行说明。

正弦交流电流 $i(t)$ 流过电阻 R，在一个周期 T 内吸收的电能 W_1 为

$$W_1 = \int_0^T i^2(t)R\mathrm{d}t$$

设直流电流 I 流过同样阻值的电阻 R，在时间 T 内吸收的电能 W_2 为

$$W_2 = I^2RT$$

若 $W_1 = W_2$，则有

$$I^2RT = \int_0^T i^2(t)R\mathrm{d}t$$

即

$$I = \sqrt{\frac{1}{T}\int_0^T i^2(t)\mathrm{d}t} \tag{4-5}$$

式（4－5）中，I 被称为正弦交流电流 $i(t)$ 的有效值，也被称为方均根值或均方根值。

正弦交流电压 $u(t)$ 的有效值 U 的定义式与 I 类似，即

$$U = \sqrt{\frac{1}{T}\int_0^T u^2(t)\,\mathrm{d}t}$$

按正弦规律变化的正弦交流 $i(t)$ 的瞬时值表达式为

$$i(t) = I_{\mathrm{m}}\cos\ (\omega t + \phi_i)$$

将其代入式（4－5）中，可得

$$I = \sqrt{\frac{1}{T}\int_0^T i^2(t)\,\mathrm{d}t} = \sqrt{\frac{1}{T}\int_0^T I_{\mathrm{m}}^2\cos^2(\omega t + \phi_i)\,\mathrm{d}t} = \sqrt{\frac{I_{\mathrm{m}}^2}{T}\frac{T}{2}} = \frac{I_{\mathrm{m}}}{\sqrt{2}} \qquad (4-6)$$

式（4－6）表明，正弦交流电流的有效值等于其幅值 I_{m} 除以 $\sqrt{2}$ 。因此，正弦交流电流的瞬时值表达式为

$$i(t) = \sqrt{2}I\cos\ (\omega t + \phi_i) \qquad (4-7)$$

由此可知，正弦交流电压的有效值与其幅值的关系式为

$$U = \frac{U_{\mathrm{m}}}{\sqrt{2}} \qquad (4-8)$$

正弦交流电压的瞬时值表达式为

$$u(t) = \sqrt{2}U\cos\ (\omega t + \phi_u) \qquad (4-9)$$

4.2 相量法

正弦稳态交流电路中激励和响应均为同频率的正弦量，即同频率的各正弦量之间，仅存在大小（振幅）和角度（初相位角）的差异。而数学理论中的复数，也只包含大小（模）和角度（辐角）两个要素。复数表现形式多样，在进行运算时，不同形式之间等效变换方便，运算简单。因此，可以借助复数的运算法则来实现同频正弦量之间的运算，此种方法称为相量法。

4.2.1 复数的表示形式与运算法则

1. 复数的表示形式

复数有 4 种常见的表现形式，分别为代数形式、三角函数形式、指数形式和极坐标形式。

1）复数的代数形式

复数的代数形式为

$$F = a + \mathrm{j}b \qquad (4-10)$$

式（4－10）中，a 是复数 F 的实部，b 是复数 F 的虚部，可分别记为

$$a = \mathrm{Re}[F],\ b = \mathrm{Im}[F] \qquad (4-11)$$

式（4－10）中 j 为虚数单位，即

$$j^2 = -1$$

2）复数的三角函数形式

复数对应的复平面坐标如图4－5所示。

由此得到复数的三角函数形式为

$$F = |F|(\cos\theta + \mathrm{j}\sin\theta) \tag{4-12}$$

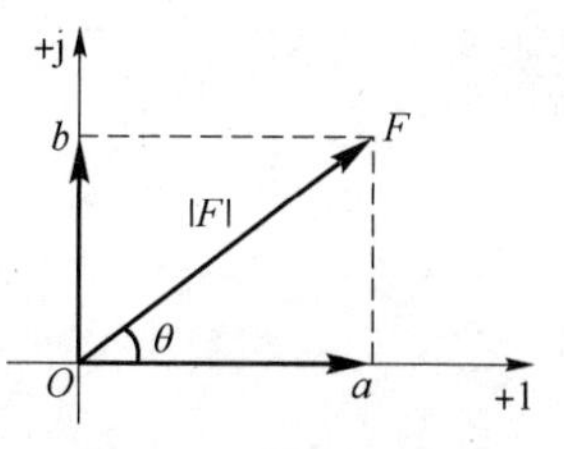

图4－5 复平面坐标

在式（4－12）中有

$|F| = \sqrt{a^2 + b^2}$，$a = |F|\cos\theta$，$b = |F|\sin\theta$，$\theta = \arctan\left(\dfrac{b}{a}\right)$。

3）复数的指数形式

利用欧拉公式，即

$$e^{\mathrm{j}\theta} = \cos\theta + \mathrm{j}\sin\theta \tag{4-13}$$

变换得到复数的指数表现形式，即

$$F = |F|e^{\mathrm{j}\theta} \tag{4-14}$$

4）复数极坐标形式

由复数的三角函数形式或指数形式可直接列写出对应的极坐标形式，即

$$F = |F|\angle\theta \tag{4-15}$$

复数之间的加、减、乘、除运算，通过选择合适的复数表现形式，可以使运算简化。

2. 复数的运算法则

1）复数的加减运算

复数的加、减运算优先选择复数的代数形式，可以实现运算的最简化处理。运算法则：复数相加减，实部与实部相加减，虚部与虚部相加减。其具体形式为

$$F_1 = a_1 + \mathrm{j}b_1,\ F_2 = a_2 + \mathrm{j}b_2$$

则

$$F_1 \pm F_2 = (a_1 \pm a_2) + \mathrm{j}(b_1 \pm b_2)$$

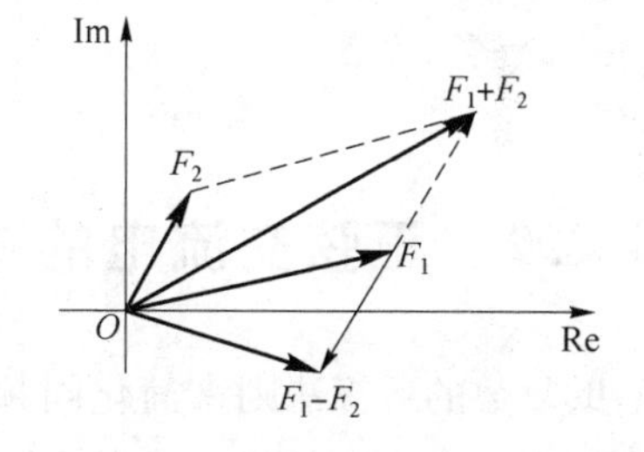

图4－6 复数加、减运算平行四边形作图法

复数的加、减运算也可以通过在复平面上分别按平行四边形法则和三角形法则进行作图求解，如图4－6所示。

2）复数的乘、除运算

复数的乘、除运算优先选择复数的极坐标形式，运算简单。运算法则：模相乘除，辐角相加减。其具体形式为

$$F_1 = |F_1|\angle\theta_1,\ F_2 = |F_2|\angle\theta_2$$

则

$$F_1 \cdot F_2 = |F_1| \cdot |F_2|\angle\theta_1+\theta_2$$

$$\frac{F_1}{F_2} = \frac{|F_1|\angle\theta_1}{|F_2|\angle\theta_2} = \frac{F_1}{F_2}\angle\theta_1-\theta_2$$

复数的乘、除运算有时选择指数形式运算也比较方便。其具体形式为

$$F_1 = |F_1|e^{j\theta_1}, F_2 = |F_2|e^{j\theta_2}$$

则

$$F_1 \cdot F_2 = |F_1| \cdot |F_2| e^{j(\theta_1+\theta_2)}$$

$$\frac{F_1}{F_2} = \frac{|F_1|}{|F_2|} e^{j(\theta_1-\theta_2)}$$

如果复数最初给定的表现形式不是上述运算所要求的对应形式，则要根据运算需要进行对应表现形式的等效变换。

【例4-1】 已知 $F_1 = 5\angle 47°$，$F_2 = 10\angle -25°$，求 $F_1 + F_2$。

解：

$$\begin{aligned} F_1 + F_2 &= 5\angle 47° + 10\angle -25° \\ &= 5(\cos 47° + j\sin 47°) + 10[\cos(-25°) + j\sin(-25°)] \\ &= (3.41 + j3.657) + (9.063 - j4.226) \\ &= 12.47 - j0.569 \\ &= 12.48\angle -2.61° \end{aligned}$$

注意：

① $F \cdot e^{j\theta}$ 相当于复数 F 沿逆时针方向旋转一个角度 θ 而模不变，所以 $e^{j\theta}$ 被称为旋转因子。特殊辐角的旋转因子在复数运算中应用广泛，其极坐标形式与代数形式为

$$e^{j\frac{\pi}{2}} = j;\ e^{j(-\frac{\pi}{2})} = -j;\ e^{j(\pm\pi)} = -1$$

② 若复数 $F = a + jb = |F|\angle\varphi$，则此复数的共轭复数记为 F^*

$$F^* = a - jb = |F|\angle -\varphi$$

$$F \cdot F^* = a^2 + b^2$$

4.2.2 正弦交流电的相量表示

借助复数的运算法则来简化同频正弦量之间的运算方法称为相量法。用以表示正弦电压、正弦电流大小和相位角特征的复数称为相量。

由正弦量的余弦三角函数时域形式转换得到对应的相量方法：将正弦量的幅值（或有效值）作为相量的模；将正弦量的初相位作为相量的辐角；分别对应得到正弦相量的幅值相量和有效值相量。

相量的表征为电压、电流对应大写字母上方加实心圆点。

根据正弦电流量的时域形式，即

$$i(t) = \sqrt{2}I\cos(\omega t + \phi_i)$$

其幅值相量为

$$\dot{I}_m = I_m\angle\phi_i = \sqrt{2}I\angle\phi_i$$

其有效值相量为

$$\dot{I} = I\angle\phi_i$$

正弦电压量的时域形式为

$$u(t)=\sqrt{2}U\cos(\omega t+\underline{/\phi_u})$$

其幅值相量为

$$\dot{U}_{\mathrm{m}}=\sqrt{2}U\underline{/\phi_u}$$

其有效值相量为

$$\dot{U}=U\underline{/\phi_u}$$

【例4-2】 正弦电流 i 为 $i(t)=-10\sqrt{2}\sin(100t-30°)$ A，请写出 i 的有效值相量。

解：将交流电流时域形式由正弦表达转换为余弦表达，即

$$\begin{aligned}i(t)&=-10\sqrt{2}\sin(100t-30°)\text{ A}\\&=10\sqrt{2}\cos(100t-30°+90°)\text{ A}\\&=10\sqrt{2}(100t+60°)\text{ A}\end{aligned}$$

根据余弦的时域表达式，正弦电流的有效值相量为

$$\dot{I}=I\underline{/\phi_i}=10\underline{/60°}\text{ A}$$

注意：

① 相量表征字母上方所加实心小圆点用来区分相量和一般意义的复数，强调相量与正弦量的联系。

② 相量与正弦量在大小和角度上存在一致对应关系，但是相量不等同于正弦量。正弦量完整的信息表达要包含幅值、角速度和初相位3个要素。

正弦稳态交流电路中，将包含三要素的正弦量的三角函数时域形式转换为只包含两要素的相量，以复数的运算法则进行计算，可以在很大程度上简化电路的计算过程。

【例4-3】 已知 $u_1(t)=6\sqrt{2}\cos(314t+30°)$ V，$u_2(t)=4\sqrt{2}\cos(314t+60°)$ V，请应用相量法求解两正弦电压量的和 $u(t)$。

解：根据两个同频正弦电压量 $u_1(t)$、$u_2(t)$ 的时域表达式，列写出对应的有效值相量为

$$\dot{U}_1=6\underline{/30°}\text{ V}$$

$$\dot{U}_2=4\underline{/60°}\text{ V}$$

求解两个同频正弦电压量的有效值相量和为

$$\begin{aligned}\dot{U}=\dot{U}_1+\dot{U}_2&=(6\underline{/30°}+4\underline{/60°})\text{ V}\\&=(5.19+\mathrm{j}3+2+\mathrm{j}3.46)\text{ V}\\&=(7.19+\mathrm{j}6.46)\text{ V}\\&=9.64\underline{/41.9°}\text{ V}\end{aligned}$$

根据求解得到的有效值相量和的极坐标形式，列写出两个同频正弦电压量和的时域形式为

$$u(t)=u_1(t)+u_2(t)=9.64\sqrt{2}\cos(314t+41.9°)\text{ V}$$

4.3 电路基本定律与元件 VCR 的相量形式

基尔霍夫定律和元件 VCR 是集总电路中各个支路电压和支路电流变量必须遵守的约束条件，不论电路是直流激励还是交流激励。在正弦稳态交流电路中，所有电压量、电流量均是同频率，所以，基尔霍夫定律和元件 VCR 也有对应的相量形式。

4.3.1 基尔霍夫定律的相量形式

对于电路中的任意结点，所有支路电流都遵循基尔霍夫电流定律，其时域表达式为

$$\sum i = 0$$

在正弦稳态交流电路中，根据相量的运算法则，可以直接得到基尔霍夫电流定律的相量形式，即

$$\sum \dot{I} = 0 \tag{4-16}$$

同理，对于电路中任意回路，所有支路电压遵循基尔霍夫电压定律，时域表达式为

$$\sum u = 0$$

其对应的基尔霍夫电压定律的相量形式为

$$\sum \dot{U} = 0 \tag{4-17}$$

4.3.2 元件 VCR 的相量形式

电阻、电容、电感 3 种电路元件是电路中最基本的组成单元。下面分别分析推导 3 种线性电路元件的 VCR 在正弦稳态交流电路中对应的相量形式。

1. 线性电阻元件 VCR 的相量形式

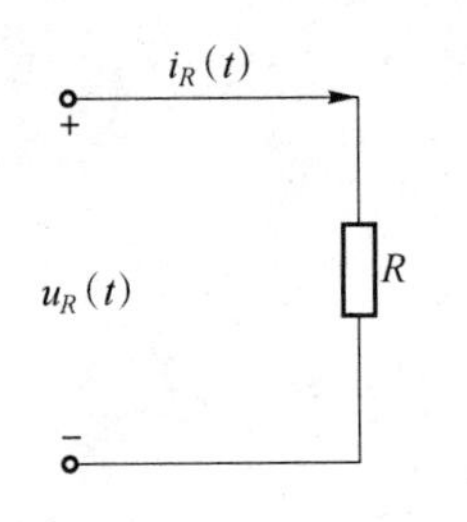

图 4-7 线性电阻支路的时域电路

线性电阻支路的时域电路图如图 4-7 所示。

已知支路电流的时域形式为

$$i_R(t) = \sqrt{2} I_R \cos(\omega t + \phi_i) \tag{4-18}$$

根据线性电阻元件 VCR 的时域形式，得

$$\begin{aligned} u_R(t) &= R i_R(t) = \sqrt{2} R I_R \cos(\omega t + \phi_i) \\ &= \sqrt{2} U_R \cos(\omega t + \phi_u) \end{aligned} \tag{4-19}$$

由式（4-19）可以得到线性电阻支路电压与支路电流有效值和初相之间的对应关系式。

有效值关系式为

$$U_R = R \cdot I_R \tag{4-20}$$

初相关系式为

$$\angle\phi_u = \angle\phi_i \tag{4-21}$$

根据式（4－18），可以得到线性电阻支路电流的有效值相量式为

$$\dot{I}_R = I_R \angle\phi_i \tag{4-22}$$

根据式（4－19）可以得到线性电阻支路电压的有效值相量式为

$$\dot{U}_R = U_R \angle\phi_u \tag{4-23}$$

根据式（4－20），式（4－21），式（4－23）可以等效变换为

$$\dot{U}_R = U_R \angle\phi_u = RI_R \angle\phi_i \tag{4-24}$$

根据式（4－22），式（4－24）可以等效变换为

$$\dot{U}_R = R\dot{I}_R \tag{4-25}$$

式（4－25），为线性电阻支路电压与支路电流 VCR 的相量形式。

式（4－25）也可以表达为

$$\dot{I}_R = \frac{1}{R}\dot{U}_R = G\dot{U}_R \tag{4-26}$$

线性电阻支路的相量模型如图 4－8 所示，电压和电流对应的相量如图 4－9 所示。

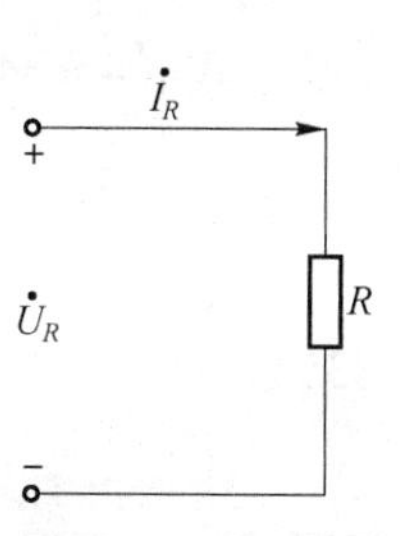

图 4－8　线性电阻支路的相量模型

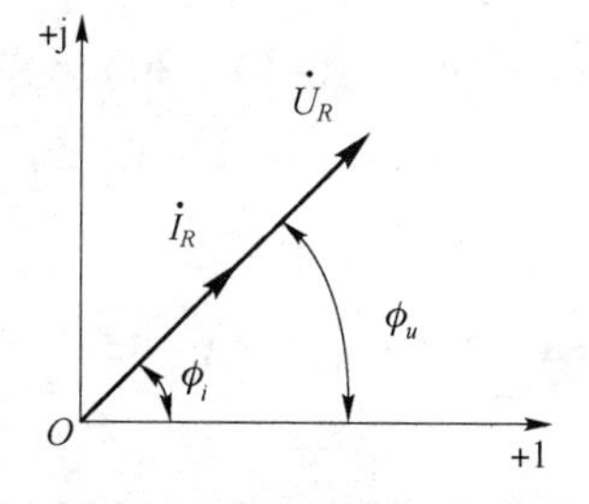

图 4－9　线性电阻支路的电压和电流相量

2. 线性电感元件 VCR 的相量形式

线性电感支路的时域电路如图 4－10 所示。

已知支路电流的时域形式为

$$i_L(t) = \sqrt{2}\, I_L \cos(\omega t + \phi_i) \tag{4-27}$$

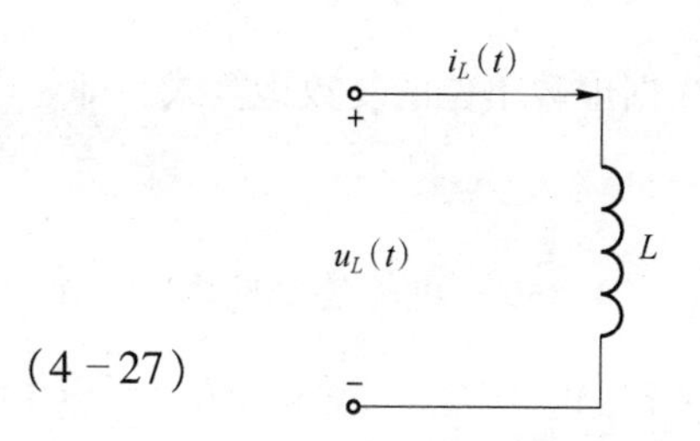

图 4－10　线性电感支路的时域电路

线性电感元件 VCR 的时域形式为

$$u_L(t) = L\frac{\mathrm{d}i_L(t)}{\mathrm{d}t}$$

则

$$u_L(t)=L\frac{\mathrm{d}\,i_L(t)}{\mathrm{d}t}=-\sqrt{2}\omega L\,I_L\sin\,(\omega t+\phi_i)$$

$$=\sqrt{2}\omega L\,I_L\cos\,(\omega t+\phi_i+\frac{\pi}{2})$$

$$=\sqrt{2}U_L\cos\,(\omega t+\phi_u) \tag{4-28}$$

由式（4-28）可以得到线性电感支路电压与支路电流有效值和初相之间的对应关系式。

有效值关系式为

$$U_L=\omega LI_L \tag{4-29}$$

初相关系式

$$\phi_u=\phi_i+\frac{\pi}{2} \tag{4-30}$$

在式（4-29）中，ωL 称为感抗，用X_L表示，单位为欧姆（Ω）。由式（4-29）可得

$$U_L=\omega L\,I_L=X_LI_L \tag{4-31}$$

感抗为角频率 ω 的函数，当电路激励为直流，即 $\omega=0$ 时，$X_L=\omega L=0$，$U_L=0$，此时电感元件相当于短路；当电路激励为交流，电压值为有限值，且 $\omega\to\infty$ 时，$X_L=\omega L\to\infty$，$I_L=0$，此时电感元件相当于开路。

根据式（4-27），可知线性电感支路电流的有效值相量式为

$$\dot{I}_L=I_L\,\angle\phi_i \tag{4-32}$$

根据式（4-28）可知线性电感支路电压的有效值相量式为

$$\dot{U}_L=U_L\,\angle\phi_u \tag{4-33}$$

根据式（4-29）、式（4-30）、式（4-33）可以等效变换为式（4-34），即

$$\dot{U}_L=U_L\,\angle\phi_u=\omega LI_L\,\angle\phi_i+\frac{\pi}{2}$$

$$=\mathrm{j}\omega L\,I_L\angle\phi_i \tag{4-34}$$

根据式（4-32）和式（4-34）可以等效变换为式（4-35），即

$$\dot{U}_L=\mathrm{j}\omega L\dot{I}_L \tag{4-35}$$

式（4-35）为线性电感支路电压与支路电流 VCR 的相量形式，也可以表达为

$$\dot{I}_L=\frac{1}{\mathrm{j}\omega L}\dot{U}_L \tag{4-36}$$

根据虚数单位的复数运算式，即

$$\frac{1}{\mathrm{j}}=\frac{\mathrm{j}}{\mathrm{j}^2}=-\mathrm{j} \tag{4-37}$$

式（4-36）可等效变换为式（4-38），即

$$\dot{I}_L=\frac{1}{\mathrm{j}\omega L}\dot{U}_L=-\mathrm{j}\,\frac{1}{\omega L}\dot{U}_L=\mathrm{j}\left(-\frac{1}{\omega L}\right)\dot{U}_L \tag{4-38}$$

式（4-38）中，$-\frac{1}{\omega L}$称为感纳，用B_L表征，单位为西门子（S）。所以式（4-38）也可以表示为

$$\dot{I}_L=\mathrm{j}\left(-\frac{1}{\omega L}\right)\dot{U}_L=\mathrm{j}B_L\,\dot{U}_L \tag{4-39}$$

线性电感支路的相量模型如图 4－11 所示。电压与电流对应的相量如图 4－12 所示。

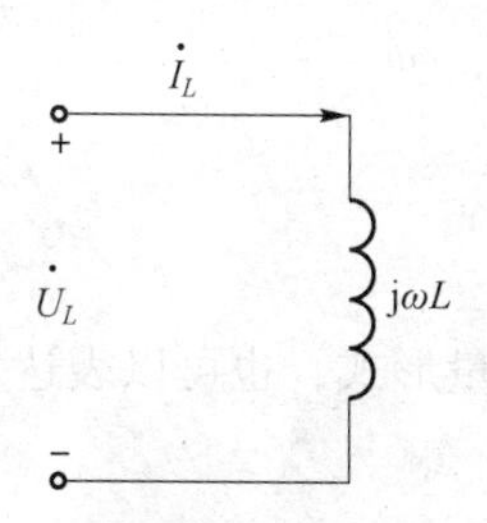

图 4－11　线性电感支路的相量模型

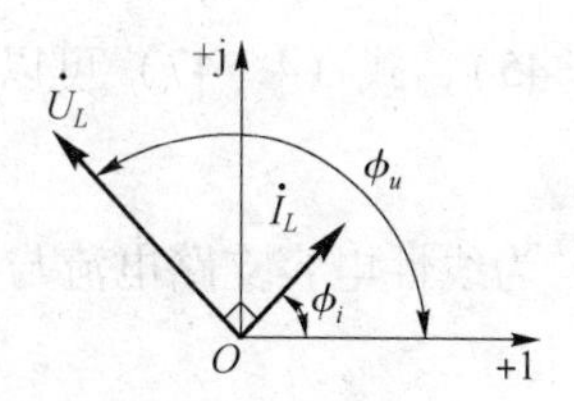

图 4－12　线性电感支路电压与电流对应的相量

3. 线性电容元件 VCR 的相量形式

线性电容支路的时域电路如图 4－13 所示。

已知支路电压的时域形式为

$$u_C(t)=\sqrt{2}U_C\cos(\omega t+\phi_u) \tag{4-40}$$

线性电容元件 VCR 的时域形式为

$$i(t)=C\frac{\mathrm{d}u_C(t)}{\mathrm{d}t}$$

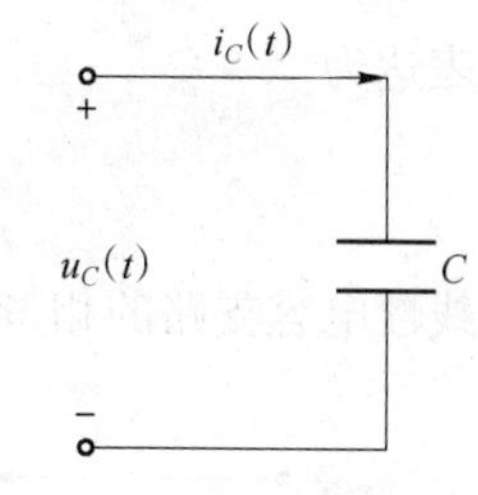

图 4－13　线性电容支路的时域电路

则

$$\begin{aligned}i_C(t)&=C\frac{\mathrm{d}u_C(t)}{\mathrm{d}t}=-\sqrt{2}\omega CU_C\sin(\omega t+\phi_u)\\&=\sqrt{2}\omega CU_C\cos\left(\omega t+\phi_u+\frac{\pi}{2}\right)\\&=\sqrt{2}I_C\cos(\omega t+\phi_i)\end{aligned} \tag{4-41}$$

由式（4－41）可以得到线性电容支路电压与支路电流有效值和初相之间的对应关系式。

有效值关系式为

$$I_C=\omega CU_C \tag{4-42}$$

初相关系式为

$$\phi_i=\phi_u+\frac{\pi}{2} \tag{4-43}$$

式（4－42）中，ωC 称为容纳，用B_C表示，单位为西门子（S）。由式（4－42）可得

$$I_C=\omega CU_C=B_CU_C \tag{4-44}$$

容纳是角频率 ω 的函数，当电路激励为直流，即 $\omega=0$ 时，$B_C=\omega C=0$，$I_C=0$，电容元件相当于开路；当电路激励为交流，电流值为有限值，且 $\omega\to\infty$ 时，$B_C=\omega C\to\infty$，$U_C=0$，电容元件相当于短路。

根据式（4－40）得到线性电容支路电压的有效值相量式为

$$\dot{U}_C=U_C\angle\phi_u \tag{4-45}$$

根据式（4－41）得到线性电容支路电流的有效值相量式为

$$\dot{I}_C=I_C\angle\phi_i \tag{4-46}$$

根据式（4－42）、式（4－43）、式（4－46），电流的有效值相量式可以等效变换为

$$\dot{I}_C = I_C \angle\phi_i = \omega C U_C \angle\left(\phi_u + \frac{\pi}{2}\right) = \mathrm{j}\omega C U_C \angle\phi_u \tag{4-47}$$

根据式（4－45），式（4－47）可以等效变换为

$$\dot{I}_C = \mathrm{j}\omega C \dot{U}_C \tag{4-48}$$

式（4－48）为线性电容支路电流与支路电压 VCR 的相量形式，也可以表达为

$$\dot{U}_C = \frac{1}{\mathrm{j}\omega C}\dot{I}_C \tag{4-49}$$

根据式（4－37）和式（4－49）可以等效变换为（4－50），即

$$\dot{U}_C = \frac{1}{\mathrm{j}\omega C}\dot{I}_C = -\mathrm{j}\frac{1}{\omega C}\dot{I}_C = \mathrm{j}\left(-\frac{1}{\omega C}\right)\dot{I}_C \tag{4-50}$$

式（4－50）中，$-\frac{1}{\omega C}$称为容抗，用X_C表示，单位为欧姆（Ω）。因此，式(4－50)也可以表达为

$$\dot{U}_C = \mathrm{j}\left(-\frac{1}{\omega C}\right)\dot{I}_C = \mathrm{j}X_C\dot{I}_C \tag{4-51}$$

线性电容支路的相量模型如图 4－14 所示，电压与电流对应的相量如图 4－15 所示。

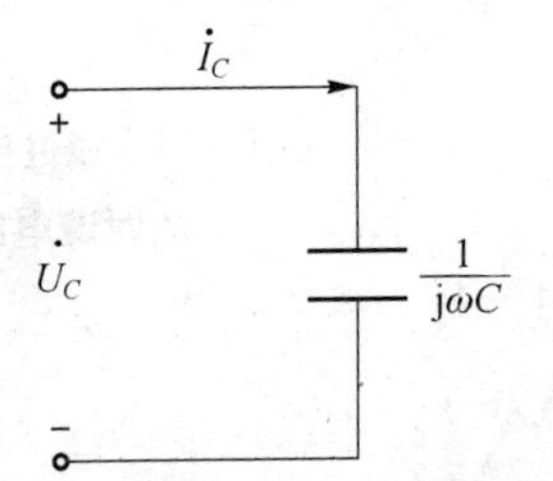

图 4－14　线性电容支路的相量模型

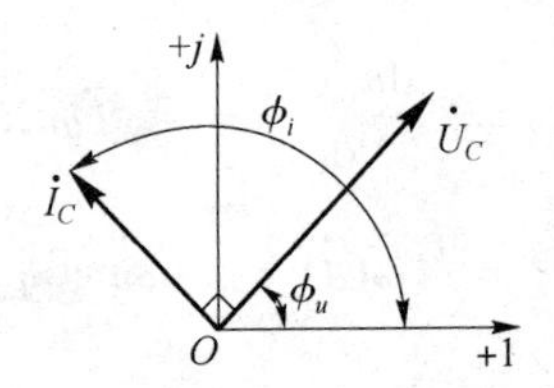

图 4－15　线性电容支路电压与电流的相量

注意：

在正弦稳态交流电路中，电阻、电感和电容 3 个基本的电路元件各自对应的支路电压与支路电流频率相同，但在相位上存在特定的关系：电阻的支路电压与电流同相位，相位差为 0°；电感的支路电压比电流超前 90°；电容的支路电压比电流滞后 90°。

【例 4－4】 已知电阻、电感和电容 3 个元件串联构成的正弦稳态交流的电路时域如图 4－16（a）所示，已知 $I_S = 5$ A，$\phi_i = 0°$，$\omega = 10^3$ rad/s，$R = 3\ \Omega$，$L = 1$ H，$C = 1\ \mu$F。求解电流源的端电压 u。

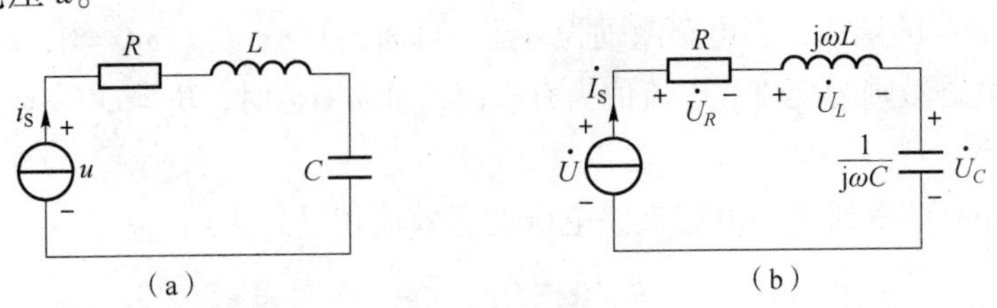

图 4－16　例 4－7 电路

（a）时域电路；（b）相量模型

解：根据时域电路画出电路对应的相量模型，如图 4－16（b）所示。相量模型图中的所有正弦电压量、正弦电流量均以相量标注。电阻、电感、电容元件的标注是以电流相量表征电压相量的 VCR 关系式中电流相量之前的阻抗，分别为 R、$\mathrm{j}\omega L$、$\frac{1}{\mathrm{j}\omega C}$。

由已知条件 $I_S = 5$ A，$\phi_i = 0°$，列写电流源的电流有效值相量式为

$$\dot{I}_S = 5\angle 0°\ \text{A}$$

KVL 的相量式为

$$\sum \dot{U} = 0$$

可得

$$\begin{aligned}\dot{U} &= \dot{U}_R + \dot{U}_L + \dot{U}_C \\ &= R\dot{I}_S + \mathrm{j}\omega L\dot{I}_S + \frac{1}{\mathrm{j}\omega C}\dot{I}_S \\ &= \left(3\times 5\angle 0° + \mathrm{j}10^3\times 1\times 5\angle 0° + \frac{1}{\mathrm{j}10^3\times 1\times 10^{-6}}\times 5\angle 0°\right)\ \text{V} \\ &= (15\angle 0° + 5\,000\angle 90° + 5\,000\angle -90°)\ \text{V} \\ &= 15\angle 0°\ \text{V}\end{aligned}$$

所以

$$u = 15\sqrt{2}\cos(10^3 t)\ \text{V}$$

注意：

如果题目已知条件中没有明确电路正弦激励的初相位的值，可以设定串联支路的正弦电流或并联支路的正弦电压初相角为 0°，以初相为 0°的正弦量的相量作为参考相量，作为后续各个相量参数的计算基础。

4.4 无源一端口网络的阻抗和导纳

当应用相量法对线性的正弦稳态交流电路进行分析计算时，线性无源一端口网络对外电路的电路特性可以用阻抗或导纳两种等效参数来等效表达。

在正弦稳态交流电路中，线性无源一端口网络内部可能包含电阻、电感、电容、受控源等电路元件，不包含非独立源。线性无源一端口网络如图 4－17 所示。

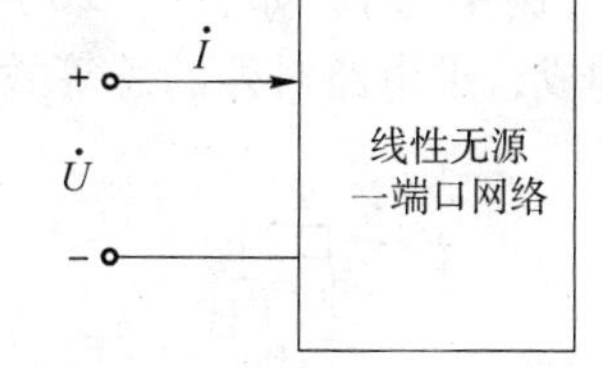

图 4－17 线性无源一端口网络

4.4.1 阻抗

线性无源一端口网络的阻抗支路如图 4－18 所示。线性无源一端口网络在正弦量激励作用下，对外部电路的电路特性可以用等效参数——复阻抗 Z（简称阻抗）来表示。

阻抗 Z 的定义：线性无源一端口网络的端口电压相量与电流相量的比值。定义式为

$$Z = \frac{\dot{U}}{\dot{I}} = \frac{U}{I}\angle \phi_u - \phi_i = |Z| \angle \varphi_z = R + \mathrm{j}X \tag{4-52}$$

阻抗 Z 是一个复数，因此也被称为复阻抗。阻抗的单位为欧姆（Ω）。

阻抗模为

$$|Z| = \frac{U}{I}$$

阻抗辐角为

$$\varphi_Z = \phi_u - \phi_i$$

阻抗的辐角实际是正弦稳态电路中对应支路电压与支路电流的相位差。

根据式（4－52）可知，阻抗 Z 的代数形式为

$$Z = R + \mathrm{j}X \tag{4-53}$$

在式（4－53）中，R 为线性无源一端口网络的等效电阻分量，X 为其等效电抗分量，包括感抗 X_L 和容抗 X_C。当 $X>0$ 时，Z 被称为感性阻抗；当 $X<0$ 时，Z 被称为容性阻抗。

与阻抗 Z 相关的几个特征参数可以用阻抗三角形来集中表示参量之间的相互函数关系，如图 4－19 所示。

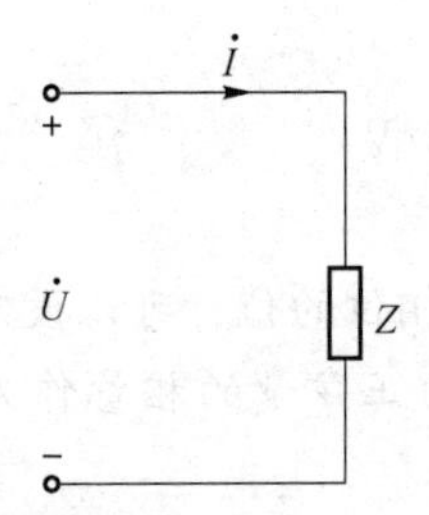

图 4－18　线性无源一端口网络的阻抗支路

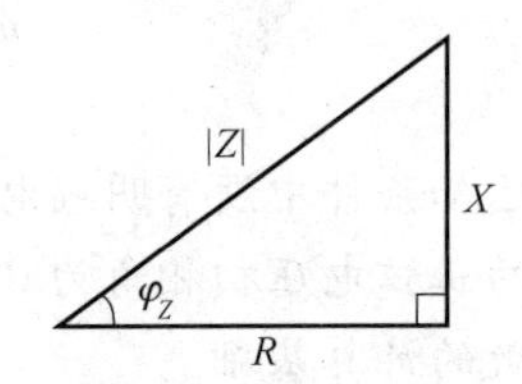

图 4－19　阻抗三角形

用阻抗 Z 表达的欧姆定律相量式为

$$\dot{U} = Z\dot{I} = (R + \mathrm{j}X)\dot{I} \tag{4-54}$$

当正弦稳态交流电路运用相量法进行分析计算时，电路中多个阻抗的串联，等效阻抗等于各个分阻抗的和。

【例 4－5】 如图 4－20 所示的电路相量图，已知线性无源一端口网络由阻抗 Z_1、Z_2 串联构成，求电路对外的总等效阻抗 Z。

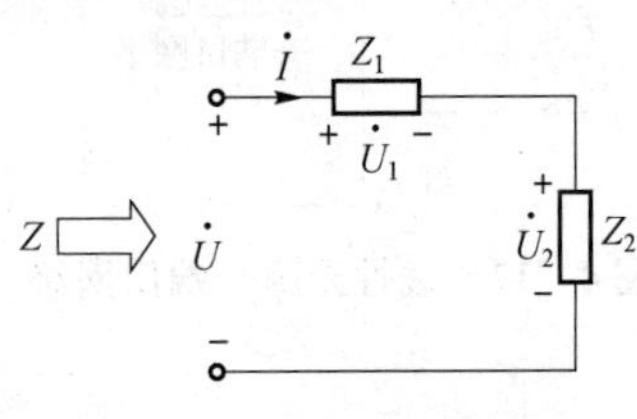

图 4－20　阻抗串联电路

解：根据 KVL 相量式，由图 4－20 可得

$$\dot{U} = \dot{U}_1 + \dot{U}_2$$

根据阻抗 Z 表达的欧姆定律相量式 $\dot{U} = Z\dot{I}$，则

$$\begin{aligned}\dot{U} &= \dot{U}_1 + \dot{U}_2\\ &= Z_1\dot{I} + Z_2\dot{I}\\ &= (Z_1 + Z_2)\dot{I}\end{aligned}$$

根据阻抗的定义，则

$$Z=\frac{\dot{U}}{\dot{I}}=Z_1+Z_2$$

阻抗 Z_1 上对应的电压相量为

$$\dot{U}_1=Z_1\dot{I}=\frac{Z_1}{Z}\dot{U}$$

可得出以下结论：

① 串联阻抗电路的总等效阻抗求解式为

$$Z=\sum_{i=1}^{n}Z_i \tag{4-55}$$

② 各个分阻抗上分的电压相量与总的端电压相量之间的关系式为

$$\dot{U}_k=\frac{Z_k}{Z}\dot{U} \tag{4-56}$$

式（4–56）即为串联阻抗电路对应的分压公式。

4.4.2 导纳

线性无源一端口网络的导纳支路如图 4-21 所示。线性无源一端口网络在正弦量激励作用下，对外部电路的电路特性也可以用等效参数——复导纳 Y（简称导纳）来表示。

导纳 Y 的定义：线性无源一端口网络的端口电流相量与电压相量的比值。定义式为

$$Y=\frac{\dot{I}}{\dot{U}}=\frac{I}{U}\angle\phi_i-\phi_u=|Y|\angle\varphi_Y=G+\mathrm{j}B \tag{4-57}$$

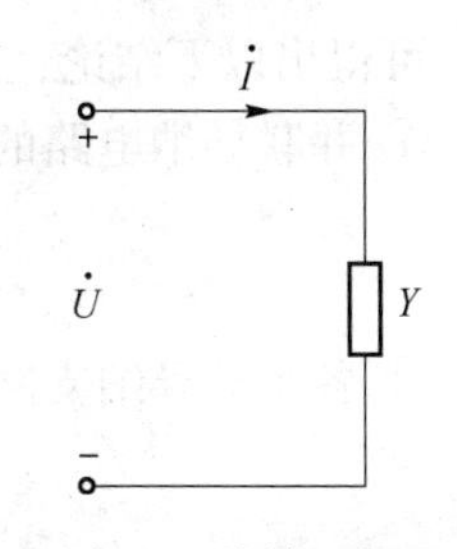

图 4-21 线性无源一端口网络的导纳支路

导纳 Y 是一个复数，因此也被称为复导纳。导纳的单位为西门子（S）。

导纳模为

$$|Y|=\frac{I}{U}$$

导纳辐角为

$$\varphi_Y=\phi_i-\phi_u$$

导纳的辐角是正弦稳态电路中对应支路电流与支路电压的相位差。

根据式（4-57）可知，导纳 Y 的代数形式为

$$Y=G+\mathrm{j}B \tag{4-58}$$

在式（4-58）中，G 为线性无源一端口网络的等效电导分量，B 为其等效电纳分量，包括感纳 B_L 和容纳 B_C。当 $B>0$ 时，Y 被称为容性导纳；当 $B<0$ 时，Y 被称为感性导纳。

与导纳 Y 相关的几个特征参数可以用导纳三角形来表示参量之间的相互函数关系，如图 4-22 所示。

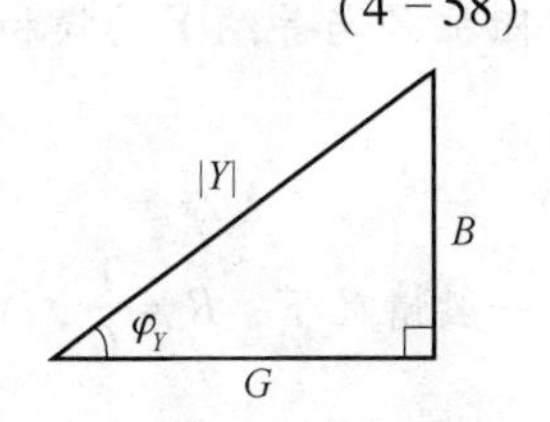

图 4-22 导纳三角形

用导纳 Y 表达的欧姆定律相量式为

$$\dot{I}=Y\dot{U}=(G+\mathrm{j}B)\dot{U} \tag{4-59}$$

当正弦稳态交流电路运用相量法进行分析计算时，电路中多个导纳的并联，等效导纳等于各个分导纳的和。

【例 4-6】 如图 4-23 所示的电路相量图，已知线性无源一端口网络由导纳 Y_1、Y_2并联构成，求电路对外的等效导纳 Y。

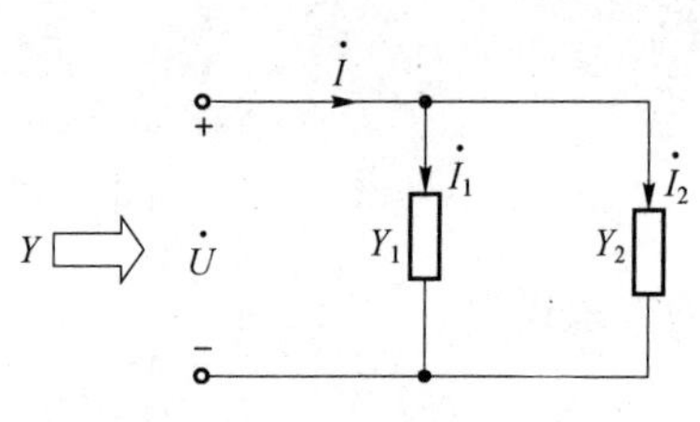

图 4-23 导纳并联电路

解：根据 KCL 相量式，由图 4-23 可得

$$\dot{I}=\dot{I}_1+\dot{I}_2$$

根据导纳 Y 表达的欧姆定律相量式$\dot{I}=Y\dot{U}$,则

$$\begin{aligned}\dot{I}&=\dot{I}_1+\dot{I}_2\\&=Y_1\dot{U}+Y_2\dot{U}\\&=(Y_1+Y_2)\dot{U}\end{aligned}$$

根据导纳的定义，则

$$Y=\frac{\dot{I}}{\dot{U}}=Y_1+Y_2$$

导纳 Y_1上对应的电流相量为

$$\dot{I}_1=Y_1\dot{U}=\frac{Y_1}{Y}\dot{I}$$

可得出以下结论：

① 并联导纳电路的总等效导纳求解式为

$$Y=\sum_{i=1}^{n}Y_i \tag{4-60}$$

② 各个分导纳支路分得的电流相量与总支路的电流相量之间的关系式为

$$\dot{I}_k=\frac{Y_k}{Y}\dot{I} \tag{4-61}$$

式（4-61）即为并联导纳电路对应的分流公式。

注意：

对于同一个线性无源一端口网络，阻抗 Z 与导纳 Y 互为倒数，可表示为

$$Z=\frac{1}{Y},Y=\frac{1}{Z}$$

即

$$ZY=1$$

阻抗 Z 与导纳 Y 的模和辐角关系式为

$$|Z|\cdot|Y|=1$$

$$\varphi_Z+\varphi_Y=0$$

一般情况下，$R\neq\frac{1}{G}$，$X\neq\frac{1}{B}$。

4.4.3 *RLC* 单一元件的阻抗和导纳

在正弦稳态交流电路中，电阻、电感和电容单一元件对应的支路为最简单结构的线性无源一端口网络。R、L、C 元件各自对应的阻抗导纳推导如下。

1. 电阻 R 的阻抗和导纳

1）电阻的阻抗 Z_R

电阻 R 的 VCR 相量关系式为

$$\dot{U}_R = R\dot{I}_R$$

根据阻抗 Z 的欧姆定律相量式 $\dot{U} = Z\dot{I}$ 可知，电阻支路的阻抗为

$$Z_R = R$$

2）电阻的导纳 Y_R

电阻 R 的 VCR 相量关系式为

$$\dot{I}_R = \frac{1}{R}\dot{U}_R = G\dot{U}_R$$

根据导纳 Y 的欧姆定律相量式 $\dot{I} = Y\dot{U}$可知，电阻支路的导纳为

$$Y_R = \frac{1}{R} = G$$

2. 电感 L 的阻抗和导纳

1）电感的阻抗 Z_L

电感 L 的 VCR 相量关系式为

$$\dot{U}_L = \mathrm{j}\omega L\,\dot{I}_L = \mathrm{j}X_L\,\dot{I}_L$$

根据阻抗 Z 的欧姆定律相量式 $\dot{U} = Z\dot{I}$ 可知，电感支路的阻抗为

$$Z_L = \mathrm{j}\omega L = \mathrm{j}X_L$$

2）电感的导纳 Y_L

电感 L 的 VCR 相量关系式也可以表达为

$$\dot{I}_L = \frac{1}{\mathrm{j}\omega L}\dot{U}_L = \mathrm{j}\left(-\frac{1}{\omega L}\right)\dot{U}_L = \mathrm{j}B_L\dot{U}_L$$

根据导纳 Y 的欧姆定律相量式：

$$\dot{I} = Y\dot{U}$$

将两个相量式相对应可知：

$$Y_L = \frac{1}{\mathrm{j}\omega L} = \mathrm{j}\left(-\frac{1}{\omega L}\right) = \mathrm{j}B_L$$

3. 电容 C 的阻抗和导纳

1）电容的阻抗 Z_C

电容 C 的 VCR 相量关系式为

$$\dot{U}_C=\frac{1}{\mathrm{j}\omega C}\dot{I}_C=\mathrm{j}\left(-\frac{1}{\omega C}\right)\dot{I}_C=\mathrm{j}X_C\dot{I}_C$$

根据阻抗 Z 的欧姆定律相量式 $\dot{U}=Z\dot{I}$ 可知，电容支路的阻抗为

$$Z_C=\frac{1}{\mathrm{j}\omega C}=\mathrm{j}X_C$$

2）电容的导纳 Y_C

电容 C 的 VCR 相量关系式为

$$\dot{I}_C=\mathrm{j}\omega C\,\dot{U}_C=\mathrm{j}B_C\,\dot{I}_C$$

根据导纳 Y 的欧姆定律相量式 $\dot{I}=Y\dot{U}$ 可知，电容支路的导纳为

$$Y_C=\mathrm{j}\omega C=\mathrm{j}B_C$$

4.4.4 *RLC* 串并联支路的阻抗和导纳

电阻、电感和电容的串联与并联是正弦稳态交流电路中常见的电路结构。

1. *RLC* 串联支路总阻抗

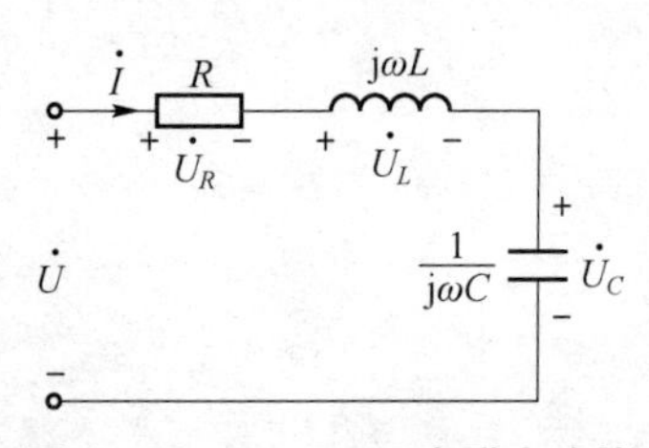

图 4-24 R、L、C 串联支路的相量模型图

R、L、C 串联支路的相量模型如图 4-24 所示。根据多个阻抗串联求总阻抗的关系式 $Z=\sum_{i=1}^{n}Z_i$ 可得

$$\begin{aligned}Z&=R+\mathrm{j}\omega L+\frac{1}{\mathrm{j}\omega C}\\&=R+\mathrm{j}\omega L-\mathrm{j}\frac{1}{\omega C}\\&=R+\mathrm{j}\left(\omega L-\frac{1}{\omega C}\right)\end{aligned}\tag{4-62}$$

根据式（4-62）推导可得

$$Z=R+\mathrm{j}(X_L+X_C)=R+\mathrm{j}X=|Z|\angle\varphi_z\tag{4-63}$$

根据式（4-63）可以进行如下 R、L、C 串联支路电路特性分析：

(1) 若 $\omega L>\frac{1}{\omega C}$，则

$$X>0,\ \varphi_Z>0$$

即电路呈感性，电压超前于电流；

(2) 若 $\omega L<\frac{1}{\omega C}$，则

$$X<0,\ \varphi_Z<0$$

即电路呈容性，电压滞后于电流；

(3) 若 $\omega L=\frac{1}{\omega C}$，则

$$X=0,\ \varphi_Z=0$$

即电路呈阻性，电压与电流同相。

当 R、L、C 串联支路电路呈阻性时，电路会出现串联谐振现象。

2. RLC 并联支路总导纳

R、L、C 并联支路的相量模型图如图 4－25 所示。

根据多个导纳并联求总导纳的关系式

$$Y=\sum_{i=1}^{n}Y_i$$

可得

$$Y=\frac{1}{R}+\frac{1}{\mathrm{j}\omega L}+\mathrm{j}\omega C=\frac{1}{R}-\mathrm{j}\frac{1}{\omega L}+\mathrm{j}\omega C$$

$$=G+\mathrm{j}\left(\omega C-\frac{1}{\omega L}\right) \quad (4-64)$$

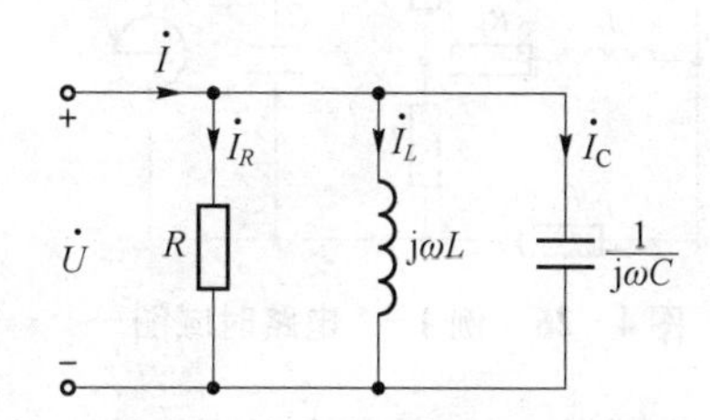

图 4－25 R、L、C 并联支路的相量模型

根据式（4－64）可得

$$Y=G+\mathrm{j}(B_C+B_L)=G+\mathrm{j}B=|Y|\angle\varphi_Y \quad (4-65)$$

根据式（4－65）可以进行如下 R、L、C 并联支路电路特性分析：

(1) 若 $\omega C>\frac{1}{\omega L}$，则

$$B>0,\ \varphi_Y>0$$

即电路呈容性，电流超前于电压；

(2) 若 $\omega C<\frac{1}{\omega L}$，则

$$B<0,\ \varphi_Y<0$$

即电路呈感性，电流滞后于电压；

(3) 若 $\omega C=\frac{1}{\omega L}$，则

$$B=0,\ \varphi_Y=0$$

即电路呈阻性，电流与电压同相。

当 R、L、C 并联支路电路呈阻性时，电路会出现并联谐振现象。

4.5 相量法分析正弦稳态电路

电路的基本分析方法和电路定理在 KVL、KCL 相量式，以及 R、L、C 的 VCR 关系相量式对应下，全部可以推广应用于正弦稳态电路的相量法分析中。

【例 4-7】 由如图 4-26 所示的正弦稳态电路时域图，分别列写相量法求解电路正弦相量时对应的网孔电流法相量方程式和结点电压法相量方程式。

解：① 列写网孔电流法相量方程式。

根据图 4-26 所示的正弦稳态电路时域图，画出对应的应用网孔电流法分析求解的电路相量模型，如图 4-27 所示，电路 4 个网孔电流的设定和流向标注于图中。

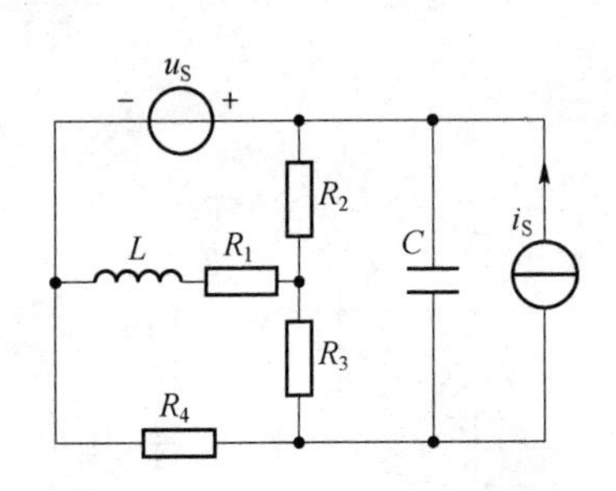

图 4-26 例 4-7 电路时域图

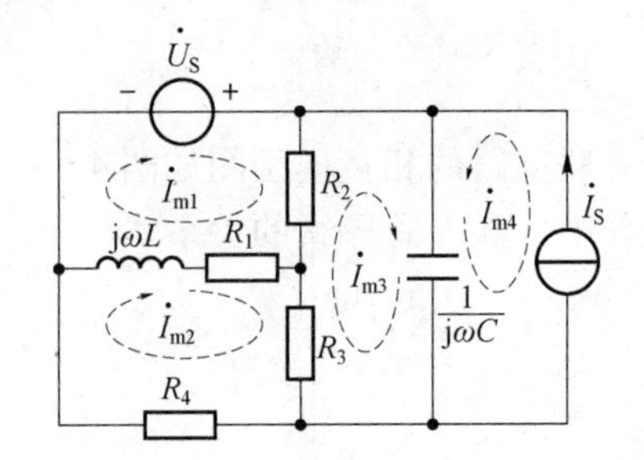

图 4-27 例 4-7 电路网孔电流法的相量模型

根据图 4-27 可直接列写出该电路的网孔电流法相量方程式。

网孔 1 的电流相量方程式为

$$(R_1+j\omega L+R_2)\dot{I}_{m1}-(R_1+j\omega L)\dot{I}_{m2}-R_2\dot{I}_{m3}=\dot{U}_S$$

网孔 2 的电流相量方程式为

$$(R_3+R_4+R_1+j\omega L)\dot{I}_{m2}-(R_1+j\omega L)\dot{I}_{m1}-R_3\dot{I}_{m3}=0$$

网孔 3 的电流相量方程式为

$$(R_2+R_3+\frac{1}{j\omega C})\dot{I}_{m3}-R_2\dot{I}_{m1}-R_3\dot{I}_{m2}+\frac{1}{j\omega C}\dot{I}_{m4}=0$$

网孔 4 的电流相量方程式为

$$\dot{I}_{m4}=\dot{I}_S$$

注意：

根据上述 4 个有关网孔电流的相量方程式，建立方程组，可以求解得到该电路的 4 个网孔电流相量。若要进一步求解电路中各个支路的电流相量，只需要进行电流相量参考方向的设定与标注，然后根据各个支路电流相量参考方向与相关联的网孔电流相量方向的对应关系，列出代数式求解即可。

② 列写结点电压法相量方程式。

根据图 4-26 所示的正弦稳态电路时域图，画出对应的应用结点电压法的相量模型，如图 4-28 所示，独立结点①、②、③及其结点电压相量标注于图上，结点④为参考结点。

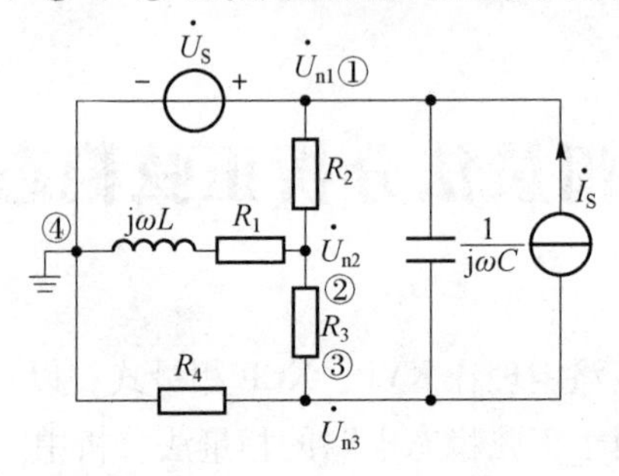

图 4-28 例 4-7 电路结点电压法的相量模型

根据图 4-28 可直接列写出该电路的结点电压法相量方程式。

结点① 结点电压相量方程式为

$$\dot{U}_{n1} = \dot{U}_S$$

结点② 结点电压相量方程式为

$$\left(\frac{1}{R_1 + j\omega L} + \frac{1}{R_2} + \frac{1}{R_3}\right)\dot{U}_{n2} - \frac{1}{R_2}\dot{U}_{n1} - \frac{1}{R_3}\dot{U}_{n3} = 0$$

结点③ 结点电压相量方程式为

$$\left(\frac{1}{R_3} + \frac{1}{R_4} + j\omega C\right)\dot{U}_{n3} - \frac{1}{R_3}\dot{U}_{n2} - j\omega C\dot{U}_{n1} = -\dot{I}_S$$

注意：

根据上述 3 个有关结点电压的相量方程式，建立方程组，可以求解得到该电路的 3 个独立结点电压相量。若要进一步求解电路中各个支路的电流相量，只需要进行电流相量参考方向的设定与标注，然后根据各个支路电流相量与相关联的结点电压对应关系，列出代数式求解即可。

【例 4-8】 如图 4-29 所示的正弦稳态电路的相量模型，要求应用实际电源两种模型等效变换的方法求解电路负载阻抗支路的电流相量 $\dot{I}_L$。

已知：$\dot{I}_S = 4\angle 90°$ A，$Z_1 = Z_2 = -j30\ \Omega$，$Z_3 = 30\ \Omega$，$Z_L = 45\ \Omega$。

解：根据图 4-29，先把并联结构的阻抗 Z_1、Z_3 等效为一个阻抗 Z，然后将电流源与等效阻抗 Z 并联的结构等效变换为一个电压源与阻抗串联的结构，原电路结构等效简化为单一回路，如图 4-30 所示。

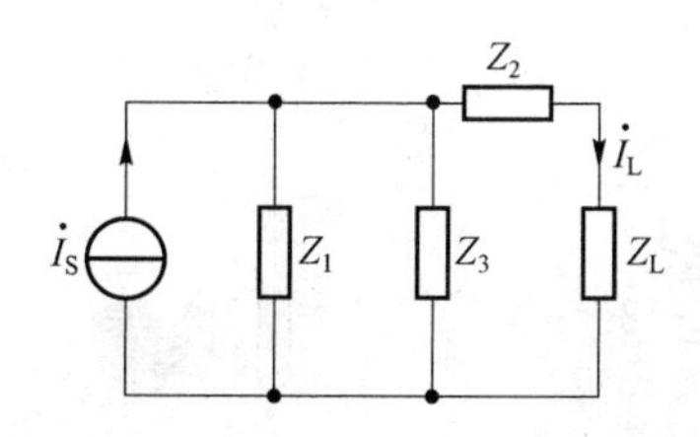

图 4-29 例 4-8 电路相量模型

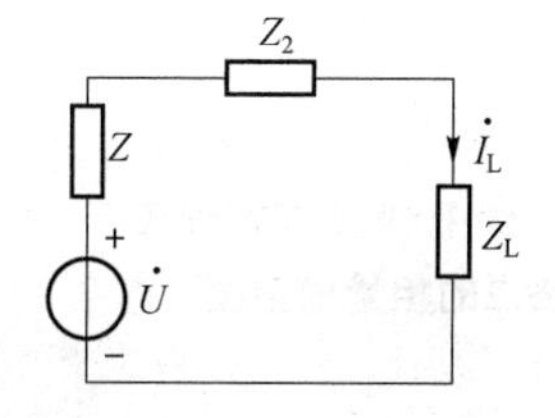

图 4-30 例 4-8 电路等效变换的相量模型

根据图 4-30 可得

$$Z = Z_1 /\!/ Z_3 = \frac{30 \times (-j30)}{30 - j30}\ \Omega = (15 - j15)\ \Omega$$

$$\dot{U} = Z\dot{I}_S = (15 - j15)\ \Omega \times j4\text{V} = 84.85\angle 45°\ \text{V}$$

$$\dot{I}_L = \frac{\dot{U}}{Z + Z_2 + Z_L} = \frac{84.85\angle 45°}{(15 - j15) - j30 + 45}\ \text{A}$$

$$= \frac{84.85\angle 45°}{75\angle -36.9°}\ \text{A}$$

$$= 1.13\angle 81.9°\ \text{A}$$

【例 4-9】 如图 4-31 所示的正弦稳态电路的相量模型，要求应用叠加定理计算电流相量 $\dot{I}_2$。

已知：$\dot{U}_S = 100\angle 45^\circ$ V，$\dot{I}_S = 4\angle 0^\circ$ A，$Z_1 = Z_3 = 50\angle 30^\circ$ Ω，$Z_2 = 50\angle -30^\circ$ Ω。

解：① 分电路一：电流源单独作用，电压源置 0——短路处理。对应电路如图 4-32 所示。

根据图 4-32，应用分流公式，可得

$$\dot{I}_2' = \dot{I}_S \frac{Z_3}{Z_2 + Z_3} = 4\angle 0^\circ \text{ A} \times \frac{50\angle 30^\circ}{50\angle -30^\circ + 50\angle 30^\circ}$$

$$= \frac{200\angle 30^\circ}{50\sqrt{3}} \text{ A} = 2.31\angle 30^\circ \text{ A}$$

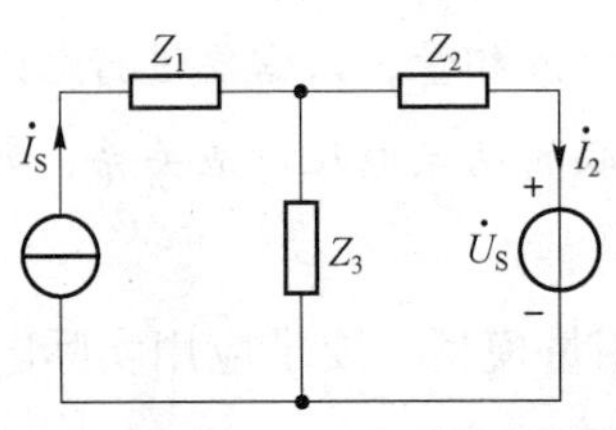

图 4-31 例 4-9 电路相量模型

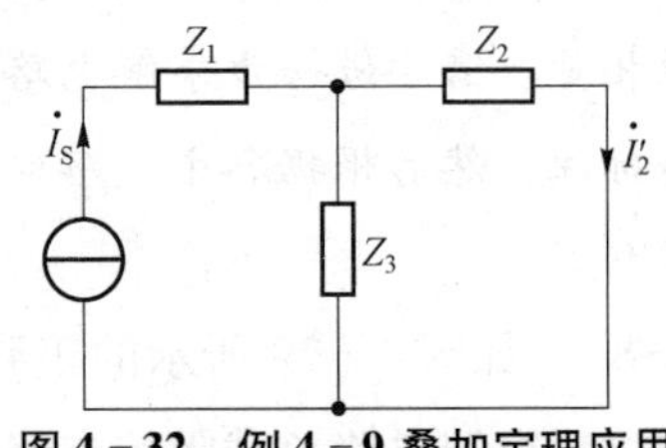

图 4-32 例 4-9 叠加定理应用分电路一的相量模型

(2) 分电路二：电压源单独作用，电流源置 0——开路处理。对应电路如图 4-33 所示。

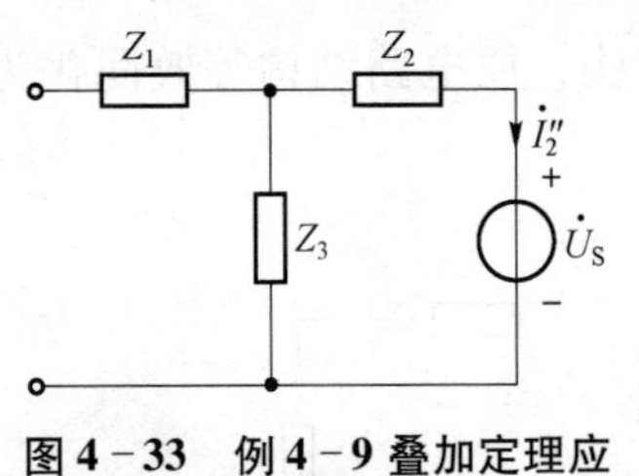

图 4-33 例 4-9 叠加定理应分电路二的相量模型图

根据图 4-33，对电路单一的闭合回路应用 KVL 定理，可得

$$\dot{I}_2'' = -\frac{\dot{U}_S}{Z_2 + Z_3} = -\frac{100\angle 45^\circ \text{ V}}{50\angle -30^\circ + 50\angle 30^\circ \text{ V}}$$

$$= -\frac{100\angle 45^\circ}{50\sqrt{3}} \text{ A}$$

$$= 1.155\angle -135^\circ \text{ A}$$

所以

$$\dot{I}_2 = \dot{I}_2' + \dot{I}_2'' = (2.31\angle 30^\circ + 1.155\angle -135^\circ) \text{ A}$$

$$= 1.23\angle 16^\circ \text{ A}$$

4.6 正弦稳态电路的功率

在实际的工程应用中，正弦稳态电路通常包含偏阻性、偏感性、偏容性 3 种不同电磁特性的电路设备或部件：偏阻性的电路部件主要呈现出耗能特性；偏容性的电路部件主要呈现出电能的存储与释放；偏感性的电路部件主要呈现出电能与磁场能之间的转换存储与释放。因此对应的正弦稳态电路模型是 R、L、C 混合存在的电路。

若要全面分析由 R、L、C 混合构成的正弦稳态电路无源一端口网络的能量特性，要具体从正弦稳态电路的4种类型的功率来讨论分析，即瞬时功率、平均功率、无功功率和视在功率。

4.6.1 瞬时功率和平均功率

1. 瞬时功率 p

正弦稳态电路无源一端口网络如图4－34所示。图中，正弦电压 u 与正弦电流 i 呈关联参考方向，对应的瞬时值三角函数式为

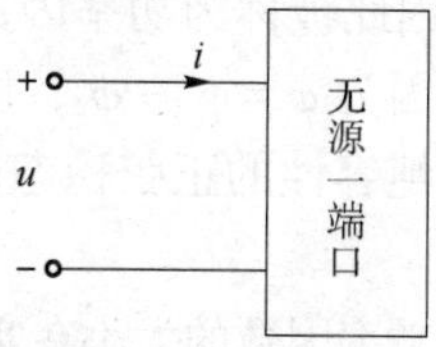

图4－34 正弦稳态电路无源一端口网络

$$u(t)=\sqrt{2}U\cos(\omega t+\phi_u)$$

$$i(t)=\sqrt{2}I\cos(\omega t+\phi_i)$$

正弦电压 u 与正弦电流 i 的乘积则为瞬时功率，以字母 p 表示，单位为瓦（W）。其表达式为

$$p=ui=\sqrt{2}U\cos(\omega t+\phi_u)\cdot\sqrt{2}I\cos(\omega t+\phi_i) \tag{4-66}$$

利用三角函数的积化和差公式 $2\cos\alpha\cos\beta=\cos(\alpha+\beta)+\cos(\alpha-\beta)$，式（4－66）可整理为

$$p=ui=UI\cos\varphi+UI\cos(2\omega t+\phi_u+\phi_i) \tag{4-67}$$

式（4－67）中，φ 为

$$\varphi=\phi_u-\phi_i$$

由式（4－67）可知，正弦稳态电路无源一端口网络的瞬时功率由两部分构成：第一部分是恒定量；第二部分是频率为电路中正弦量频率2倍、随时间变化的正弦周期量。

由式（4－67）可得到正弦稳态电路无源一端口网络瞬时功率的波形图，如图4－35所示。

正弦稳态电路无源一端口网络瞬时功率 p 有时为正，有时为负。当 $p>0$ 时，表明此时的无源一端口网络在吸收功率；当 $p<0$ 时，表明此时的无源一端口网络在发出功率。原因在于电路中存在电感、电容动态元件，导致无源一端口网络与外电路之间存在能量交换现象。

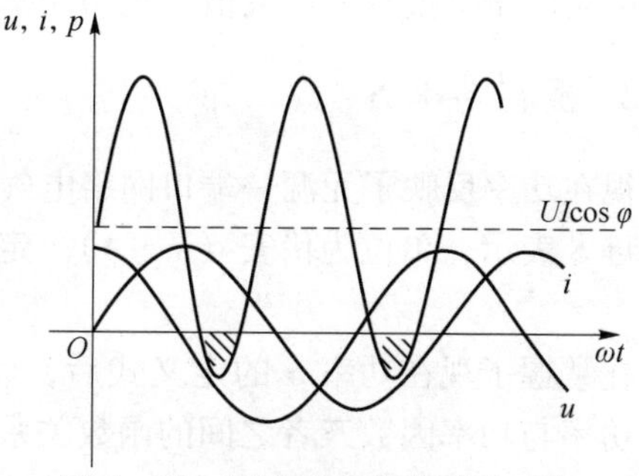

图4－35 正弦稳态电路无源一端口网络瞬时功率波形

2. 有功功率 P

对无源一端口网络的瞬时功率三角函数表达式利用积分运算求和，再在一个周期 T 内求平均，可得到无源一端口网络的平均功率 P，即

$$P=\frac{1}{T}\int_0^T p\mathrm{d}t=\frac{1}{T}\int_0^T[UI\cos\varphi+UI\cos(2\omega t+\phi_u+\phi_i)]\mathrm{d}t \tag{4-68}$$

可化简为

$$P=UI\cos\varphi \tag{4-69}$$

平均功率 P 的单位为瓦（W）。

平均功率 P 表示无源一端口网络实际消耗的功率，属于不可逆的电能消耗，也被称为有功功率，简称功率。通常家用电器标记的功率，如电吹风为 1 200 W，电磁炉为 2 100 W 都是指它的平均功率。

式（4-69）中的 $\cos\varphi$ 被定义为功率因数，以字母 λ 表示，即

$$\lambda=\cos\varphi \tag{4-70}$$

φ 也因此被称为功率因数角。

因为 $\varphi=\phi_u-\phi_i$，所以对于纯阻性的正弦稳态电路无源一端口网络，$\lambda=1$；对于纯感性和纯容性的正弦稳态电路无源一端口网络，$\lambda=0$。即

$$0\leqslant\cos\varphi\leqslant1 \tag{4-71}$$

功率因数的大小在实际工程应用中能够反映出无源一端口网络对电能有效利用程度的高低。

4.6.2 无功功率和视在功率

1. 无功功率 Q

对于含有感性、容性电磁特性元件的正弦稳态电路无源一端口网络，在理想化状态下，电感性元件与电容性元件并不消耗电能，只对能量进行存储与释放。即电感与电容元件的存在会令无源一端口网络中的部分或全部能量只与外电路进行交换。

反映此种能量交换的电路功率被定义为无功功率，用字母 Q 表示，单位为乏（var）。定义式为

$$Q=UI\sin\varphi \tag{4-72}$$

式（4-72）中，$\varphi=\phi_u-\phi_i$，$Q>0$，表示无源一端口网络吸收无功功率；$Q<0$，表示无源一端口网络发出无功功率。

无功功率 Q 的大小反映无源一端口网络与外电路交换功率的大小，是无源一端口网络对外电路能量交换率的最大值。无功功率 Q 属于可逆的能量交换。

2. 视在功率 S

视在功率反映了无源一端口网络电气设备的容量，或者说提供的最大功率值。视在功率用字母 S 表示，单位为伏安（V · A）。定义式为

$$S=UI \tag{4-73}$$

在掌握了视在功率 S 的定义式后，就可以由有功功率 P 的定义式推导得到有功功率、视在功率与功率因数三者之间的函数关系式为

$$P=UI\cos\varphi=S\cos\varphi$$

$$\lambda=\cos\varphi=\frac{P}{S} \tag{4-74}$$

由式（4-74）可知，功率因数 λ 代表 P 占 S 的份额，即对电源的有效利用率的大小。λ 越大，则 P 越大，Q 越小。

4.6.3 *RLC* 单一元件的有功功率和无功功率

根据有功功率和无功功率的定义，分别求解纯电阻、纯电感、纯电容支路的有功功率和

无功功率。

1. 电阻元件的有功功率和无功功率

根据式4－21，电阻元件的电压相量与电流相量相位相同，两者的相位差为0°，所以电阻元件的有功功率 P_R 为

$$P_R = UI\cos\varphi = UI\cos 0° = UI = I^2R = \frac{U^2}{R} \tag{4-75}$$

电阻元件的无功功率 Q_R 为

$$Q_R = UI\sin\varphi = UI\sin 0° = 0 \tag{4-76}$$

由式（4－75）和式（4－76）可知，纯电阻元件只吸收（消耗）功率，不能发出功率，不存在能量往复交换的情况。

2. 电感元件的有功功率和无功功率

根据式（4－30）知，电感元件的电压相量比电流相量相位超前90°，两者的相位差为90°，所以电感元件的有功功率 P_L 为

$$P_L = UI\cos\varphi = UI\cos 90° = 0 \tag{4-77}$$

电感元件的无功功率 Q_L 为

$$Q_L = UI\sin\varphi = UI\sin 90° = UI = \omega LI^2 = \frac{U^2}{\omega L} \tag{4-78}$$

由式（4－77）和式（4－78）可知，纯电感元件的有功功率为0，不消耗功率，存在能量的往复交换的情况。

3. 电容元件的有功功率和无功功率

根据式4－43，电容元件的电压相量比电流相量相位滞后90°，两者的相位差为－90°，所以电容元件的有功功率 P_C 为

$$P_C = UI\cos\varphi = UI\cos(-90°) = 0 \tag{4-79}$$

电容元件的无功功率 Q_C 为

$$Q_C = UI\sin\varphi = UI\sin(-90°) = -UI = -\omega CU^2 \tag{4-80}$$

由式（4－79）和式（4－80）可知，纯电容元件有功功率也为0，不消耗功率，存在能量的往复交换的情况。

注意：

① 在同一个正弦稳态电路中，电感元件的无功功率与电容元件的无功功率在一定程度上具有互相补偿特性：当电感 L 发出功率时，电容 C 正好吸收功率。正弦稳态电路中电感元件与电容元件对应的瞬时功率波形如图4－36所示。

在实际工程应用中，经常利用正弦稳态电路中电感元件与电容元件无功功率的互相补偿特性，来提升电路中的功率因数值，进而提高对电能的利用率。

② 根据有功功率 P、无功功率 Q、视在功率 S 的定义式，可推导出三种类型功率的数值关系式，即

$$P = S\cos\varphi,\ Q = S\sin\varphi,\ S = \sqrt{P^2 + Q^2}$$

上述关系式可以由功率三角形表示，如图 4－37 所示。

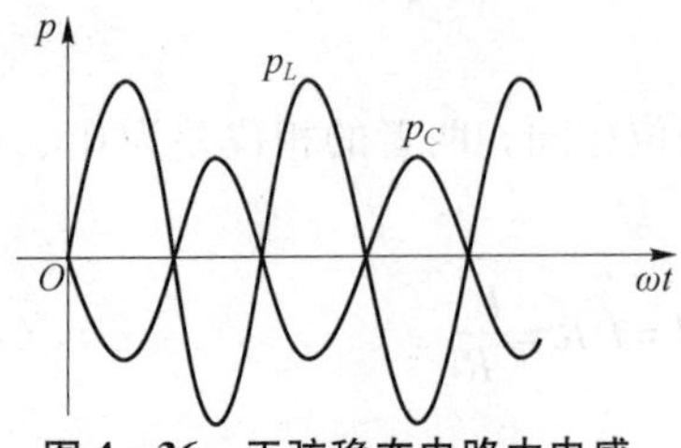

图 4－36　正弦稳态电路中电感、电容元件瞬时功率波形

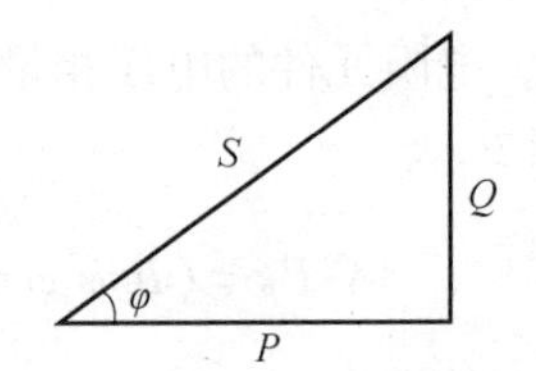

图 4－37　正弦稳态电路功率三角形

4.6.4　功率因数提高的意义与措施

1. 功率因数提高的意义

由功率因数的定义式可知，正弦稳态电路中功率因数 λ 数值越大，电路性能越好。而在实际的工程应用中，正弦交流电力系统中多为感性负载，如电动机、日光灯、电风扇、电吹风等，因此功率因数 λ 值较小。当电动机空载时，$\lambda=0.2\sim0.3$；当电动机满载时，$\lambda=0.7\sim0.9$；日光灯电路的 $\lambda=0.5\sim0.6$。

采取有效措施提高电路的功率因数值是实际工程应用中经常要面对和解决的问题。下面从三个角度分析提高功率因数的必要性。

(1) 由 $\lambda=\cos\varphi=\dfrac{P}{S}$ 可知，在确定电源容量 S 的正弦稳态电路中，功率因数 λ 的取值越大，说明电源提供给负载端的有功功率 P 越高，进行能量交换的无功功率 Q 越低，电路对电源的利用率越高。

(2) 若电源负载所需的有功功率 P 为定值，而电路功率因数 λ 值又较低，若要确保负载所需的有功功率 P，就必须增大电源的容量 S。

【例 4－10】　正弦稳态电路负载端所需有功功率 P 的额定值为 10 kW，请分析电路功率因数 λ 分别为 0.8 和 0.4 时所需配置的电源容量 S。

解：根据式 (4－74) 可得

$$S=\frac{P}{\lambda}$$

当 $\lambda=0.8$ 时，$S=\dfrac{P}{\lambda}=\dfrac{100}{0.8}\ \text{kV}\cdot\text{A}=125\ \text{kV}\cdot\text{A}$

当 $\lambda=0.4$ 时，$S=\dfrac{P}{\lambda}=\dfrac{100}{0.4}\ \text{kV}\cdot\text{A}=250\ \text{kV}\cdot\text{A}$

由例 4－13 可知，电路的功率因数越低，对电源容量 S 的配置要求越高。

(3) 对于确定传输线路长度的电力系统，设传输线和发电机绕组总的等效电阻为 R，在确保负载端有功功率 P 和额定电压有效值 U 恒定不变的前提下，根据 $P=UI\cos\varphi$，推导得

$$I\uparrow=\frac{P}{U\cos\varphi}=\frac{P}{U\lambda\downarrow}\tag{4-81}$$

由式（4－81）可知，若功率因数 λ 值较小，在 P、U 不变的前提下，电路中的电流有效值 I 就要增大。而电路中电流值的增大会增加传输线路和在发电机绕组上的功率损耗，同时对传输导线的横截面积也有了更大的要求，输电导线要更粗，这会增加电力系统的经济运营成本。另外，由于电流有效值 I 的增加还会提高对电源容量 S 的配置要求。

因此在实际工程应用中采取措施提高功率因数非常必要。

2. 功率因数提高的措施

在实际工程应用中提升功率因数要遵循一个原则，即必须保证原负载的工作状态不变，也就是保证加在负载端的电压和提供给负载的有功功率值不发生改变。

由于在实际的正弦电力系统中多为感性负载，电感元件与电容元件无功功率具有互相补偿的特性，因此提高功率因数的有效措施是在感性负载两端并联电容，进行电路无功功率补偿，从而达到提高电路功率因数的目的。并联电容被称为补偿电容，如图 4－38 所示。

根据图 4－38，由相量作图法可得到图 4－39 所示的感性负载并联补偿电容相量复平面关系。

电路并联前后端电压相量不变，作为初相位为 0°的参考相量。在图 4－39 中，φ_1 是并联补偿电容之前的原感性负载支路的功率因数角；φ_2 是并联补偿电容之后的电路对应的功率因数角。

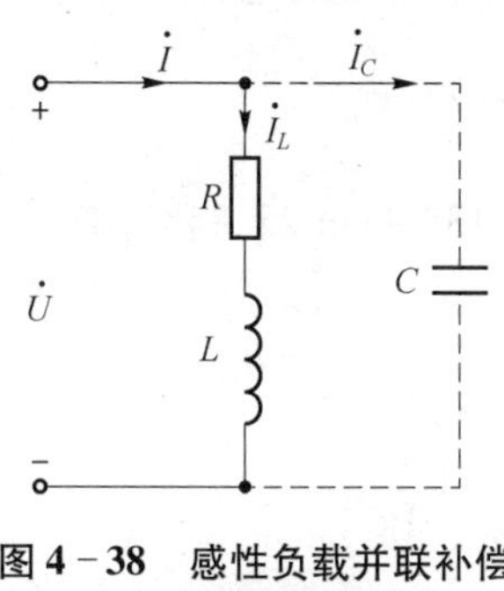

图 4－38 感性负载并联补偿电容相量模型

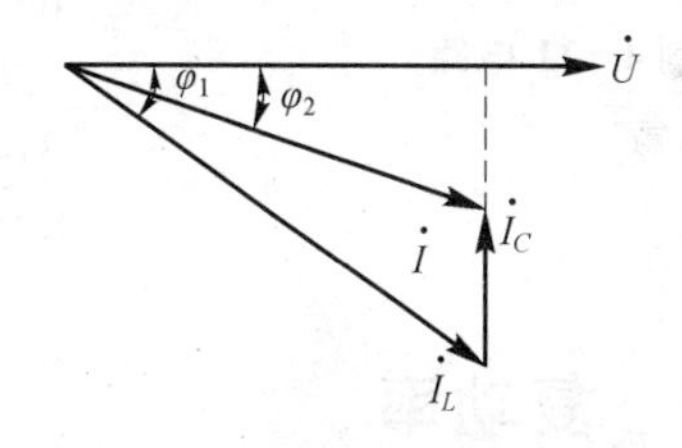

图 4－39 感性负载并联补偿电容相量复平面关系

由图 4－39 可以看出，感性负载电路并联补偿电容后，功率因数角度值明显减小，即

$$\varphi_2 < \varphi_1$$

则

$$\lambda_2 = \cos\varphi_2 > \lambda_1 = \cos\varphi_1$$

所以，感性负载电路并联补偿电容后的电路功率因数 λ_2 值要大于并联补偿电容之前的电路功率因数 λ_1 值，电路的功率因数得到提高。

根据图 4－39 可以分析推导出并联的补偿电容的容值求解式，方便解决实际工程应用中补偿电容容值配置问题。由图 4－39 中的三角图形关系，可以得到三条支路电流有效值的三角函数关系式为

$$I_C = I_L \sin\varphi_1 - I\sin\varphi_2 \tag{4-82}$$

根据有功功率的定义式，可分别得到电感负载支路电流有效值和并联补偿电容后电路的总支路电流有效值的表达式为

$$I_L=\frac{P}{U\cos\varphi_1},\ I=\frac{P}{U\cos\varphi_2} \tag{4-83}$$

将式（4－83）的两个支路电流有效值表达式对应代入式（4－82）中，整理可得

$$I_C=\frac{P}{U}(\tan\varphi_1-\tan\varphi_2)$$

再根据$I_C=\omega CU_C$，结合图4－39，式（4－83）可进一步整理为

$$I_C=\frac{P}{U}(\tan\varphi_1-\tan\varphi_2)=\omega CU \tag{4-84}$$

由式（4－84）可得到补偿电容的表达式，即

$$C=\frac{P}{\omega U^2}\ (\tan\varphi_1-\tan\varphi_2) \tag{4-85}$$

【例4－11】 已知一个感性负载电路，如图4－40所示。已知$f=50$ Hz，$U=380$ V，$P=20$ kW，$\lambda_1=0.6$。通过并联补偿电容C令λ_2提高到0.9。请分析计算补偿电容C的容值。

解：根据$\lambda=\cos\varphi$可求得φ_1、φ_2为

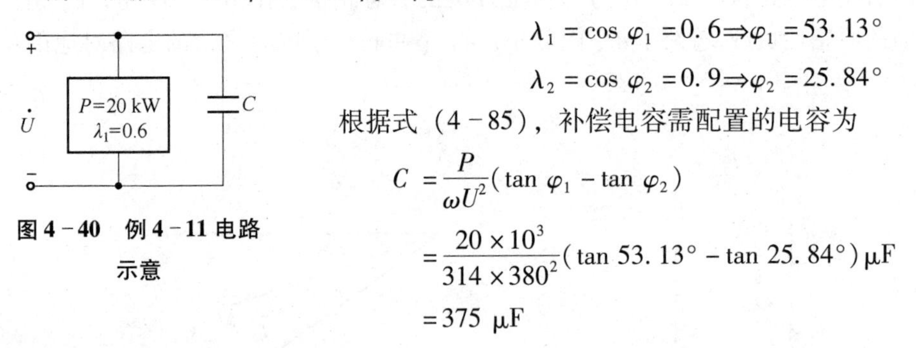

图4－40 例4－11电路示意

$$\lambda_1=\cos\varphi_1=0.6\Rightarrow\varphi_1=53.13°$$

$$\lambda_2=\cos\varphi_2=0.9\Rightarrow\varphi_2=25.84°$$

根据式（4－85），补偿电容需配置的电容为

$$\begin{aligned}C&=\frac{P}{\omega U^2}(\tan\varphi_1-\tan\varphi_2)\\&=\frac{20\times10^3}{314\times380^2}(\tan 53.13°-\tan 25.84°)\ \mu\text{F}\\&=375\ \mu\text{F}\end{aligned}$$

4.6.5 复功率

4.6.1和4.6.2节明确了正弦稳态电路无源一端口网络所对应的有功功率P、无功功率Q、视在功率S、功率因数角φ的定义和工程意义。为了方便地计算这些参数，引入了正弦稳态电路无源一端口网络复功率的概念。

对应图4－17所示的正弦稳态电路线性无源一端口网络，端口电压和端口电流的有效值相量式设定为

$$\dot{U}=U\angle\phi_u,\dot{I}=I\angle\phi_i$$

则此线性无源一端口网络对应的复功率$\overline{S}$定义式为

$$\overline{S}=\dot{U}\dot{I}^* \tag{4-86}$$

式（4－86）中，$\dot{I}^*$是$\dot{I}$的共轭复数。

复功率的单位为伏安（V·A），与视在功率S的单位相同。

结合线性无源一端口网络端口电压和端口电流的有效值相量式、有功功率、无功功率、视在功率各自的定义和相互关系，复功率的等式变换推导为

$$
\begin{aligned}
\overline{S} &= \dot{U}\dot{I}^{*} \\
&= U\angle\phi_u \times I\angle-\phi_i \\
&= UI\angle\phi_u-\phi_i \\
&= UI\angle\varphi \\
&= S\angle\varphi \\
&= UI\cos\varphi + \mathrm{j}UI\sin\varphi \\
&= P + \mathrm{j}Q
\end{aligned} \tag{4-87}
$$

注意：

① 复功率 $\overline{S}$ 的定义适用于正弦稳态电路中的任何线性的有源或无源的一端口网络和电路中单个的电路元件。

② 对于无源的一端口网络，其外电路可以以阻抗 Z 或导纳 Y 来等效替代，所以复功率 $\overline{S}$ 对应的表达式为

$$
\overline{S} = \dot{U}\dot{I}^{*} = \dot{U}(\dot{U}Y)^{*} = \dot{U}\dot{U}^{*}Y^{*} = U^2Y^{*}
$$

$$
\overline{S} = \dot{U}\dot{I}^{*} = Z\dot{I}\dot{I}^{*} = ZI^2 \tag{4-88}
$$

③ 对于整个正弦稳态电路，所有支路吸收的复功率代数和为0，此为复功率守恒定理。具体对应多种表达形式，即

$$
\sum_{k=1}^{b}\overline{S}_k = 0;
$$

$$
\sum_{k=1}^{b}\dot{U}_k\dot{I}_k^{*} = 0;
$$

$$
\sum_{k=1}^{b}(P_k + \mathrm{j}Q_k) = 0;
$$

$$
\begin{cases}
\sum_{k=1}^{b}P_k = 0 \\
\sum_{k=1}^{b}Q_k = 0
\end{cases}
$$

④ 在具体列式求解复功率时，若对应的电压相量与电流相量呈关联参考方向，则复功率 $\overline{S}$ 加下标“吸收”，反之，加下标“发出”，且实际吸收的复功率总和等于实际发出的复功率总和。

【例4-12】 如图4-41所示的正弦稳态电路相量模型，已知：$\dot{I}_S = 10\angle 0°$，$R_1 = 10\ \Omega$，$R_2 = 5\ \Omega$，$\mathrm{j}\omega L = \mathrm{j}25\ \Omega$，$-\mathrm{j}\dfrac{1}{\omega C} = -\mathrm{j}15\ \Omega$，求该电路各个支路的复功率。

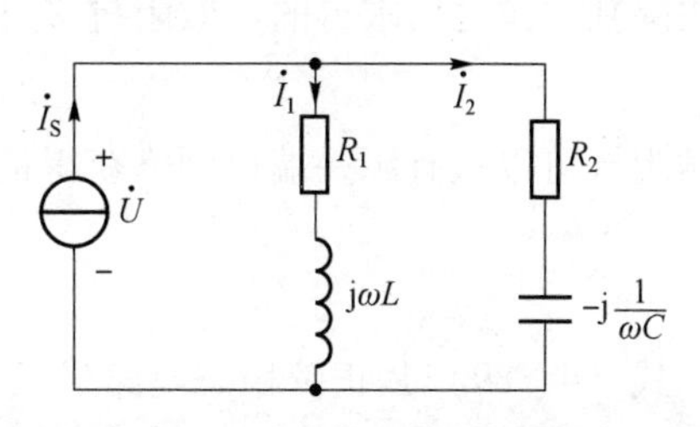

图4-41 例4-12正弦稳态电路相量模型

解： 求解电路中并联支路的端电压相量，即

$$\dot{U}=\dot{I}_{\mathrm{S}}\times\left[(R_1+\mathrm{j}\omega L)/\!/(R_2-\mathrm{j}\frac{1}{\omega C})\right]$$
$$=10\,\angle 0^\circ\ \mathrm{A}\times\frac{1}{\dfrac{1}{10+\mathrm{j}25}+\dfrac{1}{5-\mathrm{j}15}}\Omega$$
$$=236\,\angle -37.1^\circ\ \mathrm{V}$$

分别求解电流源支路、电阻串联电感支路、电阻串联电容支路的复功率，即

$$\overline{S}_{发出}=\dot{U}\dot{I}_{\mathrm{S}}^*=236\,\angle -37.1^\circ\ \mathrm{V}\times 10\,\angle 0^\circ\ \mathrm{A}=(1882-\mathrm{j}1424)\ \mathrm{V\cdot A}$$
$$\overline{S}_{1吸收}=U^2Y_1^*=(236\mathrm{V})^2\left(\frac{1}{10+\mathrm{j}25}\Omega\right)^*\mathrm{A}=(768+\mathrm{j}1920)\ \mathrm{V\cdot A}$$
$$\overline{S}_{2吸收}=U^2Y_2^*=(236\mathrm{V})^2\left(\frac{1}{5-\mathrm{j}15}\Omega\right)^*\mathrm{A}=(1114-\mathrm{j}3342)\ \mathrm{V\cdot A}$$

4.7　最大功率传输

3.3 节介绍了电阻电路最大功率传输定理的内容，明确了可变的阻性负载从有源一端口网络获得最大功率的条件和最大功率值。在正弦稳态电路中，同样会涉及可变的负载阻抗从其激励源获取最大功率的条件和最大功率值的问题，如图 4－42 所示。

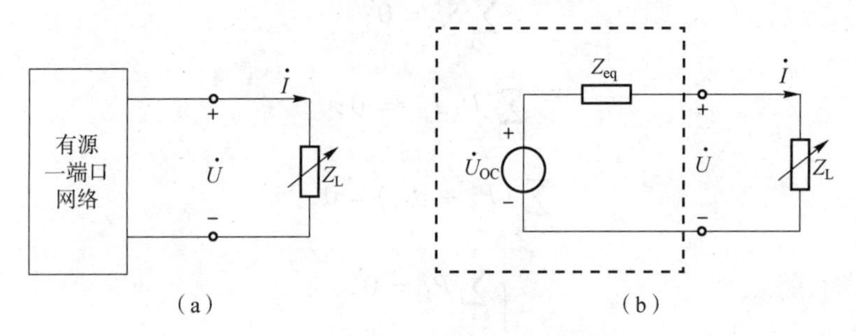

图 4－42　正弦稳态电路最大功率传输定理分析

(a) 电路框图；(b) 戴维南等效电路图

图 4－42 (b) 是图 4－42 (a) 的戴维南等效变换电路。已知：$Z_{\mathrm{L}}=R_{\mathrm{L}}+\mathrm{j}X_{\mathrm{L}}, Z_{\mathrm{eq}}=R_{\mathrm{eq}}+\mathrm{j}X_{\mathrm{eq}}$。

正弦稳态电路最大功率传输定理的基本内容：当可变的负载阻抗 Z_{L} 等于有源一端口网络去除独立源之后求得的等效阻抗 Z_{eq} 的共轭复数 Z_{eq}^* 时，即

$$Z_{\mathrm{L}}=Z_{\mathrm{eq}}^*=R_{\mathrm{eq}}-\mathrm{j}X_{\mathrm{eq}} \tag{4-89}$$

负载阻抗可以从有源一端口网络获得最大有功功率，最大功率值 P_{Lmax} 为

$$P_{\mathrm{Lmax}}=\frac{U_{\mathrm{OC}}^2}{4R_{\mathrm{eq}}} \tag{4-90}$$

式 (4－89) 是正弦稳态电路最大功率获取的前提条件，式 (4－90) 是获取结果。

注意：

通常将满足 $Z_{\mathrm{L}}=Z_{\mathrm{eq}}^*$ 条件的匹配，称为共轭匹配。在通信和电子设备设计中，通常要求

满足共轭匹配，使负载获得最大功率。

【例4－13】 在图4－43所示电路中，$\dot{I}_S = 2\angle 0°$ A，求电路负载阻抗满足共轭匹配时获得的最大有功功率。

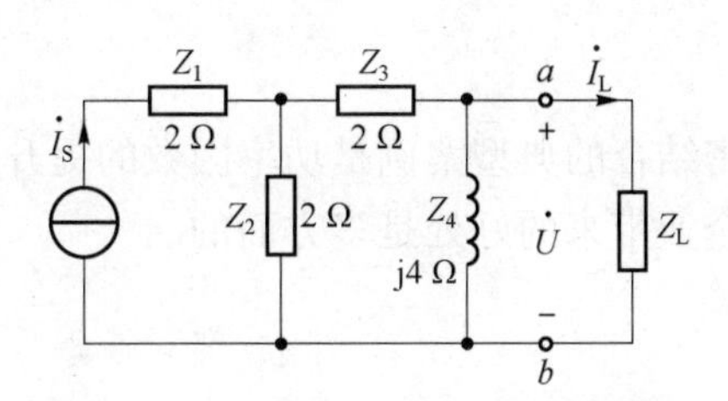

图4－43 例4－13电路相量模型

解：先求如图4－43所示电路相量 a、b 接线端左侧的有源一端口网络的戴维南等效电路的关键参数——开路电压相量和等效阻抗，如图4－44所示。

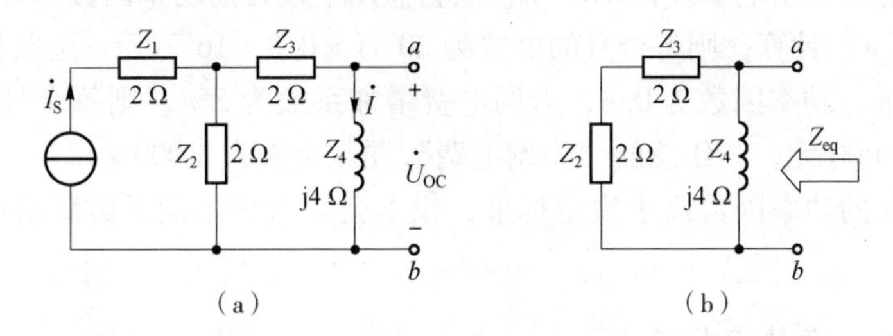

图4－44 例4－13戴维南定理应用

(a) 开路电压求解相量模型；(b) 等效阻抗求解相量模型

① 有源一端口网络开路电压相量求解。

戴维南等效电路的开路电压相量求解相量模型如图4－44 (a) 所示，利用分流公式可求得阻抗 Z_4 支路的电流相量，即

$$\dot{I} = \frac{Z_2}{Z_2 + (Z_3 + Z_4)} \cdot \dot{I}_S = \frac{2}{4 + j4} \times 2\angle 0° \text{ A} = \frac{\sqrt{2}}{2}\angle -45° \text{ A}$$

则开路电压有效值相量为

$$\dot{U}_{OC} = Z_4 \cdot \dot{I} = j4 \times \frac{\sqrt{2}}{2}\angle -45° \text{ V} = 2\sqrt{2}\angle 45° \text{ V}$$

② 有源一端口网络等效阻抗求解。

戴维南等效电路等效阻抗求解相量模型如图4－44 (b) 所示，利用阻抗的串、并联关系，可得

$$Z_{eq} = (Z_2 + Z_3) /\!/ Z_4 = \frac{4 \times j4}{4 + j4} \Omega = (2 + j2) \Omega$$

即

$$Z_{eq} = R_{eq} + jX_{eq} = (2 + j2) \Omega$$

当 $Z_L = Z_{eq}^* = R_{eq} - jX_{eq} = (2 - j2)\ \Omega$ 时，负载阻抗可以从有源一端口网络获得最大有功功率，最大功率值为

$$P_{Lmax} = \frac{U_{OC}^2}{4R_{eq}} = \frac{(2\sqrt{2} \text{ V})^2}{4 \times 2\ \Omega} = 1 \text{ W}$$

4.8 应用实例

本章知识与工程应用紧密结合的典型案例是功率因数的提升。在实际的生产应用中，提升功率因数为电力能源使用企业带来的好处是多方面的。

1. 电能支付费用降低

供电公司在对电能用户进行电能计量收费时，对用电过程中功率因数未能达到规定标准的，会增收“力调电费”。要求工业用户的功率因数不能低于0.9，商业用户的功率因数不能低于0.85。

如果一个企业一年用电240万kW·h，该企业用电设备的功率因数为0.8，工业用电按照0.8元/(kW·h)计算，则每个月的电费为20万×0.8=16万元。按照供电公司“力调电费”的收取标准，功率因数为0.8，力调电费增加系数为5%，则每个月的“力调电费”为16万×5%=8 000元，一年总的“力调电费”罚款金额为8 000×12=9.6万元。

如果用电企业的功率因数高于规定标准，供电公司会按不同系数降低电能收费，予以鼓励。

2. 用电设备生产效率提升

用电企业的用电设备功率因数提升后，输出的有功功率将会增加，设备的利用率会增加，产品质量会提升，企业的收益间接得到提升。

3. 用电设备故障率降低

功率因数的提升会改善电能质量，降低电力系统的电网故障率，进而降低用电设备的故障率，企业生产设备的维修费用也会因此降低。

提升功率因数的措施，除了采取人工补偿措施，在感性负载上并联补偿电容外，还可以采用提高自然功率因数的方法，主要措施如下：

(1) 选择合适容量的电动机，在生产工艺条件允许的情况下，优先采用同步电动机；

(2) 避免电动机或其他类型用电设备空载运行，对平均负荷小于其额定容量40%左右的轻载电动机，可将线圈改为三角形接法；

(3) 选择配置合适容量的电力变压器，避免变压器轻载运行。

习　题

4-1　已知正弦稳态电路一端口网络的端电压和端电流瞬时值三角函数式为

$$u=10\sqrt{2}\cos(314t+15°)\,\text{V}$$

$$i=5\sqrt{2}\sin(314t+30°)\,\text{A}$$

求 (1) 两个正弦量的有效值、频率、周期；

（2）两个同频率正弦量的相位差。

4－2　已知两个同频正弦电流量的时域表达式为

$$i_1(t)=4\sqrt{2}\cos(31.4t+45°)\text{A}$$

$$i_2=5\sqrt{2}\cos(314t+30°)\text{A}$$

利用相量法求两正弦电流量的差值 i。

4－3　已知正弦电流量 i 的时域形式为

$$i=\sqrt{2}I\cos(\omega t+\Phi_i)$$

请推导其对应微分量、积分量的有效值相量与 i 的有效值相量对应的关系式。

4－4　请根据正弦稳态电路中3个二端元件的端电压和流经电流的瞬时值表达式，分析二端元件的具体元件属性，并求解其特征参数。

（1）$\begin{cases}u=10\sqrt{2}\cos(10t+45°)\text{V}\\ i=5\sqrt{2}\cos(10t-45°)\text{A}\end{cases}$

（2）$\begin{cases}u=10\sin(100t)\text{V}\\ i=5\cos(100t)\text{A}\end{cases}$

（3）$\begin{cases}u=8\cos(314t+35°)\text{V}\\ i=2\cos(314t+35°)\text{A}\end{cases}$

4－5　如题图4－1所示的相量模型中，已知 $\dot{U}_S=220\angle 0°$ V，$R_1=10\ \Omega$，$R_2=20\ \Omega$，$X_1=10\sqrt{3}\ \Omega$，求电流 $\dot{I}$。

4－6　在如题图4－2所示电路中，电流表 Ⓐ₁ 的读数为5 A，Ⓐ₂ 的读数为20 A，Ⓐ₃ 的读数为25 A，求电流表 Ⓐ 和 Ⓐ₄ 的读数。

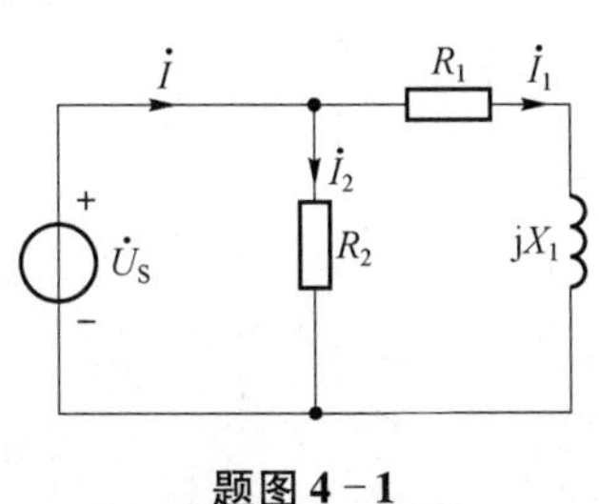

题图4－1

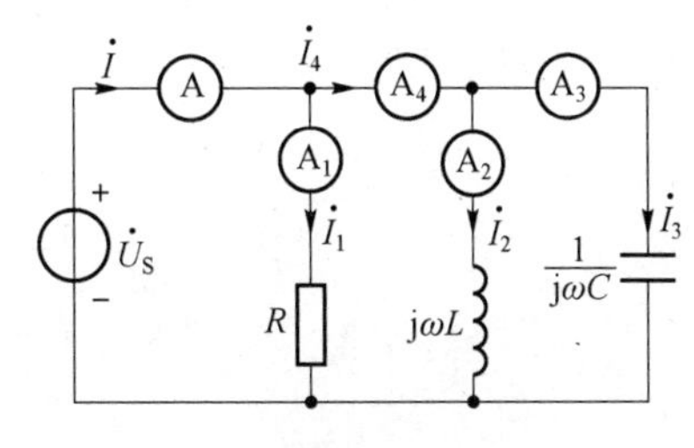

题图4－2

4－7　根据如题图4－3所示的电路，绘制其对应相量模型，标注完整参数，选择合适的参考结点，列写出全部独立结点的结点电压方程式。

4－8　求如题图4－4所示有源一端口网络的戴维南等效电路。

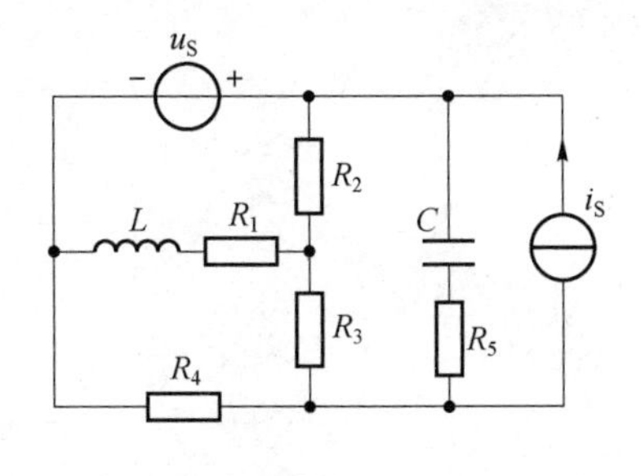

题图4－3

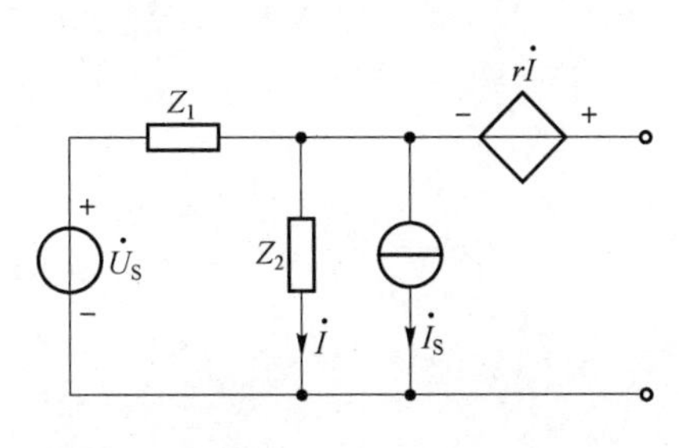

题图4－4

4-9　利用交流电压表、交流电流表和交流功率表测量电感线圈支路，接法如题图4-5所示。已知$f=50$ Hz，通过上述三个交流仪表测得$U=50$ V，$I=1$ A，$P=30$ W。计算电感线圈的电阻R和自感系数L。

4-10　在如题图4-6所示的电路中，$\dot{U}_S=8\angle 0^\circ$ V，求负载Z_L满足共轭匹配条件时获得的最大功率。

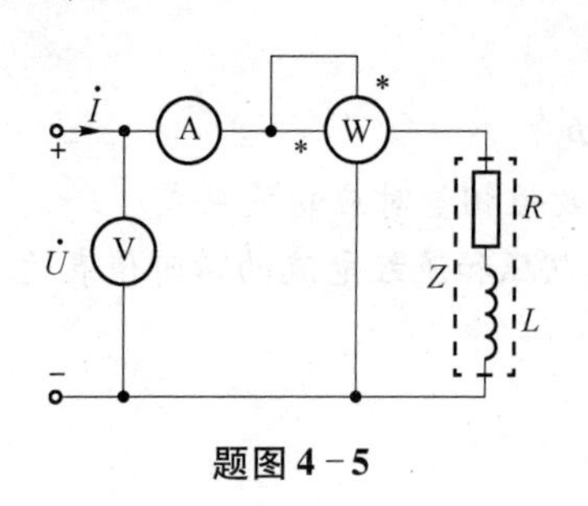

题图4-5

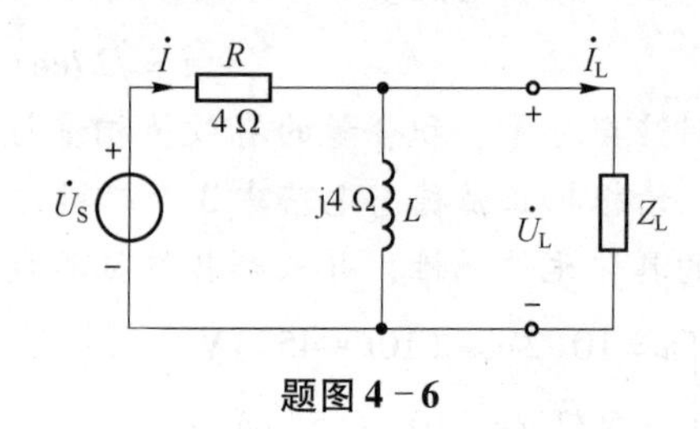

题图4-6

第 5 章

三相电路

章节引入

三相交流电是当前我国电力电网供电配置的主体形式。本章主要介绍三相电路的配电线路形式、基本名词术语、重要电路参数、函数关系式，以及有关对称三相电路的基本分析方法和不对称三相电路基本电路特性分析。

本章内容提要

本章主要内容包括三相电路的特点、三相电路的分析、三相电路的功率、工程应用实例和 Multisim 仿真。

工程意义

当今世界各个国家的电力电网供电配置还是以三相交流电供电形式为主。对三相交流电路的供电形式、名词术语、基本特性参数的定义、分析、计算方法的掌握非常重要，能够为不对称三相电路，以及发电机、电动机的工作原理及其应用特性分析奠定理论基础。

5.1　三相电路的特点

当前电力系统广泛采用的是由三相电路产生、输送正弦交流电的供电方式。三相电路产生、输送正弦交流电的主要优势如下。

(1) 从发电机的角度分析，相同尺寸的三相发电机比单相发电机的功率大，并且在三相负载相同的情况下，三相发电机转矩恒定，有利于发电机长期稳定地工作。

(2) 从电能输送的角度分析，采用三相输电系统会比采用单相输电系统大幅地节省传输线路上的资金投入。

(3) 从变压器的角度分析，选用三相变压器比选用单相变压器性价比高。

(4) 从电动机的角度分析，三相交流电瞬时功率为恒定值，可以使三相电动机转动平稳，从而保证整个动力系统运行稳定。

三相电路的基本构成要素：三相电源、三相输电线路、三相负载。

三相电路构成中的三相电源和三相负载都分别对应“对称”“不对称”两种情况。

5.1.1　对称三相电路的构成特点

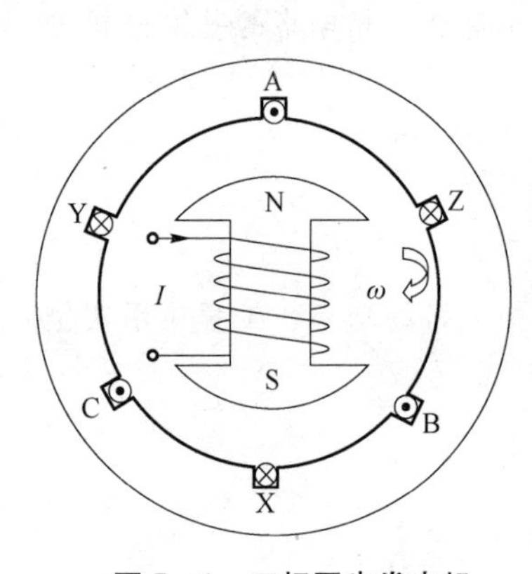

图 5－1　三相同步发电机

对称三相电路是由对称三相电源通过阻抗相同的输电线与对称的三相负载相连接而构成的。对称的三相负载是指三个负载的阻抗相等。对称三相电源是由三个同频率、等幅值、初相依次滞后 120°的正弦电压源连接成星形或三角形形式的电源。对称三相电源通常由三相同步发电机产生，如图 5－1 所示。三相同步发电机的工作过程见二维码 5－1。

二维码 5－1　三相同步发电机的工作过程

三相同步发电机定子（又称为电枢）铁心的内圆周，均匀散布着在空间布局互差 120°的定子槽，槽内嵌着排列规律的三相对称绕组，也称为电枢绕组。三相同步发电机转子铁心上装有制成确定形状的成对磁极，磁极上绕有励磁绕组，通以直流电流时，将会在发电机的气隙中形成极性相间的散布磁场，称为励磁磁场。给发电机输入机械能，驱动转子旋转，极性相间的励磁磁场就会随转轴一起旋转，并顺次切割各相定子绕组。电枢绕组中将会感应出大小和方向按周期变化的对称三相交变感应电压。通过引出线，即可作为对称的三相交流电源。

图 5－1 中，三相发电机的三个电枢绕组分别标记为 A－X、B－Y、C－Z，其中，A、B、C 被称为始端，X、Y、Z 三端被称为末端。对称三相电源的输出即发电机三个电枢绕组对应的感应电压 u_A、u_B、u_C，如图 5－2 所示。

图 5－2　三相电源电压

三相电压源依次被称为 A 相、B 相、C 相，在实际工程应用中也被对应称为 U 相、V 相、W 相。三相电源的引出线被称为相线或端线，俗称火线，其对应电源导线外部的绝缘漆的颜色分别对应为黄、绿、红。对称三相电源的电压波形如图 5－3 所示。

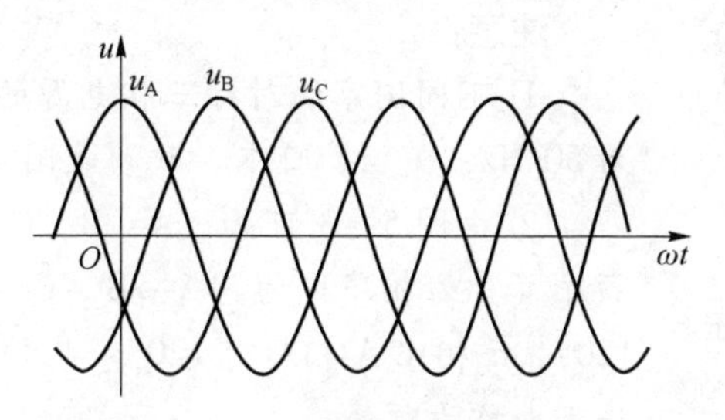

图 5－3　对称三相电源电压波形

在图 5－3 中，A 相电压为参考正弦量，初相 ϕ_A 为 0°。因此同频率、等幅值、初相依次滞后 120°的 A、B、C 三相电源的电压瞬时值表达式为

$$\begin{cases} u_A(t) = \sqrt{2}U\cos(\omega t + \phi_A) \\ u_B(t) = \sqrt{2}U\cos(\omega t + \phi_A - 120°) \\ u_C(t) = \sqrt{2}U\cos(\omega t + \phi_A + 120°) \end{cases}$$

当 $\phi_A = 0°$时，三相电源的电压瞬时值表达式可简化为

$$\begin{cases} u_A(t) = \sqrt{2}U\cos(\omega t) \\ u_B(t) = \sqrt{2}U\cos(\omega t - 120°) \\ u_C(t) = \sqrt{2}U\cos(\omega t + 120°) \end{cases} \tag{5-1}$$

由式（5－1）可得 A、B、C 三相电源的电压有效值相量式为

$$\begin{cases} \dot{U}_A = U\angle 0° \\ \dot{U}_B = U\angle -120° \\ \dot{U}_C = U\angle 120° \end{cases} \tag{5-2}$$

考虑到 A、B、C 三相电压有效值相量的模相等，辐角依次滞后 120°，为了表达和计算的方便，可引入单位相量算子 α，即

$$\alpha = 1\angle 120° \tag{5-3}$$

引入单位相量算子 α 后，式（5－2）转换为

$$\begin{cases} \dot{U}_A = U\angle 0° \\ \dot{U}_B = U\angle -120° = \alpha^2\dot{U}_A \\ \dot{U}_C = U\angle 120° = \alpha\dot{U}_A \end{cases} \tag{5-4}$$

根据 A、B、C 三相电源的电压有效值相量式，可绘出 3 个电压相量对应的相量，如图 5－4 所示。

根据式（5－2），直接对 A、B、C 三相电压的有效值相量进行求和，或根据图5－4，通过相量作图法分析，得出的结论为

$$\dot{U}_A + \dot{U}_B + \dot{U}_C = 0 \tag{5-5}$$

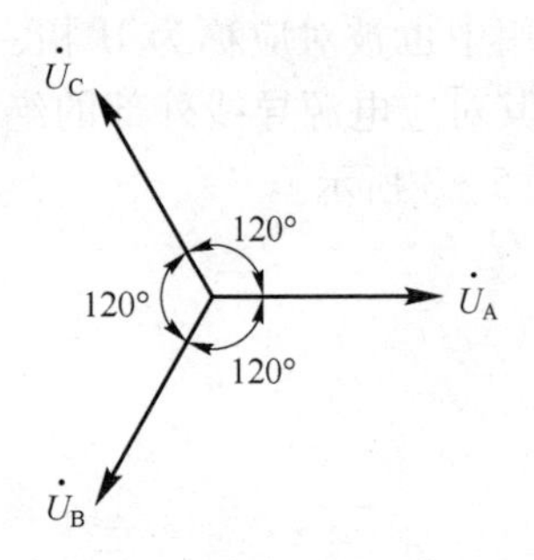

图 5-4　对称三相电源电压有效值相量图

即

$$u_A + u_B + u_C = 0 \tag{5-6}$$

这是对称三相电源的显著特征。

注意：

① 不同国家的对称三相电源的正弦量频率 f 不同，中国为 50 Hz，美国、日本、欧洲等国家为 60 Hz。

② 由图 5-3 可知，A、B、C 三相电压依次到达峰值的顺序（称为相序）为“A→B→C→A”，即 B 相比 A 相滞后 120°，C 相比 A 相超前 120°。此种相序称为正相序，简称正序，也称为顺序。

③ 若 A、B、C 三相电压的有效值相量的空间布局变化为“A→C→B→A”，则 C 相比 A 相滞后 120°，B 相比 A 相超前 120°。这时的相序称为负相序，简称负序，也称为逆序。

④ 当 A、B、C 三相电压同相时，称为零序。

正、负相序的实际工程应用意义：对称三相电源给三相电动机供电，更换相序可改变电动机的转向。

5.1.2　对称三相电路的连接方式

对称三相电路的构成要素：对称三相电源、阻抗相同的输电线、对称的三相负载。对称三相电路的连接方式主要取决于对称三相电源和对称三相负载各自的连接形态。两者都可以连接为 Y 或△。

1. 对称三相电源的连接方式

1）对称三相电源 Y 连接

常见的对称三相电源 Y 连接方式如图 5-5 所示。

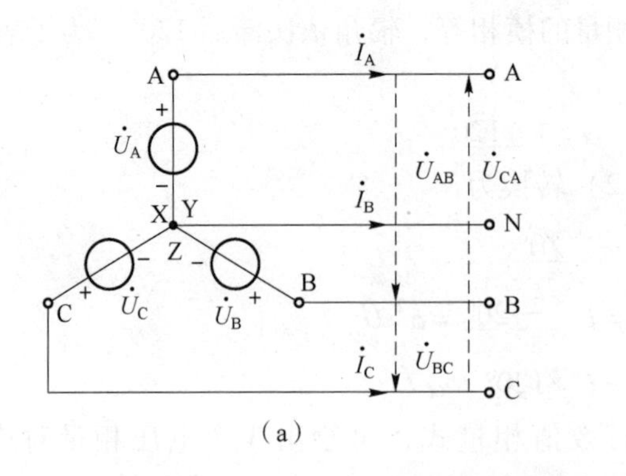

（a）

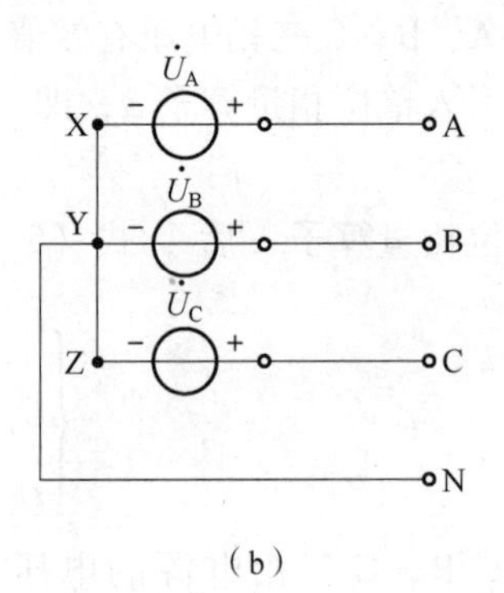

（b）

图 5-5　对称三相电源 Y 连接方式

在图 5-5 中，对称三相电源 3 个电压源的末端 X、Y、Z 连接在一起，3 个始端 A、B、C 直接引出端线。3 个末端 X、Y、Z 相连接的点被称为中性点，用字母 N 表示。

注意：

对称三相电源中每相绕组的端电压被称为相电压，3 个相电压的有效值相量为$\dot{U}_A$、$\dot{U}_B$、$\dot{U}_C$。对称三相电源中端线与端线之间的电压被称为线电压，3 个线电压有效值相量为$\dot{U}_{AB}$、$\dot{U}_{BC}$、$\dot{U}_{CA}$。

在图 5-5 中，对称三相电源 Y 连接方式的 3 个线电压有效值相量与 3 个相电压有效值相量对应的关系可通过相量法分析推导。

设三相对称电源的相电压有效值的相量式为

$$\begin{cases}\dot{U}_{AN}=\dot{U}_A=U\angle 0^\circ\\ \dot{U}_{BN}=\dot{U}_B=U\angle -120^\circ\\ \dot{U}_{CN}=\dot{U}_C=U\angle 120^\circ\end{cases}$$

根据设定的 3 个相电压相量式，求解线电压相量式，得

$$\begin{cases}\dot{U}_{AB}=\dot{U}_A-\dot{U}_B=U\angle 0^\circ-U\angle -120^\circ=\sqrt{3}U\angle 30^\circ\\ \dot{U}_{BC}=\dot{U}_B-\dot{U}_C=U\angle -120^\circ-U\angle 120^\circ=\sqrt{3}U\angle -90^\circ\\ \dot{U}_{CA}=\dot{U}_C-\dot{U}_A=U\angle 120^\circ-U\angle 0^\circ=\sqrt{3}U\angle 150^\circ\end{cases} \tag{5-7}$$

或者根据设定的 3 个相电压相量式，利用相量作图法求解线电压相量，如图 5-6 所示。

根据图 5-6 可知，对称三相电源 Y 连接方式下线电压也对称，且线电压相互间根据相序关系也依次超前或滞后 120°，三者的相量和为 0，即

$$\dot{U}_{AB}+\dot{U}_{BC}+\dot{U}_{CA}=0 \tag{5-8}$$

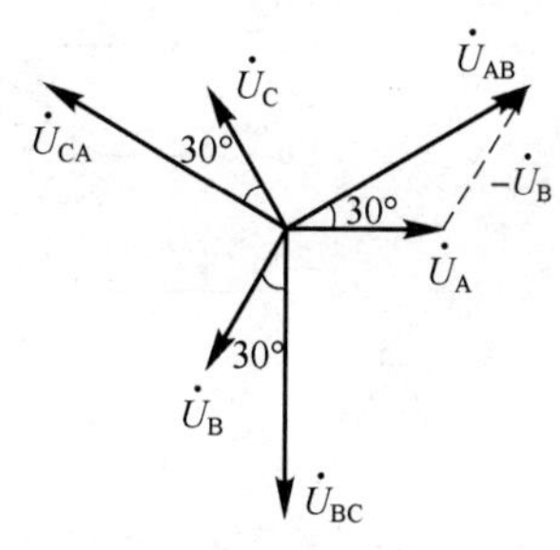

图 5-6　对称三相电源相电压与线电压复平面图

根据式（5-7）和图 5-6，将线电压相量式与相电压相量式按照对应关系 $\dot{U}_{AB}\to\dot{U}_A$、$\dot{U}_{BC}\to\dot{U}_B$、$\dot{U}_{CA}\to\dot{U}_C$ 进行分析，得出对称三相电源 Y 连接方式的线电压相量与相电压相量之间的关系对应如下：

① 线电压相量的模是对应相电压相量的模的$\sqrt{3}$倍；

② 线电压相量的辐角比对应的相电压相量的辐角超前 30°。

2）对称三相电源△形连接

两种常见的对称三相电源△形连接方式如图 5-7 所示，对称三相电源 3 个电压源的始端、末端顺次相连接，即 X 端连接 B 端，Y 端连接 C 端，Z 端连接 A 端，最后从 3 个连接点引出端线。

注意：

① △形连接方式的对称三相电源没有中性点 N。

② 在进行三相电源△电路实际连接时，各相电源的极性不能接反。

③ 对称三相电源△连接中相电压与线电压的定义与 Y 连接完全一致。

由图 5-7（a）所示电路相量图可知，对称三相电源△连接方式的线电压相量与对应的相电压相量相等，它们的对应关系为

$$\dot{U}_{AB}=\dot{U}_A,\dot{U}_{BC}=\dot{U}_B,\dot{U}_{CA}=\dot{U}_C$$

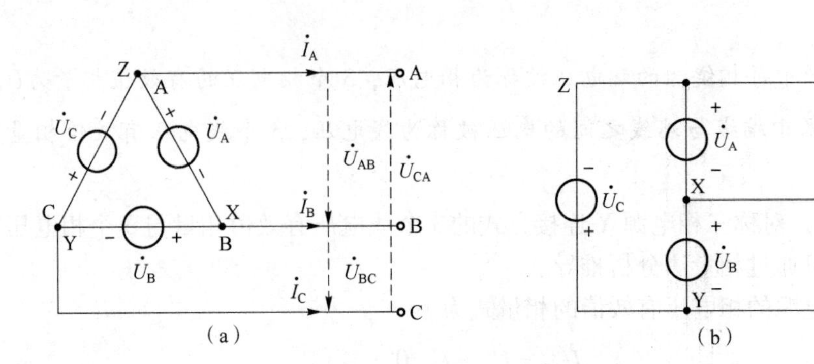

图 5-7　对称三相电源△形连接方式

2. 对称三相负载连接方式

对称三相电路的负载也要求三相对称，即三相负载阻抗相等。对称三相负载也有 Y、△两种连接方式，如图 5-8 所示。

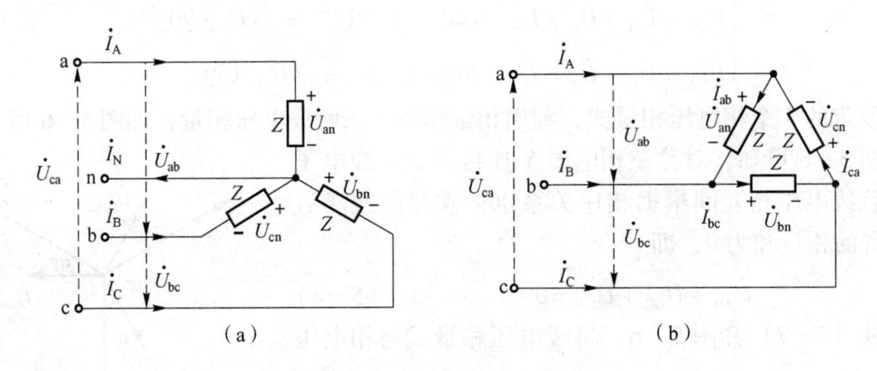

图 5-8　对称三相负载电路连接方式

(a) Y 连接方式；(b) △连接方式

图 5-8 中标注了三相电路在正常运行情况下，电路中需要关注、研究的各个电流参量和电压参量，其具体如下。

(1) 三相电源端与三相负载端相连接的支路中的电流，即各条端线上流经的电流，被称为线电流，如图 5-8 中的 $\dot{I}_A$、$\dot{I}_B$、$\dot{I}_C$。

(2) 三相电源端的中性点与三相负载端的中性点相连接的支路（称为中性线，俗称零线）中的电流，被称为中性线电流，如图 5-8 (a) 中的 $\dot{I}_N$。

注意：

当负载端为△连接时，三相电路中不存在中性线。

(3) 三相负载端为△连接时，3 个负载支路的电流，被称为相电流，如图 5-8 (b) 中的 $\dot{I}_{ab}$、$\dot{I}_{bc}$、$\dot{I}_{ca}$。

注意：

① 当负载端为 Y 连接时，三相电路的线电流也同时流经各个负载支路，所以线电流等于相电流。

② 当负载端为△连接时，三相电路的线电流不等于流经负载支路的相电流。

(4) 三相电路负载端的线电压为负载端端线之间的电压，如图 5－8 中的$\dot{U}_{ab}$、$\dot{U}_{bc}$、$\dot{U}_{ca}$。

(5) 三相电路负载端的相电压为每相负载上的电压，如图 5－8 中的$\dot{U}_{an}$、$\dot{U}_{bn}$、$\dot{U}_{cn}$。

3. 对称三相电路的连接方式

由于对称三相电源和对称三相负载均有 Y、△两种连接方式，所以对称三相电路实际的构成有 Y_N-Y_n、Y－Y、Y－△、△－Y、△－△这 5 种连接方式。

1) Y_N-Y_n、Y－Y 连接方式

当对称三相电源和对称三相负载均为 Y 连接方式时，构成的对称三相电路的具体电路形式有 Y_N-Y_n、Y－Y 两种，分别如图 5－9、图 5－10 所示。两种电路连接方式的区别在于是否存在中性线。对于对称三相电路而言，中性线是否存在都不影响电路的电路特性，因此在理想的对称三相电路分析中，Y_N-Y_n、Y－Y 两种电路连接方式的电路分析步骤完全相同。

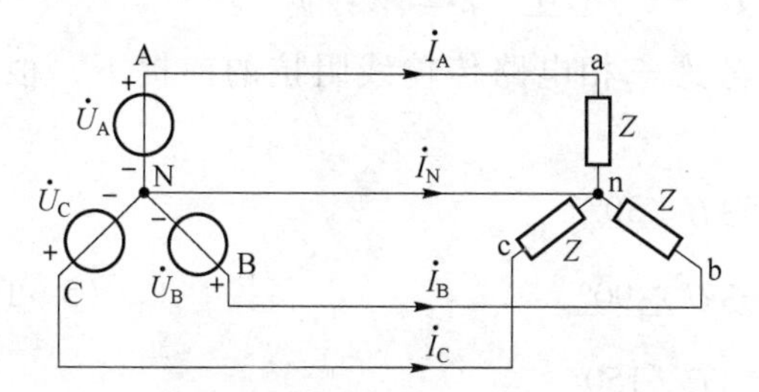

图 5－9 对称三相电路 Y_N-Y_n 连接方式

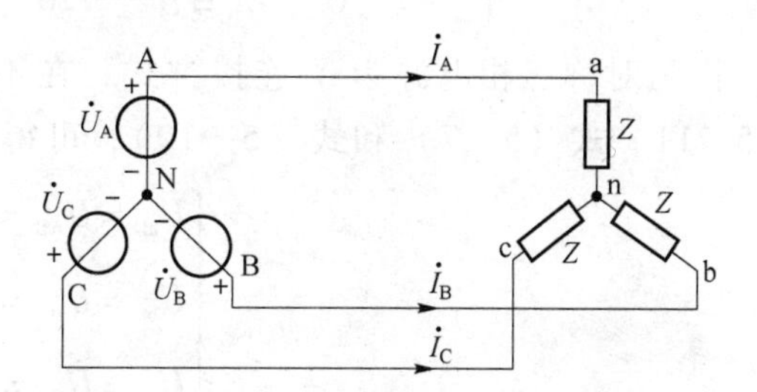

图 5－10 对称三相电路 Y－Y 连接方式

图 5－9 所示的 Y_N-Y_n 三相电路连接方式为三相四线制。图 5－10 所示的 Y－Y 连接方式，以及其他 3 种连接方式：Y－△、△－Y、△－△，均为三相三线制。我国 10 kV、110 kV、220 kV、500 kV、1 000 kV 的高压输电线路采用的是三相三线制，没有中性线。而在低压配电网中，输电线路一般采用三相四线制，确保有中性线。

注意：

结合图 5－5 (a)、5－8 (a) 和图 5－9、图 5－10 分析可知，Y_N-Y_n、Y－Y 连接方式的对称三相电路，在不考虑传输线阻抗的前提下，三相负载端的相电压等于对应的三相电源的相电压，且相量对称，即

$$\begin{cases}\dot{U}_{an}=\dot{U}_A\\ \dot{U}_{bn}=\dot{U}_B\\ \dot{U}_{cn}=\dot{U}_C\end{cases} \tag{5-9}$$

三相负载端的线电压等于对应的三相电源的线电压，且相量对称，即

$$\begin{cases}\dot{U}_{ab}=\dot{U}_{AB}\\ \dot{U}_{bc}=\dot{U}_{BC}\\ \dot{U}_{ca}=\dot{U}_{CA}\end{cases} \tag{5-10}$$

2）Y－△连接方式

对称三相电路 Y－△连接方式如图 5－11 所示，该方式为三相三线制。

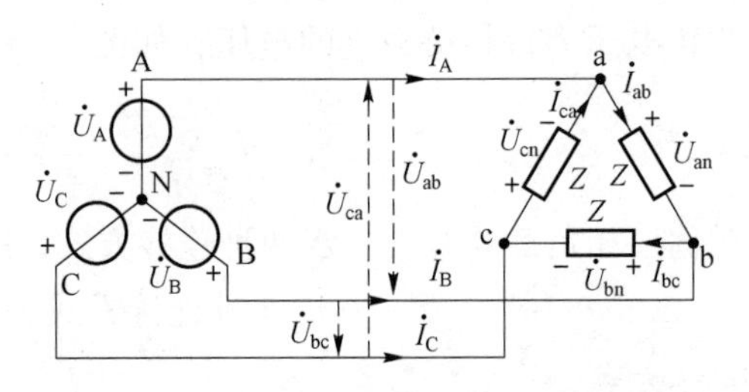

图 5－11　对称三相电路 Y－△连接方式

由图 5－11 可知，当三相电路负载端为△连接方式时，每相负载上的相电压就是其端线间的电压——线电压。在不考虑三相电路传输线阻抗的前提下，△连接方式的负载相电压也等于三相电源端的线电压。而流经每相负载支路的相电流不等于流经端线的线电流。

设对称三相电源的三相相电压有效值相量和对称三相负载的阻抗表达式为

$$\dot{U}_A = U\angle 0°,\ \dot{U}_B = U\angle -120°,\ \dot{U}_C = U\angle 120°,\ Z = |Z|\angle\varphi$$

因为对称三相电源为 Y 连接方式，在不考虑三相电路传输线阻抗的前提下，根据图 5－11、式（5－7）和式（5－10），可得

$$\begin{cases} \dot{U}_{ab} = \dot{U}_{AB} = \sqrt{3}U\angle 30° \\ \dot{U}_{bc} = \dot{U}_{BC} = \sqrt{3}U\angle -90° \\ \dot{U}_{ca} = \dot{U}_{CA} = \sqrt{3}U\angle 150° \end{cases} \tag{5-11}$$

又因为对称三相负载为△连接方式，根据图 5－11 可由负载端线电压求解对应负载支路的相电流，即

$$\begin{cases} \dot{I}_{ab} = \dfrac{\dot{U}_{ab}}{Z} = \dfrac{\sqrt{3}U}{|Z|}\angle 30°-\varphi \\ \dot{I}_{bc} = \dfrac{\dot{U}_{bc}}{Z} = \dfrac{\sqrt{3}U}{|Z|}\angle -90°-\varphi \\ \dot{I}_{ca} = \dfrac{\dot{U}_{ca}}{Z} = \dfrac{\sqrt{3}U}{|Z|}\angle 150°-\varphi \end{cases} \tag{5-12}$$

由图 5－11 可知，根据 KCL 可得负载端相电流与线电流对应的相量关系式为

$$\begin{cases} \dot{I}_A = \dot{I}_{ab} - \dot{I}_{ca} = \sqrt{3}\dot{I}_{ab}\angle -30° \\ \dot{I}_B = \dot{I}_{bc} - \dot{I}_{ab} = \sqrt{3}\dot{I}_{bc}\angle -30° \\ \dot{I}_C = \dot{I}_{ca} - \dot{I}_{bc} = \sqrt{3}\dot{I}_{ca}\angle -30° \end{cases} \tag{5-13}$$

由式（5－13）分析可知，当对称三相负载采用△连接方式时，线电流相量和相电流相量之间对应的关系如下：

① 线电流相量的模是对应相电流相量的模的$\sqrt{3}$倍；

② 线电流相量的辐角比对应的相电流相量的辐角滞后 30°。

根据式（5－13），可以通过相量作图法得到对称三相负载△连接方式线电流相量和相电流相量关系的相量图，如图5－12所示。

根据图5－12可知，当对称三相负载端为△连接方式时，电路中的3个线电流相量对称，负载端的3个相电流相量也对称。

负载端的3个相电流相量根据相序关系相互依次超前或滞后120°，且三者的相量和为0，即

$$\dot{I}_{ab}+\dot{I}_{bc}+\dot{I}_{ca}=0$$

三相电路的3个线电流相量根据相序关系也相互依次超前或滞后120°，且三者的相量和为0，即

$$\dot{I}_{A}+\dot{I}_{B}+\dot{I}_{C}=0$$

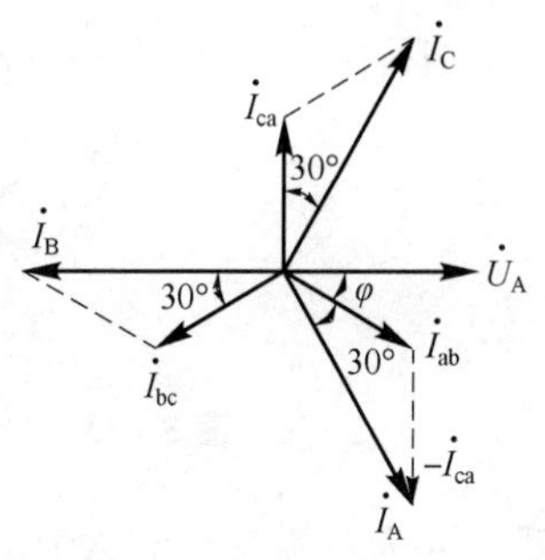

图5－12 对称三相负载△连接方式线电流与相电流相量关系的相量图

5.2 三相电路的分析

三相电路的分析分为对称三相电路和不对称三相电路两大类。这两种电路状态对应的分析方法不同。

5.2.1 对称三相电路的分析计算

对称三相电路的计算方法是一相计算法。其基本解题思路：选择对称三相电路中三相中的一相电路作为分析计算的对象，得到此相电路的相关电路参数后，可依据相序关系，直接列写其他两相电路的相关电路参数。

对称三相电路可以应用一相计算法的原因有以下3个方面。

（1）在Y_N-Y_n连接的对称三相电路中，任一相的相电流只和此相的相电压及阻抗有关，与其他两相无关，即各相的相电流和相电压的计算具有独立性。

（2）对称三相电路Y－Y连接虽然没有连接中性线，但实质与Y_N-Y_n连接电路等效；若三相电源为△连接方式，则可以直接用Y连接方式替代，只要确保后续提供给负载端的线电压一致即可；若三相负载为△形连接方式，则可以将三相负载进行△－Y的等效电路变换。故Y－△、△－Y、△－△均可以等效转换为Y_N-Y_n连接。因此，对称三相电路5种连接方式的电路均可应用一相计算法。

（3）在对称三相电路中，三相的相电流、相电压、线电流、线电压均是对称的，因此只要计算出其中某一相的电参量，其他两相的电参量可以根据对应的相序关系，即对应电参量的相位是超前或滞后120°直接列写。

【例5－1】 应用一相计算法分析计算图5－13所示Y_N-Y_n连接的对称三相电路中，A、B、C三相电路的线电流相量、负载端相电压相量、线电压相量。不考虑传输线阻抗。

已知：$\dot{U}_A=U\angle 0°=220\angle 0°$ V，$Z=|Z|\angle\varphi=22\angle 45°$ Ω。

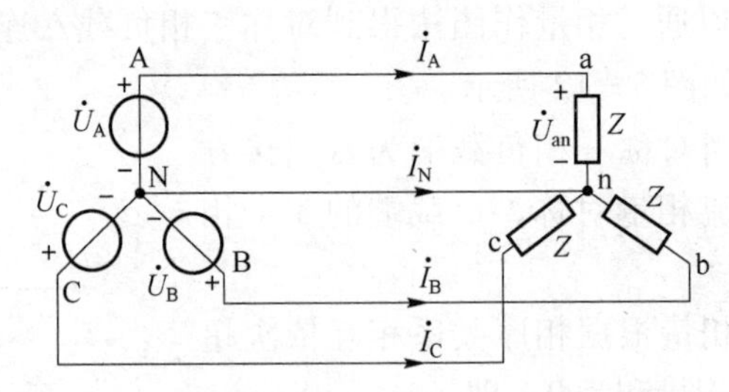

图 5-13　Y_N-Y_n 连接对称三相电路（不考虑传输线阻抗）

解：因为对称三相电路中三个线电流相量的和为 0，即

$$\dot{I}_A+\dot{I}_B+\dot{I}_C=0$$

根据 KCL 相量式 $\dot{I}_A+\dot{I}_B+\dot{I}_C+\dot{I}_N=0$ 可知，中性线上电流为

$$\dot{I}_N=0$$

在不考虑传输线阻抗的情况下，A 相负载的相电压为

$$\dot{U}_{an}=\dot{U}_A=U\angle 0^\circ$$

根据对称三相电路线电压与相电压的相量关系，可由 A 相的负载相电压相量来求 A 相对应的负载端的线电压相量，即

$$\dot{U}_{ab}=\sqrt{3}\,\dot{U}_{an}\angle 30^\circ=\sqrt{3}\,U\angle 30^\circ=380\angle 30^\circ\ \text{V}$$

选择图 5-13 所示三相对称电路中 A 相电路进行一相电路的分析计算。绘制 A 相电路的一相计算相量模型图，如图 5-14 所示。

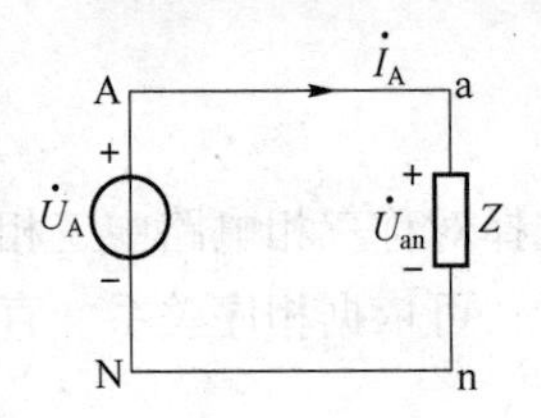

图 5-14　例 5-1 一相计算法相量模型图

根据图 5-14 可得 A 相电路线电流相量式，即

$$\dot{I}_A=\frac{\dot{U}_{an}}{Z}=\frac{\dot{U}_A}{Z}=\frac{U\angle 0^\circ}{|Z|\angle \varphi}=\frac{U}{|Z|}\angle -\varphi$$

$$=\frac{220}{22}\angle -45^\circ\ \text{A}=10\angle -45^\circ\ \text{A}$$

在对称三相电路中，A 相电路的负载端相电压、线电压和线电流相量均已列式求解。下面按照 A、B、C 三相电路对应正相序的关系，依次列写出对称三相电路 B 相和 C 相对应的电参量相量式。

$$\text{B 相：}\begin{cases}\dot{U}_{bn}=\dot{U}_{an}\angle -120^\circ=220\angle -120^\circ\ \text{V}\\ \dot{U}_{bc}=\dot{U}_{ab}\angle -120^\circ=380\angle -90^\circ\ \text{V}\\ \dot{I}_B=\dot{I}_A\angle -120^\circ=10\angle -165^\circ\ \text{A}\end{cases}$$

$$\text{C 相：}\begin{cases}\dot{U}_{cn}=\dot{U}_{an}\angle 120^\circ=220\angle 120^\circ\ \text{V}\\ \dot{U}_{ca}=\dot{U}_{ab}\angle 120^\circ=380\angle 150^\circ\ \text{V}\\ \dot{I}_C=\dot{I}_A\angle 120^\circ=10\angle 75^\circ\ \text{A}\end{cases}$$

【例 5-2】　应用一相计算法分析计算图 5-15 所示 Y_N-Y_n 连接的对称三相电路中的线电流相量、负载端相电压相量、线电压相量。考虑传输线阻抗。

已知：$\dot{U}_A = U\angle 0° = 220\angle 0°$ V，$Z = (7+j7)\ \Omega$，$Z_l = (2+j2)\ \Omega$。

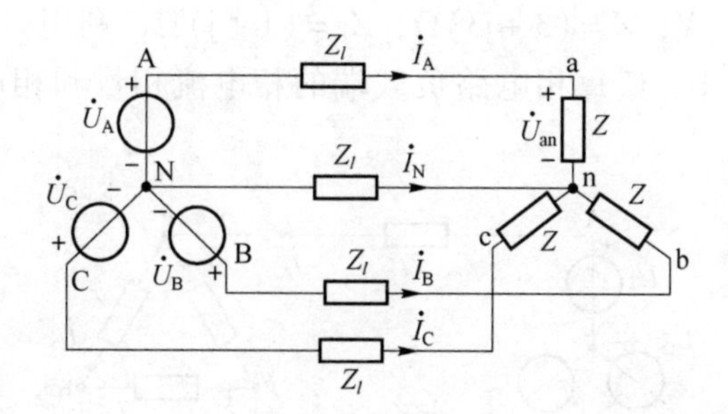

图 5－15　$Y_N - Y_n$ 连接的对称三相电路（考虑传输线阻抗）

解：在图 5－15 中，考虑端线和中性线上传输线等效阻抗 Z_l 的存在。

因为三相电路对称，3 个线电流相量的和依然为 0，即

$$\dot{I}_A + \dot{I}_B + \dot{I}_C = 0$$

根据 KCL 相量式 $\dot{I}_A + \dot{I}_B + \dot{I}_C + \dot{I}_N = 0$ 可知，中性线上电流为

$$\dot{I}_N = 0$$

所以，在分析计算电路电参量时，不需要考虑图 5－15 所示电路中，中性线上传输线等效阻抗 Z_l 的存在。

选择图 5－15 所示三相对称电路中 A 相电路进行分析计算。绘制 A 相电路的一相计算相量模型图，如图 5－16 所示。

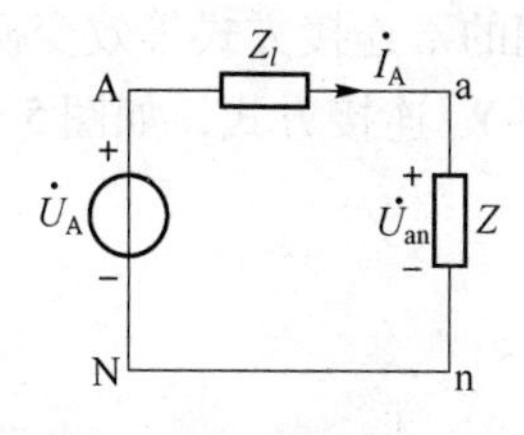

图 5－16　例 5－2 一相计算法相量模型图

根据图 5－16 可得 A 相电路线电流相量式，即

$$\dot{I}_A = \frac{\dot{U}_A}{Z + Z_l} = \frac{220\angle 0°}{(7+j7)+(2+j2)}\ \text{A} = \frac{220\angle 0°}{9\sqrt{2}\angle 45°}\ \text{A} = 17.3\angle -45°\ \text{A}$$

由图 5－16 可进一步求得 A 相负载的相电压相量，即

$$\dot{U}_{an} = \dot{I}_A \cdot Z = 17.3\angle -45° \times (7+j7)\ \text{V} = 171.3\angle 0°\ \text{V}$$

根据对称三相电路线电压相量与相电压相量对应的关系式，可由 A 相的负载相电压相量来求 A 相的线电压相量，即

$$\dot{U}_{ab} = \sqrt{3}\,\dot{U}_{an}\angle 30° = 296.7\angle 30°\ \text{V}$$

对称三相电路中 A 相电路的负载端相电压、线电压和线电流相量均已列式求解。下面按照 A、B、C 三相电路对应正相序的关系，依次列写出对称三相电路 B 相和 C 相对应的电参量相量式。

$$\text{B 相：}\begin{cases} \dot{U}_{bn} = \dot{U}_{an}\angle -120° = 171.3\angle -120°\ \text{V} \\ \dot{U}_{bc} = \dot{U}_{ab}\angle -120° = 296.7\angle -90°\ \text{V} \\ \dot{I}_B = \dot{I}_A\angle -120° = 17.3\angle -165°\ \text{V} \end{cases}$$

$$\text{C 相：}\begin{cases} \dot{U}_{cn} = \dot{U}_{an}\angle 120° = 171.3\angle 120°\ \text{V} \\ \dot{U}_{ca} = \dot{U}_{ab}\angle 120° = 296.7\angle 150°\ \text{V} \\ \dot{I}_C = \dot{I}_A\angle 120° = 17.3\angle 75°\ \text{V} \end{cases}$$

【例 5-3】 应用一相计算法分析计算图 5-17 所示的电路中，已知：

$\dot{U}_A = U\angle 0° = 220\angle 0°$ V，$Z = (3 + j3)\Omega$，$Z_l = (1 + j)\Omega$，利用一相计算法求 Y－△连接方式的对称三相电路 A、B、C 每相电路负载端的相电流相量和相电压相量。考虑传输线阻抗。

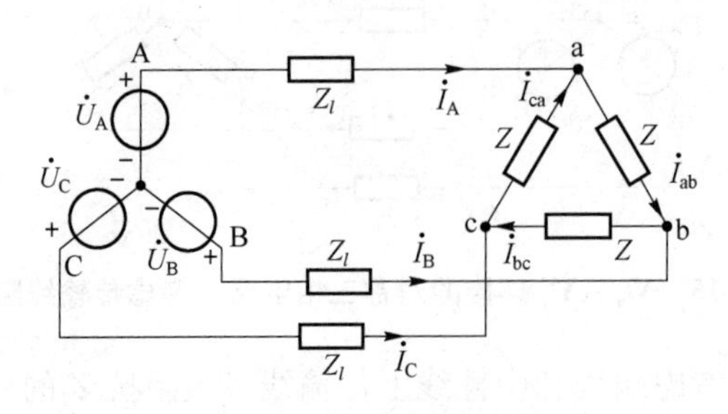

图 5-17 Y－△连接的对称三相电路（考虑传输线阻抗）

解：图 5-17 所示电路为 Y－△连接的对称三相电路，在应用一相计算法之前要将其负载端的△连接方式等效变换为 Y 连接方式，将 Y－△连接方式的对称三相电路等效转变为 $Y_N - Y_n$ 连接方式，如图 5-18 所示。

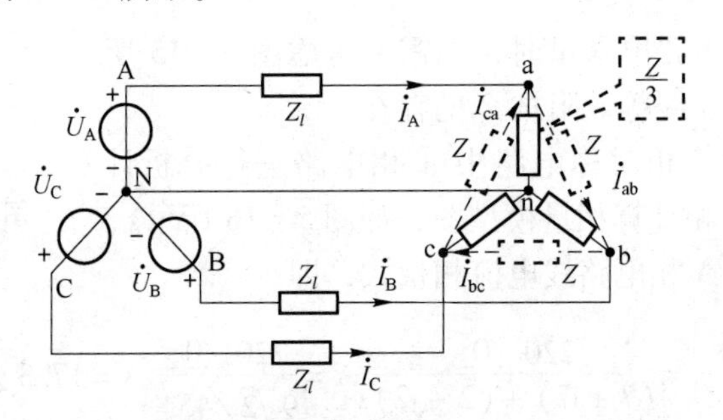

图 5-18 Y－△连接方式等效变换为 $Y_N - Y_n$ 连接的对称三相电路

选择图 5-18 所示 $Y_N - Y_n$ 连接方式的三相对称电路中 A 相电路进行分析计算。绘制 A 相电路的一相计算相量模型图，如图 5-19 所示。

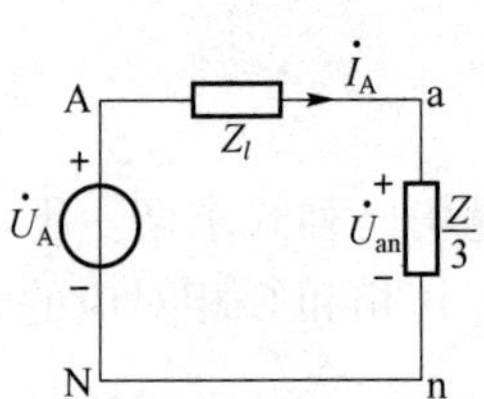

图 5-19 例 5-3 一相计算法相量模型图

根据图 5-19 可得原 Y－△连接方式下对称三相电路中 A 相电路的线电流相量式为

$$\dot{I}_A = \frac{\dot{U}_A}{Z_l + \frac{Z}{3}} = \frac{220\angle 0°\ \text{V}}{\left[(1+j) + \frac{3+j3}{3}\right]\Omega}\ \text{A} = \frac{220\angle 0°\ \text{V}}{2\sqrt{2}\angle 45°\ \Omega}\ \text{A} = 77.8\angle -45°\ \text{A}$$

图 5-17 所示原电路中三相对称负载为△连接方式，因此可根据式（5-13），由 A 相线电流相量求得 A 相的相电流相量，即

$$\dot{I}_{ab} = \frac{1}{\sqrt{3}}\dot{I}_A\angle 30° = \frac{1}{\sqrt{3}} \times 77.8\angle -45° \times \angle 30°\ \text{A} = 44.9\angle -15°\ \text{A}$$

由图 5-17 可知，A 相负载端的相电压也是负载端的线电压，其相量式为

$$\dot{U}_{ab} = \dot{I}_{ab} \cdot Z = 44.9\angle -15° \times (3 + j3)\ \text{V} = 190.5\angle 30°\ \text{V}$$

在求得 A 相负载端的相电流相量和相电压相量的前提下，按照 A、B、C 三相电路对应正相序的关系，依次列写出对称三相电路 B 相和 C 相对应的电参量相量式。

B 相：$\begin{cases}\dot{I}_{bc}=\dot{I}_{ab}\angle 120^\circ=44.9\angle -135^\circ \text{ A}\\ \dot{U}_{bc}=\dot{U}_{ab}\angle -120^\circ=190.5\angle -90^\circ \text{ V}\end{cases}$

C 相：$\begin{cases}\dot{I}_{ca}=\dot{I}_{ab}\angle 120^\circ=44.9\angle 105^\circ \text{ A}\\ \dot{U}_{ca}=\dot{U}_{ab}\angle 120^\circ=190.5\angle 150^\circ \text{ V}\end{cases}$

5.2.2 不对称三相电路的分析

对称三相电路要求三相电源对称、三相负载对称、三相传输线对称，只要有一个环节不对称，就被称为不对称三相电路。不对称三相电路是电力系统中最常见的电路形态。在实际的电力系统应用中，很难保证三相负载完全相等。另外，电路中某一相电路的电源、负载出现短路或开路等电路故障，也会造成三相电路不对称。

不对称三相电路的分析计算不能应用一相计算法，要用复杂交流电路分析法。本小节主要对不对称三相电路进行特性分析。

1. 中性点位移现象

如图 5 - 20 所示的三相电路，按照结点电压法的分析思路，该电路中有两个结点，分别是三相电源 Y 连接的中性点 N 和三相负载 Y 连接的中性点 n。设中性点 N 为参考结点，结点电压为 0；中性点 n 则为独立结点，结点电压为 $\dot{U}_{nN}$。

列写独立结点 n 的结点电压方程为

$$\left(\frac{1}{Z_a+Z_l}+\frac{1}{Z_b+Z_l}+\frac{1}{Z_c+Z_l}+\frac{1}{Z_N}\right)\dot{U}_{nN}=\frac{\dot{U}_A}{Z_a+Z_l}+\frac{\dot{U}_B}{Z_b+Z_l}+\frac{\dot{U}_C}{Z_c+Z_l} \tag{5-14}$$

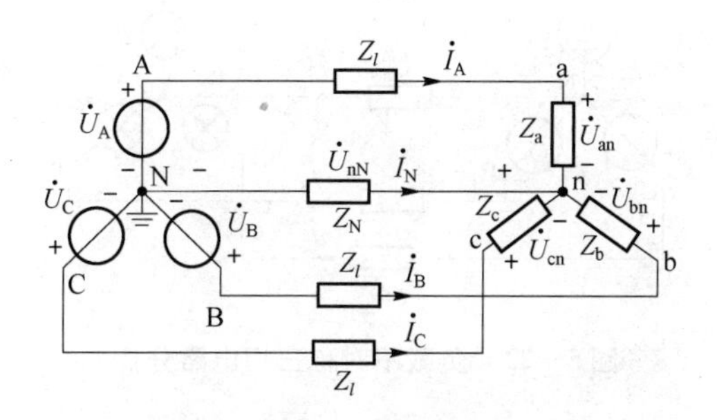

图 5 - 20 中性点位移现象分析电路

若图 5 - 20 所示电路为对称三相电路，则存在的关系式为

$$\dot{U}_A+\dot{U}_B+\dot{U}_C=0$$

$$Z_a+Z_l=Z_b+Z_l=Z_c+Z_l$$

根据式（5 - 14）分析可得

$$\dot{U}_{nN}=0 \text{ V} \tag{5-15}$$

式（5 - 15）说明结点 N 与结点 n 是等点位点。反映在相量图中，如图 5 - 21（a）所示。

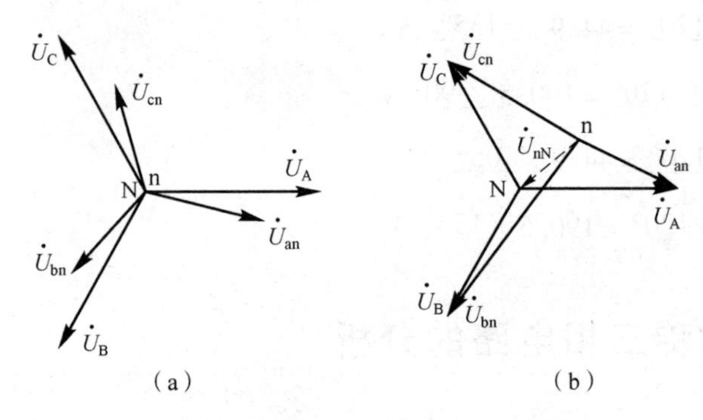

图 5-21 中性点位移现象分析相量

(a) 对称三相电路；(b) 不对称三相电路

由相量图 5-21（a）可知，对称三相电路三相负载端的中性点 n 与三相电源端的中性点 N 重合。

当三相负载不对称时，三相电路的 $\dot{U}_{nN}$ 不再为 0。由相量图 5-21（b）可知，三相负载端的中性点 n 与三相电源端的中性点 N 不再重合。此现象称为中性点位移现象。

2. 不对称三相电路故障分析

在三相电源对称的前提下，可以根据中性点位移的情况来判断三相负载端不对称的程度。当中性点位移较大时，会造成三相负载的相电压严重不对称，从而导致负载不能正常工作，甚至处于不安全的运行状态。

如图 5-22 所示的三相四线制三相电路，三相电源对称，三相负载不对称，即

$$R_A \neq R_B \neq R_C$$

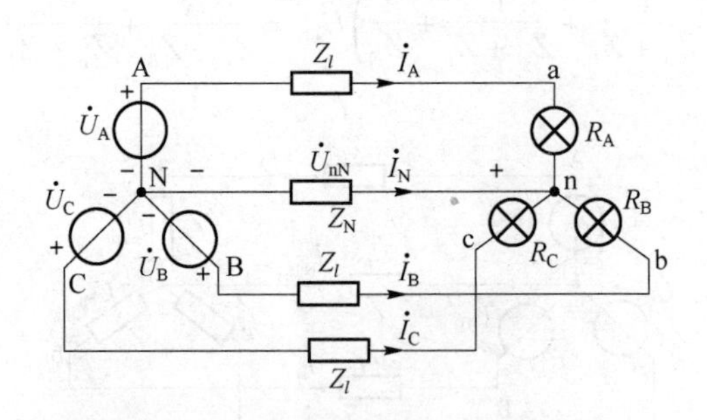

图 5-22 负载不对称三相电路分析

在图 5-22 所示电路中，当 $Z_N \approx 0$ 时，$\dot{U}_{nN} \approx 0$。说明即使当前三相负载不对称，由于中性线的存在，且在不考虑中性线阻抗的前提下，不存在中性点位移现象，三相负载电路的相电压还是各自独立计算，互不影响。但此时中性线上的电流 $\dot{I}_N = \dot{I}_A + \dot{I}_B + \dot{I}_C \neq 0$。

当三相负载中有任意一相出现短路或开路故障时，由于中性线的存在，其他两相负载电路将不受影响，继续正常运行。但如果没有中性线，或者中性线发生了断路故障，则可能出现如下两种电路故障状态。

(1) 若三相负载中有任意一相出现短路故障，则另外两相会分别与短路的火线构成回路，每一相负载由承受 220 V 的单相相电压，变为承受 380 V 的线电压，严重超出额定工作

电压值，会引发负载烧毁或对应火线熔断器熔断等电路问题。

（2）若三相负载中有任意一相发生断路故障，则另外两相构成单一回路，即两相负载呈串联关系，共同分担380 V的线电压。每个负载承受的电压大小与负载的阻抗成正比。此时，负载对应的工作状态有如下两种：

① 两相负载都工作在额定电压值之下，此种情况很少发生；

② 一个负载工作电压高于额定电压，另一个负载的工作电压低于工作电压，此种情况常见。

因此，在电力电网的低压应用电路中，三相电路一定确保为三相四线制，确保中性线的可靠存在。否则当三相电路中的任意一相或两相出现短路、断路故障，其他相的电路由于没有中性线的存在，也会随之因电压、电流过大而烧毁，或因负载不能工作在额定电压状态而不能正常工作。

5.3 三相电路的功率

对于正弦交流稳态的三相电路而言，A、B、C每一相电路都对应瞬时功率、有功功率、无功功率和视在功率，同时实现参数分析计算的复功率。若将三相电路作为整体分析研究，也对应上述几个功率参数。

5.3.1 对称三相电路的功率分析

1. 对称三相电路的瞬时功率

三相电路总的瞬时功率等于A、B、C三相电路瞬时功率的总和。对称三相负载电路如图5-23（a）所示。

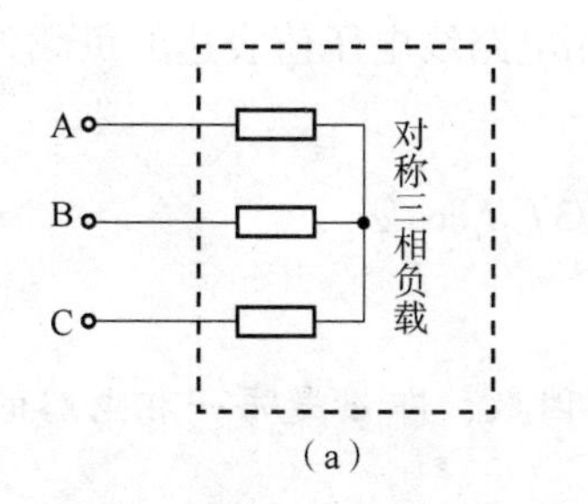

（a）

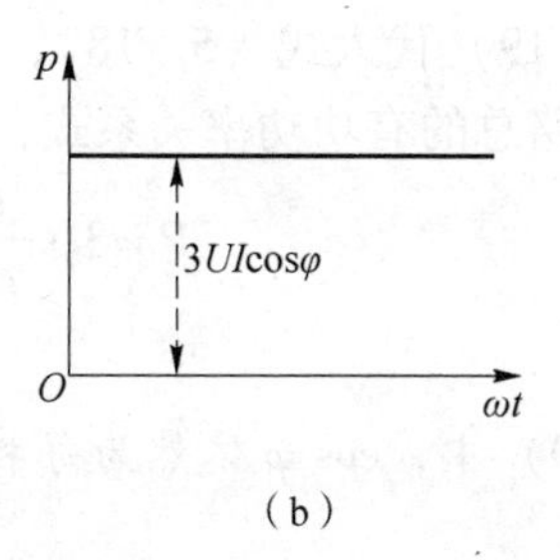

（b）

图5-23 对称三相电路瞬时功率分析

（a）对称三相负载电路；（b）功率分析

设A相电路的相电压和相电流（Y连接也同为线电流）瞬时值表达式为

$$u_A = \sqrt{2}U\cos\omega t$$

$$i_A = \sqrt{2}I\cos(\omega t - \varphi)$$

则

$$p_A = u_A i_A = 2UI\cos\omega t\cos(\omega t - \varphi)$$

A、B、C 三相电路为正相序，则

$$p_A = u_A i_A = UI\cos\varphi + UI\cos(2\omega t - \varphi)$$

$$p_B = u_B i_B = UI\cos\varphi + UI\cos[(2\omega t - 240°) - \varphi]$$

$$p_C = u_C i_C = UI\cos\varphi + UI\cos[(2\omega t + 240°) - \varphi]$$

A、B、C 三相电路瞬时功率的总和则为整个三相电路总的瞬时功率，即

$$p = p_A + p_B + p_C = 3UI\cos\varphi \tag{5-16}$$

注意：

式（5－16）中的 φ 是对称三相电路每一相电路的相电压与相电流的相位差，$\cos\varphi$ 为每相电路的功率因数。

根据式（5－16）可得到对称三相电路的瞬时功率波形，如图 5－23（b）所示，由此图可知，虽然对称三相电路每一相电路的瞬时功率为周期变换的函数，但对称三相电路总的瞬时功率为恒定常量。这是对称三相电路性能优越的重要指标之一。

2. 对称三相电路的有功功率

由于对称三相电路三相电源对称，三相负载对称，只要求出其中任意一相的有功功率，即可得到对称三相电路总的有功功率（为任意一相有功功率的 3 倍）。

设对称三相电路任意一相电路的有功功率 P_p 的表达式为

$$P_p = U_p I_p \cos\varphi \tag{5-17}$$

式（5－17）中，U_p、I_p 为对称三相电路每一相的相电压值和相电流值，$\cos\varphi$ 为每相电路的功率因数。

不论三相负载对应星形连接还是三角形连接，对称三相电路总的有功功率 P 均为

$$P = 3P_p = 3U_p I_p \cos\varphi \tag{5-18}$$

（1）当三相电路的三相负载为星形连接时，根据式（5－7）可知

$$U_l = \sqrt{3}U_p,\ I_l = I_p \tag{5-19}$$

式（5－19）中，U_l、I_l 为对称三相电路每一相的线电压值和线电流值。

将式（5－19）代入式（5－18），可得到由三相电路线电压值表达的负载为星形连接方式下的三相电路总的有功功率关系式，即

$$P = 3 \cdot \frac{1}{\sqrt{3}} U_l I_l \cos\varphi = \sqrt{3} U_l I_l \cos\varphi \tag{5-20}$$

注意：

式（5－20）中，$\cos\varphi$ 依然为每相电路的功率因数，即 φ 是每一相电路的相电压与相电流的相位差。

（2）当三相电路的三相负载为三角形连接方式时，根据式（5－13）可知

$$U_l = U_p,\ I_l = \sqrt{3}I_p \tag{5-21}$$

将式（5－21）代入式（5－18），可得到由三相电路线电流值表达的负载为三角形连接方式下的三相电路总的有功功率关系式，即

$$P = 3U_l \cdot \frac{1}{\sqrt{3}} I_l \cos\varphi = \sqrt{3} U_l I_l \cos\varphi \tag{5-22}$$

由式（5－18）、（5－20）、（5－22）分析可知，对称三相电路总的有功功率，不论以相值表示还是以线值表示，负载是星形连接方式还是三角形连接方式，最终表达式一致。

3. 对称三相电路总的无功功率、视在功率、复功率、功率因数

1）对称三相电路总的无功功率 Q

对称三相电路总的无功功率为A、B、C三相电路无功功率的总和，即

$$Q = Q_A + Q_B + Q_C = 3Q_p = 3U_p I_p \sin\varphi$$

若分别以相值和线值表达，对应的表达式为

$$Q = 3U_p I_p \sin\varphi = \sqrt{3} U_l I_l \sin\varphi \tag{5-23}$$

2）对称三相电路总的视在功率 S

对称三相电路总的视在功率可由对称三相电路总的有功功率 P 和总的无功功率 Q 求取，其表达式为

$$S = \sqrt{P^2 + Q^2} = 3U_p I_p = \sqrt{3} U_l I_l \tag{5-24}$$

3）对称三相电路总的复功率 $\overline{S}$

对称三相电路总的复功率也为A、B、C三相电路复功率的总和，即

$$\overline{S} = \overline{S}_A + \overline{S}_B + \overline{S}_C = 3\overline{S}_p = P + jQ \tag{5-25}$$

在式（5-25）中，P、Q 为对称三相电路总的有功功率和无功功率。

4）对称三相电路的功率因数 $\cos\varphi$

对称三相电路的功率因数为 $\cos\varphi$，其对应表达式为

$$\cos\varphi = \frac{P}{S} \tag{5-26}$$

在式（5-26）中，P、S 为对称三相电路总的有功功率、视在功率。

5.3.2 三相电路的功率测量

1. “一瓦特表法”测量

“一瓦特表法”测量是指用一只单相功率表进行测量。对于三相电路来说，不论对称与否，以及负载是星形连接还是三角形连接方式，均可以采用“一瓦特表法”进行测量。如果是对称三相电路，则用一只单相功率表测量出一相电路的有功功率、无功功率，三相电路总功率是其3倍。如果为不对称三相电路，则用一只单相功率表依次连接测量A、B、C三相电路的功率，最后将测量数据求和，即可得到三相电路的总功率。“一瓦特表法”测量三相电路功率如图5-24所示。

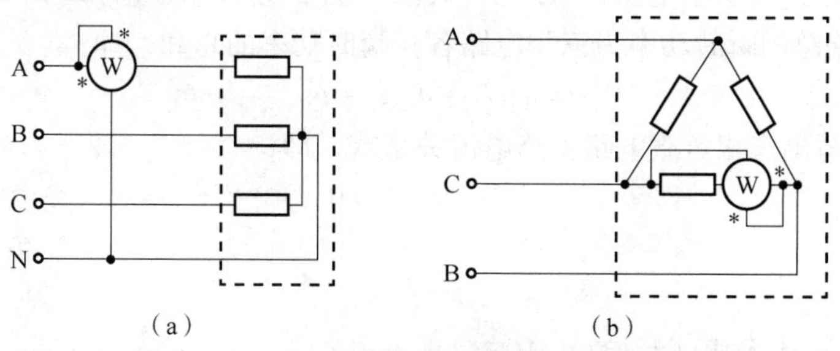

图5-24 “一瓦特表法”测量三相电路功率

（a）星形连接电路；（b）三角形连接电路

此种测量方式对于不对称三相电路而言，需多次改接测量线路。

2. “三瓦特表法”测量

“三瓦特表法”测量是指同时采用 3 只单相功率表，分别接在三相电路的 3 个负载支路进行功率测量。将 3 只单相功率表的测量数据求和即得到三相电路的总功率，如图 5-25 所示。

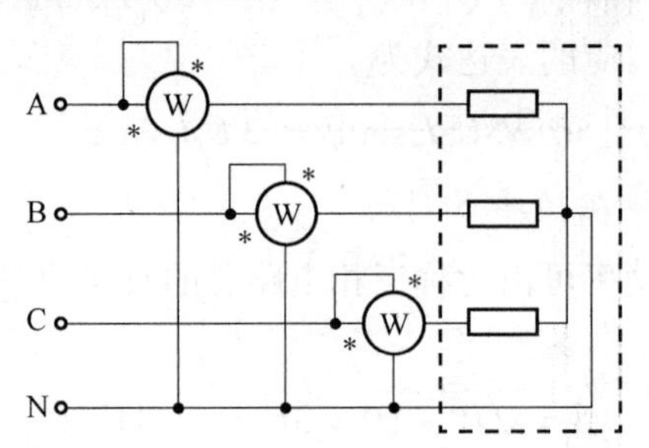

图 5-25 “三瓦特表法”测量三相电路功率

“三瓦特表法”测量功率的方式对对称三相电路、不对称三相电路均适用。测量电路一次连接，可实时监测三相电路各相的功率。

3. “二瓦特表法”测量

“二瓦特表法”测量方式适用于负载为三角形连接方式的三相三线制的三相电路，也适用于负载是星形连接方式的对称三相电路，如图 5-26（a）所示。

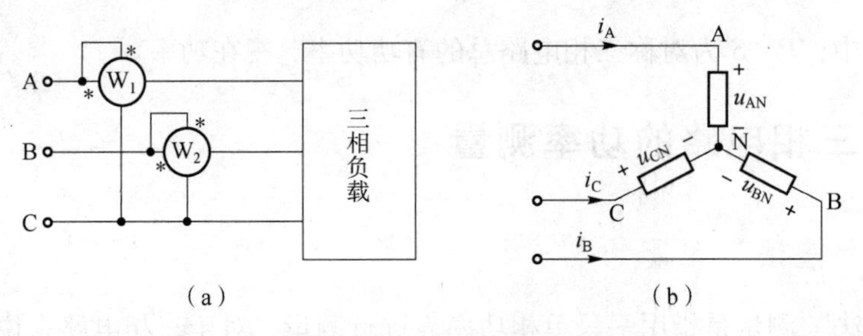

图 5-26 “二瓦特表法”测量三相电路功率

“二瓦特表法”测量功率的正确线路接法：将两个单相功率表的电流线圈串接到任意两相电路的火线中，功率表电压线圈的有“ * ”端接到其电流线圈所串接的火线上，而两个功率表的电压线圈的无“ * ”端，都接至没有串接功率表的第三根火线上。

根据图 5-26（b）所示电路，“二瓦特表法”测量功率的测量原理如下。

已知三相电路总的瞬时功率为三相电路各相瞬时功率的总和，即

$$p = u_{AN}i_A + u_{BN}i_B + u_{CN}i_C \tag{5-27}$$

根据 KCL 列写出三相负载电路支路电流关系式，即

$$i_A + i_B + i_C = 0$$

则

$$i_C = -(i_A + i_B) \tag{5-28}$$

将式（5-28）代入式（5-27）中，整理可得

$$p = (u_{AN} - u_{CN})i_A + (u_{BN} - u_{CN})i_B = u_{AC}i_A + u_{BC}i_B \tag{5-29}$$

由式（5－29）可推导得出三相电路总的有功功率表达式，即

$$P = U_{AC}I_A\cos\varphi_1 + U_{BC}I_B\cos\varphi_2 \tag{5-30}$$

式（5－30）中，φ_1是u_{AC}与i_A的相位差，φ_2是u_{BC}与i_B的相位差。

如图5－26（a）所示电路中，两只单相功率表的接法完全满足式（5－30）的参数要求，所以两个功率表的读数的代数和就是三相总功率。

注意：

① 在应用“二瓦特表法”测量功率时，两只单相功率表的读数的代数和为三相总功率，每只表单独的读数无意义。

② 两只单相功率表的示数有可能为正，也有可能为负，需带符号记录。

5.4 工程应用实例

三相交流电路的典型工程应用是驱动三相异步电动机工作。三相异步电动机具有结构简单、坚固耐用、运行可靠等优点，被广泛地用于驱动各种金属切削机床、起重机、锻压机、传送带、铸造机械、通风机、水泵等器械。

三相异步电动机的内部结构示意图如图5－27所示。绕组缠绕在铁芯支架上，因绕组和铁芯固定不动，所以被称为定子。定子中间是笼型的转子。转子在绕组产生的旋转磁场的磁场力作用下转动。当电动机在转动时，其转子的转向与旋转磁场方向是相同的，但转子的转速要低于旋转磁场的转速，即转子与旋转磁场的转速不同步，所以被称为异步电动机。

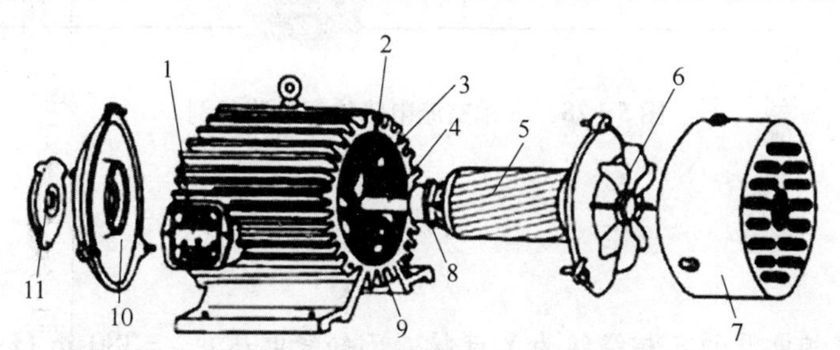

1—接线盒；2—定子铁心；3—定子绕组；4—转轴；5—转子；6—风扇；7—罩壳；8—轴承；9—机座；10—端盖；11—轴承盖。

图5－27 三相异步电动机内部结构示意

5.5 Multisim 仿真

通过 Multisim 可以构建对称三相电路、不对称三相电路的仿真电路，如图5－28所示。借助于虚拟交流电压表、交流电流表、功率表对三相电路的各相参数进行测试分析，加深对三相电路接法、特性的分析与掌握。

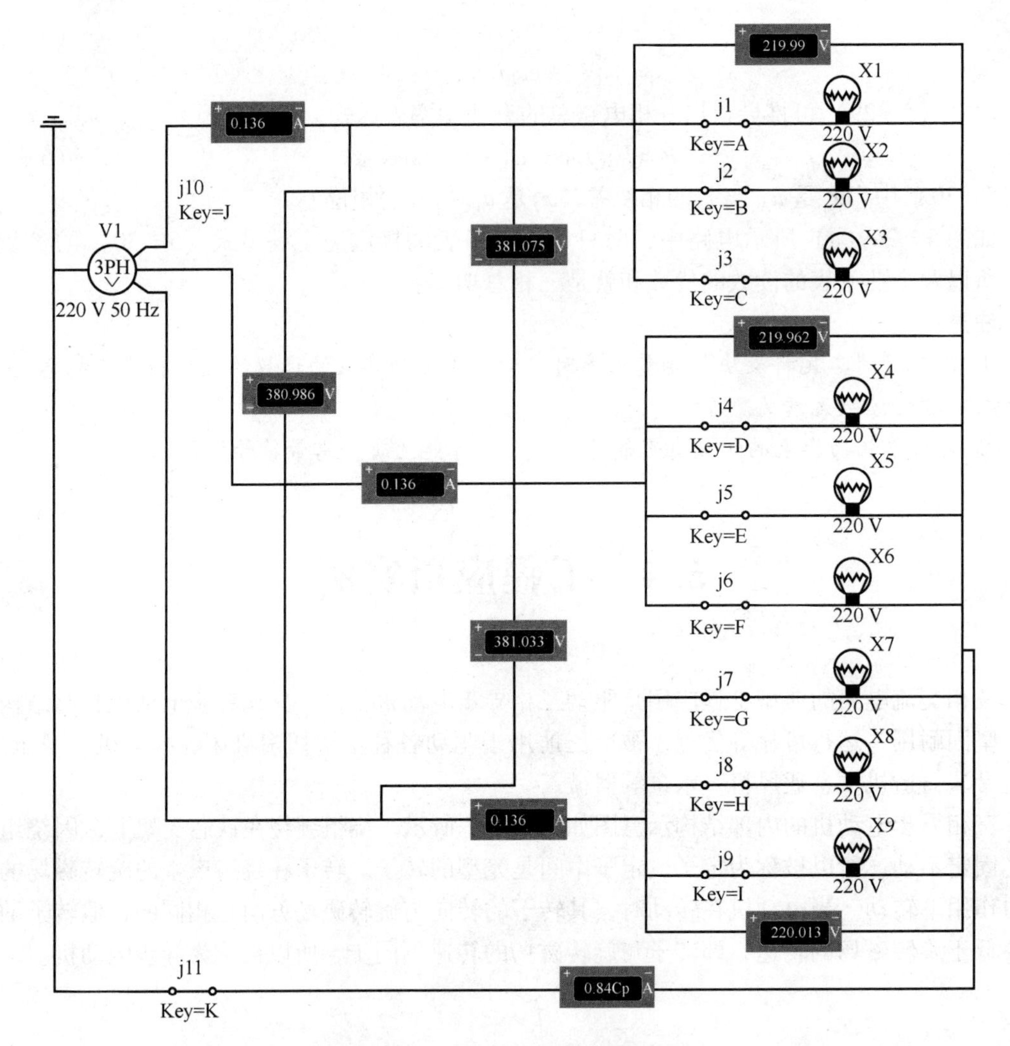

图 5－28　三相交流电路仿真电路示例

习　　题

5－1　对称三相电源的三相绕组为 Y 连接，已知线电压 $u_{AB}=380\sin(\omega t+30°)$ V，写出三相电源 3 个相电压的三角函数式及其相量式。

5－2　对称三相电路的负载为△连接，已知三相电路中 A 相负载的线电流相量式为 $\dot{I}_A=10\angle 0°$ A，写出 A 相负载端的相电流和 B、C 相的线电流与相电流。

5－3　有一台三相交流电动机，定子绕组采用 Y 连接方式，对称三相电源的线电压 U_l 为 380 V，对应的定子绕组线电流 I_l 为 5 A，每相绕组支路的功率因数 λ 为 0.8，求电动机每相绕组的相电压、相电流及其阻抗。

5－4　在三相四线制三相电路中，电源线电压 U_l 为 380 V，接入 Y 连接方式的对称三相白炽灯负载，电阻值 R 为 11 Ω，求 A、B、C 三相的线电流 $\dot{I}_A$、$\dot{I}_B$、$\dot{I}_C$ 以及中性线的电流 $\dot{I}_N$。将其中 C 相的白炽灯用电感 X_L 代替，X_L 为 22 Ω，求 A、B、C 三相的线电流和中性线的电流。(可设 $\dot{U}_{AB}=380\angle 0^\circ$ V，且不考虑传输线阻抗)。

5-5 在对称三相电路中，已知每相负载的阻抗为 $10\angle 30^\circ$ Ω。若电源线电压 U_l 为 380 V,求负载在星形连接方式下 A、B、C 三相对应的相电压、相电流和线电流，并作出相量图。若电源线电压 U_l 为 220 V，求负载在三角形连接方式下 A、B、C 三相对应的相电压、相电流和线电流，并作出相量图（不考虑传输线阻抗）。

5-6 在三相四线制三相电路中，电源端对称中性线阻抗为 0，且忽略传输线阻抗。若星形负载不对称，则请分析三相负载的相电压是否对称？如果中性线断开，请分析三相负载相电压是否对称？

5-7 在题图 5-1 所示的三相四线制电路中，电源线电压 U_l 为 380 V，三相负载星形连接，$R_A=5$ Ω，$R_B=10$ Ω，$R_C=20$ Ω（不考虑传输线阻抗）。

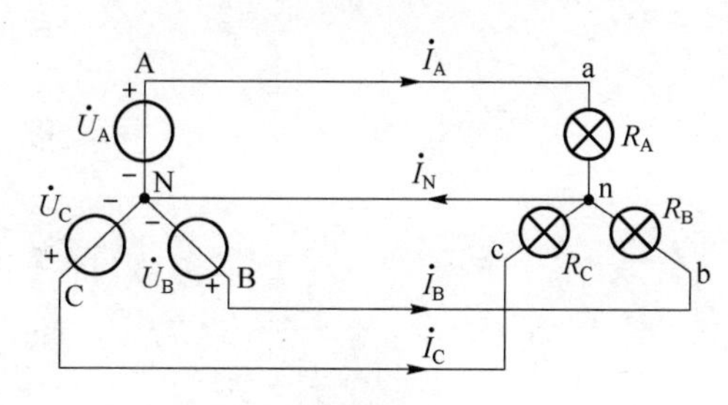

题图 5-1

(1) 求三相负载各自对应的相电压、相电流和中性线电流，并作出相量图。

(2) 当中性线断开时，求 A、B、C 三相负载的相电压和中性点电压。

(3) 当中性线断开，并且 A 相短路时，求 B、C 相负载的相电压和相电流。

(4) 当中性线断开，并且 A 相断路时，求 B、C 相负载的相电压和相电流。

5-8 已知对称三相电路的线电压为 380 V，线电流为 6.1 A，三相负载总的有功功率为 3.31 kW，求负载阻抗 Z。

5-9 已知负载为三角形连接的三相电路，电路的线电压 U_l 为 220 V，负载阻抗为 $20\angle 36^\circ$ Ω，求每相负载的视在功率和有功功率（不考虑传输线阻抗）。

5-10 题图 5-2 所示电路是一种相序指示器，由一个电容和两个相同的白炽电灯构成，用于测定三相电源的相序，其中 $X_C=-R$。证明：如果电容所接的电路为 A 相，则 B 相的电灯较亮，C 相的电灯较暗，并分析原因。

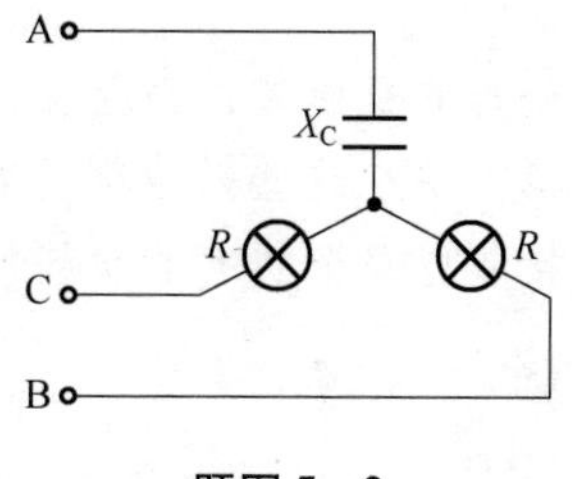

题图 5-2

第6章 多频信号电路与谐振

章节引入

第4章讨论了固定频率的正弦稳态电路的分析，如果假设正弦电源的幅值保持不变，而改变其频率，那么电路的稳态特性也会随着频率的改变而改变。另外在无线电通信、广播，电视等所传输的信号也是由不同频率的正弦分量所组成，如何把有用的信号选择出来也是工程上必须解决的问题。

本章内容提要

本章首先介绍非正弦周期信号及其傅里叶级数，然后讨论非正弦信号的平均值、有效值、平均功率以及非正弦周期信号交流电路的分析，最后介绍串联谐振、并联谐振及其频率特性。

工程意义

通信工程传输的各种信号大部分是非正弦波，而且在电子技术、控制领域都存在非正弦信号，本章所介绍的非正弦电路分析方法在这些领域都有着重要的应用。另外，本章所介绍的谐振电路的分析方法对于无线电接收电路分析有着重要的意义。

6.1 多频信号电路

在实际应用过程中不仅会遇到前面章节介绍的直流电路和正弦稳态电路，还会经常遇到多个频率信号作用的电路，其中比较常见的为非正弦周期电流电路。

6.1.1 非正弦周期信号和傅里叶级数

在电子技术、自动控制、计算机和无线电技术等方面，电压和电流是周期性的非正弦波形，如半波整流电路的输出信号、周期性锯齿波信号和方波信号，如图 6-1 所示。

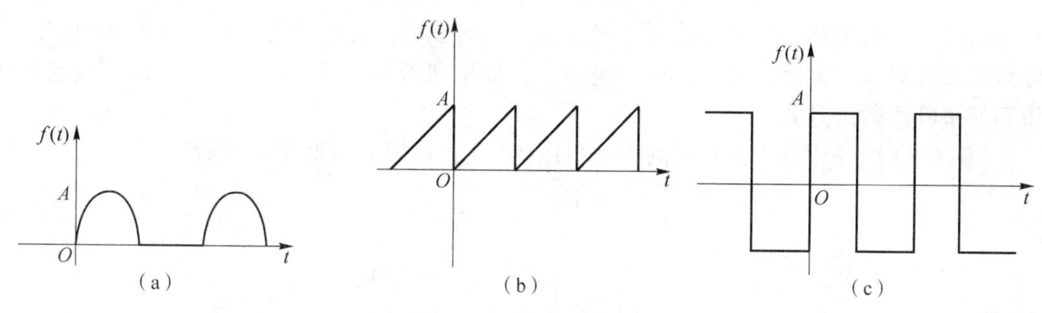

图 6-1 非正弦周期信号

(a) 半波整流电路的输出信号；(b) 周期性锯齿波信号；(c) 方波信号

非正弦周期信号的特点：不是正弦波同时又按照周期规律变化，满足条件为

$$f(t)=f(t+kT)\ (k=0,1,2,\cdots) \tag{6-1}$$

式（6-1）中 T 为非正弦周期函数 $f(t)$ 的周期。

已知 $f(t)$ 为非正弦周期函数，周期为 T，角频率为 ω。根据傅里叶级数展开式，把非正弦周期函数 $f(t)$ 展开，即

$$\begin{aligned} f(t) &= A_0+A_{1\text{m}}\cos(\omega t+\phi_1)+A_{2\text{m}}\cos(2\omega t+\phi_2) \\ &\quad +A_{3\text{m}}\cos(3\omega t+\phi_3)+\cdots+A_{n\text{m}}\cos(n\omega t+\phi_n) \\ &= A_0+\sum_{k=0}^{\infty}A_{k m}\cos(k\omega t+\phi_k)=a_0+\sum_{k=0}^{\infty}[a_k\cos k\omega t+b_k\sin k\omega t] \end{aligned} \tag{6-2}$$

在式（6-2）中，A_0 为直流分量，$A_{1\text{m}}\cos(\omega t+\phi_1)$ 是正弦函数，频率和原函数 $f(t)$ 的频率相同，称为基波。$A_{2\text{m}}\cos(2\omega t+\phi_2)$ 是正弦函数，频率为原函数 $f(t)$ 频率 ω 的 2 倍，称为二次谐波。$A_{3\text{m}}\cos(3\omega t+\phi_3)$ 是正弦函数，频率为原函数 $f(t)$ 频率 ω 的 3 倍，称为三次谐波。以此类推，$A_{n\text{m}}\cos(n\omega t+\phi_n)$ 称为高次谐波。

由此可以看出，非正弦周期函数可以分解为直流量和多个正弦量的叠加。高次谐波电流会造成电网的电压失真，干扰通信和信号电路。

式（6-2）中的 a_0、a_k、b_k 为傅里叶系数，计算公式为

$$\begin{cases} a_0 = \dfrac{1}{T}\displaystyle\int_0^T f(t)\mathrm{d}t \\ a_k = \dfrac{1}{\pi}\displaystyle\int_0^{2\pi} f(t)\cos\ (k\omega t)\mathrm{d}(\omega t) \\ b_k = \dfrac{1}{\pi}\displaystyle\int_0^{2\pi} f(t)\sin\ (k\omega t)\mathrm{d}(\omega t) \end{cases} \tag{6-3}$$

各系数之间的关系为

$$\begin{cases} A_0 = a_0 \\ A_{km} = \sqrt{a_k^2 + b_k^2} \\ a_k = A_{km}\cos\ \phi_k \\ b_k = -A_{km}\sin\ \phi_k \\ \phi_k = \arctan\left(\dfrac{-b_k}{a_k}\right) \end{cases} \tag{6-4}$$

由以上分析可知，只要求出傅里叶系数 a_0、a_k、b_k，就可以写出非正弦周期函数的傅里叶级数展开式。在大多数的电工电子电路中，如果遇到非正弦周期函数，可以直接通过查表得到傅里叶级数展开式。

【例 6-1】 把图 6-2 所示的方波电压信号 $u_S(t)$ 展开成傅里叶级数。

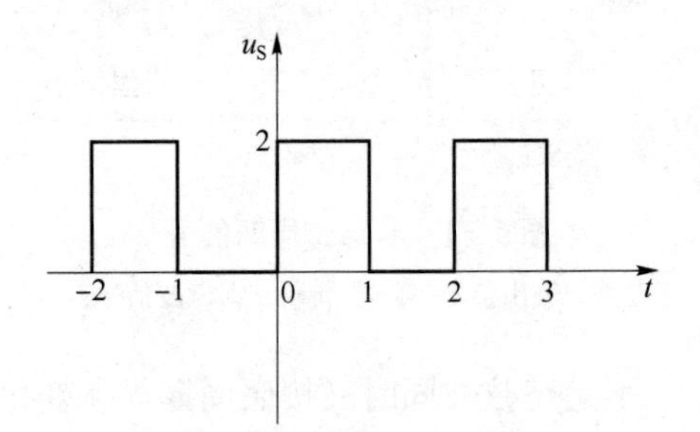

图 6-2 方波电压信号

解：图 6-2 电路所示为周期性方波电压信号，周期 $T=2$，$\omega=\dfrac{2\pi}{T}=\pi$。$u_S(t)$ 在一个周期内的函数表示式为

$$u_S(t)=\begin{cases}2 & (0\leqslant t\leqslant 1)\\ 0 & (1<t<2)\end{cases}$$

直流分量为

$$U_0 = \frac{1}{T}\int_0^T u_S(t)\mathrm{d}t = \frac{1}{2}\left[\int_0^1 2\mathrm{d}t + \int_1^2 0\mathrm{d}t\right] = t\Big|_0^1 = 1$$

谐波分量为

$$\begin{aligned} a_k &= \frac{1}{\pi}\int_0^{2\pi} u_S(t)\cos\ (k\omega t)\mathrm{d}(\omega t) \\ &= \frac{1}{\pi}\left[\int_0^{\pi} 2\cos\ (k\omega t)\mathrm{d}(\omega t) + \int_{\pi}^{2\pi} 0\cos\ (k\omega t)\mathrm{d}(\omega t)\right] \\ &= \frac{2}{\pi}\cdot\frac{1}{k}\sin(k\omega t)\Big|_0^{\pi} = 0 \end{aligned}$$

$$b_k = \frac{1}{\pi}\int_0^{2\pi} u_S(t)\sin(k\omega t)\,d(\omega t)$$
$$= \frac{1}{\pi}\left[\int_0^{\pi} 2\sin(k\omega t)\,d(\omega t) + \int_{\pi}^{2\pi} 0\sin(k\omega t)\,d(\omega t)\right]$$
$$= \frac{2}{\pi}\left[-\frac{1}{k}\cos\,(k\omega t)\Big|_0^{\pi}\right]$$
$$= \begin{cases} 0 & (k\text{ 为偶数}) \\ \dfrac{4}{k\pi} & (k\text{ 为奇数}) \end{cases}$$

因此，方波电压信号 $u_S(t)$ 的傅里叶级数展开式为

$$u_S(t) = 1 + \frac{4}{\pi}\sum_{k=1}^{\infty}\frac{1}{k}\sin k\omega t = 1 + \frac{4}{\pi}\left(\sin\omega t + \frac{1}{3}\sin 3\omega t + \frac{1}{5}\sin 5\omega t + \cdots\right) \quad k\text{ 为奇数}$$

周期性方波信号可以看成是直流分量与一次谐波、三次谐波、五次谐波等奇次谐波的叠加。

当非正弦周期信号展开成傅里叶级数时，理论上直流量和无穷多次谐波的叠加才能完全逼近原函数。从傅里叶级数展开式可知，随着谐波次数的增高，对应谐波分量的幅值也越来越小，呈收敛性。因此在工程应用过程中，一般只计算前几项。

常见的非正弦周期信号及其对应的傅里叶级数展开式如表 6－1 所示。

表 6－1　常见的非正弦周期信号及其傅里叶展开式

序号	信号类型	波形	傅里叶级数
1	半波整流信号	f(t)　A　O　T　t	$f(t) = \frac{A}{\pi} + \frac{A}{2}\sin\,(\omega t) - \frac{2A}{\pi}\sum_{k=2,4,6}^{\infty}\frac{\cos\,(k\omega t)}{k^2-1}$
2	全波整流信号	f(t)　A　O　T　t	$f(t) = \frac{2A}{\pi} - \frac{4A}{\pi}\sum_{k=1}^{\infty}\frac{\cos\,(k\omega t)}{4k^2-1}$
3	方波信号	f(t)　A　O　T　t	$f(t) = \frac{4A}{\pi}\sum_{k=1,3,5}^{\infty}\frac{1}{k}\sin\,(k\omega t)$

续表

序号	信号类型	波形	傅里叶级数
4	锯齿波信号	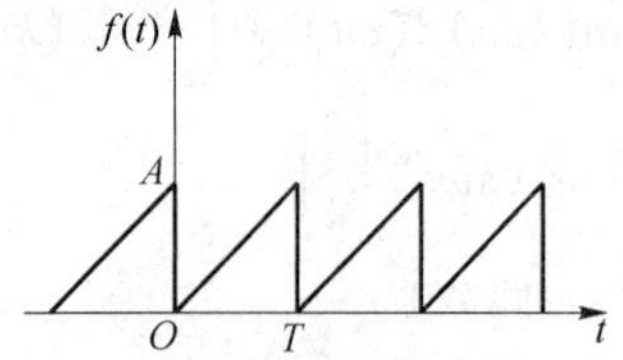	$f(t)=\frac{A}{2}-\frac{A}{\pi}\sum_{k=1}^{\infty}\frac{\sin(k\omega t)}{k}$
5	三角波信号	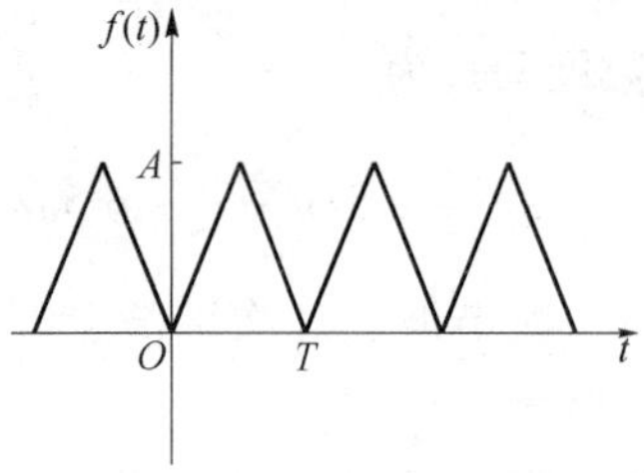	$f(t)=\frac{A}{2}-\frac{4A}{\pi^2}\sum_{k=1}^{\infty}\frac{\cos(2k-1)\omega t}{(2k-1)^2}$

6.1.2 非正弦周期电流电路的计算

非正弦周期电流、电压信号作用下的线性电路的稳态分析通常采用谐波分析法。谐波分析法实质上就是通过应用傅里叶级数展开式，将非正弦周期信号分解为直流量和一系列不同频率的正弦量之和，再根据线性电路的叠加定理，分别计算在直流量作用下和各个正弦量单独作用下电路中产生的电流分量和电压分量，最后，把所得分量按时域形式叠加从而得到电路在非正弦周期激励下的稳态电流和电压。

根据以上讨论可得非正弦周期电流电路的计算步骤如下：

(1) 把给定电源的非正弦周期电流或电压进行傅里叶级数分解，将非正弦周期电流或电压信号展开成直流量和多个频率的正弦信号的叠加；

(2) 利用直流和正弦交流电路的计算方法，对直流量和各次谐波激励分别计算其响应，并画出对应的等效电路；

(3) 将以上计算结果转换为瞬时值进行叠加。

注意：

① 当直流量单独作用时，电路中电感相当于短路、电容相当于开路。

② 傅里叶级数展开式中的各次谐波（多个频率的正弦）电路的计算采用相量法，对不同频率的各次谐波而言，感抗与容抗是不同的，即对 k 次谐波有

$$X_{kL}=k\omega L,\ X_{kC}=\frac{1}{k\omega C}$$

【例 6-2】 如图 6-3 (a) 所示电路中的电压源为例 6-1 中图 6-2 所示的电压源。已知：$R=5\ \Omega$，$L=2\ \text{H}$，计算电感两端的电压 u。

解：非正弦周期电流电路的计算步骤如下。

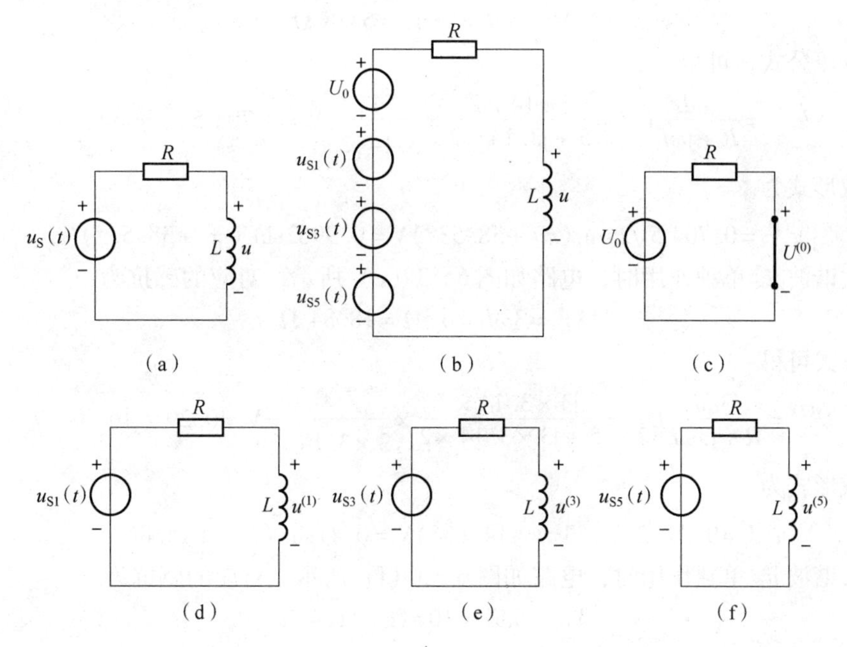

图 6-3 例 6-2 电路

① 由例 6-1 可知方波信号的傅里叶级数展开式为

$$
\begin{aligned}
u_S(t) &= 1 + \frac{4}{\pi}\sum_{k=1}^{\infty}\frac{1}{k}\sin k\omega t \\
&= 1 + \frac{4}{\pi}\left(\sin \omega t + \frac{1}{3}\sin 3\omega t + \frac{1}{5}\sin 5\omega t + \cdots\right) \\
&= 1 + \frac{4}{\pi}\sin \pi t + \frac{4}{3\pi}\sin 3\pi t + \frac{4}{5\pi}\sin 5\pi t + \cdots \\
&= U_0 + u_{S1} + u_{S3} + u_{S5}
\end{aligned}
$$

其中，直流分量为

$$U_0 = 1\ \text{V}$$

基波为

$$u_{S1} = \frac{4}{\pi}\sin \omega t$$

三次谐波为

$$u_{S3} = \frac{4}{3\pi}\sin 3\omega t$$

五次谐波为

$$u_{S5} = \frac{4}{5\pi}\sin 5\omega t$$

因此，图 6-3（a）电路可以等效为图 6-3（b）电路。

② 利用叠加定理计算分量。

当直流分量 U_0 单独作用时，电感相当于短路，等效电路如图 6-3（c）所示，即

$$U^{(0)} = 0\ \text{V}$$

当基波 u_{S1} 单独作用时，电路如图 6-3（d）所示，对应的感抗为

$$X_{L1}=\omega L=2\pi\Omega=6.28\ \Omega$$

根据分压公式，可得

$$\dot{U}^{(1)}=\frac{\mathrm{j}\omega L}{R+\mathrm{j}\omega L}\dot{U}_{S1}=\frac{\mathrm{j}3.14\times 2}{5+\mathrm{j}3.14\times 2}\times\frac{4}{3.14\sqrt{2}}\ \mathrm{V}=0.7045\angle 38.53^{\circ}\ \mathrm{V}$$

对应的时域形式为

$$u^{(1)}=0.7045\sqrt{2}\sin(\pi t+38.53^{\circ})\ \mathrm{V}=0.9962\sin(\pi t+38.53^{\circ})\ \mathrm{V}$$

当三次谐波 u_{S3} 单独作用时，电路如图 6－3（e）所示，对应的感抗为

$$X_{L3}=3\omega L=6\pi\Omega=18.84\ \Omega$$

根据分压公式可得

$$\dot{U}^{(3)}=\frac{\mathrm{j}3\omega L}{R+\mathrm{j}3\omega L}\dot{U}_{S3}=\frac{\mathrm{j}3\times 3.14\times 2}{5+\mathrm{j}3\times 3.14\times 2}\times\frac{4}{3\times 3.14\sqrt{2}}\mathrm{V}=0.29\angle 14.86^{\circ}\ \mathrm{V}$$

对应的时域形式为

$$u^{(3)}=0.29\sqrt{2}\sin(3\pi t+14.86^{\circ})\ \mathrm{V}=0.41\sin(3\pi t+14.86^{\circ})\ \mathrm{V}$$

当五次谐波 u_{S5} 单独作用时，电路如图 6－3（f）所示，对应的感抗为

$$X_{L5}=5\omega L=10\pi\Omega=31.4\ \Omega$$

根据分压公式可得

$$\dot{U}^{(5)}=\frac{\mathrm{j}5\omega L}{R+\mathrm{j}5\omega L}\dot{U}_{S5}=\frac{\mathrm{j}5\times 3.14\times 2}{5+\mathrm{j}5\times 3.14\times 2}\times\frac{4}{5\times 3.14\sqrt{2}}\mathrm{V}=0.1778\angle 9.05^{\circ}\ \mathrm{V}$$

对应的时域形式为

$$u^{(5)}=0.1778\sqrt{2}\sin(5\pi t+9.05^{\circ})\ \mathrm{V}=0.2514\sin(5\pi t+9.05^{\circ})\ \mathrm{V}$$

③ 把直流分量和各次谐波分量计算结果的瞬时值叠加，即

$$\begin{aligned}u&=U_0+u^{(1)}+u^{(3)}+u^{(5)}\\&=[0.9962\sin(\pi t+38.53^{\circ})+0.41\sin(3\pi t+14.86^{\circ})+0.2514\sin(5\pi t+9.05^{\circ})]\ \mathrm{V}\end{aligned}$$

6.1.3 非正弦周期电流电路的平均值、有效值和平均功率

第 4 章讨论的周期信号有效值的定义，对于非正弦周期信号仍然适用，即非正弦周期信号的有效值也等于其方均根值。

设非正弦周期电流为

$$i(t)=I_0+\sum_{k=1}^{\infty}I_{km}\cos(k\omega t+\phi_k)$$

根据有效值的定义，即

$$I=\sqrt{\frac{1}{T}\int_0^T i^2(t)\mathrm{d}t}=\sqrt{\frac{1}{T}\int_0^T\left[I_0+\sum_{k=1}^{\infty}I_{km}\cos(k\omega t+\phi_k)\right]^2\mathrm{d}t}\qquad(6-5)$$

利用三角函数相关的性质，可推导出非正弦周期电流的有效值为

$$I=\sqrt{I_0^2+\sum_{k=1}^{\infty}\frac{I_{km}^2}{2}}=\sqrt{I_0^2+I_1^2+I_2^2+I_3^2+\cdots}\qquad(6-6)$$

式（6－6）中，I_0 为直流分量，I_1、I_2、I_3 分别为基波、二次谐波、三次谐波的有效值。

同理，可得到非正弦周期电压信号 u 的有效值为

$$U=\sqrt{U_0^2+\sum_{k=1}^{\infty}\frac{U_{km}^2}{2}}=\sqrt{U_0^2+U_1^2+U_2^2+U_3^2+\cdots} \qquad (6-7)$$

非正弦周期函数的有效值为直流分量及各次谐波分量有效值平方和的方根。在实际测量过程中还会用到真有效值。真有效值的定义及测量见二维码 6－1。

另外，在实际的电工电子测量过程中也会用到平均值的概念，工程上把非正弦周期电流的平均值定义为

$$I_{AV}=\frac{1}{T}\int_0^T|i(t)|\mathrm{d}t \qquad (6-8)$$

二维码 6－1
真有效值的定义及测量

即非正弦周期电流的平均值等于此电流绝对值的平均值。

由于不同类型测量仪表的读数表示的含义不同，故非正弦周期信号在测量时需要选择合适的仪表。例如，非正弦周期信号有效值的测量要使用电磁系或电动系仪表，非正弦周期信号平均值的测量要使用磁电系仪表。

在如图 6－4 所示的二端网络中，端口电压 $u(t)$ 与端口电流 $i(t)$ 分别为非正弦周期信号，$u(t)$ 与 $i(t)$ 取关联参考方向。

设 $i(t)=I_0+\sum_{k=1}^{\infty}I_{km}\cos(k\omega t+\phi_{ik})$，$u(t)=U_0+\sum_{k=1}^{\infty}U_{km}\cos(k\omega t+\phi_{uk})$，则二端网络吸收的平均功率为

$$P=\frac{1}{T}\int_0^T p\mathrm{d}t=\frac{1}{T}\int_0^T ui\mathrm{d}t$$

图 6－4 非正弦信号作用的二端网络

代入电压、电流的表达式并利用三角函数的性质，可得

$$\begin{aligned}P&=U_0I_0+\sum_{k=1}^{\infty}U_kI_k\cos\varphi_k\\&=U_0I_0+U_1I_1\cos\varphi_1+U_2I_2\cos\varphi_2+U_3I_3\cos\varphi_3+\cdots\\&=P_0+P_1+P_2+P_3+\cdots\end{aligned} \qquad (6-9)$$

即非正弦周期电流电路的平均功率为直流分量的功率和各次谐波的平均功率之和，不同频率的信号不产生平均功率。

【例 6－3】 已知如图电路 6－4 所示二端网络的端口电压、端口电流分别为

$$u(t)=[120+180\cos 100\pi t+90\cos(300\pi t+30°)]\text{ V}$$
$$i(t)=[5+4\cos(100\pi t-10°)+2\cos(300\pi t+15°)]\text{ A}$$

计算电压 $u(t)$、电流 $i(t)$ 的有效值和二端网络吸收的平均功率。

解：根据电压表达式可知电压 $u(t)$ 的直流分量为

$$U_0=120\text{ V}$$

基波分量为

$$\dot{U}_1=\frac{180}{\sqrt{2}}\angle 0°\text{ V}=127.3\text{ V}$$

三次谐波分量为

$$\dot{U}_3=\frac{90}{\sqrt{2}}\angle 30°\text{ V}=63.649\angle 30°\text{ V}$$

根据电流表达式可知电流 $i(t)$ 直流分量为

$$I_0=5\text{ A}$$

基波分量为

$$\dot{I}_1 = \frac{4}{\sqrt{2}} \angle -10^\circ \text{ A} = 2.829 \angle -10^\circ \text{ A}$$

三次谐波分量为

$$\dot{I}_3 = \frac{2}{\sqrt{2}} \angle 15^\circ \text{ A} = 1.414 \angle 15^\circ \text{ A}$$

电压 $u(t)$ 的有效值为

$$U = \sqrt{U_0^2 + U_1^2 + U_3^2} = \sqrt{120^2 + 127.3^2 + 63.649^2} \text{ V} = 186.16 \text{ V}$$

电流 $i(t)$ 的有效值为

$$I = \sqrt{I_0^2 + I_1^2 + I_3^2} = \sqrt{5^2 + 2.829^2 + 1.414^2} \text{ A} = 5.92 \text{ A}$$

直流量作用时对应的平均功率为

$$P_0 = U_0 I_0 = 120 \text{ V} \times 5 \text{ A} = 600 \text{ W}$$

基波作用时对应的平均功率为

$$P_1 = U_1 I_1 \cos\varphi_1 = 127.3 \text{ V} \times 2.829 \text{ A} \cos[0^\circ - (-10^\circ)] = 354.66 \text{ W}$$

三次谐波波作用时对应的平均功率为

$$P_3 = U_3 I_3 \cos\varphi_3 = 63.649 \text{ V} \times 1.414 \text{ A} \cos(30^\circ - 15^\circ) = 86.93 \text{ W}$$

二端网络吸收的平均功率为

$$P = P_0 + P_1 + P_3 = (600 + 354.66 + 86.93)\text{W} = 1\,041 \text{ W}$$

从例 6 - 3 的分析结果可知，非正弦周期信号的主要能量集中在低频部分，高频部分的能量很小，因此，在分析计算时可以只取部分低频信号进行分析。

6.2 谐振电路

谐振是正弦电路在特定条件下所产生的一种特殊物理现象，谐振现象在无线电和电工技术中得到了广泛应用，如无线收音机与电视机的选频都用到了谐振。但是，在电力系统中如果产生了谐振可能会破坏系统的正常工作，因此对电路中谐振现象的研究有重要的实际意义。

含有 R、L、C 的二端网络，在正弦激励作用下，如果出现端口电压、电流同相位的现象，则称该电路发生了谐振。根据电路的类型，谐振分为串联谐振和并联谐振。

6.2.1 串联谐振

1. 串联谐振的条件

如图 6 - 5 所示的 RLC 串联谐振电路，根据谐振定义，端口输入阻抗为

$$Z = \frac{\dot{U}}{\dot{I}} = R + \mathrm{j}\left(\omega L - \frac{1}{\omega C}\right) = R + \mathrm{j}X = R$$

即谐振时电路呈纯电阻性。此时，输入阻抗虚部为0，可以得到 RLC 串联电路的谐振条件，即

$$\omega L = \frac{1}{\omega C} = \rho$$

即串联谐振时，感抗等于容抗，ρ 为串联谐振电路的特性阻抗，从而可得

$$\omega_0 = \frac{1}{\sqrt{LC}}$$

或

$$f_0 = \frac{1}{2\pi\sqrt{LC}}$$

ω_0 称为 RLC 串联谐振电路的谐振角频率，f_0 称为 RLC 串联谐振电路的谐振频率，它们是由电路的参数决定的。因此，ω_0 也称为固有角频率，f_0 称为固有频率。

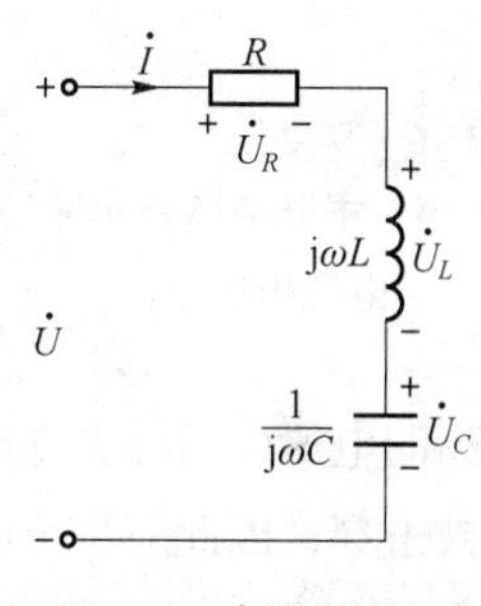

图6-5 *RLC* 串联谐振

通过以上分析可知，改变电源的频率使其与电路的固有频率相等，或改变电路中电感（电容）的参数使其与电源频率相等，都可以使电路发生谐振。无线收音机在接收电台信号时是通过调节可变电容使电路的固有频率等于某一电台的发射频率来实现谐振的。

2. 串联谐振的特点

根据谐振定义及以上分析，可知串联谐振的特点如下。

（1）谐振时电路端口电压 $\dot{U}$ 和端口电流 $\dot{I}$ 同相位。

（2）谐振时输入阻抗 $Z=R$ 为纯电阻，阻抗模 $|Z|$ 与角频率 ω 之间的关系如图6-6所示，由图可知串联谐振时阻抗模最小。端口电流 I 与角频率 ω 的关系如图6-7所示，由图可知串联谐振时电路中的电流达到最大，该结论也作为判断谐振的依据。

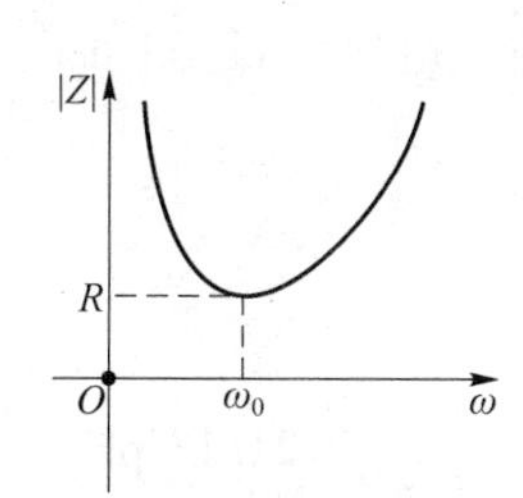

图6-6 串联谐振阻抗模与角频率的关系

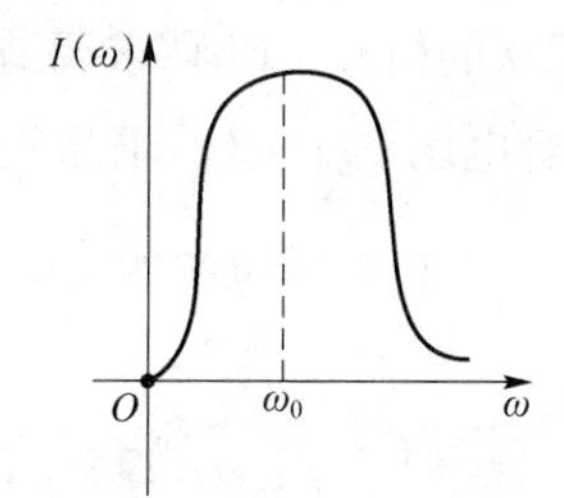

图6-7 串联谐振电流与角频率的关系

（3）谐振时的电压为

$$\dot{U}_L = \mathrm{j}\omega_0 L\dot{I} = \mathrm{j}Q\dot{U} \tag{6-10}$$

$$\dot{U}_C = -\mathrm{j}\frac{\dot{I}}{\omega_0 C} = -\mathrm{j}Q\dot{U} \tag{6-11}$$

其中，Q 为品质因数，用来表示谐振电路的性质。

品质因数是指谐振时，感抗或容抗消耗的无功功率与电阻消耗的有功功率的比值。工程

上通常用特性阻抗与电阻的比值表示，即

$$Q=\frac{\omega_0 L}{R}=\frac{1}{\omega_0 CR}=\frac{\rho}{R}=\frac{1}{R}\sqrt{\frac{L}{C}} \tag{6-12}$$

当电路的品质因数大于或等于 10 时，称为高 Q 值电路，通常应用在通信系统中。谐振电路通常工作在谐振频率或者其临近的频率。

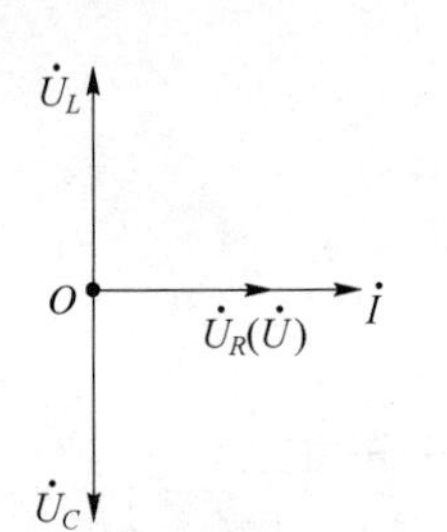

图 6-8　串联谐振各元件电压相量

式（6-12）表明谐振时电感和电容电压大小相等，相位相反，相量如图 6-8 所示，串联总电压 $\dot{U}_L+\dot{U}_C=0$，LC 串联在一起相当于短路，所以串联谐振也称为电压谐振，此时，电源电压全部加在电阻上，即

$$\dot{U}_R=\dot{U}$$

从式（6-10）、式（6-11）可知，如果 $Q>1$，则 $U_L=U_C>U$，当 $Q\gg1$ 时，电感和电容两端的电压大大高于电源电压 U，称为过电压现象。在工程应用中，当电信号微弱时，可以通过电压谐振获得一个较高的电压。另外，在电力系统中如果出现电压谐振，过高的电压会使电感线圈和电容器的绝缘被击穿，因此应尽可能地避免谐振。

（4）谐振时的有功功率为

$$P=UI\cos\varphi=UI=I^2R$$

谐振时电阻消耗的功率最大。谐振时的无功功率为

$$Q=UI\sin\varphi=Q_L+Q_C=\omega_0 LI_0^2+\left(-\frac{1}{\omega_0 C}I_0^2\right)=0$$

谐振时电源不向电路输送无功功率，电感中的无功与电容中的无功功率大小相等，互相补偿，彼此进行能量交换，如图 6-9 所示。

【例 6-4】　某收音机的输入回路如图 6-10 所示，$L=0.3\ \text{mH}$，$R=10\ \Omega$，为收到中央电台 $f_0=2\text{MHz}$ 的信号，（1）求调谐电容 C；（2）如果输入电压为 $U_S=1\ \text{mV}$，求谐振电流 I_0 和此时的电容电压 U_C；（3）求品质因数 Q。

解：① 由串联谐振的条件 $f_0=\frac{1}{2\pi\sqrt{LC}}$ 可得

$$C=\frac{1}{(2\pi f_0)^2L}=\frac{1}{(2\times3.14\times2\ \text{MHz})^2\times0.3\ \text{mH}}=21.13\ \text{pF}$$

② 由于串联谐振时，总阻抗 $Z=R$，则谐振电流为

$$I_0=\frac{U_S}{R}=\frac{1\ \text{mV}}{10\ \Omega}=0.1\ \text{mA}$$

$$U_C=I_0X_C=\frac{I_0}{2\pi f_0 C}=\frac{0.1\ \text{mA}}{2\times3.14\times2\ \text{MHz}\times21.13\ \text{pF}}=376.8\ \text{mV}$$

③ 品质因数为

$$Q=\frac{\omega_0 L}{R}=\frac{2\times3.14\times2\times10^6\times0.3\times10^{-3}}{10}=376.8$$

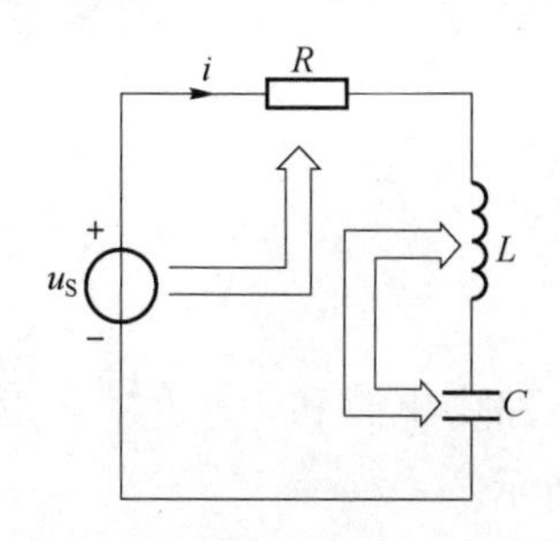

图 6-9　串联谐振功率之间的关系

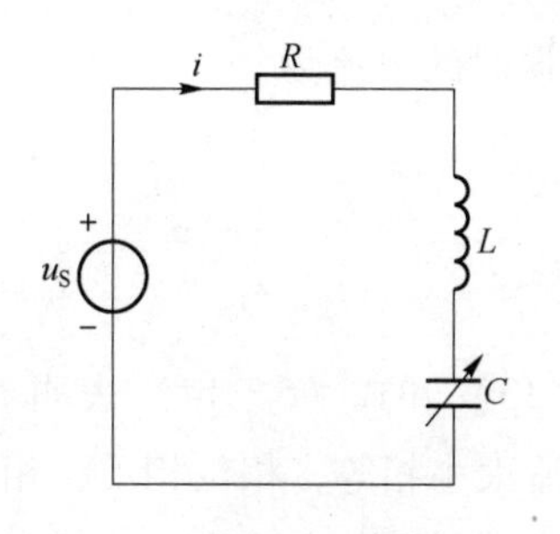

图 6-10　某收音机的输入回路

6.2.2　并联谐振

串联谐振电路适用于信号源内阻等于 0 或很小的情况，如果信号源内阻很大，采用串联谐振电路将严重地降低回路的品质因数，使其选择性显著变坏。

1. 并联谐振的条件

当如图 6-11 所示的 *RLC* 并联电路发生谐振时称为并联谐振。根据谐振定义，输入导纳为

$$Y = \frac{\dot{I}_S}{\dot{U}} = \frac{1}{R} + j\left(\omega C - \frac{1}{\omega L}\right) = \frac{1}{R} = G$$

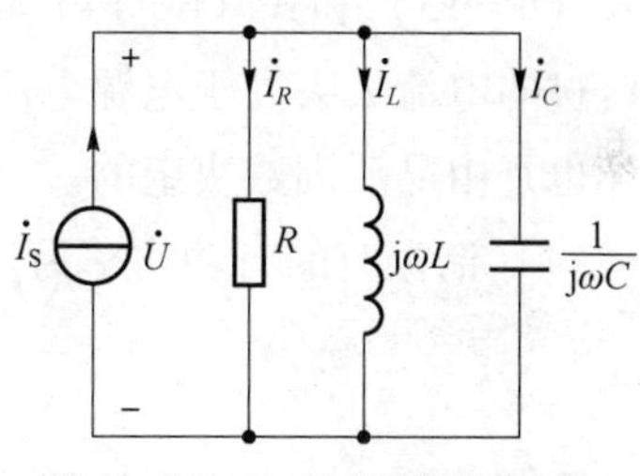

图 6-11　*RLC* 并联谐振电路

得到并联谐振条件为

$$\omega C = \frac{1}{\omega L}$$

从而可得

$$\omega_0 = \frac{1}{\sqrt{LC}} \text{或} f_0 = \frac{1}{2\pi\sqrt{LC}}$$

ω_0 称为 *RLC* 并联谐振电路的谐振角频率，f_0 称为 *RLC* 并联谐振电路的谐振频率，它们是由电路的参数决定的，因此 ω_0 也称为固有角频率，f_0 称为固有频率。

2. 并联谐振的特点

根据谐振定义及以上分析，可知并联谐振的特点如下。

（1）谐振时电路端口电压 $\dot{U}$ 和端口电流 $\dot{I}$ 同相位。

（2）谐振时输入导纳 $Y=G$ 为纯电导，导纳模 $|Y|$ 与角频率 ω 之间的关系如图 6-12 所示，由图可知并联谐振时导纳模最小。电压与角频率之间的关系如图 6-13 所示，由图可知并联谐振时电路中的电压达到最大。该结论也作为判断谐振的依据。

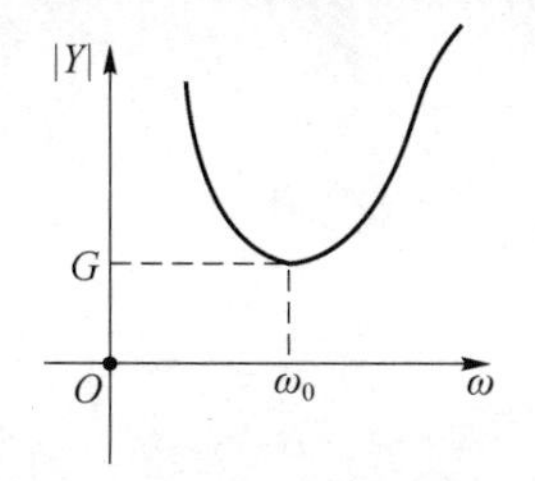

图 6-12　导纳模与角频率的关系

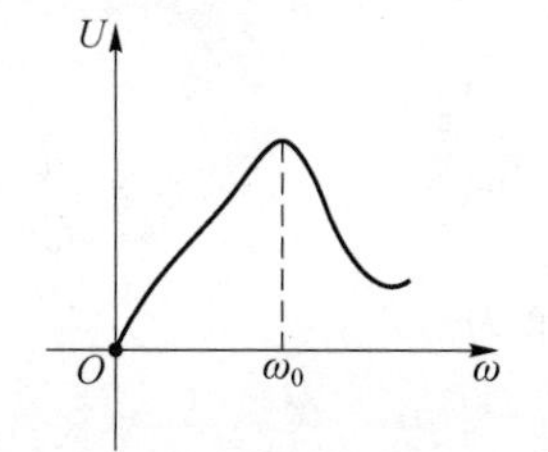

图 6-13　电压与角频率的关系

（3）谐振时的电流为

$$\dot{I}_C = \mathrm{j}\omega_0 C\,\dot{U} = \mathrm{j}Q\,\dot{I}_\mathrm{S} \tag{6-13}$$

$$\dot{I}_L = -\mathrm{j}\frac{\dot{U}}{\omega_0 L} = -\mathrm{j}Q\,\dot{I}_\mathrm{S} \tag{6-14}$$

式（6－13）和式（6－14）表明 RLC 并联谐振电路中电感和电容上的电流大小相等，相位相反，相量如图 6－14 所示。

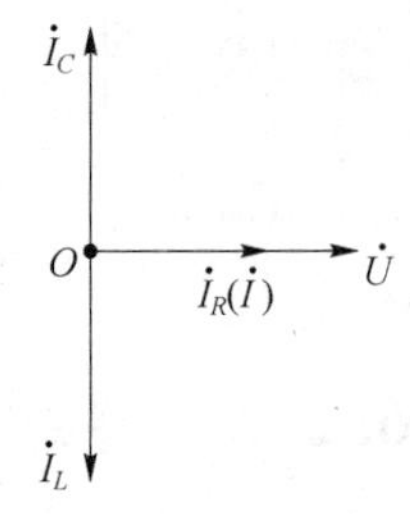

图 6－14　并联谐振相量

电感电容并联后总电流为

$$\dot{I}_L + \dot{I}_C = 0$$

LC 并联相当于开路，所以并联谐振也称为电流谐振，此时电源电流全部通过电导，即

$$\dot{I}_R = \dot{I}_\mathrm{S}$$

从式（6－13）和式（6－14）可以看出，如果 $Q>1$，则 $I_L = I_C > I_\mathrm{S}$，当 $Q \gg 1$ 时电感和电容上流过的电流大大高于电源电流 I_S，称为过电流现象。并联谐振可以用来选频，选频特性的好坏也是由品质因数决定的。

（4）谐振时的有功功率为

$$P = UI\cos\varphi = UI = \frac{U^2}{R}$$

即电源向电路输送电阻消耗的功率，电阻功率达最大。

无功功率为

$$Q = UI\sin\varphi = Q_L + Q_C = 0$$

$$|Q_L| = |Q_C| = \omega_0 C U^2 = \frac{U^2}{\omega_0 L}$$

电感中的无功功率与电容中的无功功率大小相等，互相补偿，彼此进行能量交换。

谐振电路除了本章介绍的 RLC 串联谐振和 RLC 并联谐振之外，还有其他形式的谐振，但不管什么谐振，谐振的定义是不变的，可以据此建立关系式来分析和解决问题。

【例 6－5】　在如图 6－11 所示的 RLC 并联电路中，已知电流源电流 $I_\mathrm{S} = 10$ mA，$R = 8$ kΩ，$L = 0.2$ mH，$C = 200$ μF，计算电路发生谐振时的角频率 ω_0、品质因数 Q、各支路电流和电压 U。

解：谐振角频率为

$$\omega_0 = \frac{1}{\sqrt{LC}} = \frac{1}{\sqrt{0.2\ \mathrm{mH} \times 200\ \mu\mathrm{F}}} = 5\times 10^3\ \mathrm{rad/s}$$

品质因数为

$$Q = \frac{R}{\omega_0 L} = \frac{8\times 10^3}{5\times 10^3 \times 0.2\times 10^{-3}} = 8\ 000$$

谐振时总阻抗为

$$Z_0 = R = 8\ \mathrm{k\Omega}$$

电压为

$$U = I_S Z_0 = I_S R = 10\ \text{mA} \times 8\ \text{k}\Omega = 80\ \text{V}$$

电阻支路电流为

$$I_R = I_S = 10\ \text{mA}$$

电感支路电流为

$$I_L = \frac{U}{\omega_0 L} = \frac{80\ \text{V}}{5 \times 10^3\ \text{rad/s} \times 0.2\ \text{mH}} = 80\ \text{A}$$

电容支路电流为

$$I_C = I_L = 80\ \text{A}$$

6.3 应用实例

通信、电子等系统中常用到谐振电路，本节以超外差式中波调幅收音机为例进行介绍。

无线电广播采用高频电磁波（正弦波）发射的方法进行发射信号。不同电台采用不同频率的高频电磁波作为载体，携带声音信号发射出去，在无线电技术中称为调制，其中高频电磁波称为载波。可以有 3 种方式控制高频电磁波的 3 个参数，如果控制高频电磁波的振幅，则调制方式称为调幅（AM）；如果控制高频电磁波的频率，则调制方式称为调频（FM）；控制高频电磁波的相位，则调制方式称为调相（PM）。在无线电广播中，常用的调制方式有调幅和调频两种，但以调幅用的最为普遍。

在晶体管收音机中，多采用磁性天线作为接收信号的天线。无线接收的方式有直接放大式和超外差式。直接放大式接收是对接收到的高频调幅载波信号直接进行放大，经检波后直接推动喇叭发出声音。直接放大接收方式在整个频段放大倍率是不均匀的。为了使不同频率的信号能够得到均匀地放大，把所接收到的所有的高频信号都变成同一固定的中频信号（仅改变信号的载波频率），一般采用收音机一个高频等幅振荡，然后与外来的信号在变频器中混频而产生一个新的频率（我国调幅广播中波段为 465 kHz），即外差式接收，同时对所产生的中频信号放大，这种接收方式称为超外差式，如图 6－15 所示。

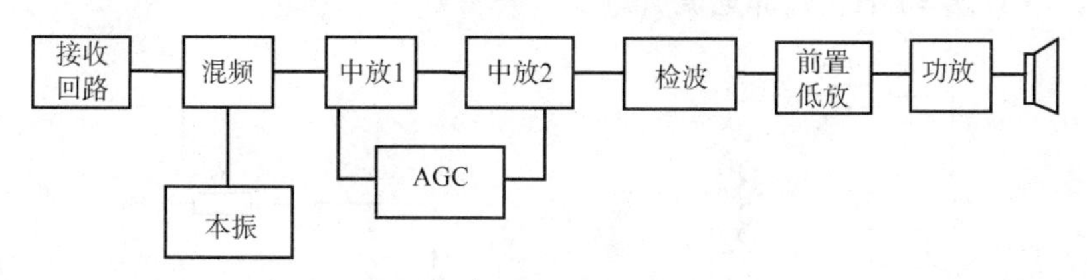

图 6－15　超外差式收音机框图

超外差式收音机电路中的接收回路采用 *LC* 谐振电路，从磁性天线线圈接收进来的高频信号，通过调谐电路的谐振选出需要的电台信号，当改变可调电容时，就能收到不同频率的电台信号。*LC* 谐振回路在其固有振荡频率等于外界某电磁波频率时产生谐振，从而将某台的调幅发射信号接收下来，并通过线圈耦合到下一级电路。

习　题

6-1　计算题图6-1所示周期电流信号 $i(t)$ 的傅里叶级数。

6-2　计算题图6-2所示周期电压信号 $u(t)$ 的傅里叶级数。

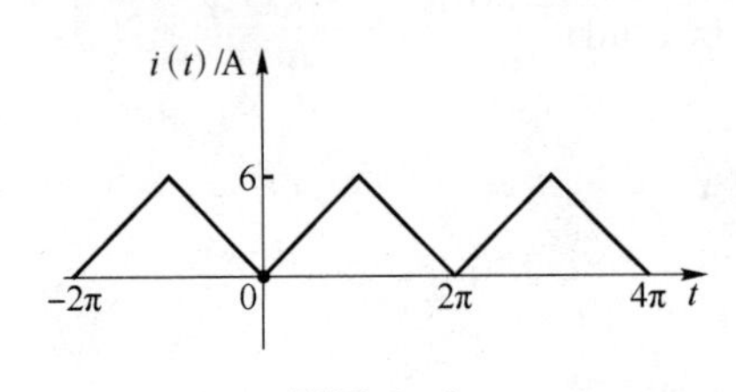

题图6-1

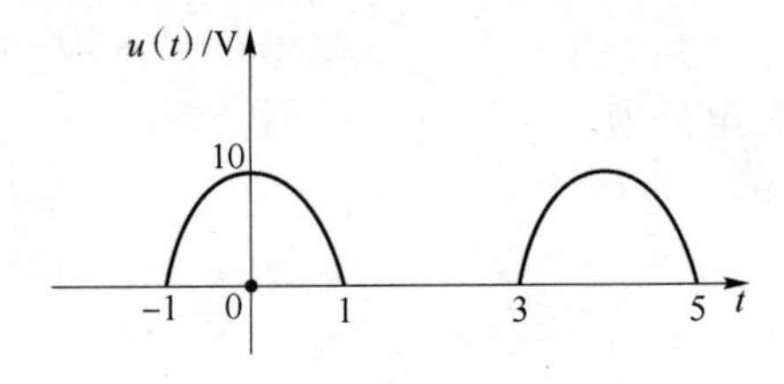

题图6-2

6-3　已知题图6-3中电压源 $u_S(t)=\left(3-\frac{8}{\pi}\sum_{k=1}^{\infty}\sin 2\pi kt\right)\text{V}$，计算电感电压 $u_0(t)$。

6-4　在题图6-4所示电路中，已知电压 $u_S(t)=\left[\frac{1}{4}-\frac{2}{\pi^2}\left(\cos\pi t+\frac{1}{9}\cos 3\pi t+\frac{1}{25}\cos 5\pi t\right)\right]\text{V}$，$R=2\ \Omega$，$C=1\ \text{F}$，请计算电容两端的电压 $u(t)$。

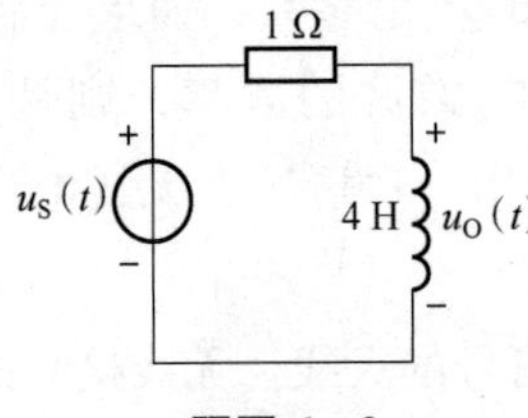

题图6-3

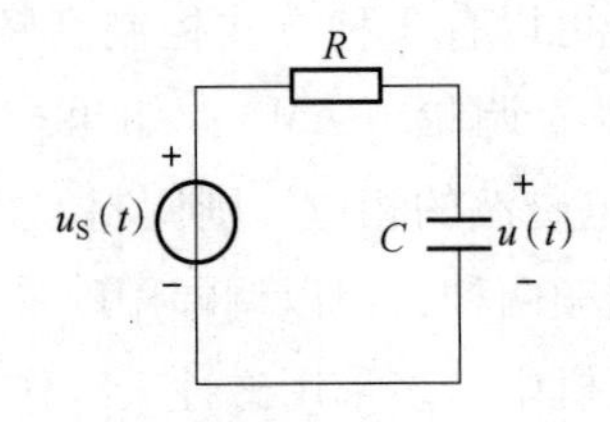

题图6-4

6-5　已知题图6-5中电压源 $u_S(t)=\left(2-\sum_{k=1}^{\infty}\frac{1}{k^2}\cos 3kt\right)\text{V}$，$R=2\ \Omega$，$L=1\ \text{H}$，$C=10\ \mu\text{F}$，计算电容两端的电压 $u(t)$。

6-6　电路如题图6-6所示，已知电流源 $i_S(t)=\left(1+\cos 3t+\frac{1}{4}\cos 6t+9\cos 9t\right)\text{A}$，$R_1=2\ \Omega$，$R_2=5\ \Omega$，$L=1\ \text{H}$，计算电流 $i(t)$。

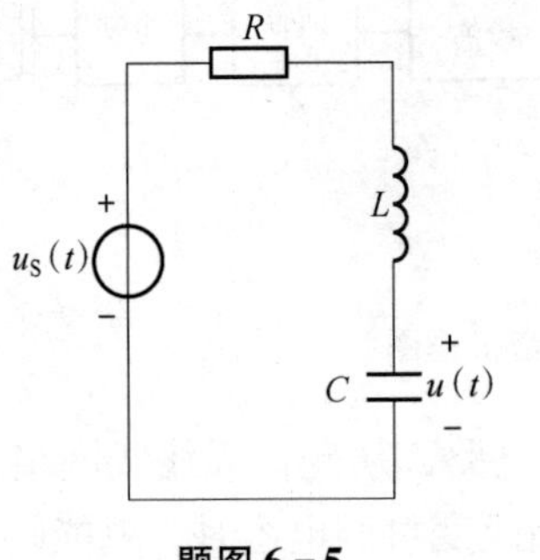

题图6-5

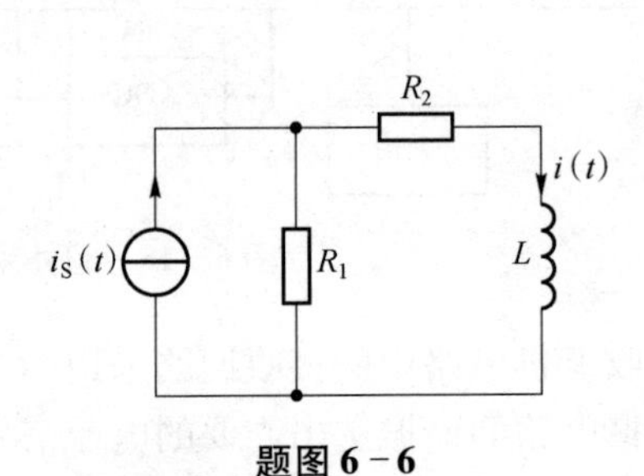

题图6-6

6-7　已知电压 $u(t)=[2+10\cos(t+15°)+6\cos(3t+45°)+2\cos(5t+60°)]\ \text{V}$，计算该电压的有效值。

6-8　计算电流 $i(t)=[6+30\cos 2t+20\cos(4t+30°)+15\cos(6t+45°)+10\cos(8t+60°)]$ V 的有效值。

6-9　已知题图 6-7 电路两端的电压为 $u(t)=[5+40\sqrt{2}\cos t+20\sqrt{2}\cos(2t-30°)+5\sqrt{2}\cos(3t-45°)]$ V，电流为 $i(t)=[3+10\sqrt{2}\cos t+5\sqrt{2}\cos(2t-15°)]$A，计算：

(1) 电压、电流的有效值；

(2) 二次谐波的输入阻抗；

(3) 该电路的平均功率。

6-10　在题图 6-8 所示电路中，已知电压源 $u_S(t)=(100\cos \pi t+50\cos 2\pi t+30\cos 3\pi t)$ V，计算：

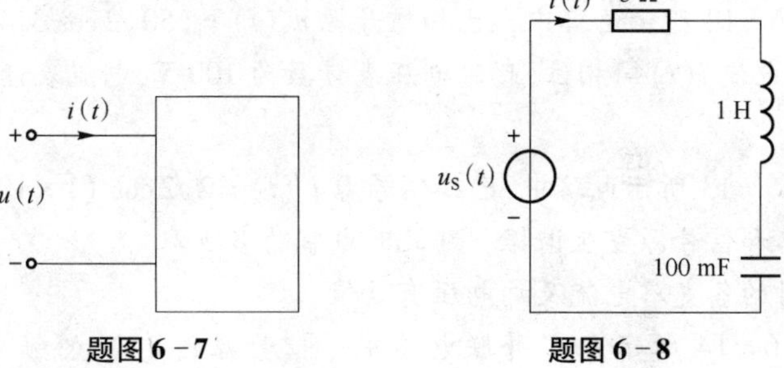

题图 6-7　　题图 6-8

(1) 电流 $i(t)$ 及其有效值；

(2) 电路的平均功率。

6-11　计算题图 6-9 所示电路的谐振频率。

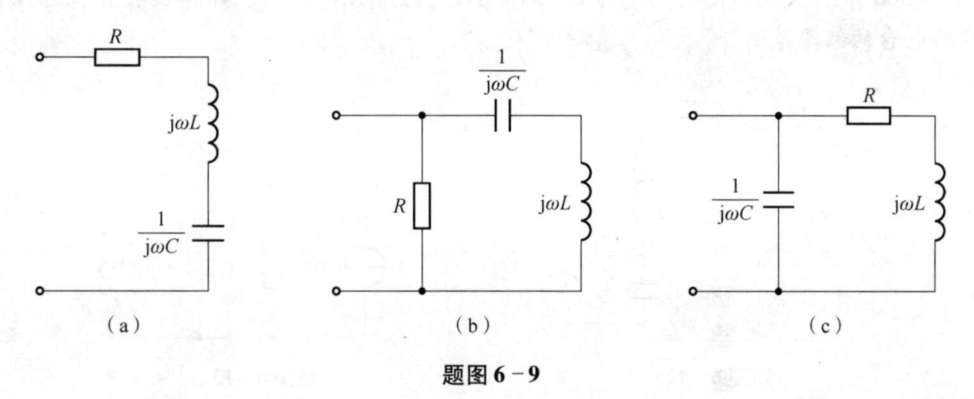

题图 6-9

6-12　在题图 6-10 所示的 RLC 串联电路中，已知电阻 $R=5\ \Omega$，电感 $L=10$ mH，输入信号 $u_S(t)$ 的频率 $f_0=500$ Hz，计算电路产生谐振时的电容和该电路的品质因数。

6-13　在 RLC 串联谐振电路中，谐振时的等效阻抗 $Z=80\ \Omega$，谐振时角频率 $\omega_0=800$ rad/s，品质因数 $Q=100$，计算电路参数 R、L 和 C。

6-14　如题图 6-11 所示电路中，已知信号源 $u_S(t)=10\sqrt{2}\cos 2000t$ V，此时电路与信号源发生谐振，计算：

(1) 谐振时的电容 C；

(2) 谐振时的电流 I_0、电容两端的电压和电感两端的电压；

(3) 品质因数 Q。

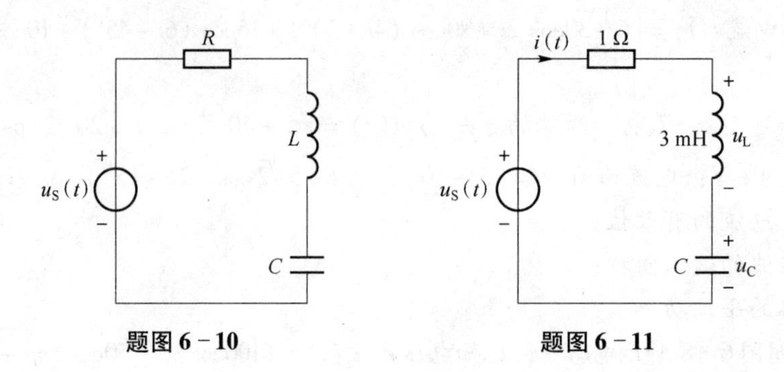

题图 6-10　　　　题图 6-11

6-15　在题图6-12所示电路中，已知信号源 $u_S(t)=(50\sqrt{2}\cos 314t)$ V，调节电容使得信号源电压 $u_S(t)$ 和电流 $i(t)$ 同相位，此时电压表读数为 100 V，电流表读数为 2 A，计算电阻 R、电感 L 和电容 C。

6-16　在题图6-13所示电路中，已知信号源 $i_S(t)=2\sqrt{2}\cos(1\times10^6 t)$ mA。

(1) 若要使电路和信号源发生谐振，则此时电容为多少？

(2) 计算谐振时的各支路电流及端电压有效值。

6-17　在题图6-14所示 RLC 并联电路中，信号源 $i_S(t)$ 的频率 $f_0=2$ MHz，电阻 $R=100$ kΩ，电路的品质因数 $Q=100$，计算 RLC 并联电路与信号源发生谐振时的电感 L 和电容 C。

6-18　半导体收音机的输入回路示意如题图6-15所示，已知可变电容的变化量为 $C=40\sim360$ pF，天线线圈的电感为 $L=310$ μH，内阻 $R=12$ Ω，计算该收音机可以接收到的广播电台的频率范围。

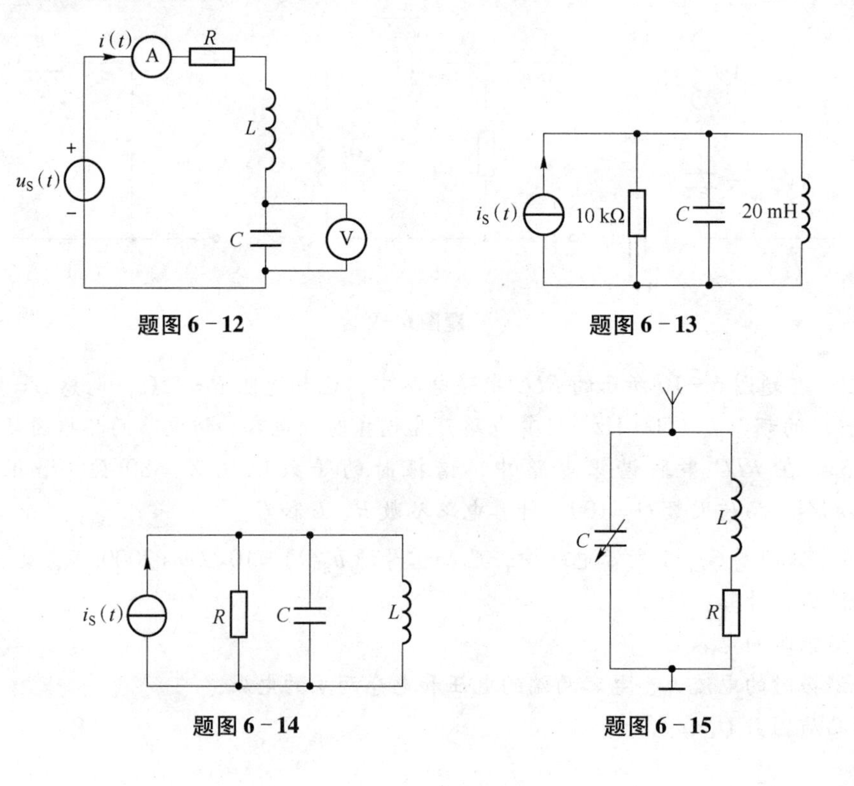

题图 6-12　　　　题图 6-13

题图 6-14　　　　题图 6-15

第7章

耦合电感、理想变压器和二端口网络

章节引入

电力系统、通信系统等电子设备中会经常使用到变压器，变压器能够利用电感线圈之间的耦合进行信号的传递、能量的变换。那么电感线圈之间如何进行耦合？如何进行能量的传递？对于变压器、三极管放大电路等二端网络又如何进行分析？这将是本章要介绍的内容。

本章内容提要

本章介绍耦合电感、含耦合电感电路的分析、理想变压器、二端口网络及变压器的应用。

工程意义

本章介绍的内容主要用于变压器、电流互感器、电压互感器、中周变压器、钳形电流表、晶体管、射频传输线等电路的分析和计算。

7.1 耦合电感

磁耦合（互感）现象在电工、电子技术等领域应用非常广泛。例如，变压器、电视机和收音机的中周以及实验室常用的感应圈，它们都是利用磁耦合的原理在电路中起到信号的传递、隔离、阻抗的匹配、变压和变流等作用。具有耦合现象的实物如图 7－1 所示。

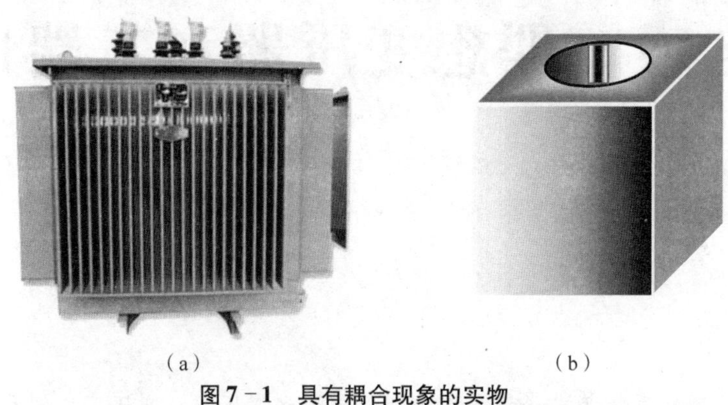

（a）　　（b）

图 7－1　具有耦合现象的实物

（a）变压器；（b）收音机的中周

7.1.1 互感

对于一个由 N 匝线圈构成的单个电感，根据物理学知识，当交流电流 i 流过该线圈时，在其周围就会产生磁通为 Φ 的变化磁场，同时变化的磁场又会在该线圈两端感应电压 u，$u=N\dfrac{\mathrm{d}\Phi}{\mathrm{d}t}=L\dfrac{\mathrm{d}i}{\mathrm{d}t}$，因为该感应电压是由线圈自身通过的电流产生的，因此这种现象称为自感应，产生的电压为自感电压。

空间位置相近的两个电感线圈，通过其中一个电感线圈的电流的变化会影响另外一个电感线圈的电流和电压，这种现象称为互感。自感与互感如图 7－2 所示。

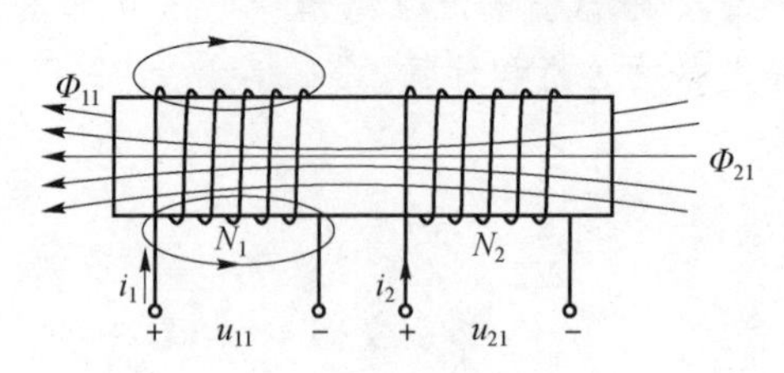

图 7－2　自感与互感

在图 7－2 中，彼此相邻的两个线圈，首先分析只有线圈 1 通电流 i_1 的情况，此时，线圈 1 中有磁通 Φ_{11} 通过，同时，有部分磁通 Φ_{21} 穿过临近线圈 2，这部分磁通称为互感磁通。若线圈 1 和线圈 2 中同时通电流 i_1 和 i_2 时，产生的磁链相互交链，此时，线圈 1 中通过的

磁通 Φ_1 包括两部分，一部分是由自身线圈通过的电流 i_1 产生的自感磁通 Φ_{11}，另一部分是由线圈 2 中通过的电流 i_2 产生的互感磁通 Φ_{12}，由于此时两个线圈中通过的电流产生的磁场是相互增强的，即

$$\Phi_1 = \Phi_{11} + \Phi_{12}$$

同时，线圈 2 中通过的磁通 Φ_2 也包括两个部分，一部分是由自身线圈通过的电流 i_2 产生的自感磁通 Φ_{22}，另一部分是由线圈 1 中通过的电流 i_1 产生的互感磁通 Φ_{21}，即

$$\Phi_2 = \Phi_{22} + \Phi_{21}$$

线圈 1 和线圈 2 在电气上无连接，但是它们之间通过磁场相互交链。

互感现象有时也有不利的影响，因此，在实际应用中总是采取措施消除其不利的影响。例如，在电子仪器中，把易产生互感的元件采取远离、调整方位或磁屏蔽等方法来避免元件间的互感影响。

根据电磁感应定律，线圈 1 的感应电压包括两部分，即

$$u_1 = N_1 \frac{\mathrm{d}\Phi_1}{\mathrm{d}t} = N_1 \frac{\mathrm{d}\Phi_{11}}{\mathrm{d}t} + N_1 \frac{\mathrm{d}\Phi_{12}}{\mathrm{d}t} = L_1 \frac{\mathrm{d}i_1}{\mathrm{d}t} + M \frac{\mathrm{d}i_2}{\mathrm{d}t} \tag{7-1}$$

式（7-1）中，L_1 为线圈 1 的自感系数，M 为线圈 1 与线圈 2 的互感系数，$L_1 \frac{\mathrm{d}i_1}{\mathrm{d}t}$为线圈 1 的自感电压，$M \frac{\mathrm{d}i_2}{\mathrm{d}t}$为互感电压。

线圈 2 的感应电压也包括两部分，即

$$u_2 = N_2 \frac{\mathrm{d}\Phi_2}{\mathrm{d}t} = N_2 \frac{\mathrm{d}\Phi_{22}}{\mathrm{d}t} + N_2 \frac{\mathrm{d}\Phi_{21}}{\mathrm{d}t} = L_2 \frac{\mathrm{d}i_2}{\mathrm{d}t} + M \frac{\mathrm{d}i_1}{\mathrm{d}t} \tag{7-2}$$

式（7-2）中，L_2 为线圈 2 的自感系数，M 为线圈 1 与线圈 2 的互感系数，$L_2 \frac{\mathrm{d}i_2}{\mathrm{d}t}$为线圈 2 的自感电压，$M \frac{\mathrm{d}i_1}{\mathrm{d}t}$为互感电压。

注意：

① 互感系数 M 的值与线圈的形状、几何位置、空间媒质有关，与线圈中的电流无关，因此，满足 $M_{12} = M_{21} = M$。

② 互感电压可正可负。当自感磁通链与互感磁通链方向一致时，互感起增助作用，互感电压为正；当自感磁通链与互感磁通链方向相反，互感起削弱作用，互感电压为负。

工程上用耦合系数 k 来定量的描述两个耦合线圈的耦合紧密程度，耦合系数 k 与线圈的结构、相互几何位置以及空间磁介质有关。其定义式为

$$k = \frac{M}{\sqrt{L_1 L_2}} \tag{7-3}$$

当 $k = 1$ 时，称两个磁通链为全耦合，即没有漏磁。

根据以上分析可知，自感电压和产生自感电压的电流在同一个线圈上，其正负可以根据电压电流的参考方向是否关联来判别。而产生互感电压的电流在另一线圈上，因此，要确定互感电压的正负，就必须判断互感磁场是相互增强还是相互削弱，即除了要知道电流的流向外还需要知道两个线圈的绕向，这便引入了同名端的概念。

7.1.2 同名端

当具有互感的两个线圈上通过的电流分别从两个线圈的对应端子同时流入或流出时，若产生的磁通相互增强，则这两个对应端子称为两互感线圈的同名端，用“·”“*”或“△”等符号标记。当然，互感线圈的另外两个端子也为一对同名端。

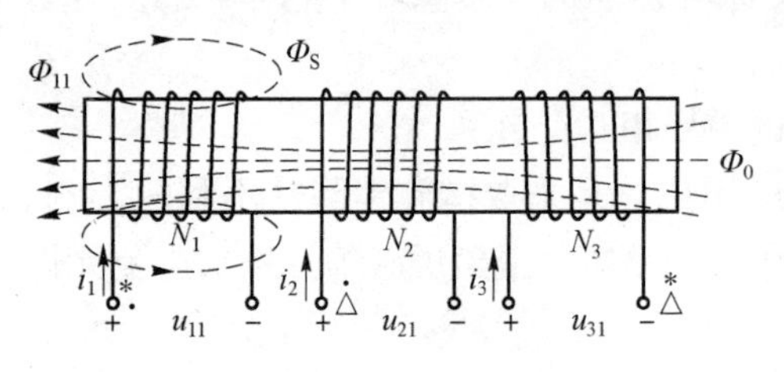

图 7-3 同名端示意图

例如，图 7-3 中线圈 1 和线圈 2 用小圆点标示的端子为同名端，当线圈 1 的电流 i_1 和线圈 2 的电流 i_2 从这两端子同时流入或流出时，则互感起相助作用。同理，线圈 1 和线圈 3 用星号标示的端子为同名端。线圈 2 和线圈 3 用三角号标示的端子为同名端。

当多个线圈之间存在互感作用时，同名端必须两两线圈分别标定。

有了同名端以后，互感线圈之间的相互作用，就可以不用考虑线圈的实际绕向，只要画出同名端及电流和电压的参考方向即可，如图 7-4 所示。

由以上分析可知，当具有互感的两个线圈中的电流同时流入或流出同名端时，两个电流产生的磁场将相互增强。而且随时间增大的电流从互感线圈的其中一个线圈的一端子流入，将会引起另一线圈相应同名端的电位升高。

根据同名端的定义可知，能够通过实验的方法测定同名端，如图 7-5 所示。当开关 S 闭合时，如果电压表正偏，则线圈 1 的端子 1 和线圈 2 的端子 2 为一对同名端；如果电压表反偏，则线圈 1 的端子 1 和线圈 2 的端子 2′为一对同名端。

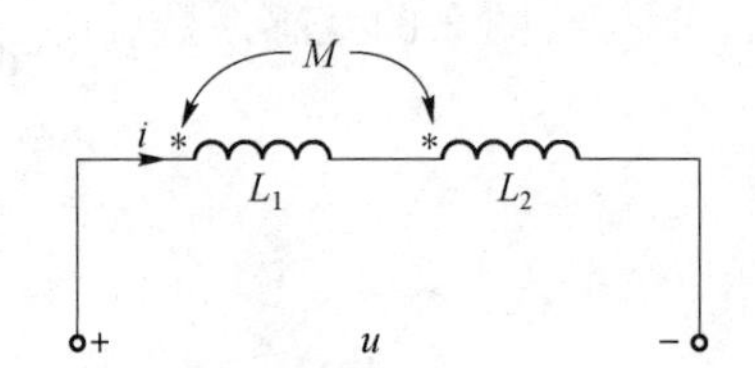

图 7-4 用同名端表示具有互感的两线圈

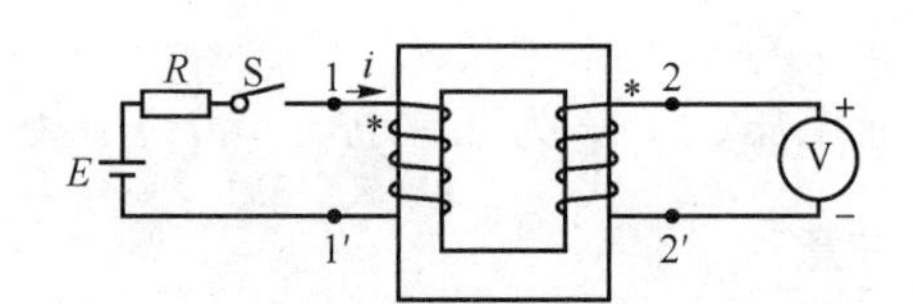

图 7-5 同名端的实验测定

7.1.3 耦合电感线圈上的电压、电流关系

确定了互感线圈的同名端之后，互感电压的正负就可以同名端来确定了。

当电流为时变电流时，磁通也将随时间变化，从而在线圈两端产生感应电压。根据电磁感应定律和楞次定律可以得到每个线圈两端上的电压与电流的关系式，即

$$u_1 = \pm L_1 \frac{\mathrm{d}i_1}{\mathrm{d}t} \pm M \frac{\mathrm{d}i_2}{\mathrm{d}t}$$

$$u_2 = \pm L_2 \frac{\mathrm{d}i_2}{\mathrm{d}t} \pm M \frac{\mathrm{d}i_1}{\mathrm{d}t}$$

线圈两端的电压均包含自感电压和互感电压。自感电压是由线圈自身通过的电流产生

的，即自感电压与产生自感电压的电流属于同一个线圈，当该电压参考方向与该电流参考方向相关联时，自感电压前取“+”号；反之，自感电压前取“-”号。互感电压是由与该线圈产生互感的线圈通过的电流产生的，如果互感电压“+”极性端子与产生它的电流流进的端子为一对同名端，则互感电压前应取“+”号，反之取“-”号。

在正弦交流电路中，互感线圈上电压和电流关系的相量形式为

$$\dot{U}_1 = \pm \mathrm{j}\omega L_1\dot{I}_1 \pm \mathrm{j}\omega M\dot{I}_2$$

$$\dot{U}_2 = \pm \mathrm{j}\omega L_2\dot{I}_2 \pm \mathrm{j}\omega M\dot{I}_1$$

【例7-1】 如图7-6所示（a）、（b）、（c）、（d）4个互感线圈，已知同名端和各线圈上电压电流的参考方向，试写出每一组互感线圈上电压与电流的关系。

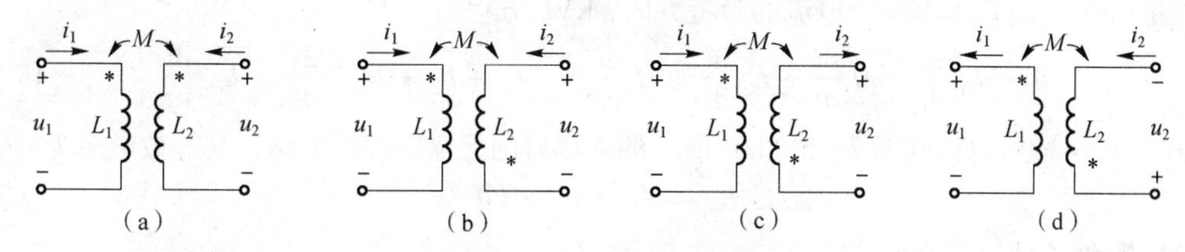

图7-6 例7-1电路图

解：（a）$u_1 = L_1\dfrac{\mathrm{d}i_1}{\mathrm{d}t} + M\dfrac{\mathrm{d}i_2}{\mathrm{d}t}, u_2 = L_2\dfrac{\mathrm{d}i_2}{\mathrm{d}t} + M\dfrac{\mathrm{d}i_1}{\mathrm{d}t}$

（b）$u_1 = L_1\dfrac{\mathrm{d}i_1}{\mathrm{d}t} - M\dfrac{\mathrm{d}i_2}{\mathrm{d}t}, u_2 = L_2\dfrac{\mathrm{d}i_2}{\mathrm{d}t} - M\dfrac{\mathrm{d}i_1}{\mathrm{d}t}$

（c）$u_1 = L_1\dfrac{\mathrm{d}i_1}{\mathrm{d}t} + M\dfrac{\mathrm{d}i_2}{\mathrm{d}t}, u_2 = -L_2\dfrac{\mathrm{d}i_2}{\mathrm{d}t} - M\dfrac{\mathrm{d}i_1}{\mathrm{d}t}$

（d）$u_1 = -L_1\dfrac{\mathrm{d}i_1}{\mathrm{d}t} - M\dfrac{\mathrm{d}i_2}{\mathrm{d}t}, u_2 = -L_2\dfrac{\mathrm{d}i_2}{\mathrm{d}t} - M\dfrac{\mathrm{d}i_1}{\mathrm{d}t}$

7.2 含耦合电感电路的分析

变压器、电视机和收音机的中周以及实验室常用的感应圈，都是利用磁耦合的原理在电路中起到信号的传递、隔离、阻抗的匹配、变压和变流等作用。本节介绍几种去耦合的方法。

7.2.1 互感的去耦等效

含有耦合的电感在特定的连接方式下可以通过去耦等效进行化简，去耦等效的方法需要根据耦合电感的连接方式来定，耦合电感的连接方式有顺向串联、反向串联、同侧并联、异侧并联、同名端为共端的T形连接和异名端为共端的T形连接。

1. 串联耦合电感的去耦等效

1）顺向（接）串联

图7-7（a）所示电路为耦合电感的串联电路，电流都是从互感线圈的同名端流入，它们

产生的磁场是相互增强的，称为顺向串联。

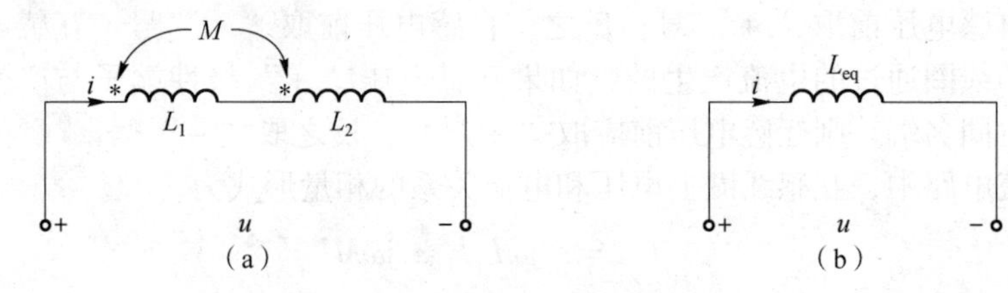

图 7－7　顺向串联互感线圈的去耦等效

(a) 顺向串联互感线圈；(b) 去耦等效

按图 7－7（a）示电压、电流的参考方向，KVL 方程为

$$u = L_1 \frac{di}{dt} + M \frac{di}{dt} + L_2 \frac{di}{dt} + M \frac{di}{di} = (L_1 + L_2 + 2M) \frac{di}{dt} = L_{eq} \frac{di}{dt} \tag{7-4}$$

根据式（7－4）可以得到图 7－5（b）所示的去耦后的无互感等效电路，其等效电感为

$$L_{eq} = L_1 + L_2 + 2M$$

2）反向（接）串联

图 7－8（a）所示的耦合电感的串联电路，电流从一个互感线圈的同名端流入，从另一个互感线圈的同名端流出，它们产生的磁场是相互削弱的，称为反向串联。

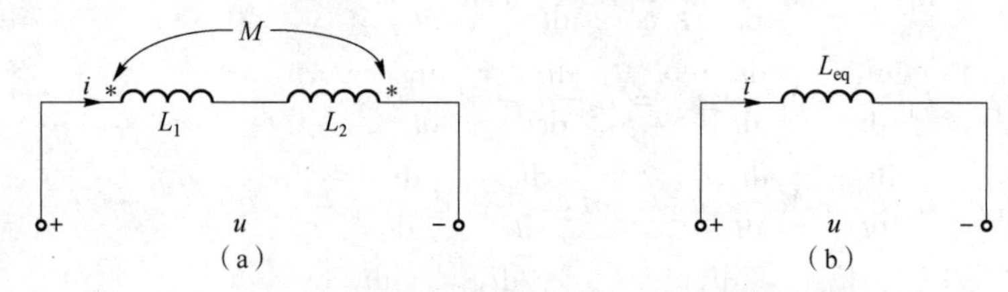

图 7－8　反向串联互感线圈的去耦等效

(a) 反向串联互感线圈；(b) 去耦等效

按图 7－8（a）所示电压、电流的参考方向，KVL 方程为

$$u = L_1 \frac{di}{dt} - M \frac{di}{dt} + L_2 \frac{di}{dt} - M \frac{di}{di} = (L_1 + L_2 - 2M) \frac{di}{dt} = L_{eq} \frac{di}{dt} \tag{7-5}$$

根据式（7－5）可以给出图 7－8（b）所示去耦后的无互感等效电路。等效电路的参数为

$$L_{eq} = L_1 + L_2 - 2M$$

互感线圈串联后的等效电路仍呈感性，即

$$L_{eq} = L_1 + L_2 - 2M \geqslant 0$$

可以推出 $M \leqslant \frac{1}{2}(L_1 + L_2)$，即互感系数不大于两个自感系数的算术平均值。

另外，测量互感系数的方法：把两互感线圈顺接一次，得到等效电感 $L_{顺}$，然后再反接一次，得到等效电感 $L_{反}$，其互感系数为

$$M = \frac{L_{顺} - L_{反}}{4}$$

2. 并联耦合电感的去耦等效

1）同侧并联

图 7－9（a）为耦合电感的并联电路，其同名端连接在同一个结点上，称为同侧并联。根

据 KVL 可以得到同侧并联电路的方程为

$$u = L_1 \frac{\mathrm{d}i_1}{\mathrm{d}t} + M \frac{\mathrm{d}i_2}{\mathrm{d}t}$$

$$u = L_2 \frac{\mathrm{d}i_2}{\mathrm{d}t} + M \frac{\mathrm{d}i_1}{\mathrm{d}t}$$

由于 $i = i_1 + i_2$，联立求解得到端口电压 u 和端口电流 i 的关系为

$$u = \frac{L_1 L_2 - M^2}{L_1 + L_2 - 2M} \frac{\mathrm{d}i}{\mathrm{d}t}$$

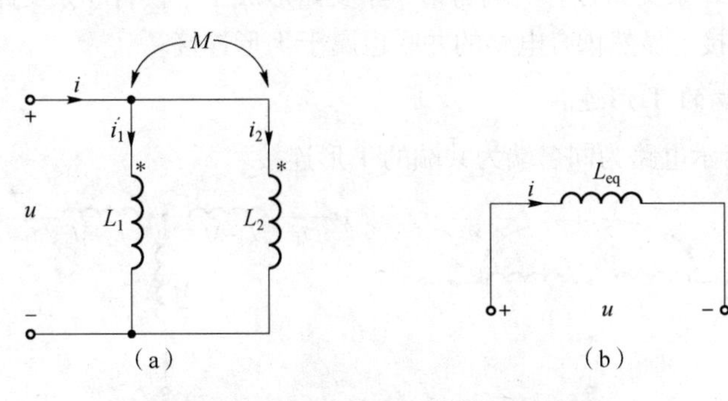

图 7-9　同侧并联互感线圈的去耦等效

(a) 同侧并联互感线圈；(b) 去耦等效

根据上述方程可以得到去耦后的无互感等效电路，如图 7-9（b）所示，其等效电感为

$$L_{\mathrm{eq}} = \frac{L_1 L_2 - M^2}{L_1 + L_2 - 2M}$$

2）异侧并联

在图 7-10（a）中，耦合电感的异名端连接在同一个结点上，称为异侧并联。

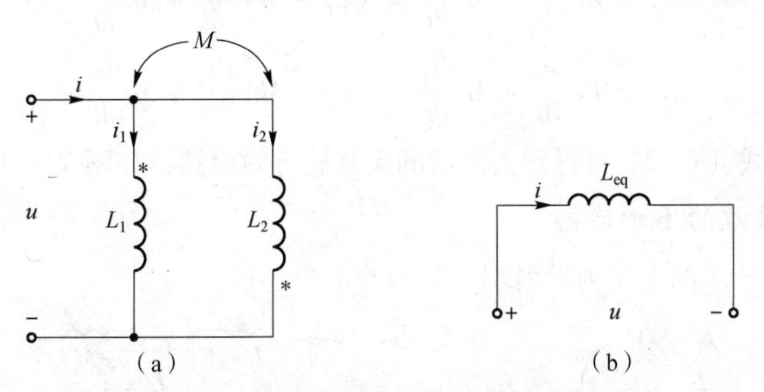

图 7-10　异侧并联互感线圈的去耦等效

(a) 异侧并联互感线圈；(b) 去耦等效

根据 KVL 可以得到异侧并联电路的方程为

$$u = L_1 \frac{\mathrm{d}i_1}{\mathrm{d}t} - M \frac{\mathrm{d}i_2}{\mathrm{d}t}$$

$$u = L_2 \frac{\mathrm{d}i_2}{\mathrm{d}t} - M \frac{\mathrm{d}i_1}{\mathrm{d}t}$$

由于 $i = i_1 + i_2$，联立求解得到端口电压 u 和端口电流 i 的关系，即

$$u = \frac{L_1L_2 - M^2}{L_1 + L_2 + 2M}\frac{\mathrm{d}i}{\mathrm{d}t}$$

根据上述方程可以得到去耦后的无互感等效电路，如图 7－10（b）所示，其等效电感为

$$L_{\mathrm{eq}} = \frac{L_1L_2 - M^2}{L_1 + L_2 + 2M}$$

3. T 形连接耦合电感的去耦等效

如果耦合电感的 2 条支路各有一端与第 3 条支路形成一个仅含 3 条支路的共同结点，则称为耦合电感的 T 形连接。显然耦合电感的并联也属于 T 形连接。

1）同名端为共端的 T 形连接

图 7－11（a）所示电路为同名端为共端的 T 形连接。

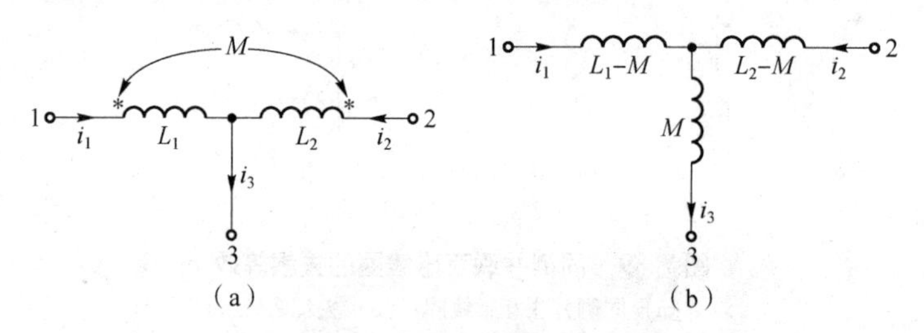

图 7－11　同名端为共端互感线圈的去耦等效

（a）同名端为共端互感线圈；（b）去耦等效

根据图 7－11（a）中所标电压、电流的参考方向可得

$$i_3 = i_1 + i_2$$

$$u_{13} = L_1\frac{\mathrm{d}i_1}{\mathrm{d}t} + M\frac{\mathrm{d}i_2}{\mathrm{d}t} = (L_1 - M)\frac{\mathrm{d}i_1}{\mathrm{d}t} + M\frac{\mathrm{d}i_3}{\mathrm{d}t} \tag{7-6}$$

$$u_{23} = L_2\frac{\mathrm{d}i_2}{\mathrm{d}t} + M\frac{\mathrm{d}i_1}{\mathrm{d}t} = (L_2 - M)\frac{\mathrm{d}i_2}{\mathrm{d}t} + M\frac{\mathrm{d}i_3}{\mathrm{d}t} \tag{7-7}$$

根据式（7－6）和式（7－7）可得到去耦后的无互感等效电路，如图 7－11（b）所示。

2）异名端为共端的 T 形连接

图 7－12（a）所示的电路为异名端为共端的 T 形连接。

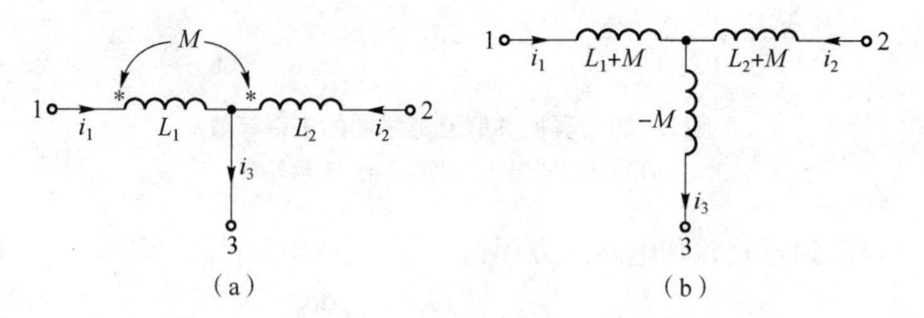

图 7－12　异名端为共端互感线圈的去耦等效

（a）异名端为共端互感线圈；（b）去耦等效

根据图 7－12（a）所标电压、电流的参考方向得

$$i_3 = i_1 + i_2$$

$$u_{13} = L_1 \frac{di_1}{dt} - M \frac{di_2}{dt} = (L_1 + M) \frac{di_1}{dt} - M \frac{di_3}{dt} \tag{7-8}$$

$$u_{23} = L_2 \frac{di_2}{dt} - M \frac{di_1}{dt} = (L_2 + M) \frac{di_2}{dt} - M \frac{di_3}{dt} \tag{7-9}$$

根据式（7－8）和式（7－9）可以得到去耦后的无互感等效电路，如图 7－12（b）所示。

4. 受控源等效电路

如图 7－13（a）所示电路，列写两个线圈的端口电压 u 和端口电流 i 方程为

$$u_1 = L_1 \frac{di_1}{dt} + M \frac{di_2}{dt} \tag{7-10}$$

$$u_2 = L_2 \frac{di_2}{dt} + M \frac{di_1}{dt} \tag{7-11}$$

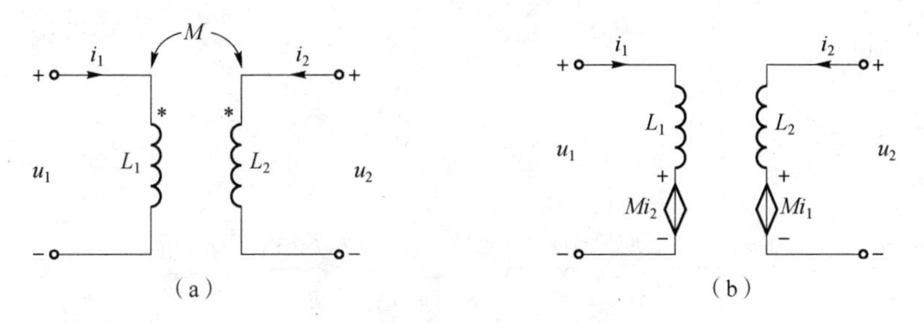

图 7－13 互感线圈的受控源去耦等效

（a）互感线圈；（b）受控源去耦等效

其中，式（7－10）中的 $M\frac{di_2}{dt}$ 项可以看作是由电流 i_2 控制的电压源，式（7－11）中的 $M\frac{di_1}{dt}$ 项可以看作是由电流 i_1 控制的电压源，因此其去耦后的无互感等效电路为图 7－13（b）所示。

7.2.2 含耦合电感电路的分析

含有耦合电感电路的分析仍然属于正弦稳态分析，前面介绍的相量分析法同样适用。

对于含有耦合电感（简称互感）电路的分析常用两种方法：一种方法是带着耦合进行分析计算，即互感线圈上的电压除自感电压外，还应包含互感电压，多采用支路法和回路法进行计算；另一种方法是先利用去耦方法进行去耦等效，再利用相量法进行分析。

【例 7－2】 求图 7－14（a）所示电路的开路电压。

解：方法一：

带着耦合求解。

在图 7－14（a）电路中，由于线圈 2 中无电流，线圈 1 和线圈 3 为反向串联，所以电流为

$$\dot{I} = \frac{\dot{U}_S}{R + j\omega(L_1 + L_2 - 2M_{31})}$$

则开路电压为

$$\dot{U}_{OC}=\frac{j\omega(L_3+M_{12}-M_{23}-M_{31})\dot{U}_S}{R+j\omega(L_1+L_3-2M_{31})}$$

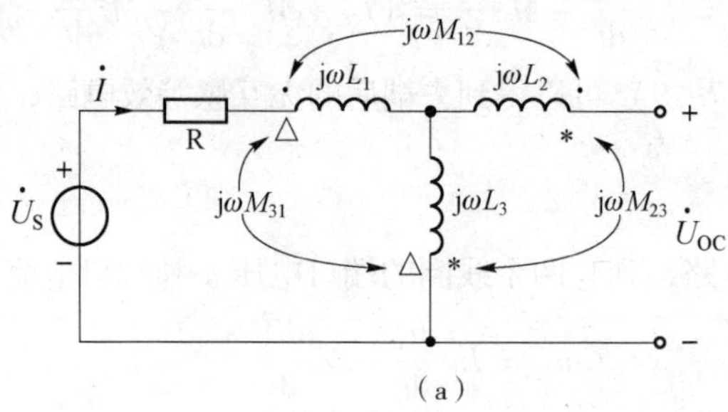

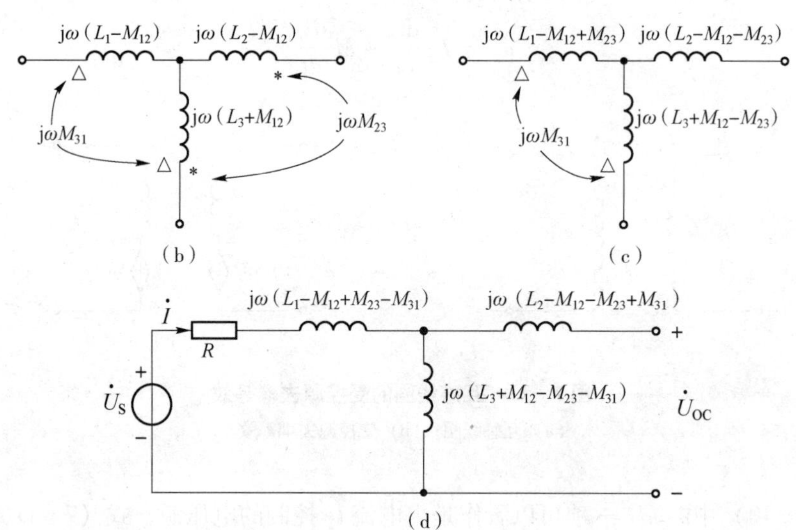

图 7-14　例 7-2 电路图

方法二：

画出去耦等效电路，消去耦合的过程如图 7-14（b）、（c）、（d）所示。

由图 7-14（d）的无互感电路得开路电压为

$$\dot{U}_{OC}=\frac{j\omega(L_3+M_{12}-M_{23}-M_{31})\dot{U}_S}{R+j\omega(L_1+L_3-2M_{31})}$$

【例 7-3】 在图 7-15 所示电路中，已知 $\dot{U}_S=12\angle 0^\circ$ V，请计算电流 $\dot{I}_1$和 $\dot{I}_2$。

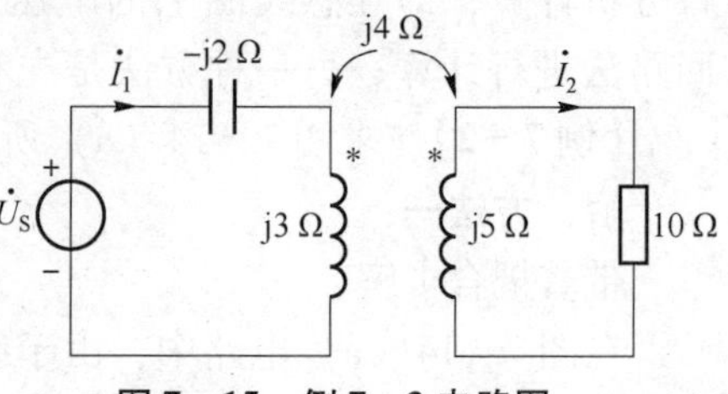

图 7-15　例 7-3 电路图

解：对于含有互感的电路在列写 KVL 方程时，需要注意线圈两端除了有自感电压还需考虑互感电压。

对左边回路列写 KVL 方程，即

$$(-j2+j3)\dot{I}_1-j4\dot{I}_2=12\angle 0^\circ$$

对右边回路列写 KVL 方程，即

$$-j4\dot{I}_1+(10+j5)\dot{I}_2=0$$

联立方程求解可得

$$\dot{I}_1 = 9.03\angle{-15.7°}\ \text{A}$$

$$\dot{I}_2 = 3.23\angle{47.73°}\ \text{A}$$

7.3 理想变压器

变压器广泛应用于电子、电气等领域，它是磁耦合现象的典型应用。通常由两个具有互感的线圈组成，其中一个线圈与电源相接，称为原边线圈或初级线圈，另外一个线圈与负载相接，称为副边线圈或次级线圈。变压器的原边线圈和副边线圈没有电气上的连接，它们利用磁耦合来实现能量的传输、信号的传递或者两者兼而有之。

理想变压器是实际变压器的理想化模型，是对互感元件的理想化抽象，是极限情况下的耦合电感。

7.3.1 变压器的理想化模型

图7-16为实际变压器，初级线圈的匝数为 N_1，次级线圈的匝数为 N_2，实际变压器由于存在漏磁，因此线圈1产生的磁通和线圈2产生的磁通不能完全交链。制作初级线圈和次级线圈的导线存在电阻，同时做芯子的铁磁材料也存在着能量损耗。而且，实际变压器在制作时，自感系数和互感系数应尽可能大，但也是有限值。

当实际变压器满足以下3个条件时，就可以视为理想变压器。

(1) 无损耗。制作线圈的导线无电阻，做芯子的铁磁材料的磁导率无限大。

(2) 全耦合。初级线圈产生的磁通和次级线圈产生的磁通完全交链，即耦合系数 $k=1$。

(3) 参数无限大，即自感系数和互感系数 L_1、L_2、$M\Rightarrow\infty$，但满足条件为

$$\sqrt{L_1/L_2} = N_1/N_2 = n \tag{7-12}$$

式(7-12)中，N_1 和 N_2 分别为变压器原、副边线圈匝数，n 为匝数比。根据以上分析，理想变压器电路模型如图7-17所示。以上3个条件在工程实际中不可能满足，但在一些实际的工程概算中，在误差允许的范围内，把实际变压器当作理想变压器对待，可使计算过程简化。

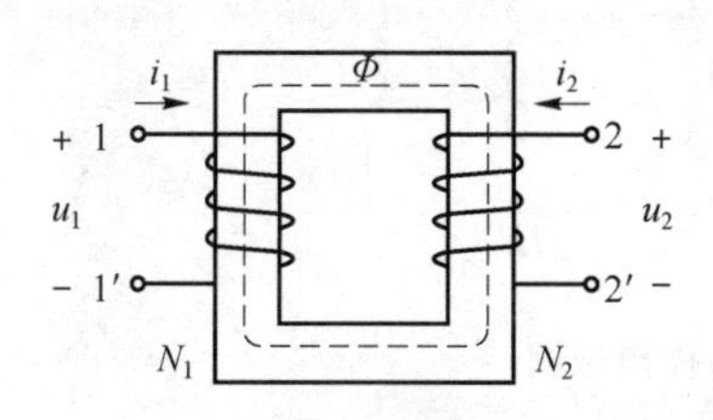

图7-16 实际变压器

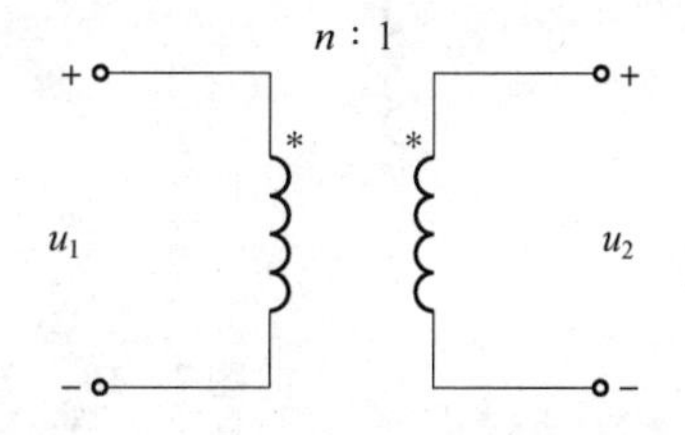

图7-17 理想变压器电路模型

7.3.2 理想变压器的主要性能

图7-16所示电路中参数满足理想变压器的3个理想化条件。设电流 i_1 产生的磁通为 Φ_{11}，电流 i_2 产生的磁通为 Φ_{22}。由于 $k=1$，没有漏磁，故此时线圈1-1′通过的磁通 Φ_1 与线圈2-2′通过的磁通 Φ_2 相等，且都包含了自磁通和互磁通，即

$$\Phi_1 = \Phi_{11} + \Phi_{22} = \Phi_2 = \Phi$$

根据电磁感应定律，对于线圈1-1′，有

$$u_1 = \frac{\mathrm{d}\psi_1}{\mathrm{d}t} = N_1 \frac{\mathrm{d}\Phi}{\mathrm{d}t} \tag{7-13}$$

对于线圈2-2′，有

$$u_2 = \frac{\mathrm{d}\psi_2}{\mathrm{d}t} = N_2 \frac{\mathrm{d}\Phi}{\mathrm{d}t} \tag{7-14}$$

由式（7-13）和式（7-14）可得

$$\frac{u_1}{u_2} = \frac{N_1}{N_2} = n \tag{7-15}$$

用相量表示为

$$\frac{\dot{U}_1}{\dot{U}_2} = \frac{N_1}{N_2} = n$$

由式（7-15）可知，当原边电压一定时，可以通过改变原、副边匝数比，改变副边电压，因此理想变压器具有变电压的作用。当 $n=1$ 时，原边电压与副边电压相等，称为隔离变压器；当 $n>1$ 时，电压从原边到副边是升高的，称为升压变压器；当 $n<1$ 时，电压从原边到副边是降低的，称为降压变压器。

变压器的额定值通常用 U_1/U_2 表示，例如，额定值为2 400 V/220 V的变压器是指原边电压为2 400 V，副边电压为220 V。

注意：

理想变压器的变压关系与两线圈中电流参考方向的假设无关，但与电压极性的设置有关，若 u_1、u_2 参考方向的“+”极性端都设在同名端，如图7-18（a）所示，其变压公式为式（7-15）；若 u_1、u_2 参考方向的“+”极性端一个设在同名端，另一个设在异名端，如图7-18（b）所示。

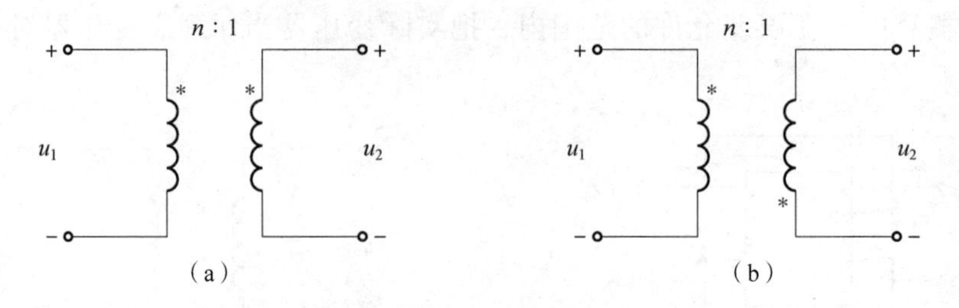

图7-18　理想变压器变压作用示例

此时 u_1、u_2 之比为

$$\frac{u_1}{u_2}=-\frac{N_1}{N_2}=-n \tag{7-16}$$

理想变压器互感线圈的电压、电流关系如图 7－19（a）所示，电流参考方向一个从同名端流入，另一个从同名端流出。根据功率守恒定理，由于理想变压器没有损耗，因此原边线圈提供的功率等于副边线圈吸收的功率，即

$$u_1 i_1 = u_2 i_2 \tag{7-17}$$

由式（7－15）与式（7－17）可得

$$\frac{i_1}{i_2}=\frac{u_2}{u_1}=\frac{N_2}{N_1}=\frac{1}{n} \tag{7-18}$$

用相量表示为

$$\frac{\dot{I}_1}{\dot{I}_2}=\frac{N_2}{N_1}=\frac{1}{n}$$

由式（7－18）可知，当原边电流 i_1 一定时，可以通过改变原、副边匝数比，来改变副边电流 i_2，因此理想变压器具有改变电流的作用。

注意：

理想变压器的变流关系与两线圈上电压参考方向的假设无关，但与电流参考方向的设置有关，若 i_1、i_2 的参考方向从同名端同时流入，或从同名端同时流出，如图 7－19（b）所示。

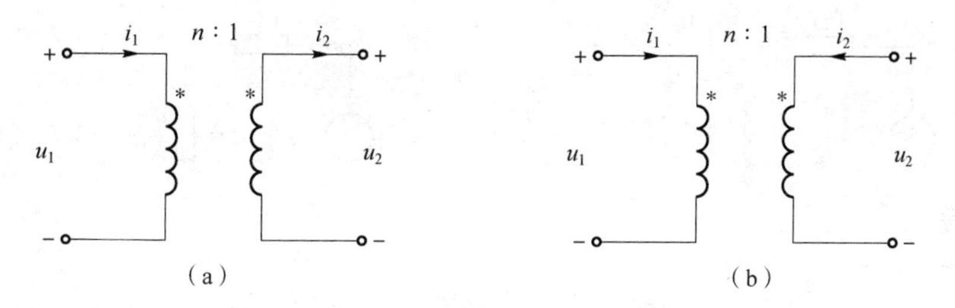

图 7－19　理想变压器变流作用示例

此时，i_1与 i_2之比为

$$\frac{i_1}{i_2}=-\frac{1}{n} \tag{7-19}$$

设理想变压器次级线圈接阻抗 Z，如图 7－20（a）所示。

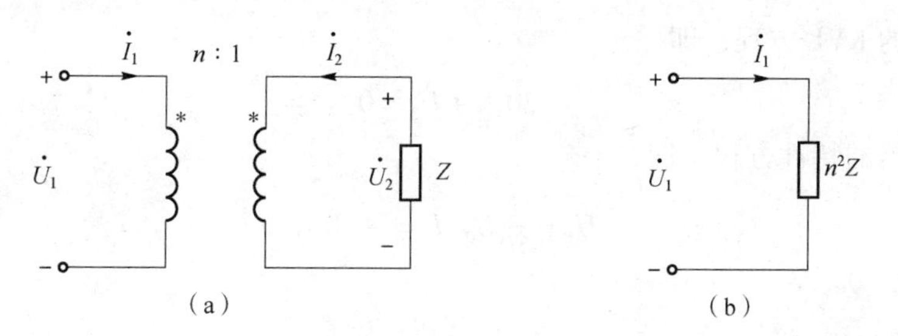

图 7－20　理想变压器变阻抗示例

由理想变压器的变压、变流关系得初级端的输入阻抗为

$$Z_{in}=\frac{\dot{U}_1}{\dot{I}_1}=\frac{n\dot{U}_2}{-1/n\dot{I}_2}=n^2\left(-\frac{\dot{U}_2}{\dot{I}_2}\right)=n^2Z$$

由此可以得到理想变压器的初级等效电路，如图 7－20（b）所示，把 Z_{in} 称为次级对初级的折合等效阻抗，也称为反射阻抗。变压器的这种将给定阻抗变换为另一阻抗的能力，为计算实现最大功率传输的匹配阻抗提供了一种方法。

注意：

理想变压器的阻抗变换只改变阻抗的大小，不改变阻抗的性质。

综上所述，理想变压器具有变电压、变电流以及变阻抗的特性。理想变压器既不储存能量，也不消耗能量，在电路中只起传递信号和能量的作用。理想变压器的特性方程为代数关系，因此它是无记忆的多端元件。

7.3.3 含理想变压器电路的分析

在分析含有理想变压器的电路时，一种方法是应用理想变压器的理想化条件以及理想变压器的变电压、变电流的特性应用相量法进行分析；另一种方法是将利用理想变压器变阻抗的特性将副边阻抗折算到原边，消灭电路中的理想变压器，然后应用相量法进行分析。

【例 7－4】 在图 7－21（a）所示电路中，已知 $\dot{U}_S=60\angle 0°$ V，计算负载电阻上的电压 $\dot{U}_2$。

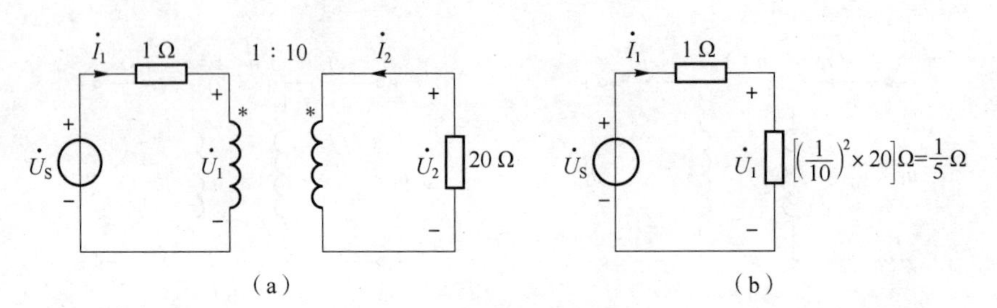

图 7－21　例 7－4 电路图

解：方法一：

带有理想变压器列方程求解。

列写原边回路的 KVL 方程，即

$$1\times\dot{I}_1+\dot{U}_1=\dot{U}_S=60\angle 0°$$

列写副边回路的 KVL 方程，即

$$20\dot{I}_2+\dot{U}_2=0$$

代入理想变压器的特性方程，即

$$\dot{U}_1=\frac{1}{10}\dot{U}_2,\ \dot{I}_1=-10\dot{I}_2$$

解得

$$\dot{U}_2=100\angle 0°\ \text{V}$$

方法二：

应用阻抗变换得原边等效电路如图 7－21（b）所示，则

$$\dot{U}_1=\left(\frac{60\angle 0^\circ}{1+\frac{1}{5}}\times\frac{1}{5}\right)\text{V}=10\angle 0^\circ\ \text{V}$$

$$\dot{U}_2=\frac{1}{n}\dot{U}_1=10\,\dot{U}_1=100\angle 0^\circ\ \text{V}$$

7.4 二端口网络

在工程上，我们经常会遇到研究网络的两对端子之间的电流、电压的关系问题，这两对端子中通常一对为输入端子，另一对为输出端子。研究二端口网络的意义在于，有些大型复杂的网络，如集成电路，一旦封装后，应用者对其内部结构和元件特性是无法完全知道或难以确定的，其性能可以通过网络端子的电压、电流来测试和分析，即研究网络端口的外特性。二端口网络在工程中应用广泛，如互感器、变压器、晶体管放大器、滤波网络和通信网络等。

7.4.1 二端口网络的定义

对一个端口来说，从它的一个端子流入的电流一定等于从另一个端子流出的电流。这种具有向外引出一对端子的电路或网络称为一端口网络或二端网络。

在工程实际中，还常常涉及两对端子的网络，如变压器、滤波器、三极管放大电路、传输线等，如图 7－22（a）、（b）、（c）、（d）所示。尽管这些电路的内部结构不同，但都可以概括为如图 7－22（e）所示的电路。一对端子 1－1′通常是输入端口，另一对端子 2－2′为输出端口。在输入端口处加激励，在输出端口处产生响应。二端口网络的任一端口必须满足端口条件，即从一个端子流入的电流一定等于从另一个端子流出的电流。因此，二端口网络一定是四端子网络，且满足端口条件，而四端子网络不一定就是二端口网络。

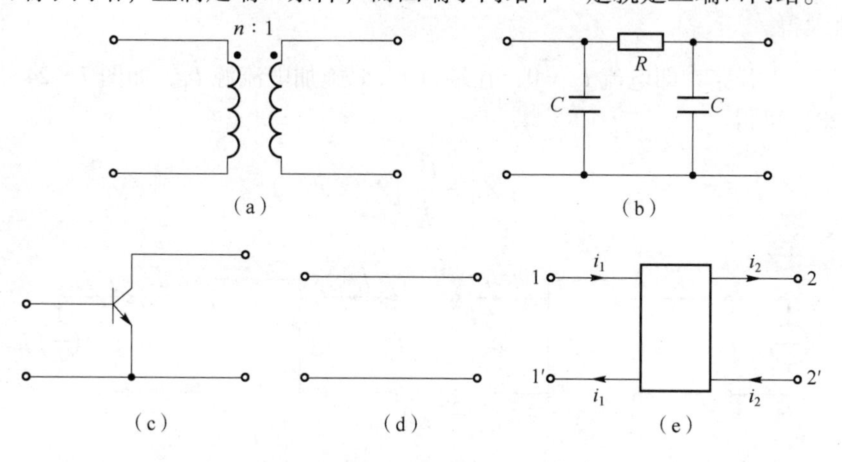

图 7－22 二端口

（a）理想变压器；（b）滤波器；（c）三极管；（d）传输线；（e）二端口网络

用二端口概念分析电路时，仅考虑两个端口处的电流、电压之间的关系即可，其相互关系可以通过一些参数表示，而这些参数只决定于构成二端口本身的元件及其连接方式。当表示二端口的参数确定后，网络中的激励发生变化，可以容易求得响应的变化。还可以利用这些参数比较不同的二端口网络在传递电能或信号方面的性能，从而做出评价。

本节介绍的二端口由线性的电阻、电感、互感、电容和线性受控源组成，并不包含任何独立电源。当研究含二端口网络的动态过程时，假定网络内部的储能元件初始状态为零，即所有电容的初始电压、电感的初始电流为零，电路的响应为零状态响应。

7.4.2　二端口网络方程和参数

图 7－23 所示为一线性二端口，各电压、电流用相量法表示，也可以用瞬时值、运算法表示，各端子的电流、电压参考方向如图所示。

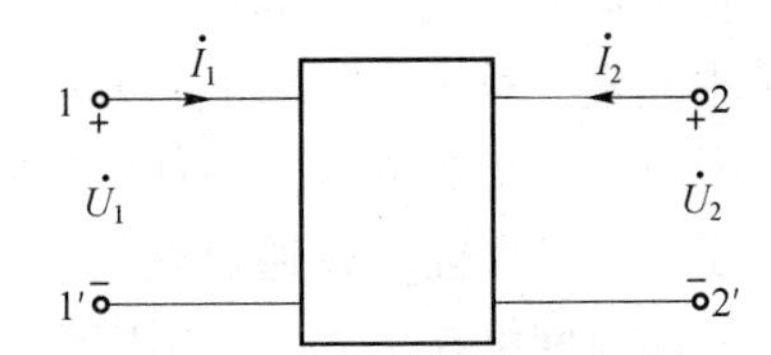

图 7－23　线性二端口的电流、电压关系

1. 阻抗方程和 Z 参数

如果两个端口电流 $\dot{I}_1$ 和 $\dot{I}_2$ 已知，可以利用替代定理将两个端口的电流 $\dot{I}_1$ 和 $\dot{I}_2$ 看作是外施的独立电流源。根据叠加定理，$\dot{U}_1$ 和 $\dot{U}_2$ 等于各个电流源单独作用时产生的电压之和，即

$$\begin{cases}\dot{U}_1 = Z_{11}\dot{I}_1 + Z_{12}\dot{I}_2 \\ \dot{U}_2 = Z_{21}\dot{I}_1 + Z_{22}\dot{I}_2\end{cases} \tag{7-20}$$

式（7－20）为阻抗方程，也称为二端口网络的 **Z** 参数方程，式中的 Z_{11}、Z_{12}、Z_{21}、Z_{22} 称为二端口网络的 Z 参数，它们都具有阻抗的量纲。式（7－20）也可以写成矩阵形式，即

$$\begin{bmatrix}\dot{U}_1 \\ \dot{U}_2\end{bmatrix} = \begin{bmatrix}Z_{11} & Z_{12} \\ Z_{21} & Z_{22}\end{bmatrix}\begin{bmatrix}\dot{I}_1 \\ \dot{I}_2\end{bmatrix}$$

上式中的系数矩阵称为 Z 参数矩阵，记为 $\boldsymbol{Z}$。Z_{11}、Z_{12}、Z_{21}、Z_{22} 可以用下述方法计算或试验测量求得。

令端口 2－2′开路，即电流 $\dot{I}_2 = 0$，在端口 1－1′施加电流源 $\dot{I}_1$，如图 7－24（a）所示。由式（7－20）可得

$$Z_{11} = \frac{\dot{U}_1}{\dot{I}_1}\bigg|_{\dot{I}_2 = 0} \tag{7-21}$$

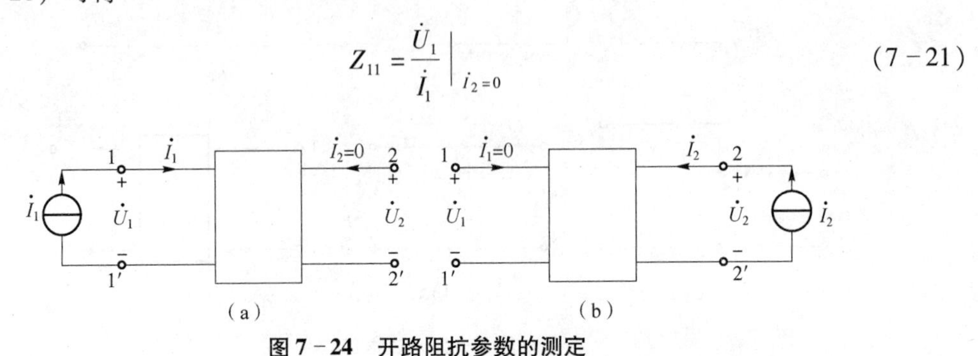

图 7－24　开路阻抗参数的测定

$$Z_{21}=\frac{\dot{U}_2}{\dot{I}_1}\bigg|_{\dot{I}_2=0} \tag{7-22}$$

式（7－21）中，Z_{11}为端口2－2′开路时端口1－1′的输入阻抗；式（7－22）中，Z_{21}为端口2－2′开路时端口1－1′转移到端口2－2′的转移阻抗。

同理，令端口1－1′开路，$\dot{I}_1=0$，在端口2－2′处施加电流源$\dot{I}_2$，如图7－24（b）所示，由式（7－20）可得

$$Z_{12}=\frac{\dot{U}_1}{\dot{I}_2}\bigg|_{\dot{I}_1=0} \tag{7-23}$$

$$Z_{22}=\frac{\dot{U}_2}{\dot{I}_2}\bigg|_{\dot{I}_1=0} \tag{7-24}$$

式（7－23）中，Z_{12}为端口1－1′开路时端口2－2′转移到端口1－1′的转移阻抗；式（7－24）中，Z_{22}为端口1－1′开路时端口2－2′的输入阻抗。

由于Z参数都是在一个端口开路的情况下计算或测试得到，所以Z参数也称为开路阻抗参数。

【例7－5】 求图7－25（a）所示T形二端口网络的Z参数，设Z_1、Z_2和Z_3都为已知。

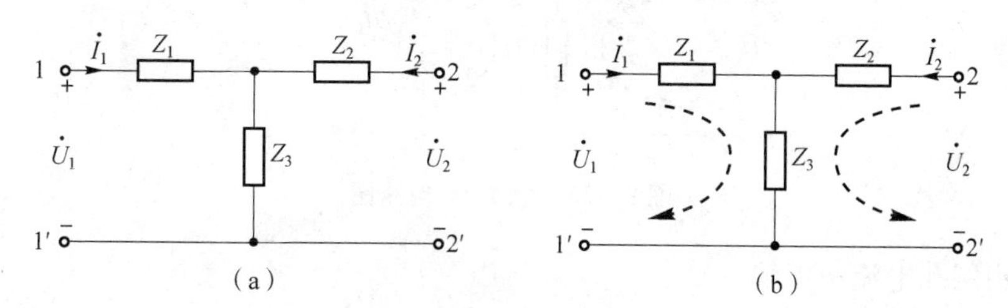

图7－25 例7－5图

解：用以下两种方法求解。

方法一：应用试验测量法。

根据式（7－21）和式（7－22）求得端口1－1′的输入阻抗和转移阻抗分别为

$$Z_{11}=\frac{\dot{U}_1}{\dot{I}_1}\bigg|_{\dot{I}_2=0}=\frac{(Z_1+Z_3)\dot{I}_1}{\dot{I}_1}=Z_1+Z_3,\quad Z_{21}=\frac{\dot{U}_2}{\dot{I}_1}\bigg|_{\dot{I}_2=0}=\frac{Z_3\dot{I}_1}{\dot{I}_1}=Z_3$$

根据式（7－23）和式（7－24）求得转移阻抗和端口2－2′的输入阻抗分别为

$$Z_{12}=\frac{\dot{U}_1}{\dot{I}_2}\bigg|_{\dot{I}_1=0}=\frac{Z_3\dot{I}_2}{\dot{I}_2}=Z_3,\ Z_{22}=\frac{\dot{U}_2}{\dot{I}_2}\bigg|_{\dot{I}_1=0}=\frac{(Z_2+Z_3)\dot{I}_2}{\dot{I}_2}=Z_2+Z_3$$

于是得到Z参数矩阵为

$$\mathbf{Z}=\begin{bmatrix} Z_1+Z_3 & Z_3 \\ Z_3 & Z_2+Z_3 \end{bmatrix}$$

方法二：用网孔电流法列方程。

$$\begin{cases} \dot{U}_1=\dot{I}_1(Z_1+Z_3)+\dot{I}_2Z_3 \\ \dot{U}_2=\dot{I}_1Z_3+\dot{I}_2(Z_2+Z_3) \end{cases}$$

于是得到 Z 参数矩阵为

$$\mathbf{Z}=\begin{bmatrix} Z_1+Z_3 & Z_3 \\ Z_3 & Z_2+Z_3 \end{bmatrix}$$

比较两种解法，对于 T 形电路求 Z 参数，应用网孔电流法直接列方程求解比较简单，如果电路中含有受控源，则这种方法的优点会更加突出。

由本例结果可知，$Z_{12}=Z_{21}=Z_3$，Z 参数中只有 3 个是独立的。对于由线性 R、L（M）、C 元件所组成的任意无源二端口网络来说，根据互易定理，可证明 $Z_{12}=Z_{21}$ 总是成立的，这种不含受控源的二端口网络被称为互易二端口网络。

如果一个二端口网络的 Z 参数，除了 $Z_{12}=Z_{21}$ 外，还有 $Z_{11}=Z_{22}$，则此二端口网络的两个端口 $1-1'$ 和 $2-2'$ 互换位置后与外电路连接，其外部特性不会有任何变化，即这种二端口从任一端口看进去，它的电气特性是一样的，因而称为电气对称，二端口网络也被称为对称二端口网络。结构上对称的不含受控源的二端口网络是对称二端口网络，但是电气上对称并不一定意味着结构上的对称。显然对于对称二端口网络的 Z 参数，只有 2 个参数是独立的。

【例 7－6】 求图 7－26 所示二端口网络的 Z 参数。

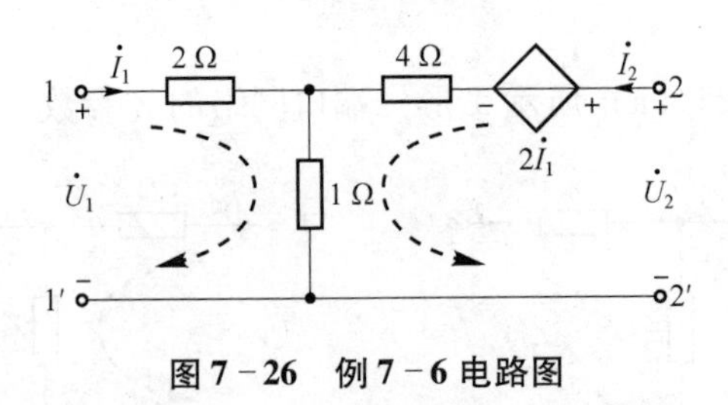

图 7－26　例 7－6 电路图

解： 应用网孔电流法求解。

$$\begin{cases} \dot{U}_1=\dot{I}_1(2+1)+\dot{I}_2\cdot 1 \\ \dot{U}_2=\dot{I}_1\cdot 1+\dot{I}_2(4+1)+2\dot{I}_1 \end{cases}$$

整理后，得到二端口网络的阻抗方程为

$$\begin{cases} \dot{U}_1=3\dot{I}_1+\dot{I}_2 \\ \dot{U}_2=3\dot{I}_1+5\dot{I}_2 \end{cases}$$

于是得到 Z 参数矩阵为

$$\mathbf{Z}=\begin{bmatrix} 3 & 1 \\ 3 & 5 \end{bmatrix}\Omega$$

由计算结果可知，此二端口网络的 Z 参数 $Z_{12}\neq Z_{21}$，$Z_{11}\neq Z_{22}$。对于含受控源的线性 R、$L(M)$、C 二端口网络，利用特勒根定理可以证明互易定理一般不成立，阻抗参数不对称，4 个参数相互独立。

2. 导纳方程和 Y 参数

对图 7－23 所示的二端口网络，假设两个端口电压 $\dot{U}_1$ 和 $\dot{U}_2$ 已知，可以利用替代定理把两个端口电压 $\dot{U}_1$ 和 $\dot{U}_2$ 都看作是外加的独立电压源。根据叠加定理，$\dot{I}_1$ 和 $\dot{I}_2$ 等于各个独立电压源单独作用时产生的电流之和，即

$$\begin{cases} \dot{I}_1 = Y_{11}\dot{U}_1 + Y_{12}\dot{U}_2 \\ \dot{I}_2 = Y_{21}\dot{U}_1 + Y_{22}\dot{U}_2 \end{cases} \tag{7-25}$$

式（7-25）可以写成矩阵形式，即

$$\begin{bmatrix} \dot{I}_1 \\ \dot{I}_2 \end{bmatrix} = \begin{bmatrix} Y_{11} & Y_{12} \\ Y_{21} & Y_{22} \end{bmatrix} \begin{bmatrix} \dot{U}_1 \\ \dot{U}_2 \end{bmatrix}$$

上式中的系数矩阵称为 Y 参数矩阵，记为 $\boldsymbol{Y}$。Y_{11}、Y_{12}、Y_{21}、Y_{22} 具有导纳性质，可以用下述方法计算或试验测量求得，如图 7-27 所示。

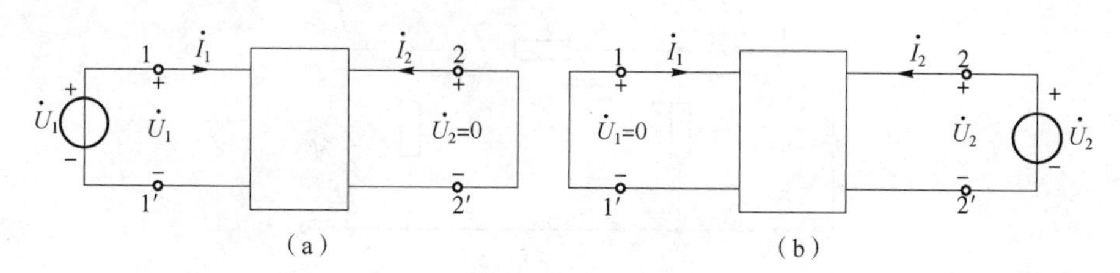

图 7-27　短路导纳参数的测定

令端口 2-2′短路，即 $\dot{U}_2=0$，在端口 1-1′施加电压源 $\dot{U}_1$，如图 7-27（a）所示，由式（7-25）得

$$Y_{11} = \left.\frac{\dot{I}_1}{\dot{U}_1}\right|_{\dot{U}_2=0} \tag{7-26}$$

$$Y_{21} = \left.\frac{\dot{I}_2}{\dot{U}_1}\right|_{\dot{U}_2=0} \tag{7-27}$$

式（7-26）中，Y_{11} 为端口 2-2′短路时端口 1-1′的输入导纳；式（7-27）中，Y_{21} 为端口 2-2′短路时端口 1-1′转移到端口 2-2′的转移导纳。

同理，令端口 1-1′短路，$\dot{U}_1=0$，在端口 2-2′施加电压源 $\dot{U}_2$，如图 7-27（b）所示，由式（7-25）可得

$$Y_{12} = \left.\frac{\dot{I}_1}{\dot{U}_2}\right|_{\dot{U}_1=0} \tag{7-28}$$

$$Y_{22} = \left.\frac{\dot{I}_2}{\dot{U}_2}\right|_{\dot{U}_1=0} \tag{7-29}$$

式（7-28）中，Y_{12} 为端口 1-1′短路时端口 2-2′转移到端口 1-1′的转移导纳；式（7-29）中，Y_{22} 为端口 1-1′短路时端口 2-2′的输入导纳。

由于 Y 参数都是在一个端口短路的情况下计算或测试得到，所以 Y 参数也称为短路导纳参数。

与阻抗参数类似，互易二端口网络的 Y 参数满足 $Y_{12}=Y_{21}$。对称二端网络，除了满足 $Y_{12}=Y_{21}$ 外，还满足 $Y_{11}=Y_{22}$ 的条件。对于含受控源的线性 R、L（M）、C 的二端口网络，利用特勒根定理可以证明互易定理一般不成立，导纳参数也不对称，4 个参数相互独立。

开路阻抗矩阵 $\boldsymbol{Z}$ 与短路导纳矩阵 $\boldsymbol{Y}$ 之间存在互逆的关系，即

$$\boldsymbol{Z}=\boldsymbol{Y}^{-1} \text{或} \boldsymbol{Y}=\boldsymbol{Z}^{-1} \tag{7-30}$$

【例 7-7】 求图 7-28（a）所示二端口的 Y 参数。

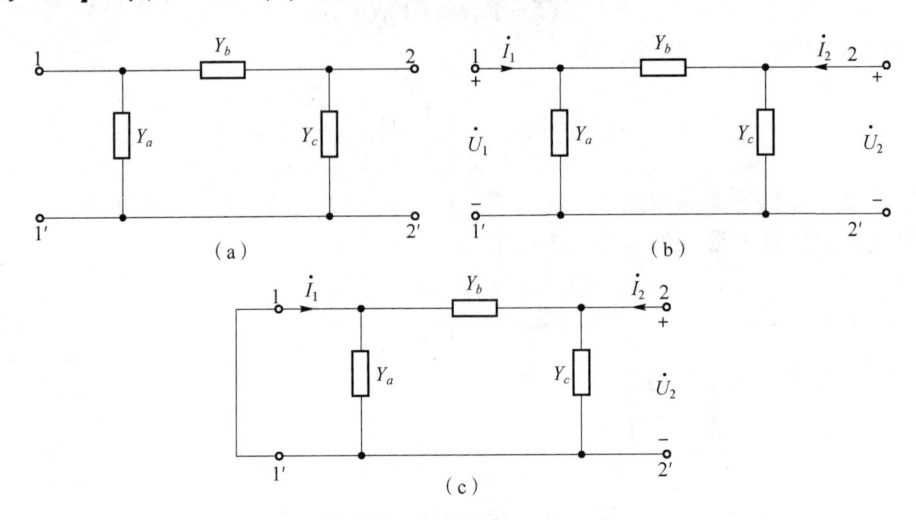

图 7-28　例 7-7 电路图

解：这个二端口网络是一个典型的 π 形电路。本例应用短路试验测定法计算短路导纳。端口 2-2′短路，在端口 1-1′外施加电压 $\dot{U}_1$，如图 7-28（b）所示，可求得

$$\dot{I}_1=\dot{U}_1(Y_a+Y_b)$$

$$-\dot{I}_2=\dot{U}_1 Y_b$$

根据实验测定法可求得

$$Y_{11}=\left.\frac{\dot{I}_1}{\dot{U}_1}\right|_{\dot{U}_2=0}=Y_a+Y_b,\quad Y_{21}=\left.\frac{\dot{I}_2}{\dot{U}_1}\right|_{\dot{U}_2=0}=-Y_b$$

同样，将端口 1-1′短路，在端口 2-2′上外施加电压 $\dot{U}_2$，如图 7-28（c）所示，则可得

$$Y_{12}=-Y_b$$

$$Y_{22}=Y_b+Y_c$$

由本例计算结果可知，互易二端口网络的 Y 参数满足 $Y_{12}=Y_{21}$。

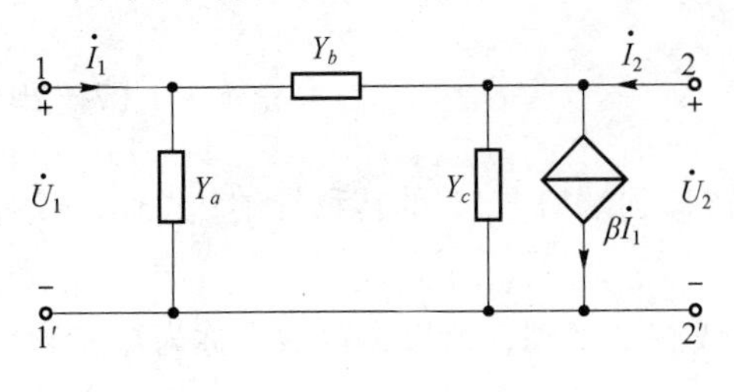

图 7-29　例 7-8 电路图

对于一个 π 形二端口网络，应用结点电压法比较容易列出导纳方程，比短路试验法简单，如果电路是含有线性受控源的 π 形二端口网络，则结点电压法的优点会更加突出。

【例 7-8】 求如图 7-29 所示二端口网络的 Y 参数。

解：应用结点电压法列方程，即

$$\begin{cases}\dot{U}_1(Y_a+Y_b)-\dot{U}_2 Y_b=\dot{I}_1\\ \dot{U}_1(-Y_b)+\dot{U}_2(Y_b+Y_c)=\dot{I}_2-\beta\dot{I}_1\end{cases}$$

整理成导纳方程，即

$$\begin{cases}\dot{I}_1 = \dot{U}_1(Y_a + Y_b) - \dot{U}_2 Y_b \\ \dot{I}_2 = \dot{U}_1[\beta Y_a + (\beta - 1)Y_b] + \dot{U}_2[(1-\beta)Y_b + Y_c]\end{cases}$$

可得到 Y 参数矩阵为

$$\boldsymbol{Y} = \begin{bmatrix} Y_a + Y_b & -Y_b \\ \beta Y_a + (\beta - 1)Y_b & (1-\beta)Y_b + Y_c \end{bmatrix}$$

当然也可以应用短路试验测试法计算，但由于含有受控源，求解过程较为烦琐。

本例中含有受控源，不是互易网络，Y 参数 $Y_{12} \neq Y_{21}$。

Y 参数和 Z 参数都可以描述一个二端口网络的端口外特性。如果是 T 形网络，则先求 Z 参数比较容易；如果是 π 型网络，则先求 Y 参数比较容易，然后可以应用式（7－30）表示的互逆关系求出另外一个参数。对于一些特殊的二端口网络，有的只有 Z 参数，没有 Y 参数，如图 7－30（a）所示。也有的二端口网络没有 Z 参数，只有 Y 参数，如图 7－30（b）所示。还有的二端口网络 Z 参数和 Y 参数都没有。这就意味着某些二端口网络可以用除 Z 参数和 Y 参数以外的其他形式的参数描述其端口外特性。

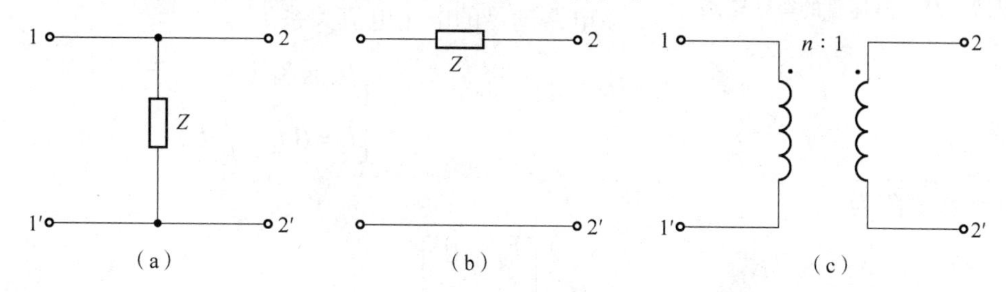

图 7－30　单个元件组成的二端口网络

3. 混合方程和 H 参数

对于图 7－23 所示的二端口网络，如果在其两个端口分别施加一个电流源 $\dot{I}_1$ 和一个电压源 $\dot{U}_2$，则根据叠加定理，$\dot{U}_1$ 和 $\dot{I}_2$ 应等于电流源 $\dot{I}_1$ 和电压源 $\dot{U}_2$ 单独作用时所产生的电压和电流之和，即

$$\begin{cases}\dot{U}_1 = H_{11}\dot{I}_1 + H_{12}\dot{U}_2 \\ \dot{I}_2 = H_{21}\dot{I}_1 + H_{22}\dot{U}_2\end{cases} \tag{7-31}$$

式（7－31）称为混合方程，又称为二端口网络的 H 参数方程。其中，H_{11}、H_{12}、H_{21}、H_{22} 称为二端口网络的混合参数或 H 参数。H 参数在晶体管电路中获得广泛应用。

式（7－31）也可以写成矩阵形式，即

$$\begin{bmatrix}\dot{U}_1 \\ \dot{I}_2\end{bmatrix} = \begin{bmatrix} H_{11} & H_{12} \\ H_{21} & H_{22}\end{bmatrix}\begin{bmatrix}\dot{I}_1 \\ \dot{U}_2\end{bmatrix}$$

其中，系数矩阵称为混合参数矩阵，记为 $\boldsymbol{H}$。H_{11}、H_{12}、H_{21}、H_{22} 可按试验测定方法计算或测试得到，即

$$H_{11} = \frac{\dot{U}_1}{\dot{I}_1}\bigg|_{\dot{U}_2=0}, H_{12} = \frac{\dot{U}_1}{\dot{U}_2}\bigg|_{\dot{I}_1=0}$$

$$H_{21}=\frac{\dot{I}_2}{\dot{I}_1}\bigg|_{\dot{U}_2=0},\ H_{22}=\frac{\dot{I}_2}{\dot{U}_2}\bigg|_{\dot{I}_1=0}$$

可见 H_{11} 和 H_{21} 有短路参数的性质，H_{12} 和 H_{22} 有开路参数的性质。也不难看出 $H_{11}=\frac{1}{Y_{11}}$，$H_{22}=\frac{1}{Z_{22}}$。H_{11} 具有电阻的量纲，H_{22} 具有电导的量纲，H_{12} 和 H_{21} 分别为电压比和电流比，无量纲。当然也可以根据网络列出 H 参数方程来求得 H 参数。对于互易二端口网络有 $H_{21}=-H_{12}$，对于对称的二端口网络，由于 $Y_{11}=Y_{22}$ 或 $Z_{11}=Z_{22}$，则有 $H_{11}H_{22}-H_{12}H_{21}=1$。

【例 7-9】 图 7-31 为一只晶体管的小信号工作条件下的简化等效电路，求其 H 参数。

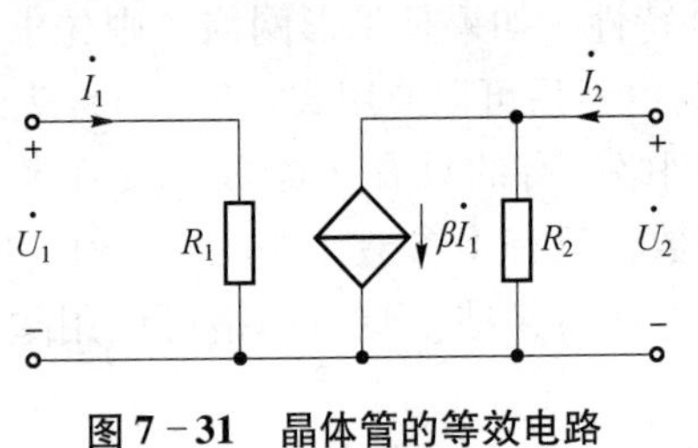

图 7-31 晶体管的等效电路

解：该电路的混合方程为

$$\begin{cases}\dot{U}_1=H_{11}\dot{I}_1+H_{12}\dot{U}_2\\ \dot{I}_2=H_{12}\dot{I}_1+H_{22}\dot{U}_2\end{cases}$$

该电路满足的电压电流关系为

$$\begin{cases}\dot{U}_1=R_1\dot{I}_1\\ \dot{I}_2=\beta\dot{I}_1+\frac{1}{R_2}\dot{U}_2\end{cases}$$

所以 H 参数矩阵为

$$\boldsymbol{H}=\begin{bmatrix}R_1 & 0\\ \beta & \frac{1}{R_2}\end{bmatrix}$$

4. 传输方程和 T 参数

在电力和电信传输中，分析如图 7-23 所示的二端口网络时常用传输方程，即

$$\begin{cases}\dot{U}_1=A\dot{U}_2+B(-\dot{I}_2)\\ \dot{I}_1=C\dot{U}_2+D(-\dot{I}_2)\end{cases}\tag{7-32}$$

需要注意的是二端口网络中 $\dot{I}_2$ 的参考方向和式（7-32）中 $\dot{I}_2$ 前的负号。

式（7-32），也可以写成矩阵形式，即

$$\begin{bmatrix}\dot{U}_1\\ \dot{I}_1\end{bmatrix}=\begin{bmatrix}A & B\\ C & D\end{bmatrix}\begin{bmatrix}\dot{U}_2\\ -\dot{I}_2\end{bmatrix}$$

其中，A、B、C、D 称为 T 参数。T 参数的求取可以根据二端口网络列出方程式（7-32），也可以应用开路短路测试法求取，即

$$A=\frac{\dot{U}_1}{\dot{U}_2}\bigg|_{\dot{I}_2=0}\quad B=\frac{\dot{U}_1}{-\dot{I}_2}\bigg|_{\dot{U}_2=0}$$

$$C=\frac{\dot{I}_1}{\dot{U}_2}\bigg|_{\dot{I}_2=0}\quad D=\frac{\dot{I}_1}{-\dot{I}_2}\bigg|_{\dot{U}_2=0}$$

上式中，A、B、C、D 分别反映两个端口之间电压、电流关系，因而都具有转移性质，其中

A 和 D 分别是电压比和电流比，无量纲，B 为电阻的量纲，C 为电导的量纲。

对于互易二端口网络，可以证明 $AD-BC=1$，对称二端口网络 T 参数还满足 $A=D$。

【例 7－10】 如图 7－32 所示理想变压器，求其 T 参数。

解：图 7－32 所示电路的端口特性为

$$\dot{U}_1 = n\dot{U}_2$$

$$\dot{I}_1 = -\frac{1}{n}\dot{I}_2$$

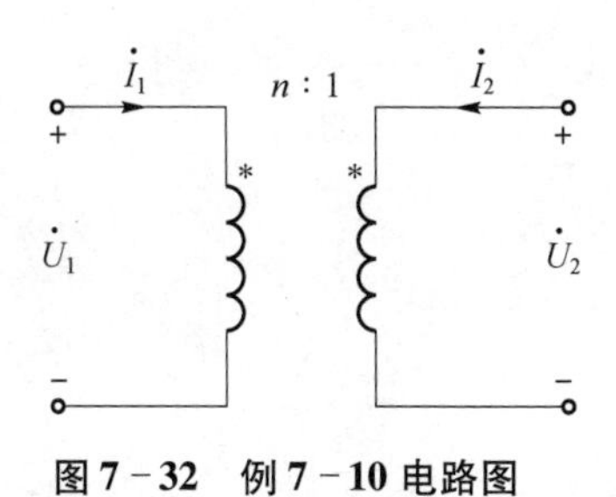

图 7－32 例 7－10 电路图

所以 T 参数矩阵为

$$\boldsymbol{T} = \begin{bmatrix} n & 0 \\ 0 & \dfrac{1}{n} \end{bmatrix}$$

如果已知二端口网络的某种参数，可以经过方程变换求出其他参数。表 7－1 列出了 4 种参数之间的换算关系，以备查用。

表 7－1 二端口网络 4 种参数之间的关系

	Z 参数	Y 参数	H 参数	T 参数
Z 参数	Z_{11} Z_{12} Z_{21} Z_{22}	$\frac{Y_{22}}{\Delta_Y}$ $\frac{-Y_{12}}{\Delta_Y}$ $-\frac{Y_{21}}{\Delta_Y}$ $\frac{Y_{11}}{\Delta_Y}$	$\frac{\Delta_H}{H_{22}}$ $\frac{H_{12}}{H_{22}}$ $-\frac{H_{21}}{H_{22}}$ $\frac{1}{H_{22}}$	$\frac{A}{C}$ $\frac{\Delta_T}{C}$ $\frac{1}{C}$ $\frac{D}{C}$
Y 参数	$\frac{Z_{22}}{\Delta_Z}$ $-\frac{Z_{12}}{\Delta_Z}$ $-\frac{Z_{21}}{\Delta_Z}$ $\frac{Z_{11}}{\Delta_Z}$	Y_{11} Y_{12} Y_{21} Y_{22}	$\frac{1}{H_{11}}$ $-\frac{H_{12}}{H_{11}}$ $\frac{H_{21}}{H_{11}}$ $\frac{\Delta_H}{H_{11}}$	$\frac{D}{B}$ $-\frac{\Delta_T}{B}$ $-\frac{1}{B}$ $\frac{A}{B}$
H 参数	$\frac{\Delta_Z}{Z_{22}}$ $\frac{Z_{12}}{Z_{22}}$ $-\frac{Z_{21}}{Z_{22}}$ $\frac{1}{Z_{22}}$	$\frac{1}{Y_{11}}$ $-\frac{Y_{12}}{Y_{11}}$ $\frac{Y_{21}}{Y_{11}}$ $\frac{\Delta_Y}{Y_{11}}$	H_{11} H_{12} H_{21} H_{22}	$\frac{B}{D}$ $\frac{\Delta_T}{D}$ $-\frac{1}{D}$ $\frac{C}{D}$
T 参数	$\frac{Z_{11}}{Z_{21}}$ $\frac{\Delta_Z}{Z_{21}}$ $\frac{1}{Z_{21}}$ $\frac{Z_{22}}{Z_{21}}$	$-\frac{Y_{22}}{Y_{21}}$ $-\frac{1}{Y_{21}}$ $-\frac{\Delta_Y}{Y_{21}}$ $-\frac{Y_{11}}{Y_{21}}$	$-\frac{\Delta_H}{H_{21}}$ $-\frac{H_{11}}{H_{21}}$ $-\frac{H_{22}}{H_{21}}$ $-\frac{1}{H_{21}}$	A B C D

在表 7－1 中，Δ_Z、Δ_Y、Δ_H 和 Δ_T 为

$$\Delta_Z = \begin{vmatrix} Z_{11} & Z_{12} \\ Z_{21} & Z_{22} \end{vmatrix},\ \Delta_Y = \begin{vmatrix} Y_{11} & Y_{12} \\ Y_{21} & Y_{22} \end{vmatrix},\ \Delta_H = \begin{vmatrix} H_{11} & H_{12} \\ H_{21} & H_{22} \end{vmatrix},\ \Delta_T = \begin{vmatrix} A & B \\ C & D \end{vmatrix}$$

7.4.3 二端口网络的连接

在分析和设计电路时，有时会遇到大型复杂网络，此时可以将复杂网络看成由若干个子网络组成，而这些子网络可以通过二端口进行建模，即二端口网络可以看作是复杂网络的基本模块。二端口网络的连接方式有串联、并联和级联。

1. 二端口网络的串联

如图 7－33 所示为无源二端口网络 P_1 和 P_2 按串联方式连接构成的复合二端口网络。

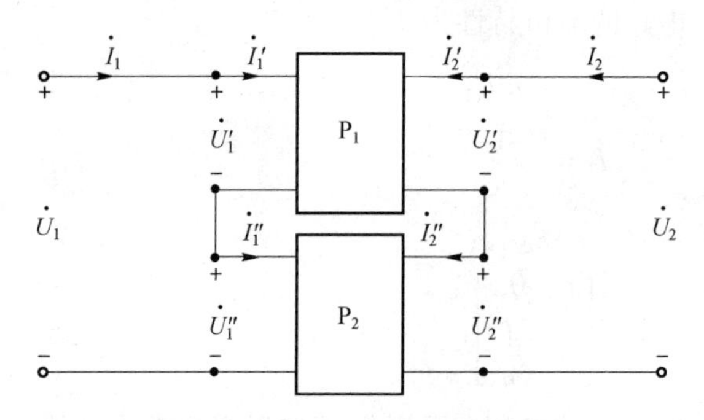

图 7－33　两个二端口网络的串联

两个端口的输入、输出电流满足 $\dot{I}'_1=\dot{I}''_1=\dot{I}_1$，$\dot{I}'_2=\dot{I}''_2=\dot{I}_2$，输入、输出电压满足 $\dot{U}_1=\dot{U}'_1+\dot{U}''_1$，$\dot{U}_2=\dot{U}'_2+\dot{U}''_2$。

对于二端口网络的串联，采用 Z 参数分析比较方便，即

$$\begin{bmatrix}\dot{U}_1\\ \dot{U}_2\end{bmatrix}=\begin{bmatrix}\dot{U}'_1\\ \dot{U}'_2\end{bmatrix}+\begin{bmatrix}\dot{U}''_1\\ \dot{U}''_2\end{bmatrix}=\boldsymbol{Z}'\begin{bmatrix}\dot{I}'_1\\ \dot{I}'_2\end{bmatrix}+\boldsymbol{Z}''\begin{bmatrix}\dot{I}''_1\\ \dot{I}''_2\end{bmatrix}=(\boldsymbol{Z}'+\boldsymbol{Z}'')\begin{bmatrix}\dot{I}_1\\ \dot{I}_2\end{bmatrix}=\boldsymbol{Z}\begin{bmatrix}\dot{I}_1\\ \dot{I}_2\end{bmatrix}$$

其中，$\boldsymbol{Z}$ 为复合二端口网络的 Z 参数矩阵，所以有

$$\boldsymbol{Z}=\boldsymbol{Z}'+\boldsymbol{Z}'' \tag{7-33}$$

式（7－33）表明，两个二端口网络进行串联，串联后的等效二端口网络的 Z 参数矩阵为单个二端口网络 Z 参数矩阵之和。该结论可以推广到 n 个二端口网络的串联。

2. 二端口网络的并联

如图 7－34 所示为无源二端口网络 P_1 和 P_2 按并联方式连接构成的复合二端口网络。

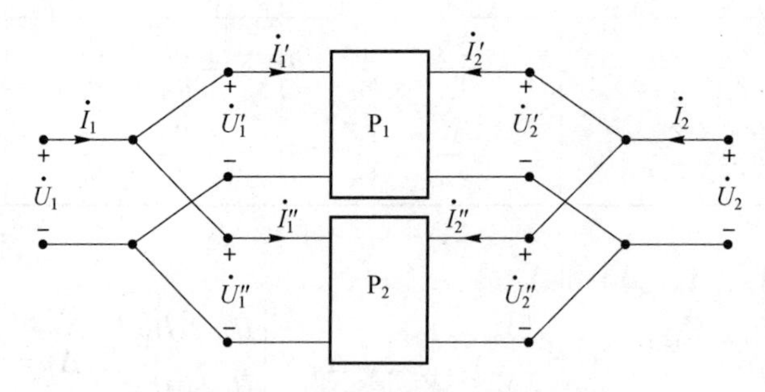

图 7－34　两个二端口网络的并联

两个端口的输入、输出电压需要相同，即

$$\dot{U}'_1=\dot{U}''_1=\dot{U}_1,\quad \dot{U}'_2=\dot{U}''_2=\dot{U}_2$$

每个二端口的端口条件不因并联而被破坏，复合二端口网络的总端口电流为

$$\dot{I}_1=\dot{I}'_1+\dot{I}''_1,\dot{I}_2=\dot{I}'_2+\dot{I}''_2。$$

对于二端口网络的并联，采用 Y 参数分析比较方便。

P_1 和 P_2 的 Y 参数分别为

$$\boldsymbol{Y}'=\begin{bmatrix}Y'_{11} & Y'_{12}\\ Y'_{21} & Y'_{22}\end{bmatrix},\ \boldsymbol{Y}''=\begin{bmatrix}Y''_{11} & Y''_{12}\\ Y''_{21} & Y''_{22}\end{bmatrix}$$

即

$$\begin{bmatrix}\dot{I}'_1\\ \dot{I}'_2\end{bmatrix}=\begin{bmatrix}Y'_{11} & Y'_{12}\\ Y'_{21} & Y'_{22}\end{bmatrix}\begin{bmatrix}\dot{U}'_1\\ \dot{U}'_2\end{bmatrix}=\boldsymbol{Y}'\begin{bmatrix}\dot{U}'_1\\ \dot{U}'_2\end{bmatrix},\ \begin{bmatrix}\dot{I}''_1\\ \dot{I}''_2\end{bmatrix}=\begin{bmatrix}Y''_{11} & Y''_{12}\\ Y''_{21} & Y''_{22}\end{bmatrix}\begin{bmatrix}\dot{U}''_1\\ \dot{U}''_2\end{bmatrix}=\boldsymbol{Y}''\begin{bmatrix}\dot{U}''_1\\ \dot{U}''_2\end{bmatrix}$$

$$\begin{bmatrix}\dot{I}_1\\ \dot{I}_2\end{bmatrix}=\begin{bmatrix}\dot{I}'_1\\ \dot{I}'_2\end{bmatrix}+\begin{bmatrix}\dot{I}''_1\\ \dot{I}''_2\end{bmatrix}=\boldsymbol{Y}'\begin{bmatrix}\dot{U}'_1\\ \dot{U}'_2\end{bmatrix}+\boldsymbol{Y}''\begin{bmatrix}\dot{U}''_1\\ \dot{U}''_2\end{bmatrix}=(\boldsymbol{Y}'+\boldsymbol{Y}'')\begin{bmatrix}\dot{U}''_1\\ \dot{U}''_2\end{bmatrix}=\boldsymbol{Y}\begin{bmatrix}\dot{U}_1\\ \dot{U}_2\end{bmatrix}$$

其中，$\boldsymbol{Y}$ 为复合二端口网络的 Y 参数矩阵，所以有

$$\boldsymbol{Y}=\boldsymbol{Y}'+\boldsymbol{Y}'' \tag{7-34}$$

式（7-34）表明，两个二端口网络进行并联，并联后的等效二端口网络的 Y 参数矩阵为单个二端口网络 Y 参数矩阵之和。该结论可以推广到 n 个二端口网络的并联。

3. 二端口网络的级联

如图 7-35 所示为无源二端口网络 P_1 和 P_2 按级联方式连接构成的复合二端口网络。

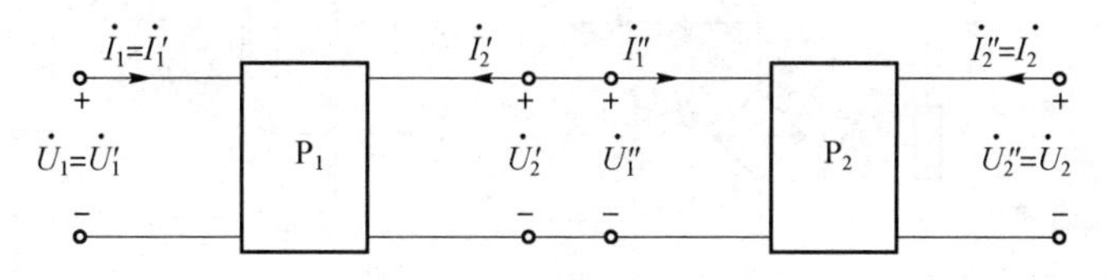

图 7-35　二端口网络的级联

设二端口网络 P_1 和 P_2 的 T 参数分别为

$$\boldsymbol{T}'=\begin{bmatrix}A' & B'\\ C' & D'\end{bmatrix},\ \boldsymbol{T}''=\begin{bmatrix}A'' & B''\\ C'' & D''\end{bmatrix}$$

即

$$\begin{bmatrix}\dot{U}'_1\\ \dot{I}'_1\end{bmatrix}=\begin{bmatrix}A' & B'\\ C' & D'\end{bmatrix}\begin{bmatrix}\dot{U}'_2\\ -\dot{I}'_2\end{bmatrix}=\boldsymbol{T}'\begin{bmatrix}\dot{U}'_2\\ -\dot{I}'_2\end{bmatrix},\ \begin{bmatrix}\dot{U}''_1\\ \dot{I}''_1\end{bmatrix}=\begin{bmatrix}A'' & B''\\ C'' & D''\end{bmatrix}\begin{bmatrix}\dot{U}''_2\\ -\dot{I}''_2\end{bmatrix}=\boldsymbol{T}''\begin{bmatrix}\dot{U}''_2\\ -\dot{I}''_2\end{bmatrix}$$

由图 7-35 可知，$\dot{U}_1=\dot{U}'_1$，$\dot{U}'_2=\dot{U}''_1$，$\dot{U}''_2=\dot{U}_2$，$\dot{I}_1=\dot{I}'_1$，$\dot{I}'_2=-\dot{I}''_1$，$\dot{I}''_2=\dot{I}_2$，所以有

$$\begin{bmatrix}\dot{U}_1\\ \dot{I}_1\end{bmatrix}=\begin{bmatrix}\dot{U}'_1\\ \dot{I}'_1\end{bmatrix}=\boldsymbol{T}'\begin{bmatrix}\dot{U}'_2\\ -\dot{I}'_2\end{bmatrix}=\boldsymbol{T}'\begin{bmatrix}\dot{U}''_1\\ \dot{I}''_1\end{bmatrix}=\boldsymbol{T}'\boldsymbol{T}''\begin{bmatrix}\dot{U}''_2\\ -\dot{I}''_2\end{bmatrix}=\boldsymbol{T}'\boldsymbol{T}''\begin{bmatrix}\dot{U}_2\\ -\dot{I}_2\end{bmatrix}=\boldsymbol{T}\begin{bmatrix}\dot{U}_2\\ -\dot{I}_2\end{bmatrix}$$

其中，$\boldsymbol{T}$ 为复合二端口网络的 T 参数矩阵，所以有

$$\boldsymbol{T}=\boldsymbol{T}'\boldsymbol{T}'' \tag{7-35}$$

即

$$\boldsymbol{T}=\begin{bmatrix}A'A''+B'C'' & A'B''+B'D''\\ C'A''+D'C'' & C'B''+D'D''\end{bmatrix}$$

式（7－35）表明，两个二端口网络进行级联，级联后的等效二端口网络的 T 参数矩阵为单个二端口网络 T 参数矩阵之乘积。该结论可以推广到 n 个二端口网络的级联。

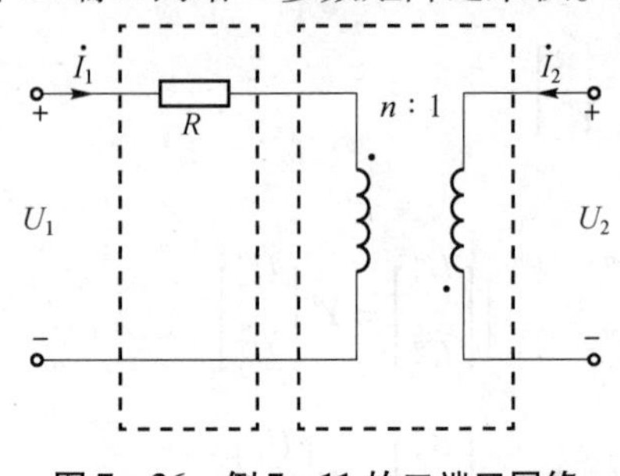

图 7－36　例 7－11 的二端口网络

【例 7－11】 求图 7－36 所示二端口网络的 T 参数矩阵。

解：图 7－36 所示电路中的二端口网络可以看作两个二端口网络的级联，如图中点画线所示。两个分离二端口网络的 T 参数分别为

$$\boldsymbol{T}'=\begin{bmatrix}1 & R\\0 & 1\end{bmatrix},\ \boldsymbol{T}''=\begin{bmatrix}-n & 0\\0 & -\dfrac{1}{n}\end{bmatrix}$$

由于两个二端口网络是级联，所以综合二端口网络的 T 参数为

$$\boldsymbol{T}=\boldsymbol{T}'\boldsymbol{T}''=\begin{bmatrix}1 & R\\0 & 1\end{bmatrix}\begin{bmatrix}-n & 0\\0 & -\dfrac{1}{n}\end{bmatrix}=\begin{bmatrix}-n & -\dfrac{R}{n}\\0 & -\dfrac{1}{n}\end{bmatrix}$$

【例 7－12】 求图 7－37（a）所示二端口网络的 Y 参数矩阵。

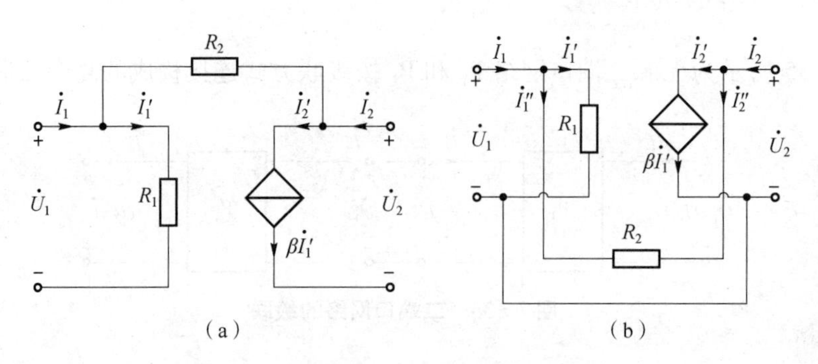

图 7－37　例 7－12 的二端口网络

解：图 7－37（a）二端口网络可分解为两个二端口网络的并联，如图 7－37（b）所示。

求第一个二端口网络的 Y 参数，根据电路图可列出 Y 参数方程为

$$\begin{cases}\dot{I}'_1=\dfrac{1}{R_1}\dot{U}_1\\ \dot{I}'_2=\beta\dot{I}'_1=\dfrac{\beta}{R_1}\dot{U}_1\end{cases}$$

Y 参数矩阵为

$$Y'=\begin{bmatrix}\dfrac{1}{R_1} & 0\\ \dfrac{\beta}{R_1} & 0\end{bmatrix}$$

再求第 2 个二端口网络的 Y 参数，该二端口网络的 Y 参数选用短路法简单。

$$Y''_{11}=\frac{\dot I''_1}{\dot U_1}\bigg|_{\dot U_2=0}=\frac{1}{R_2},\quad Y''_{12}=\frac{\dot I''_1}{\dot U_2}\bigg|_{\dot U_1=0}=-\frac{1}{R_2}$$

$$Y''_{21}=\frac{\dot I''_2}{\dot U_1}\bigg|_{\dot U_2=0}=-\frac{1}{R_2},\quad Y''_{22}=\frac{\dot I''_2}{\dot U_2}\bigg|_{\dot U_1=0}=\frac{1}{R_2}$$

综合二端口网络的 Y 参数矩阵为

$$\boldsymbol{Y}=\boldsymbol{Y}'+\boldsymbol{Y}''=\begin{bmatrix}(R_1+R_2)/R_1R_2 & -1/R_2\\(\beta R_2-R_1)/R_1R_2 & 1/R_2\end{bmatrix}$$

7.4.4 二端口网络的等效电路

无源二端口网络可以用一个简单的二端口电路模型来等效，该模型的方程与原二端口网络的方程相同。根据不同的网络参数和方程可以得到结构完全不同的等效电路。

1. 互易二端口网络的等效电路

在互易二端口网络的 Z 参数矩阵中，有 $Z_{12}=Z_{21}$；在 Y 参数矩阵中，有 $Y_{12}=Y_{21}$，在互易二端口网络的 Z 参数矩阵或 Y 参数矩阵中，只有3个独立的参数。因此，对于互易二端口网络，可以用T形电路或π形电路进行等效，如图7-38所示。

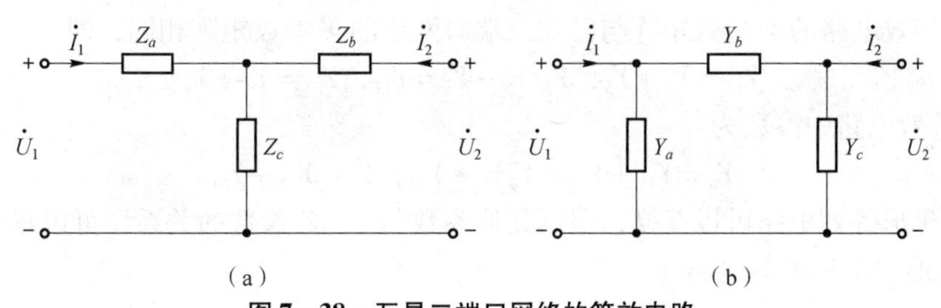

图7-38 互易二端口网络的等效电路

(a) T形等效电路；(b) π形等效电路

1) T形等效电路

已知一个二端口网络的 Z 参数矩阵，$\boldsymbol{Z}=\begin{bmatrix}Z_{11} & Z_{12}\\Z_{21} & Z_{22}\end{bmatrix}$，可以用图7-38 (a) T形电路进行等效，T形等效电路的 Z 参数矩阵与已知二端口网络的 Z 参数矩阵相同，即

$$Z_{11}=Z_a+Z_c,\quad Z_{12}=Z_{21}=Z_c,\quad Z_{22}=Z_b+Z_c$$

因此，T形等效电路中参数

$$Z_a=Z_{11}-Z_{12},\quad Z_b=Z_{22}-Z_{12},\quad Z_c=Z_{12}$$

【例7-13】 已知互易二端口网络N的 Z 参数矩阵为 $\boldsymbol{Z}=\begin{bmatrix}6 & -\mathrm{j}4\\-\mathrm{j}4 & 8\end{bmatrix}\Omega$，$\dot U_{\mathrm S}=100\angle 0°\ \mathrm V$，$R_{\mathrm L}=12\ \Omega$，计算图7-39(a)所示电路的电流 $\dot I$。

解：互易二端口网络N用T形电路进行等效，等效电路图如图7-39(b)所示。Z_a、Z_b、Z_c 为

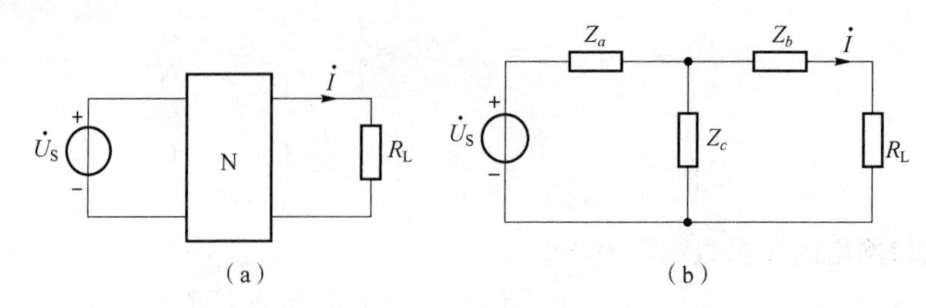

图 7-39　例 7-13 电路

$$Z_a = Z_{11} - Z_{12} = (6 + j4)\Omega,\ Z_b = Z_{22} - Z_{12} = (8 + j4)\Omega,\ Z_c = Z_{12} = -j4\ \Omega$$

Z_b、R_L 和 Z_c 构成并联电路的等效阻抗为

$$Z_b + R_L = (8 + j4 + 12)\Omega = (20 + j4)\Omega$$

$$(Z_b + R_L) /\!/ Z_c = (0.8 - j4)\Omega$$

流过Z_b 和 R_L的电流为

$$\dot{I} = \frac{(Z_b + R_L) /\!/ Z_c}{(Z_b + Z_L) /\!/ Z_c + Z_a} \cdot \dot{U}_S \cdot \frac{1}{Z_b + R_L} = 2.94\angle -90^\circ\ \text{A}$$

2）π 形等效电路

已知一个二端口网络的 Y 参数矩阵 $\boldsymbol{Y} = \begin{bmatrix} Y_{11} & Y_{12} \\ Y_{21} & Y_{22} \end{bmatrix}$，可以用图 7-38（b）π 形电路进行等效，π 形等效电路的 Y 参数矩阵与已知二端口网络的 Y 参数矩阵相同，即

$$Y_{11} = Y_a + Y_b,\ Y_{21} = -Y_b = Y_{12},\ Y_{22} = Y_b + Y_c$$

因此,π 形等效电路中参数为

$$Y_a = Y_{11} + Y_{21},\ Y_b = -Y_{12},\ Y_c = Y_{22} + Y_{21}$$

π 形和 T 形等效电路可以互换，根据其他参数与 Y、Z 参数的关系，可以得到用其他参数表示的 π 形和 T 形等效电路。

【例 7-14】 已知互易二端口网络的 Y 参数矩阵为 $\boldsymbol{Y} = \begin{bmatrix} 5 & -3 \\ -3 & 2 \end{bmatrix}$ S，求其 π 形等效电路。

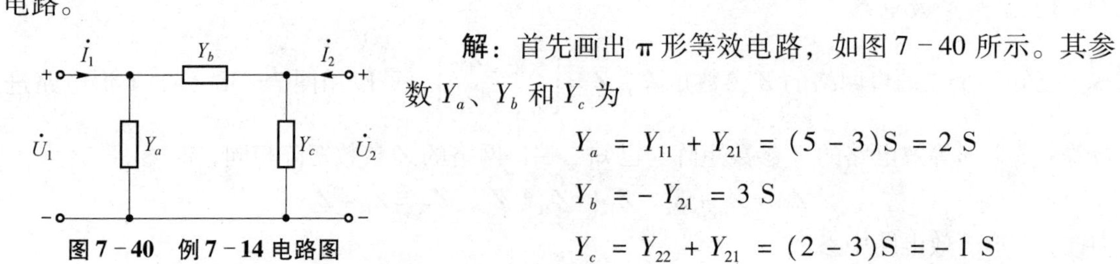

图 7-40　例 7-14 电路图

解：首先画出 π 形等效电路，如图 7-40 所示。其参数 Y_a、Y_b 和 Y_c 为

$$Y_a = Y_{11} + Y_{21} = (5 - 3)\text{S} = 2\ \text{S}$$

$$Y_b = -Y_{21} = 3\ \text{S}$$

$$Y_c = Y_{22} + Y_{21} = (2 - 3)\text{S} = -1\ \text{S}$$

2. 一般二端口网络的等效电路（含受控源的二端口网络）

一般二端口网络是指除去互易二端口之外的二端口网络，可以用 Z 参数表示的等效电路进行等效，也可以用 Y 参数表示的等效电路进行等效。

1）用 Z 参数表示的等效电路

方法一：直接由参数方程得到等效电路。

二端口网络的 Z 参数方程为

$$\begin{cases}\dot{U}_1 = Z_{11}\dot{I}_1 + Z_{12}\dot{I}_2 \\ \dot{U}_2 = Z_{21}\dot{I}_1 + Z_{22}\dot{I}_2\end{cases}$$

可以得到等效电路，如图 7－41（a）所示。

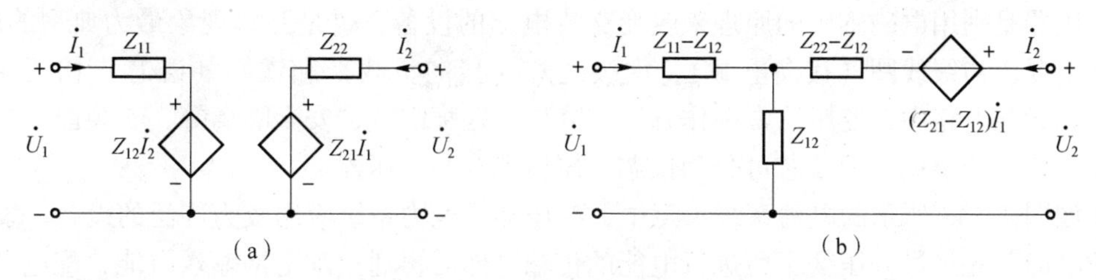

图 7－41　Z 参数表示的等效电路

方法二：把 Z 参数方程变换后进行等效。

Z 参数方程变换后为

$$\begin{cases}\dot{U}_1 = Z_{11}\dot{I}_1 + Z_{12}\dot{I}_2 = (Z_{11} - Z_{12})\dot{I}_1 + Z_{12}(\dot{I}_1 + \dot{I}_2) \\ \dot{U}_2 = Z_{21}\dot{I}_1 + Z_{22}\dot{I}_2 = Z_{12}(\dot{I}_1 + \dot{I}_2) + (Z_{22} - Z_{12})\dot{I}_2 + (Z_{21} - Z_{12})\dot{I}_1\end{cases}$$

可以用图 7－41（b）进行等效。

2）用 Y 参数表示的等效电路

方法一：直接由参数方程得到等效电路。

二端口网络的 Y 参数方程为

$$\begin{cases}\dot{I}_1 = Y_{11}\dot{U}_1 + Y_{12}\dot{U}_2 \\ \dot{I}_2 = Y_{21}\dot{U}_1 + Y_{22}\dot{U}_2\end{cases}$$

可以得到等效电路，如图 7－42（a）所示。

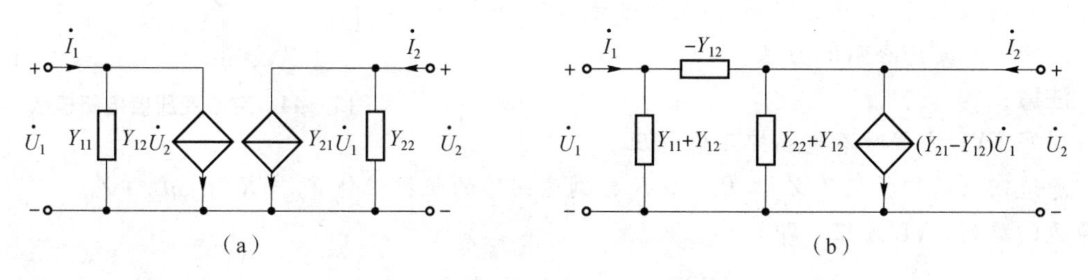

图 7－42　Y 参数表示的等效电路

方法二：把 Y 参数方程变换后进行等效。

Y 参数方程变换后为

$$\begin{cases}\dot{I}_1 = Y_{11}\dot{U}_1 + Y_{12}\dot{U}_2 = (Y_{11} + Y_{12})\dot{U}_1 - Y_{12}(\dot{U}_1 - \dot{U}_2) \\ \dot{I}_2 = Y_{21}\dot{U}_1 + Y_{22}\dot{U}_2 = -Y_{12}(\dot{U}_2 - \dot{U}_1) + (Y_{22} + Y_{12})\dot{U}_2 + (Y_{21} - Y_{12})\dot{U}_1\end{cases}$$

可以用图 7－42（b）进行等效。

7.5　应用案例

变压器是利用电磁感应的原理来改变交流电压的设备，也是互感现象最为典型的应用。变压器主要由初级线圈（接向电源）、次级线圈（接向负载）和铁心（磁芯）构成。在电力系统和无线电路中，变压器常用作升压、降压、匹配阻抗、安全隔离等，实现能量的传输和分配。变压器根据有无铁芯可分为铁芯变压器和空心变压器。

在如图 7 - 43 所示的电力系统示意中，变压器是电力系统应用较为广泛的设备。发电厂生产的电能首先经过升压变压所进行电能的传输，然后再通过配电网输送电能，配电网可以分为高压、中压和低压配电网，其中核心设备为变压器，最后通过配电线路将电能送到电力用户。

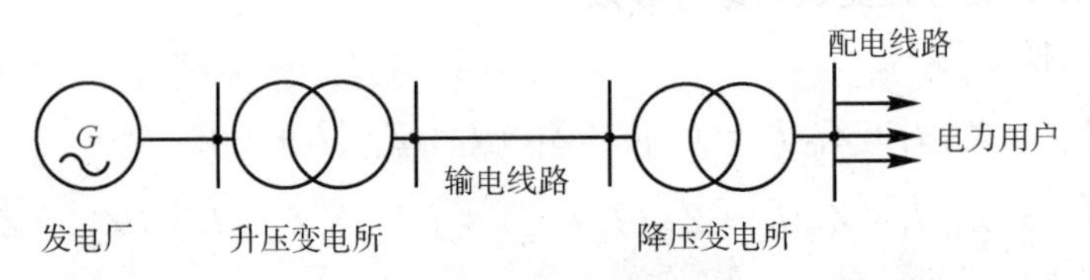

图 7 - 43　电力系统示意

空心变压器的分析方法有方程分析法、等效电路分析法以及去耦等效分析法。下面以方程分析法对空心变压器进行分析。

图 7 - 44 为空心变压器的电路模型，与电源相接的回路称为原边回路（或初级回路），与负载相接的回路称为副边回路（或次级回路）。

方程分析法是指不改变空心变压器电路模型的电路结构，直接对原边回路和副边回路列写 KVL 方程，求解出原边和副边参数的方法。

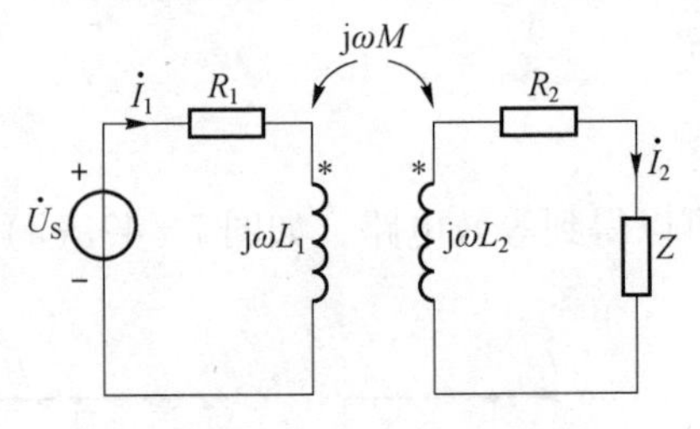

图 7 - 44　空心变压器电路模型

注意：

列写 KVL 方程时不要漏掉互感电压。

原边回路的阻抗记作 $Z_{11}=R_1+j\omega L_1$，副边回路的阻抗记作 $Z_{22}=R_2+j\omega L_2+Z$。对原边回路列 KVL 方程，即

$$(R_1+j\omega L_1)\dot{I}_1-j\omega M\dot{I}_2=\dot{U}_S$$

对副边回路列 KVL 方程，即

$$-j\omega M\dot{I}_1+(R_2+j\omega L_2+Z)\dot{I}_2=0$$

简写为

$$\begin{cases}Z_{11}\dot{I}_1-j\omega M\dot{I}_2=\dot{U}_S\\-j\omega M\dot{I}_1+Z_{22}\dot{I}_2=0\end{cases}$$

求得原边电流为

$$\dot{I}_1 = \frac{\dot{U}_S}{Z_{11} + \dfrac{(\omega M)^2}{Z_{22}}}$$

求得副边电流为

$$\dot{I}_2 = \frac{j\omega M \dot{U}_S}{Z_{22}} \cdot \frac{1}{Z_{11} + \dfrac{(\omega M)^2}{Z_{22}}}$$

等效电路分析法是指在方程分析法的基础上找出求解的某些规律，归纳总结成公式，得出等效电路，再加以求解的方法。

去耦等效分析法是指对空心变压器电路进行T形去耦等效，变为无互感的电路，再进行分析的方法。

习　　题

7－1　已知两个耦合线圈，当顺接串联时等效电感为2 H，当反接串联时等效电感为0.5 H,请计算互感系数M。

7－2　两耦合电感自感系数为$L_1=0.1$ H，$L_2=0.4$ H，耦合系数为$k=0.8$，请计算互感系数M。

7－3　计算题图7－1中的等效电感L_{ab}。

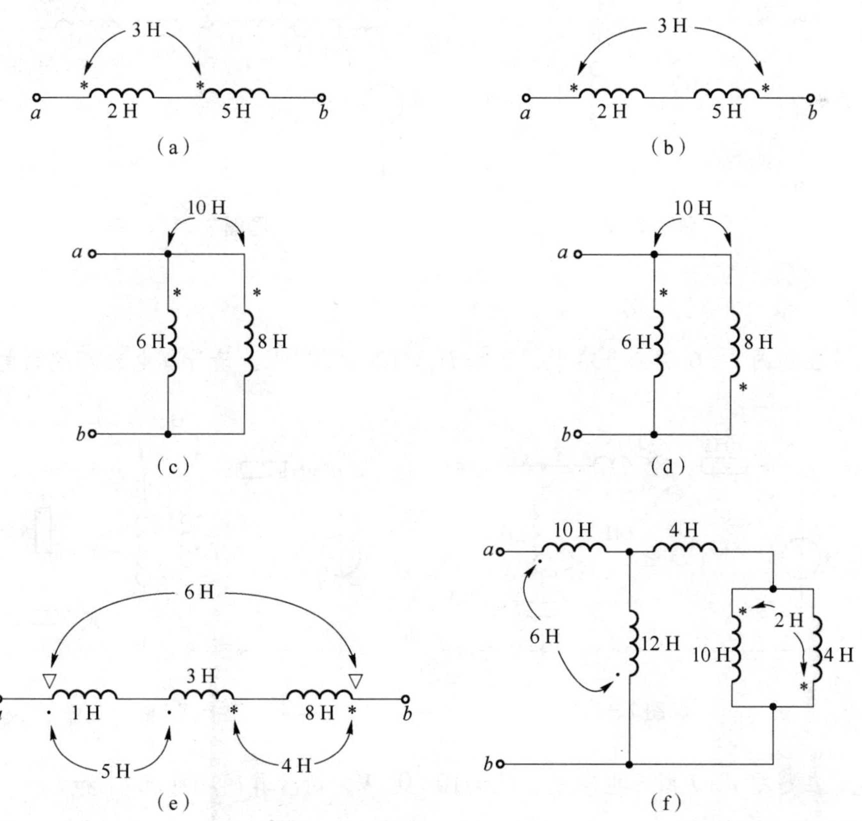

题图7－1

7－4　计算题图 7－2 中的等效阻抗 Z_{ab}，已知信号源角频率为 ω。

7－5　已知题图 7－3 所示的电路中 $i_1 = 6\sqrt{2}\cos(10t)$ A，$i_2 = 5\sqrt{2}\cos(10t)$ A，请计算电压 u_1 和 u_2。

7－6　在题图 7－4 所示电路中，已知电压源电压 $u_S = 120\sqrt{2}\cos(100t)$ V，请计算电流 i 及两个线圈两端的电压 u_1 和 u_2。

7－7　在题图 7－5 所示电路中的 $u_S = 50\sqrt{2}\cos(10t + 10°)$ V，请计算电压 u。

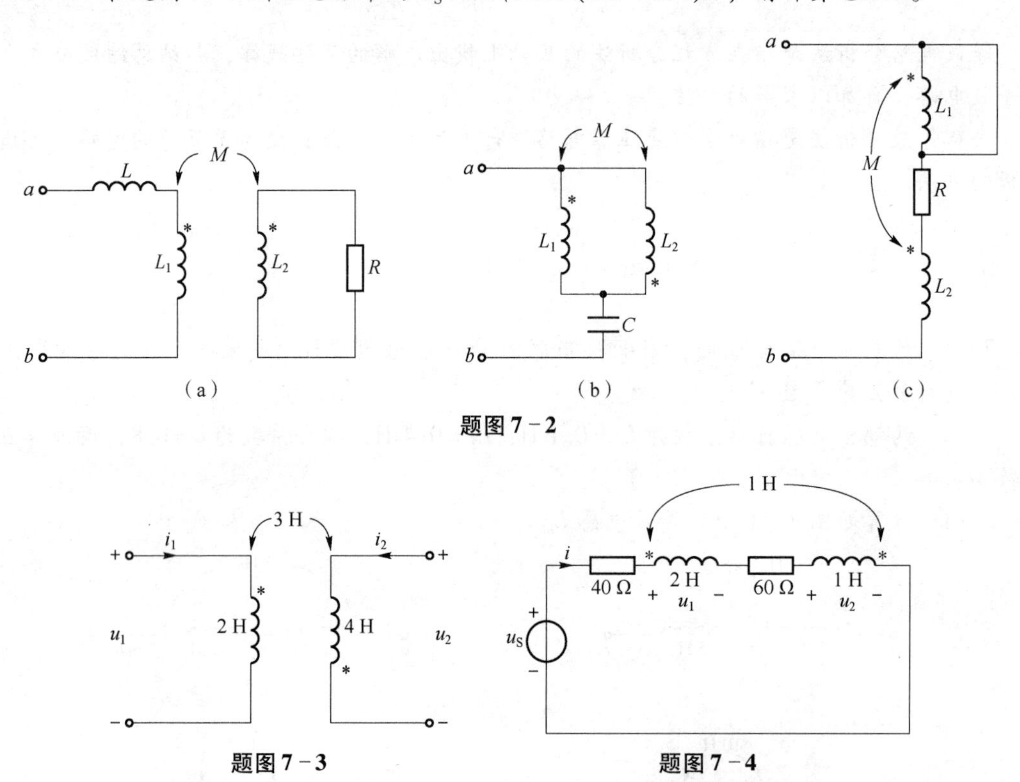

题图 7－2

题图 7－3

题图 7－4

7－8　在题图 7－6 所示电路中，已知 $\dot{U}_S = 100\angle 30°$ V，请计算电容两端的电压 $\dot{U}$。

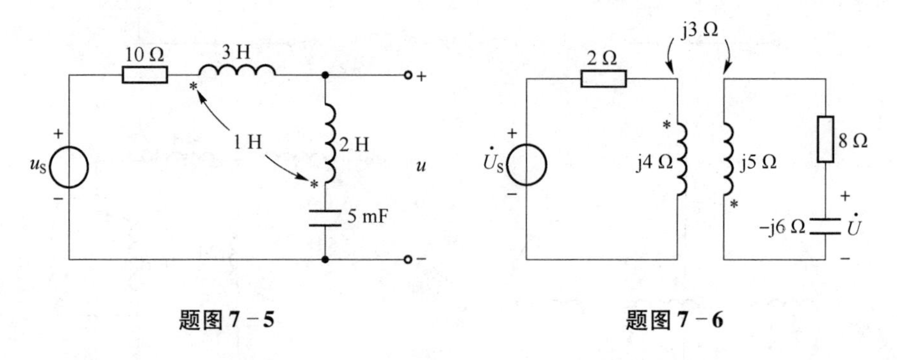

题图 7－5

题图 7－6

7－9　在题图 7－7 所示电路中，$\dot{U}_S = 10\angle 0°$ V，请计算网孔电流 $\dot{I}_1$ 和 $\dot{I}_2$。

7－10　在题图 7－8 所示电路中，已知 $\dot{U}_S = 220\angle 0°$ V，$Z_1 = (0.5 + \mathrm{j}1.5)\,\mathrm{k\Omega}$，$Z_L =$

$(0.7+\mathrm{j})\,\mathrm{k}\Omega$，请计算电流 $\dot{I}_1$、$\dot{I}_2$ 以及 Z_L 消耗的有功功率。

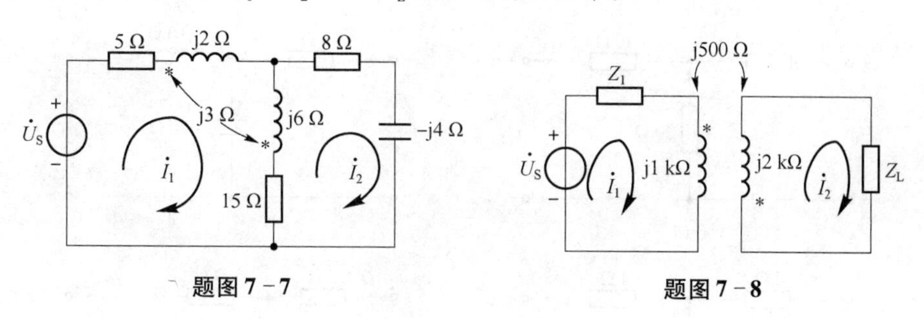

题图 7－7　　题图 7－8

7－11　在题图 7－9 所示电路图中，$\dot{U}_S = 10\angle 0°$ V，请计算电流 $\dot{I}_2$。

7－12　计算题图 7－10 所示电路中的电流 $\dot{I}_1$和电压$\dot{U}_2$。

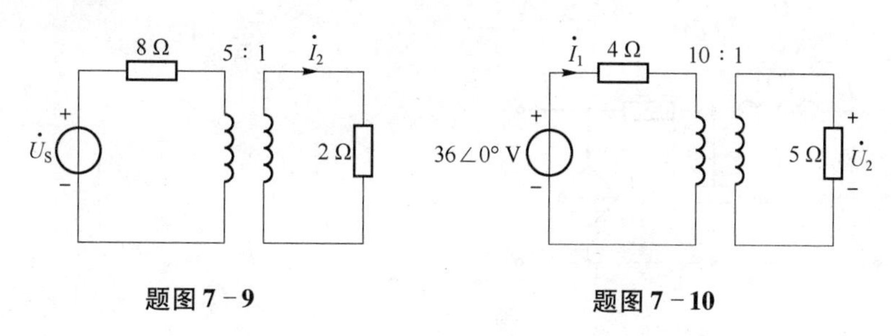

题图 7－9　　题图 7－10

7－13　在题图 7－11 电路中，当理想变压器的变比 n 为何值时，5 Ω 电阻可以获得最大功率？最大功率是多少？

7－14　计算题图 7－12 所示电路中的电流 $\dot{I}$。

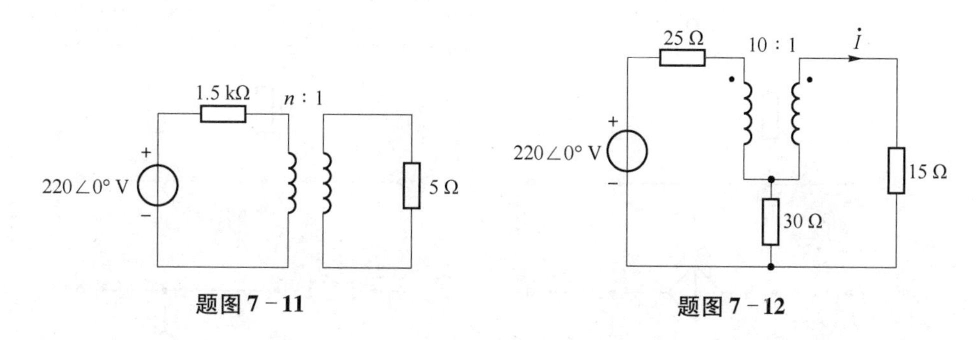

题图 7－11　　题图 7－12

7－15　计算题图 7－13 所示电路的等效阻抗 Z_{ab}。

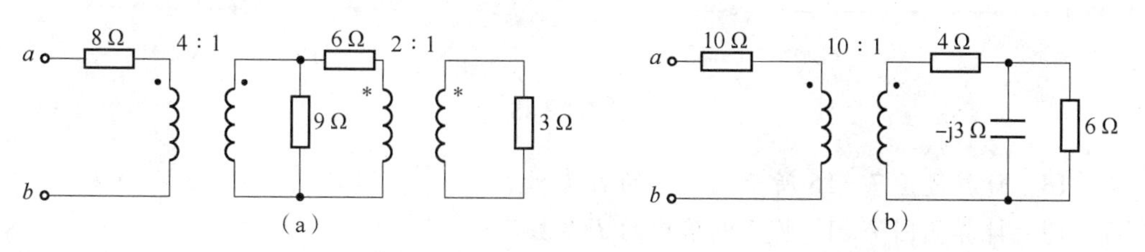

题图 7－13

7-16　计算题图 7-14 所示电路中的 Z 参数。

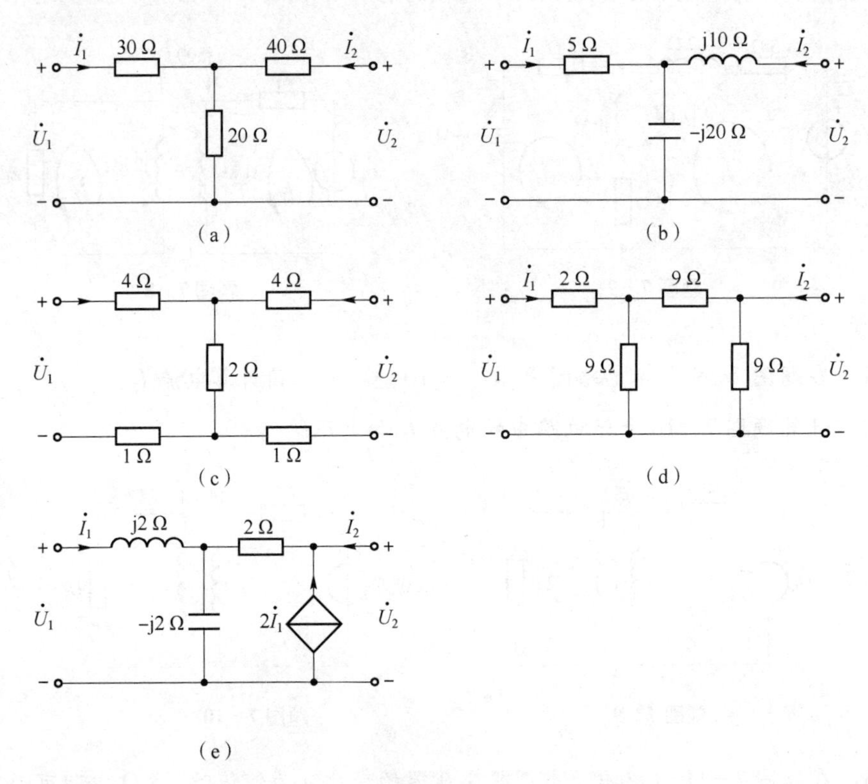

题图 7-14

7-17　计算题图 7-15 所示电路中的 Y 参数。

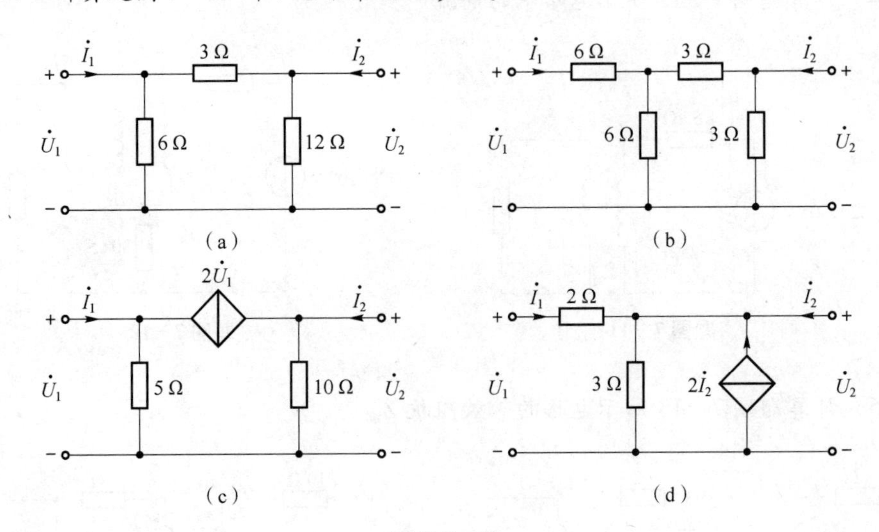

题图 7-15

7-18　计算题图 7-16 所示电路中的 H 参数。

7-19　计算题图 7-17 所示电路中的 T 参数。

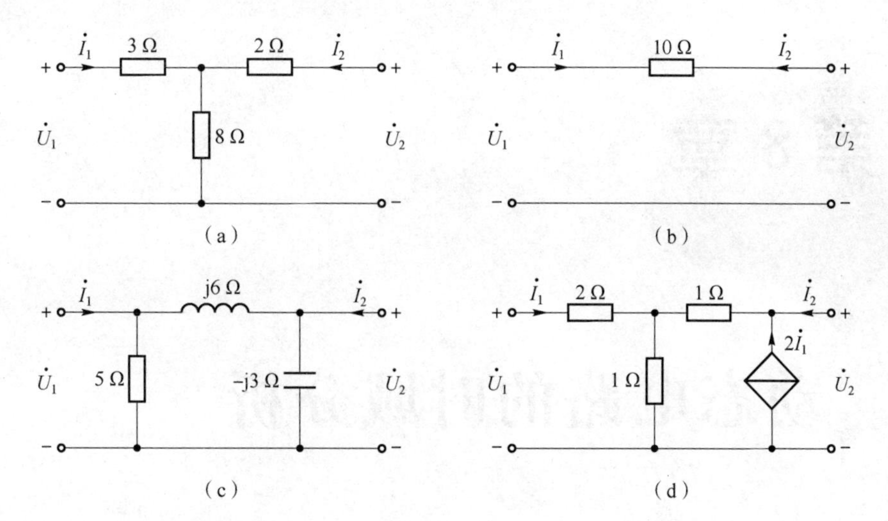

题图 7－16

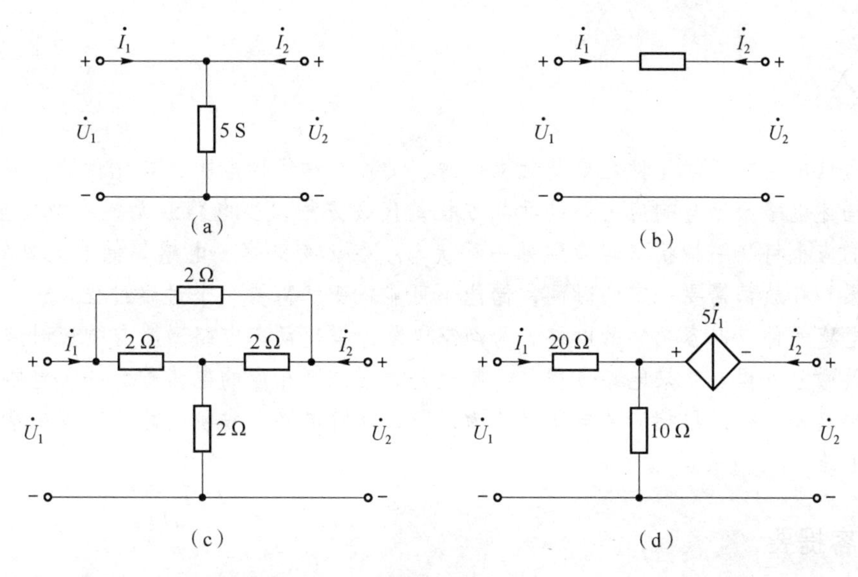

题图 7－17

7－20　在题图 7－18 所示电路中，互易二端口网络 N 的 Z 参数矩阵为 $\begin{bmatrix}80 & 60\\60 & 100\end{bmatrix}\Omega$，$\dot U_S = 10\angle 0°$ V，负载 $Z_L = 5 + \mathrm{j}4\ \Omega$，请计算负载 Z_L 的平均功率。

7－21　已知互易二端口网络 N 的 Y 参数矩阵为 $\begin{bmatrix}1.5 & -0.5\\-0.5 & 2\end{bmatrix}$S，要求画出该参数的二端口网络。

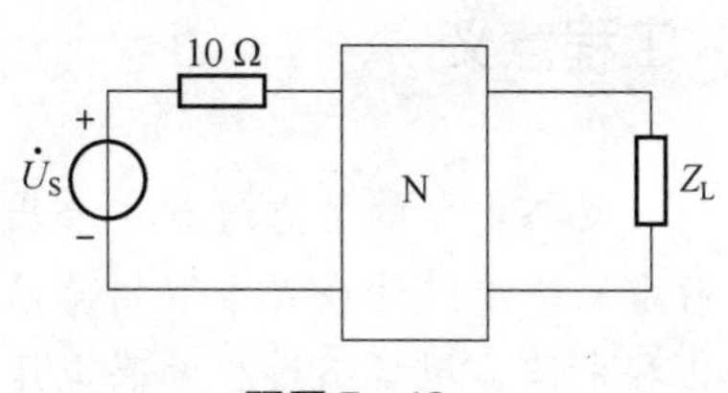

题图 7－18

第8章 动态电路的时域分析

章节引入

组成线性电阻电路的元件主要是独立电源、受控源和线性电阻，各元件的伏安特性是代数形式，描述电路激励与响应关系的数学方程是代数方程，当电路激励或参数发生改变时，电路中的响应也将从一种状态转换到另一种状态。在含有电容、电感等储能元件的电路中，能量的积累和释放都需要一定的时间，储能不可能跃变，需要一个过渡过程。

含有电感元件或电容元件的电路称为动态电路，描述动态电路激励与响应时域关系的是线性常系数微分方程。如果电路方程是一阶微分方程，则相应的电路称为一阶电路；如果是二阶或高阶微分方程，则相应的电路就称为二阶或高阶电路。一阶电路是工程中常见的最简单的动态电路。

本章内容提要

本章主要介绍动态电路的描述以及初始值的确定；一阶电路和二阶电路的零输入响应、零状态响应和全响应的概念及求解方法；单位冲激函数和一阶电路的冲激响应的求解方法；卷积积分和动态电路时域计算机仿真分析；工程应用实例。

工程意义

动态电路的暂态过程中会出现瞬间高电压或大电流的情况。在实际工程电路中，有的工程电路需要避开或者采取措施解决出现的瞬间高电压或大电流，以免损坏电气设备，而有的工程电路应用暂态过程的高电压或大电流，完成特定的任务。

8.1 动态电路的描述以及初始值的确定

含有电感元件或电容元件的电路称为动态电路，电容元件和电感元件的端口伏安特性是微分形式。在动态电路中，描述电路激励与响应时域关系的数学方程是微分方程。因此，动态电路的分析方法要应用到微分方程的求解和初始值的确定中。

8.1.1 动态电路的暂态过程

在直流电路、正弦电路和非正弦周期电路中，电流和电压是常量或是周期量，电路的这种工作状态称为稳定状态，简称稳态，所有电路在经过足够长的时间后都会达到稳定状态。动态电路的一个重要特征是当电路的结构或元件参数发生突然变化时，电路的响应要从一种稳定状态转变为另一种稳定状态，而这种转变不能立即完成，需要经过一个过程，这个过程称为动态电路的暂态过程或过渡过程。

产生暂态过程的必要条件如下：

（1）电路中含有储能元件；

（2）电路状态发生变化。

暂态过程虽然时间短暂，只有几秒、几微秒甚至几纳秒，但在很多实际电路中会产生重要影响。例如，可以利用电容器的充放电过渡过程实现积分电路和微分电路等，应用到电子电路实现信号变换或构成 PID（比例－积分－微分）控制器应用到控制系统中。在电力系统中，过渡过程会引起电路的过电压或者过电流，可能会造成电气设备损坏或者整个电力系统崩溃，因此需要对其过渡过程特性进行深入研究，合理增设保护装置，以防事故发生。

动态电路的暂态分析是指电路从原来工作状态到换路后新工作状态的全过程的研究，动态电路的响应不一定是定值，多数是与时间和电路参数有关的变量。

为什么含有电容电感元件的动态电路有过渡过程呢？因为电容和电感都是储能元件，它们在换路时能量发生变化，而能量的存储和释放都需要一定的时间来完成，即 $p=\frac{\mathrm{d}W}{\mathrm{d}t}$，当 $\mathrm{d}t\to 0$ 时，$p\to\infty$，放在实际电路中将是灾难性的，因此在换路瞬间储能元件的能量不能跃变。

电容储能的表达式为

$$W_C=\frac{1}{2}Cu_C^2$$

储能不能跃变，表现为电压 u_C 不能跃变；

电感储能的表达式为

$$W_L=\frac{1}{2}Li_L^2$$

储能不能跃变，表现为电流 i_L 不能跃变。

通常情况下，电容电压 u_C 和电感电流 i_L 称为状态变量。列写动态电路时域方程常以电

容电压 u_C 或电感电流 i_L 为变量，列写出的方程称为微分方程。

8.1.2 动态电路的方程描述

分析动态电路的首要任务就是建立描述电路的方程，常采用是时域分析法。根据 KCL、KVL 和动态元件的伏安特性关系（VCR）建立描述电路的线性常系数微分方程，然后求解，从而得到电路中所求的变量（电压或电流）。时域分析法也称为经典法。

下面以 *RC* 电路和 *RLC* 电路为例，给出动态电路的方程描述方法。

图 8-1（a）所示为 *RC* 电路，根据 KVL 列出回路电压方程，即

$$iR + u_C = u_S$$

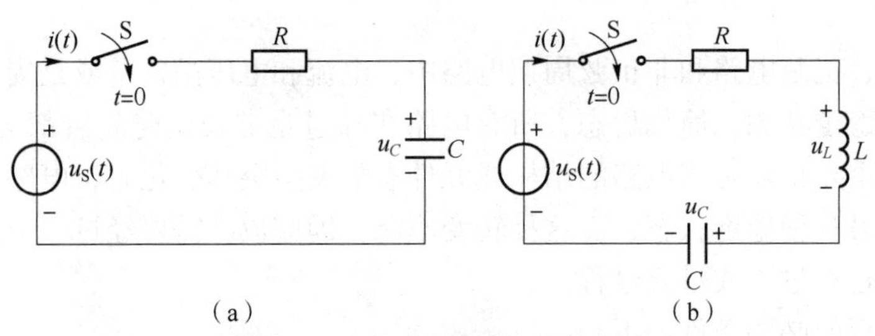

图 8-1　*RC* 电路和 *RLC* 电路图

（a）*RC* 电路；（b）*RLC* 电路

电容元件的 VCR 为

$$i = C\frac{\mathrm{d}u_C}{\mathrm{d}t}$$

代入电压方程，可以得到以电容电压为变量的电路方程，即

$$RC\frac{\mathrm{d}u_C}{\mathrm{d}t} + u_C = u_S \tag{8-1}$$

式（8-1）是以 u_C 为变量的常系数线性一阶微分方程，微分方程为一阶的电路称为一阶电路。

图 8-1（b）所示电路是 *RLC* 电路，根据 KVL 列出回路电压方程，即

$$iR + u_L + u_C = u_S$$

电容元件、电感元件的 VCR 为

$$i = C\frac{\mathrm{d}u_C}{\mathrm{d}t},\ u_L = L\frac{\mathrm{d}i}{\mathrm{d}t} = LC\frac{\mathrm{d}^2u_C}{\mathrm{d}t^2}$$

代入电压方程，可以得到以电容电压为变量的二阶微分方程为

$$LC\frac{\mathrm{d}^2u_C}{\mathrm{d}t^2} + RC\frac{\mathrm{d}u_C}{\mathrm{d}t} + u_C = u_S \tag{8-2}$$

式（8-2）是以 u_C 为变量的常系数线性二阶微分方程，微分方程为二阶的电路称为二阶电路。

因此动态电路可总结如下。

（1）描述动态电路的电路方程为微分方程。

（2）动态电路微分方程的阶数等于电路中动态元件的个数，用 *n* 阶微分方程描述的动态

电路称为 n 阶电路。

描述 n 阶动态电路的微分方程的一般形式为

$$a_n \frac{\mathrm{d}^n x}{\mathrm{d}t^n} + a_{n-1} \frac{\mathrm{d}^{n-1} x}{\mathrm{d}t^{n-1}} + \cdots + a_1 \frac{\mathrm{d}x}{\mathrm{d}t} + a_0 x = e(t)(t \geqslant 0) \tag{8-3}$$

式（8-3）中的系数由动态电路的网络结构和元件参数决定。在求解微分方程时，微分方程的解由通解和特解构成，特解的求取需要变量的初始值，动态电路的微分方程常以电容电压 u_C 或电感电流 i_L 为变量。因此，相应的微分方程的初始条件为电容电压或电感电流的初始值。

8.1.3 动态电路初始值的确定

电路结构或参数变化引起的电路变化统称为换路。一般情况下，认为换路是在 $t=0$ 时刻开始的，将换路前的最终时刻记为 $t=0_-$，换路后的最初时刻记为 $t=0_+$，换路经历的时间为 0_- 到 0_+。

对于线性电容，在任意时刻 t，其电荷 q、电压 u_C 与电流 i_C 的关系为

$$q(tX) = q(t_0) + \int_{t_0}^{t} i_C(\xi)\mathrm{d}\xi$$

$$u_C(t) = u_C(t_0) + \frac{1}{C}\int_{t_0}^{t} i_C(\xi)\mathrm{d}\xi$$

当积分区间为 $[0_-, 0_+]$ 时，则

$$q(0_+) = q(0_-) + \int_{0_-}^{0_+} i_C(\xi)\mathrm{d}\xi \tag{8-4}$$

$$u_C(0_+) = u_C(0_-) + \frac{1}{C}\int_{0_-}^{0_+} i_C(\xi)\mathrm{d}\xi \tag{8-5}$$

如果在换路前后，即 0_- 到 0_+ 的瞬间，电流 $i_C(t)$ 为有限值，则式（8-4）和式（8-5）中的积分项将为零，即

$$q(0_+) = q(0_-) \tag{8-6}$$

$$u_C(0_+) = u_C(0_-) \tag{8-7}$$

式（8-6）和式（8-7）说明了在换路瞬间，电容上的电荷和电压不发生跃变，这是电荷守恒的体现。

对于一个电容元件，当 $t=0_-$ 时，电容有储存的电荷，电压为 $u_C(0_-) = U_0$，在换路瞬间，电压不发生跃变，有 $u_C(0_+) = u_C(0_-) = U_0$。因此，在换路瞬间，$t=0_+$ 时刻，电容可视为电压为 U_0 的电压源。同理，当 $t=0_-$ 时，电容没有储存电荷，电压为 $u_C(0_-) = 0$，此时电压不发生跃变，$u_C(0_+) = u_C(0_-) = 0$，在 $t=0_+$ 时刻，电容相当于短路。

对于线性电感，在任意时刻 t，其磁通链 Ψ、电流 i_L 与电压 u_L 的关系为

$$\Psi(t) = \Psi(t_0) + \int_{t_0}^{t} u_L(\xi)\mathrm{d}\xi$$

$$i_L(t) = i_L(t_0) + \frac{1}{L}\int_{t_0}^{t} u_L(\xi)\mathrm{d}\xi$$

当积分区间为 $[0_-, 0_+]$ 时，可得

$$\Psi(0_+) = \Psi(0_-) + \int_{0_-}^{0_+} u_L(\xi)\mathrm{d}\xi \tag{8-8}$$

$$i_L(0_+) = i_L(0_-) + \frac{1}{L}\int_{0_-}^{0_+} u_L(\xi)\mathrm{d}\xi \tag{8-9}$$

如果在换路前后，即0_-到0_+的瞬间，电压$u_L(t)$为有限值，则式（8-8）和式（8-9）中的积分项为零，即

$$\Psi(0_+) = \Psi(0_-) \tag{8-10}$$

$$i_L(0_+) = i_L(0_-) \tag{8-11}$$

式（8-10）和式（8-11）说明了在换路瞬间，电感的磁通链和电流不发生跃变，这是磁通链守恒的体现。

对于一个电感元件，当$t=0_-$时，电感的电流为$i_L(0_-)=I_0$，在换路瞬间，电流不发生跃变，有$i_L(0_+)=i_L(0_-)=I_0$。因此，在换路瞬间，$t=0_+$时刻，电感可视为电流为I_0的电流源。同理，当$t=0_-$时，电感电流为$i_L(0_-)=0$，此时电流不发生跃变，$i_L(0_+)=i_L(0_-)=0$，在$t=0_+$时刻，电感相当于开路。

式（8-6）、式（8-7）、式（8-10）和式（8-11）又称为换路定则，但换路定则成立的条件是电容电流和电感电压为有限值。

在换路瞬间，$t=0_+$时刻，求解电路中电流和电压初始值的具体步骤如下。

（1）根据换路前的电路，确定$u_C(0_-)$和$i_L(0_-)$。

（2）根据换路定则，确定$u_C(0_+)$和$i_L(0_+)$。

（3）画出$t=0_+$时刻的等效电路，电容用电压源替代，电压源的电压值为$u_C(0_+)$的值；电感用电流源替代，电流源的电流值为$i_L(0_+)$的值，方向均与原电容电压和原电感电流参考方向相同。

（4）由$t=0_+$时刻等效电路求出所需的各变量初始值。

【例8-1】 电路如图8-2所示，在$t<0$时开关是S闭合的，电路处于稳定状态，$t=0$时开关S打开，试求开关打开瞬间电容电流$i_C(0_+)$。

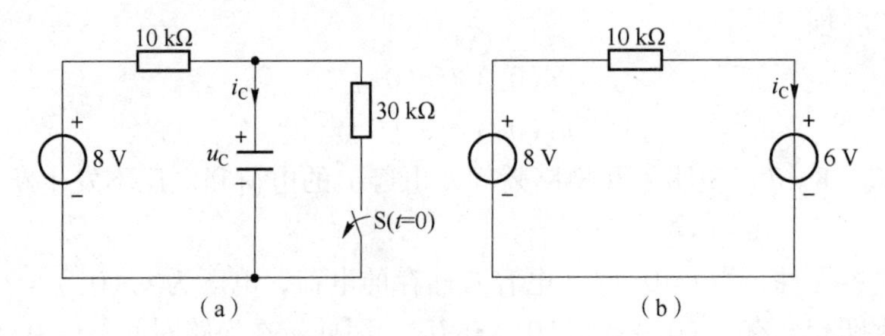

图8-2 例8-1图

解：在$t<0$开关S闭合时，电路处于稳定状态，所以由图8-2（a）求$t=0_-$时刻的电容元件两端的电压，直流稳定状态下，电容处于开路状态，开关S闭合，可求得

$$u_C(0_-) = \left(8 \times \frac{30}{10+30}\right)\mathrm{V} = 6\ \mathrm{V}$$

由换路定则得

$$u_C(0_+) = u_C(0_-) = 6\ \mathrm{V}$$

画出$t=0_+$时刻等效电路，如图8-2（b）所示，电容用6 V的电压源替代，解得

$$i_C\ (0_+) = \frac{8-6}{10}\text{mA} = 0.2\ \text{mA}$$

注意：

电容的电流在换路瞬间发生了跃变，即

$$i_C\ (0_-) = 0 \neq i_C\ (0_+)$$

【例 8-2】 电路如图 8-3（a）所示，在 $t<0$ 时开关 S 是打开的，电路处于稳定状态，$t=0$ 时开关 S 闭合，试求开关闭合瞬间电感电压 $u_L(0_+)$。

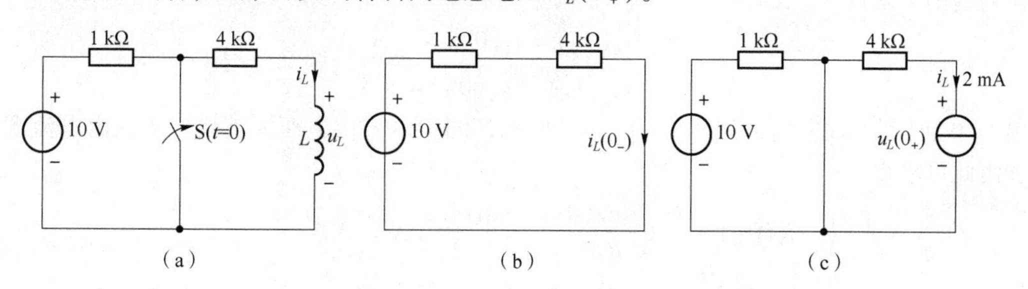

图 8-3 例 8-2 图

解：在 $t<0$ 时，开关 S 打开，电路处于稳定状态，在直流稳定状态下，电感处于短路状态，得到图 8-3（b）所示 $t=0_-$ 时刻的等效电路，可求得

$$i_L\ (0_-) = \frac{10}{1+4}\ \text{mA} = 2\ \text{mA}$$

由换路定则得

$$i_L\ (0_+) = i_L\ (0_-) = 2\ \text{mA}$$

画出 $t=0_+$ 时刻等效电路，如图 8-3（c）所示，电感用 2 mA 的电流源替代，解得

$$u_L\ (0_+) = (-2\times 4)\ \text{V} = -8\ \text{V}$$

注意：

电感的电压在换路瞬间发生了跃变，即

$$u_L(0_-) = 0 \neq u_L(0_+)$$

【例 8-3】 电路如图 8-4（a）所示，已知 $U_S=10$ V，$R_1=3\ \Omega$，$R_2=R_3=2\ \Omega$。在 $t<0$ 时，开关 S 打开，电路处于稳定状态；在 $t=0$ 时，开关 S 闭合，求 $u_C(0_+)$、$i_L(0_+)$、$u_L(0_+)$ 和 $i_1(0_+)$。

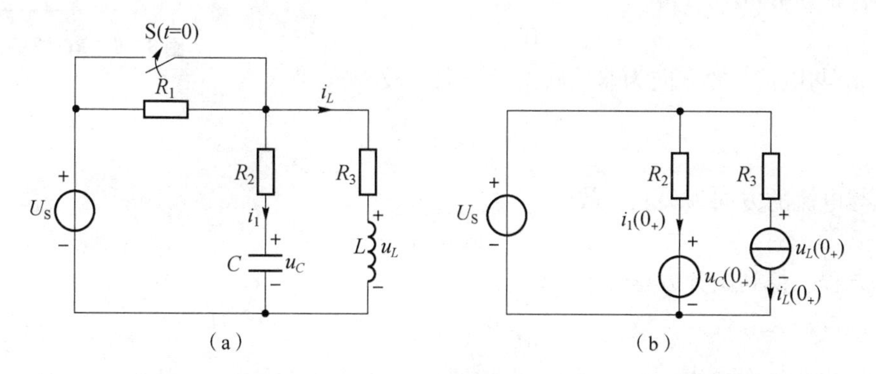

图 8-4 例 8-3 图

解：当 $t<0$ 开关 S 打开时，电路处于稳定状态，在直流电源激励下，电感处于短路状态，电容处于开路状态，根据图 8－4（a）所示，先求取动态元件的状态变量 $i_L(0_-)$ 和 $u_C(0_-)$，即

$$i_L(0_-)=\frac{U_S}{R_1+R_3}=\frac{10}{3+2}\ \text{A}=2\ \text{A}$$

$$u_C(0_-)=R_3\times i_L(0_-)=(2\times 2)\ \text{V}=4\ \text{V}$$

由换路定则可求得

$$i_L(0_+)=i_L(0_-)=2\ \text{A}$$

$$u_C(0_+)=u_C(0_-)=4\ \text{V}$$

画出 $t=0_+$ 时刻等效电路，如图 8－4（b）所示，图中电容由电压源替代，电感由电流源替代，由此可求得

$$i_1(0_+)=\frac{U_S-u_C(0_+)}{R_2}=\frac{10-4}{2}\ \text{A}=3\ \text{A}$$

$$u_L(0_+)=U_S-R_3\times i_L(0_+)=(10-2\times 2)\ \text{V}=6\ \text{V}$$

8.2　一阶电路的零输入响应

对于动态电路中的响应，可以是外加独立电源或信号源引起的，也可以是动态元件的初始储能引起的，或者是由两者共同引起的。若动态电路没有外加独立电源或信号源，仅由电路中的动态元件初始储能产生响应，则称为零输入响应。这种情况发生在电容或电感突然与直流电源断开时。

8.2.1　*RC* 电路的零输入响应

一阶 *RC* 零输入电路如图 8－5 所示。

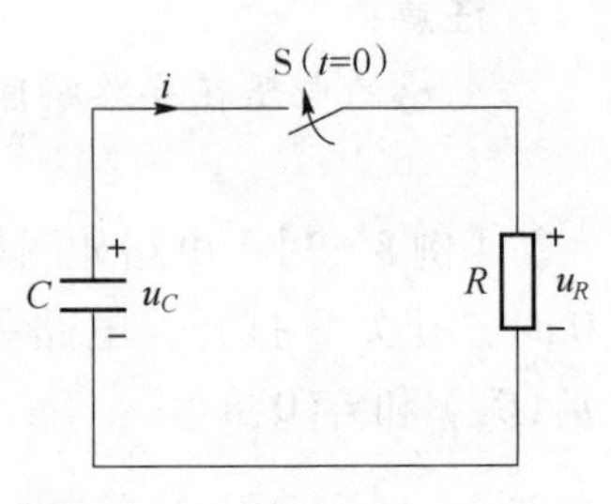

图 8－5　*RC* 零输入电路

在开关闭合前电容已经充电，电容电压 $u_C(0_-)=U_0$。开关闭合后，根据 KVL，可得

$$-u_C+u_R=0$$

电容电压 u_C 与电流 i 的方向为非关联参考方向，故

$$i=-C\frac{\mathrm{d}u_c}{\mathrm{d}t}$$

电阻电压与电流的方向为关联，故

$$u_R=Ri$$

代入电压方程，得到微分方程

$$RC\frac{\mathrm{d}u_C}{\mathrm{d}t}+u_C=0$$

这是一阶线性齐次微分方程，初始条件为

$$u_C(0_+)=u_C(0_-)=U_0$$

令微分方程的通解为 $u_C = Ae^{pt}$，代入微分方程得

$$(RCp+1)Ae^{pt}=0$$

相应的特征方程为

$$RCp+1=0$$

特征方程的特征根为

$$p=-\frac{1}{RC}$$

应用初始条件 $u_C(0_+)=u_C(0_-)=U_0$，代入 $u_C=Ae^{pt}$ 得到 $u_C(0_+)=A=U_0$，从而确定通解系数 A。求得满足初始条件的微分方程的解为

$$u_C=u_C(0_+)e^{-\frac{1}{RC}t}=U_0e^{-\frac{1}{RC}t}(t\geqslant 0) \tag{8-12}$$

即 RC 电路断开直流电源后电容放电过程中 u_C 的时域表达式。

电阻上的电压为

$$u_R=u_C=U_0e^{-\frac{1}{RC}t}(t\geqslant 0) \tag{8-13}$$

从电容的伏安关系和电阻的伏安关系可知，电路中的电流 i 有两种求法，分别是

$$i=-C\frac{du_C}{dt}=-C\frac{d}{dt}(U_0e^{-\frac{1}{RC}t})=-C\left(-\frac{1}{RC}\right)U_0e^{-\frac{1}{RC}t}=\frac{U_0}{R}e^{-\frac{1}{RC}t}(t\geqslant 0_+) \tag{8-14}$$

或

$$i=\frac{u_R}{R}=\frac{U_0}{R}e^{-\frac{1}{RC}t}=I_0e^{-\frac{1}{RC}t}(t\geqslant 0_+)$$

以上解题方法是以时间 t 为自变量，取动态元件状态变量（电容的电压 u_C 或电感电流 i_L）为因变量通过列写电路微分方程，通过计算通解和特解求出电路中状态变量的时域解，在电路分析中称为时域法或经典法。由式（8－12）、式（8－13）和式（8－14）可以得到如下结论。

（1）电压 u_C、u_R 及电流 i 是随时间按同一负指数规律衰减的函数，如图 8－6 所示，电容电压 u_C 是连续变化的，而电流是突变的。

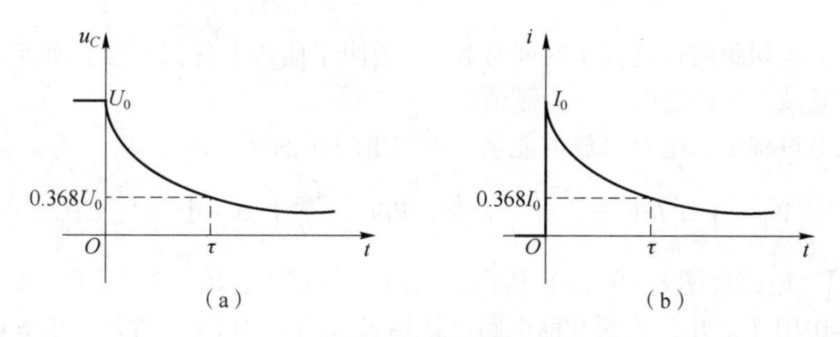

图 8－6　RC 电路放电电压、电流曲线

（2）电压、电流衰减的快慢与 RC 的大小有关，而 $p=-\frac{1}{RC}$ 是电路微分方程的特征根，取决于电路的结构和元件的参数。令 $\tau=RC$，τ 的量纲为

$$[\tau]=[RC]=[\Omega][F]=[\Omega]\left[\frac{C}{V}\right]=[\Omega]\left[\frac{A\cdot s}{V}\right]=[s]$$

通常称 τ 为一阶电路的时间常数，单位为秒。τ 的大小反映了电路过渡过程时间的长短，即

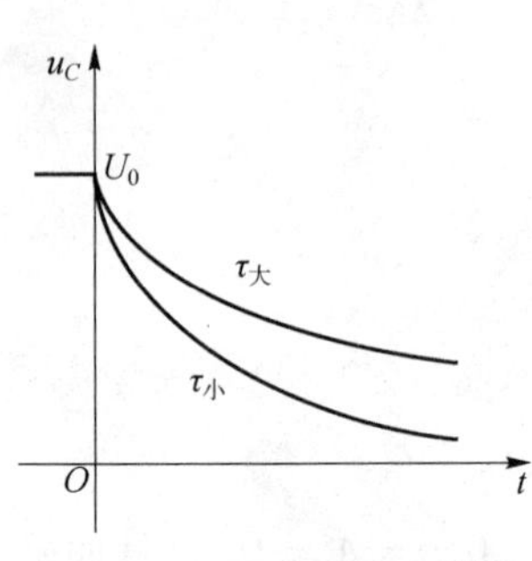

图 8-7 RC 电路放电快慢与 τ 的关系图

τ 越大，则过渡过程时间长；τ 越小，则过渡过程时间短，如图 8-7 所示。

引入 τ 后，电容电压 u_C 和电流 i 可以分别表示为

$$u_C = u_0 e^{-\frac{t}{\tau}}$$

$$i = \frac{U_0}{R} e^{-\frac{t}{\tau}}$$

可以计算 u_C，即

$t=0$ 时，$u_C(0) = U_0 e^0 = U_0$

$t=\tau$ 时，$u_C(\tau) = U_0 e^{-1} = 0.368 U_0$

说明经过一个时间常数 τ 后，衰减为原来的 36.8%，如图 8-6 所示。$t = 2\tau, t = 3\tau, t = 4\tau, \cdots$ 时刻的电容电压值列于表 8-1 中。

表 8-1 换路后的电容电压值

t	0	τ	2τ	3τ	4τ	5τ	…	∞
$u_C(t)$	U_0	$0.368U_0$	$0.135U_0$	$0.05U_0$	$0.018U_0$	$0.006U_0$	…	0

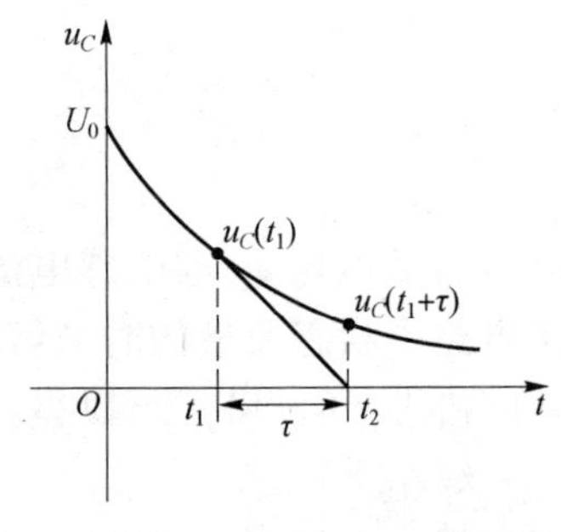

图 8-8 时间常数 τ 的几何意义

由表中数据可知，在理论上要经过无限长的时间，电容电压 $u_C(t)$ 才能衰减为零值。但在工程上，一般认为换路后，经过 $3\tau \sim 5\tau$，电路响应接近于零，过渡过程结束。

（3）时间常数 τ 的几何意义，如图 8-8 所示。

时间常数 τ 的大小还可以从 $u_C(t)$ 或 $i_C(t)$ 的曲线上用几何方法求得，在图 8-8 中，取电容电压的曲线上任意一点 $u_C(t_1)$，通过该点做切线交时间轴 t_2，则图中的次切距为

$$t_2 - t_1 = \frac{u_C(t_1)}{-\left.\frac{du_C}{dt}\right|_{t=t_1}} = \frac{U_0 e^{-\frac{t_1}{\tau}}}{\frac{1}{\tau} U_0 e^{-\frac{t_1}{\tau}}} = \tau$$

即在时间坐标上次切距的长度等于时间常数 τ。说明了曲线上任意一点，如果以该点的斜率为固定变化率衰减，则经过时间 τ 为零值

（4）在放电过程中，电容释放的能量全部被电阻所消耗，即

$$W_R = \int_0^\infty i^2 R dt = \int_0^\infty \left(\frac{U_0}{R} e^{-\frac{1}{RC}t}\right)^2 R dt = \frac{U_0^2}{R} \int_0^\infty e^{-\frac{2t}{RC}} dt = \frac{1}{2} C U_0^2 \tag{8-15}$$

【例 8-4】 电路如图 8-9（a）所示，已知 $U_S = 15$ V，$R_1 = 3\ \Omega$，$R_2 = 1\ \Omega$，$R_3 = 3\ \Omega$，$R_4 = 4\ \Omega$，$C = 0.01$ F，开关 S 断开前电路已达稳态，当 $t=0$ 时 S 断开。求 S 断开后的电容电压 $u_C(t)$。

解：开关 S 断开前电路的激励是直流电压源 U_S，达到稳定状态时电容相当于开路，此时电容电压为

$$u_C(0_-) = \frac{U_S}{R_2 + R_4} \times R_4 = \left(\frac{15}{1+4} \times 4\right) \text{V} = 12\ \text{V}$$

$t=0$ 开关断开后，电路无激励源，电容通过电阻放电，电路响应为零输入响应。

根据换路定则有

$$u_C(0_+) = u_C(0_-) = 12\ \text{V}$$

换路后从电容两端看进去的等效电阻如图 8-9（b）所示，求得等效电阻为

$$R_{eq} = \frac{(R_1 + R_2)R_4}{R_1 + R_2 + R_4} + R_3 = \left(\frac{(3+1)\times 4}{3+1+4} + 3\right)\Omega = 5\ \Omega$$

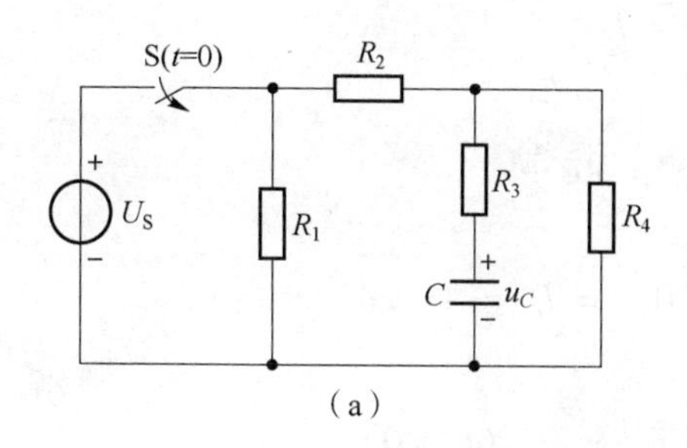

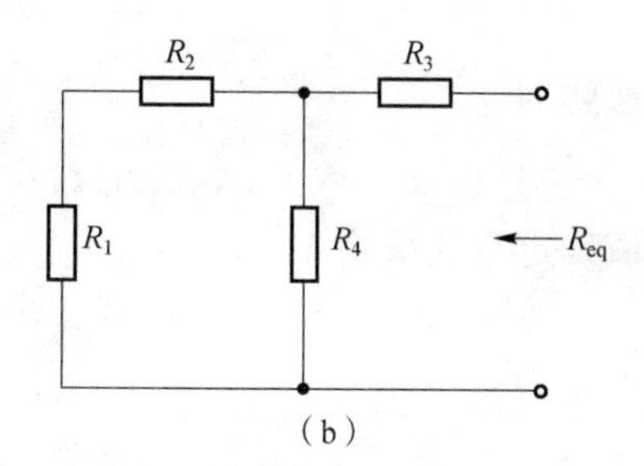

图 8-9　例 8-4 图

时间常数为

$$\tau = R_{eq}C = (5\times 0.01)\text{s} = 0.05\ \text{s}$$

电容电压零输入响应为

$$u_C(t) = u_C(0_+)\text{e}^{-\frac{t}{\tau}} = 12\text{e}^{-20t}\ \text{V} \qquad (t \geqslant 0)$$

8.2.2　*RL* 电路的零输入响应

RL 零输入响应电路如图 8-10（a）所示，在开关动作前电路达到稳定状态。

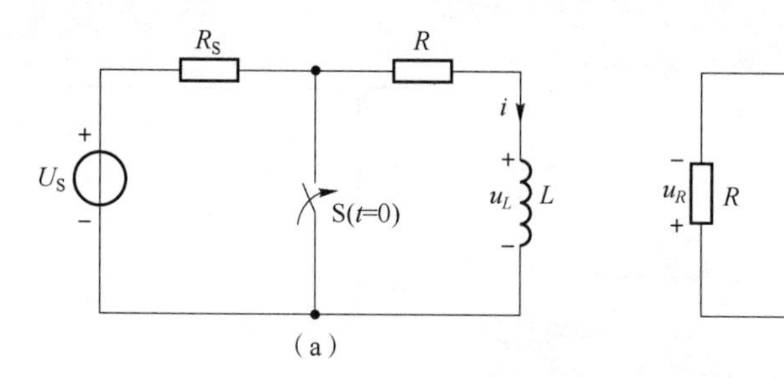

图 8-10　*RL* 零输入响应电路

换路前电感有电流，即

$$i_L(0_-) = \frac{U_S}{R_S + R} = I_0$$

开关闭合后的电路如图 8-10（b）所示，由 KVL 可得

$$u_L + u_R = 0$$

电感、电阻元件的伏安特性为

$$u_L = L\frac{\text{d}i}{\text{d}t},\quad u_R = iR$$

代入上式得到微分方程，即

$$L\frac{\text{d}i}{\text{d}t} + Ri = 0$$

该方程仍然是一阶线性齐次微分方程，特征方程为

$$Lp + R = 0$$

解得特征根为

$$p = -\frac{R}{L}$$

则方程的通解为

$$i(t) = A\mathrm{e}^{pt} = A\mathrm{e}^{-\frac{R}{L}t}$$

代入初始值确定常数系数 A

$$i_L(0_+) = i_L(0_-) = I_0 = A$$

所以电感电流为

$$i(t) = I_0\mathrm{e}^{-\frac{R}{L}t} = I_0\mathrm{e}^{-\frac{t}{L/R}} \quad (t \geqslant 0) \tag{8-16}$$

电感电压为

$$u_L(t) = L\frac{\mathrm{d}i}{\mathrm{d}t} = L \cdot \frac{\mathrm{d}}{\mathrm{d}t}(I_0\mathrm{e}^{-\frac{R}{L}t}) = -RI_0\mathrm{e}^{-\frac{R}{L}t} \quad (t \geqslant 0_+) \tag{8-17}$$

电感电压也可以根据 KVL 求得

$$u_L = -u_R = -iR = -RI_0\mathrm{e}^{-\frac{R}{L}t} \quad (t \geqslant 0_+)$$

由式（8－16）、式（8－17）可以得到以下结论。

（1）电压 u_L、电流 i_L 是随时间按同一指数规律衰减的函数，如图 8－11 所示，电流 i 是连续的，而电感电压是从 $t=0_-$ 时的零值跃变到 $t=0_+$ 时的 $-RI_0$，如果电阻 R 很大，则在换路时电感两端会出现很高的瞬间电压。

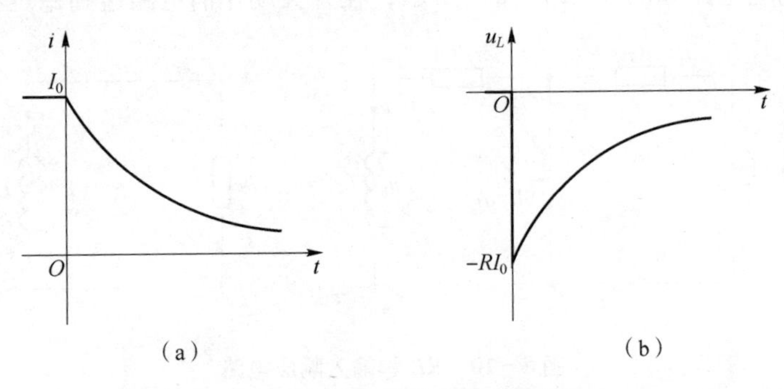

图 8－11　RL 零输入响应曲线

（2）衰减的快慢程度与 L/R 有关，在一阶 RL 电路中，时间常数 $\tau = L/R$，单位为秒，即

$$[\tau] = \left[\frac{L}{R}\right] = \left[\frac{\mathrm{H}}{\Omega}\right] = \left[\frac{\mathrm{Wb}}{\mathrm{A} \cdot \Omega}\right] = \left[\frac{\mathrm{V} \cdot \mathrm{s}}{\mathrm{A} \cdot \Omega}\right] = [\mathrm{s}]$$

（3）在放电过程中，电感释放的能量全部被电阻消耗，即

$$W_R = \int_0^\infty i^2R\mathrm{d}t = \int_0^\infty (I_0\mathrm{e}^{-\frac{R}{L}t})^2R\mathrm{d}t = I_0^2R\int_0^\infty \mathrm{e}^{-\frac{2R}{L}t}\mathrm{d}t = \frac{1}{2}LI_0^2 \tag{8-18}$$

【例 8－5】　电路如图 8－12（a）所示，已知 $U_S = 250$ V，$R = 125$ Ω，电压表内阻 $R_V = 1.25 \times 10^6$ Ω。开关断开前电路已达稳态，$t=0$ 时开关断开。开关断开瞬间电压表两端的电压及流过电压表的电流是开关断开前的多少倍？

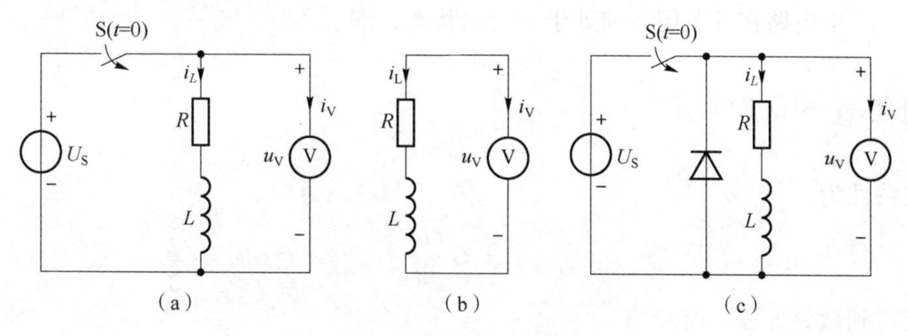

图 8-12　例 8-5 图

解：开关 S 断开前，电路达到稳态，直流电路电感相当于短路，流过电感的电流为

$$i_L(0_-)=\frac{U_S}{R}=\frac{250}{125}\text{ A}=2\text{ A}$$

$$i_V(0_-)=\frac{U_S}{R_V}=\frac{250}{1.25\times10^6}\text{ A}=2\times10^{-4}\text{ A}$$

开关 S 断开后，电路如图 8-12（b）所示，电感电流不能跃变，根据换路定则有

$$i_L(0_+)=i_L(0_-)=2\text{ A}$$

换路瞬间电压表两端电压为

$$u_V(0_+)=-R_Vi_L(0_+)=(-1.25\times10^6\times2)\text{V}=-2.5\times10^6\text{ V}$$

可见，开关断开瞬间电压表两端要承受很高的电压，其绝对值远远大于电源电压，而且流过电压表的电流也很大，是开关断开前的 10^6 倍，这样会损坏电压表。

因此，电力工程中电感负载较多，要防止切断开关瞬间会出现高电压，造成设备损坏，必须考虑磁场能量的释放问题。例如，在电感线圈两端并联一个二极管，称为“续流二极管”。如图 8-12（c）所示，当开关闭合时，二极管反向电压截止，反向电流很小，不影响电路正常工作；当开关断开时，电感线圈可通过二极管正向放电，由于二极管正向电阻很小，故可避免电感线圈或电压表两端出现高电压的情况。如果磁场能量较大，而又必须在短时间内完成电流的切断，则必须考虑如何熄灭在开关处的电弧问题。

8.3　一阶电路的零状态响应

电路的动态元件初始状态为零，只由外部激励引起的响应称为零状态响应。由于电路中不存在初始储能，故有 $u_C(0_-)=0$，$i_L(0_-)=0$。在含有储能元件的动态电路中，上一节讲的零输入响应是初始储能按指数规律衰减的过程，而零状态响应则是储能从无到有的建立过程。

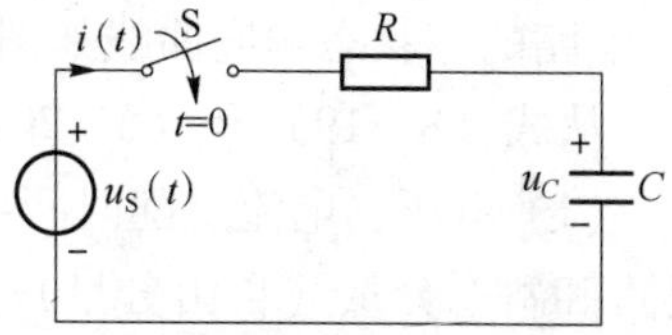

8.3.1　*RC* 电路的零状态响应

RC 电路的零状态响应如图 8-13 所示。

图 8-13　*RC* 电路的零状态响应

图 8-13 中电路在开关闭合前处于零初始状态，即

$$u_C(0_-)=0$$

当开关闭合后，根据 KVL 有

$$Ri+u_C=U_S$$

电容伏安特性为

$$i=C\frac{du_C}{dt}$$

代入上式得到微分方程，即

$$RC\frac{du_C}{dt}+u_C=U_S$$

该方程为一阶线性常系数非齐次微分方程，方程的解由非齐次方程的特解 u'_C 和对应的齐次方程的通解 u''_C 两个分量组成，即

$$u_C=u'_C+u''_C$$

特解为换路后电路又达到稳定状态的解，这时

$$\frac{du_C}{dt}=0$$

即

$$u'_C=U_S$$

由于特解与输入激励的变化规律有关，因此称为强制分量，周期性激励时强制分量为电路的稳态解，因此又称为稳态分量。

而齐次方程 $RC\frac{du_C}{dt}+u_C=0$ 的通解为

$$u''_C=Ae^{-\frac{t}{\tau}},\quad \tau=RC$$

通解变化规律由电路结构和参数有关，常称为自由分量，而通解又随时间增大衰减为零，因此也称为暂态分量。

故方程的解为

$$u_C=U_S+Ae^{-\frac{t}{\tau}}$$

将初始值 $u_C(0_+)=u_C(0_-)=0$ 代入，可求得

$$A=-U_S$$

因此求得零状态响应为

$$u_C(t)=U_S-U_Se^{-\frac{t}{\tau}}=U_S(1-e^{-\frac{t}{\tau}})\qquad(t\geqslant 0_+)\tag{8-19}$$

$$i(t)=C\frac{du_C}{dt}=\frac{U_S}{R}e^{-\frac{t}{\tau}}\qquad(t\geqslant 0_+)\tag{8-20}$$

RC 电路的零状态响应曲线如图 8-14 所示。

从式（8-19）和（8-20）可以得出以下结论。

（1）电压、电流是随时间按同一指数规律变化的函数，电容电压由稳态分量（强制分量）和暂态分量（自由分量）两部分构成，各分量的波形及叠加结果如图 8-14（a）所示，电流波形如图 8-14（b）所示。

（2）响应变化的快慢由时间常数 τ 决定，τ 越大充电越慢，τ 越小，充电越快。

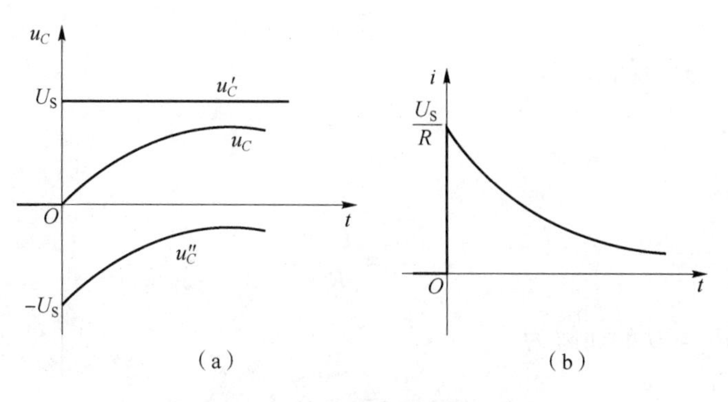

图 8-14 RC 电路的零状态响应曲线

(a) u_C 的波形图；(b) i 的波形图

(3) 响应与外加激励呈线性关系。

(4) 充电过程的能量关系如下：

电容最终储存能量为

$$W_C = \frac{1}{2}CU_S^2$$

电源提供的能量为

$$W = \int_0^\infty U_S i\mathrm{d}t = U_S q = CU_S^2$$

电阻消耗的能量

$$W_R = \int_0^\infty i^2 R\mathrm{d}t = \int_0^\infty \left(\frac{U_S}{R}\mathrm{e}^{-\frac{t}{RC}}\right)^2 R\mathrm{d}t = \frac{U_S^2}{R}\left(-\frac{RC}{2}\right)\mathrm{e}^{-\frac{2}{RC}t}\Big|_0^\infty = \frac{1}{2}CU_S^2$$

可见，不论电路中电容 C 和电阻 R 的数值为多少，在充电过程中，电源提供的能量只有一半转变成电场能量储存于电容中，另一半则被电阻所消耗，故充电效率只有 50%。

8.3.2 RL 电路的零状态响应

RL 零状态响应电路如图 8-15 所示。

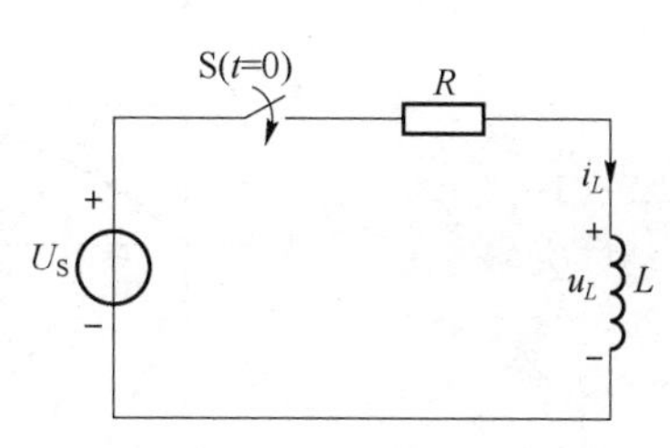

图 8-15 RL 零状态响应电路

电路在开关闭合前为零初始状态，即电感电流为

$$i_L(0_-) = 0$$

开关闭合后，根据 KVL 有

$$Ri_L + u_L = U_S$$

电感的伏安特性为

$$u_L = L\frac{\mathrm{d}i_L}{\mathrm{d}t}$$

代入上式得到微分方程，即

$$L\frac{\mathrm{d}i_L}{\mathrm{d}t} + Ri_L = U_S$$

与 RC 电路分析相类似，该方程仍为一阶线性常系数非齐次微分方程，方程的解由非齐次方程的特解 i_L'（稳态分量）和对应的齐次方程的通解 i_L''（暂态分量）两个分量组成，即

$$i_L = i'_L + i''_L$$

特解是换路后的稳态分量，这时

$$\frac{\mathrm{d}i_L}{\mathrm{d}t} = 0$$

即

$$i'_L = \frac{U_S}{R}$$

齐次方程 $L\frac{\mathrm{d}i}{\mathrm{d}t} + Ri_L = 0$ 的通解为

$$i''_L = A\mathrm{e}^{-\frac{t}{\tau}} = A\mathrm{e}^{-\frac{t}{L/R}}$$

所以有

$$i_L = i'_L + i''_L = \frac{U_S}{R} + A\mathrm{e}^{-\frac{t}{L/R}}$$

将初始条件代入确定系数 A，可得

$$i_L(0_+) = i_L(0_-) = 0 = \frac{U_S}{R} + A$$

$$A = -\frac{U_S}{R}$$

则

$$i_L(t) = \frac{U_S}{R}(1 - \mathrm{e}^{-\frac{t}{L/R}}) \qquad (t \geqslant 0_+) \tag{8-21}$$

$$u_L = L\frac{\mathrm{d}i_L}{\mathrm{d}t} = U_S\mathrm{e}^{-\frac{t}{L/R}} \qquad (t \geqslant 0_+) \tag{8-22}$$

RL 电路的零状态响应曲线如图 8-16 所示。

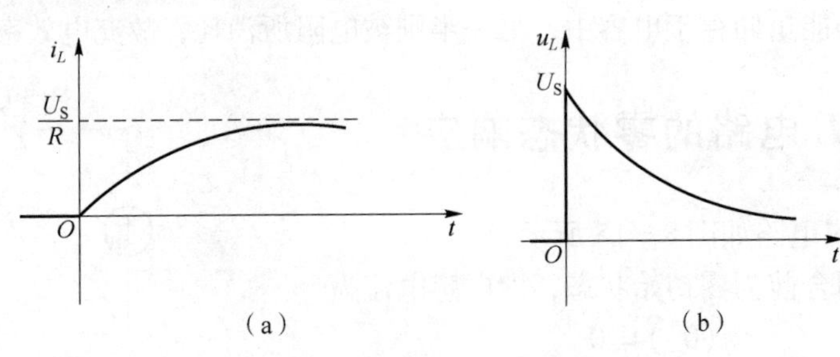

图 8-16 RL 电路零状态响应曲线

(a) i_L 的波形图；(b) u_L 的波形图

【例 8-6】 电路如图 8-17 (a) 所示，换路前电路已经处于稳定状态，在 $t=0$ 时开关 S 打开，求 $t>0$ 后 i_L 和 u_L 的变化规律。

解：这是一个 RL 电路零状态响应问题，$t>0$ 后的等效电路如图 8-17 (b) 所示，注意图 (a) 中的 R_S 在换路后与理想电流源串联，对外电路不起作用，故

$$R_{eq} = 100\ \Omega$$

时间常数为

$$\tau = \frac{L}{R_{eq}} = \frac{1}{100}\ \mathrm{s} = 0.01\ \mathrm{s}$$

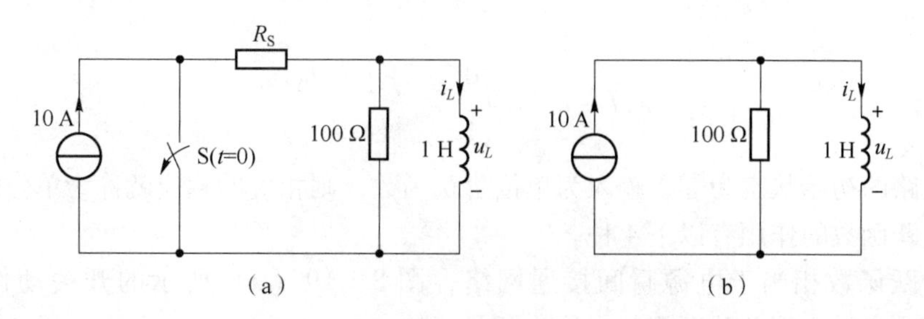

图 8-17 例 8-6 图

(a) 电路图；(b) 等效电路图

换路后的电感电流的稳态解为

$$i_L(\infty) = 10\ \text{A}$$

所以电感电流的零状态响应为

$$i_L(t) = 10(1 - e^{-100t})\text{A} \qquad (t \geqslant 0_+)$$

电感两端电压的零状态响应为

$$u_L = L\frac{\mathrm{d}i_L}{\mathrm{d}t} = 10 \times R_{eq}e^{-100t} = 1\ 000e^{-100t}\ \text{V} \qquad (t \geqslant 0_+)$$

注意：

在 $t = 0_+$ 时刻，电感元件两端会出现瞬间高压。在电力系统中，感性元件较多，换路时应采取必要的措施避免出现瞬间高电压，对元件或工作人员造成危害。

8.3.3 阶跃函数和阶跃响应

单位阶跃函数是一种奇异函数，可用 $\varepsilon(t)$ 表示，其定义为

$$\varepsilon(t) = \begin{cases} 0 & (t < 0) \\ 1 & (t > 0) \end{cases} \tag{8-23}$$

单位阶跃函数波形如图 8-18（a）所示

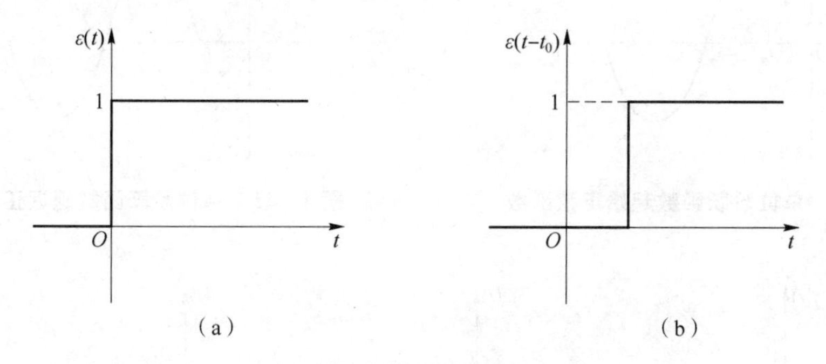

图 8-18 单位阶跃函数图形

(a) 单位阶跃函数波形；(b) 延迟的单位阶跃函数波形

单位阶跃函数在 $t=0$ 瞬间不连续，有跃变，$t=0$ 处为间断点，可以认为函数在 $t=0$ 点的左极限为 0，右极限为 1。

任意时刻 t_0 起始的单位阶跃函数图形如图 8-18（b）所示，也称为延迟的单位阶跃函

数，可定义为

$$\varepsilon(t-t_0)=\begin{cases}0 & (t<t_0)\\ 1 & (t>t_0)\end{cases} \tag{8-24}$$

如果电路的初始状态为零，输入为单位阶跃函数，则相应的响应就称为单位阶跃响应。

单位阶跃函数的作用有以下 4 种。

（1）阶跃函数相当于电源瞬间接通网络，图 8－19（a）所示的开关动作，可以用图8－19（b）表示，因此阶跃函数也称为开关函数。

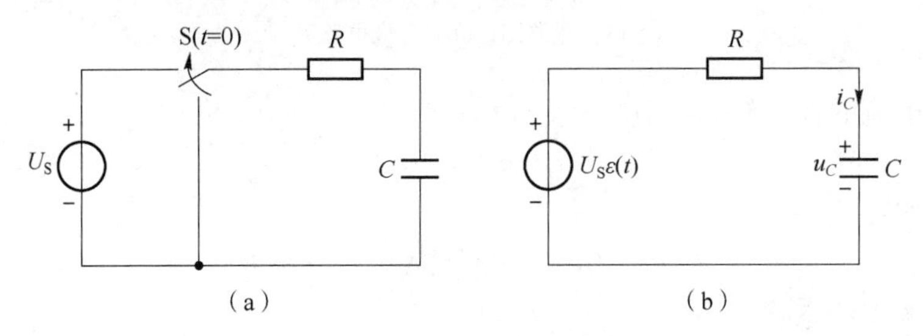

图 8－19　阶跃函数的开关作用

（2）阶跃函数可以用来起始任意函数，即

$$f(t)\varepsilon(t-t_0)=\begin{cases}0 & (t<t_0)\\ f(t) & (t>t_0)\end{cases}$$

图 8－20 为单位阶跃函数起始正弦函数。

（3）阶跃函数可以用来延迟函数，如图 8－21 所示。

（4）阶跃函数可以用来表示复杂的信号，如图 8－22 所示的矩形脉冲函数可以写为

$$f(t)=\varepsilon(t)-\varepsilon(t-t_0)$$

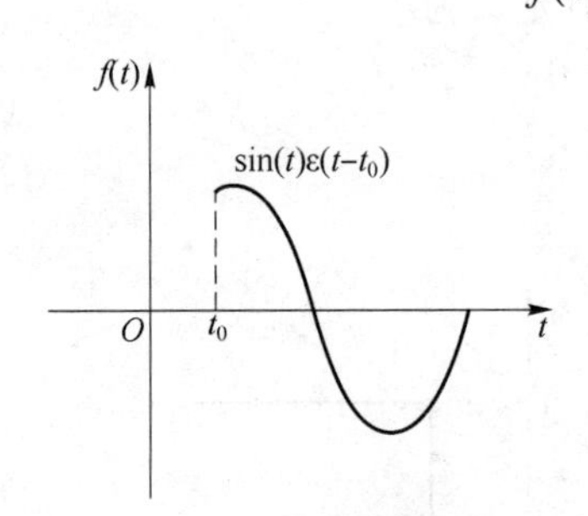

图 8－20　单位阶跃函数起始正弦函数

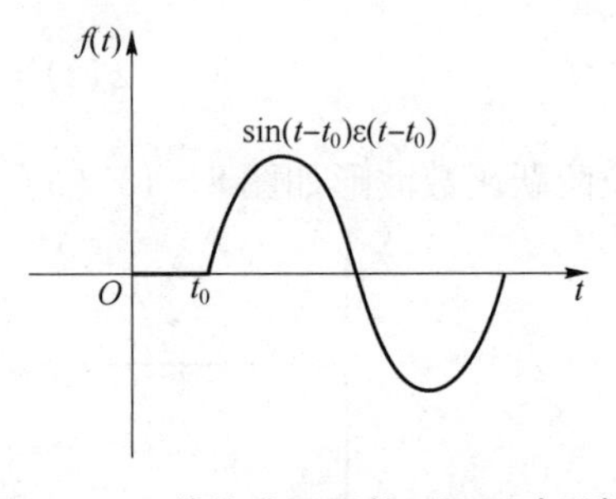

图 8－21　单位阶跃函数延迟正弦函数

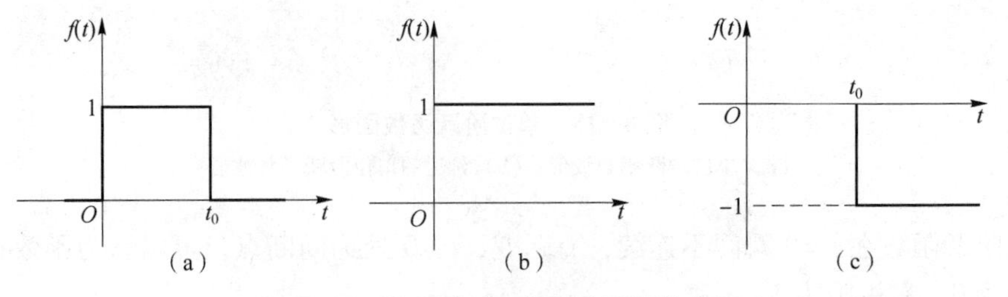

图 8－22　矩形脉冲函数用阶跃函数表示

（a）脉冲函数；（b）$\varepsilon(t)$ 函数；（c）$-\varepsilon(t-t_0)$ 函数

在电路中，单位阶跃函数激励的零状态响应称为单位阶跃响应，图 8－23 是单位阶跃函数激励的 *RC* 电路，图中单位阶跃函数取代了开关。

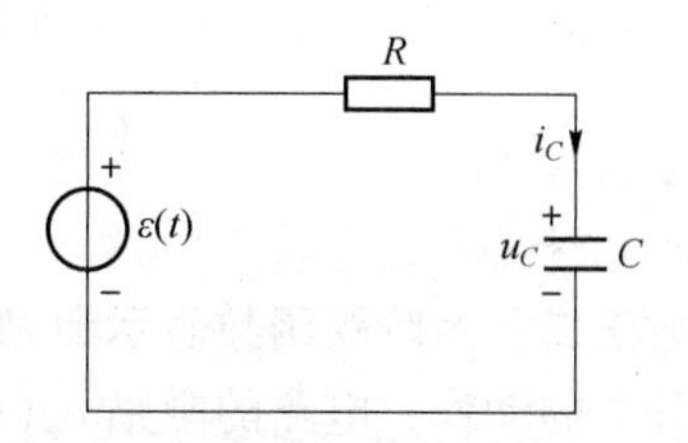

图 8－23　单位阶跃函数激励的 *RC* 电路

RC 串联电路的单位阶跃响应为

$$u_C(t) = (1 - e^{-\frac{t}{\tau}})\varepsilon(t) \qquad (8-25)$$

$$i_C(t) = \frac{1}{R}e^{-\frac{t}{\tau}}\varepsilon(t) \qquad (8-26)$$

以上两式由于引入了单位阶跃函数，故不再需要添加时间条件。

若知道了一个电路的单位阶跃响应，就可以知道它在任意直流激励下的零状态响应，即将阶跃响应乘以该直流激励的值。图 8－19（a）所示的电路在 $t=0$ 时接入直流电压源，这相当于该电路在阶跃电压 $U_S\varepsilon(t)$ 激励下求零状态响应，如图 8－19（b）所示。电容电压和电路中电流的零状态响应为

$$u_C(t) = U_S(1 - e^{-\frac{t}{\tau}})\varepsilon(t)$$

$$i_C(t) = \frac{U_S}{R}e^{-\frac{t}{\tau}}\varepsilon(t)$$

如果图 8－19 所示电路在 $t = t_0$ 时接入直流电压源，就相当于该电路由延迟的阶跃电压 $u_S = U_S\varepsilon(t - t_0)$ 激励，则电容电压和电路电流的零状态响应为

$$u_C(t) = U_S(1 - e^{-\frac{t-t_0}{\tau}})\varepsilon(t - t_0)$$

$$i_C(t) = \frac{U_S}{R}e^{-\frac{t-t_0}{\tau}}\varepsilon(t - t_0)$$

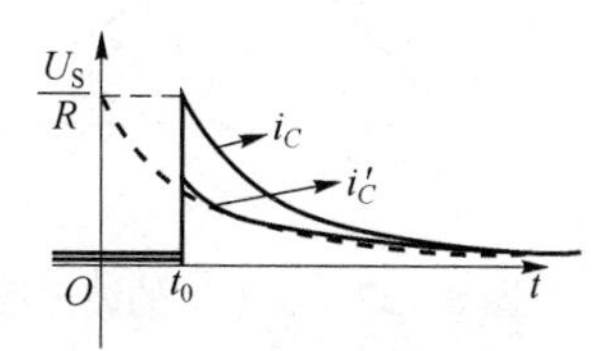

图 8－24　延迟的阶跃响应不同曲线

注意：

上式为延迟的阶跃响应，不要写为

$$i'_C(t) = \frac{U_S}{R}e^{-\frac{t}{\tau}}\varepsilon(t - t_0)$$

其区别如图 8－24 所示，延迟的阶跃响应对应不同曲线。

【例 8－7】　电路如图 8－25 所示，开关 S 合在位置 1 时电路已达稳定状态，当 $t=0$ 时，开关由位置 1 合向位置 2，当 $t = \tau = RC$ 时又由位置 2 合向位置 1，求 $t > 0$ 时的电容电压 $u_C(t)$。

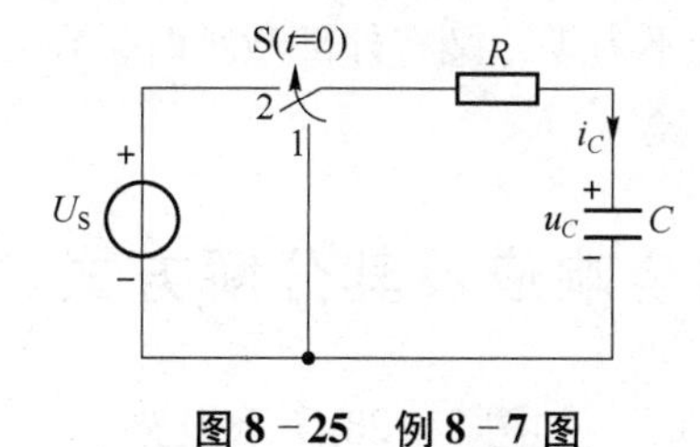

图 8－25　例 8－7 图

解：

方法一：将电路的工作过程按照开关的位置分段求解。

在 $0<t<\tau$ 区间内，*RC* 电路为零状态响应，即

$$u_C(0_+) = u_C(0_-) = 0$$

$$u_C(t) = U_S(1 - e^{-\frac{t}{\tau}})$$

$$\tau = RC$$

在 $\tau < t < \infty$ 区间内，RC 电路为零输入响应，即

$$u_C(\tau_+) = u_C(\tau_-) = U_S(1 - e^{-\frac{\tau}{\tau}}) = 0.632U_S$$

$$u_C(t) = 0.632U_S e^{-\frac{t-\tau}{\tau}}$$

方法二：用阶跃函数表示激励，求阶跃响应。

根据开关的动作，电路的激励 $u_S(t)$ 可以用图 8－26 所示的矩形脉冲表示。

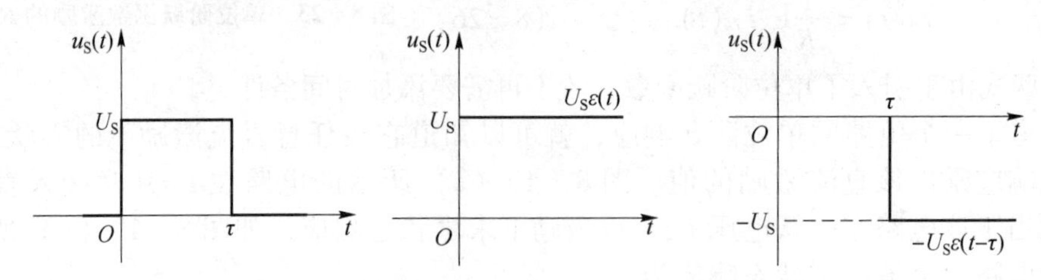

图 8－26　开关动作等效的矩形脉冲

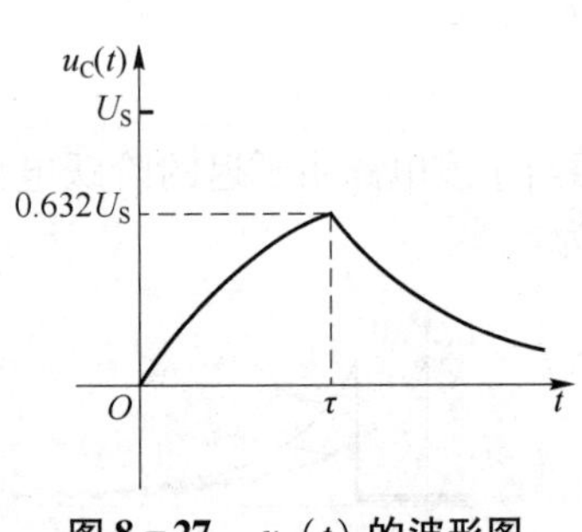

图 8－27　$u_C(t)$ 的波形图

该脉冲可以写为

$$u_S(t) = U_S\varepsilon(t) - U_S\varepsilon(t-\tau)$$

RC 电路的单位阶跃响应为

$$s(t) = (1 - e^{-\frac{t}{\tau}})\varepsilon(t)$$

根据线性电路的叠加性有

$$u_C(t) = U_S(1 - e^{-\frac{t}{\tau}})\varepsilon(t) - U_S(1 - e^{-\frac{t-\tau}{\tau}})\varepsilon(t-\tau)$$

其中，第一项为阶跃响应，第二项为延迟的阶跃响应。$u_C(t)$ 的波形如图 8－27 所示。

8.4　一阶电路的全响应

当电路的动态元件初始储能不为零，又有外部激励时，在二者共同作用下产生的响应称为电路的全响应。

8.4.1　一阶电路的全响应及其分解方式

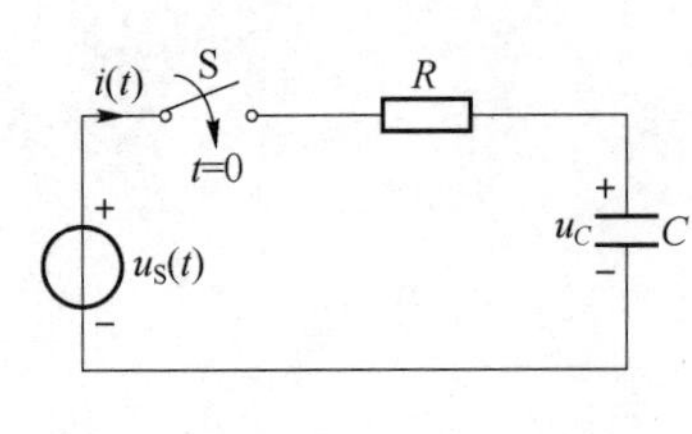

图 8－28　一阶电路全响应

如图 8－28 所示电路，设电容原有电压 $u_C(0_+) = U_0$，在 $t = 0$ 时刻开关闭合，则在 $t \geq 0$ 电路中 $u_C(t)$ 和 $i(t)$ 的变化规律如下。

根据 KVL 有

$$RC\frac{du_C}{dt} + u_C = U_S$$

该方程为一阶线性非齐次微分方程，与分析零状态响应相似，方程的解由非齐次方程的特解 u_C' 和对应的齐次方程的通解 u_C'' 两个分量组成，即

$$u_C = u'_C + u''_C$$

特解为换路后电路又达到稳定状态的解，这时

$$\frac{\mathrm{d}u_C}{\mathrm{d}t} = 0$$

即

$$u'_C = U_\mathrm{S}$$

齐次方程 $RC\frac{\mathrm{d}u_C}{\mathrm{d}t} + u_C = 0$ 的通解为

$$u''_C = A\mathrm{e}^{-\frac{t}{\tau}}$$

$$\tau = RC$$

因此有

$$u_C = U_\mathrm{S} + A\mathrm{e}^{-\frac{t}{\tau}}$$

将初始值 $u_C(0_+) = u_C(0_-) = U_0$ 代入，可求得

$$A = U_0 - U_\mathrm{S}$$

所以电容电压为

$$u_C(t) = U_\mathrm{S} + (U_0 - U_\mathrm{S})\mathrm{e}^{-\frac{t}{\tau}} = U_0\mathrm{e}^{-\frac{t}{\tau}} + U_\mathrm{S}(1 - \mathrm{e}^{-\frac{t}{\tau}}) \qquad (t \geqslant 0) \qquad (8-27)$$

即为电容电压的全响应。

式（8－27）的第一种表示形式由特解和齐次方程的通解组成，特解与外部激励有关，称为强制分量，通解与电路参数有关，称为自由分量，说明了全响应由强制分量和自由分量表示，即

全响应 = 强制分量 + 自由分量

强制分量是换路后达到新的稳态的解，也称为稳态分量，自由分量随着时间的增长按指数规律逐渐衰减为零，也称为暂态分量，因此全响应也可以看作是稳态分量和暂态分量的叠加，即

全响应 = 稳态分量 + 暂态分量

式（8－27）的第二种表示形式中，第一项是电路的零输入响应，第二项则是电路的零状态响应，说明了全响应是零输入响应和零状态响应的叠加，即

全响应 = 零输入响应 + 零状态响应

因此，分析求解一阶电路的全响应可以根据以上分解方法实现。

【例 8－8】 电路如图 8－29 所示，当 $t=0$ 时，开关 S 打开，求 $t \geqslant 0_+$ 后的 i_L 和 u_L。

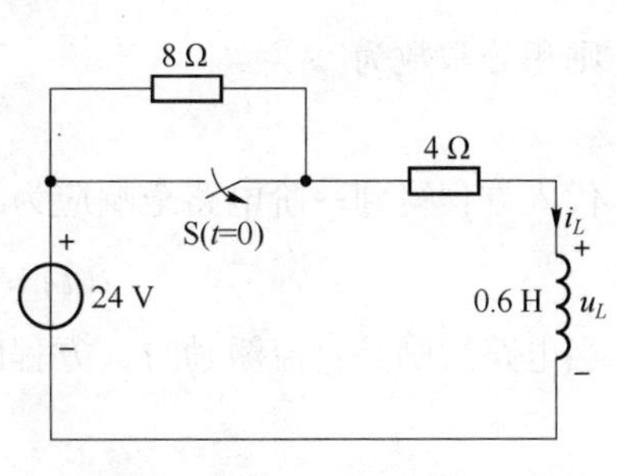

图 8－29 例 8－8 图

解：这是 RL 电路全响应问题。

方法一：先求零输入响应，再求零状态响应，应用叠加的方法求全响应。

根据换路定则有

$$i_L(0_+) = i_L(0_-) = \frac{24}{4}\ \mathrm{A} = 6\ \mathrm{A}$$

换路后的时间常数为

$$\tau = \frac{L}{R} = \frac{0.6}{12}\ \text{s} = \frac{1}{20}\ \text{s}$$

零输入响应为

$$i_L^{(1)}(t) = 6\text{e}^{-20t}\ \text{A} \qquad (t \geqslant 0)$$

零状态响应为

$$i_L^{(2)} = 2(1 - \text{e}^{-20t})\,\text{A} \qquad (t \geqslant 0)$$

所以全响应为零输入响应和零状态响应的叠加，有

$$i_L(t) = i_L^{(1)} + i_L^{(2)} = [6\text{e}^{-20t} + 2(1 - \text{e}^{-20t})]\,\text{A} = (2 + 4\text{e}^{-20t})\,\text{A} \qquad t \geqslant 0$$

方法二：先求出稳态分量，得出全响应，再代入初始值。

求出稳态分量，即

$$i_L(\infty) = \frac{24}{12}\ \text{A} = 2\ \text{A}$$

全响应为

$$i_L(t) = (2 + A\text{e}^{-20t})\,\text{A}$$

代入初始值有

$$6 = 2 + A$$
$$A = 4$$

所以全响应为

$$i_L(t) = (2 + 4\text{e}^{-20t})\,\text{A} \qquad t \geqslant 0$$

8.4.2 一阶电路全响应的三要素法

全响应的不同分解形式是从不同角度去分析全响应的物理意义。一阶动态电路分析可以用一阶微分方程描述，即

$$a\frac{\text{d}f(t)}{\text{d}t} + bf(t) = c$$

微分方程的解为稳态分量加暂态分量，即解的一般形式为

$$f(t) = f(\infty) + A\text{e}^{-\frac{t}{\tau}}$$

当 $t = 0_+$ 时有

$$f(0_+) = f(\infty)\big|_{0_+} + A$$

则积分常数为

$$A = f(0_+) - f(\infty)\big|_{0_+}$$

代入方程得到一阶电路全响应为

$$f(t) = f(\infty) + [f(0_+) - f(\infty)\big|_{0_+}]\text{e}^{-\frac{t}{\tau}} \tag{8-28}$$

当电路激励是直流激励时，方程的解为

$$f(\infty)\big|_{0_+} = f(\infty)$$

则全响应为

$$f(t) = f(\infty) + [f(0_+) - f(\infty)]\text{e}^{-\frac{t}{\tau}} \tag{8-29}$$

因此，从解微分方程的角度看，微分方程的解总是由初始值 $f(0_+)$ 、特解 $f(\infty)$ 和时间常数

τ 这 3 个要素决定，此法称为一阶电路全响应的三要素法。

若一阶电路是在正弦电源激励下，电路的特解是时间的正弦函数，用 $f'(t)$ 表示，则

$$f(t)=f'(t)+[f(0_+)-f'(0_+)]e^{-\frac{t}{\tau}} \tag{8-30}$$

其中，$f'(0_+)$ 是 $t=0_+$ 时稳态响应的初始值，注意与 $f(0_+)$ 的区别。

在分析一阶电路时，可以将储能元件以外的部分应用戴维南定理或诺顿定理进行等效变换，等效为最简一阶电路，求得储能元件上的电压和电流，如果要求其他支路的电压和电流，则回到原电路分析求解。

应用三要素法计算直流激励下一阶电路响应的一般步骤如下。

（1）计算初始值 $f(0_+)$。由换路定则求出电容电压和电感电流的初始值，即

$$u_C(0_+)=u_C(0_-)\ ,\ i_L(0_+)=i_L(0_-)$$

其他变量的初始值可根据 $t=0_+$ 时的等效电路求出。若电路状态变量有跃变，则可根据磁链守恒或电荷守恒求出电容电压和电感电流的初始值。

（2）计算稳态值 $f(\infty)$。对换路后的电路，将电容用开路代替，电感用短路代替，得到一个直流电阻电路，由此电路计算稳态值 $f(\infty)$。

（3）计算时间常数 τ。同一个电路时间常数均相同，RC 电路的时间常数为 $\tau=R_{eq}C$，RL 电路的时间常数为 $\tau=L/R_{eq}$，其中 R_{eq} 是从储能元件两端看进去的等效电阻。

（4）将 $f(0_+)$、$f(\infty)$ 和 τ 代入三要素公式，即式（8-29），就可以得到电路中任一变量响应的表达式。零输入响应和零状态响应是全响应的特例，也可以用三要素法求解。

【例 8-9】 电路如图 8-30（a）所示，当 $t=0$ 时开关闭合，求换路后的 $u_C(t)$。

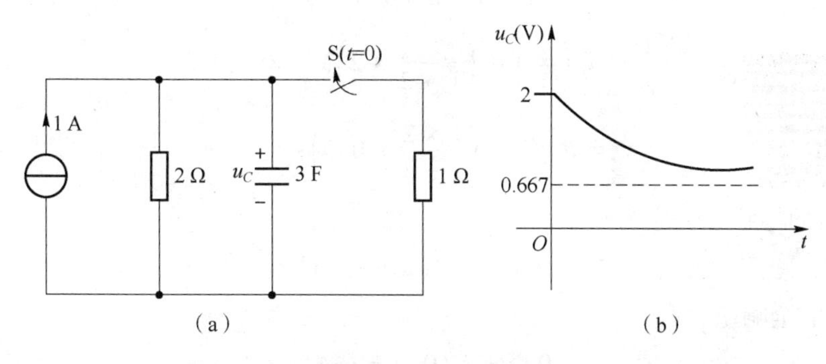

图 8-30 例 8-9 图

（a）电路图；（b）u_C 波形图

解：根据换路定则有

$$u_C(0_+)=u_C(0_-)=2\ \text{V}$$

换路后电路达到稳态，直流激励电容视为开路，得到电容电压的稳态值为

$$u_C(\infty)=\left(1\times\frac{2\times1}{2+1}\right)\text{V}=\frac{2}{3}\ \text{V}=0.667\ \text{V}$$

时间常数为

$$\tau=R_{eq}C=\left(\frac{2}{3}\times3\right)\text{s}=2\ \text{s}$$

代入三要素公式，即

$$u_C(t)=u_C(\infty)+[u_C(0_+)-u_C(\infty)]e^{-\frac{t}{\tau}}$$

得到电容电压的全响应为

$$u_C(t)=[0.667+(2-0.667)e^{-0.5t}]\,V=[0.667+1.333e^{-0.5t}]\,V \quad t\geqslant 0$$

u_C 的波形图如图 8-30（b）所示。

【例 8-10】 电路如图 8-31 所示，开关 S 在打开前已经达到稳态，当 $t=0$ 时开关 S 打开，求换路后电压 $u(t)$。

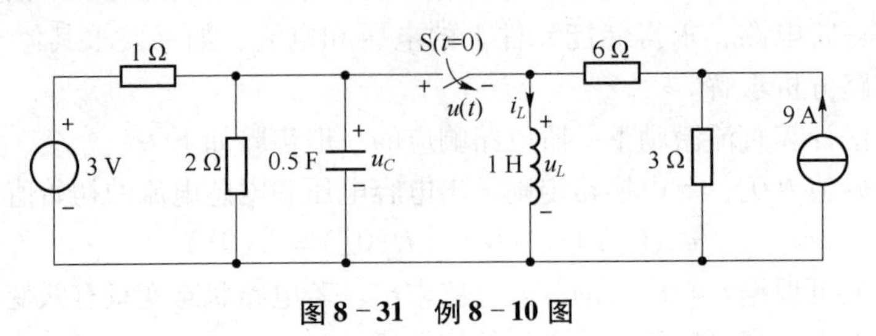

图 8-31　例 8-10 图

解：由图 8-31 可知，开关打开前，有

$$u_C(0_-)=0$$

$$i_L(0_-)=\left(\frac{3}{1}+9\times\frac{3}{6+3}\right)A=6\ A$$

开关打开后，开关两边的电路分别是 *RC* 电路的零状态响应和 *RL* 电路的全响应。

对于 *RC* 电路的零状态响应，有

$$u_C(0_+)=u_C(0_-)=0\ V$$

$$u_C(\infty)=\left(\frac{3}{1+2}\times 2\right)V=2\ V$$

$$\tau=R_{eq}C=\left(\frac{1\times 2}{1+2}\times 0.5\right)s=\frac{1}{3}\ s$$

所以电容电压的零状态响应为

$$u_C(t)=2(1-e^{-3t})\,V$$

对于 *RL* 电路的全响应，有

$$i_L(0_+)=i_L(0_-)=6\ A$$

$$i_L(\infty)=\left(9\times\frac{3}{3+6}\right)A=3\ A$$

$$\tau=\frac{L}{R_{eq}}=\left(\frac{1}{6+3}\times 1\right)s=\frac{1}{9}\ s$$

所以电感电流的全响应为

$$i_L(t)=[3+(6-3)e^{-9t}]\,A=(3+3e^{-9t})\,A$$

电感两端的电压全响应为

$$u_L=L\frac{di_L}{dt}=-27e^{-9t}\ V$$

开关断开后两端的电压为

$$u(t)=u_C(t)-u_L(t)=[2(1-e^{-3t})+27e^{-9t}]\,V$$

【例 8－11】 电路如图 8－32 所示，电路开关 S 原合在位置 1，已经达到稳态。当 $t=0$ 时，开关由位置 1 合向位置 2，求 $t \geqslant 0_+$ 时电容电压 $u_C(t)$ 。

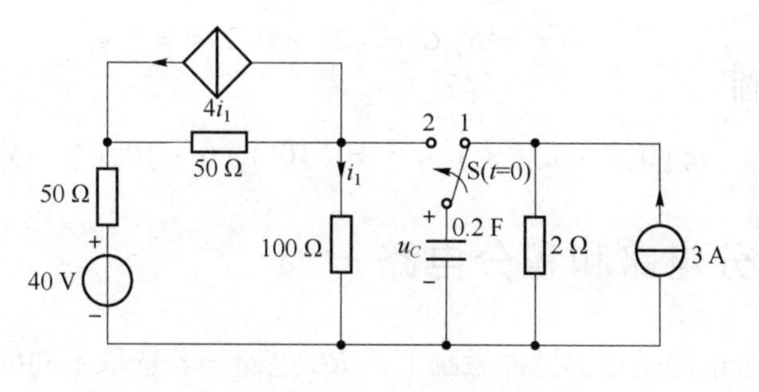

图 8－32 例 8－11 图

解：开关 S 合在位置 1 时电路已达到稳态，可求得

$$u_C(0_-) = (2 \times 3)\text{V} = 6\ \text{V}$$

当 $t=0$ 时，开关合向位置 2 后电路的响应为全响应。

换路后的电路不是最简 *RC* 电路，需要应用戴维南定理化简电路，电路如图 8－33 所示，图中将受控电流源等效为受控电压源。

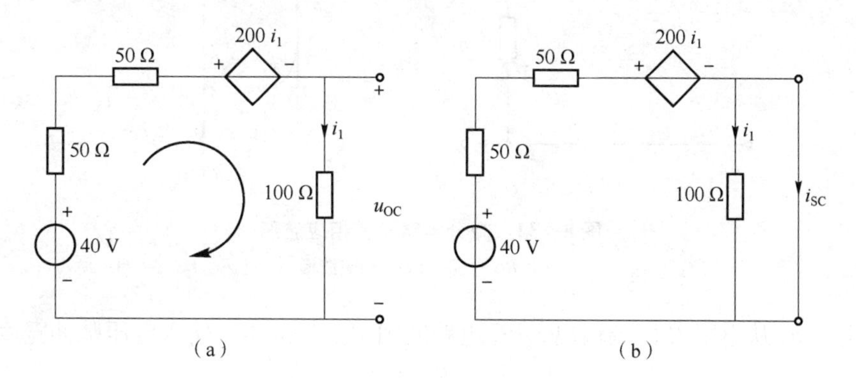

图 8－33 戴维南等效电路

对于图 8－33（a）有

$$u_{OC} = 100i_1$$

选定回路绕行方向，列 KVL 方程，有

$$(50+50)i_1 + 100i_1 = 40 - 200i_1$$

求得

$$i_1 = 0.1\ \text{A}$$

$$u_{OC} = (100 \times 0.1)\ \text{V} = 10\ \text{V}$$

应用图 8－33（b）求端口短路电流 i_{SC} ，然后应用开路电压与短路电流之比求等效电阻。由于端口被短路，故 $i_1 = 0$ ，图中受控电压源 $200i_1$ 也等于零，相当于短路，所以

$$i_{SC} = \frac{40}{100}\ \text{A} = 0.4\ \text{A}$$

$$R_{eq} = \frac{u_{OC}}{i_{SC}} = \frac{10}{0.4}\ \Omega = 25\ \Omega$$

应用三要素法求全响应，即

$$u_C(0_+) = u_C(0_-) = 6\ \text{V}$$

$$u_C(\infty) = u_{OC} = 10\ \text{V}$$

$$\tau = R_{eq}C = (25 \times 0.2)\text{s} = 5\ \text{s}$$

代入三要素公式，即

$$u_C(t) = u_C(\infty) + [u_C(0_+) - u_C(\infty)]e^{-\frac{t}{\tau}} = [10 + (6 - 10)e^{-\frac{1}{5}t}]\text{V} = (10 - 4e^{-0.2t})\text{V}$$

8.4.3 微分电路和积分电路

微分电路和积分电路是矩形脉冲激励下的 RC 电路。若选取不同的时间常数，则可构成输出电压波形与输入电压波形之间的特定（微分或积分）的关系。

RC 电路如图 8－34（a）所示，输入电压为图 8－34（b）所示的方波脉冲。

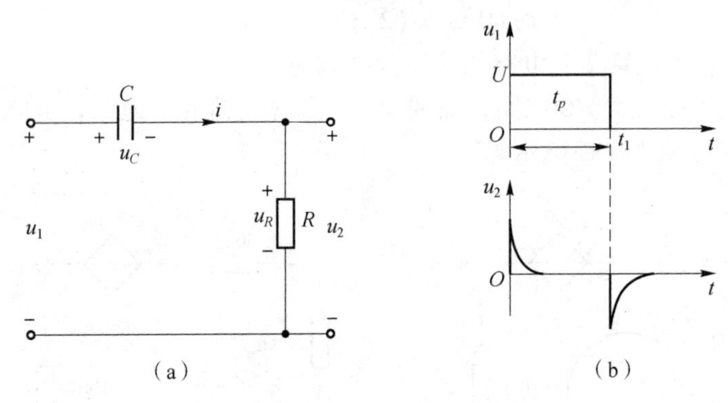

图 8－34　微分电路及其相应波形

（a）RC 电路；（b）相应波形

输出电压 u_2 从电阻 R 两端输出，RC 电路时间常数远远小于输入电压脉冲宽度，即

$$\tau = RC \ll t_p$$

在 $0 < t < t_p$ 期间，电容充电，应用三要素法得

$$u_2 = Ri = U_1 e^{-\frac{t}{\tau}}$$

此时电容上电压大小与时间常数 $\tau = RC$ 有关，当时间常数 $\tau = RC \ll t_p$ 时，电容很快充电到 U_1。当 $t = t_p$ 时，输入电压 u_1 突然降为零，这相当于输入端短路，电容经电阻放电，则在 $t = t_p$ 时，$u_2(t_p) = -u_C = -U_1$，所以在 $t > t_p$ 的放电过程中有

$$u_2 = -U_1 e^{-\frac{t-t_p}{\tau}}$$

从而在 $\tau \ll t_p$ 的条件下，输出电压 u_2 就是尖脉冲，如图 8－34（b）所示。在数字电路中，尖脉冲常常作为触发信号。

此种 RC 电路又称为微分电路，原因如下。

根据 KVL 定律，有

$$u_1 = u_C + u_2$$

当 R 很小时，$u_1 \approx u_C$ 所以输出电压为

$$u_2 = Ri = RC\frac{du_C}{dt} \approx RC\frac{du_1}{dt} \tag{8-31}$$

式（8-31）中输出电压与输入电压成微分关系，所以一般将这种 RC 电路称为微分电路。需要指出，这种微分电路是近似的，因为只有在 RC 很小时，$u_2(t)\approx 0$ 时才与 $u_1(t)$ 有微分关系，而输出电压 $u_2(t)\approx 0$ 已无实际意义，但如果接入到集成运算放大器上，微分电路的性能将大大提高。

RC 电路如图 8-35（a）所示，输入电压为图 8-35（b）所示的方波脉冲。

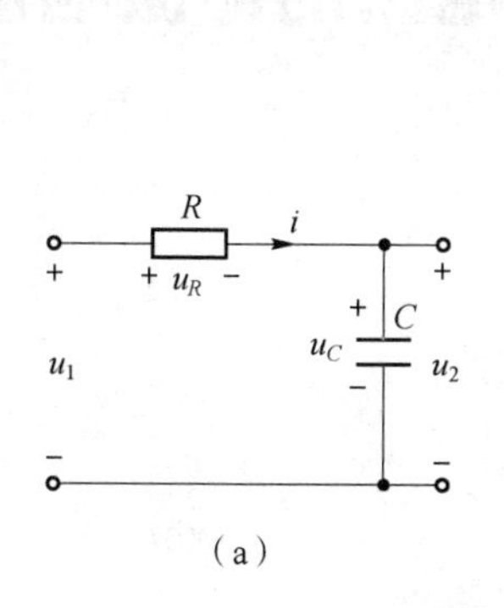

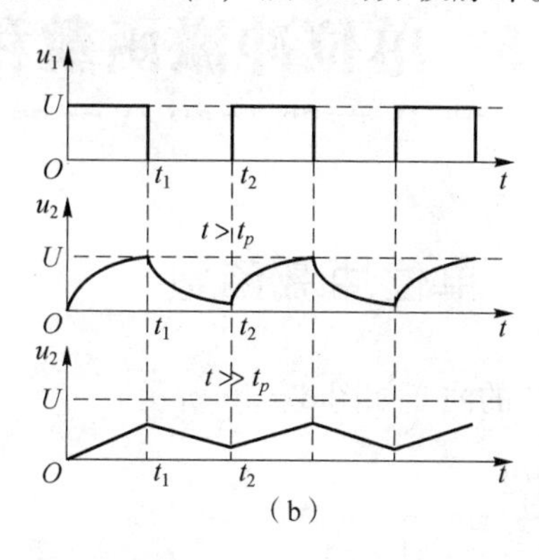

图 8-35 积分电路及其响应波形

（a）积分电路；（b）响应波形

输出电压 u_2 从电容 C 两端输出，RC 电路时间常数远远大于输入电压脉冲宽度，即

$$\tau = RC \gg t_p$$

如图 8-35（a）所示电路，在 $0<t<t_p$ 期间，电容充电且电容两端电压为零状态响应，即

$$u_2 = u_C = U_1\left(1-\mathrm{e}^{-\frac{t}{\tau}}\right)$$

若取 $\tau \gg t_p$，电容充电过程非常慢，则在 $t=t_p$ 时，电容上的电压值远小于 U_1。

设此时的电压值为 U_0，则在 $t>t_p$ 时，电容放电，即

$$u_C = U_0\mathrm{e}^{-\frac{t}{\tau}}$$

在此 RC 电路中，因为

$$u_2 = u_C = \frac{1}{C}\int i\mathrm{d}t$$

$$u_1 = u_R + u_2$$

当 $u_2=u_C\approx 0$ 时，有

$$u_1 \approx u_R = iR\ ,\ i\approx \frac{u_1}{R}$$

则

$$u_2 = u_C \approx \frac{1}{RC}\int u_1\mathrm{d}t \tag{8-32}$$

式（8-32）表明，当 RC 很大，且输出电压 $u_C\approx 0$ 时，输出电压与输入电压成积分关系，所以一般将这种 RC 电路称为积分电路。但需注意，在真正有输出时，输出电压与输入电压之间不存在积分关系。如果接入到集成运算放大器上，积分电路可以应用在工程电路中。

积分电路的输出波形如图 8-35（b）所示，当选择电路的时间常数较大时，电容电压

周期的充电放电，能够得到较好的锯齿波信号，锯齿波信号应用在电视机和示波器中的扫描中；当时间常数 $\tau \gg t_p$ 时，满足积分电路条件，电容电压输出三角形波形，幅度较小，但可以实现波形变换或正弦信号的移相。

8.5 单位冲激函数和一阶电路的冲激响应

8.5.1 单位冲激函数

冲激函数的演变如图 8-36 所示。

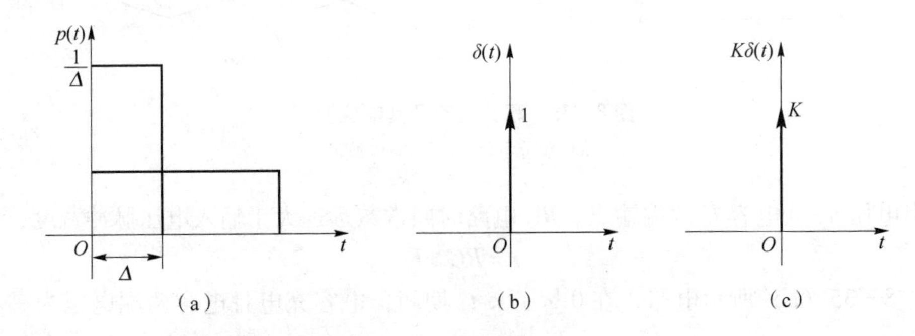

图 8-36 冲激函数的演变

(a) 单位矩形脉冲；(b) 单位冲激函数；(c) 冲激函数

图 8-36（a）所示为单位矩形脉冲 $p(t)$，脉冲宽度为 Δ，高度为$\frac{1}{\Delta}$，矩形面积为 $\Delta \cdot \frac{1}{\Delta}=1$，在保持矩形面积不变的情况下，当它的宽度越来越窄时，它的高度会越来越大，当脉冲宽度 $\Delta \to 0$ 时，脉冲高度$\frac{1}{\Delta}\to\infty$，这样就可以得到一个宽度为零、幅度为无限大但面积仍为 1 的脉冲函数波形 $\delta(t)$，如图 8-36（b）所示，这个函数就是单位冲激函数。因此，单位冲激函数 $\delta(t)$ 定义为

$$\begin{cases}\int_{-\infty}^{+\infty}\delta(t)\,\mathrm{d}t = 1 \\ \delta(t) = 0 \qquad (t \neq 0)\end{cases} \tag{8-33}$$

单位冲激函数 $\delta(t)$ 在 $t \neq 0$ 处为零，但在 $t = 0$ 处为不连续的。

注意：

在图 8-36（b）所示的单位冲激函数波形中，箭头旁边的 1 不是表示脉冲的高度，而是表示脉冲的面积。冲激函数对电路的作用取决于它的面积，面积为 K 的冲激函数可表示为 $K\delta(t)$，K 为冲激函数的强度，如图 8-36（c）所示。

与在时间上延迟的单位阶跃函数一样，可以把发生在 $t = t_0$ 时的单位冲激函数写为 $\delta(t-t_0)$，若强度为 K，则可以表示为 $K\delta(t-t_0)$。

冲激函数有如下两个性质。

(1) 单位冲激函数 $\delta(t)$ 对时间的积分等于单位阶跃函数 $\varepsilon(t)$，即

$$\int_{-\infty}^{t} \delta(\xi)\,\mathrm{d}\xi = \varepsilon(t) \tag{8-34}$$

反之，阶跃函数 $\varepsilon(t)$ 对时间的一阶导数等于单位冲激函数 $\delta(t)$，即

$$\frac{\mathrm{d}\varepsilon(t)}{\mathrm{d}t} = \delta(t) \tag{8-35}$$

(2) 单位冲激函数具有筛分性质。因为当 $t \neq 0$ 时，$\delta(t) = 0$，所以对任意在 $t = 0$ 时连续的函数 $f(t)$，有

$$f(t)\delta(t) = f(0)\delta(t)$$

则

$$\int_{-\infty}^{\infty} f(t)\delta(t)\,\mathrm{d}t = f(0)\int_{-\infty}^{\infty} \delta(t)\,\mathrm{d}t = f(0)$$

同理，对于任意在 $t = t_0$ 时连续的函数 $f(t)$，有

$$\int_{-\infty}^{\infty} f(t)\delta(t-t_0)\,\mathrm{d}t = f(t_0)\int_{-\infty}^{\infty} \delta(t-t_0)\,\mathrm{d}t = f(t_0)$$

冲激函数有将一个函数在某个时刻的值筛分出来的本领，筛分性质又称为取样性质。

【例 8-12】 试求 $\int_{-\infty}^{\infty} (\sin t + t)\delta(t - \frac{\pi}{6})\,\mathrm{d}t$ 的值。

解：应用冲激函数的筛分性质，原式可写为

$$\sin\left(\frac{\pi}{6}\right) + \frac{\pi}{6} = \frac{1}{2} + \frac{\pi}{6} = 1.02$$

单位冲激函数 $f(t)$ 是英国物理学家狄拉克在研究量子力学时提出的，因此，$f(t)$ 又称为狄拉克函数，该函数可以用于描述某些作用时间极短，数值极大且效果有限的物理现象，如电路中的瞬时充电现象。

当把一个单位冲激电流 $\delta_i(t)$（其单位为 A）加到初始电压为零，且 $C = 1$ F 的电容上时，电容电压为

$$u_C = \frac{1}{C}\int_{0_-}^{0_+} \delta_i(t)\,\mathrm{d}t = \frac{1}{C} = 1\ \mathrm{V}$$

该式表明，单位冲激电流 $\delta_i(t)$ 瞬时把电荷转移到电容上，使得电容电压从零跃变到 1 V。

同理，如果把一个单位冲激电压 $\delta_u(t)$（其单位为 V）加到初始电流为零，且 $L = 1$ H 的电感上，则电感电流为

$$i_L = \frac{1}{L}\int_{0_-}^{0_+} \delta_u(t)\,\mathrm{d}t = \frac{1}{L} = 1\ \mathrm{A}$$

该式表明，单位冲激电压 $\delta_u(t)$ 瞬时在电感内建立了 1 A 的电流，使得电感电流从零跃变到 1 A。

8.5.2 一阶电路的冲激响应

动态电路在单位冲激函数的激励下所产生的零状态响应，称为冲激响应。

根据前面讨论的冲激函数 $\delta(t)$ 的定义和特性，当冲激函数作用于零状态的一阶 RC 或 RL 电路时，在 $[0_-, 0_+]$ 的区间内，它使电容电压或电感电流发生跃变。当 $t \geqslant 0_+$ 时，冲

激函数为零，但 $u_C(0_+)$ 或 $i_L(0_+)$ 不为零，电路中将产生相当于初始状态引起的零输入响应。因此，一阶电路冲激响应的求解关键在于冲激函数作用下的 $u_C(0_+)$ 或 $i_L(0_+)$ 的值。

RC 电路的冲激响应电路如图 8－37（a）所示，*RC* 电路的激励是单位冲激电流源 $\delta_i(t)$，求电容电压 u_C 和电容电流 i_C 零状态响应的过程如下。

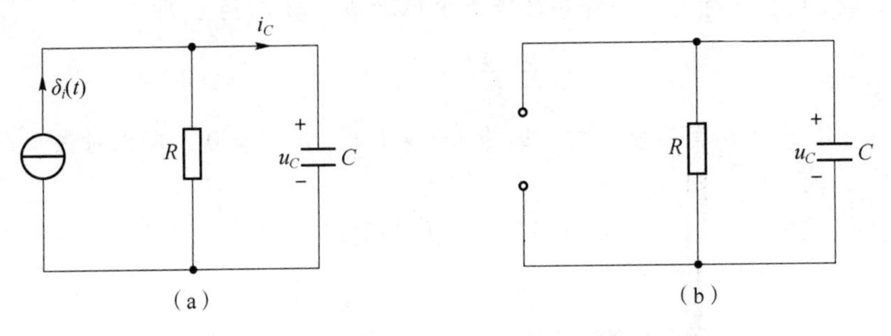

图 8－37　*RC* 电路的冲激响应及其等效电路

（a）*RC* 电路的冲激响应；（b）等效电路

根据 KCL 有

$$C\frac{\mathrm{d}u_C}{\mathrm{d}t}+\frac{u_C}{R}=\delta_i(t)\qquad(t\geqslant 0_-)\tag{8-36}$$

而 $u_C(0_-)=0$。将式（8－36）在 0_- 至 0_+ 的时间段内积分，得

$$\int_{0_-}^{0_+}C\frac{\mathrm{d}u_C}{\mathrm{d}t}\mathrm{d}t+\int_{0_-}^{0_+}\frac{u_C}{R}\mathrm{d}t=\int_{0_-}^{0_+}\delta_i(t)\,\mathrm{d}t\tag{8-37}$$

由式（8－36）可知，u_C 发生跃变但为有限值。若 u_C 为冲激函数，则 $i_C=C\dfrac{\mathrm{d}u_C}{\mathrm{d}t}$ 就为冲激函数的一阶导数，这样就不能满足 KCL，即式（8－36）将不能成立，因此，u_C 不可能是冲激函数，即式（8－37）左边第二个积分项为零。从而可推出

$$C[u_C(0_+)-u_C(0_-)]=1$$

将 $u_C(0_-)=0$ 代入可得到

$$u_C(0_+)=\frac{1}{C}$$

电路时间常数 $\tau=RC$，当 $t\geqslant 0_+$ 时，冲激电流源相当于开路，等效电路如图 8－37（b）所示，电路中产生的是零输入响应，这时的电容电压为

$$u_C=u_C(0_+)\mathrm{e}^{-\frac{t}{\tau}}=\frac{1}{C}\mathrm{e}^{-\frac{t}{RC}}$$

RL 电路的冲激响应如图 8－38（a）所示。

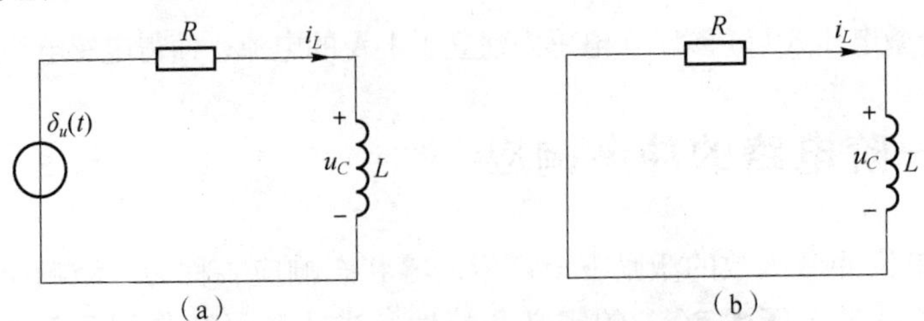

图 8－38　*RL* 电路的冲激响应及其等效电路

（a）*RL* 电路冲激响应；（b）等效电路

RL 电路在 $t \geqslant 0_-$ 时的单位冲激电压 $\delta_u(t)$ 激励下的零状态响应为

$$i_L = \frac{1}{L}e^{-\frac{t}{\tau}}\varepsilon(t) = \frac{1}{L}e^{-\frac{t}{L/R}}\varepsilon(t)$$

而在 $t \geqslant 0_+$ 时表达式为

$$i_L = \frac{1}{L}e^{-\frac{t}{\tau}}$$

由于电感电流在 $t=0$ 时发生跃变，所以电感电压为

$$u_L = \delta_u(t) - \frac{R}{L}e^{-\frac{t}{\tau}}\varepsilon(t)$$

i_L、u_L 的波形如图 8－39 所示，$t=0_-$ 到 0_+ 电感电流 i_L 发生跃变，电感电压 u_L 发生冲激。

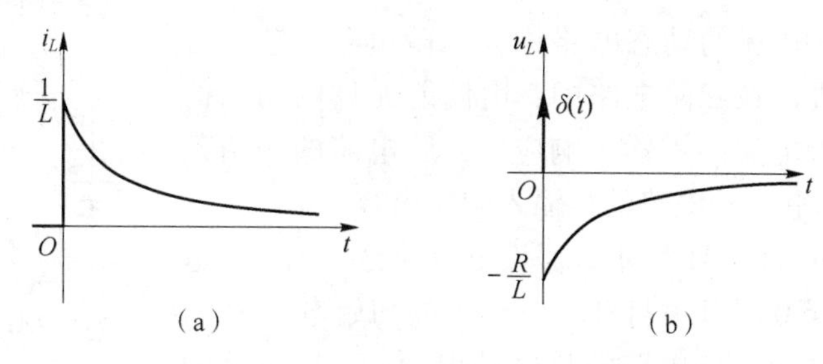

图 8－39 RL 电路冲激响应下的波形图

(a) i_L 的波形图；(b) u_L 的波形图

因为单位冲激函数 $\delta(t)$ 和单位阶跃函数 $\varepsilon(t)$ 具有微分关系，即

$$\delta(t) = \frac{d\varepsilon(t)}{dt}$$

故根据线性关系，单位冲激响应 $h(t)$ 和单位阶跃响应 $s(t)$ 也具有微分关系，即

$$h(t) = \frac{ds(t)}{dt}$$

【例 8－13】 电路如图 8－40 所示，已知 $u_C(0_-)=0$，求当 $i_S(t)$ 为单位冲激函数时的冲激响应 $u_C(t)$ 和 $i_C(t)$。

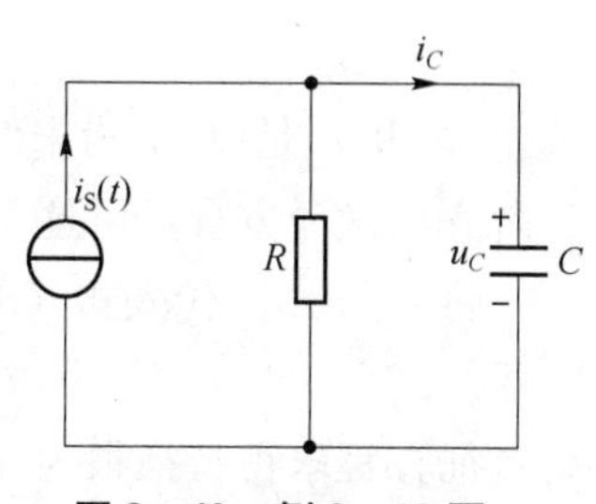

图 8－40 例 8－13 图

解：先求出当 $i_S(t)=\varepsilon(t)$ 时的单位阶跃响应

$$u_C(0_+) = u_C(0_-) = 0$$

$$u_C(\infty) = i_S R = R\varepsilon(t)$$

时间常数为

$$\tau = RC$$

所以电容电压的单位阶跃响应为零状态响应，即

$$u_C(t) = R(1 - e^{-\frac{t}{RC}})\varepsilon(t)$$

再求当 $i_S=\delta(t)$ 时的单位冲激响应，通过对电容电压单位阶跃响应函数求微分得到，即

$$u_C(t) = \frac{d}{dt}R[(1 - e^{-\frac{t}{RC}})\varepsilon(t)] = R(1 - e^{-\frac{t}{RC}})\delta(t) + \frac{1}{C}e^{-\frac{t}{RC}}\varepsilon(t)$$

上式中第二项 $\delta(t)$ 只有在 $t=0$ 时不为零，即

$$f(t)\delta(t) = f(0)\delta(t)$$

而当 $t=0$ 时，$(1 - e^{-\frac{t}{RC}})=0$，所以此项为零，因此有电容电压的单位冲激响应为

$$u_C(t)=\frac{1}{C}\mathrm{e}^{-\frac{t}{RC}}\varepsilon(t)$$

电容电流的单位冲激响应可以通过对电容电压微分求得，即

$$i_C=C\frac{\mathrm{d}u_C}{\mathrm{d}t}=\frac{\mathrm{d}}{\mathrm{d}t}[\mathrm{e}^{-\frac{t}{RC}}\varepsilon(t)]=\mathrm{e}^{-\frac{t}{RC}}\delta(t)-\frac{1}{RC}\mathrm{e}^{-\frac{t}{RC}}\varepsilon(t)=\delta(t)-\frac{1}{RC}\mathrm{e}^{-\frac{t}{RC}}\varepsilon(t)$$

8.6 二阶电路的零输入响应

用二阶微分方程描述的动态电路称为二阶电路，它包含两个独立的动态元件。在二阶电路中，由储能元件的初始值决定的响应称为二阶电路的零输入响应。二阶电路的初始条件应有两个，*RLC* 串联二阶电路的零输入响应内容如下。

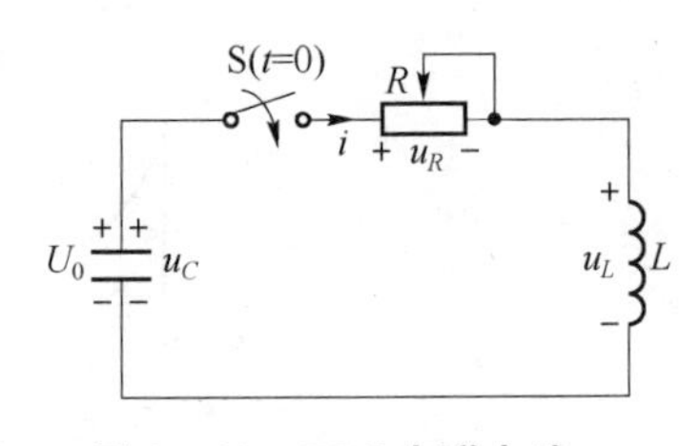

图 8－41　*RLC* 串联电路

RLC 串联电路如图 8－41 所示，假设电容原已充电，其电压为 U_0，因为当 $t<0$ 时开关打开，电感中的初始电流为 0。当 $t=0$ 时，开关 S 闭合，此电路的放电过程就是二阶电路的零输入响应。

在指定的电压、电流参考方向下，根据 KVL 可得

$$-u_C+u_R+u_L=0$$

以 u_C 为变量列写微分方程，即

$$i=-C\frac{\mathrm{d}u_C}{\mathrm{d}t},\ u_R=Ri=-RC\frac{\mathrm{d}u_C}{\mathrm{d}t},\ u_L=L\frac{\mathrm{d}i}{\mathrm{d}t}=-LC\frac{\mathrm{d}^2u_C}{\mathrm{d}t^2}$$

将以上式代入电压方程，得

$$LC\frac{\mathrm{d}^2u_C}{\mathrm{d}t^2}+RC\frac{\mathrm{d}u_C}{\mathrm{d}t}+u_C=0 \tag{8-38}$$

式（8－38）是以 u_C 为未知量的 *RLC* 串联电路放电过程的微分方程。这是一个线性常系数二阶齐次微分方程。解这类方程仍然设 $u_C=A\mathrm{e}^{pt}$，然后再确定其中的 p 和 A。

将 $u_C=A\mathrm{e}^{pt}$ 代入式（8－38），得特征方程为

$$LCp^2+RCp+1=0$$

解特征方程求得特征根为

$$p_1=-\frac{R}{2L}+\sqrt{\left(\frac{R}{2L}\right)^2-\frac{1}{LC}},\ p_2=-\frac{R}{2L}-\sqrt{\left(\frac{R}{2L}\right)^2-\frac{1}{LC}}$$

根的性质不同，响应的变化规律也不同。

当 $R>2\sqrt{\frac{L}{C}}$ 时，p_1、p_2 为两个不等负实根，则

$$u_C=A_1\mathrm{e}^{p_1t}+A_2\mathrm{e}^{p_2t}$$

当 $R=2\sqrt{\frac{L}{C}}$ 时，p_1、p_2 为两个相等负实根，则

$$u_C=(A_1+A_2t)\ \mathrm{e}^{pt}$$

当 $R < 2\sqrt{\dfrac{L}{C}}$ 时，p_1、p_2 为一对共轭复根，$p_{1,2} = -\delta \pm j\omega$ ，则

$$u_C = A_1 e^{p_1 t} + A_2 e^{p_2 t} = K e^{-\delta t} \sin(\omega t + \beta)$$

可见特征根仅与电路参数和结构有关，与激励和初始储能无关。

1. 过阻尼条件——非振荡放电过程

$R > 2\sqrt{\dfrac{L}{C}}$ 为过阻尼条件，即非振荡放电过程，其特征根 p_1、p_2 是不等负实根，电压 u_C 可写为

$$u_C = A_1 e^{p_1 t} + A_2 e^{p_2 t} \tag{8-39}$$

确定初始条件，即

$$u_C(0_+) = u_C(0_-) = U_0 \text{ , } i(0_+) = i_L(0_+) = i_L(0_-) = 0$$

由于

$$i = -C\frac{du_C}{dt}, \left.\frac{du_C}{dt}\right|_{0_+} = -\frac{i(0_+)}{C} = 0$$

根据初始条件和式（8-39），得

$$\begin{cases} A_1 + A_2 = U_0 \\ p_1 A_1 + p_2 A_2 = 0 \end{cases} \tag{8-40}$$

解式（8-40），得

$$A_1 = \frac{p_2 U_0}{p_2 - p_1}$$

$$A_2 = \frac{p_1 U_0}{p_2 - p_1}$$

将解得的 A_1、A_2 代入式（8-39）就可以得到 RLC 串联电路零输入响应的表达式。电容上的电压为

$$u_C = \frac{U_0}{p_2 - p_1}(p_2 e^{p_1 t} - p_1 e^{p_2 t}) \tag{8-41}$$

电流为

$$i = -C\frac{du_C}{dt} = -\frac{CU_0 p_1 p_2}{p_2 - p_1}(e^{p_1 t} - e^{p_2 t})$$

由于 $p_1 p_2 = \dfrac{1}{LC}$，故电流也可以写为

$$i = -C\frac{du_C}{dt} = -\frac{CU_0 p_1 p_2}{p_2 - p_1}(e^{p_1 t} - e^{p_2 t}) = -\frac{U_0}{L(p_2 - p_1)}(e^{p_1 t} - e^{p_2 t}) \tag{8-42}$$

电感电压为

$$u_L = L\frac{di}{dt} = -\frac{U_0}{p_2 - p_1}(p_1 e^{p_1 t} - p_2 e^{p_2 t}) \tag{8-43}$$

由此可见，$u_C(t)$ 和 $i(t)$ 均为随着时间衰减的指数函数，电路的响应为非振荡响应，响应曲线如图 8-42所示。

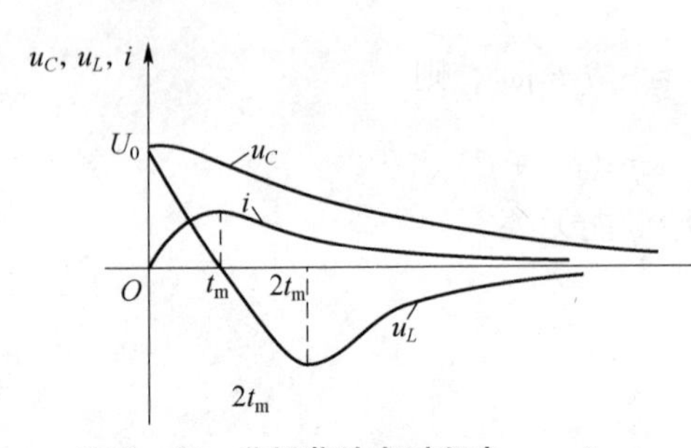

图 8－42 非振荡放电过程中 u_C、i、u_L

图 8－42 画出了 $u_C(t)$ 、$u_L(t)$ 和 $i(t)$ 随时间变化的曲线。由图可知，u_C 、i 始终不改变方向，而且有 $u_C \geqslant 0$ ，$i \geqslant 0$ ，表明电容在整个过程中一直释放储存的电能，因此称为非振荡放电，又称为过阻尼放电。

当 $t = 0_+$ 时，$i(0_+) = 0$ ，当 $t \to \infty$ 时放电过程结束，$i(\infty) = 0$ ，所以在放电过程中电流必然要经历从小到大再趋于零的变化。电流到达最大值的时刻 t_m 可由 $\frac{di}{dt} = 0$ 求得，即

$$\frac{di}{dt} = p_1 e^{p_1 t} - p_2 e^{p_2 t} = 0$$

$$t_m = \frac{\ln(p_2/p_1)}{p_1 - p_2}$$

当 $t < t_m$ 时，电感吸收能量，磁场增强；

当 $t > t_m$ 时，i 减小，$u_L < 0$，电感释放能量，磁场逐渐衰减，趋向消失；

当 $t = t_m$ 时，电感电压为零。

当 $t = 2t_m$ 时，u_L 极小；

当 $t > 2t_m$ 时，u_L 衰减加快，能量转换关系如图 8－43 所示。

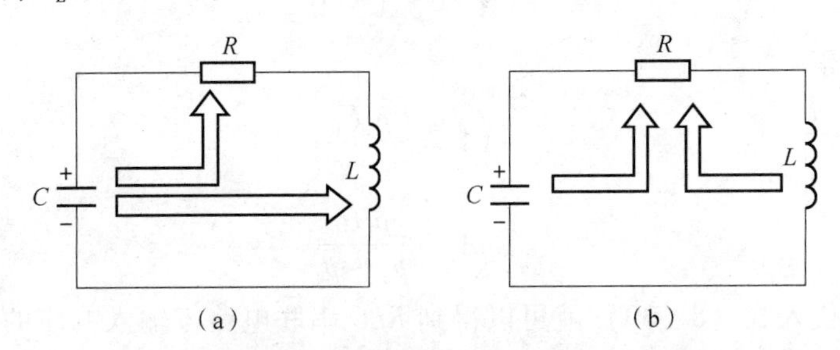

图 8－43 非振荡放电过程能量转换关系示意图

(a) $0 < t < t_m$ 时的能量转换；(b) $t > t_m$ 时的能量转换

当 $0 < t < t_m$ 时，u_C 减小，i 增加，能量转换关系如图 8－43（a）所示，电容释放能量，电感吸收并储存能量，电阻消耗能量；

当 $t > t_m$ 时，u_C 减小，i 减小，能量转换关系如图 8－43（b）所示，电容、电感释放能量，电阻消耗能量。

2. 欠阻尼条件——振荡放电过程

$R < 2\sqrt{\frac{L}{C}}$ 为欠阻尼条件，即振荡放电过程，其特征根 p_1 和 p_2 是一对共轭复数，即

$$p_{1,2} = -\frac{R}{2L} \pm \sqrt{\left(\frac{R}{2L}\right)^2 - \frac{1}{LC}}$$

若 δ 与 ω 满足

$$\delta=\frac{R}{2L},\quad \omega^2=\frac{1}{LC}-\left(\frac{R}{2L}\right)^2$$

则

$$\sqrt{\left(\frac{R}{2L}\right)^2-\frac{1}{LC}}=\sqrt{-\omega^2}=\mathrm{j}\omega$$

故特征根为

$$p_{1,2}=-\delta\pm\mathrm{j}\omega$$

令 $\omega_0=\dfrac{1}{\sqrt{LC}}$，则

$$\omega^2=\omega_0^2-\delta^2,\quad \beta=\arctan\frac{\omega}{\delta}$$

ω_0、ω 和 δ 的几何关系如图 8－44 所示。

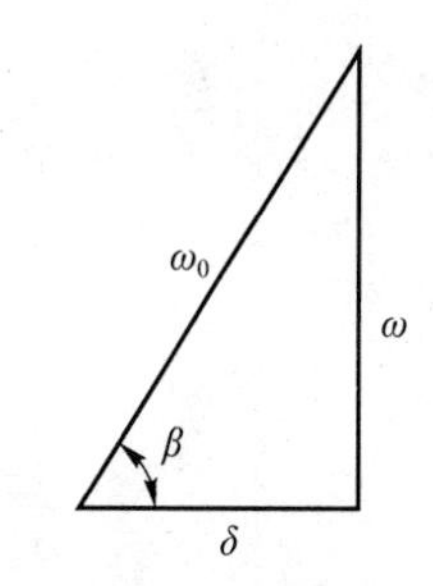

图 8－44　ω_0、ω 和 δ 的几何关系

则

$$\delta=\omega_0\cos\beta,\quad \omega=\omega_0\sin\beta$$

根据

$$\mathrm{e}^{\mathrm{j}\beta}=\cos\beta+\mathrm{j}\sin\beta,\quad \mathrm{e}^{-\mathrm{j}\beta}=\cos\beta-\mathrm{j}\sin\beta$$

可求得

$$p_1=-\omega_0\mathrm{e}^{-\mathrm{j}\beta},\quad p_2=-\omega_0\mathrm{e}^{\mathrm{j}\beta}$$

电容上的电压为

$$\begin{aligned}u_C&=\frac{U_0}{p_2-p_1}(p_2\mathrm{e}^{p_1t}-p_1\mathrm{e}^{p_2t})\\&=\frac{U_0}{-\mathrm{j}2\omega}[-\omega_0\mathrm{e}^{\mathrm{j}\beta}\mathrm{e}^{(-\delta+\mathrm{j}\omega)t}+\omega_0\mathrm{e}^{-\mathrm{j}\beta}\mathrm{e}^{(-\delta-\mathrm{j}\omega)t}]\\&=\frac{U_0\omega_0}{\omega}\mathrm{e}^{-\delta t}\left[\frac{\mathrm{e}^{\mathrm{j}(\omega t+\beta)}-\mathrm{e}^{-\mathrm{j}(\omega t+\beta)}}{\mathrm{j}2}\right]\\&=\frac{U_0\omega_0}{\omega}\mathrm{e}^{-\delta t}\sin(\omega t+\beta)\end{aligned}$$

根据

$$i=-C\frac{\mathrm{d}u_C}{\mathrm{d}t}$$

得

$$i=\frac{U_0}{\omega L}\mathrm{e}^{-\delta t}\sin(\omega t)$$

而电感电压为

$$u_L=-\frac{U_0\omega_0}{\omega}\mathrm{e}^{-\delta t}\sin(\omega t-\beta)$$

从 u_C、i 和 u_L 的表达式可以看出，它们的波形为衰减振荡状态，在整个过程中，它们将周期性地改变方向，储能元件也将周期性地交换能量。根据 u_C、i 和 u_L 的表达式，可以得出如下结论。

（1）当 $\omega t=k\pi$，$k=0,1,2,\cdots$ 时，电流 i 为零，即达到电压 u_C 的极值点。

（2）当 $\omega t=k\pi+\beta$，$k=0,1,2,\cdots$ 时，电感电压 u_L 为零，即达到电流 i 的极值点。

(3) 当 $\omega t = k\pi - \beta$，$k = 0,1,2,\cdots$ 时，电容电压 u_C 为零。

在振荡放电的过程中，u_C、i 和 u_L 的波形如图 8－45 所示。

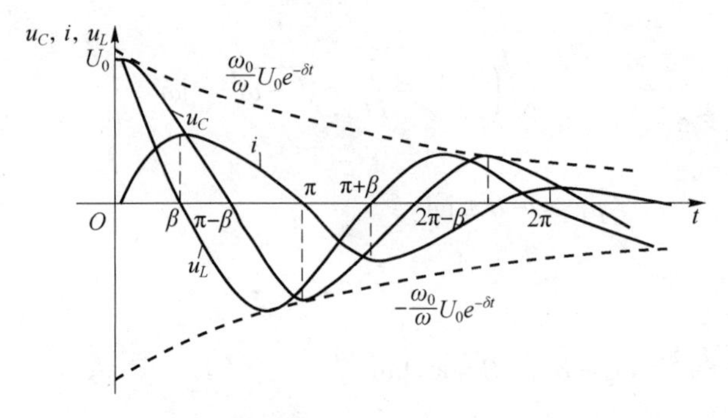

图 8－45　振荡放电过程中 u_C、i 和 u_L 的波形

根据零点划分的时域可以看出元件之间能量转换、吸收的情况，能量转换关系如图 8－46 所示。

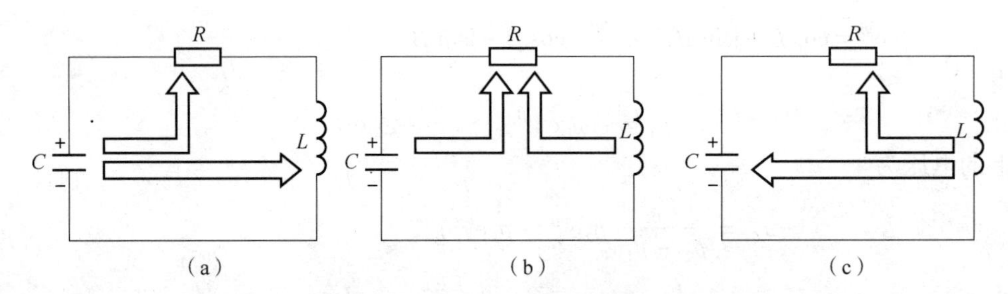

图 8－46　振荡放电过程能量转换示意图

(a) $0 < \omega t < \beta$ 时的能量转换；(b) $\beta < \omega t < \pi - \beta$ 时的能量转换；(c) $x - \beta < \omega t < \pi$ 时的能量转换

(1) 当 $0 < \omega t < \beta$ 时，u_C 减小，i 增加，能量转换示意图如图 8－46（a）所示，电容释放能量，电感吸收储存能量，电阻消耗能量；

(2) 当 $\beta < \omega t < \pi - \beta$ 时，u_C 减小，i 减小，能量转换示意图如图 8－46（b）所示，电容释放能量，电感释放能量，电阻消耗能量；

(3) 当 $\pi - \beta < \omega t < \pi$ 时，$|u_C|$ 增加，i 减小，能量转换示意图如图 8－46（c）所示，电感释放能量，电容储存能量，电阻消耗能量。

3. 临界阻尼条件

$R = \sqrt{\dfrac{L}{C}}$ 为临界阻尼条件，其特征方程的根是一对重实根，即

$$p_1 = p_2 = -\frac{R}{2L} = -\delta$$

微分方程式的通解为

$$u_C = (A_1 + A_2 t)\ \mathrm{e}^{-\delta t}$$

根据初始条件 $u_C\ (0_+) = U_0$，可得

$$A_1 = U_0$$

根据条件$\frac{du_C}{dt}(0_+)=0$，可得

$$A_1(-\delta)+A_2=0$$

即

$$A_2=\delta U_0$$

所以电容电压为

$$u_C=U_0(1+\delta t)e^{-\delta t}$$

电感电流为

$$i=-C\frac{du_C}{dt}=\frac{U_0}{L}te^{-\delta t}$$

电感电压为

$$u_L=L\frac{di}{dt}=U_0e^{-\delta t}(1-\delta t)$$

由此可知，u_C、i、u_L不做振荡变化，即具有非振荡的性质，其波形与图8-45所示相似，求电流最大值可由$\frac{di}{dt}=0$决定，可求出此时$t_m=1/\delta$。

这个过程是振荡与非振荡过程的分界线，所以$R=2\sqrt{\frac{L}{C}}$时的过渡过程称为临界非振荡过程，这时的电阻称为临界电阻。大于临界电阻的电路称为过阻尼电路，小于临界电阻的电路称为欠阻尼电路。

对二阶电路的分析，涉及决定二阶电路零输入响应特点的参数，即p_1、p_2、δ、ω_0和ω。

p_1、p_2是微分方程的特征根，它直接决定了通解的形式，即决定二阶电路任何响应的自由分量的形式，又称为电路的固有频率，与电路的原始状态及激励均无关。

δ为阻尼因子，ω为衰减振荡角频率或阻尼振荡角频率。在$R=0$的理想情况下，当$\delta=0$时，为无阻尼情况，此时，$\omega=\sqrt{\omega_0^2-\delta^2}=\omega_0$，$\omega_0$称为无阻尼振荡角频率。在无阻尼条件下，各变量以$\omega_0$为角频率进行等幅正弦振荡，称为无阻尼振荡。

【例8-14】 电路如图8-47所示，已知$U_S=5\ \text{V}$，$C=1\ \mu\text{F}$，$R=2\ \text{k}\Omega$，$L=1\ \text{H}$，开关S原来闭合在触点1处，在$t=0$时，开关S由触点1接到触点2，求：

(1) u_C、i、u_L；

(2) i_{max}。

解：(1) 已知$R=2\ \text{k}\Omega$，而$2\sqrt{\frac{L}{C}}=2\sqrt{\frac{1}{10^{-6}}}=2\ \text{k}\Omega$，

所以$R=2\sqrt{\frac{L}{C}}$，即该过程为临界非振荡过程。

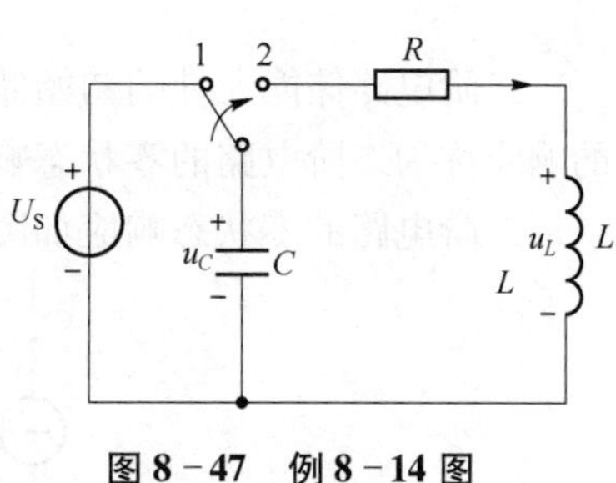

图8-47 例8-14图

初始条件为

$u_C(0_+)=u_C(0_-)=U_0=U_S=5\ \text{V}$，$i(0_+)=i(0_-)=0$

特征根为

$$p_1=p_2=-\frac{R}{2L}=-1\ 000$$

即

$$\delta = 1\ 000$$

微分方程的通解为

$$u_C = (A_1 + A_2 t)\ \mathrm{e}^{-\delta t}$$

根据初始条件可得

$$A_1 = U_0 = U_S = 5\ \mathrm{V}$$

根据 $i\ (0_+) = C\dfrac{\mathrm{d}u_C}{\mathrm{d}t}\ (0_+) = 0$，可得

$$A_1\ (-\delta)\ + A_2 = 0$$

即

$$A_2 = \delta U_S = 1\ 000 \times 5 = 5\ 000$$

所以电容电压为

$$u_C = U_0\ (1 + \delta t)\ \mathrm{e}^{-\delta t} = 5\ (1 + 1\ 000t)\ \mathrm{e}^{-1\ 000t}\mathrm{V}$$

电感电流为

$$i = -C\frac{\mathrm{d}u_C}{\mathrm{d}t} = \frac{U_0}{L}t\mathrm{e}^{-\delta t} = 5t\mathrm{e}^{-1\ 000t}\mathrm{A}$$

电感电压为

$$u_L = L\frac{\mathrm{d}i}{\mathrm{d}t} = U_0\mathrm{e}^{-\delta t}(1 - \delta t) = 5(1 - 1\ 000t)\mathrm{e}^{-1\ 000t}\mathrm{V}$$

（2）电流的最大值由 $\dfrac{\mathrm{d}i}{\mathrm{d}t} = 0$ 决定，即

$$t_\mathrm{m} = 1/\delta = 1\ \mathrm{ms}$$

$$i_{\max} = (5 \times 1 \times 10^{-3}\mathrm{e}^{-1})\mathrm{ms} = 1.84\ \mathrm{ms}$$

8.7 二阶电路的零状态响应和全响应

8.7.1 二阶电路零状态响应

二阶电路储能元件的初始储能为零，即电容电压和电感电流都为零，仅由外部激励引起的响应称为二阶电路的零状态响应。

二阶电路的零状态响应如图 8－48 所示。

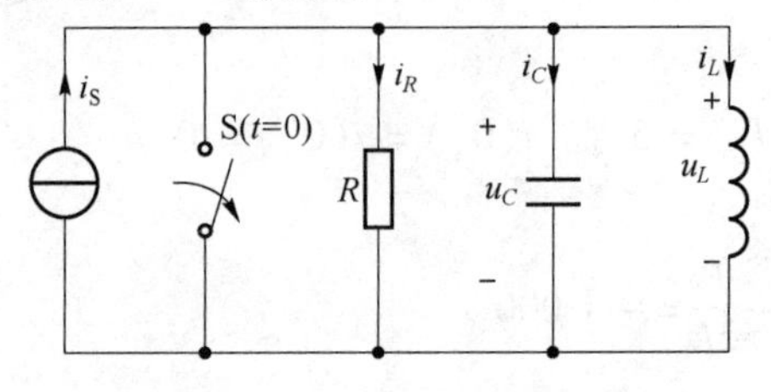

图 8－48　二阶电路的零状态响应

图 8-48 中为 RLC 并联电路，储能元件的初始状态为

$$u_C(0_-)=0,\ i_L(0_-)=0$$

当 $t=0$ 时，开关 S 打开。根据 KCL 有

$$i_C+i_G+i_L=i_S$$

$$C\frac{\mathrm{d}u_C}{\mathrm{d}t}+\frac{u_C}{R}+i_L=i_S$$

$$u_C=L\frac{\mathrm{d}i_L}{\mathrm{d}t}$$

以 i_L 为待求变量列写的微分方程为

$$LC\frac{\mathrm{d}^2 i_L}{\mathrm{d}t^2}+\frac{L}{R}\frac{\mathrm{d}i_L}{\mathrm{d}t}+i_L=i_S \tag{8-44}$$

式（8-44）为二阶线性非齐次微分方程，它的解由特解和对应齐次方程的通解组成，即

$$i_L=i'_L+i''_L$$

式中，特解 i'_L 为稳态解，通解 i''_L 与零输入响应形式相同，再根据初始条件确定积分常数。

微分方程式（8-44）的特征根为

$$p_{1,2}=\frac{-\frac{L}{R}\pm\sqrt{\left(\frac{L}{R}\right)^2-4LC}}{2LC}=-\frac{1}{2RC}\pm\sqrt{\left(\frac{1}{2RC}\right)^2-\frac{1}{LC}}=-\alpha\pm\sqrt{\alpha^2-\omega_0^2}$$

与 RLC 串联电路相似，RLC 并联电路的自由分量（通解）同样存在过阻尼、临界阻尼、欠阻尼三种情况，方程的稳态解（特解）$i'=i_S$。

三种情况下的 i_L 分别为

$$i_L=i_S+K_1\mathrm{e}^{p_1 t}+K_2\mathrm{e}^{p_2 t} \qquad \text{（过阻尼）}$$

$$i_L=i_S+(K_1+K_2 t)\mathrm{e}^{-\alpha t} \qquad \text{（临界阻尼）}$$

$$i_L=i_S+K\mathrm{e}^{-\alpha t}\sin(\omega t+\beta) \qquad \text{（欠阻尼）}$$

式中，$\omega=\sqrt{\omega_0^2-\alpha^2}(\omega_0>\alpha)$，常数 K_1、K_2、K、β 由 $i_L(0_+)=0$ 及 $\frac{\mathrm{d}i_L}{\mathrm{d}t}$ 确定，且 $\left.\frac{\mathrm{d}i_L}{\mathrm{d}t}\right|_{0_+}=\frac{u_L(0_+)}{L}=\frac{u_C(0_+)}{L}=0$。

【例 8-15】 电路如图 8-48 所示，$R=500\ \Omega$，$C=1\ \mu\text{F}$，$L=1\ \text{H}$，$i_S=1\ \text{A}$，当 $t=0$ 时，开关 S 打开。试求 $t\geq 0$ 时的 i_L、u_C 和 i_C。

解：开关 S 打开后电路的微分方程为

$$LC\frac{\mathrm{d}^2 i_L}{\mathrm{d}t^2}+\frac{L}{R}\frac{\mathrm{d}i_L}{\mathrm{d}t}+i_L=i_S$$

特征方程为

$$p^2+\frac{1}{RC}p+\frac{1}{LC}=0$$

代入数据为

$$p^2+2\,000p+10^6=0$$

解得特征根为

$$p_1=p_2=-10^3$$

由于特征根是重根，因此电路为临界阻尼情况，其解为

$$i_L = i_S + (K_1 + K_2 t)\mathrm{e}^{-\alpha t} = 1 + (K_1 + K_2 t)\mathrm{e}^{-10^3 t}$$

有初始值确定常数 K_1 和 K_2，即

$$i_L(0_+) = 1 + K_1 + 0 = 0$$

$$\left(\frac{\mathrm{d}i_L}{\mathrm{d}t}\right)_{0_+} = -10^3 K_1 + K_2 = 0$$

解得

$$K_1 = -1,\quad K_2 = -10^3$$

所以求得零状态响应为

$$i_L = [1 - (1 + 10^3 t)\mathrm{e}^{-10^3 t}]\ \mathrm{A}$$

$$u_C = u_L = L\frac{\mathrm{d}i_L}{\mathrm{d}t} = 10^6 t\mathrm{e}^{-10^3 t}\ \mathrm{V}$$

$$i_C = C\frac{\mathrm{d}u_C}{\mathrm{d}t} = (1 - 10^3 t)\mathrm{e}^{-10^3 t}\ \mathrm{A}$$

8.7.2 二阶电路的全响应

如果二阶电路具有初始储能，又接入外部激励，则电路的响应称为全响应。全响应是零输入响应和零状态响应的叠加，可以通过求解二阶非齐次微分方程求得全响应。

【例 8－16】 二阶电路如图 8－49 所示，电路在开关闭合前处于稳定。试求：电路的全响应 u_C 和 i_L。

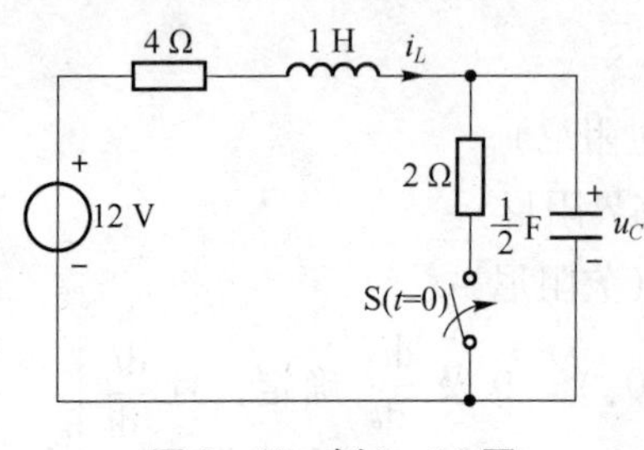

图 8－49　例 8－16 图

解：根据 $t<0$（开关打开）时的电路求储能元件的原始状态，可得

$$u_C(0_-) = 12\ \mathrm{V},\ i_L(0_-) = 0\ \mathrm{A}$$

根据换路定律可求出储能元件的初始状态为

$$u_C(0_+) = u_C(0_-) = 12\ \mathrm{V},\ i_L(0_+) = i_L(0_-) = 0\ \mathrm{A}$$

以 u_C 为变量列写电路的微分方程。根据 KCL 有

$$i_L = \frac{u_C}{2} + \frac{1}{2}\frac{\mathrm{d}u_C}{\mathrm{d}t}$$

根据 KVL 有

$$4i_L + \frac{\mathrm{d}i_L}{\mathrm{d}t} + u_C = 12$$

消去 i_L 可以得到

$$\frac{\mathrm{d}^2 u_C}{\mathrm{d}t^2} + 5\frac{\mathrm{d}u_C}{\mathrm{d}t} + 6u_C = 24$$

方程的特解为

$$u_C' = u_C(\infty) = \left(12 \times \frac{2}{2+4}\right)\mathrm{V} = 4\ \mathrm{V}$$

微分方程的特征方程为

$$p^2 + 5p + 6 = 0$$

解得特征根为

$$p_1=-2,\quad p_2=-3$$

电路为过阻尼状态，通解为

$$u''_C=K_1\mathrm{e}^{-2t}+K_2\mathrm{e}^{-3t}$$

因此方程的解为

$$u_C=u'_C+u''_C=4+K_1\mathrm{e}^{-2t}+K_2\mathrm{e}^{-3t}$$

初始条件为

$$\left.\frac{\mathrm{d}u_C}{\mathrm{d}t}\right|_{0_+}=2i_L(0_+)-u_C(0_+)=-12$$

将初始条件代入 u_C 表达式中可得

$$u_C(0_+)=4+K_1+K_2=12$$

$$\left.\frac{\mathrm{d}u_C}{\mathrm{d}t}\right|_{0_+}=-2K_1-3K_2=-12$$

解得

$$K_1=12,\quad K_2=-4$$

所以

$$u_C=(4+12\mathrm{e}^{-2t}-4\mathrm{e}^{-3t})\mathrm{V}\quad t\geqslant 0$$

$$i_L=\frac{u_C}{2}+\frac{1}{2}\frac{\mathrm{d}u_C}{\mathrm{d}t}=(2-6\mathrm{e}^{-2t}+4\mathrm{e}^{-3t})\mathrm{A}\quad t\geqslant 0$$

8.8 卷积积分

当输入激励是任意函数时，在时域中可通过卷积积分来求电路的零状态响应。

卷积积分的基本思想：将电路激励函数的波形分解为一系列冲激函数的叠加，对于线性时不变电路，电路的响应等于一系列冲激响应的叠加。

设输入激励 $f(t)$ 的波形如图 8-50 所示。

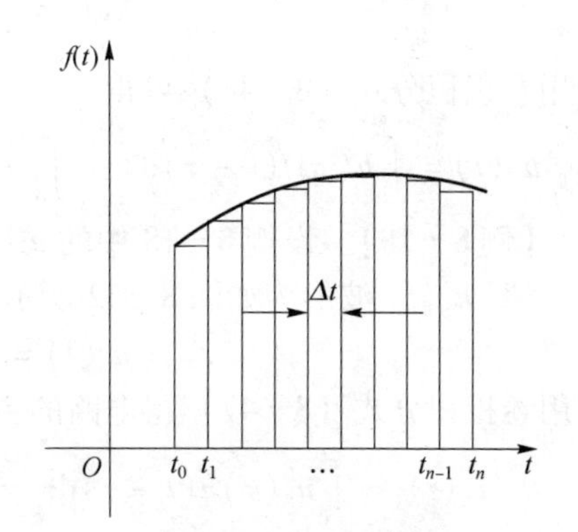

图 8-50 $f(t)$ 的波形用相同宽度的矩形脉冲函数系列逼近

作用于电路的时间为 $t_0\sim t$，将区间 $[t_0,t]$ 分为 n 等分，每等分的宽度为 Δt，显然，$\Delta t=t_1-t_0=t_2-t_1=\cdots=t-t_{n-1}$。于是，$f(t)$ 可用图示的阶梯曲线来逼近，或可以看作是宽度为 Δt 的一系列矩形脉冲 $f_{\Delta t}(t)$ 的叠加，这一系列矩形脉冲可以通过单位脉冲函数和延迟的单位脉冲函数，即 $p_{\Delta t}(t)$ 和 $p_{\Delta t}(t-t_k)$ 来表示。这样输入激励 $f_{\Delta t}(t)$ 就可以用上述矩形脉冲表示为

$$f_{\Delta t}(t)=f(t_0)p_{\Delta t}(t-t_0)\Delta t+f(t_1)p_{\Delta t}(t-t_1)\Delta t+\cdots+$$
$$f(t_k)p_{\Delta t}(t-t_k)\Delta t+\cdots+f(t_{n-1})p_{\Delta t}(t-t_{n-1})\Delta t$$

$$= \sum_{k=0}^{n-1} f(t_k) p_{\Delta t}(t - t_k) \Delta t \tag{8-45}$$

显然，当 $n \to \infty$ 时，$p_{\Delta t}(t - t_k) \to \delta(t - t_k)$，故 $f(t)$ 可以用一系列的冲激函数的叠加来表示。

设线性时不变电路在单位脉冲函数 $p_{\Delta t}(t)$ 激励下的零状态响应为 $h_{\Delta t}(t)$，对每一延迟的矩形脉冲 $p_{\Delta t}(t - t_k)$，因此电路在 $f(t)$ 激励下的零状态响应为

$$r_{\Delta t}(t) = \sum_{k=0}^{n-1} f(t_k) h_{\Delta t}(t - t_k) \Delta t$$

当 $n \to \infty$ 时，离散变量 t_k 变为连续变量 τ，$\Delta t \to \mathrm{d}\tau$，$h_{\Delta t}(t - t_k) \to h(t - \tau)$，求和变为积分，$f_{\Delta t}(t) \to f(t)$，$r_{\Delta t}(t) \to r(t)$。于是，电路对于任意输入激励 $f(t)$ 的零状态响应为

$$r(t) = \int_{t_0}^{t} f(\tau) h(t - \tau) \mathrm{d}\tau = f(t) * h(t) \tag{8-46}$$

若 $t_0 = 0$，则

$$r(t) = \int_{0}^{t} f(\tau) h(t - \tau) \mathrm{d}\tau \tag{8-47}$$

利用换元积分可得

$$r(t) = \int_{0}^{t} h(\tau) f(t - \tau) \mathrm{d}\tau = h(t) * f(t) \tag{8-48}$$

式（8-46）、式（8-47）和式（8-48）均称为卷积积分。

对于线性时不变电路，求给定任意激励函数 $f(t)$ 的零状态响应，可以通过计算相应的冲激函数 $h(t)$ 与输入激励函数 $f(t)$ 的卷积积分来求得。

【例 8-17】 如图 8-51 所示 RC 串联电路，其中 $R=500\ \mathrm{k\Omega}$，$C=1\ \mu\mathrm{F}$，电压源电压为 $u_S = 4\mathrm{e}^{-t}\varepsilon(t)$ V，设电容上初始电压为零，试求 $u_C(t)$。

解： 令 $u_S = \delta(t)$，容易解得电路的冲激响应为

$$h(t) = \frac{1}{RC}\mathrm{e}^{-\frac{1}{RC}t}\varepsilon(t) = 2\mathrm{e}^{-2t}\varepsilon(t)\,\mathrm{V}$$

应用卷积积分式（8-48）可得

$$u_C(t) = \int_0^t h(\tau) f(t-\tau)\mathrm{d}\tau = \int_0^t 2\mathrm{e}^{-2\tau} 4\mathrm{e}^{-(t-\tau)}\mathrm{d}\tau = 8\mathrm{e}^{-t}\int_0^t \mathrm{e}^{-\tau}\mathrm{d}\tau = 8(\mathrm{e}^{-t} - \mathrm{e}^{-2t})\varepsilon(t)\,\mathrm{V}$$

【例 8-18】 设例 8-18 中的 u_S 为图 8-52 所示的矩形脉冲，试求 $u_C(t)$。

解： $u_S(t)$ 波形为如图 8-52 所示，其解析式为

$$u_S(t) = 2[\varepsilon(t-1) - \varepsilon(t-2)]$$

应用卷积积分式（8-47）得电路的零状态响应 $u_C(t)$ 为

$$\begin{aligned}
u_C(t) &= \int_0^t u_S(\tau) h(t-\tau)\mathrm{d}\tau = \int_0^t 2[\varepsilon(\tau-1) - \varepsilon(\tau-2)]2\mathrm{e}^{-2(t-\tau)}\varepsilon(t-\tau)\mathrm{d}\tau \\
&= 4\int_0^t \mathrm{e}^{-2(t-\tau)}\varepsilon(\tau-1)\varepsilon(t-\tau)\mathrm{d}\tau - 4\int_0^t \mathrm{e}^{-2(t-\tau)}\varepsilon(\tau-2)\varepsilon(t-\tau)\mathrm{d}\tau \\
&= u'_C + u''_C
\end{aligned}$$

式中

$$u'_C = 4\int_0^t \mathrm{e}^{-2(t-\tau)}\varepsilon(\tau-1)\varepsilon(t-\tau)\mathrm{d}\tau$$

$$u''_C = -4\int_0^t \mathrm{e}^{-2(t-\tau)}\varepsilon(\tau-2)\varepsilon(t-\tau)\mathrm{d}\tau$$

式 u'_C 中，$\varepsilon(\tau-1)\varepsilon(t-\tau)$ 构成闸门函数，其开放区间为 $1<\tau<t$，积分结果对 $t>1$ 成立，因此

$$u'_C=4\varepsilon(t-1)\int_1^t \mathrm{e}^{-2(t-\tau)}\mathrm{d}\tau=2[1-\mathrm{e}^{-2(t-1)}]\varepsilon(t-1)$$

同理，u''_C 中 $\varepsilon(\tau-2)\varepsilon(t-\tau)$ 也构成闸门函数，其开放区间为 $2<\tau<t$，积分结果对 $t>2$ 成立，因此

$$u''_C=-4\varepsilon(t-2)\int_2^t \mathrm{e}^{-2(t-\tau)}\mathrm{d}\tau=-2[1-\mathrm{e}^{-2(t-2)}]\varepsilon(t-2)$$

故电路的零状态响应为

$$u_C=u'_C+u''_C=\{2[1-\mathrm{e}^{-2(t-1)}]\varepsilon(t-1)-2[1-\mathrm{e}^{-2(t-2)}]\varepsilon(t-2)\}\ \mathrm{V}$$

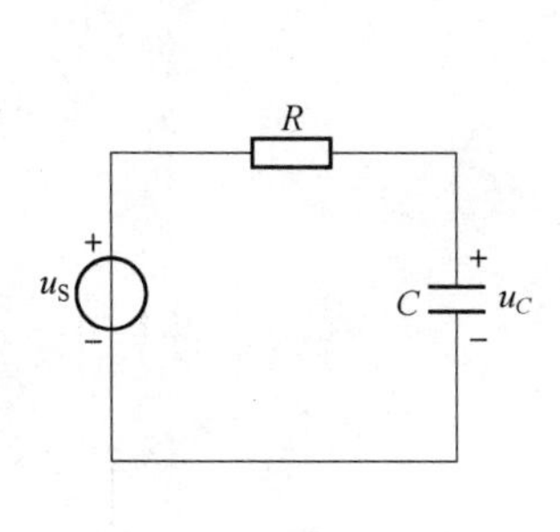

图 8-51　例 8-17 图

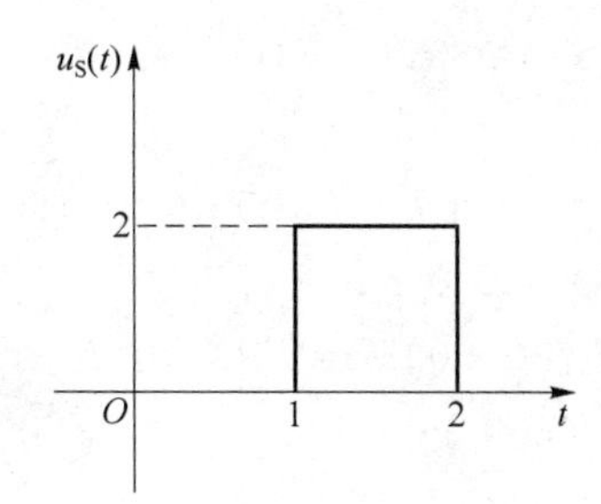

图 8-52　例 8-18 图

8.9　动态电路时域计算机仿真分析

MATLAB 在控制系统的分析、仿真与设计方面应用非常广泛。MATLAB 语言在工程计算方面具有无可比拟的优越性，它集计算、数据可视化和程序设计于一体，其特点有如下。

（1）功能强大。有强大的运算功能，功能丰富的工具箱和强大的文字处理功能。

（2）人机界面友好，编程效率高。

（3）有智能化的作图功能。

（4）具有 Simulink 动态仿真功能。

动态电路时域分析的基本方法是建立微分方程并求解，得到电压或电路的响应表达式，最后根据响应表达式手工准确画出响应曲线。

【例 8-19】　通过 MATLAB 求解一阶 *RC* 电路零输入响应，并显示输出结果。

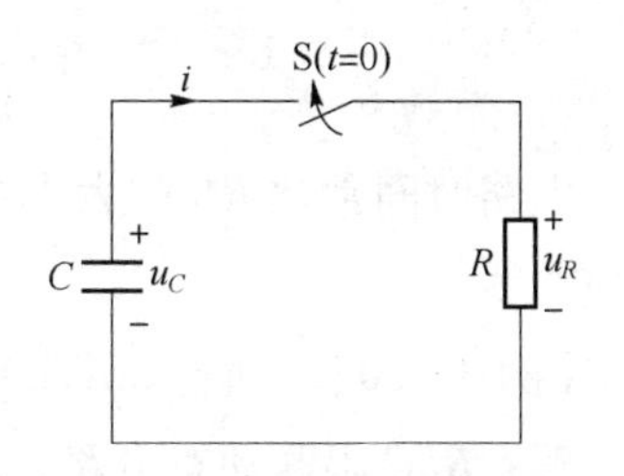

图 8-53　*RC* 电路零输入响应

解： *RC* 零输入响应电路图如图 8-53 所示。

根据 KVL 得到微分方程，即

$$RC\frac{du_C}{dt}+u_C=0 \qquad (t\geqslant 0)$$

编写 MATLAB 程序求解该微分方程的解，并画出电压响应曲线，程序代码如下。

```
syms u t; % 将 u,t 申明为符号变量
uc = dsolve('0.05 * Du + u = 0','u(0) = 3.5','t'); % 解微分方程,设时间常数 RC
                                                    = 0.05,初始值为 3.5V
picture = ezplot(uc);                               % 画出 uc 图像
set(picture,'color','g','LineWidth',2)              % 设置图像的颜色和线条宽度
axis([0 0.3 0 3.5])                                 % 规定图像横轴和纵轴的显示范围
hold on
uc = dsolve('0.02 * Du + u = 0','u(0) = 3.5','t'); % 解微分方程,设时间常数 RC
                                                    = 0.02,初始值为 3.5V
picture = ezplot(uc);set(picture,'color','k','LineWidth',2);
axis([0 0.3 0 3.5]);
legend('RC = 0.05s','RC = 0.02s')
xlabel('t /s');
ylabel('uc(t) /V');
title('RC 零输入响应');
```

图 8 - 54 为程序运行结果，它直观展示了电容电压与电路时间常数之间的关系。

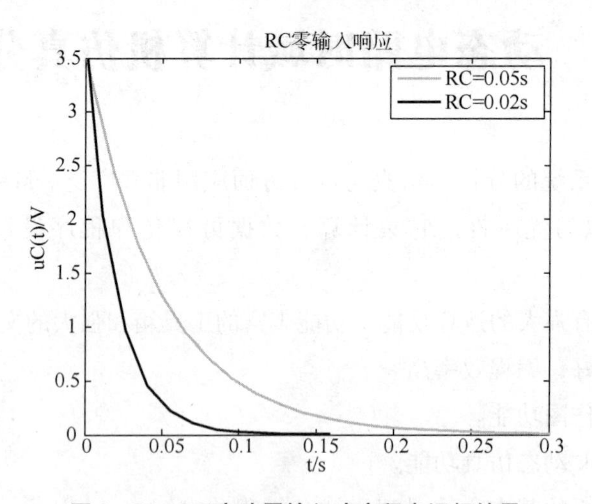

图 8 - 54　*RC* 电路零输入响应程序运行结果

电路时间常数 *RC* 的大小决定着电容电压放电的快慢，改变 *RC* 的值，可以方便地绘出响应曲线

【例 8 - 20】　通过 MATLAB 求解 *RLC* 串联二阶动态电路，并画出波形图。

解：*RLC* 串联动态电路如图 8 - 55 所示。

根据 KVL 及电感电容的伏安特性，可列出二阶微分方程，即

$$LC\frac{d^2u_C}{dt^2}+RC\frac{du_C}{dt}+u_C=u_S$$

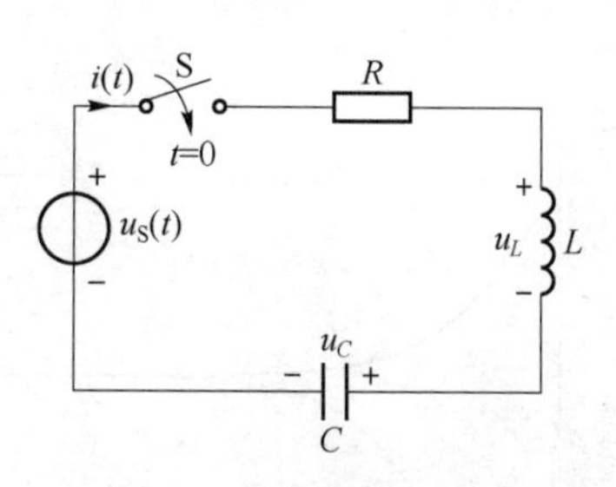

图 8-55 *RLC* 二阶动态电路

编写 MATLAB 程序求解该微分方程的解，并绘制波形图过程如下。

MATLAB 中给出了若干求解一阶微分方程组的函数，如 ode23、ode45 等，其调用格式为

［t，x］ =ode45（Fun，tspan，x_0，options，pars）

使用 ode45 函数解此微分方程，要把该二阶微分方程改写为一阶微分方程组，即

$$\frac{du_1}{dt}=u_2$$

$$\frac{d^2u_2}{dt^2}=\frac{U}{LC}-\frac{R}{L}\frac{du_1}{dt}-\frac{u_1}{LC}$$

然后，在 MATLAB 中创建一个 M 文件 myfun（），代码如下。

```
function myfun( )
ts =[0,3];
u0 =[3;0.28];
[t,u] =ode45(@ myfun1,ts,u0,[],10,1,0.04,0);% 解微分方程,设参数值
picture =plot(t,u(:,1),'k',t,u(:,2),'k - -');
set(picture,'LineWidth',2)
xlabel('t /s')
ylabel('uc(t) /iL(t)')
legend('电压波形','电流波形')
function up =myfun1(t,u,R,L,C,U)
up =[u(2); -(R/L) * u(2) -(1 /(L * C)) * u(1) +U/(L * C)];
hold on
alpha =R/2 * L;
text(1,2,['衰减系数 \alpha =',num2str(alpha)])
```

二阶线性非齐次方程的特征方程为

$$LCp^2+RCp+1=0$$

解特征方程求得特征根为

$$p_{1,2}=-\frac{R}{2L}\pm\sqrt{\left(\frac{R}{2L}\right)^2-\frac{1}{LC}}=-\alpha\pm\sqrt{\alpha^2-\omega_0^2},$$

式中，α 被称为衰减系数，改变 α 的值，就可以得到不同的响应曲线，程序运行结果如图 8-56 所示。随着 α 的减小，电容电压和电流的响应由阻尼非震荡到衰减振荡再到等幅振荡。

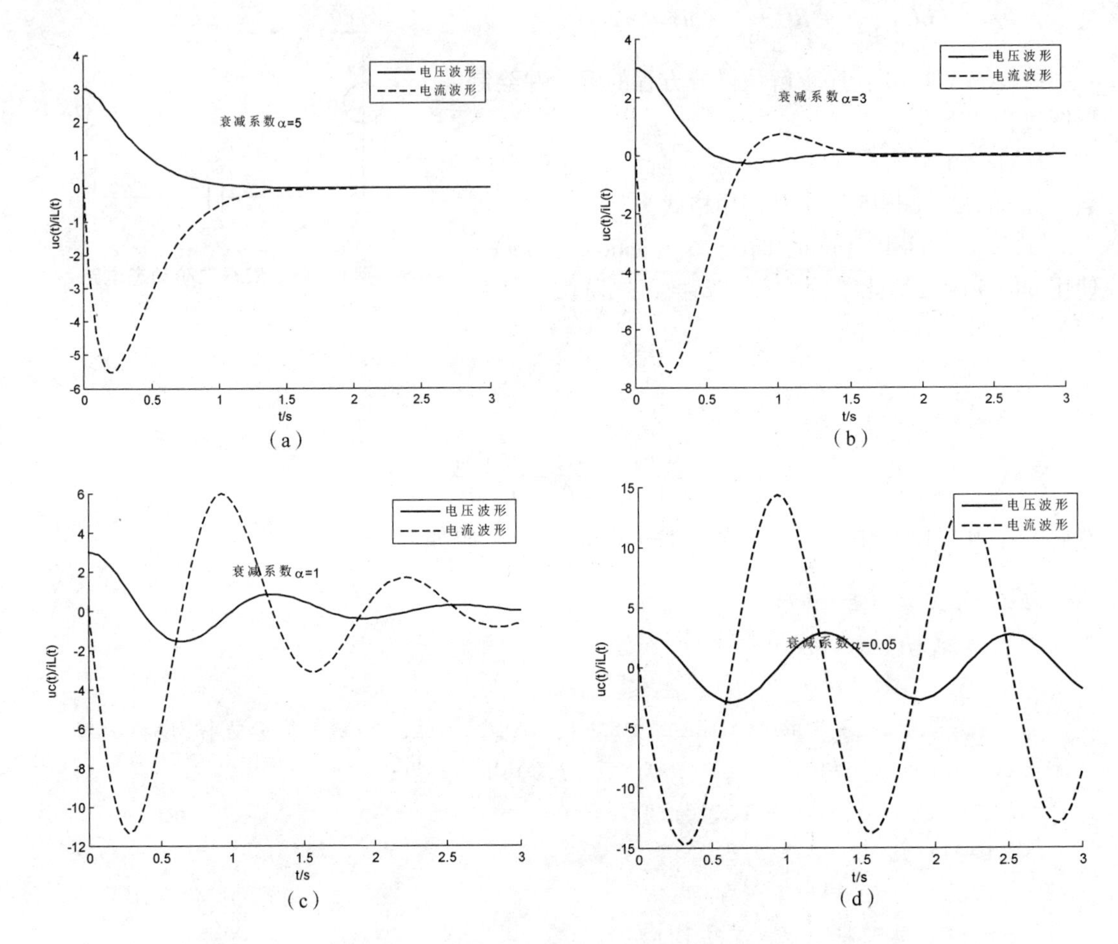

图 8-56　程序运行结果——不同衰减系数的电容电压、电流响应曲线

(a) $\alpha=5$；(b) $\alpha=3$；(c) $\alpha=1$；(d) $\alpha=0.05$

8.10　应用实例

1. 一阶电路的应用——人工心脏起搏器

人工心脏起搏器是一个以电池为动力、能植入人体内、可产生连续稳定的电脉冲的装置。

人工心脏起搏器的工作原理：有节奏的电脉冲使得心肌收缩，体内电脉冲频率由起搏细胞控制，成人起搏细胞产生的静息心率约为 72 次/min。当起搏细胞受损，会产生非常低的静息心率（即心动过缓），或者非常高的静息心率（即心动过速）。植入人工心脏起搏器，可以输送电脉冲到心脏，模仿起搏细胞，使心脏恢复正常心率。图 8-57 为人体内的人工心脏起搏器和起搏器工作示意。

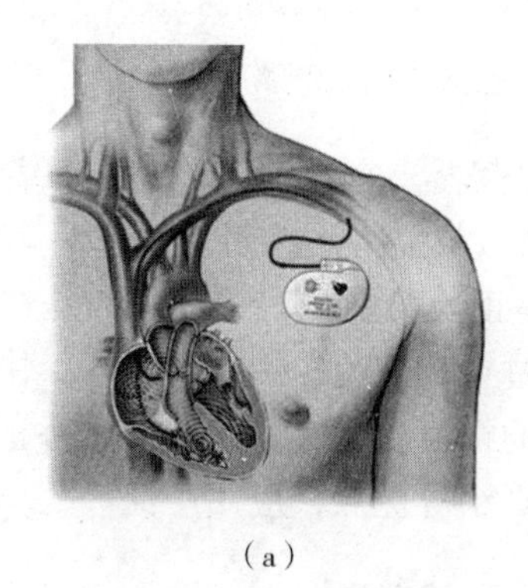

（a）

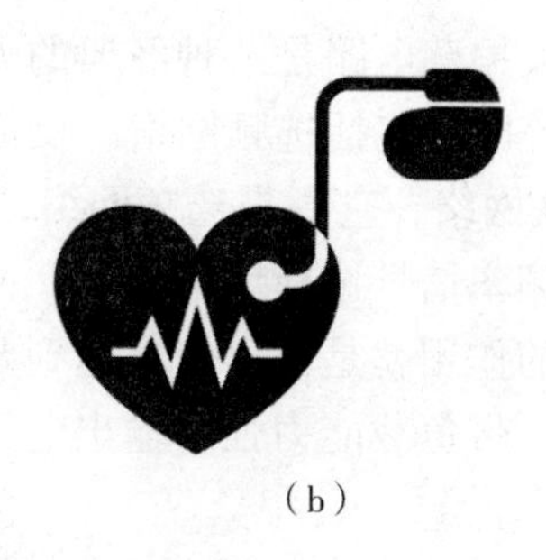

（b）

图 8－57　人工心脏起搏器

（a）人体内的人工心脏起搏器；（b）起搏器工作示意

人工心脏起搏器包括 3 部分：脉冲发生器、起搏电极导线和程控器。脉冲发生器最简单的电路就是 RC 电路，它能够产生周期性的电脉冲，用来建立正常的心率，如图 8－58 所示。当标有“控制器”的框图在电容器上的电压未达到预设的限制值时，电路可看作开路。而电压一旦达到限制值，电容器就会通过放电释放存储的能量，为心脏提供电脉冲，然后开始重新充电，并重复这个过程。

人工心脏起搏器电路的工作原理：首先，电池电源通过电阻 R 对电容器 C 充电，使其接近 E_S 值，在这个充电过程中，控制器相当于开路；当电容器上的电压达到最大值 U_{max} 时，控制器相当于短路，使电容器放电。一旦电容器放电完成，控制器再次相当于开路，使电容器重新开始充电。电容器充电和放电的周期建立了所需的心率，如图 8－59 所示。图中选择了 $t=0$ 时刻电容器开始充电，电容器的放电时间相比充电时间忽略不计。

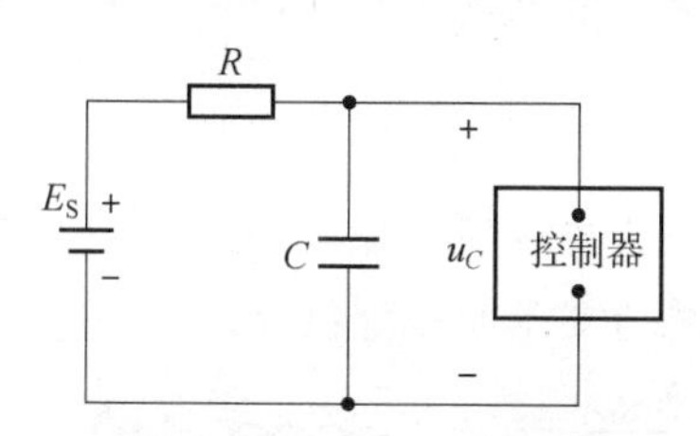

图 8－58　人工心脏起搏器电路

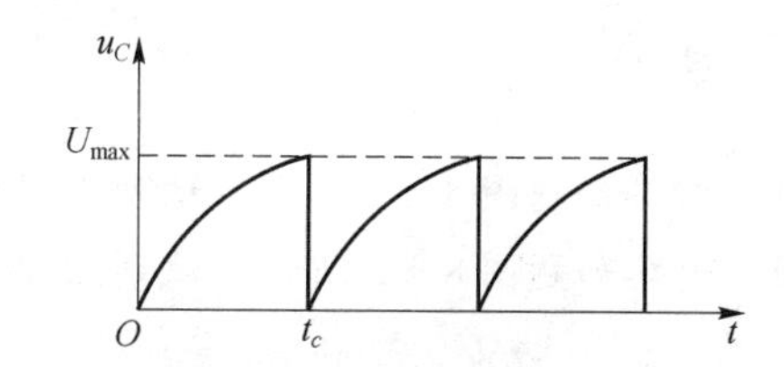

图 8－59　电容器电压变化规律

在电容器充电期间，控制器开路，其等效电路就是一阶 RC 电路的零状态响应，因此电容器的电压为

$$u_C(t)=E_S(1-e^{-t/RC})$$

假定控制器已经通过编程，在 $u_C=0.75E_S$ 时发送一个电脉冲刺激心脏。已知 R 和 C 的值，就可以通过下式求得每分钟的心跳，即

$$H=\frac{60}{-RC\ln 0.25}\ （次/min）$$

反过来，电阻可由下式来计算得到

$$R=\frac{-60}{HC\ln\left(1-\frac{U_{max}}{E_S}\right)}$$

2. 二阶电路的工程应用——文氏桥正弦波振荡电路

文氏桥正弦波振荡电路是一种经典的 RC 振荡器，它在低频范围内有着广泛的用途。如图 8－60 所示，该电路包括选频网络、反馈网络、放大电路和稳幅环节。其中二阶电路的应用就是 RC 串并联网络，它既是选频网络，也是正反馈网络，它的任务是在通电开始时产生振动，将需要的频率信号选择出来放大，并通过正反馈的作用不断加强，快速放大到需要的幅值，稳幅环节的作用就是输出信号达到要求的幅值后稳定下来。文氏桥正弦波振荡电路具有振荡频率稳定，带负载能力强，输出电压失真小等优点，应用广泛。

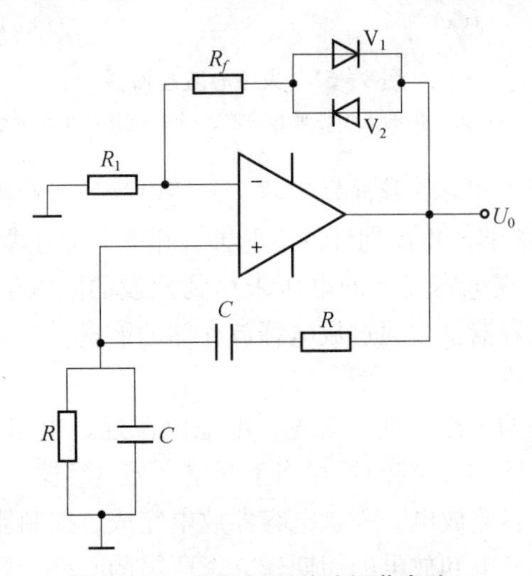

图 8－60　文氏桥正弦波振荡电路

习　题

8－1　电路如题图 8－1 所示，试列出以电感电压为变量的一阶微分方程。

8－2　电路如题图 8－2 所示，试列出以电感电流为变量的一阶微分方程。

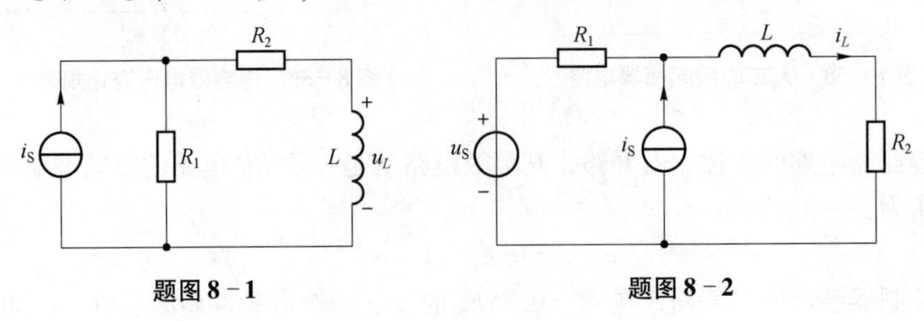

题图 8－1　　　　**题图 8－2**

8－3　电路如题图 8－3 所示，试求出以电容电压和电感电流为变量的二阶微分方程。

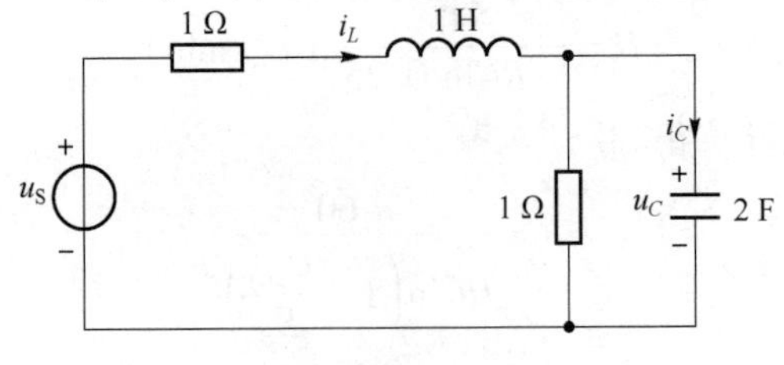

题图 8－3

8－4　电路如题图8－4所示，已知$U_S=100\ V$，$R=1\ k\Omega$，$C=1\ \mu F$，开关S合上以前电容未充过电，$t=0$时开关S合上，计算$t=0_+$时的i、$\frac{di}{dt}$及$\frac{d^2i}{dt^2}$。

8－5　电路如题图8－5所示，已知$U_S=100\ V$，$R=10\ \Omega$，$L=1\ H$，$t=0$时开关S合上，计算$t=0_+$时的$\frac{di}{dt}$及$\frac{d^2i}{dt^2}$。

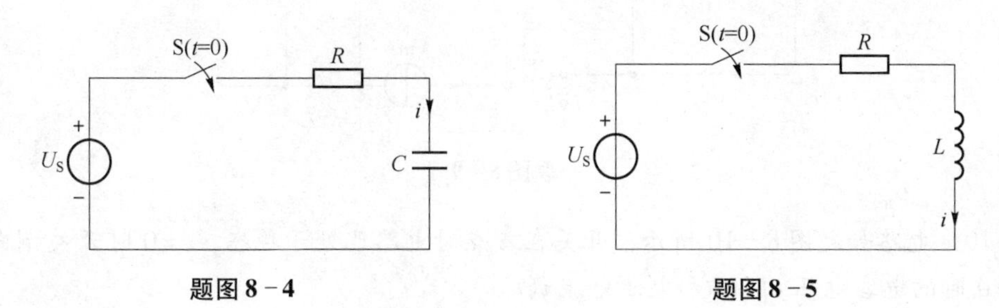

题图8－4　　题图8－5

8－6　电路如题图8－6所示，已知$U_S=100\ V$，$R_1=10\ \Omega$，$R_2=20\ \Omega$，$R_3=20\ \Omega$，开关S闭合前电路已处于稳态，$t=0$时开关S闭合，试求$i_1(0_+)$和$i_2(0_+)$。

8－7　电路如题图8－7所示，开关S闭合前电路已处于稳态，已知$U_S=3\ V$，$R_1=10\ \Omega$，$R_2=5\ \Omega$，$R_3=20\ \Omega$，$L_1=0.1\ H$，$L_2=0.2\ H$，$t=0$时开关S闭合，试求u_{L1}和u_{L2}的初始值。

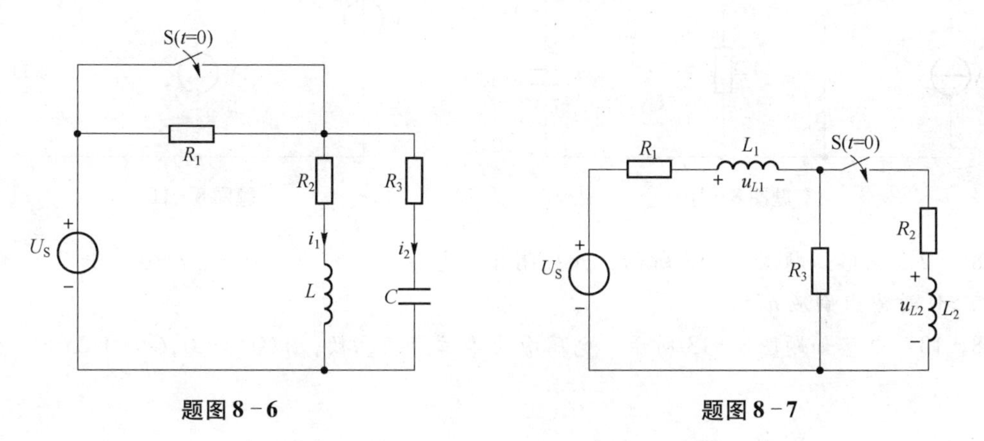

题图8－6　　题图8－7

8－8　电路如题图8－8所示，开关在a点时电路已处于稳态，$t=0$时开关倒向b点，试求$t>0$时的电压$u(t)$。

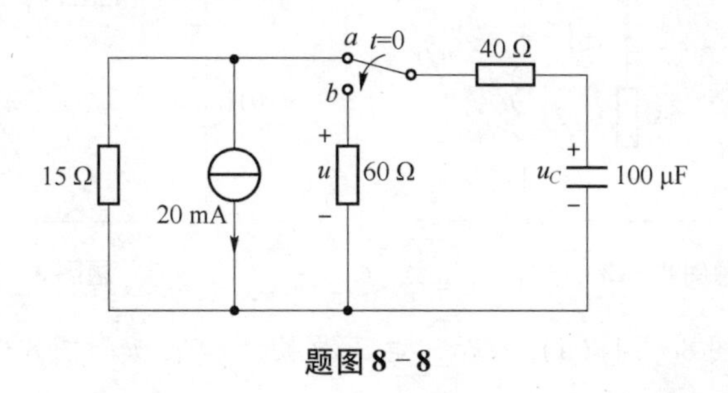

题图8－8

8－9　电路如题图 8－9 所示，开关在 a 点时电路已处于稳态，$t=0$ 时开关倒向 b 点，试求 $t\geqslant 0$ 时的电容电压 $u_C(t)$ 和电感电流 $i_L(t)$。

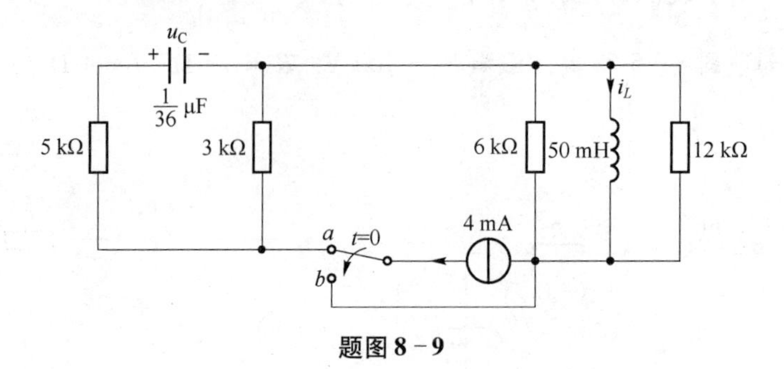

题图 8－9

8－10　电路如题图 8－10 所示，开关在 a 点时电路已处于稳态，$t=0$ 时开关倒向 b 点，试求 $t\geqslant 0$ 时的电容电压 $u_C(t)$ 和电阻电流 $i(t)$。

8－11　电路如题图 8－11 所示，开关 S 闭合前电路已处于稳态，$t=0$ 时开关 S 闭合，试求换路后的零状态响应 $i(t)$。

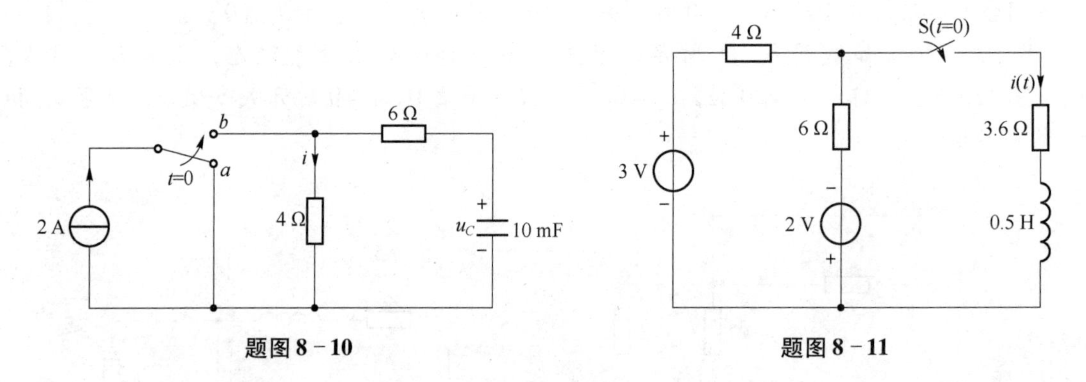

题图 8－10　　　　题图 8－11

8－12　电路如题图 8－12 所示，开关闭合前电感、电容均无储能，$t=0$ 时开关 S 闭合，试求 $t>0$ 时输出响应 $u(t)$。

8－13　电路如题图 8－13 所示，电压源为单位阶跃函数，$u_C(0_-)=0, C=0.25$ F，试求 $u_C(t)$。

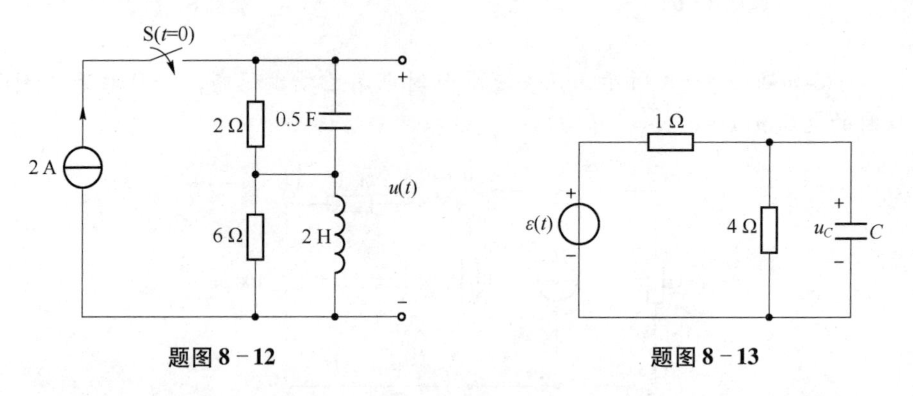

题图 8－12　　　　题图 8－13

8－14　电路如题图 8－14（a）所示，电压源激励 u_S 是如题图 8－13（b）的矩形脉冲，试求图中电流 $i_C(t)$。

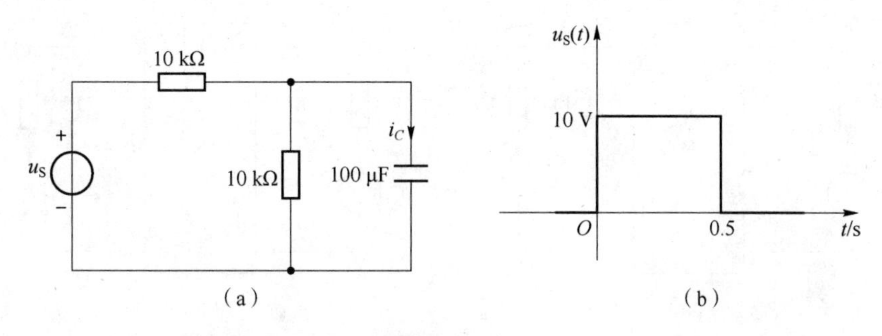

题图 8－14

8－15　电路如题图 8－15 所示，开关在 $t=0$ 时由“1”打向“2”，开关 S 在“1”时电路已处于稳态，求开关闭合后的电流 i 和 u_C。

8－16　电路如题图 8－16 所示，电路原来处于稳定状态，$t=0$ 时闭合开关 S，试求 $t>0$ 时的 $i_1(t)$ 和 $i_2(t)$。

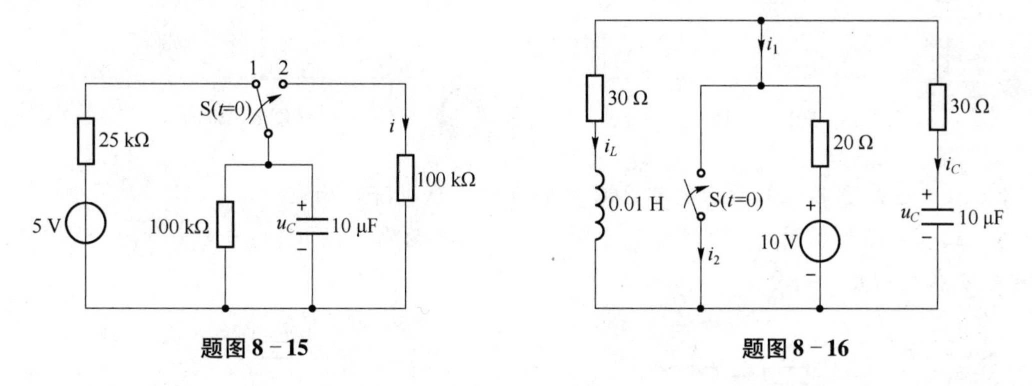

题图 8－15　　　　题图 8－16

8－17　电路如题图 8－17 所示，开关断开已经很久，$t=0$ 时闭合开关 S，试求 $t>0$ 时的 $i(t)$。

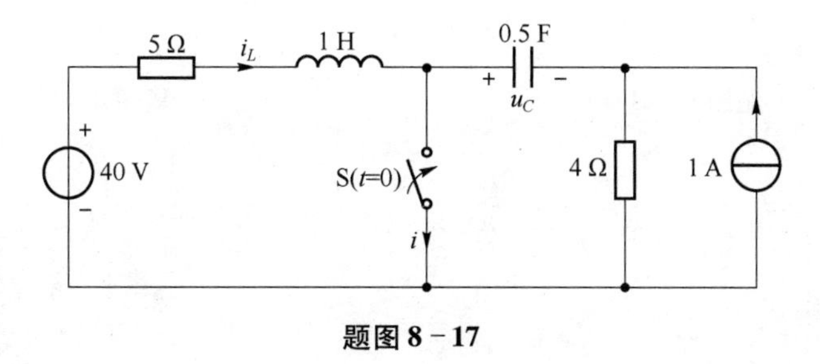

题图 8－17

8－18　电路如题图 8－18 所示，已知图（a）阶跃响应 $i_C(t)=\dfrac{1}{6}e^{-25t}\varepsilon(t)$ mA，当将电容换为电感电压源由阶跃函数换为冲激函数后如图（b）所示，试求电感电压 $u_L(t)$。

8－19　电路如题图 8－19 所示，已知 $R_1=10\ \Omega$，$R_2=6\ \Omega$，$L=0.5$ H，$i_L(0_-)=0$。

（1）当 $u_S=20\varepsilon(t)$ V 时，求 $i_L(t)$；

（2）当 $u_S=20\delta(t)$ V 时，求 $i_L(t)$。

8－20　电路如题图 8－20 所示，$t<0$ 时电路已处于稳态，$t=0$ 时开关 S 闭合，求 $t\geqslant 0$ 时的 $i(t)$。

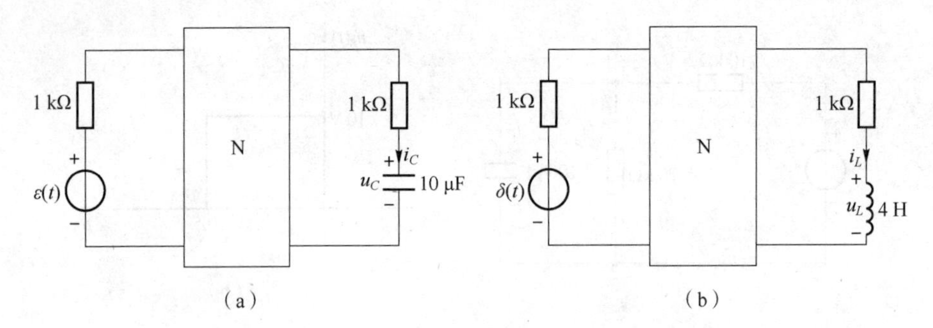

题图 8－18

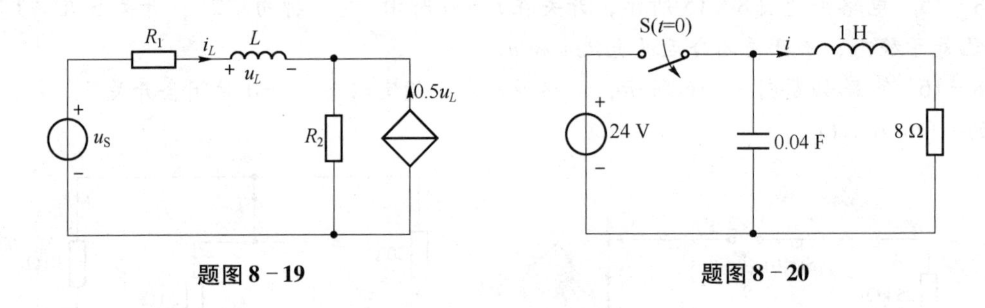

题图 8－19　　　　题图 8－20

8－21　如题图 8－21 所示电路 *RLC* 串联电路，试求阶跃响应 $i(t)$。

8－22　电路如题图 8－22 所示，电感的初始电流为零，设 $u_S(t) = U_0 e^{-\alpha t}\varepsilon(t)\,\text{V}$，试用卷积积分求 $u_L(t)$。

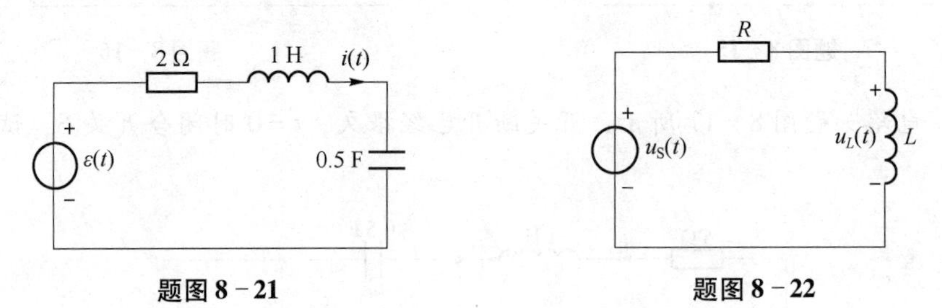

题图 8－21　　　　题图 8－22

第9章

线性动态电路的频域分析

章节引入

线性动态电路的时域分析（经典法）具有层次分明、物理概念比较清晰等优点，尤其是对于一阶直流激励电路的动态分析，可以应用三要素法。但是，当储能元件个数较多时，建立、求解阶数较高的电路微分方程就比较困难。另外，如果电路中的激励是较复杂的时间函数，求解电路的微分方程的特解也比较困难。

为了解决这两个问题，拉普拉斯变换法被引入到电路分析中，将时域中的函数转换为频域中的函数，将时域中的高阶微分方程转换为频域中的线性代数方程，使求解方法变得简单。其思路类似于分析正弦稳态电路的相量法。

本章内容提要

本章主要内容包括：拉普拉斯变换的定义和基本性质，拉普拉斯反变换、运算电路、线性动态电路的复频域分析、网络函数与冲激响应、网络函数的零点和极点，网络函数极点与网络的稳定性，极点、零点与频率响应，动态电路复频域辅助分析，以及工程应用案例。

工程意义

频域分析法是一种图解分析法，利用频域指标和时域指标之间的对应关系，间接地揭示系统的暂态特性和稳态特性，可以迅速地判断某些环节或参数对系统的暂态特性和稳态特性的影响，并能指明改进系统的方向，是一种控制工程上常用的分析方法，如对控制对象建立传递函数，根轨迹法等。

9.1 拉普拉斯变换的定义

函数$f(t)$ 的定义区间为 $[0_-, \infty)$，其拉普拉斯变换式 $F(s)$ 定义为

$$F(s) = \int_{0_-}^{\infty} f(t) e^{-st} dt \tag{9-1}$$

式中，$s = \sigma + j\omega$ 为复数，$F(s)$ 称为$f(t)$ 的象函数，$f(t)$ 称为 $F(s)$ 的原函数。拉普拉斯变换简称为拉氏变换。

式（9－1）也可写为

$$F(s) = \mathscr{L}[f(t)] = \int_{0_-}^{\infty} f(t) e^{-st} dt$$

式中用符号“$\mathscr{L}[\ ]$”表示对方括号中的函数进行拉氏变换，原函数$f(t)$ 与象函数 $F(s)$ 有一一对应关系，通常用小写字母表示原函数，用大写字母表示对应的象函数，如电流 $i(t)$ 的象函数为 $I(s)$，电压 $u(t)$ 的象函数为 $U(s)$。

式（9－1）表明拉氏变换是一种积分变换，等号右边可积分的充分条件是函数$f(t)$ 满足狄里赫利条件，且存在某正实数 σ 使

$$\int_{0_-}^{\infty} |f(t)| e^{-\sigma t} dt < \infty$$

式中，$e^{-\sigma t}$称为收敛因子。电路分析中所遇到的函数$f(t)$ 通常都能满足上述条件，所以均能用式（9－1）进行拉氏变换，求得对应的象函数。

式（9－1）等号右边是对变量 t 的积分，其结果不再是 t 的函数，而仅是复变量 s 的函数，所以拉氏变换是把一个时间域的函数$f(t)$ 变换到 s 域内的复变函数 $F(s)$，变量 s 常称为复频率。应用拉氏变换法进行电路分析也称为电路的一种复频域分析法，又称为运算法。

式（9－1）定义拉氏变换的积分下限取为 0_-，可以计算 $t=0$ 时 $f(t)$ 包含的冲激函数，从而给计算存在冲激函数电压和电流的电路带来方便。

【例 9－1】 求指数函数$f(t) = e^{-at}$ 的象函数。

解：
$$F(s) = \mathscr{L}[f(t)] = \int_{0_-}^{\infty} e^{-at} e^{-st} dt = \int_{0_-}^{\infty} e^{-(s+a)t} dt$$
$$= -\frac{1}{s+a} e^{-(s+a)t} \Big|_{0_-}^{\infty} = \frac{1}{s+a}$$

【例 9－2】 求单位阶跃函数$f(t) = \varepsilon(t)$ 的象函数。

解：
$$F(s) = \mathscr{L}[f(t)] = \int_{0_-}^{\infty} \varepsilon(t) e^{-st} dt = \int_{0_-}^{\infty} e^{-st} dt$$
$$= -\frac{1}{s} e^{-st} \Big|_{0_-}^{\infty} = \frac{1}{s}$$

【例 9－3】 求单位冲激函数$f(t) = \delta(t)$ 的象函数。

解：
$$F(s) = \mathscr{L}[f(t)] = \int_{0_-}^{\infty} \delta(t) e^{-st} dt = \int_{0_-}^{0_+} \delta(t) e^{-s0} dt = \int_{0_-}^{0_+} \delta(t) dt = 1$$

由于拉氏变换的下限为 0_-，故积分区间包含冲激函数 $\delta(t)$。

9.2 拉普拉斯变换的基本性质

学习和掌握拉氏变换的一些常用的基本性质，有助于求解一些较复杂的原函数的象函数，也方便拉氏变换在电路分析中的应用。

1. 线性性质

如果 $\mathscr{L}[f(t)]=F(s)$，则对于任意常数 k，有

$$\mathscr{L}[kf(t)]=kF(s) \tag{9-2}$$

如果 $\mathscr{L}[f_1(t)]=F_1(s)$、$\mathscr{L}[f_2(t)]=F_2(s)$，则对于任意常数 k_1 和 k_2，有

$$\mathscr{L}[k_1f_1(t)\pm k_2f_2(t)]=k_1F_1(s)\pm k_2F_2(s) \tag{9-3}$$

证明：$\mathscr{L}[k_1f_1(t)\pm k_2f_2(t)]=\int_{0_-}^{\infty}[k_1f_1(t)\pm k_2f_2(t)]\mathrm{e}^{-st}\mathrm{d}t$

$$=k_1\int_{0_-}^{\infty}f_1(t)\mathrm{e}^{-st}\mathrm{d}t\pm k_2\int_{0_-}^{\infty}f_2(t)\mathrm{e}^{-st}\mathrm{d}t$$

$$=k_1F_1(s)\pm k_2F_2(s)$$

由式（9－2）和式（9－3）可知拉氏变换满足齐次性和可加性，是线性变换。

【例9－4】 余弦函数 $\cos(\omega t)$ 和 $K(1-\mathrm{e}^{-at})$ 的定义域为［0，∞），求其象函数。

解：$\mathscr{L}[\cos(\omega t)]=\mathscr{L}\left[\frac{1}{2}(\mathrm{e}^{-\mathrm{j}\omega t}+\mathrm{e}^{\mathrm{j}\omega t})\right]=\frac{1}{2}\left(\frac{1}{s-\mathrm{j}\omega}+\frac{1}{s+\mathrm{j}\omega}\right)=\frac{s}{s^2+\omega^2}$

$$\mathscr{L}[K(1-\mathrm{e}^{-at})]=\mathscr{L}[K]-\mathscr{L}[K\mathrm{e}^{-at}]=\frac{K}{s}-\frac{K}{s+a}=\frac{Ka}{s(s+a)}$$

由此可见，根据线性性质，可以将较复杂的函数分解为典型的简单函数，先求各简单函数的象函数，然后再进行组合。

2. 微分性质

如果 $f'(t)=\frac{\mathrm{d}f(t)}{\mathrm{d}t}$，$\mathscr{L}[f(t)]=F(s)$，则

$$\mathscr{L}[f'(t)]=sF(s)-f(0_-) \tag{9-4}$$

式（9－4）中，$f(0_-)$ 为原函数 $f(t)$ 在 $t=0_-$ 时的值。

证明：$\mathscr{L}[f'(t)]=\mathscr{L}\left[\frac{\mathrm{d}f(t)}{\mathrm{d}t}\right]=\int_{0_-}^{\infty}\frac{\mathrm{d}f(t)}{\mathrm{d}t}\mathrm{e}^{-st}\mathrm{d}t=\int_{0_-}^{\infty}\mathrm{e}^{-st}\mathrm{d}f(t)$

由于 $\int u\mathrm{d}v=uv-\int v\mathrm{d}u$，所以

$$\int_{0_-}^{\infty}\mathrm{e}^{-st}\mathrm{d}f(t)=\mathrm{e}^{-st}f(t)\Big|_{0_-}^{\infty}-\int_{0_-}^{\infty}f(t)\mathrm{d}\mathrm{e}^{-st}=-f(0_-)-\int_{0_-}^{\infty}(-s\mathrm{e}^{-st})\mathrm{d}t$$

$$=s\int_{0_-}^{\infty}\mathrm{e}^{-st}\mathrm{d}t-f(0_-)=sF(s)-f(0_-)$$

当 $F(s)$ 存在时，只要 $\mathrm{Re}(s)=\sigma$ 足够大，当 $t\to\infty$ 时，$\mathrm{e}^{-st}f(t)\to0$，由此类推，得

$$\mathscr{L}[f''(t)] = \mathscr{L}\left[\frac{\mathrm{d}f'(t)}{\mathrm{d}t}\right] = s[sF(s) - f(0_-)] - f'(0_-) = s^2F(s) - sf(0_-) - f'(0_-)$$

$$\vdots$$

$$\mathscr{L}[f^n(t)] = \mathscr{L}\left[\frac{\mathrm{d}^n}{\mathrm{d}t^n}f(t)\right] = s^nF(s) - s^{n-1}f(0_-) - \cdots - sf^{(n-2)}(0_-) - f^{(n-1)}(0_-)$$

【例9-5】 求冲激函数$f(t) = \delta(t)$的象函数。

解：由于$\delta(t) = \frac{\mathrm{d}}{\mathrm{d}t}\varepsilon(t)$，而$\mathscr{L}[\varepsilon(t)] = \frac{1}{s}$，所以

$$\mathscr{L}[\delta(t)] = \mathscr{L}\left[\frac{\mathrm{d}}{\mathrm{d}t}\varepsilon(t)\right] = s \cdot \frac{1}{s} - 0 = 1$$

此结果与【例9-3】用定义法求得的结果完全相同。

3. 积分性质

如果$L[f(t)] = F(s)$，则

$$\mathscr{L}\left[\int_{0_-}^{t} f(\xi)\mathrm{d}\xi\right] = \frac{F(s)}{s} \tag{9-5}$$

证明：因为$\frac{\mathrm{d}}{\mathrm{d}t}\int_{0_-}^{t} f(\xi)\mathrm{d}\xi = f(t)$，两边进行拉氏变换，并由式（9-4）微分性质可得

$$\mathscr{L}[f(t)] = \mathscr{L}\left[\frac{\mathrm{d}}{\mathrm{d}t}\int_{0_-}^{t} f(\xi)\mathrm{d}\xi\right] = s\mathscr{L}\left[\int_{0_-}^{t} f(\xi)\mathrm{d}\xi\right] - \int_{0_-}^{t} f(\xi)\mathrm{d}\xi\bigg|_{t=0_-}$$

$$F(s) = s\mathscr{L}\left[\int_{0_-}^{t} f(\xi)\mathrm{d}\xi\right]$$

故

$$L\left[\int_{0_-}^{t} f(\xi)\mathrm{d}\xi\right] = \frac{F(s)}{s}$$

式（9-5）说明，原函数$f(t)$从0_-到t的积分的象函数等于它的象函数$F(s)$除以s。

推广：$\mathscr{L}\left[\int_{0_-}^{t}\int_{0_-}^{t}\cdots\int_{0_-}^{t} f(\xi)\mathrm{d}\xi\right] = \frac{F(s)}{s^n}$

【例9-6】 利用积分性质求函数$f(t) = t$和$f(t) = \sin(\omega t)$的象函数。

解：由于$f(t) = t = \int_{0}^{t}\varepsilon(\xi)\mathrm{d}\xi$，$\mathscr{L}[\varepsilon(t)] = \frac{1}{s}$，根据积分性质可得$\mathscr{L}[t] = \frac{1}{s}\cdot\frac{1}{s} = \frac{1}{s^2}$

由于$f(t) = \sin(\omega t) = \omega\int_{0}^{t}\cos(\omega\xi)\mathrm{d}\xi$，$\mathscr{L}[\cos(\omega t)] = \frac{s}{s^2+\omega^2}$

根据积分性质有$\mathscr{L}[\sin(\omega t)] = \omega\cdot\frac{s}{s^2+\omega^2}\cdot\frac{1}{s} = \frac{\omega}{s^2+\omega^2}$

4. 初值定理和终值定理

初值定理：如果$L[f(t)] = F(s)$，则

$$f(0_+) = \lim_{t\to 0_+} f(t) = \lim_{s\to\infty} sF(s) \tag{9-6}$$

证明：首先，一阶导数的算子变换为

$$\mathscr{L}\left[\frac{\mathrm{d}f}{\mathrm{d}t}\right] = sF(s) - f(0_-) = \int_{0_-}^{\infty}\frac{\mathrm{d}f}{\mathrm{d}t}\mathrm{e}^{-st}\mathrm{d}t$$

取 $s \to \infty$ 时的极限，即

$$\lim_{s\to\infty}[sF(s)-f(0_-)]=\lim_{s\to\infty}\int_{0_-}^{\infty}\frac{\mathrm{d}f}{\mathrm{d}t}\mathrm{e}^{-st}\mathrm{d}t=\lim_{s\to\infty}\left(\int_{0_-}^{0_+}\frac{\mathrm{d}f}{\mathrm{d}t}\mathrm{e}^{0}\mathrm{d}t+\int_{0_+}^{\infty}\frac{\mathrm{d}f}{\mathrm{d}t}\mathrm{e}^{-st}\mathrm{d}t\right)$$

当 $s \to \infty$ 时，$(\mathrm{d}f/\mathrm{d}t)\mathrm{e}^{-st} \to 0$，因此上式最右端第二个积分式的极限为零，于是有

$$\lim_{s\to\infty}\int_{0_-}^{\infty}\frac{\mathrm{d}f}{\mathrm{d}t}\mathrm{e}^{-st}\mathrm{d}t=f(0_+)-f(0_-)$$

因为 $f(0_-)$ 与 s 无关，有

$$\lim_{s\to\infty}[sF(s)-f(0_-)]=\lim_{s\to\infty}[sF(s)]-f(0_-)$$

所以

$$\lim_{s\to\infty}sF(s)=f(0_+)=\lim_{t\to0^+}f(t)$$

初值定理证明完毕。

终值定理：如果 $L[f(t)]=F(s)$，则

$$f(\infty)=\lim_{t\to\infty}f(t)=\lim_{s\to0}sF(s) \tag{9-7}$$

证明：终值定理的证明与初值定理的证明相似，只是取 $s \to 0$ 时的极限，有

$$\lim_{s\to0}[sF(s)-f(0_-)]=\lim_{s\to0}\int_{0_-}^{\infty}\frac{\mathrm{d}f}{\mathrm{d}t}\mathrm{e}^{-st}\mathrm{d}t=\lim_{s\to0}\left(\int_{0_-}^{\infty}\frac{\mathrm{d}f}{\mathrm{d}t}\mathrm{d}t\right)$$

因为上式最右项中积分上限为无穷大，该积分也可以写为极限形式，即

$$\int_{0_-}^{\infty}\frac{\mathrm{d}f}{\mathrm{d}t}\mathrm{d}t=\lim_{t\to\infty}\int_{0_-}^{t}\frac{\mathrm{d}f}{\mathrm{d}\xi}\mathrm{d}\xi=\lim_{t\to\infty}[f(t)-f(0_-)]$$

$$\lim_{s\to0}[sF(s)-f(0_-)]=\lim_{s\to0}[sF(s)]-f(0_-)$$

所以

$$\lim_{s\to0}sF(s)=\lim_{t\to\infty}f(t)=f(\infty)$$

终值定理证明完毕。

【例 9-7】 已知某象函数为 $F(s)=\dfrac{3s^2+2s}{2s^3+3s^2+2s+6}$，求原函数的初值和终值。

解：根据拉氏变换初值定理和终值定理，有

$$f(0_+)=\lim_{t\to0_+}f(t)=\lim_{s\to\infty}sF(s),\ f(\infty)=\lim_{t\to\infty}f(t)=\lim_{s\to0}sF(s)$$

所以

$$f(0_+)=\lim_{s\to\infty}\frac{3s^3+2s^2}{2s^3+3s^2+2s+6}=\lim_{s\to\infty}\frac{3+\dfrac{2}{s}}{2+\dfrac{3}{s}+\dfrac{2}{s^2}+\dfrac{6}{s^3}}=\frac{3}{2}$$

$$f(\infty)=\lim_{s\to0}\frac{3s^3+2s^2}{2s^3+3s^2+2s+6}=0$$

5. 时域平移性质

如果 $\mathscr{L}[f(t)\varepsilon(t)]=F(s)$，则

$$\mathscr{L}[f(t-t_0)\varepsilon(t-t_0)=\mathrm{e}^{-st_0}F(s) \tag{9-8}$$

证明：

$$\begin{aligned}\mathscr{L}[f(t-t_0)\varepsilon(t-t_0)] &= \int_{0_-}^{\infty} f(t-t_0)\varepsilon(t-t_0)\mathrm{e}^{-st}\mathrm{d}t \\ &= \int_{t_0}^{\infty} f(t-t_0)\mathrm{e}^{-st}\mathrm{d}t \\ &= \int_{t_0}^{\infty} f(t-t_0)\mathrm{e}^{-s(t-t_0)}\mathrm{e}^{-st_0}\mathrm{d}(t-t_0)\end{aligned}$$

令 $\tau = t - t_0$，则上式可变换为

$$\mathscr{L}[f(t-t_0)\varepsilon(t-t_0)] = \int_{0_-}^{\infty} f(\tau)\varepsilon(\tau)\mathrm{e}^{-s\tau}\mathrm{e}^{-st_0}\mathrm{d}t = \mathrm{e}^{-st_0}F(s)$$

对于一些矩形脉冲波和任意阶梯波，由于它们可用单位阶跃函数和延迟单位阶跃函数来表示，因此利用时域平移性质可直接写出这些波形的象函数。

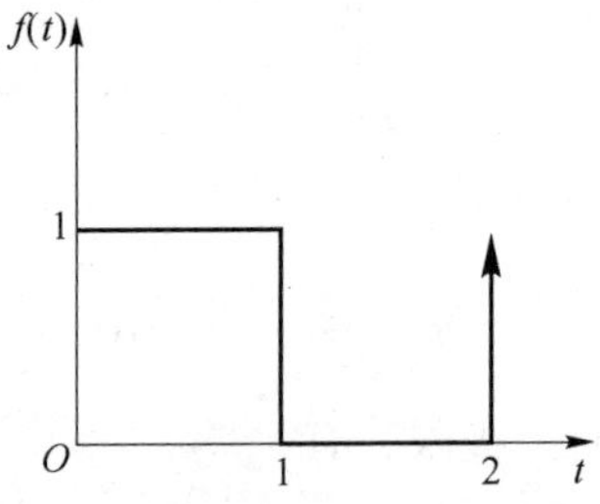

图 9－1　例 9－8 图

【例 9－8】 求图 9－1 所示波形的象函数。

解：图 9－1 中波形的时域解析式为

$$f(t) = \varepsilon(t) - \varepsilon(t-1) + \delta(t-2)$$

因为 $\mathscr{L}[\varepsilon(t)] = \frac{1}{s}$，$\mathscr{L}[\delta(t)] = 1$，根据时域平移性质，所以

$$F(s) = \frac{1}{s}(1 - \mathrm{e}^{-s}) + \mathrm{e}^{-2s}$$

6. 复频域平移性质

如果 $\mathscr{L}[f(t)] = F(s)$，则

$$\mathscr{L}[\mathrm{e}^{-at}f(t)] = F(s+a) \tag{9-9}$$

在时域中乘以负指数，相当于延迟，对应于频域中平移。

证明：$\mathscr{L}[\mathrm{e}^{-at}f(t)] = \int_{0_-}^{\infty}\mathrm{e}^{-at}f(t)\mathrm{e}^{-st}\mathrm{d}t = \int_{0_-}^{\infty}f(t)\mathrm{e}^{-(s+a)t}\mathrm{d}t = F(s+a)$

该性质在进行拉氏反变换时应用较多。

【例 9－9】 求下列函数的象函数。

(1) $3\mathrm{e}^{-2t}\cos(2t)$　　(2) $\mathrm{e}^{-2t}\varepsilon(t-1)$

解：(1) 因为 $\mathscr{L}[\cos(\omega t)] = \frac{s}{s_2 + \omega^2}$，根据频域平移性质，所以

$$\mathscr{L}[3\mathrm{e}^{-2t}\cos(2t)] = \frac{3(s+2)}{(s+2)^2 + 4}$$

(2) 根据时域平移性质，有

$$\mathscr{L}[\varepsilon(t-1)] = \frac{1}{s}\mathrm{e}^{-s}$$

再根据频域平移性质，有

$$\mathscr{L}[\mathrm{e}^{-2t}\varepsilon(t-1)] = \frac{1}{s+2}\mathrm{e}^{-(s+2)}$$

7. 卷积定理

设有两个时域函数 $f_1(t)$ 和 $f_2(t)$，它们在 $t<0$ 时为零，$f_1(t)$ 和 $f_2(t)$ 的卷积定义为

$$f_1(t) * f_2(t) = \int_{0_-}^{t} f_1(t-\xi) f_2(\xi) \mathrm{d}\xi \tag{9-10}$$

拉氏变换的卷积定理：如果 $\mathscr{L}[f_1(t)] = F_1(s)$，$\mathscr{L}[f_2(t)] = F_2(s)$，则

$$\mathscr{L}[f_1(t) * f_2(t)] = F_1(s) \cdot F_2(s) \tag{9-11}$$

证明：根据拉氏变换定义，有

$$\mathscr{L}[f_1(t) * f_2(t)] = \int_0^{\infty} [\mathrm{e}^{-st} \int_0^t f_1(t-\xi) f_2(\xi) \mathrm{d}\xi] \mathrm{d}t$$

根据延迟的单位阶跃函数的定义，即

$$\varepsilon(t-\xi) = \begin{cases} 1 & (\xi < t) \\ 0 & (\xi > t) \end{cases}$$

得

$$\int_0^t f_1(t-\xi) f_2(\xi) \mathrm{d}\xi = \int_0^{\infty} f_1(t-\xi) \varepsilon(t-\xi) f_2(\xi) \mathrm{d}\xi$$

$$\mathscr{L}[f_1(t) * f_2(t)] = \int_0^{\infty} \mathrm{e}^{-st} \int_0^{\infty} f_1(t-\xi) \varepsilon(t-\xi) f_2(\xi) \mathrm{d}\xi \mathrm{d}t$$

令 $x = t - \xi$，则 $\mathrm{e}^{-st} = \mathrm{e}^{-s(x+\xi)}$，上式变为

$$\begin{aligned} \mathscr{L}[f_1(t) * f_2(t)] &= \int_0^{\infty} \mathrm{e}^{-sx} \mathrm{e}^{-s\xi} \int_0^{\infty} f_1(x) \varepsilon(x) f_2(\xi) \mathrm{d}\xi \mathrm{d}t \\ &= \int_0^{\infty} f_1(x) \varepsilon(x) \mathrm{e}^{-sx} \mathrm{d}x \int_0^{\infty} f_2(\xi) \mathrm{e}^{-s\xi} \mathrm{d}\xi \\ &= F_1(s) \cdot F_2(s) \end{aligned}$$

同理，可以证明

$$\mathscr{L}[f_2(t) * f_1(t)] = F_2(s) \cdot F_1(s)$$

所以

$$f_1(t) * f_2(t) = f_2(t) * f_1(t)$$

根据拉氏变换的定义及与电路分析有关的拉氏变换的一些基本性质，可以方便地求得一些常用的时间函数的象函数，如表 9－1 所示。

表 9－1　常用的时间函数和象函数

原函数 $f(t)$	象函数 $F(s)$	原函数 $f(t)$	象函数 $F(s)$
$A\delta(t)$	A	$\mathrm{e}^{-at}\cos(\omega t)$	$\frac{s+a}{(s+a)^2+\omega^2}$
$A\varepsilon(t)$	$\frac{A}{s}$	$t\mathrm{e}^{-at}$	$\frac{1}{(s+a)^2}$
$A\mathrm{e}^{-at}$	$\frac{A}{s+a}$	t	$\frac{1}{s^2}$
$1-\mathrm{e}^{-at}$	$\frac{a}{s(s+a)}$	$\sinh(at)$	$\frac{a}{s^2-a^2}$
$\sin(\omega t)$	$\frac{\omega}{s^2+\omega^2}$	$\cosh(at)$	$\frac{s}{s^2-a^2}$
$\cos(\omega t)$	$\frac{s}{s^2+\omega^2}$	$(1-at)\mathrm{e}^{-at}$	$\frac{s}{(s+a)^2}$
$\sin(\omega t+\phi)$	$\frac{s\sin\phi+\omega\cos\phi}{s^2+\omega^2}$	$\frac{1}{2}t^2$	$\frac{1}{s^3}$

续表

原函数$f(t)$	象函数$F(s)$	原函数$f(t)$	象函数$F(s)$
$\cos(\omega t+\phi)$	$\dfrac{s\cos\phi-\omega\sin\phi}{s^2+\omega^2}$	$\dfrac{1}{n!}t^n$	$\dfrac{1}{s^{n+1}}$
$e^{-at}\sin(\omega t)$	$\dfrac{\omega}{(s+a)^2+\omega^2}$	$\dfrac{1}{n!}t^n e^{-at}$	$\dfrac{1}{(s+a)^{n+1}}$

9.3 拉普拉斯反变换

当高阶线性电路求解时域响应时，常常应用拉氏变换分析问题，在应用中首先要将时域中的参量变换为复频域中的参量，然后求得用象函数表示的解，最后，还需要将所求结果的象函数进行拉氏反变换，以求得时域中的解。

拉普拉斯反变换的定义式为

$$f(t)=\frac{1}{2\pi j}\int_{\sigma-j\infty}^{\sigma+j\infty}F(s)e^{st}ds \tag{9-12}$$

计算这一积分要用到复变函数的积分，计算较为烦琐，因而在工程上一般不用此公式。实际上，对于线性集总参数电路，其元件值是常数，因此，其未知电压和电流的s域表达式也是s的有理函数，如果能求出s的有理函数的反变换，就可以求出电流和电压的时域表达式，以下将介绍一种简单而又系统的求有理函数反变换的方法——部分分式展开法，用部分分式展开法处理，变为表9-1所列的形式，根据对应关系求拉氏反变换。

电路响应的象函数通常可以表示为一个s的有理分式，即

$$F(s)=\frac{N(s)}{D(s)}=\frac{a_ms^m+a_{m-1}s^{m-1}+\cdots+a_0}{b_ns^n+b_{n-1}s^{n-1}+\cdots+b_0} \tag{9-13}$$

式中m和n为正整数，且$n\geqslant m$。

用部分分式展开有理分式$F(s)$时，需要将有理分式化为真分式，若$n>m$，则$F(s)$为真分式，若$n=m$，则$F(s)$可写为

$$F(s)=A+\frac{N_0(s)}{D(s)} \tag{9-14}$$

式中，A是常数，其对应的时间函数为$A\delta(t)$，余数项$\dfrac{N_0(s)}{D(s)}$是真分式。

用部分分式展开真分式时，要对分母多项式$D(s)$作因式分解，求出$D(s)=0$的根，$D(s)=0$的根可能是单根、共轭复根和重根，以下分别介绍这3种情况的部分分式反变换。

1. 单根

如果$D(s)=0$有n个单根，设这n个单根分别是p_1，p_2，…，p_n，那么$F(s)$可以展开为

$$F(s)=\frac{K_1}{s-p_1}+\frac{K_2}{s-p_2}+\cdots+\frac{K_n}{s-p_n} \tag{9-15}$$

式中K_1，K_2，…，K_n是待定系数。

将式（9－15）两边都乘以$(s-p_1)$，得

$$(s-p_1)F(s)=K_1+(s-p_1)\left(\frac{K_2}{s-p_2}+\cdots+\frac{K_n}{s-p_n}\right)$$

令$s=p_1$，则等式除第一项外都变为零，这样求得

$$K_1=(s-p_1)F(s)\mid_{s=p_1}$$

同理可求得其他系数。所以确定式（9－13）中各待定系数的公式为

$$K_i=(s-p_i)F(s)\mid_{s=p_i}\quad i=1,2,\cdots,n \tag{9-16}$$

因为p_i是$D(s)=0$的一个根，故关于K_i的式（9－16）为“$\frac{0}{0}$”型不定式，可以用求极限的方法确定K_i的值，即

$$K_i=\lim_{s\to p_i}\frac{(s-p_i)N(s)}{D(s)}=\lim_{s\to p_i}\frac{(s-p_i)N'(s)+N(s)}{D'(s)}=\frac{N(s)}{D'(s)}$$

所以确定式（9－16）中各待定系数的另一公式为

$$K_i=\left.\frac{N(s)}{D'(s)}\right|_{s=p_i}\quad i=1,2,\cdots,n \tag{9-17}$$

确定了式（9－15）中各待定系数后，相应的原函数为

$$f(t)=\mathscr{L}^{-1}[F(s)]=\sum_{i=1}^{n}K_i e^{p_i t}$$

【例9－10】 求$F(s)=\frac{2s+1}{s^3+5s^2+6s}$的原函数$f(t)$。

解：由$D(s)=s^3+5s^2+6s=s(s+2)(s+3)=0$，可求出$D(s)=0$的根为

$$p_1=0,\ p_2=-2,\ p_3=-3$$

则$F(s)$可分解为

$$F(s)=\frac{2s+1}{s(s+2)(s+3)}=\frac{K_1}{s}+\frac{K_2}{s+2}+\frac{K_3}{s+3}$$

方法一：

根据式（9－16）有

$$K_1=s\cdot\frac{2s+1}{s(s+2)(s+3)}=\left.\frac{2s+1}{(s+2)(s+3)}\right|_{s=0}=\frac{1}{6}$$

$$K_2=(s+2)\cdot\frac{2s+1}{s(s+2)(s+3)}=\left.\frac{2s+1}{s(s+3)}\right|_{s=-2}=\frac{3}{2}$$

$$K_3=(s+3)\cdot\frac{2s+1}{s(s+2)(s+3)}=\left.\frac{2s+1}{s(s+2)}\right|_{s=-3}=-\frac{5}{3}$$

方法二：

根据式（9－17）有

$$K_1=\left.\frac{N(s)}{D'(s)}\right|_{s=p_1}=\left.\frac{2s+1}{3s^2+10s+6}\right|_{s=0}=\frac{1}{6}$$

$$K_2=\left.\frac{N(s)}{D'(s)}\right|_{s=p_1}=\left.\frac{2s+1}{3s^2+10s+6}\right|_{s=-2}=\frac{3}{2}$$

$$K_3=\left.\frac{N(s)}{D'(s)}\right|_{s=p_1}=\left.\frac{2s+1}{3s^2+10s+6}\right|_{s=-3}=-\frac{5}{3}$$

故原函数为

$$f(t)=\frac{1}{6}+\frac{3}{2}e^{-2t}-\frac{5}{3}e^{-3t}$$

2. 共轭复根

如果 $D(s)=0$ 具有共轭复根 $p_1=\alpha+j\omega$，$p_2=\alpha-j\omega$，则

$$K_1=(s-\alpha-j\omega)F(s)|_{s=\alpha+j\omega}=\left.\frac{N(s)}{D'(s)}\right|_{s=\alpha+j\omega}$$

$$K_2=(s-\alpha+j\omega)F(s)|_{s=\alpha-j\omega}=\left.\frac{N(s)}{D'(s)}\right|_{s=\alpha-j\omega}$$

由于 $F(s)$ 是实系数多项式之比，所以 K_1、K_2 为共轭复数。

设 $K_1=|K_1|e^{j\theta_1}$，则 $K_2=|K_1|e^{-j\theta_1}$，有

$$\begin{aligned}f(t)&=K_1e^{(\alpha+j\omega)t}+K_2e^{(\alpha-j\omega)t}=|K_1|e^{j\theta_1}e^{(\alpha+j\omega)t}+|K_1|e^{-j\theta_1}e^{(\alpha-j\omega)t}\\&=|K_1|e^{\alpha t}[e^{j(\omega t+\theta_1)}+e^{-j(\omega t+\theta_1)}]=2|K_1|e^{\alpha t}\cos(\omega t+\theta_1)\end{aligned}\quad(9-18)$$

式（9－18）的结果应用到了欧拉公式 $\cos\theta=\frac{e^{j\theta}+e^{-j\theta}}{2}$。

【例 9－11】 求 $F(s)=\frac{s+3}{s^2+2s+5}$ 的原函数 $f(t)$。

解：方法一：

$D(s)=s^2+2s+5=0$ 的根为共轭复根，分别为 $p_1=-1+j2$，$p_2=-1-j2$。

$$K_1=\left.\frac{N(s)}{D'(s)}\right|_{s=p_1}=\left.\frac{s+3}{2s+2}\right|_{s=-1+j2}=0.5-j0.5=0.5\sqrt{2}e^{-j\frac{\pi}{4}}$$

$$K_2=|K_1|e^{-j\theta_1}=0.5\sqrt{2}e^{j\frac{\pi}{4}}$$

根据式（9－18）可得

$$f(t)=2|K_1|e^{-t}\cos\left(2t-\frac{\pi}{4}\right)=\sqrt{2}e^{-t}\cos\left(2t-\frac{\pi}{4}\right)$$

方法二：

此象函数可以分解为

$$F(s)=\frac{(s+1)+2}{(s+1)^2+2^2}=\frac{s+1}{(s+1)^2+2^2}+\frac{2}{(s+1)^2+2^2}$$

根据表 9－1 中三角函数与象函数的对应关系以及复频域平移特性式（9－9）可得

$$f(t)=e^{-t}\cos 2t+e^{-t}\sin 2t=\sqrt{2}e^{-t}\cos\left(2t-\frac{\pi}{4}\right)$$

3. 重根

如果 $D(s)=0$ 具有 n 重根，则应含 $(s-p_1)^n$ 的因式。先假设 $D(s)$ 中含有 $(s-p_1)^3$ 的因式，p_1 为 $D(s)=0$ 的三重根，其余为单根，$F(s)$ 可分解为

$$F(s)=\frac{K_{13}}{s-p_1}+\frac{K_{12}}{(s-p_1)^2}+\frac{K_{11}}{(s-p_1)^3}+\left(\frac{K_2}{s-p_2}+\cdots\right)\quad(9-19)$$

对于单根的系数确定仍采用式（9－17）计算。

将式（9－19）两边都乘以$(s-p_1)^3$，则K_{11}被单独分离出来，即

$$(s-p_1)^3F(s)=(s-p_1)^2K_{13}+(s-p_1)K_{12}+K_{11}+(s-p_1)^3\left(\frac{K_2}{s-p_2}+\cdots\right) \quad (9-20)$$

则

$$K_{11}=(s-p_1)^3F(s)\big|_{s=p_1}$$

再对式（9－20）两边对s求导一次，K_{12}被分离出来，即

$$\frac{\mathrm{d}}{\mathrm{d}s}[(s-p_1)^3F(s)]=2(s-p_1)K_{13}+K_{12}+\frac{\mathrm{d}}{\mathrm{d}s}\left[(s-p_1)^3\left(\frac{K_2}{s-p_2}+\cdots\right)\right]$$

所以

$$K_{12}=\frac{\mathrm{d}}{\mathrm{d}s}[(s-p_1)^3F(s)]\bigg|_{s=p_1}$$

用同样方法可求得

$$K_{13}=\frac{1}{2}\frac{\mathrm{d}^2}{\mathrm{d}s^2}[(s-p_1)^3F(s)]\bigg|_{s=p_1}$$

从以上分析过程可以推广到当$D(s)=0$具有q阶重根，其余为单根的分解式为

$$F(s)=\frac{K_{1q}}{s-p_1}+\frac{K_{1(q-1)}}{(s-p_1)^2}+\cdots+\frac{K_{11}}{(s-p_1)^q}+\left(\frac{K_2}{s-p_2}+\cdots\right) \quad (9-21)$$

式中

$$K_{11}=(s-p_1)^qF(s)\big|_{s=p_1}$$

$$K_{12}=\frac{\mathrm{d}}{\mathrm{d}s}[(s-p_1)^qF(s)]\bigg|_{s=p_1}$$

$$K_{13}=\frac{1}{2}\frac{\mathrm{d}^2}{\mathrm{d}s^2}[(s-p_1)^qF(s)]\bigg|_{s=p_1}$$

$$\vdots$$

$$K_{1q}=\frac{1}{(q-1)!}\frac{\mathrm{d}^{q-1}}{\mathrm{d}s^{q-1}}[(s-p_1)^qF(s)]\bigg|_{s=p_1}$$

如果$D(s)=0$具有多个重根时，对每个重根分别应用上述方法即可得到相应系数。

【例9－12】 求$F(s)=\dfrac{3}{s^3(s+3)^2}$的原函数$f(t)$。

解：$D(s)=s^3(s+3)^2=0$的特征根$p_1=0$为三重根，$p_2=-3$为二重根。$F(s)$可分解为

$$F(s)=\frac{K_{11}}{s^3}+\frac{K_{12}}{s^2}+\frac{K_{13}}{s}+\frac{K_{21}}{(s+3)^2}+\frac{K_{22}}{s+3}$$

$$K_{11}=s^3F(s)=\frac{9}{(s+3)^2}\bigg|_{s=0}=\frac{1}{3}$$

$$K_{12}=\frac{\mathrm{d}}{\mathrm{d}s}\frac{3}{(s+3)^2}=\frac{-6}{(s+3)^3}\bigg|_{s=0}=-\frac{2}{9}$$

$$K_{13}=\frac{1}{2}\frac{\mathrm{d}^2}{\mathrm{d}s^2}\frac{3}{(s+3)^2}=\frac{9}{(s+3)^4}\bigg|_{s=0}=\frac{1}{9}$$

$$K_{21}=(s+3)^2F(s)=\frac{3}{s^3}\bigg|_{s=-3}=-\frac{1}{9}$$

$$K_{22} = \frac{\mathrm{d}}{\mathrm{d}s}\frac{3}{s^3} = \left.\frac{-9}{s^4}\right|_{s=-3} = -\frac{1}{9}$$

所以

$$F(s) = \frac{1}{3s^3} + \frac{-2}{9s^2} + \frac{1}{9s} - \frac{1}{9(s+3)^2} - \frac{1}{9(s+3)}$$

相应的原函数为

$$f(t) = \frac{1}{6}t^2 - \frac{2}{9}t + \frac{1}{9} - \frac{1}{9}t\mathrm{e}^{-3t} - \frac{1}{9}\mathrm{e}^{-3t}$$

【例 9－13】 用拉氏变换法解下述微分方程。

(1) $2\frac{\mathrm{d}y}{\mathrm{d}t} + 4y = \mathrm{e}^{-t}\varepsilon(t)$，$y(0_-) = 2$

(2) $\frac{\mathrm{d}^2y}{\mathrm{d}t^2} + 3\frac{\mathrm{d}y}{\mathrm{d}t} + 2y = 0$，$y(0_-) = 0$，$\frac{\mathrm{d}y(0_-)}{\mathrm{d}t} = 1$

(3) $\frac{\mathrm{d}^2y}{\mathrm{d}t^2} + 3\frac{\mathrm{d}y}{\mathrm{d}t} + 2y = t\varepsilon(t)$，$y(0_-) = 1$，$\frac{\mathrm{d}y(0_-)}{\mathrm{d}t} = 2$

解：(1) 对微分方程两边取拉氏变换，得

$$2sY(s) - 2y(0_-) + 4Y(s) = \frac{1}{s+1}$$

代入初始条件并整理得

$$Y(s) = \frac{1}{2(s+1)} + \frac{3}{2(s+2)}$$

进行拉氏反变换得

$$y(t) = \left(\frac{1}{2}\mathrm{e}^{-t} + \frac{3}{2}\mathrm{e}^{-2t}\right)\varepsilon(t)$$

(2) 对微分方程两边取拉氏变换，得

$$s^2Y(s) - sy(0_-) - y'(0_-) + 3sY(s) - 3y(0_-) + 2Y(s) = 0$$

代入初始条件并整理得

$$Y(s) = \frac{1}{(s+1)(s+2)} = \frac{1}{s+1} - \frac{1}{s+2}$$

进行拉氏反变换得

$$y(t) = (e^{-t} - e^{-2t})\varepsilon(t)$$

(3) 对微分方程两边取拉氏变换，得

$$s^2Y(s) - sy(0_-) - y'(0_-) + 3sY(s) - 3y(0_-) + 2Y(s) = \frac{1}{s^2}$$

代入初始条件并整理得

$$Y(s) = \frac{s^3 + 5s^2 + 1}{s^2(s^2 + 3s + 2)} = -\frac{3}{4s} + \frac{1}{2s^2} + \frac{5}{s+1} - \frac{13}{4(s+2)}$$

进行拉氏反变换得

$$y(t)=\left(-\frac{3}{4}+\frac{1}{2}t+5\mathrm{e}^{-t}-\frac{13}{4}\mathrm{e}^{-2t}\right)\varepsilon(t)$$

9.4 运算电路

拉氏变换是电路分析中的一个有效工具，它有两个特点：一是拉氏变换将线性常系数微分方程转化为容易处理的线性多项式；二是拉氏变换将电流和电压变量的初始值自动引入到多项式方程中。在变换处理的过程中，初始条件就成为变换的一部分，但在经典的微分方程求解中，初始条件是在求未知系数时考虑的。本节将介绍如何跳过列写时域微分方程，直接转换到 s 域中，介绍 s 域中的电路定律，s 域中的电阻、电感和电容的电路模型。s 域中的电路模型也称为运算电路。

9.4.1 s 域中的基尔霍夫定律

基尔霍夫定律的时域表达式为

对于任一结点，$\sum i(t)=0$；

对于任一回路，$\sum u(t)=0$。

根据拉氏变换的线性性质得出基尔霍夫定律的运算形式为

对于任一结点，$\sum I(s)=0$；

对于任一回路，$\sum U(s)=0$。

9.4.2 电路元件的电路模型

根据元件电压、电流的时域关系，可以推导出各元件电压电流关系的运算形式。

1\. 电阻

电阻的电路模型如图 9-2 所示。

图 9-2（a）为电阻元件的时域电路，电阻元件的电压和电流关系为

$$u(t)=Ri(t)$$

两边取拉氏变换，得

图 9-2 电阻的电路模型

（a）时域电路；（b）s 域运算电路

$$U(s) = RI(s) \tag{9-22}$$

式（9－22）就是电阻 VCR 的运算形式，从而可得到图 9－2（b）所示的电阻 R 的 s 域运算电路。

2. 电感

电感的电路模型如图 9－3 所示。

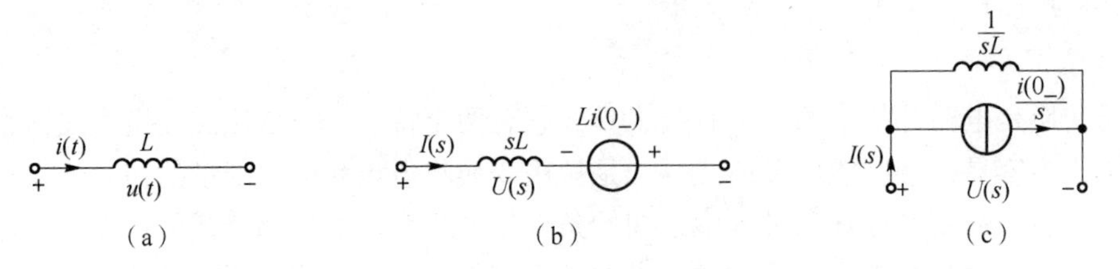

图 9－3　电感的电路模型

（a）时域电路；（b）s 域电压源型运算电路；（c）s 域电流源型运算电路

图 9－3（a）为电感的时域电路，电感在时域中电压和电流的关系有

$$u(t) = L\frac{\mathrm{d}i(t)}{\mathrm{d}t}$$

两边取拉氏变化，并根据拉氏变换的微分性质得

$$\mathscr{L}[u(t)] = \mathscr{L}\left[L\frac{\mathrm{d}i(t)}{\mathrm{d}t}\right]$$

$$U(s) = sLI(s) - Li(0_-) \tag{9-23}$$

式（9－23）中 sL 为电感的运算阻抗，与正弦电流电路的相量法中线性电感的阻抗形式相似，仅是以 s 替代 $\mathrm{j}\omega$ 而已。$i(0_-)$ 表示电感中的初始电流。由式（9－23）可以得到图 9－3（b）所示的 s 域电压源型运算电路，该电路不仅有电感元件，还有一个附加电压源，$Li(0_-)$ 表示附加电源的电压，它反映了电感中初始电流的作用，但它的参考极性与 $i(0_-)$ 的参考方向为非关联参考方向。

将式（9－23）变换一下可得

$$I(s) = \frac{1}{sL}U(s) + \frac{i(0_-)}{s} \tag{9-24}$$

由式（9－24）就可以得到图 9－3（c）所示的 s 域电流源型运算电路，该电路中 $\frac{1}{sL}$ 为电感的运算导纳，与相量法中线性电感的导纳也相似，仅是以 s 替代 $\mathrm{j}\omega$ 而已，以 $\frac{i(0_-)}{s}$ 表示附加电流源的电流，但它的参考方向与 $i(0_-)$ 的参考方向一致。

3. 电容

电容的电路模型如图 9－4 所示。

图 9－4（a）为电容的时域电路，电容在时域中电压和电流的关系有

$$u(t) = \frac{1}{C}\int_{0_-}^{t} i(\xi)\,\mathrm{d}\xi + u(0_-)$$

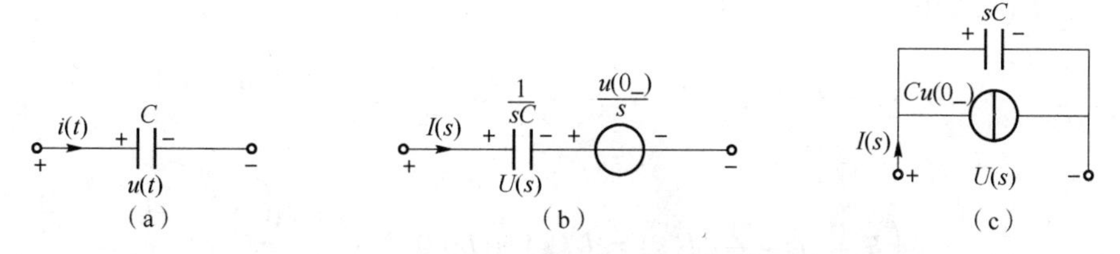

图 9-4 电容的电路模型

(a) 时域电路；(b) s 域电压源型运算电路；(c) s 域电流源型运算电路

取拉氏变换并根据拉氏变换的积分性质得

$$U(s)=\frac{1}{sC}I(s)+\frac{u(0_-)}{s} \tag{9-25}$$

也可以变换为

$$I(s)=sCU(s)-Cu(0_-) \tag{9-26}$$

根据式（9-25）、式（9-26）可以分别得到图 9-4（b）、（c）所示电容的 s 域电流源型运算电路，不仅包括运算阻抗 $\frac{1}{sC}$ 或运算导纳 sC，还包括附加电源 $\frac{u(0_-)}{s}$ 或 $Cu(0_-)$。附加电源反映了电容初始电压的作用，与电感一样，电容的运算阻抗和导纳与正弦电流电路的相量法中线性电容的阻抗和导纳的形式相似，仅是以 s 替代 $j\omega$ 而已，图 9-4（b）附加电源 $\frac{u(0_-)}{s}$ 的极性与 $u(0_-)$ 的参考极性相同，图 9-4（c）电流源的极性与 $u(0_-)$ 的参考极性为非关联参考方向。图 9-3（c）、图 9-4（c）的电流源型运算电路可通过电源相互等效的方法得到。

式（9-22）、式（9-23）、式（9-24）、式（9-25）和式（9-26）分别是线性电阻、线性电感和线性电容的伏安特性的运算形式，根据 R、L、C 元件伏安特性可以推导出 RLC 串联电路伏安特性的运算形式。

4. *RLC* 串联电路

RLC 串联电路如图 9-5 所示。

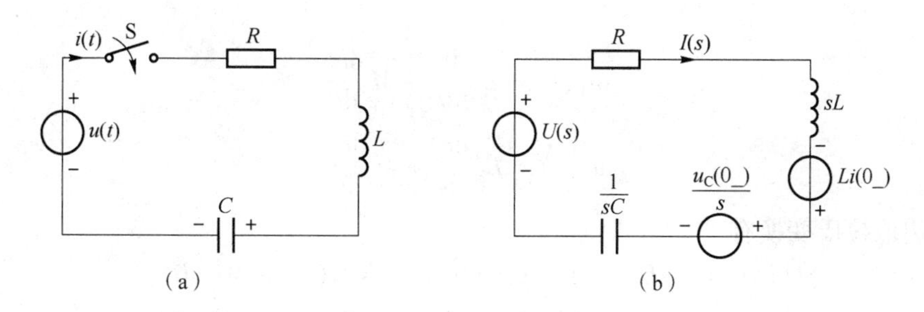

图 9-5 *RLC* 串联电路

(a) 时域电路；(b) s 域运算电路

RLC 串联电路时域电路如图 9-5（a）所示，设电源电压为 $u(t)$，电感中初始电流为 $i(0_-)$，电容中初始电压为 $u_C(0_-)$，$t=0$ 时换路，换路后，其 s 域运算模型如图 9-5（b）所

示。根据 $\sum U(s)=0$，有

$$RI(s)+sLI(s)-Li(0_-)+\frac{1}{sC}I(s)+\frac{u_C(0_-)}{s}=U(s)$$

整理得

$$\left(R+sL+\frac{1}{sC}\right)I(s)=U(s)+Li(0_-)-\frac{u_C(0_-)}{s}$$

$$Z(s)I(s)=U(s)+Li(0_-)-\frac{u_C(0_-)}{s}$$

式中，$Z(s)=R+sL+\frac{1}{sC}$ 称为 RLC 串联电路的运算阻抗。在零初始条件下，$i(0_-)=0$，$u_C(0_-)=0$，则有

$$Z(s)I(s)=U(s) \tag{9-27}$$

式（9－27）称为欧姆定律的运算形式。

5. 耦合电感元件

耦合电感电路如图9－6所示。

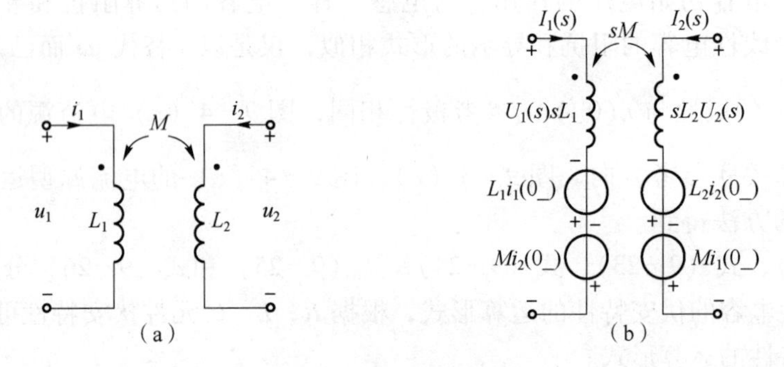

图9－6　耦合电感电路

（a）时域电路；（b）s 域运算电路

耦合电感电路的时域电路如图9－6（a）所示，在图示参考方向下的时域伏安特性方程为

$$u_1(t)=L_1\frac{di_1}{dt}+M\frac{di_2}{dt}$$

$$u_2(t)=L_2\frac{di_2}{dt}+M\frac{di_1}{dt}$$

对上式两边取拉氏变换有

$$\begin{cases}U_1(s)=sL_1I_1(s)-L_1i_1(0_-)+sMI_2(s)-Mi_2(0_-)\\U_2(s)=sL_2I_1(s)-L_2i_2(0_-)+sMI_1(s)-Mi_1(0_-)\end{cases} \tag{9-28}$$

式中，sM 称为互感运算阻抗，$Mi_1(0_-)$ 和 $Mi_2(0_-)$ 都是附加电压源，附加电压源的方向与电流 i_1、i_2 的参考方向有关。式（9－28）是耦合电感在 s 域的伏安特性，由该伏安特性可以得到图9－6（b）所示的 s 域运算电路。

6. 受控源

如果受控源（线性）的控制电压或电流是运算量，则受控源的电压或电流也是相应线性受控关系的运算量。现以图 9－7（a）的时域为例，此时有

$$u_2 = \mu u_1$$

运算形式为

$$U_2(s) = \mu U_1(s)$$

图 9－7（b）为 s 域运算电路。

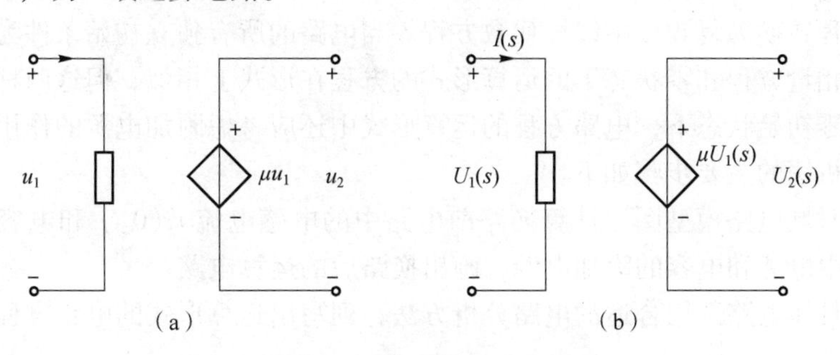

图 9－7　受控源的运算模型

（a）时域电路；（b）s 域运算电路

【例 9－14】 电路如图 9－8 所示，当 $t=0$ 时开关打开，画出运算电路。

解：先计算求得开关打开前电容电压和电感电流的初始值，根据图 9－8（a）可求得

$$u_C(0_-) = 25\ \text{V},\ i_L(0_-) = 5\ \text{A}$$

根据电容和电感的运算电路可以得到如图 9－8（b）所示的 s 域运算电路。

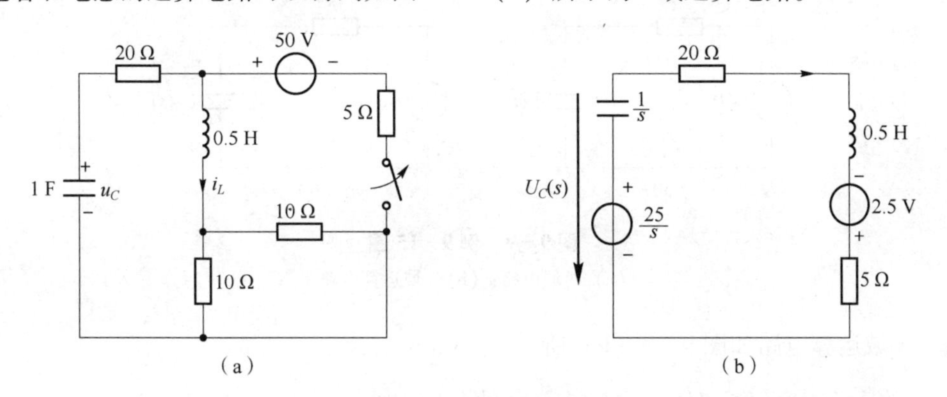

图 9－8　例 9－14 电路

（a）时域电路；（b）s 域运算电路

9.5　线性动态电路的复频域分析

线性动态电路的复频域分析法也称为运算法，它是应用拉氏变换求解线性时不变动态电

路时域响应的一种方法。KCL、KVL 和电路元件的 VCR 特性方程是施加于电路的两大约束条件，电路分析计算的各种方法都是以这两大约束条件为基本依据推导归纳得到的。通过拉氏变换推导出复频域形式的 KCL、KVL 和电路元件的 VCR 特性方程，从而把线性时不变动态电路变换成了复频域电路模型。因此，分析计算线性时不变电路的各种方法也适用于复频域电路分析。

电感、电容的运算阻抗和导纳与正弦电流电路的相量法中线性电感、电容的阻抗和导纳的形式相似，仅是以 s 替代 $j\omega$。实际上，运算法和相量法的基本思想类似，相量法把正弦量用相量表示，其目的是简化正弦函数计算，运算法把时间函数变换为对应的象函数，将时域中线性微分方程转换为复频域中线性代数方程。当电路的所有独立初始条件为零时，对于同一电路列出的相量方程和零状态下的运算形式的方程在形式上相似，但这两种方程具有不同的意义。在非零初始状态下，电路方程的运算形式中还应考虑附加电源的作用。

复频域分析法的主要步骤如下。

(1) 根据时域电路模型图，计算换路前电路中的电感电流 $i_L(0_-)$ 和电容电压 $u_C(0_-)$，确定运算电路中电感和电容的附加电源，画出换路后的运算电路。

(2) 根据具体电路选用合适的电路分析方法，列写出运算形式的电路方程，并求出待求量的象函数。

(3) 应用部分分式展开法对待求量的象函数进行拉氏反变换，求得待求量的原函数。

【例 9-15】 如图 9-9 (a) 所示为 RC 串联电路，激励为电压源 $u_S(t)$，电容电压初始状态 $u_C(0_-)=0$。

(1) 若 $u_S(t)=\varepsilon(t)$ V，试求电路响应 $u_C(t)$；

(2) $u_S(t)=\delta(t)$；试求电路响应 $u_C(t)$。

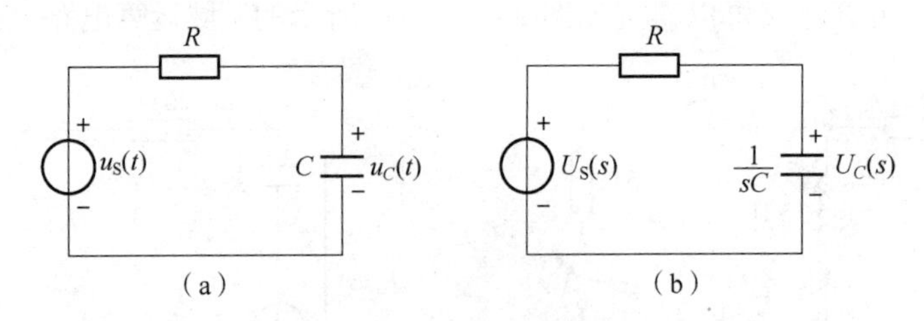

图 9-9 例 9-15 图

(a) 时域电路；(b) s 域运算电路

解：s 域运算电路如图 9-9 (b) 所示。

(1) 当 $u_S(t)=\varepsilon(t)$ 时，$u_S(s)=\frac{1}{s}$，故

$$U_C(s)=\frac{\frac{1}{sC}}{R+\frac{1}{sC}}\cdot\frac{1}{s}=\frac{\frac{1}{RC}}{s+\frac{1}{RC}}\cdot\frac{1}{s}=\frac{1}{s}-\frac{1}{s+\frac{1}{RC}}$$

其拉氏反变换为

$$u_C(t)=(1-e^{-\frac{1}{RC}t})\varepsilon(t)$$

(2) 当 $u_S(t)=\delta(t)$ 时，$U_S(s)=1$，故

$$U_C(s)=\frac{\frac{1}{sC}}{R+\frac{1}{sC}}\cdot 1=\frac{\frac{1}{RC}}{s+\frac{1}{RC}}$$

其拉氏反变换为

$$u_C(t)=\frac{1}{RC}e^{-\frac{1}{RC}t}\varepsilon(t)$$

以上结果分别为 RC 串联电路的阶跃响应和冲激响应。

【例 9-16】 电路如图 9-10（a）所示，开关 S 断开前电路已处于稳态。设 $t=0$ 时开关 S 断开，试求全响应 i_L、u_L 和 u_C。

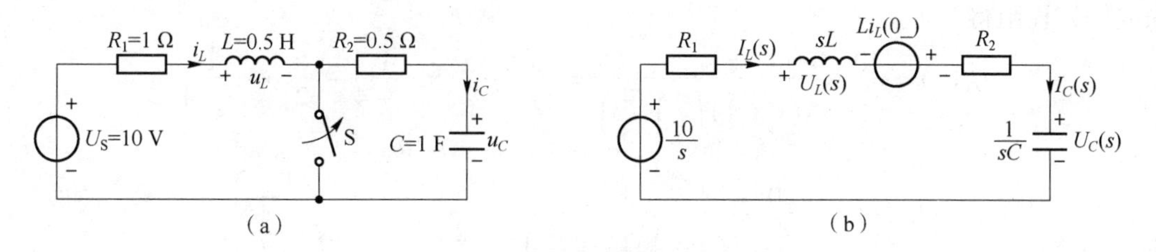

图 9-10　例 9-16 图

（a）时域电路；（b）s 域运算电路

解：开关断开前的电感电流 $i_L(0_-)$ 和电容电压 $u_C(0_-)$ 为

$$i_L(0_-)=10\ \text{A},\ u_C(0_-)=0\ \text{V}$$

将时域电路图转换为复频域（s 域）电路图如图 9-10（b）所示。注意电感附加电源的极性。

根据图 9-10（b）可列出电路方程，即

$$I_C(s)=I_L(s)=\frac{\frac{10}{s}+Li_L(0_-)}{R_1+R_2+sL+\frac{1}{sC}}=\frac{\frac{10}{s}+5}{1.5+0.5s+\frac{1}{s}}=\frac{10}{s+1}$$

$$U_C(s)=I_C(s)\cdot\frac{1}{sC}=\frac{10}{(s+1)s}=\frac{10}{s}-\frac{10}{s+1}$$

$$U_L(s)=I_L(s)\cdot sL-Li(0_-)=\frac{5s}{s+1}-5=\frac{-5}{s+1}$$

进行拉氏反变换分别得到时域响应，即

$$i_C(t)=10e^{-t}\ \text{A}$$

$$u_C(t)=10(1-e^{-t})\ \text{V}$$

$$u_L(t)=-5e^{-t}\ \text{V}$$

【例 9-17】 电路如图 9-11（a）所示，已知 $i_{L1}(0_-)=i_{L2}(0_-)=0$，$t=0$ 时开关 S 闭合，求 i_{L1} 和 i_{L2}。

解：储能元件的初始状态为零，做出换路后的运算电路如图 9-11（b）所示。以两个电感电流方向为回路绕行方向，列写回路电流方程，即

$$\begin{cases}(4s+8)I_{L1}(s)+2sI_{L2}(s)=\frac{40}{s}\\ 2sI_{L1}(s)+(4s+8)I_{L2}(s)=0\end{cases}$$

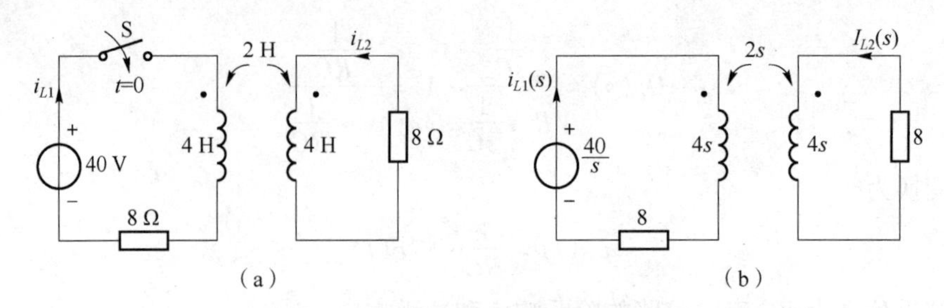

图 9-11　例 9-17 图

(a) 时域电路；(b) s 域运算电路

联立解方程组得

$$I_{L1}(s)=\frac{40}{3}\times\frac{s+2}{s(s+4)\left(s+\frac{4}{3}\right)}=\frac{5}{s}-\frac{5}{2}\times\frac{1}{s+4}-\frac{5}{2}\times\frac{1}{s+\frac{4}{3}}$$

$$I_{L2}(s)=-\frac{20}{3}\times\frac{1}{(s+4)\left(s+\frac{4}{3}\right)}=\frac{5}{2}\left(\frac{1}{s+4}-\frac{1}{s+\frac{4}{3}}\right)$$

通过拉氏反变换求得时域响应为

$$i_{L1}(t)=\left(5-\frac{5}{2}\mathrm{e}^{-4t}-\frac{5}{2}\mathrm{e}^{-\frac{4}{3}t}\right)\varepsilon(t)$$

$$i_{L2}(t)=\frac{5}{2}(\mathrm{e}^{-4t}-\mathrm{e}^{-\frac{4}{3}t})\varepsilon(t)$$

【例 9-18】 图 9-12（a）所示电路已处于稳态，当 $t=0$ 时开关 S 闭合，求响应 i。

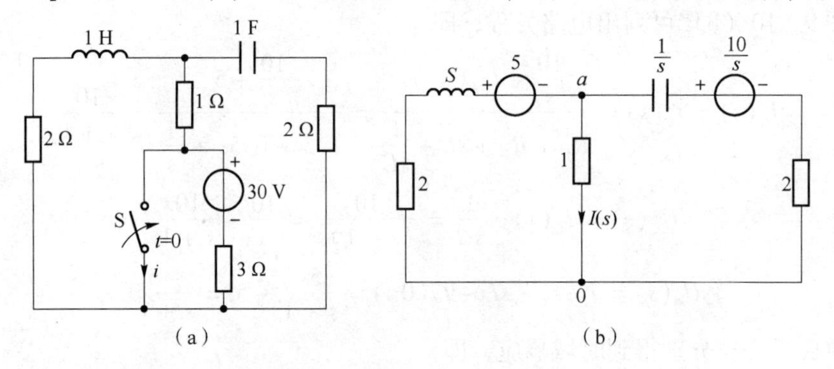

图 9-12　例 9-18 图

解：换路前，$i_L(0_-)=\frac{30}{6}\ \mathrm{A}=5\ \mathrm{A}$，$u_C(0_-)=2\times i_L(0_-)=(2\times5)\mathrm{V}=10\ \mathrm{V}$

做出换路后的运算电路如图 9-12（b）所示。列写结点方程为

$$U_{a0}=\frac{\frac{-5}{s+2}+\frac{\frac{10}{s}}{\frac{1}{s}+2}}{\frac{1}{s+2}+1+\frac{1}{\frac{1}{s}+2}}=\frac{5}{s^2+3s+1}$$

$$I(s)=\frac{U_{a0}}{1}=U_{a0}=\frac{5}{s^2+3s+1}=2.24\left(\frac{1}{s+0.382}-\frac{1}{s+2.618}\right)$$

进行拉氏反变换，换路后 $i(t)$ 由固定值10 A加暂态响应组成，所以

$$i(t)=\mathscr{L}^{-1}[I(s)]+10=(10+2.24\mathrm{e}^{-0.382t}-2.24\mathrm{e}^{-2.618t})\varepsilon(t)\,\mathrm{A}$$

【例9-19】 电路如图9-13所示，已知 $i_L(0_-)=0$ A，$t=0$ 时将开关S闭合，求 $t>0$ 时的 $u_L(t)$。

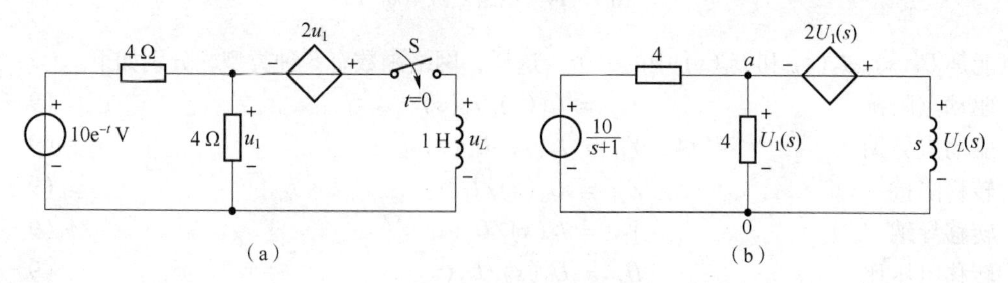

图9-13 例9-19图

解：时域电路如图9-13（a）所示，运算电路如图9-13（b）所示。

设参考结点如图9-13（b）所示，取 $U_1(s)$ 为结点电压，对结点 a 可列出方程为

$$U_1(s)\left(\frac{1}{4}+\frac{1}{4}+\frac{1}{s}\right)=\frac{10}{s+1}\cdot\frac{1}{4}-\frac{2U_1(s)}{s}$$

整理可得

$$U_1(s)=\frac{5s}{(s+1)(s+6)}$$

故有

$$U_L(s)=3U_1(s)=\frac{15s}{(s+1)(s+6)}=\frac{-3}{s+1}+\frac{18}{s+6}$$

通过拉氏反变换得到

$$u_L(t)=(-3\mathrm{e}^{-t}+18\mathrm{e}^{-6t})\ \mathrm{V}$$

9.6 网络函数的定义

对于线性时不变电路，如果电路的激励是单一的独立电压源或独立电流源，则网络零状态响应 $r(t)$ 的象函数 $R(s)$ 与激励 $e(t)$ 的象函数 $E(s)$ 之比为该电路的**网络函数** $H(s)$，即

$$H(s)=\frac{R(s)}{E(s)} \tag{9-29}$$

定义网络函数的线性时不变电路（LTI）及其条件可以用图9-14所示的电路，其中的LTI网络除输入端1-1′施加激励外，电路的其余部分不含独立电源，且所有储能元件的原始储能均为零。

如图9-14（a）所示，若输入激励 $E(s)$ 为独立电压源 $U_1(s)$，则响应可能是 $I_1(s)$、$I_2(s)$ 和 $U_2(s)$ 中的一个；反之，如图9-14（b）所示，若输入激励 $E(s)$ 是独立电流源 $I_1(s)$，则响

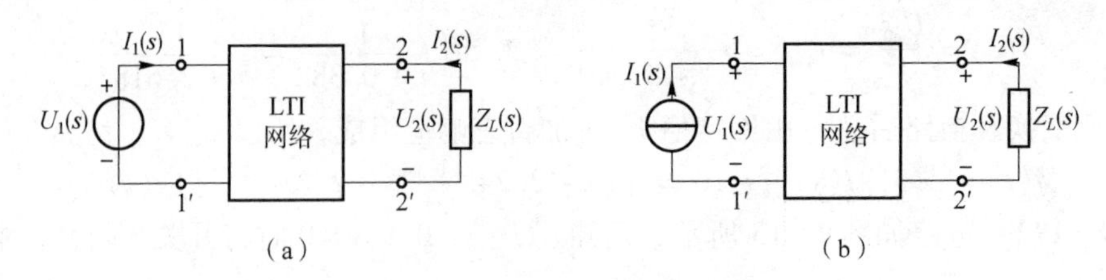

图 9－14　网络函数电路

应可能是 $U_1(s)$、$I_2(s)$ 和 $U_2(s)$ 中的一个。这样，网络函数有 6 种类型，分别如下。

驱动点阻抗　$Z_{11} = U_1(s)/I_1(s)$　(9－30)

驱动点导纳　$Y_{11} = I_1(s)/U_1(s)$　(9－31)

转移阻抗　$Z_{21} = U_2(s)/I_1(s)$　(9－32)

转移导纳　$Y_{21} = I_2(s)/U_1(s)$　(9－33)

转移电压比　$H_U = U_2(s)/U_1(s)$　(9－34)

转移电流比　$H_I = I_2(s)/I_1(s)$　(9－35)

式中，驱动点阻抗和驱动点导纳是指输出响应和输入激励在同一端口的情况，而转移阻抗、转移导纳、转移电压比和转移电流比是指输出响应和输入激励在不同端口的情况。

分析式（9－30）、式（9－31）也会发现，同一端口的驱动点阻抗和驱动点导纳互为倒数关系，即

$$Z_{11} = 1/Y_{11}$$

但转移阻抗和转移导纳之间不存在这种关系，如式（9－32）、式（9－33）所示。

【例 9－20】　在图 9－15（a）所示电路中，激励是电压源 $u_1(t)$，求响应分别为 $u_C(t)$ 和 $i_L(t)$ 时的网络函数。

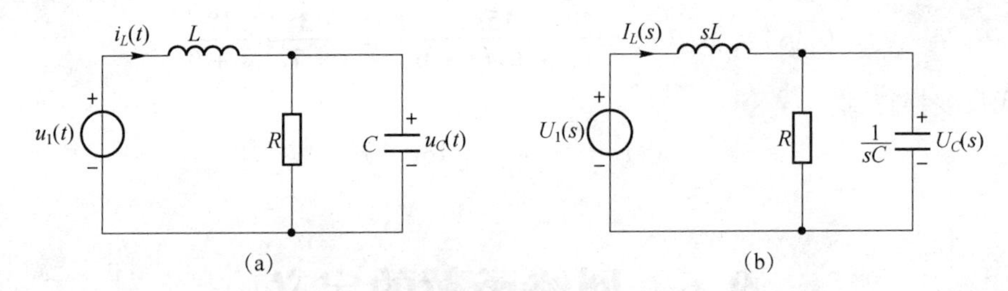

图 9－15　例 9－20 图

解：由于网络函数 $H(s)$ 的定义是零状态响应，因此储能元件的初始条件均为零，可画出运算电路如图 9－15（b）所示。根据运算电路图可得

$$I_L(s) = \frac{U_1(s)}{sL + \dfrac{R \times \dfrac{1}{sC}}{R + \dfrac{1}{sC}}} = \frac{RCs + 1}{LCRs^2 + sL + R} U_1(s)$$

对应网络函数为

$$H_1(s) = Y_{11}(s) = \frac{I_L(s)}{U_1(s)} = \frac{RCs + 1}{LCRs^2 + sL + R}$$

用串联分压可得网络函数，即

$$H_2(s)=\frac{U_C(s)}{U_1(s)}=\frac{\dfrac{R\times\dfrac{1}{sC}}{R+\dfrac{1}{sC}}}{sL+\dfrac{R\times\dfrac{1}{sC}}{R+\dfrac{1}{sC}}}=\frac{R}{LCRs^2+Ls+R}$$

从本例题可以看出，对于同一电路，在同一电源作用下，所选取的输出变量不同，则网络函数不同。由于在线性时不变电路中各元件参数均为常数，所以求出的网络函数一定是实系数有理函数，故网络函数一般形式为

$$H(s)=\frac{N(s)}{D(s)}=\frac{a_m s^m+a_{m-1}s^{m-1}+\cdots+a_0}{b_n s^n+b_{n-1}s^{n-1}+\cdots+b_0} \tag{9-36}$$

9.7 网络函数与冲激响应

根据网络函数的定义，零状态响应为 $R(s)=H(s)E(s)$，当 $E(s)=1$ 时，$R(s)=H(s)$，即网络函数就是该响应的象函数，而当 $E(s)=1$ 时，$e(t)=\delta(t)$，所以网络函数的原函数 $h(t)$ 是电路的单位冲激响应，即

$$h(t)=\mathscr{L}^{-1}[H(s)]=\mathscr{L}^{-1}[R(s)]=r(t) \tag{9-37}$$

当 $E(s)$ 为任意外部激励 $e(t)$ 的象函数，$H(s)$ 为网络的冲激响应 $h(t)$ 的象函数，则 $R(s)$ 为外施任意激励函数的零状态响应。所以，在时域中，如果求任意外施激励的零状态响应 $r(t)$，则需要求出单位冲激函数激励下的网络函数 $H(s)$，再求出任意外施激励 $e(t)$ 的象函数 $E(s)$，根据 $R(s)=H(s)E(s)$ 求出 $R(s)$，最后将 $R(s)$ 拉氏反变换，求出 $r(t)$。

根据定义式，求 $R(s)$ 的拉氏反变换，得到时域中的响应为

$$r(t)=\mathscr{L}^{-1}[E(s)H(s)]=\int_0^t e(t-\xi)h(\xi)\mathrm{d}\xi \tag{9-38}$$

式（9-38）中右端是卷积积分，卷积是电路分析的一个重要概念，在时域中可以求出任意激励函数的零状态响应，该式也符合卷积定理，这样，在复频域求解降低了在时域中求卷积的难度。

【例 9-21】 图9-16（a）中电路激励为 $i_S(t)=\delta(t)$，求冲激响应 $h(t)$，即电容电压 $u_C(t)$。

解：图9-16（b）为运算电路，由于此冲激响应为电路端电压，与冲激电流源激励属于同一端口，因而网络函数为驱动点阻抗，即

$$H(s)=\frac{R(s)}{E(s)}=\frac{U_C(s)}{1}=Z(s)=\frac{1}{sC+G}=\frac{1}{C}\cdot\frac{1}{s+\dfrac{1}{RC}}$$

$$h(t)=u_C(t)=\mathscr{L}^{-1}[H(s)]=\mathscr{L}^{-1}\left[\frac{1}{C}\cdot\frac{1}{s+\dfrac{1}{RC}}\right]=\frac{1}{C}\mathrm{e}^{-\frac{1}{RC}t}\varepsilon(t)$$

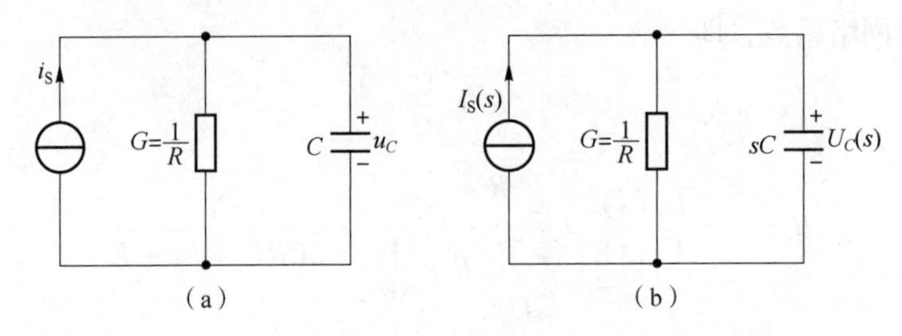

图 9-16 例 9-21 电路图

【例 9-22】 电路如图 9-17（a）所示，先求其冲激响应 $i_L(t)$，再由冲激响应求网络函数 $H(s)=\dfrac{I_L(s)}{U_1(s)}$。

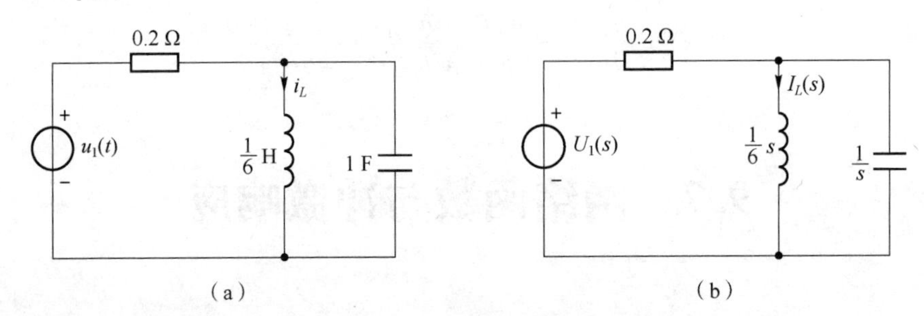

图 9-17 例 9-22 电路图

解：运算电路如图 9-17（b）所示，先求其冲激响应 $i_L(t)$。

$$I_L(s)=\frac{1}{0.2+\frac{1}{s+\frac{6}{s}}}\times\frac{\frac{1}{s}}{\frac{s}{6}+\frac{1}{s}}=\frac{30}{s^2+5s+6}=\frac{30}{s+2}-\frac{30}{s+3}$$

$$h(t)=i_L(t)=\mathscr{L}^{-1}[I_L(s)]=30(\mathrm{e}^{-2t}-\mathrm{e}^{-3t})\varepsilon(t)$$

$$H(s)=\frac{I_L(s)}{U_1(s)}=\frac{30}{s^2+5s+6}$$

【例 9-23】 已知描述某线性时不变（LTI）单输入—单输出网络的微分方程式为

$$\begin{cases}\dfrac{\mathrm{d}^2y}{\mathrm{d}t^2}+3\dfrac{\mathrm{d}y}{\mathrm{d}t}+2y=2\dfrac{\mathrm{d}x}{\mathrm{d}t}+3x\\ y(0_-)=0,\left.\dfrac{\mathrm{d}y}{\mathrm{d}t}\right|_{t=0_-}=0\end{cases}$$

式中，y 为零状态响应；x 为输入激励。试求该电路网络的网络函数 $H(s)$ 和单位冲激响应 $h(t)$。

解：先对微分方程两边取拉氏变换，有

$$s^2Y(s)+3sY(s)+2Y(s)=2sX(s)+3X(s)$$

即

$$(s^2+3s+2)Y(s)=(2s+3)X(s)$$

则网络函数为

$$H(s)=\frac{Y(s)}{X(s)}=\frac{2s+3}{s^2+3s+2}=\frac{1}{s+1}+\frac{1}{s+2}$$

单位冲激响应为

$$h(t)=(\mathrm{e}^{-t}+\mathrm{e}^{-2t})\varepsilon(t)$$

【例 9－24】 图 9－18 所示为 RC 并联电路，其中 $R=100\ \mathrm{k\Omega}$，$C=1\ \mu\mathrm{F}$，电容的初始状态为零，电流源的电流 $i_S(t)=2\mathrm{e}^{-t}\ \mu\mathrm{A}$。求 $u_C(t)$。

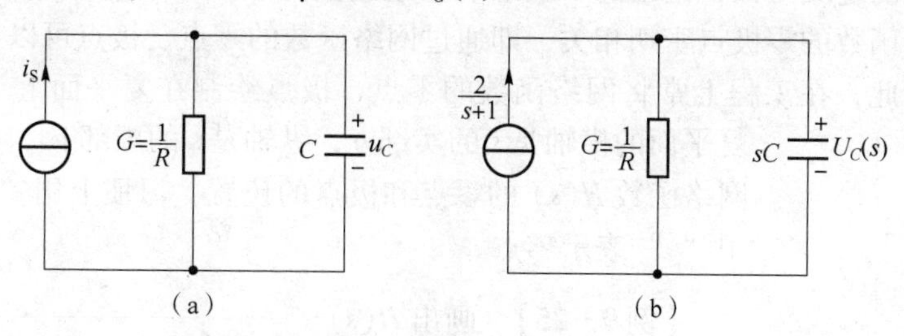

图 9－18　例 9－24 图

解：方法一：应用网络函数求解。

由例 9－21 可知网络函数为

$$H(s)=\frac{R(s)}{E(s)}=\frac{U_C(s)}{1}=Z(s)=\frac{1}{sC+G}=\frac{1}{C}\cdot\frac{1}{s+\frac{1}{RC}}=\frac{10^6}{s+2}$$

$$E(s)=\mathscr{L}[2\times10^{-6}\mathrm{e}^{-t}]=\frac{2\times10^{-6}}{s+1}$$

$$R(s)=E(s)H(s)=\frac{10^6}{s+2}\cdot\frac{2\times10^{-6}}{s+1}=\frac{2}{(s+1)(s+2)}=\frac{2}{s+1}-\frac{2}{s+2}$$

$$u_C(t)=2(\mathrm{e}^{-t}-\mathrm{e}^{-2t})\varepsilon(t)\,\mathrm{V}$$

方法二：应用卷积积分。

由例 9－21 可知，电路的冲激响应为

$$h(t)=u_C(t)=\mathscr{L}^{-1}[H(s)]=\mathscr{L}^{-1}\left[\frac{1}{C}\cdot\frac{1}{s+\frac{1}{RC}}\right]=\frac{1}{C}\mathrm{e}^{-\frac{1}{RC}t}=10^6\mathrm{e}^{-2t}$$

应用卷积积分式（9－38）有

$$u_C(t)=\int_0^t i_S(t-\xi)h(\xi)\mathrm{d}\xi=\int_0^t 2\times10^{-6}\mathrm{e}^{-(t-\xi)}\times10^6\mathrm{e}^{-2\xi}\mathrm{d}\xi$$

$$=2\int_0^t \mathrm{e}^{-(t+\xi)}\mathrm{d}\xi=2\mathrm{e}^{-t}\int_0^t\mathrm{e}^{-\xi}\mathrm{d}\xi=2(\mathrm{e}^{-t}-\mathrm{e}^{-2t})\varepsilon(t)\ \mathrm{V}$$

9.8　网络函数的零点和极点

网络函数的一般形式因式分解后可以表示为

$$H(s)=\frac{N(s)}{D(s)}=H_0\frac{(s-z_1)(s-z_2)\cdots(s-z_m)}{(s-p_1)(s-p_2)\cdots(s-p_n)}=H_0\frac{\prod_{i=1}^{m}(s-z_i)}{\prod_{j=1}^{n}(s-p_j)}\tag{9-39}$$

式中，$H_0=\frac{a_m}{b_n}$为实系数，z_1，z_2，…，z_m 是分子 $N(s)=0$ 的根 p_1，p_2，…，p_n 是分母 $D(s)=0$ 的根。

当 $s=z_i$ 时，$H(s)=0$，故 z_1，z_2，…，z_m 称为网络函数的**零点**。

当 $s=p_j$ 时，$D(s)=0$，$H(s)\to\infty$，故 p_1，p_2，…，p_n 称为网络函数的**极点**。

由网络函数的定义可知，网络的零状态响应象函数为 $R(s)=H(s)E(s)$，所以网络的零状态响应与网络函数的零极点密切相关，即通过网络函数的零点、极点可以分析网络零状态响应的特性。因此，在工程上常将网络函数的零点、极点绘制在复平面上（也称 s 平面），复平面的横轴是 s 的实部 σ，纵轴是 s 的虚部 $\mathrm{j}\omega$，在复平面上标出网络函数 $H(s)$ 的零点和极点的位置，习惯上用“×”表示极点，用“∘”表示零点。

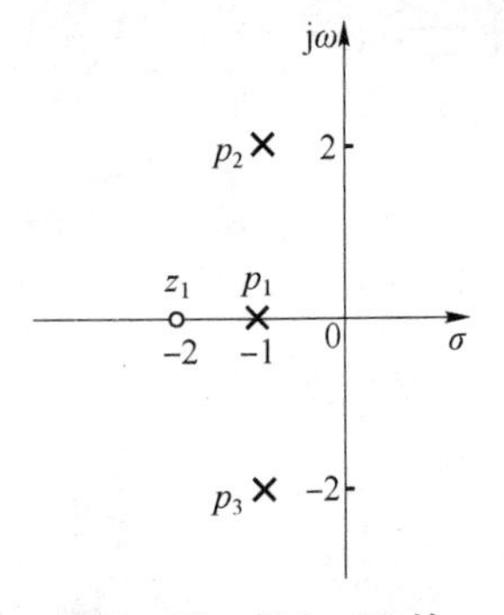

图 9-19　例 9-25 的零点、极点图

【例 9-25】　画出 $H(s)=\frac{s+2}{(s+1)(s^2+2s+5)}$ 的极、零点分布图。

解：$N(s)=s+2=0$，零点 $z_1=-2$。

$D(s)=(s+1)(s^2+2s+5)=0$，极点 $p_1=-1$，$p_2=-1+\mathrm{j}2$，$p_3=-1-\mathrm{j}2$。p_2、p_3 是一对共轭复根。

$H(s)$ 的零、极点分布图如图 9-19 所示。

9.9　网络函数极点与网络的稳定性

根据网络函数的定义可知，电路的零状态响应的象函数为

$$R(s)=H(s)E(s)=\frac{N(s)}{D(s)}\times\frac{P(s)}{Q(s)}$$

式中，$H(s)=\frac{N(s)}{D(s)}$，$E(s)=\frac{P(s)}{Q(s)}$，而 $N(s)$、$D(s)$、$P(s)$、$Q(s)$ 都是 s 的多项式。用部分分式法求响应的原函数时，$D(s)Q(s)=0$ 的根将包含 $D(s)=0$ 和 $Q(s)=0$ 的根。响应中包含 $Q(s)=0$ 的根的那些项属于时域分析中的强制分量，而包含 $D(s)=0$ 的根（即网络函数的极点）的那些项则是自由分量或瞬态分量。

一般情况下 $h(t)$ 的特性就是时域响应中自由分量的特性，而 $h(t)=\mathscr{L}^{-1}[H(s)]$，因此，分析网络函数的极点位置与冲激响应的关系可以分析网络的稳定性。

1. 极点全部位于 s 平面的左半平面

设网络函数 $H(s)$ 为真分式且具有单阶极点，则单位冲激响应为

$$h(t)=\mathscr{L}^{-1}[H(s)]=\mathscr{L}^{-1}\left[\sum_{i=1}^{n}\frac{K_i}{s-p_i}\right]=\sum_{i=1}^{n}K_i\mathrm{e}^{p_it}\qquad(9-40)$$

式中，K_i 为常数，$p_i(i=1,2,\cdots,n)$ 为极点。

从式（9-40）可以看出，零点在 s 平面上的位置只影响 K_i 的大小，极点在 s 平面上所

处位置影响单位冲激响应 $h(t)$ 的变化规律。

当 p_i 为负实数时，设 $H(s)=\dfrac{1}{s+a}(a>0)$，则极点 $p=-a$，$h(t)=\mathrm{e}^{-at}$，$h(t)$ 按衰减的指数规律变化，当 $t\to\infty$ 时，单位冲激响应将趋于零，这时称对应的网络是非振荡渐近稳定的，其波形及极点在 s 平面上的位置如图 9-20 所示。

当极点为共轭复数时，设 $H(s)=\dfrac{\omega}{(s+a)^2+\omega^2}(a>0,\ \omega>0)$，则极点 $p_1=-a+\mathrm{j}\omega$，$p_2=-a-\mathrm{j}\omega$，$h(t)=\mathrm{e}^{-at}\sin\omega t$，当 $t\to\infty$ 时，单位冲激响应也将趋于零，这时称对应的网络是振荡渐近稳定的，其波形及极点在 s 平面上的位置如图 9-20 所示。

前面假设的网络极点是单阶极点，实际上，当网络函数 $H(s)$ 的极点全部位于 s 的左半平面时，单位冲激响应均是有界的。例如，设 $H(s)=\dfrac{1}{(s+a)^2}(a>0)$，极点 $p_1=p_2=-a<0$ 为二阶极点，$h(t)=t\mathrm{e}^{-at}$，$\lim\limits_{t\to\infty}h(t)=0$，称网络是渐近稳定的。

2. 极点位于 s 平面的右半开平面

假设网络函数为真分式且具有单阶极点，但至少有一个极点位于 s 平面的右半平面，当极点位于右半平面时，设 $H(s)=\dfrac{1}{s-a}(a>0)$，极点 $p=a>0$，$h(t)=\mathrm{e}^{at}$，当 $t\to\infty$ 时，$h(t)\to\infty$，所以电路网络不稳定。若设 $H(s)=\dfrac{\omega}{(s-a)^2+\omega^2}(a>0,\omega>0)$，则极点 $p_{1,2}=a\pm\mathrm{j}\omega$，$\mathrm{Re}[p_1]=\mathrm{Re}[p_2]=a>0$，$h(t)=\mathrm{e}^{at}\sin\omega t$，网络函数的单位冲激响应波形都是随时间增长且无界的，称网络是不稳定，其波形如图 9-20 所示。

3. 极点位于虚轴上

虚轴上存在共轭单阶极点。例如，$H(s)=\dfrac{A\omega}{s^2+\omega^2}$，极点 $p_{1,2}=\pm\mathrm{j}\omega$，$h(t)=A\sin(\omega t)$，网络函数的单位冲激响应是等幅正弦波，其波形如图 9-20 所示。

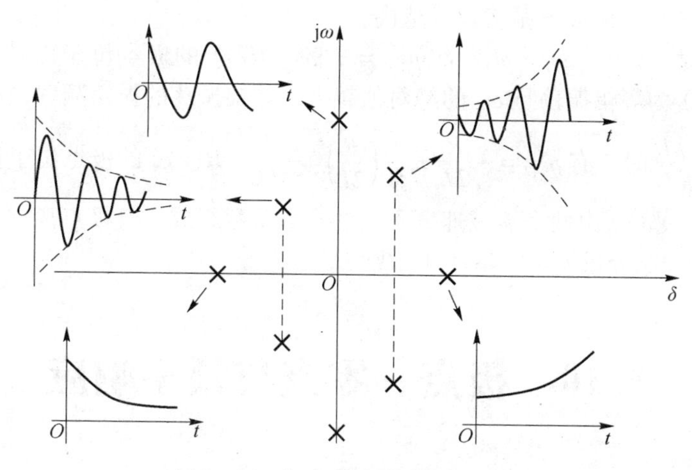

图 9-20　极点与冲激响应的关系

4. 极点为零

当网络函数的极点为零，即 $p=0$ 时，网络函数为 $H(s)=\frac{1}{s}$，网络函数的单位冲激响应为 $h(t)=\varepsilon(t)$，其波形是单位阶跃函数，这时也称网络是不稳定的。

【例 9-26】 RLC 串联电路接通恒定电压源 U_S，如图 9-21（a）所示，根据网络函数 $H(s)=\frac{U_C(s)}{U_S(s)}$ 的极点分布情况分析 $u_C(t)$ 的变化规律。

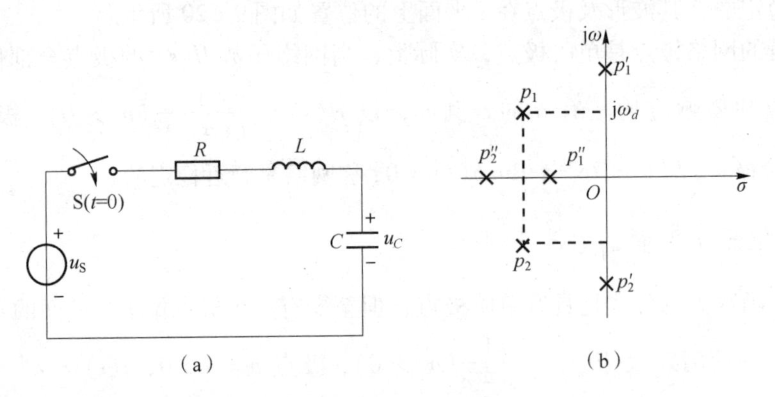

图 9-21　例 9-26 图

解：$H(s)=\frac{U_C(s)}{U_S(s)}=\frac{1}{R+sL+\frac{1}{sC}}\times\frac{1}{sC}=\frac{1}{s^2LC+sRc+1}=\frac{1}{LC}\times\frac{1}{(s-p_1)(s-p_2)}$

讨论：

① 当 $0<R<2\sqrt{\frac{L}{C}}$ 时，$p_{1,2}=-\delta\pm j\omega_d$，其中，$\delta=\frac{R}{2L}$，$\omega_d=\sqrt{\omega_0^2-\delta^2}$，$\omega_0=\frac{1}{\sqrt{LC}}$。

这时网络函数 $H(s)$ 的极点位于 s 左半平面，如图 9-21（b）中的 p_1、p_2，根据图 9-20 可知，$u_C(t)$ 的自由分量 $u_C''(t)$ 为衰减的正弦振荡，其包络线为 $e^{-\delta t}$，振荡角频率为 ω_d，而且极点离开虚轴越远，振荡衰减越快。

② 当 $R=0$ 时，$\delta=0$，$\omega_d=\omega_0$，故 $p_{1,2}'=\pm j\omega_0$，$H(s)$ 的极点位于虚轴上，因此，$u_C(t)$ 的自由分量 $u_C''(t)$ 为等幅振荡且 ω_d 的绝对值越大，等幅振荡的振荡频率越高。

③ 当 $R>2\sqrt{\frac{L}{C}}$ 时，有 $p_{1,2}''=-\frac{R}{2L}\pm\sqrt{\left(\frac{R}{2L}\right)^2-\frac{1}{LC}}$，$H(s)$，的极点位于负实轴上，因此，$u_C(t)$ 的自由分量 $u_C''(t)$ 由两个衰减速度不同的指数函数组成，且极点离原点越远，$u_C''(t)$ 衰减越快。$u_C(t)$ 的强制分量 $u_C'(t)$ 取决于激励 U_S。

9.10　极点、零点与频率响应

如果用相量法求例 9-26 的电路在正弦稳态下的网络函数，网络函数中的 sL、$\frac{1}{sC}$将分别

是 $j\omega L$、$\frac{1}{j\omega C}$，输入电压 $U_S(s)$ 和输出电压 $U_C(s)$ 将是相量 $\dot{U}_S$ 和 $\dot{U}_C$，这样网络函数 $H(j\omega)$ 为

$$H(j\omega)=\frac{\dot{U}_C}{\dot{U}_S}=\frac{\frac{1}{j\omega C}}{R+j\omega L+\frac{1}{j\omega C}}=\frac{1}{(j\omega)^2 LC+j\omega RC+1}$$

可见，将 $H(s)$ 中的 s 用 $j\omega$ 替换，则 $H(j\omega)=\frac{\dot{U}_C}{\dot{U}_S}$。也就是说，在 $s=j\omega$ 处计算所得网络函数 $H(s)$ 即为 $H(j\omega)$，而 $H(j\omega)$ 是角频率为 ω 时正弦，稳态情况下的输出相量与输入相量之比。

对于某一固定角频率 ω，$H(j\omega)$ 通常是一个复数，即

$$H(j\omega)=|H(j\omega)|\angle\varphi(j\omega) \tag{9-41}$$

式中 $|H(j\omega)|$ 为网络函数在频率 ω 处的模值，称为幅频特性；$\varphi=\arg[H(j\omega)]$ 随频率 ω 变化的关系称为相位频率响应，简称相频特性，幅频特性和相频特性统称为频率响应。

以下讨论网络函数的零点、极点对网络频率响应的影响。

网络函数的解析式又可写为

$$H(s)=H_0\frac{\prod_{i=1}^{m}(s-z_i)}{\prod_{j=1}^{n}(s-p_j)}$$

令 $s=j\omega$，则得到正弦稳态下的网络函数有

$$H(j\omega)=H_0\frac{\prod_{i=1}^{m}(j\omega-z_i)}{\prod_{j=1}^{n}(j\omega-p_j)}$$

于是幅频特性为

$$|H(j\omega)|=H_0\frac{\prod_{i=1}^{m}|(j\omega-z_i)|}{\prod_{j=1}^{n}|(j\omega-p_j)|} \tag{9-42}$$

相频特性为

$$\arg[H(j\omega)]=\sum_{i=1}^{m}\arg(j\omega-z_i)-\sum_{j=1}^{n}\arg(j\omega-p_j) \tag{9-43}$$

所以，若已知网络函数的极点和零点，则按式（9-42）和式（9-43）便可以计算对应的频率响应。

【例 9-27】 图 9-22 为 RC 串联电路，试定性分析以电压 u_2 为输出时网络的频率响应。

解：以 u_C 为电路变量输出的网络函数为

$$H(s)=\frac{U_C(s)}{U_S(s)}=\frac{\frac{1}{sC}}{R+\frac{1}{sC}}=\frac{\frac{1}{RC}}{s+\frac{1}{RC}}$$

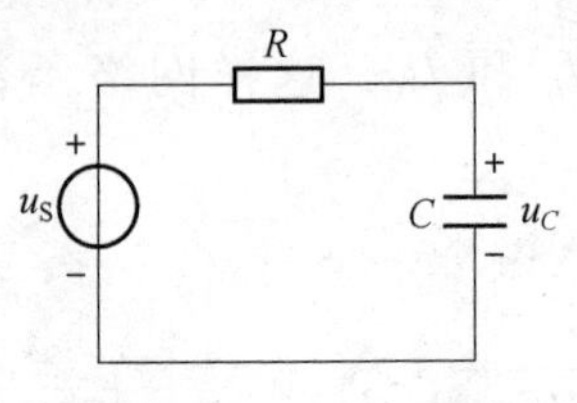

图 9-22　例 9-27 图

其极点 $p_1=-\dfrac{1}{RC}$，设 $H_0=\dfrac{1}{RC}$，$s=\mathrm{j}\omega$，则

$$H(\mathrm{j}\omega)=\frac{H_0}{\mathrm{j}\omega+\dfrac{1}{RC}}=\frac{H_0}{\mathrm{j}\omega-p_1}$$

令 $M=|\mathrm{j}\omega-p_1|$，$\theta=\arctan\dfrac{\mathrm{j}\omega}{p_1}$，则

$$H(\mathrm{j}\omega)=\frac{H_0}{M\mathrm{e}^{\mathrm{j}\theta}}$$

RC 串联电路的频率响应如图 9-23 所示。

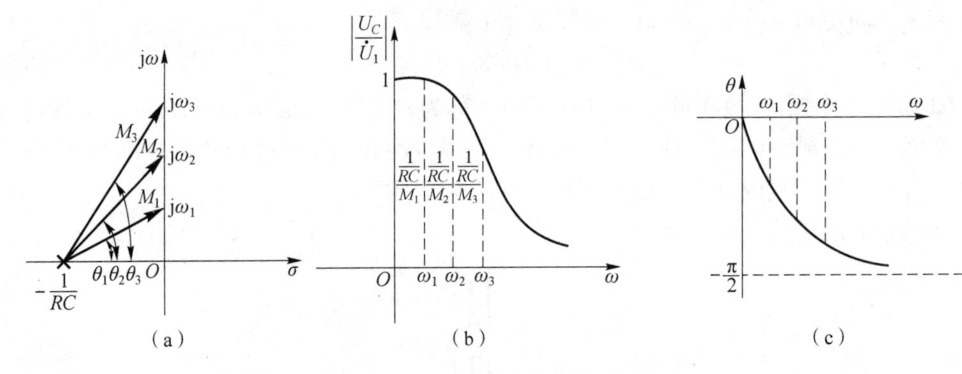

图 9-23　RC 串联电路的频率响应

$H(\mathrm{j}\omega)$ 在 $\omega=\omega_1$、ω_2 和 ω_3 时的模值为 H_0 除以图 9-23（a）中的线段长度 M_1、M_2 和 M_3，对应的相位分别为图中的 θ_1、θ_2 和 θ_3 的负值。当 $\omega\to\infty$ 时，$|H(\mathrm{j}\omega)|\to 0$，相位从零趋近于 $-90°$。

可以看出，该电路网络具有低通特性。

当 $\omega=0$ 时，$H(\mathrm{j}\omega)=1\angle 0°$；当 $\omega=\dfrac{1}{RC}$时，$H(\mathrm{j}\omega)=\dfrac{1}{1+\mathrm{j}}=\dfrac{1}{\sqrt{2}}\angle-\dfrac{\pi}{4}$，$\dfrac{U_C}{U_S}=0.707$，相当于 $\omega=0$ 时模值的 0.707，此频率称为低通滤波电路的截止频率，用 ω_c 表示，频段 0 到 ω_c 的频率范围称为通频带。

9.11　动态电路复频域计算机辅助分析

分析连续时间系统的响应、稳定性、频率响应，拉氏变换起着桥梁的作用，它将系统的时域微分方程变换为复频域中的代数方程，简化了计算。但是，由于复频域 s 并非一个具体的数值，对于高阶系统，手工分析的话计算量还是比较大，因此要借助 MATLAB 计算机辅助分析。

1. 辅助分析拉氏变换

信号 $F(t)$ 的单边拉氏变换定义为

$$F(s)=\int_{0_-}^{\infty}f(t)\mathrm{e}^{-st}\mathrm{d}t$$

拉氏变换在 MATLAB 中对应的指令为

L = laplace(f(t),t,s)

其中，t 为积分变量 t；s 为复频率 s；L 为 $f(t)$ 的拉氏变换 $F(s)$。如果 $f(t)$ 中 t 为 MATLAB 规定的积分变量，而且用 s 表示复频率，指令可简写成

L = laplace(f(t))

【例 9－28】 用 MATLAB 求 $f_1(t)=\sin(2t)\varepsilon(t)$ 和 $f_2(t)=\mathrm{e}^{-at}\varepsilon(t)$ 的拉氏变换。

解：求 $f_1(t)$ 和 $f_2(t)$ 拉氏变换的 M 文件如下：

```
syms t a;                % 指定 t 和 a 为符号变量
>> f1 = sin(2 * t);
>> f2 = exp( - a * t);
>> f1s = laplace(f1)
>> f2s = laplace(f2)
```

输出结果：

```
f1s =2 /(s^2 +4)
f2s =1 /(s + a)
```

【例 9－29】 求冲激函数 $\delta(t)$ 和阶跃函数 $\varepsilon(t-a)$ 的拉氏变换，其中 $a>0$。

解：冲激函数 $\delta(t)$ 和阶跃函数 $\varepsilon(t)$ 在符号分析程序 Maple 中分别用 Dirac(t) 和 Heaviside(t) 表示，高阶冲激函数 $\delta^{(n)}(t)$ 用 Dirac(n,t) 表示，由于 MATLAB 本身对冲激函数和阶跃函数没有定义，因此，必须将它们定义为符号对象。

冲激函数和阶跃函数拉氏变换的 M 文件如下：

```
>> syms t s;
>> syms a positive;                  % 指定 a 为取正值的符号变量
>> dt = sym('Dirac(t)');
>> et = sym('Heaviside(t - a)');
>> ds = laplace(dt,t,s)
```

ds 输出结果：

```
ds  = 1
>> es = laplace(et,t,s)
```

es 输出结果：

```
es  = exp( - s * a) /s
```

2. 辅助分析拉氏反变换

拉氏反变换的定义式为

$$f(t) = \frac{1}{2\pi j}\int_{\sigma - j\infty}^{\sigma + j\infty} F(s)e^{st}ds$$

实现上式运算的指令格式为

F = ilaplace(L,y,x)

或简写为

F = ilaplace(L)

【例9-30】 求 $F(s) = \frac{-2s^2 + 7s + 19}{s^3 + 5s^2 + 17s + 13}$ 的反拉氏变换。

解：由于 $F(s)$ 为有理分式，可先将分子、分母多项式的有关系数用数组表示，再利用 poly2sym 函数将其转换为多项式，其 M 文件如下：

```
>> syms s;
>>a =[ -2,7,19];
>>b =[1,5,17,13];
>> fs =poly2sym(a,s)/poly2sym(b,s);
>> ft =ilaplace(fs)
```

输出结果：

```
ft = exp( -t) -3 * exp( -2 * t) * cos (3 * t) +4 * exp( -2 * t) * sin(3 * t)
```

根据分式多项式，即

$$F(s) = \frac{N(s)}{D(s)} = \frac{a_m s^m + a_{m-1}s^{m-1} + \cdots + a_0}{b_n s^n + b_{n-1}s^{n-1} + \cdots + b_0}$$

如果所有极点互不相等，则 $F(s)$ 可展开为

$$F(s) = \frac{r_1}{s - p_1} + \frac{r_2}{s - p_2} + \cdots + \frac{r_n}{s - p_n} + k_1 s^{m-n} + \cdots + k_{m-n}s + k_{m-n+1}$$

在 MATLAB 中对上式进行部分分式展开的指令为

[r,p,k] = residue(a,b)

其中，a 是由 $F(s)$ 分子多项式系数组成的行向量 $\boldsymbol{a}$，$\boldsymbol{a} = [a_m, a_{m-1}, \cdots, a_1, a_0]$，b 是由 $F(s)$ 分母多项式系数组成的行向量 $\boldsymbol{b}$，$\boldsymbol{b} = [b_n, b_{n-1}, \cdots, b_1, b_0]$，返回值 r 是留数列向量 $\boldsymbol{r}$，$\boldsymbol{r} = [r_1, r_2, \cdots, r_n]^T$；p 是极点列向量 $\boldsymbol{p}$，$\boldsymbol{p} = [p_1, p_2, \cdots, p_n]^T$；k 是直接项系数行向量 k。

【例9-31】 用 MATLAB 辅助求解 $F(s) = \frac{-2s^2 + 7s + 19}{s^3 + 5s^2 + 17s + 13}$ 的拉氏反变换。

解：使用 residue 函数求解，M 文件如下：

```
>> b =[ -2,7,19];
>> a =[1,5,17,13];
>> [r,p,k] =residue(b,a)
```

输出结果:

```
r =
  -1.5000 - 2.0000i
  -1.5000 + 2.0000i
  1.0000
p =
  -2.0000 + 3.0000i
  -2.0000 - 3.0000i
  -1.0000
k =
    []
```

$F(s)$ 的展开式为

$$F(s)=\frac{-1.5-\mathrm{j}2}{s+2-\mathrm{j}3}+\frac{-1.5+\mathrm{j}2}{s+2+\mathrm{j}3}+\frac{1}{s+1}$$

于是

$$\begin{aligned}f(t)&=(-1.5-\mathrm{j}2)\mathrm{e}^{(-2+\mathrm{j}3)t}+(-1.5+\mathrm{j}2)\mathrm{e}^{(-2-\mathrm{j}3)}+\mathrm{e}^{-t}\\&=-1.5\mathrm{e}^{-2t}(\mathrm{e}^{\mathrm{j}3t}+\mathrm{e}^{-\mathrm{j}3t})-\mathrm{j}2\mathrm{e}^{-2t}(\mathrm{e}^{\mathrm{j}3t}-\mathrm{e}^{-\mathrm{j}3t})+\mathrm{e}^{-t}\\&=-3\mathrm{e}^{-2t}\cos(3t)+4\mathrm{e}^{-2t}\sin(3t)+\mathrm{e}^{-t}\end{aligned}$$

函数 residue 也可将部分分式转换为两个多项式之比形式，其格式为

[b, a] = residue(r,p,k)

对上例中的部分分式进行转换，M 文件如下:

```
>> r =[ -1.5 -2j; -1.5 +2j;1];
>> p =[ -2 +3j; -2 -3j; -1];
>> k =[];
>> [b,a] =residue(r,p,k)
```

输出结果:

```
b =     -2     7    19
a =      1     5    17    13
```

【例 9-32】 应用 MATLAB 辅助求解 $F(s)=\dfrac{1}{(s+1)^3s^2}$ 的原函数 $f(t)$。

解: $F(s)$ 的分母多项式在 $p_1=-1$ 处具有三重根，$p_2=0$ 处有二重根，用根构造多项式的指令为

poly(r)

其中，r 为多项式的根向量。其 M 文件如下:

```
>> p =[ -1, -1, -1,0,0];          % 极点行向量
>> a =poly(p)                     % 构造分母多项式
```

分母多项式系数输出结果：

```
a =
    1    3    3    1    0    0
>> b =[1];
>> [r,p,k] =residue(b,a)
```

留数与极点输出结果：

```
r =
    3.0000
    2.0000
    1.0000
   -3.0000
    1.0000
p =
   -1.0000
   -1.0000
   -1.0000
         0
         0
```

则

$$F(s)=\frac{3}{s+1}+\frac{2}{(s+1)^2}+\frac{1}{(s+1)^3}-\frac{3}{s}+\frac{1}{s^2}$$

相应的原函数为

$$f(t)=3\mathrm{e}^{-t}+2t\mathrm{e}^{-t}+\frac{1}{2}t^2\mathrm{e}^{-t}-3+t$$

3. 辅助分析网络函数频率特性

系统传递函数描述为

$$H(s)=\frac{N(s)}{D(s)}=\frac{b_m s^m+b_{m-1}s^{m-1}+\cdots+b_1 s+b_0}{a_n s^n+a_{n-1}s^{n-1}+\cdots+a_1+a_0}$$

MATLAB 中构造描述分子和分母多项式的行向量为

$$\mathrm{num}=[\mathrm{b_m},\mathrm{b_{m-1}},\cdots,\mathrm{b_1},\mathrm{b_0}]$$

$$\mathrm{den}=[\mathrm{a_n},\mathrm{a_{n-1}},\cdots,\mathrm{a_1},\mathrm{a_0}]$$

MATLAB 中提供了一种 sys 对象，用于描述系统对象的创建，其构造语句为

sys = tf(num,den)

MATLAB 也提供了根据系统对象 sys 直接绘制系统的波特图来分析系统的频率特性，其函数为

[mag,pha,w] =bode(sys)

【例9-33】 应用MATLAB辅助分析RC低通滤波器的频率特性，电路如图9-24所示。

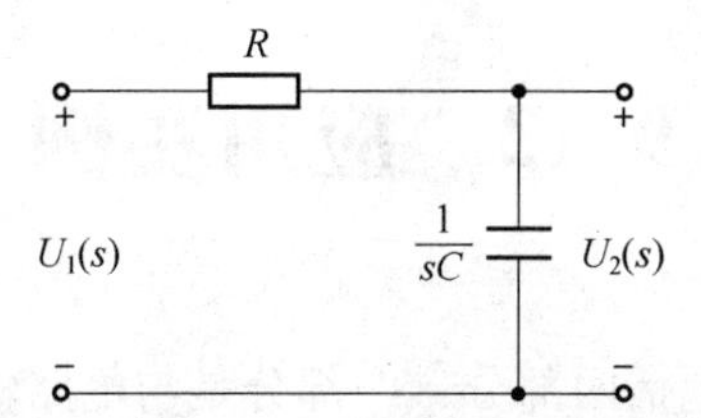

图9-24　RC低通滤波器相频电路

解：输入到输出的网络传递函数为

$$\frac{U_2(s)}{U_1(s)}=\frac{\frac{1}{sC}}{R+\frac{1}{sC}}=\frac{\frac{1}{RC}}{s+\frac{1}{RC}}=\frac{1\ 000}{s+1\ 000}$$

其M文件如下：

```
clear
>> den =[1,1000];
>> num =[1000];
>> sys =tf(num,den);
>> bode(sys)
```

MATLAB仿真的幅频特性和相频特性如图9-25所示。

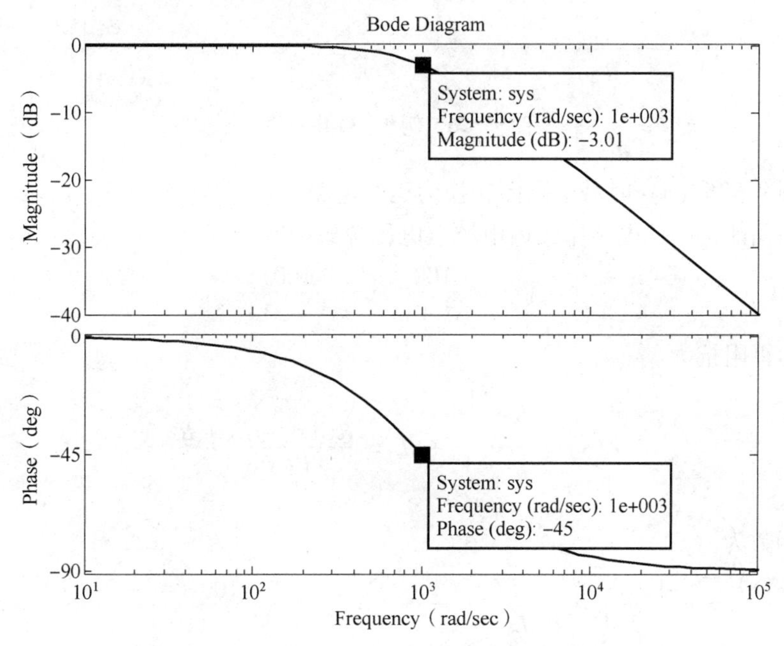

图9-25　MATLAB仿真的幅频特性和相频特性

由仿真结果可知，测量指针测出的截止频率为

$$\omega_0=\frac{1}{RC}=1\ 000\ \text{rad/s}$$

其大小与理论计算完全相同。

9.12 应用实例

对于正弦电路，完全响应包括两部分，一部分是与电路输入形式相同的稳态响应，另一部分是随时间衰减为零的暂态响应。如果将电源模型化为一个 50 Hz 的正弦波，则稳态响应也是同频率的正弦波，其幅度和相位可以用相量法计算出来。暂态响应和电路元件性质、元件值、连接方式有关，如果电源连接到电路中，则电路中每个元件上电压和电流都是由暂态部分和稳态部分组成。

尽管暂态电压或者电流最终会衰减到零，但是在一开始叠加到稳态分量上的时候，总的电压或电流可能会超过元器件的额定值，这就是为什么要确定电路完全响应的重要原因，应用本章介绍的拉普拉斯变换技术能用来确定电路对正弦电源的完全响应。

【例 9－34】 电路如图 9－26（a）所示，已知 $R=200\ \Omega$，$C=1\ \mu\text{F}$，$L=0.25\ \text{H}$，$u_S(t)=100\cos 314t\ \text{V}$ 为正弦电源。原来电路没有储能，当 $t=0$ 时开关 S 闭合。求电流 $i(t)$。

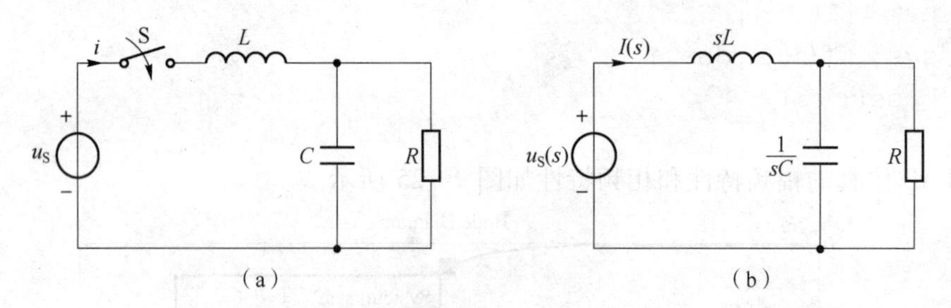

图 9－26　例 9－34 电路图

解：将图 9－26（a）时域电路图转换为运算电路，如图 9－26（b）所示。因为原来的电路没有初始储能，故此电路中无内电源。电压源象函数为

$$U_S(s)=\frac{100s^2}{s^2+\omega^2}=\frac{100s}{s^2+314^2}$$

整个电路的运算阻抗为

$$Z(s)=\frac{R\cdot\dfrac{1}{sC}}{R+\dfrac{1}{sC}}+sL=\frac{RCLs^2+Ls+R}{RCs+1}$$

故电流的象函数为

$$I(s)=\frac{U_S(s)}{Z(s)}=\frac{100s}{s^2+314^2}\cdot\frac{RCs+1}{RCLs^2+Ls+R}=\frac{100s(4s+2\times10^4)}{(s^2+314^2)(s^2+5\times10^3s+4\times10^6)}$$

分母特征方程的 4 个根为

$$s_1=\text{j}314,\ s_2=-\text{j}314,\ s_3=-1\ 000,\ s_4=-4\ 000$$

将 $I(s)$ 展开成部分分式，有

$$I(s)=\frac{A_1}{s-\text{j}314}+\frac{A_2}{s+\text{j}314}+\frac{A_3}{s+1\ 000}+\frac{A_4}{s+4\ 000}$$

分别求各分式系数

$$A_1=(s-\mathrm{j}314)I(s)\mid_{s=\mathrm{j}314}=0.238\angle -18.33^{\circ}$$

s_1 和 s_2 是一对共轭复数，A_1 和 A_2 也是一对共轭复数，所以

$$A_2=0.238\angle 18.33^{\circ}$$

$$A_3=(s+1\,000)I(s)\mid_{s=-1\,000}=-0.485\,5$$

$$A_4=(s+4\,000)I(s)\mid_{s=-4\,000}=0.011$$

故时域函数为

$$\begin{aligned}i(t)&=[0.238\mathrm{e}^{\mathrm{j}(314t-18.33^{\circ})}+0.238\mathrm{e}^{-\mathrm{j}(314t-18.33^{\circ})}-0.485\,5\mathrm{e}^{-1\,000t}+0.011\mathrm{e}^{-4\,000t}]\ \mathrm{A}\\&=[0.476\cos(314t-18.33^{\circ})-0.485\,5\mathrm{e}^{-1\,000t}+0.011\mathrm{e}^{-4\,000t}]\ \mathrm{A}\end{aligned}$$

当 $t=0$ 时，$i(0)$ 为

$$\begin{aligned}i(0)&=[0.476\cos(-18.33^{\circ})-0.485\,5+0.011]\mathrm{A}\\&=(0.451\,8-0.485\,5+0.011)\mathrm{A}=-0.022\,65\ \mathrm{A}\end{aligned}$$

暂态分量的最大值为0.485 5，比稳态分量的最大值还要大，在本题中可以恰好与稳态分量相抵消，不会造成电路过电流，但有的电路则会出现。

【例9－35】 电路如图9－27（a）所示，已知 $R=15\ \Omega$，$C=100\ \mu\mathrm{F}$，$L=0.01\ \mathrm{H}$，$u_S(t)=\cos(314t)\ \mathrm{V}$ 为正弦电源。原来的电路没有储能，当 $t=0$ 时开关S闭合，求电流 $i(t)$。

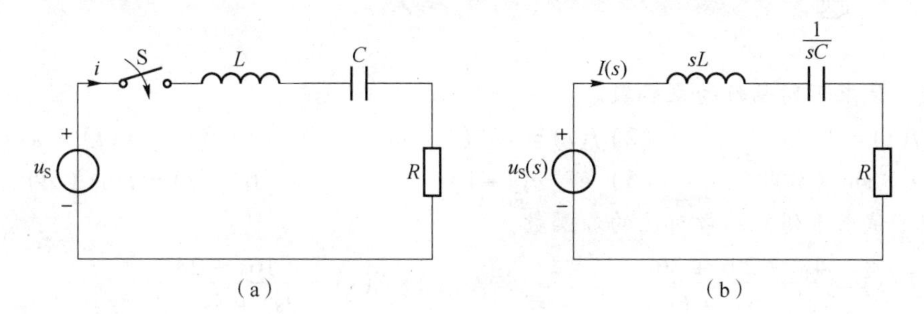

图9－27 例9－35电路图

解：将图9－27（a）时域电路转换为运算电路，如图9－27（b）所示。电路的运算电阻为

$$Z(s)=sL+\frac{1}{sC}+R=0.01s+\frac{10^4}{s}+15=\frac{0.01s^2+10^4+15s}{s}$$

电流的象函数为

$$I(s)=\frac{U_S}{Z(s)}=\frac{s}{s^2+314^2}\cdot\frac{s}{0.01s^2+15s+10^4}=\frac{100s^2}{(s^2+314^2)(s^2+1\,500s+10^6)}$$

部分分式展开式为

$$I(s)=\frac{K_1}{(s+750-\mathrm{j}661.44)}+\frac{K_1^*}{(s+750+\mathrm{j}661.44)}+\frac{K_2}{(s-\mathrm{j}314)}+\frac{K_2^*}{(s+\mathrm{j}314)}$$

确定各分式系数为

$$K_1=\left.\frac{100s^2}{(s+750+\mathrm{j}661.44)(s^2+314^2)}\right|_{s=-750+\mathrm{j}661.44}=0.074\,33\angle -95.519^{\circ}$$

$$K_2=\left.\frac{100s^2}{(s^2+1\,500s+10^6)(s+\mathrm{j}314)}\right|_{s=\mathrm{j}314}=0.015\,437\angle 62.41^{\circ}$$

故时域函数为

$$i(t)=[148.66e^{-750t}\cos(661.44t-95.52°)+30.874\cos(314t+62.41°)]\text{mA}$$

第一部分为暂态响应，经过7 ms后会衰减到零。第二部分为稳态响应，只要电源连接好，则该响应一定存在。

当$t=0$时，$i(0)$为

$$\begin{aligned}i(0)&=[148.66\times1\times\cos(-95.52°)+30.874\times\cos(62.41°)]\text{mA}\\&=(-14.3+14.299)\text{mA}=-0.001\text{ mA}\end{aligned}$$

此时，暂态分量较大，恰好与稳态分量抵消，电路中电流很小。

当$t=1$ ms时，$i(0.001)$为

$$\begin{aligned}i(0.001)&=[148.66\times e^{-0.75}\times\cos(-57.6°)+30.874\times\cos(80.41°)]\text{mA}\\&=(37.627+5.143)\text{ mA}=42.768\text{ mA}\end{aligned}$$

此时，第一部分的暂态分量为37.627，为稳态分量最大值的1.22倍，很可能会超过器件的额定值。

该例表明：对于正弦输入电源，尽管稳态响应能够满足要求，但是暂态响应也不可忽视。

习　题

9-1　试求下列函数的象函数。

(1) $f(t)=1-e^{-at}$　(2) $f(t)=e^{-at}(1-at)$　(3) $f(t)=\varepsilon(t)+\varepsilon(t-a)$

(4) $e^{-2t}\sin(3t)$　(5) $e^{-at}\varepsilon(t-1)$　(6) $f(t)=t\cos(at)$

9-2　试求下列象函数对应的原函数。

(1) $F(s)=\dfrac{4s^2+20s+36}{s^3+5s^2+6s}$　(2) $F(s)=\dfrac{16s+28}{2s^2+5s+3}$

(3) $F(s)=\dfrac{3}{(s^2+1)(s^2+4)}$　(4) $F(s)=\dfrac{s+4}{s^2+8s+41}$

(5) $F(s)=\dfrac{s^2+3s+7}{[(s+2)^2+4](s+1)}$　(6) $F(s)=\dfrac{s+2}{s(s+1)^2(s+3)}$

9-3　电路如题图9-1所示，已知$u_C(0_-)=2$ V，$i_L(0_-)=1$ A，$i_S(t)=\delta(t)$A。试用运算法求RLC并联电路的响应$u_C(t)$。

9-4　电路如题图9-2所示，已知$u_C(0_-)=1$ V，$i_L(0_-)=5$ A，$e(t)=12\sin(5t)\varepsilon(t)$V，试用运算法计算$i(t)$。

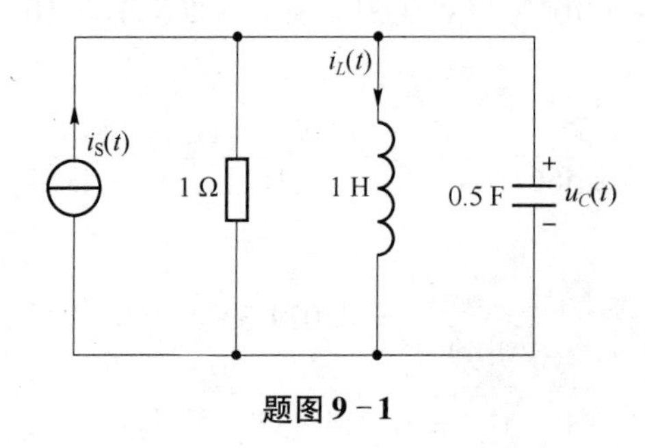

题图9-1

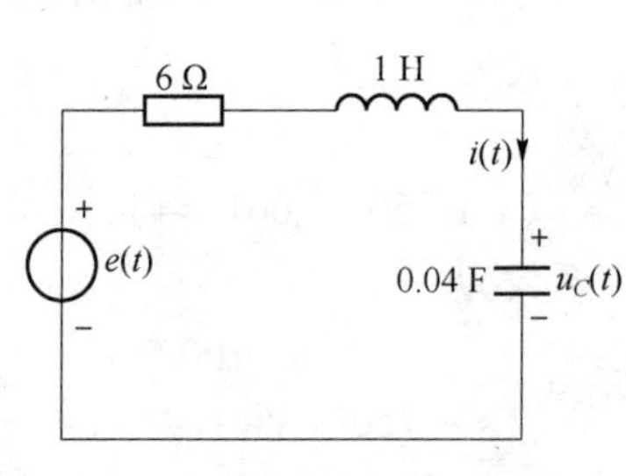

题图9-2

9-5　电路如题图9-3所示，已知 $R_1=R_2=2\ \Omega$，$C=0.1$ F，$L=\dfrac{5}{8}$ H，$U_{S1}=4$ V，$U_{S2}=2$ V，原电路已处于稳定状态，$t=0$ 时开关 S 闭合。试用运算法计算 $u_C(t)$。

9-6　电路如题图9-4所示，已知 $L=1$ H，$R_1=R_2=1\ \Omega$，$C=1$ F，$I_S=1$ A，$e(t)=\delta(t)$。原电路已处于稳定状态，$t=0$ 时开关 S 闭合。试画出运算电路图，并用运算法计算 $u_C(t)$ 的象函数 $U_C(s)$。

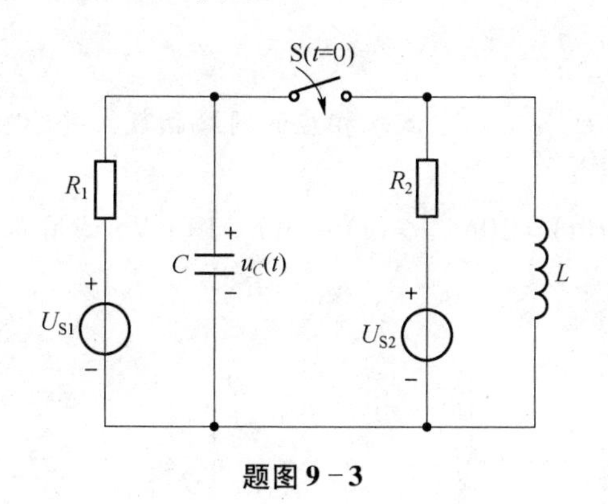

题图9-3

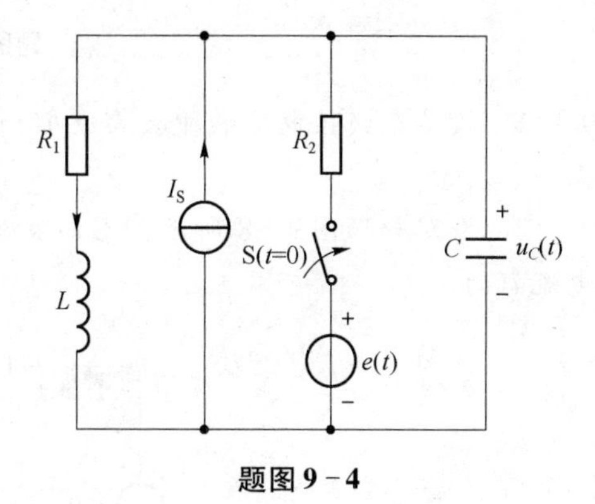

题图9-4

9-7　电路如题图9-5所示，$R_1=30\ \Omega$，$R_2=20\ \Omega$，$L=25$ H，$C=0.01$ F，$u_{S1}=40$ V，$u_{S2}=20$ V。开关 S 闭合前电路已达到稳定状态，$t=0$ 时将 S 闭合，求 $t\geqslant 0$ 时的电容电压 $u_C(t)$ 和电感电流 $i_L(t)$。

9-8　题图9-6所示一端口为零初始状态，其中 $L=0.5$ H，$R=1\ \Omega$，$C=1$ F。

（1）用运算法求驱动点阻抗 $Z(s)=\dfrac{U(s)}{I(s)}$；

（2）在 s 平面上绘出零点、极点；

（3）应用 MATLAB 辅助分析幅频特性和相频特性，画出 Bode 图。

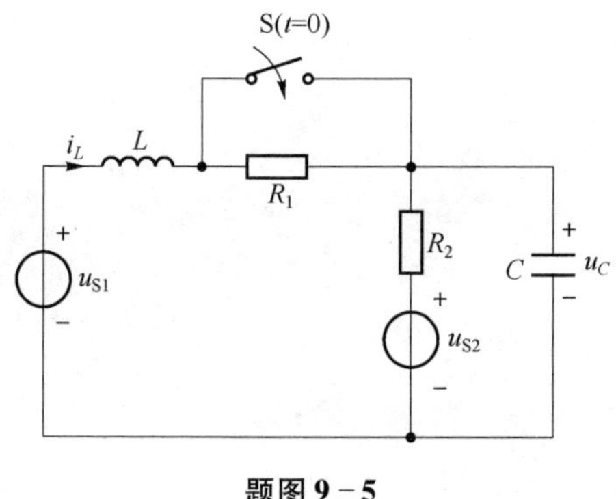

题图9-5

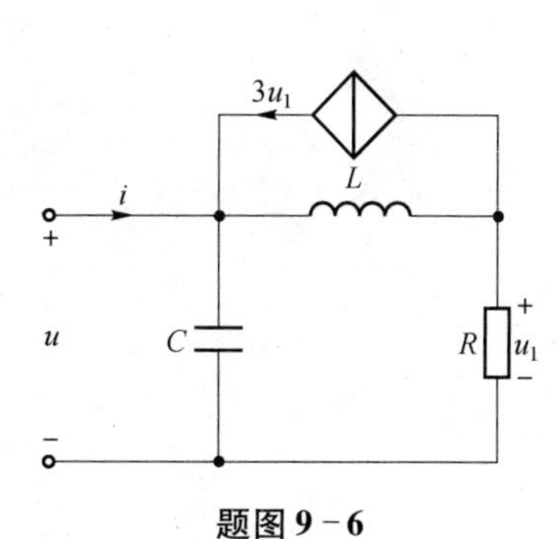

题图9-6

9-9　电路如题图9-7所示，已知 $u_S(t)=4\varepsilon(t)$ V，试求：

（1）网络函数 $H(s)=\dfrac{U_O(s)}{U_S(s)}$；

（2）绘出 $H(s)$ 的零、极点图。

9-10　已知网络函数 $H(s)=\dfrac{s+1}{s^2+5s+6}$，试求冲激响应 $h(t)$ 和阶跃响应 $r(t)$。

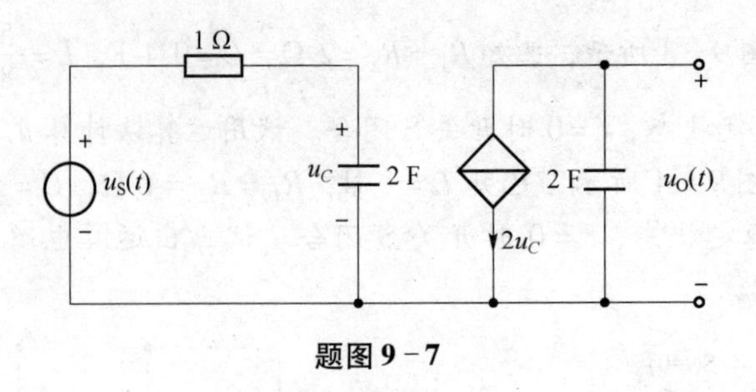

题图 9－7

9－11　设某个线性电路的冲激响应 $h(t)=e^{-t}+2e^{-2t}$，试求相应的网络函数，并绘制零、极点图。

9－12　电路如题图 9－8 所示，已知激励 $u(t)=10e^{-at}[\varepsilon(t)-\varepsilon(t-1)]$ V，试用卷积定理求电流 $i(t)$。

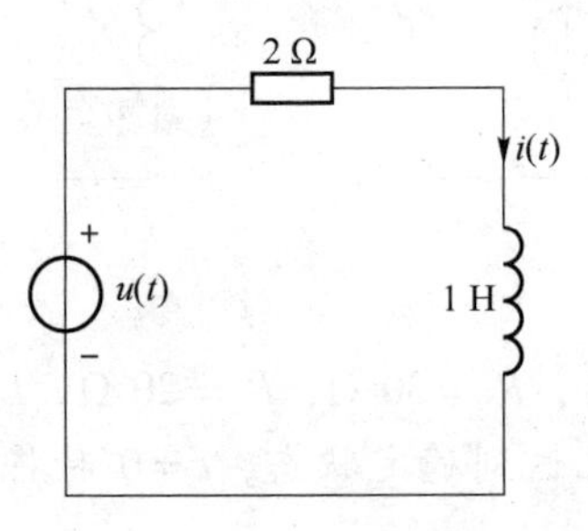

题图 9－8

第10章

线性电路网络的拓扑分析

章节引入

当电路的结构比较简单时，可以直接应用基尔霍夫定律及支路法、回路法和结点法，观察电路后建立所需的解题方程组来求解问题。这些方法不仅适用于电阻电路，而且对正弦稳态电路及运算电路也是有效的。但在工程实际中，当设计大规模集成电路时，电路网络所包含的元件和支路数可能有成千上万个，用人工计算是不可能完成的，必须借助计算机辅助分析。为了便于应用计算机辅助分析，对于复杂网络问题，要应用网络图论的方法对电路的结构及包含的信息进行图形表示，用矩阵方程形式对电路网络进行数学描述，进而对电路进行系统化分析。借助矩阵计算工具软件 MATLAB 能够非常方便快捷地完成矩阵分析运算。

本章内容提要

本章主要内容包括：电路网络图论、网络拓扑图的矩阵表示、矩阵 $\boldsymbol{A}$、$\boldsymbol{B}_{\mathrm{f}}$、$\boldsymbol{Q}_{\mathrm{f}}$ 之间的关系、回路电流方程的矩阵形式、结点电压方程的矩阵形式、状态方程、线性网络矩阵方程的 MATLAB 辅助分析和拓展及应用。

工程意义

网络拓扑分析就是针对复杂电路网络进行数学描述，应用计算机辅助分析解决复杂问题。

10.1 电路网络图论

本节通过图论的初步知识，主要介绍了如何应用网络拓扑图表示电路的连接性质。

1. 图的定义

图论是拓扑学的一个分支，富有趣味性，是应用极为广泛的一门学科，将图论应用于电路网络分析称为网络图论。在电路分析中，若把电路中的每一条支路都画成抽象的线段，形成结点和支路的集合，则每条支路的两端都连到相应的结点上。支路用线段描述，结点用点描述，这种从电路抽象出来的几何图形称为电路的图，简称图，所以说图是支路和结点的集合，表示为

$$G = \{支路,结点\}$$

支路和结点的定义如下。

(1) 支路：若干元件无分岔地首尾相连构成支路，即若干元件的串联和并联都作为一条支路；

(2) 结点：3 个或 3 个以上支路的连接点称为结点。

例如，图 10－1（a）为一个具有 6 个电阻和 2 个独立电源的电路，根据以上定义可以画出相应的电路图，其中图 10－1（b）、(c) 分别是无向图和有向图。无向图是指未赋予支路方向的图，而有向图是指赋予支路方向的图，电流、电压取关联参考方向。在电路中通常指定每一条支路中的电流参考方向，电压一般取关联参考方向。电路的图的每一条支路也可以指定一个方向，此方向即该支路电流（和电压）的参考方向。

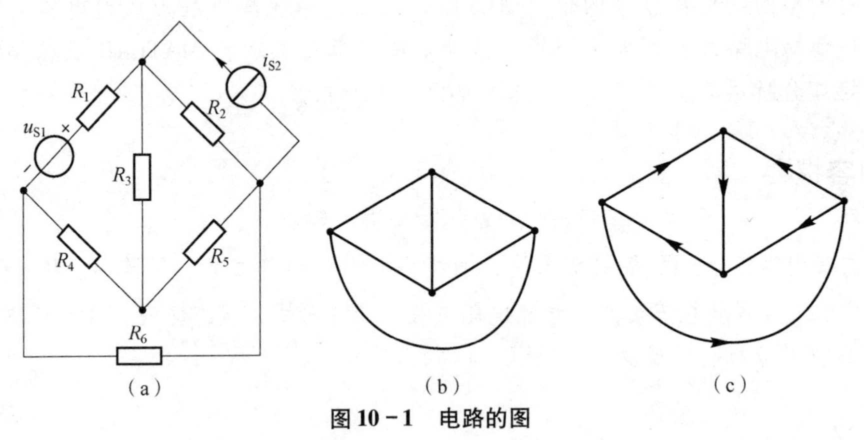

图 10－1 电路的图

(a) 电路图；(b) 无向图；(c) 有向图

注意：

在图的定义中，结点和支路各自为一个整体，但任意一条支路必须终止在结点上。移去一条支路并不等于同时把它连接的结点也移去，所以允许有孤立结点存在，它表示一个与外界不发生联系的“事物”。若移去一个结点，则应当把与该结点连接的全部支路都移去。

2. 路径

从一个图 G 的某一结点出发沿着一些支路连续移动到达另一结点（或回到原出发点），这样所经过的一系列支路构成图 G 的一条路径。一条支路本身也算为路径。当图 G 的任意两个结点之间至少存在一条路径时，图 G 称为连通图，非连通图至少存在两个分离部分，如图 10-1（c）就是连通图。

3. 子图

若图 G1 中所有支路和结点都是图 G 中的支路和结点，则称 G1 是 G 的子图，图 10-2（b）、（c）、（d）是（a）的子图。

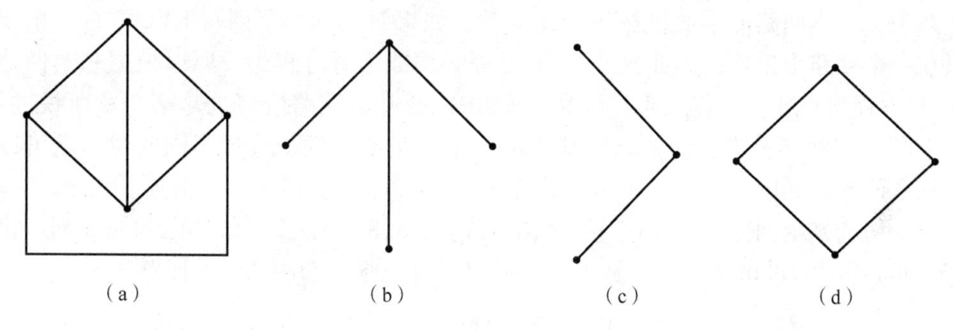

图 10-2　电路的子图

连通图 G 的树 T 定义：包含图 G 的全部结点且不包含任何回路的连通子图，即树 T 是连通图 G 的一个子图，满足的条件是连通的，包含所有结点，但不包含闭合路径。图 10-2（b）是树，图 10-2（c）、（d）就不是树，因为（c）有一个结点没有包括，（d）图是一个闭合路径。

树中包含的支路称为树支，而其他支路则称为连支。对于图 10-3（a）所示的图 G，取支路（1，4，6）为树，如图 10-3（b）中实线表示，相应的连支为（2，3，5），如图 10-3（b）中虚线表示。

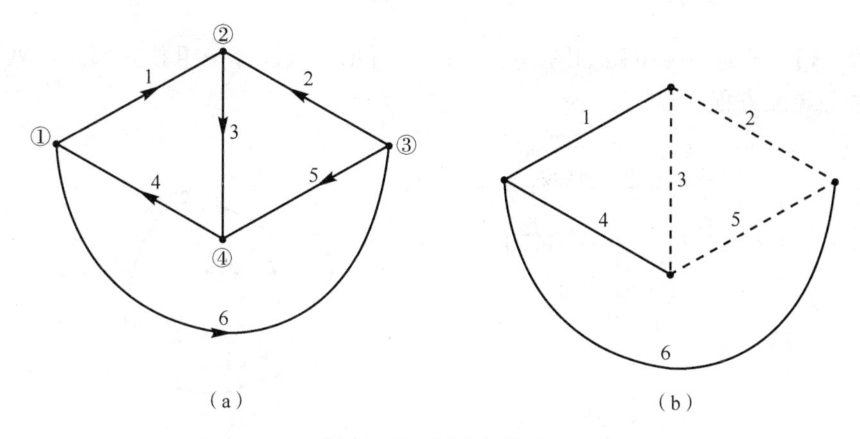

图 10-3　树支与连支

说明：

对于一个具有 b 条支路，n 个结点的图 G，有很多树，但树支的数目是 $n-1$。连支的数

目为 $b-(n-1)$。

4. 回路与回路独立方程

回路是连通图的一个子图，构成一条闭合路径，满足条件：(1) 连通；(2) 每个结点关联 2 条支路。如图 10-3 (a) 中，支路 (1,3,4)、(2,5,3)、(4,5,6) 等都构成了回路。

由于连通图 G 的树支连接所有结点又不形成回路，因此，对于图 G 的任意一个树，加入一个连支后，就会形成一个回路，并且此回路除所加连支外均由树支组成，这种回路称为单连支回路或基本回路。对于图 10-4 (a) 所示图 G，取支路 (5,6,7,8) 为树，在图 10-4 (b) 中用实线表示，相应的连支为 (1,2,3,4)，对应于这一树的基本回路是 (6.5,1)、(6,7,2)、(7,8,3)、(5,8,4)，每一个基本回路仅含一个连支，且这一连支并不出现在其他基本回路中，基本回路的个数显然等于连支数。如果对基本回路列写 KVL 方程，由于每个连支只在一个回路中出现，因此这些 KVL 方程必构成独立方程组，所以根据基本回路所列出的 KVL 方程组是独立方程。对于图 10-4 (b) 的基本回路恰好也是第 2 章所说的网孔。但是一个图 G 的树不是唯一的，当然基本回路也不是唯一的，选择不同的树，就可以得到不同的基本回路。如图 10-4 (c) 中，取支路 (2,6,8,4) 为树，相应的连支为 (1,5,7,3)，对应于这一树的基本回路是 (2,6,7)、(6,8,4,1)、(4,8,5)、(2,6,8,3)。可见，对一个具有 b 条支路和 n 个结点的电路，连支数 $l=b-n+1$，这也是一个图的独立回路的数目。

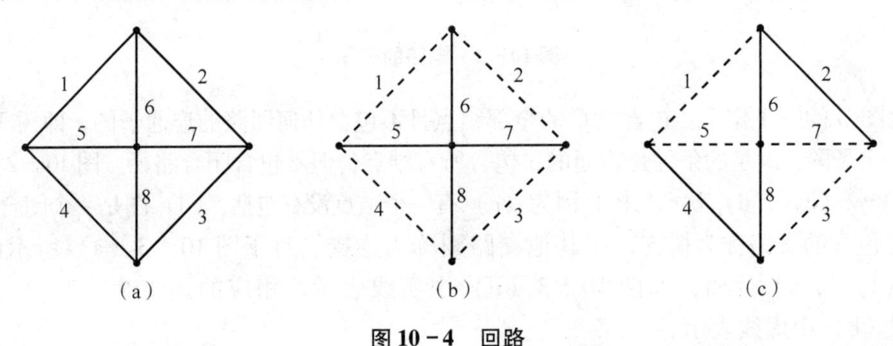

图 10-4 回路

【例 10-1】 给定直流电路如图 10-5 (a) 所示，试选择一组独立回路，列出支路电流方程和回路电流方程。

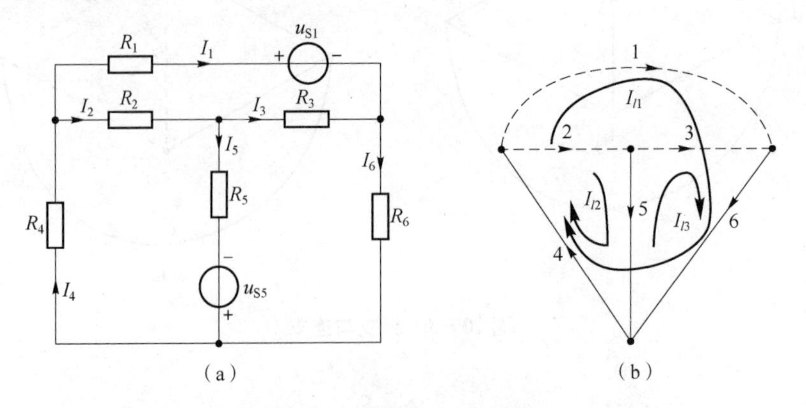

图 10-5 例 10-1 电路图

解：电路拓扑图如图 10-5（b）所示，选取支路（4,5,6）为树，3 个基本回路绘在图中，以图中回路绕行方向列出 KVL 方程

$$\begin{cases} u_1 + u_6 + u_4 = 0 \\ u_2 + u_5 + u_4 = 0 \\ u_3 + u_6 - u_5 = 0 \end{cases} \tag{10-1}$$

各支路电流和电压的关系为

$$u_1 = I_1R_1 + u_{S1},\ u_2 = I_2R_2,\ u_3 = I_3R_3,\ u_4 = I_4R_4,\ u_5 = I_5R_5 - u_{S5},\ u_6 = I_6R_6$$

将以上公式代入式（10-1），得到支路电流方程，即

$$\begin{cases} I_1R_1 + u_{S1} + I_6R_6 + I_4R_4 = 0 \\ I_2R_2 + I_5R_5 - u_{S5} + I_4R_4 = 0 \\ I_3R_3 + I_6R_6 - I_5R_5 + u_{S5} = 0 \end{cases}$$

图 10-5（b）中绘出回路电流 I_{l1}、I_{l2}、I_{l3} 及其绕行方向，连支电流 I_1、I_2、I_3 即为回路电流 I_{l1}、I_{l2}、I_{l3}。以回路电流为变量列出基本回路的 KVL 方程为

$$\begin{cases} I_{l1}(R_1 + R_6 + R_4) + I_{l2}R_4 + I_{l3}R_6 + u_{S1} = 0 \\ I_{l1}R_4 + I_{l2}(R_2 + R_5 + R_4) - I_{l3}R_5 - u_{S5} = 0 \\ I_{l1}R_6 - I_{l2}R_5 + I_{l3}(R_3 + R_6 + R_5) + u_{S5} = 0 \end{cases}$$

5. 割集

结点电压法是通过观察法列出的，但对于规模较大的电路应用计算机辅助分析需要应用网络图论，本节介绍与结点电压有关的割集概念。

连通图 G 的一个割集 Q 是 G 的一个支路集合，具有性质：（1）把 Q 中全部支路移去，图分成两个分离部分；（2）任意放回 Q 中一条支路，仍构成连通图。

注意：

这里的支路移去是仅仅移去支路而保留其相关的结点。如图 10-6（a）所示，移去支路 5、6、7、8，与这 4 条支路相关的结点均保留，特别是结点⑤，虽然相关的支路移走，该结点成为孤立结点，但必须保留在图中，由此得到的子图 G_1 为图 10-6（b）所示。

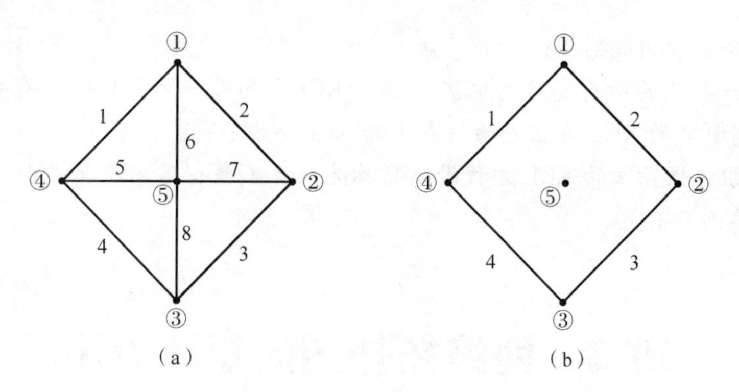

图 10-6　支路移去的含义

一般情况下，对于一个连通图，可看作一个闭合面，被该闭合面切割的所有支路全部移去，则原连通图会被分割成两个部分，则这样的一组支路的集合就称为原连通图的割集。例

如，图 10－7（a）中的割集有 $Q_1(1,2,4)$，$Q_2(2,5,3)$，$Q_3(1,3,6)$，$Q_4(4,5,6)$，其中割集包围的是一个结点。而在图 10－7（b）中，割集 $Q_1(6,3,7)$ 包围的是一个广义结点。$Q_2(6,3,7,5,9)$ 不能称为割集，因为移去这些支路将连通图分割成 3 个部分，(6,3,7,5) 也不能是割集，因为加入支路 5 仍然不是连通的。

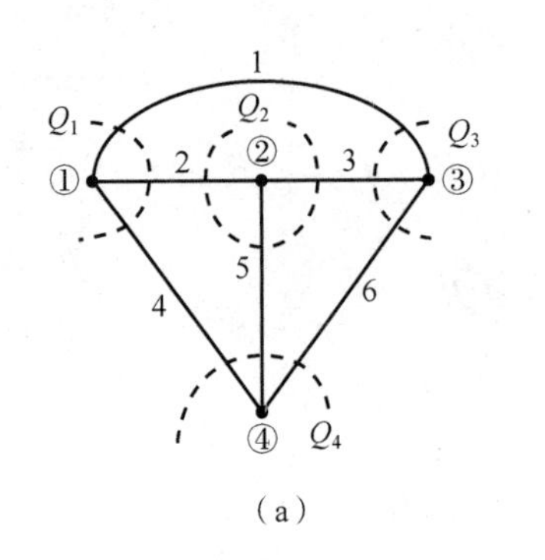

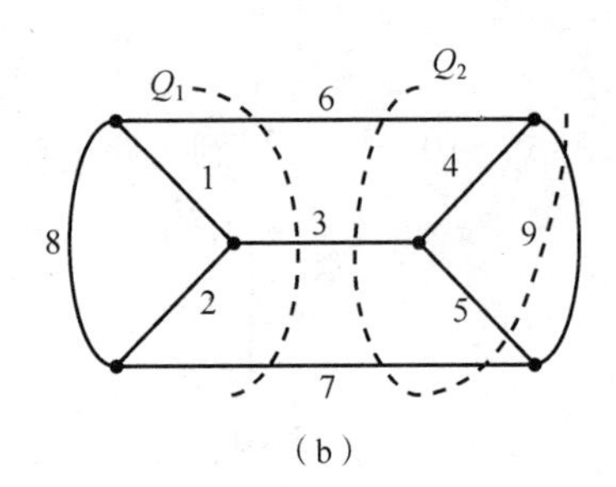

图 10－7　割集的定义

借助于“树”确定一组独立割集的方法如下。

对于一个连通图，如任选一个树，则与树对应的连支集合不能构成一个割集，而它的每一个树支与一些相应的连支都可以构成一个割集。

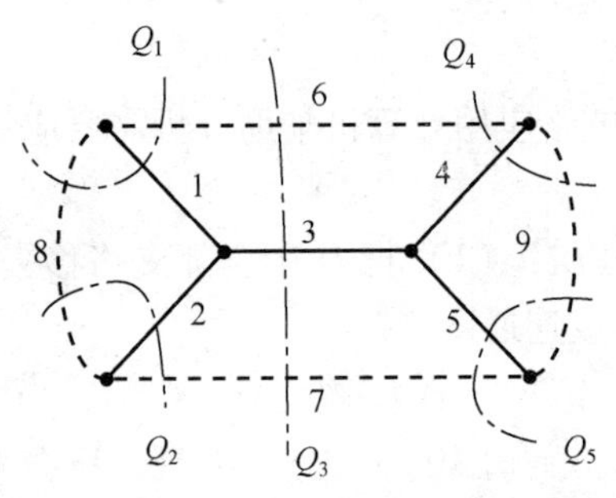

图 10－8　基本割集组

基本割集即为单树支割集，由树的一条树支与相应的一些连支构成的割集，对于一个具有 n 个结点和 b 条支路的连通图，其树支数为（$n-1$），因此将有（$n-1$）个基本割集。

例如，在图 10－8 中，结点有 6 个，支路有 9 条，选择支路（1，2，3，4，5）为树支，在图中以实线表示，其余支路为连支，在图中以虚线表示，则基本割集组为 $Q_1(1,8,6)$、$Q_2(2,7,8)$、$Q_3(3,6,7)$、$Q_4(4,9,6)$、$Q_5(5,7,9)$。

注意：

① 连支集合不能构成割集；

② 属于同一割集的所有支路的电流应满足 KCL，如果一个割集的所有支路都连接在同一个结点上，则割集的 KCL 方程变为结点上的 KCL 方程；

③ 对应一组线性独立的 KCL 方程的割集称为独立割集，基本割集是独立割集，但独立割集不一定是单树支割集。

10.2　网络拓扑图的矩阵表示

有向图的拓扑性质可以用关联矩阵、回路矩阵和割集矩阵描述，本节介绍拓扑图的这 3 种矩阵表示，以及它们的基尔霍夫定律的矩阵形式。

1. 关联矩阵

表示点与支路的关联性的矩阵称为**关联矩阵**，若一条支路连接某两个结点，则称该支路与这两个结点相关联。

设有向图的结点数为 n，支路数为 b，且所有结点与支路均加以编号，则该有向图的关联矩阵为一个 $n \times b$ 的矩阵，用 $\boldsymbol{A}_a$ 表示，它的行对应结点，列对应支路，其中的元素 a_{jk}定义如下：

$a_{jk}=+1$，表示支路 k 与结点 j 关联并且支路的方向背离结点 j；

$a_{jk}=-1$，表示支路 k 与结点 j 关联并且支路的方向指向结点 j；

$a_{jk}=0$，表示支路 k 与结点 j 无关联。

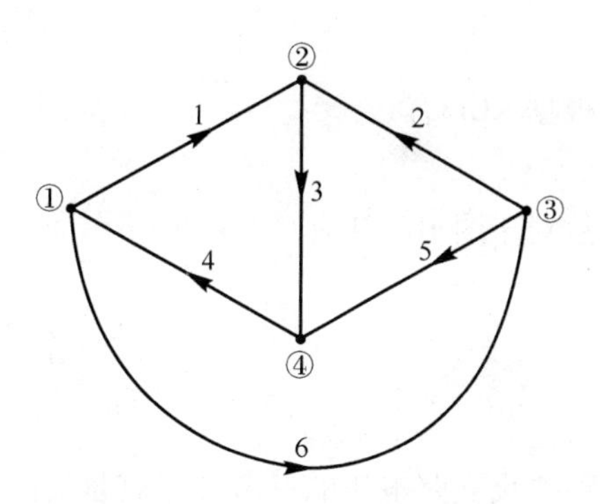

图 10－9　图的结点与支路的关联性质

例如，拓扑图如图 10－9 所示，它的关联矩阵为

$$\boldsymbol{A}_a = \begin{matrix} & \begin{matrix} 1 & 2 & 3 & 4 & 5 & 6 \end{matrix} \\ \begin{matrix} 1 \\ 2 \\ 3 \\ 4 \end{matrix} & \begin{bmatrix} 1 & 0 & 0 & -1 & 0 & 1 \\ -1 & -1 & 1 & 0 & 0 & 0 \\ 0 & 1 & 0 & 0 & 1 & -1 \\ 0 & 0 & -1 & 1 & -1 & 0 \end{bmatrix} \end{matrix} \tag{10-2}$$

从式（10－2）中可以看出：

（1）矩阵中每一行的非 0 元素表明了对应结点与哪些支路相关联；

（2）矩阵中每一列有两个非 0 元素且一正一负，因为它们表示着这条支路与两个结点相关，且该支路背离一个结点而指向另一个结点；

（3）所有元素按列相加等于零，根据矩阵知识可以知道每一行的元素都可以通过其他行的元素相加得到，这个 $n \times b$ 阶的矩阵 $\boldsymbol{A}_a$ 各行不相互独立。

如果划去 $\boldsymbol{A}_a$ 的任意一行，所得的 $(n-1) \times b$ 阶矩阵被称为降阶关联矩阵 $\boldsymbol{A}$。例如，若将式（10－2）中的第 4 行划去，得

$$\boldsymbol{A} = \begin{bmatrix} 1 & 0 & 0 & -1 & 0 & 1 \\ -1 & -1 & 1 & 0 & 0 & 0 \\ 0 & 1 & 0 & 0 & 1 & -1 \end{bmatrix} \tag{10-3}$$

式（10－3）中，第 3、4、5 列中仅有一个非零元素，这些列所对应的支路则与划去行的对应结点相关联，被划去行的对应结点可以作为参考结点。

设支路电流的参考方向就是支路的方向，电路中的 b 个支路电流可以用一个 b 阶列向量表示，即

$$\boldsymbol{i} = [i_1 \quad i_2 \quad \cdots \quad i_b]^{\mathrm{T}} \tag{10-4}$$

如果用矩阵 $\boldsymbol{A}$ 左乘电流列向量 $\boldsymbol{i}$，则乘积是一个 $(n-1)$ 阶列向量，由于矩阵 $\boldsymbol{A}$ 的每一行对应于一个结点，且每一行中的非零元素表示与该结点相关联的支路，所以这个乘积列向量的每一元素恰好等于流出每个相应结点的各支路电流的代数和，即

$$\boldsymbol{Ai}=\begin{bmatrix}\text{结点 1 的}\sum i\\\text{结点 2 的}\sum i\\\vdots\\\text{结点}(n-1)\text{ 的}\sum i\end{bmatrix}$$

根据 KCL 有

$$\boldsymbol{Ai}=\boldsymbol{0} \tag{10-5}$$

故对于图 10-9 有

$$\boldsymbol{Ai}=\begin{bmatrix}i_1-i_4+i_6\\-i_1-i_2+i_3\\i_2+i_5-i_6\end{bmatrix}=\begin{bmatrix}0\\0\\0\end{bmatrix}$$

设支路电压的参考方向就是支路的方向，电路中 b 个支路电压可以用一个 b 阶列向量表示，即

$$\boldsymbol{u}=[u_1\quad u_2\quad\cdots\quad u_b]^{\mathrm{T}}$$

$(n-1)$ 个结点电压可以用一个 $(n-1)$ 阶列向量表示，即

$$\boldsymbol{u}_n=[u_{n1}\quad u_{n2}\quad\cdots\quad u_{n(n-1)}]^{\mathrm{T}}$$

由于矩阵 $\boldsymbol{A}$ 的每一列或矩阵 A^{T} 的每一行表示每一对应支路与结点的关联情况，所以有

$$\boldsymbol{u}=\boldsymbol{A}^{\mathrm{T}}\boldsymbol{u}_n \tag{10-6}$$

故对于图 10-9 有

$$\begin{bmatrix}u_1\\u_2\\u_3\\u_4\\u_5\\u_6\end{bmatrix}=\begin{bmatrix}1&-1&0\\0&-1&1\\0&1&0\\-1&0&0\\0&0&1\\1&0&-1\end{bmatrix}\begin{bmatrix}u_{n1}\\u_{n2}\\u_{n3}\end{bmatrix}=\begin{bmatrix}u_{n1}-u_{n2}\\-u_{n2}+u_{n1}\\u_{n2}\\-u_{n1}\\u_{n3}\\u_{n1}-u_{n3}\end{bmatrix}$$

可见式（10-6）表明电路中的各支路电压可以用与该支路关联的两个结点的结点电压（参考结点的结点电压为零）表示，这正是结点电压法的基本思想，该式也可以用矩阵表示。

2. 回路矩阵

表示回路与支路的关联关系的矩阵称为**回路矩阵**。设有向图的独立回路数为 l，支路数为 b，且所有独立回路和支路均要编号，则该有向图的回路矩阵是一个 $l\times b$ 的矩阵，用 $\boldsymbol{B}$ 表示。$\boldsymbol{B}$ 的行对应于回路，列对应于支路，它的任一元素 b_{jk} 定义如下：

（1）$b_{jk}=+1$，表示支路 k 与回路 j 关联，且它们的方向一致；

（2）$b_{jk}=-1$，表示支路 k 与回路 j 关联，且它们的方向相反；

（3）$b_{jk}=0$，表示支路 k 与回路 j 无关联。

例如，图 10-9 所示的有向图，独立回路数等于 3，若选网孔为独立回路，选顺时针方

向为回路绕行方向，如图 10－10（a）所示，则对应的回路矩阵为

$$
\boldsymbol{B}=\begin{matrix} \\ 1 \\ 2 \\ 3 \end{matrix}\begin{matrix} \begin{matrix} 1 & 2 & 3 & 4 & 5 & 6 \end{matrix} \\ \begin{bmatrix} 1 & 0 & 1 & 1 & 0 & 0 \\ 0 & -1 & -1 & 0 & 1 & 0 \\ 0 & 0 & 0 & -1 & -1 & -1 \end{bmatrix} \end{matrix}
$$

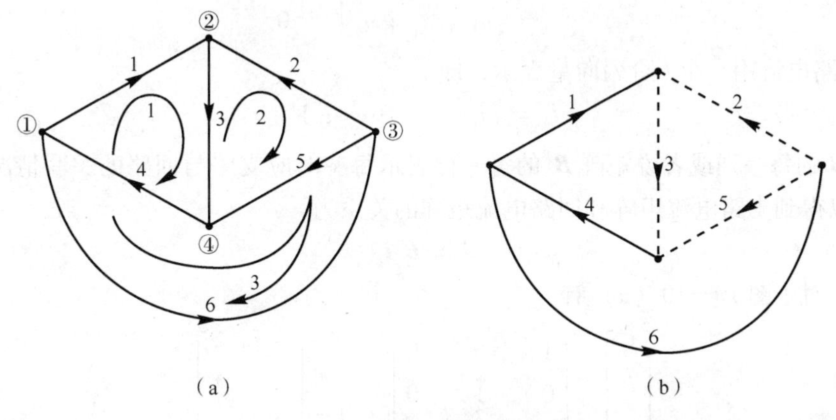

（a）　（b）

图 10－10　回路与支路的关联性质

如果所选独立回路组对应于一个树的单连支回路组，则这种回路矩阵就称为**基本回路矩阵**，用 $\boldsymbol{B}_{\mathrm{f}}$ 表示。

$\boldsymbol{B}_{\mathrm{f}}$ 的行、列次序是先把 l 条连支依次排列，然后再排列树支；取每一连支回路的序号为对应连支所在列的序号，且以该连支的方向为对应回路的绕行方向，$\boldsymbol{B}_{\mathrm{f}}$ 中将出现一个 l 阶的单位子矩阵，即有

$$
\boldsymbol{B}_{\mathrm{f}}=[\mathbf{1}_{l} \,\vdots\, \boldsymbol{B}_{\mathrm{t}}] \tag{10-7}
$$

式（10－7）中下标 l 和 t 分别表示与连支和树支对应的部分。

例如，在图 10－10（b）所示有向图中，选支路 1、4、6 为树支，则支路 2、3、5 为连支，回路（2，1，6）、（3，4，1）、（5，4，6）为一组单连支回路，可以将回路矩阵写成基本回路矩阵形式，即

$$
\boldsymbol{B}_{\mathrm{f}}=\begin{matrix} \\ 1 \\ 2 \\ 3 \end{matrix}\begin{matrix} \begin{matrix} 2 & 3 & 5 & & 1 & 4 & 6 \end{matrix} \\ \begin{bmatrix} 1 & 0 & 0 & -1 & 0 & 1 \\ 0 & 1 & 0 & 1 & 1 & 0 \\ 0 & 0 & 1 & 0 & 1 & 1 \end{bmatrix} \end{matrix} \tag{10-8}
$$

回路矩阵左乘支路电压列向量，所得乘积是一个 l 阶的列向量。由于矩阵 $\boldsymbol{B}$ 的每一行表示每一对应回路与支路的关联情况，由矩阵的乘法规则可以知道乘积列向量中每一元素将等于每一对应回路中各支路电压的代数和，即

$$
\boldsymbol{Bu}=\begin{bmatrix} \text{回路 1 中的} \sum u \\ \text{回路 2 中的} \sum u \\ \vdots \\ \text{回路 } l \text{ 中的} \sum u \end{bmatrix}
$$

根据 KVL 有

$$\boldsymbol{Bu} = \mathbf{0} \tag{10-9}$$

实际上式（10－9）是用矩阵 $\boldsymbol{B}$ 表示的**KVL 的矩阵形式**。例如，将式（10－8）代入式（10－9）中可得

$$\boldsymbol{Bu} = \begin{bmatrix} u_2 - u_1 + u_6 \\ u_3 + u_1 + u_4 \\ u_5 + u_4 + u_6 \end{bmatrix} = \begin{bmatrix} 0 \\ 0 \\ 0 \end{bmatrix}$$

l 个独立回路电流用一个 l 阶列向量表示，即

$$\boldsymbol{i}_l = [\, i_{l1} \quad i_{l2} \quad \cdots \quad i_{ll} \,]^{\mathrm{T}}$$

由于矩阵 $\boldsymbol{B}$ 的每一列或者说矩阵 $\boldsymbol{B}^{\mathrm{T}}$的每一行表示每一对应支路与回路的关联情况，由矩阵的乘法可以得到支路电流矩阵和回路电流矩阵的关系为

$$\boldsymbol{i} = \boldsymbol{B}^{\mathrm{T}}\boldsymbol{i}_l \tag{10-10}$$

例如，对于图 10－10（a）有

$$\begin{bmatrix} i_1 \\ i_2 \\ i_3 \\ i_4 \\ i_5 \\ i_6 \end{bmatrix} = \begin{bmatrix} 1 & 0 & 0 \\ 0 & -1 & 0 \\ 1 & -1 & 0 \\ 1 & 0 & -1 \\ 0 & 1 & -1 \\ 0 & 0 & -1 \end{bmatrix} \begin{bmatrix} i_{l1} \\ i_{l2} \\ i_{l3} \end{bmatrix} = \begin{bmatrix} i_{l1} \\ -i_{l2} \\ i_{l1} - i_{l2} \\ i_{l1} - i_{l3} \\ i_{l2} - i_{l3} \\ -i_{l3} \end{bmatrix}$$

所以，式（10－10）表示的是电路中各支路电流用与该支路关联的回路电流表示，这也正是回路电流法的基本思想，所以说该式是用矩阵 $\boldsymbol{B}$ 表示的**KCL 的矩阵形式**。

3. 割集矩阵

表示支路与割集的关联性质的矩阵被称为**割集矩阵**，若某些支路构成一个割集，则称这些支路与该割集关联。根据应用需要，以下我们介绍的是独立割集矩阵和基本割集矩阵。

设有向图的结点数为 n，支路数为 b，则该图的独立割集数为（$n-1$）。对每个割集编号，并指定一个割集方向：移去割集的所有支路，G 被分离为两部分后，从其中一部分指向另一部分的方向即为割集方向。则割集矩阵为一个 $[(n-1)\times b]$ 的矩阵，用 $\boldsymbol{Q}$ 表示。$\boldsymbol{Q}$ 的行对应割集，列对应支路，它的任一元素 q_{jk} 定义如下：

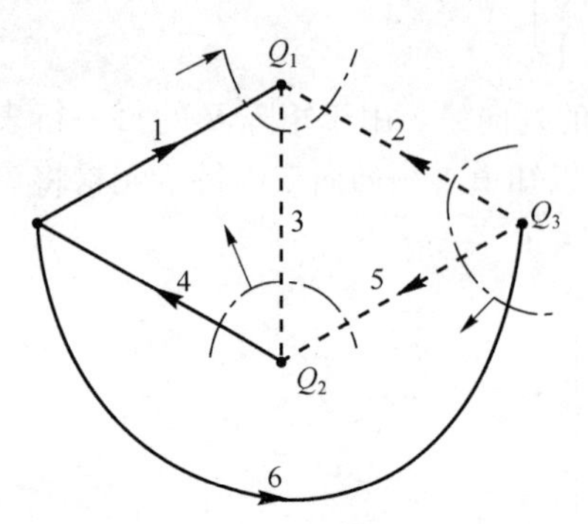

图 10－11　割集与支路的关联性质

（1）$q_{jk} = +1$，表示支路 k 与割集 j 关联，且它们的方向一致；

（2）$q_{jk} = -1$，表示支路 k 与割集 j 关联，且它们的方向相反；

（3）$q_{jk} = 0$，表示支路 k 与割集 j 无关联。

例如，拓扑图如图 10－11 所示。

结点数为 4，独立割集数等于 3，若选一组独立割集

如图所示，对应的割集矩阵为

$$Q = \begin{matrix} \\ 1 \\ 2 \\ 3 \end{matrix}\begin{matrix} \begin{matrix} 1 & 2 & 3 & 4 & 5 & 6 \end{matrix} \\ \begin{bmatrix} -1 & -1 & 1 & 0 & 0 & 0 \\ 0 & 0 & -1 & 1 & -1 & 0 \\ 0 & 1 & 0 & 0 & 1 & -1 \end{bmatrix} \end{matrix}$$

若选取的割集是一组单树支割集，则此割集矩阵称为基本割集矩阵，用 $\boldsymbol{Q}_\mathrm{f}$ 表示。写 $\boldsymbol{Q}_\mathrm{f}$ 时其行、列的次序为：先将（$n-1$）条树支依次排列，然后依次排列连支，且选割集方向与相应树支方向一致，则 $\boldsymbol{Q}_\mathrm{f}$ 为

$$\boldsymbol{Q}_\mathrm{f} = [1_\mathrm{t} \mid Q_l] \tag{10-11}$$

式（10－11）中，下标 t 和 l 分别表示对应与树支和连支部分。例如，图 10－11 中，选支路 1、4、6 为树支，支路 2、3、5 为连支，可得基本割集矩阵为

$$\boldsymbol{Q}_\mathrm{f} = \begin{matrix} \\ 1 \\ 2 \\ 3 \end{matrix}\begin{matrix} \begin{matrix} 1 & 4 & 6 & 2 & 3 & 5 \end{matrix} \\ \begin{bmatrix} 1 & 0 & 0 & 1 & -1 & 0 \\ 0 & 1 & 0 & 0 & -1 & -1 \\ 0 & 0 & 1 & -1 & 0 & -1 \end{bmatrix} \end{matrix} \tag{10-12}$$

在割集中，属于一个割集所有支路电流的代数和等于零，根据割集矩阵的定义和矩阵的乘法可以得出

$$\boldsymbol{Qi} = \boldsymbol{0} \tag{10-13}$$

式（10－13）是用割集矩阵 $\boldsymbol{Q}$ 表示的 **KCL 的矩阵形式**。例如，在图 10－11 所示有向图中，所选的割集是一组基本割集，也是独立割集，将式（10－12）代入式（10－13）中有

$$\boldsymbol{Qi} = \begin{bmatrix} i_1 + i_2 - i_3 \\ i_4 - i_3 - i_5 \\ i_6 - i_2 - i_5 \end{bmatrix} = \begin{bmatrix} 0 \\ 0 \\ 0 \end{bmatrix}$$

电路中（$n-1$）个树支电压可以用一个（$n-1$）阶列向量表示，即

$$\boldsymbol{u}_\mathrm{t} = [u_{\mathrm{t}1} \quad u_{\mathrm{t}2} \quad \cdots \quad u_{\mathrm{t}(n-1)}]^\mathrm{T}$$

由于通常选单树支割集为独立割集，此时树支电压又可视为对应的割集电压，所以 $\boldsymbol{u}_\mathrm{t}$ 又是基本割集组的割集电压列向量。由于矩阵 $\boldsymbol{Q}_\mathrm{f}$ 的每一列，即 $\boldsymbol{Q}_\mathrm{f}^\mathrm{T}$ 的每一行，表示一条支路与割集的关联情况，根据矩阵相乘的规则可求得

$$\boldsymbol{u} = \boldsymbol{Q}_\mathrm{f}^\mathrm{T}\boldsymbol{u}_\mathrm{t} \tag{10-14}$$

式（10－14）是用矩阵 $\boldsymbol{Q}_\mathrm{f}$ 表示的 **KVL 的矩阵形式**。例如，图 10－11 所示的有向图及其所选的割集，支路 1、4、6 为树支，支路 2、3、5 为连支，$\boldsymbol{Q}_\mathrm{f}$ 如式（10－12），则有

$$\boldsymbol{u} = [u_1 \quad u_4 \quad u_6 \quad u_2 \quad u_3 \quad u_5]^\mathrm{T}$$

即

$$\boldsymbol{u} = \begin{bmatrix} u_1 \\ u_4 \\ u_6 \\ u_2 \\ u_3 \\ u_5 \end{bmatrix} = \begin{bmatrix} 1 & 0 & 0 \\ 0 & 1 & 0 \\ 0 & 0 & 1 \\ 1 & 0 & -1 \\ -1 & -1 & 0 \\ 0 & -1 & -1 \end{bmatrix}\begin{bmatrix} u_{\mathrm{t}1} \\ u_{\mathrm{t}2} \\ u_{\mathrm{t}3} \end{bmatrix} = \begin{bmatrix} u_{\mathrm{t}1} \\ u_{\mathrm{t}2} \\ u_{\mathrm{t}3} \\ u_{\mathrm{t}1} - u_{\mathrm{t}3} \\ -u_{\mathrm{t}1} - u_{\mathrm{t}2} \\ -u_{\mathrm{t}2} - u_{\mathrm{t}3} \end{bmatrix}$$

式（10－14）表明电路中的支路电压可以用树支电压（割集电压）表示，这就是割集电压法的基本思想。

$\boldsymbol{A}$、$\boldsymbol{B}_{\mathrm{f}}$ 和 $\boldsymbol{Q}_{\mathrm{f}}$ 的 KCL 和 KVL 的矩阵形式如表 10－1 所示。

表 10－1　KCL 和 KVL 的矩阵形式

连通图 G 的矩阵	$\boldsymbol{A}$	$\boldsymbol{B}_{\mathrm{f}}$	$\boldsymbol{Q}_{\mathrm{f}}$
KCL	$\boldsymbol{Ai}=\boldsymbol{0}$	$\boldsymbol{i}=\boldsymbol{B}_{\mathrm{f}}^{\mathrm{T}}\boldsymbol{i}_l$	$\boldsymbol{Q}_{\mathrm{f}}\boldsymbol{i}=\boldsymbol{0}$
KVL	$\boldsymbol{u}=\boldsymbol{A}^{\mathrm{T}}\boldsymbol{u}_n$	$\boldsymbol{B}_{\mathrm{f}}\boldsymbol{u}=\boldsymbol{0}$	$\boldsymbol{u}=\boldsymbol{Q}_{\mathrm{f}}^{\mathrm{T}}\boldsymbol{u}_{\mathrm{t}}$

10.3　矩阵 $\boldsymbol{A}$、$\boldsymbol{B}_{\mathrm{f}}$、$\boldsymbol{Q}_{\mathrm{f}}$ 之间的关系

对于任意一个连通图 G，在支路排列顺序相同时，矩阵 $\boldsymbol{A}$ 和 $\boldsymbol{B}$ 的关系有

$$\boldsymbol{AB}^{\mathrm{T}}=\boldsymbol{0}\quad 或\quad \boldsymbol{BA}^{\mathrm{T}}=\boldsymbol{0} \tag{10-15}$$

证明：由于 $\boldsymbol{u}=\boldsymbol{A}^{\mathrm{T}}\boldsymbol{u}_n$ 和 $\boldsymbol{Bu}=\boldsymbol{0}$，设此两式中支路排列顺序相同，将前式代入后式有

$$\boldsymbol{Bu}=\boldsymbol{BA}^{\mathrm{T}}\boldsymbol{u}_n=\boldsymbol{0}$$

$\boldsymbol{u}_n\neq\boldsymbol{0}$，得 $\boldsymbol{BA}^{\mathrm{T}}=\boldsymbol{0}$。若将该式等号两边取转置，得

$$(\boldsymbol{BA}^{\mathrm{T}})^{\mathrm{T}}=(\boldsymbol{A}^{\mathrm{T}})^{\mathrm{T}}\boldsymbol{B}^{\mathrm{T}}=\boldsymbol{AB}^{\mathrm{T}}=\boldsymbol{0}$$

式（10－15）得证。

对于任意一个连通图 G，如果其割集矩阵 $\boldsymbol{Q}$ 和回路矩阵 $\boldsymbol{B}$ 的列按照相同的支路顺序排列，则有

$$\boldsymbol{QB}^{\mathrm{T}}=\boldsymbol{0}\quad 或\quad \boldsymbol{BQ}^{\mathrm{T}}=\boldsymbol{0} \tag{10-16}$$

如果选连通图 G 的一个树 T，按此树 T 定义 $\boldsymbol{B}_{\mathrm{f}}$ 和 $\boldsymbol{Q}_{\mathrm{f}}$，并把 $\boldsymbol{A}$、$\boldsymbol{B}_{\mathrm{f}}$、$\boldsymbol{Q}_{\mathrm{f}}$的列按照相同的支路编号和先树支、后连支的顺序排列，使

$$\boldsymbol{A}=[\boldsymbol{A}_{\mathrm{t}}\mid\boldsymbol{A}_l],\ \boldsymbol{B}_{\mathrm{f}}=[\boldsymbol{B}_{\mathrm{t}}\mid\boldsymbol{1}_l],\ \boldsymbol{Q}_{\mathrm{f}}=[\boldsymbol{1}_{\mathrm{t}}\mid Q_l],$$

由于

$$\boldsymbol{AB}_{\mathrm{f}}^{\mathrm{T}}=[\boldsymbol{A}_{\mathrm{t}}\mid\boldsymbol{A}_l]\begin{bmatrix}\boldsymbol{B}_{\mathrm{t}}^{\mathrm{T}}\\ \text{---}\\ \boldsymbol{1}_l\end{bmatrix}=\boldsymbol{0}$$

有

$$\boldsymbol{A}_{\mathrm{t}}\boldsymbol{B}_{\mathrm{t}}^{\mathrm{T}}+\boldsymbol{A}_l=\boldsymbol{0}$$

或者有

$$\boldsymbol{B}_{\mathrm{t}}^{\mathrm{T}}=-\boldsymbol{A}_{\mathrm{t}}^{-1}\boldsymbol{A}_l \tag{10-17}$$

可以证明 $\boldsymbol{A}_{\mathrm{t}}$ 是非奇异子矩阵，所以其逆矩阵 $\boldsymbol{A}_{\mathrm{t}}^{-1}$ 一定存在。
同理，由于

$$\boldsymbol{Q}_{\mathrm{f}}\boldsymbol{B}_{\mathrm{f}}^{\mathrm{T}}=[\boldsymbol{1}_{\mathrm{t}}\mid\boldsymbol{Q}_l]\begin{bmatrix}\boldsymbol{B}_{\mathrm{t}}^{\mathrm{T}}\\ \text{---}\\ \boldsymbol{1}_l\end{bmatrix}=\boldsymbol{0}$$

有

$$\boldsymbol{B}_{\mathrm{t}}^{\mathrm{T}} + \boldsymbol{Q}_l = \boldsymbol{0}$$

或者有

$$\boldsymbol{Q}_l = -\boldsymbol{B}_{\mathrm{t}}^{\mathrm{T}} = -\boldsymbol{A}_{\mathrm{t}}^{-1}\boldsymbol{A}_l \tag{10-18}$$

可见，如果已知 $\boldsymbol{B}_{\mathrm{f}} = [\boldsymbol{B}_{\mathrm{t}} \mid \boldsymbol{1}_l]$，则 $\boldsymbol{Q}_{\mathrm{f}} = [\boldsymbol{1}_{\mathrm{t}} \mid -\boldsymbol{B}_{\mathrm{t}}^{\mathrm{T}}]$。反之，如果已知 $\boldsymbol{Q}_{\mathrm{f}} = [\boldsymbol{1}_{\mathrm{t}} \mid \boldsymbol{Q}_l]$，则

$$\boldsymbol{B}_{\mathrm{f}} = [-\boldsymbol{Q}_l^{\mathrm{T}} \mid \boldsymbol{1}_l]$$

【例 10-2】 已知 $\boldsymbol{B}_{\mathrm{f}} = \begin{bmatrix} 1 & 0 & 1 & 0 & 0 \\ -1 & 1 & 0 & 1 & 0 \\ -1 & 0 & 0 & 0 & 1 \end{bmatrix}$，求基本割集矩阵，并画出网络图。

解：因为

$$\boldsymbol{Q}_l = -\boldsymbol{B}_{\mathrm{t}}^{\mathrm{T}} = -\begin{bmatrix} 1 & -1 & -1 \\ 0 & 1 & 0 \end{bmatrix}$$

$$= \begin{bmatrix} -1 & 1 & 1 \\ 0 & -1 & 0 \end{bmatrix}$$

所以

$$\boldsymbol{Q}_{\mathrm{f}} = \begin{bmatrix} 1 & 0 & -1 & 1 & 1 \\ 0 & 1 & 0 & -1 & 0 \end{bmatrix}$$

根据 $\boldsymbol{Q}_{\mathrm{f}}$ 画出网络图如图 10-12 所示。

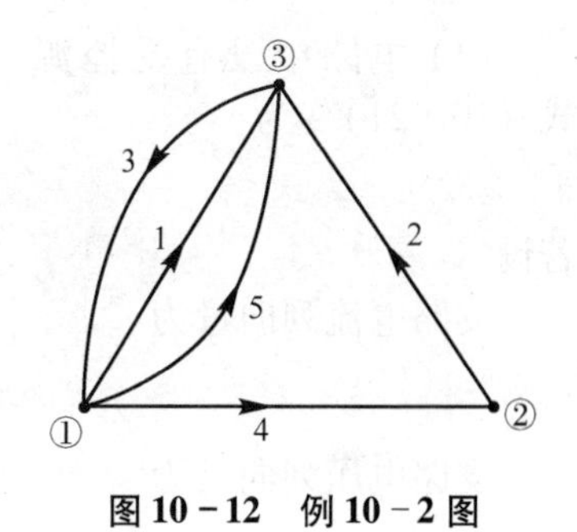

图 10-12 例 10-2 图

10.4 回路电流方程的矩阵形式

网孔电流法和回路电流法是分别以网孔电流和回路电流作为独立变量，应用 KVL 列出所需的独立方程组进行电路分析的一种方法。由于回路矩阵 $\boldsymbol{B}$ 充分描述了支路和回路的关联性质，因此可以用矩阵 $\boldsymbol{B}$ 表示的 KCL 和 KVL 推导回路电流方程的矩阵形式，设回路电流列向量为 $\boldsymbol{i}_l$，支路电流列向量为 $\boldsymbol{i}$，支路电压列向量为 $\boldsymbol{u}$，有

$$\text{KCL}: \boldsymbol{i} = \boldsymbol{B}^{\mathrm{T}}\boldsymbol{i}_l \tag{10-19}$$

$$\text{KVL}: \boldsymbol{B}\boldsymbol{u} = \boldsymbol{0} \tag{10-20}$$

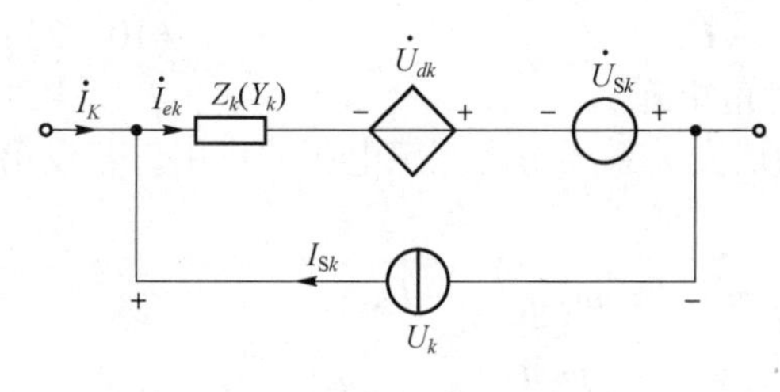

图 10-13 含受控电压源的复合支路

此外，还必须有一组支路的伏安特性方程，因此需要规定一条支路的结构和内容。在直流电路、正弦稳态电路分析或应用拉氏变换分析中，尤其是编写矩阵形式的电路方程时，一种有效的方法是定义一条"复合支路"。一条复合支路一般包含几种元件并按规定方式相互连接，回路电流法采用如图 10-13 所示的复合支路，其中下标 k 表示第 k 条支路，$\dot{U}_{Sk}$ 和 $\dot{I}_{Sk}$ 分别表示独立电压源电压相量和独立电流源电流相量，$\dot{U}_{dk}$ 表示受控电压源的电压相量，Z_k（或 Y_k）表示阻抗（或导纳），且规定它只可能是单一的电阻、电感或电容，而不能是它们的组合，即

$$Z_k=\begin{cases}R_k\\ j\omega L_k\\ 1/j\omega C_k\end{cases}\quad 或\quad Y_k=\begin{cases}1/R_k\\ 1/j\omega L_k\\ j\omega C_k\end{cases}$$

复合支路的定义规定了一条支路最多可以包含的不同元件数及其连接方式，但不是说每条支路都必须包含这几种元件，可以允许一条支路缺少其中某些元件，但对于回路电流法，不允许存在无伴电流源支路。图 10－13 的复合支路采用的是相量法，可以采用相应的运算形式，电压和电流的参考方向标注在图中，其伏安关系的相量形式为

$$\dot{U}_k=Z_k(\dot{I}_k+\dot{I}_{sk})-\dot{U}_{dk}-\dot{U}_{Sk}\tag{10-21}$$

下面分不同情况讨论。

(1) 电路中没有受控源、电感之间无磁耦合的情况，对于第 k 条支路，令 $\dot{U}_{dk}=0$ 式 (10－21)变为

$$\dot{U}_k=Z_k(\dot{I}_k+\dot{I}_{Sk})-\dot{U}_{Sk}\tag{10-22}$$

若设

支路电流列向量为

$$\dot{\boldsymbol{I}}=[\dot{I}_1\quad \dot{I}_2\quad \cdots\quad \dot{I}_b]^{\mathrm{T}}$$

支路电压列向量为

$$\dot{\boldsymbol{U}}=[\dot{U}_1\quad \dot{U}_2\quad \cdots\quad \dot{U}_b]^{\mathrm{T}}$$

支路电流源的列向量为

$$\dot{\boldsymbol{I}}_{\mathrm{S}}=[\dot{I}_{\mathrm{S1}}\quad \dot{I}_{\mathrm{S2}}\quad \cdots\quad \dot{I}_{\mathrm{S}b}]^{\mathrm{T}}$$

支路电压源的电压列向量为

$$\dot{\boldsymbol{U}}_{\mathrm{S}}=[\dot{U}_{\mathrm{S1}}\quad \dot{U}_{\mathrm{S2}}\quad \cdots\quad \dot{U}_{\mathrm{S}b}]^{\mathrm{T}}$$

则整个电路有

$$\begin{bmatrix}\dot{U}_1\\ \dot{U}_2\\ \vdots\\ \dot{U}_b\end{bmatrix}=\begin{bmatrix}Z_1 & & & 0\\ & Z_2 & & \\ & & \ddots & \\ 0 & & & Z_b\end{bmatrix}\begin{bmatrix}\dot{I}_1+\dot{I}_{\mathrm{S1}}\\ \dot{I}_2+\dot{I}_{\mathrm{S2}}\\ \vdots\\ \dot{I}_b+\dot{I}_{\mathrm{S}b}\end{bmatrix}-\begin{bmatrix}\dot{U}_{\mathrm{S1}}\\ \dot{U}_{\mathrm{S2}}\\ \vdots\\ \dot{U}_{\mathrm{S}b}\end{bmatrix}$$

即

$$\dot{\boldsymbol{U}}=\boldsymbol{Z}(\dot{\boldsymbol{I}}+\dot{\boldsymbol{I}}_{\mathrm{S}})-\dot{\boldsymbol{U}}_{\mathrm{S}}\tag{10-23}$$

式 (10－23) 中 $\boldsymbol{Z}$ 称为支路阻抗矩阵，它是一个对角矩阵。

(2) 当电路中电感之间有耦合时，复合支路的伏安关系要考虑互感电压的作用。若设第 1 支路至第 g 支路之间相互均有耦合，则有

$$\begin{aligned}\dot{U}_1&=Z_1\dot{I}_{e1}\pm j\omega M_{12}\dot{I}_{e2}\pm j\omega M_{13}\dot{I}_{e3}\pm\cdots\pm j\omega M_{1g}\dot{I}_{eg}-\dot{U}_{\mathrm{S1}}\\ \dot{U}_2&=\pm j\omega M_{21}\dot{I}_{e1}+Z_2\dot{I}_{e2}\pm j\omega M_{23}\dot{I}_{e3}\pm\cdots\pm j\omega M_{2g}\dot{I}_{eg}-\dot{U}_{\mathrm{S2}}\\ &\vdots\\ \dot{U}_g&=\pm j\omega M_{g1}\dot{I}_{e1}\pm j\omega M_{g2}\dot{I}_{e2}\pm j\omega M_{g3}\dot{I}_{e3}\pm\cdots\pm Z_g\dot{I}_{eg}-\dot{U}_{\mathrm{S}g}\end{aligned}$$

式中，所有互感电压前取“＋”号或“－”号决定于各电感的同名端和电流、电压的参考方向。其次注意 $\dot{I}_{ek}=\dot{I}_k+\dot{I}_{sk}$，$M_{12}=M_{21}$，…，其余支路之间由于无耦合，可以得到

$$\dot{U}_h = Z_h\dot{I}_{eh} - \dot{U}_{Sh}$$
$$\vdots$$
$$\dot{U}_b = Z_b\dot{I}_{eb} - \dot{U}_{Sb}$$

上式中的下标 $h = g + 1$，这样，支路电压与支路电流之间的关系可用下列矩阵形式表示，即

$$\begin{bmatrix}\dot{U}_1\\\dot{U}_2\\\vdots\\\dot{U}_g\\\dot{U}_h\\\vdots\\\dot{U}_b\end{bmatrix} = \begin{bmatrix} Z_1 & \pm j\omega M_{12} & \cdots & \pm j\omega M_{1g} & 0 & \cdots & 0\\ \pm j\omega M_{21} & Z_2 & \cdots & \pm j\omega M_{2g} & 0 & \cdots & 0\\ \vdots & \vdots & & \vdots & \vdots & & \vdots\\ \pm j\omega M_{g1} & \pm j\omega M_{g2} & \cdots & Z_g & 0 & \cdots & 0\\ 0 & 0 & \cdots & 0 & Z_h & \cdots & 0\\ \vdots & \vdots & & \vdots & \vdots & & \vdots\\ 0 & 0 & \cdots & 0 & 0 & \cdots & Z_b\end{bmatrix}\begin{bmatrix}\dot{I}_1+\dot{I}_{S1}\\\dot{I}_2+\dot{I}_{S2}\\\vdots\\\dot{I}_g+\dot{I}_{Sg}\\\dot{I}_h+\dot{I}_{Sh}\\\vdots\\\dot{I}_b+\dot{I}_{Sb}\end{bmatrix} - \begin{bmatrix}\dot{U}_{S1}\\\dot{U}_{S2}\\\vdots\\\dot{U}_{Sg}\\\dot{U}_{Sh}\\\vdots\\\dot{U}_{Sb}\end{bmatrix}$$

矩阵方程简写为

$$\dot{\boldsymbol{U}} = \boldsymbol{Z}(\dot{\boldsymbol{I}} + \dot{\boldsymbol{I}}_S) - \dot{\boldsymbol{U}}_S$$

式中，阻抗矩阵 $\boldsymbol{Z}$ 为支路阻抗矩阵，其主对角线元素为各支路阻抗，而非对角线元素将是相应的支路之间的互感阻抗，因此 $\boldsymbol{Z}$ 不再是对角阵。

（3）考虑电路中含有受控源不含耦合电感的情况。如果第 k 条支路中有受控电压源，它受第 j 条支路中无源元件中的电流 $\dot{I}_{ej}$ 或电压 $\dot{U}_{ej}$ 控制，且有 $\dot{U}_{dk} = r_{kj}\dot{I}_{ej}$ 或 $\dot{U}_{dk} = \mu_{kj}\dot{U}_{ej}$，式（10－21）在电流控制电压源的情况下得到

$$\begin{aligned}\dot{U}_k &= Z_k(\dot{I}_k + \dot{I}_{Sk}) - \dot{U}_{dk} - \dot{U}_{Sk} = Z_k(\dot{I}_k + \dot{I}_{Sk}) - r_{kj}\dot{I}_{ej} - \dot{U}_{Sk}\\ &= Z_k(\dot{I}_k + \dot{I}_{Sk}) - r_{kj}(\dot{I}_j + \dot{I}_{Sj}) - \dot{U}_{Sk}\end{aligned}$$

在电压控制电压源的情况下得到

$$\begin{aligned}\dot{U}_k &= Z_k(\dot{I}_k + \dot{I}_{sk}) - \dot{U}_{dk} - \dot{U}_{Sk} = Z_k(\dot{I}_k + \dot{I}_{Sk}) - \mu_{kj}\dot{U}_{ej} - \dot{U}_{Sk}\\ &= Z_k(\dot{I}_k + \dot{I}_{Sk}) - \mu_{kj}Z_j\dot{I}_{ej} - \dot{U}_{Sk} = Z_k(\dot{I}_k + \dot{I}_{Sk}) - \mu_{kj}Z_j(\dot{I}_j + \dot{I}_{Sj}) - \dot{U}_{Sk}\end{aligned}$$

从而得

$$\begin{bmatrix}\dot{U}_1\\\dot{U}_2\\\vdots\\\dot{U}_j\\\vdots\\\dot{U}_k\\\vdots\\\dot{U}_b\end{bmatrix} = \begin{bmatrix} Z_1 & 0 & \cdots & 0 & \cdots & 0 & \cdots & 0\\ 0 & Z_2 & \cdots & 0 & \cdots & 0 & \cdots & 0\\ \vdots & \vdots & & \vdots & \cdots & \vdots & \cdots & \vdots\\ 0 & 0 & \cdots & Z_j & \cdots & 0 & \cdots & 0\\ \vdots & \vdots & & \vdots & & \vdots & \cdots & \vdots\\ 0 & 0 & \cdots & Z_{kj} & \cdots & Z_k & \cdots & 0\\ \vdots & \vdots & & \vdots & & \vdots & & \vdots\\ 0 & 0 & \cdots & 0 & \cdots & 0 & \cdots & Z_b\end{bmatrix}\begin{bmatrix}\dot{I}_1+\dot{I}_{S1}\\\dot{I}_2+\dot{I}_{S2}\\\vdots\\\dot{I}_j+\dot{I}_{Sj}\\\vdots\\\dot{I}_k+\dot{I}_{Sk}\\\vdots\\\dot{I}_b+\dot{I}_{Sb}\end{bmatrix} - \begin{pmatrix}\dot{U}_{S1}\\\dot{U}_{S2}\\\vdots\\\dot{U}_{Sj}\\\vdots\\\dot{U}_{Sk}\\\vdots\\\dot{U}_{Sb}\end{pmatrix}$$

式中，$\dot{U}_{dk}$ 为电流控制电压源的电压时，$Z_{kj} = -r_{kj}$；$\dot{U}_{dk}$ 为电压控制电压源的电压时，$Z_{kj} = -\mu_{kj}Z_j$。

矩阵方程可简写为

$$\dot{\boldsymbol{U}} = \boldsymbol{Z}(\dot{\boldsymbol{I}} + \dot{\boldsymbol{I}}_S) - \dot{\boldsymbol{U}}_S$$

式中阻抗矩阵 $\boldsymbol{Z}$ 为支路阻抗矩阵，其主对角线元素为各支路阻抗，而非对角线元素将是相

应的支路受控源系数，因此 $\boldsymbol{Z}$ 不再是对角阵。但方程形式与式（10－23）相同。

下面推导回路电流方程的矩阵形式，重写所需3组方程，即

KCL $\qquad \dot{\boldsymbol{I}} = \boldsymbol{B}^{\mathrm{T}}\dot{\boldsymbol{I}}_l$

KVL $\qquad \boldsymbol{B}\dot{\boldsymbol{U}} = \boldsymbol{0}$

支路电压方程 $\qquad \dot{\boldsymbol{U}} = \boldsymbol{Z}(\dot{\boldsymbol{I}} + \dot{\boldsymbol{I}}_{\mathrm{S}}) - \dot{\boldsymbol{U}}_{\mathrm{S}}$

把支路电压方程代入KVL，可得

$$\boldsymbol{B}[\boldsymbol{Z}(\dot{\boldsymbol{I}} + \dot{\boldsymbol{I}}_{\mathrm{S}}) - \dot{\boldsymbol{U}}_{\mathrm{S}}] = \boldsymbol{0}$$

$$\boldsymbol{BZ}\dot{\boldsymbol{I}} + \boldsymbol{BZ}\dot{\boldsymbol{I}}_{\mathrm{S}} - \boldsymbol{B}\dot{\boldsymbol{U}}_{\mathrm{S}} = \boldsymbol{0}$$

再把KCL代入便得到

$$\boldsymbol{BZB}^{\mathrm{T}}\dot{\boldsymbol{I}}_1 = \boldsymbol{B}\dot{\boldsymbol{U}}_{\mathrm{S}} - \boldsymbol{BZ}\dot{\boldsymbol{I}}_{\mathrm{S}} \tag{10-24}$$

或为

$$\boldsymbol{Z}_l\dot{\boldsymbol{I}}_l = \boldsymbol{B}\dot{\boldsymbol{U}}_{\mathrm{S}} - \boldsymbol{BZ}\dot{\boldsymbol{I}}_{\mathrm{S}} \tag{10-25}$$

式中，$\boldsymbol{Z}_l \triangleq \boldsymbol{BZB}^{\mathrm{T}}$ 称为回路阻抗矩阵，是一个 l 阶矩阵，$\boldsymbol{B}\dot{\boldsymbol{U}}_{\mathrm{S}}$ 和 $\boldsymbol{BZ}\dot{\boldsymbol{I}}_{\mathrm{S}}$ 都为 l 阶列向量。式（10－24）即为回路电流方程的矩阵形式。

【例10－3】 电路如图10－14所示，选支路（1，2，3，4，5）为树，试写出此电路的回路电流方程的矩阵形式。

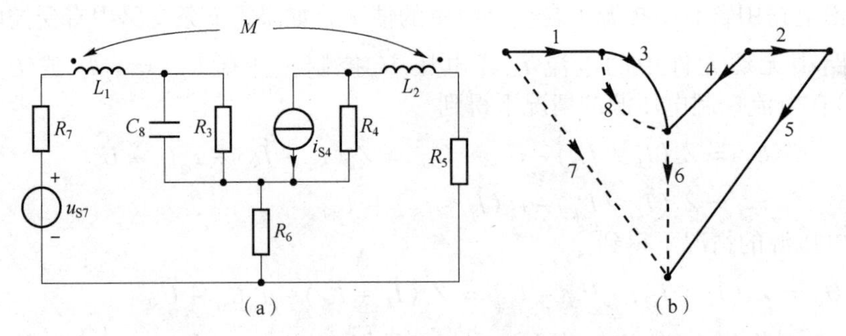

图10－14 例10－3图

解：在图10－14（b）所示有向图中，对于所选树的单连支回路（基本回路）组为 $l_1(6,2,4,5)$，$l_2(7,1,2,3,4,5)$，$l_3(8,3)$，各回路方向为该回路中的连支方向，则

$$\boldsymbol{B} = \begin{matrix} & \begin{matrix} 1 & 2 & 3 & 4 & 5 & 6 & 7 & 8 \end{matrix} \\ \begin{matrix} 1 \\ 2 \\ 3 \end{matrix} & \begin{bmatrix} 0 & -1 & 0 & 1 & -1 & 1 & 0 & 0 \\ -1 & -1 & -1 & 1 & -1 & 0 & 1 & 0 \\ 0 & 0 & -1 & 0 & 0 & 0 & 0 & 1 \end{bmatrix} \end{matrix}$$

$$\boldsymbol{Z} = \begin{bmatrix} \mathrm{j}\omega L_1 & -\mathrm{j}\omega M & 0 & 0 & 0 & 0 & 0 & 0 \\ -\mathrm{j}\omega M & \mathrm{j}\omega L_2 & 0 & 0 & 0 & 0 & 0 & 0 \\ 0 & 0 & R_3 & 0 & 0 & 0 & 0 & 0 \\ 0 & 0 & 0 & R_4 & 0 & 0 & 0 & 0 \\ 0 & 0 & 0 & 0 & R_5 & 0 & 0 & 0 \\ 0 & 0 & 0 & 0 & 0 & R_6 & 0 & 0 \\ 0 & 0 & 0 & 0 & 0 & 0 & R_7 & 0 \\ 0 & 0 & 0 & 0 & 0 & 0 & 0 & \dfrac{1}{\mathrm{j}\omega C_8} \end{bmatrix}$$

故

$$\dot{\boldsymbol{U}}_{\mathrm{S}} = [0\quad 0\quad 0\quad 0\quad 0\quad 0\quad -\dot{U}_{\mathrm{S7}}\quad 0]^{\mathrm{T}}$$

$$\dot{\boldsymbol{I}}_{\mathrm{S}} = [0\quad 0\quad 0\quad -\dot{I}_{\mathrm{S4}}\quad 0\quad 0\quad 0\quad 0]^{\mathrm{T}}$$

将以上各矩阵代入到式 $\boldsymbol{BZB}^{\mathrm{T}}\dot{\boldsymbol{I}}_l = \boldsymbol{B}\dot{\boldsymbol{U}}_{\mathrm{S}} - \boldsymbol{BZ}\dot{\boldsymbol{I}}_{\mathrm{S}}$ 中，得到回路电流方程的矩阵形式为

$$\begin{bmatrix} R_4 + R_5 + R_6 + \mathrm{j}\omega L_2 & R_4 + R_5 + \mathrm{j}\omega(L_2 - M) & 0 \\ R_4 + R_5 + \mathrm{j}\omega(L_2 - M) & R_3 + R_4 + R_5 + R_7 + \mathrm{j}\omega(L_1 + L_2 - 2M) & R_3 \\ 0 & R_3 & R_3 + \dfrac{1}{\mathrm{j}\omega C_8} \end{bmatrix}\begin{bmatrix} \dot{I}_{l1} \\ \dot{I}_{l2} \\ \dot{I}_{l3} \end{bmatrix}$$

$$= \begin{bmatrix} R_4\dot{I}_{\mathrm{S4}} \\ -\dot{U}_{\mathrm{S7}} + R_4\dot{I}_{\mathrm{S4}} \\ 0 \end{bmatrix}$$

若选网孔为一组独立回路，则回路电流方程即为网孔电流方程。

编写回路电流方程必须选择一组独立回路，一般选用基本回路组，从而可以通过选择一个合适的树处理。树的选择固然可以在计算机上按编写好的程序自动进行，但比结点电压法更烦琐。另外，由于在实际的复杂电路中，独立结点数往往少于独立回路数，故目前在计算机辅助分析的程序中，广泛采用结点法。

10.5 结点电压方程的矩阵形式

结点电压法以结点电压为电路的独立变量，并用 KCL 列出足够的独立方程。由于描述支路与结点关联性质的是矩阵 $\boldsymbol{A}$，因此用以 $\boldsymbol{A}$ 表示的 KCL 和 KVL 推导结点电压方程的矩阵形式。矩阵 A 表示的 KVL 矩阵形式为

$$\boldsymbol{u} = \boldsymbol{A}^{\mathrm{T}}\boldsymbol{u}_n \tag{10-26}$$

式中，$\boldsymbol{u}_n$ 为结点电压列向量，$\boldsymbol{u}$ 为支路电压列向量。

矩阵 $\boldsymbol{A}$ 表示的 KCL 矩阵形式，即

$$\boldsymbol{Ai} = \boldsymbol{0} \tag{10-27}$$

式中，$\boldsymbol{i}$ 为支路电流列向量。式（10－26）和式（10－27）是导出结点电压方程矩阵形式的两个基本关系式。

对于结点电压法与回路电流法相同，也需要定义一个复合支路，列出该复合支路的伏安关系方程。复合支路如图 10－15 所示，所有电压、电流的参考方向如图标注。

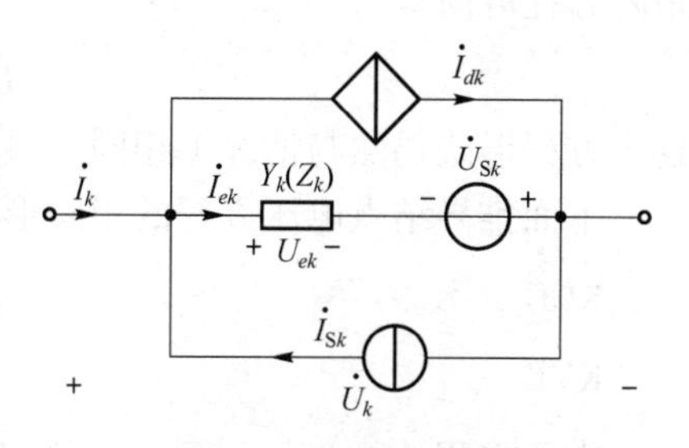

图 10－15　含受控电流源的复合支路

下面分 3 种情况推导整个电流的支路电压方程的矩阵形式。

（1）当电路中无受控源，电感间无耦合时，第 k

条支路的伏安特性有

$$\dot{I}_k = Y_k\dot{U}_{ek} - \dot{I}_{Sk} = Y_k(\dot{U}_k + \dot{U}_{Sk}) - \dot{I}_{Sk} \tag{10-28}$$

对于整个电路有

$$\dot{\boldsymbol{I}} = \boldsymbol{Y}(\dot{\boldsymbol{U}} + \dot{\boldsymbol{U}}_S) - \dot{\boldsymbol{I}}_S \tag{10-29}$$

式中，$\boldsymbol{Y}$ 称为支路导纳矩阵，它是一个对角矩阵。

（2）当电路中无受控源，但电感之间有耦合时，式（10－28）还要考虑互感电压的影响。当电感之间有耦合时，电路的支路阻抗矩阵 $\boldsymbol{Z}$ 不再是对角矩阵，其主对角线元素为各支路阻抗，非对角元素是相应支路之间的互感阻抗。令 $\boldsymbol{Y}=\boldsymbol{Z}^{-1}$，由 $\dot{\boldsymbol{U}} = \boldsymbol{Z}(\dot{\boldsymbol{I}} + \dot{\boldsymbol{I}}_S) - \dot{\boldsymbol{U}}_S$ 可得

$$\boldsymbol{Y}\dot{\boldsymbol{U}} = \dot{\boldsymbol{I}} + \dot{\boldsymbol{I}}_S - \boldsymbol{Y}\dot{\boldsymbol{U}}_S$$

或者

$$\dot{\boldsymbol{I}} = \boldsymbol{Y}(\dot{\boldsymbol{U}} + \dot{\boldsymbol{U}}_S) - \dot{\boldsymbol{I}}_S$$

这个方程形式上与式（10－29）相同，但其中的 $\boldsymbol{Y}$ 由于互感导纳的存在而不再是对角矩阵。

（3）当电路中含有受控电流源时，设第 k 支路中有受控电流源，并受第 j 支路中无源元件上电压 $\dot{U}_{ej}$ 或电流 $\dot{I}_{ej}$ 控制，且有 $\dot{I}_{dk} = g_{kj}\dot{U}_{ej}$ 或 $\dot{I}_{dk} = \beta_{kj}\dot{I}_{ej}$。
此时第 k 条支路有

$$\dot{I}_k = Y_k(\dot{U}_k + \dot{U}_{Sk}) + \dot{I}_{dk} - \dot{I}_{Sk}$$

在 VCCS 情况下，$\dot{I}_{dk} = g_{kj}\dot{U}_{ej} = g_{kj}(\dot{U}_j + \dot{U}_{Sj})$，而在电流控制电流源的情况下，$\dot{I}_{dk} = \beta_{kj}\dot{I}_{ej} = \beta_{kj}Y_j(\dot{U}_j + \dot{U}_{Sj})$。于是有

$$\begin{bmatrix} \dot{I}_1 \\ \dot{I}_2 \\ \vdots \\ \dot{I}_j \\ \vdots \\ \dot{I}_k \\ \vdots \\ \dot{I}_b \end{bmatrix} = \begin{bmatrix} Y_1 & 0 & \cdots & 0 & \cdots & 0 & \cdots & 0 \\ 0 & Y_2 & \cdots & 0 & \cdots & 0 & \cdots & 0 \\ \vdots & \vdots & & \vdots & & \vdots & & \vdots \\ 0 & 0 & \cdots & Y_j & \cdots & 0 & \cdots & 0 \\ \vdots & \vdots & & \vdots & & \vdots & & \vdots \\ 0 & 0 & \cdots & Y_{kj} & \cdots & Y_k & \cdots & 0 \\ \vdots & \vdots & & \vdots & & \vdots & & \vdots \\ 0 & 0 & \cdots & 0 & \cdots & 0 & \cdots & Y_b \end{bmatrix} \begin{bmatrix} \dot{U}_1 + \dot{U}_{S1} \\ \dot{U}_2 + \dot{U}_{S2} \\ \vdots \\ \dot{U}_j + \dot{U}_{Sj} \\ \vdots \\ \dot{U}_k + \dot{U}_{Sk} \\ \vdots \\ \dot{U}_b + \dot{U}_{Sb} \end{bmatrix} - \begin{bmatrix} \dot{I}_{S1} \\ \dot{I}_{S2} \\ \vdots \\ \dot{I}_{Sj} \\ \vdots \\ \dot{I}_{Sk} \\ \vdots \\ \dot{I}_{Sb} \end{bmatrix}$$

式中，当 $\dot{I}_{dk}$ 为电压控制电流源的电流时，$Y_{kj} = -g_{kj}$；$\dot{I}_{dk}$ 为电流控制电流源的电流时，$Y_{kj} = \beta_{kj}Y_j$。
矩阵方程可简写为

$$\dot{\boldsymbol{I}} = \boldsymbol{Y}(\dot{\boldsymbol{U}} + \dot{\boldsymbol{U}}_S) - \dot{\boldsymbol{I}}_S$$

这个方程形式仍然与情况 1 相同。只是矩阵 $\boldsymbol{Y}$ 的内容不同。

下面推导结点电压方程的矩阵形式，重写所需 3 组方程式，即

KCL $\qquad \boldsymbol{A}\dot{\boldsymbol{I}} = \boldsymbol{0}$

KVL $\qquad \dot{\boldsymbol{U}} = \boldsymbol{A}^T\dot{\boldsymbol{U}}_n$

支路方程 $\qquad \dot{\boldsymbol{I}} = \boldsymbol{Y}(\dot{\boldsymbol{U}} + \dot{\boldsymbol{U}}_S) - \dot{\boldsymbol{I}}_S$

将支路方程代入 KCL 方程可得

$$\boldsymbol{A}[\boldsymbol{Y}(\dot{\boldsymbol{U}}+\dot{\boldsymbol{U}}_{\mathrm{S}})-\dot{\boldsymbol{I}}_{\mathrm{S}}]=\boldsymbol{0}$$

展开上式有

$$\boldsymbol{AY}\dot{\boldsymbol{U}}+\boldsymbol{AY}\dot{\boldsymbol{U}}_{\mathrm{S}}-\boldsymbol{A}\dot{\boldsymbol{I}}_{\mathrm{S}}=\boldsymbol{0}$$

再将 KVL 方程代入上式有

$$\boldsymbol{AYA}^{\mathrm{T}}\dot{\boldsymbol{U}}_{n}=\boldsymbol{A}\dot{\boldsymbol{I}}_{\mathrm{S}}-\boldsymbol{AY}\dot{\boldsymbol{U}}_{\mathrm{S}} \tag{10-30}$$

或写为

$$\boldsymbol{Y}_{n}\dot{\boldsymbol{U}}_{n}=\dot{\boldsymbol{J}}_{n}$$

式中，$\boldsymbol{Y}_n \triangleq \boldsymbol{AYA}^{\mathrm{T}}$ 为结点导纳矩阵，是一个（$n-1$）阶方阵，$\dot{\boldsymbol{J}}_n \triangleq \boldsymbol{A}\dot{\boldsymbol{I}}_{\mathrm{S}}-\boldsymbol{AY}\dot{\boldsymbol{U}}_{\mathrm{S}}$ 为独立电源引起的流入结点的电流列向量。

式（10－30）即为结点电压方程的矩阵形式。从式（10－30）中解出结点电压列向量 $\dot{\boldsymbol{U}}_n$ 后，由式（10－26）和式（10－29）可得到支路电压和支路电流列向量，即

$$\dot{\boldsymbol{U}}=\boldsymbol{A}^{\mathrm{T}}\dot{\boldsymbol{U}}_{n}$$

$$\dot{\boldsymbol{I}}=\boldsymbol{YA}^{\mathrm{T}}\dot{\boldsymbol{U}}_{n}+\boldsymbol{Y}\dot{\boldsymbol{U}}_{\mathrm{S}}-\dot{\boldsymbol{I}}_{\mathrm{S}}$$

【例 10－4】 电路如图 10－16 所示，图中元件下标表示支路编号。在下述两种情况下列出电路结点电压方程的矩阵形式，求：

（1）$M_{12}=0$；

（2）$M_{12}\neq 0$。

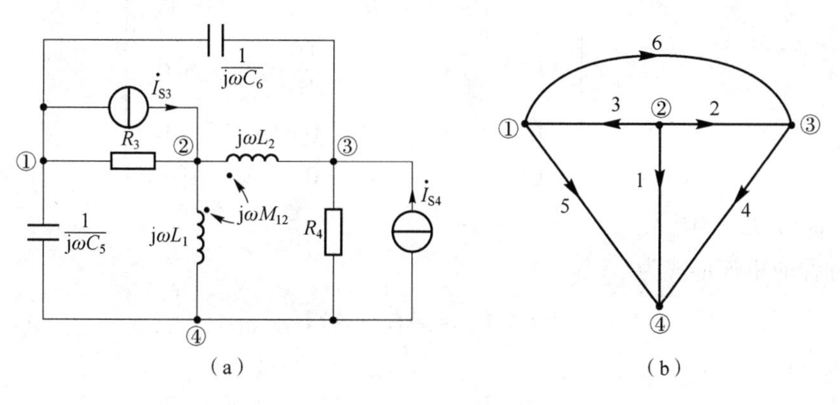

图 10－16 例 10－4 图

解：图 10－16（a）所示电路的有向图如图 10－16（b）所示。如果选结点④为参考结点，则结点①、②、③的结点电压相量为 $\dot{U}_{n1}$、$\dot{U}_{n2}$、$\dot{U}_{n3}$，则关联矩阵 $\boldsymbol{A}$ 为

$$\boldsymbol{A}=\begin{bmatrix}0 & 0 & -1 & 0 & 1 & 1\\ 1 & 1 & 1 & 0 & 0 & 0\\ 0 & -1 & 0 & 1 & 0 & -1\end{bmatrix}$$

电压源电压列向量 $\dot{\boldsymbol{U}}_{\mathrm{S}}=\boldsymbol{0}$，电流源电流列向量为

$$\dot{\boldsymbol{I}}_{\mathrm{S}}=[0\quad 0\quad \dot{I}_{\mathrm{S3}}\quad \dot{I}_{\mathrm{S4}}\quad 0\quad 0]^{\mathrm{T}}$$

结点电压列向量为

$$\dot{\boldsymbol{U}}_n=[\dot{U}_{n1}\quad \dot{U}_{n2}\quad \dot{U}_{n3}]^{\mathrm{T}}$$

（1）$M_{12}=0$ 时的支路导纳矩阵为

$$\boldsymbol{Y}=\mathrm{diag}\left[\frac{1}{\mathrm{j}\omega L_1}\quad \frac{1}{\mathrm{j}\omega L_2}\quad \frac{1}{R_3}\quad \frac{1}{R_4}\quad \mathrm{j}\omega C_5\quad \mathrm{j}\omega C_5\right]$$

结点电压方程的矩阵形式为

$$\boldsymbol{AYA}^{\mathrm{T}}\dot{\boldsymbol{U}}_n=\boldsymbol{A}\dot{\boldsymbol{I}}_{\mathrm{S}}-\boldsymbol{AY}\dot{\boldsymbol{U}}_{\mathrm{S}}$$

代入各矩阵得

$$\begin{bmatrix}\frac{1}{R_3}+\mathrm{j}\omega C_5+\mathrm{j}\omega C_6 & -\frac{1}{R_3} & -\mathrm{j}\omega C_6\\ -\frac{1}{R_3} & \frac{1}{R_3}+\frac{1}{\mathrm{j}\omega L_1}+\frac{1}{\mathrm{j}\omega L_2} & -\frac{1}{\mathrm{j}\omega L_2}\\ -\mathrm{j}\omega C_6 & -\frac{1}{\mathrm{j}\omega L_2} & \frac{1}{R_4}+\frac{1}{\mathrm{j}\omega L_2}+\mathrm{j}\omega C_6\end{bmatrix}\begin{bmatrix}\dot{U}_{n1}\\ \dot{U}_{n2}\\ \dot{U}_{n3}\end{bmatrix}=\begin{bmatrix}-\dot{I}_{\mathrm{S3}}\\ \dot{I}_{\mathrm{S3}}\\ \dot{I}_{\mathrm{S4}}\end{bmatrix}$$

（2）$M_{12}\neq 0$ 时的支路导纳矩阵为

$$\boldsymbol{Y}=\boldsymbol{Z}^{-1}=\begin{bmatrix}\frac{L_2}{\Delta} & -\frac{M_{12}}{\Delta} & 0 & 0 & 0 & 0\\ -\frac{M_{12}}{\Delta} & \frac{L_1}{\Delta} & 0 & 0 & 0 & 0\\ 0 & 0 & \frac{1}{R_3} & 0 & 0 & 0\\ 0 & 0 & 0 & \frac{1}{R_4} & 0 & 0\\ 0 & 0 & 0 & 0 & \mathrm{j}\omega C_5 & 0\\ 0 & 0 & 0 & 0 & 0 & \mathrm{j}\omega C_6\end{bmatrix}$$

式中，$\Delta=\mathrm{j}\omega(L_1L_2-M_{12}^2)$。

结点电压方程的矩阵形式为

$$\boldsymbol{AYA}^{\mathrm{T}}\dot{\boldsymbol{U}}_n=\boldsymbol{A}\dot{\boldsymbol{I}}_{\mathrm{S}}-\boldsymbol{AY}\dot{\boldsymbol{U}}_{\mathrm{S}}$$

将各矩阵代入得

$$\begin{bmatrix}\frac{1}{R_3}+\mathrm{j}\omega C_5+\mathrm{j}\omega C_6 & -\frac{1}{R_3} & -\mathrm{j}\omega C_6\\ -\frac{1}{R_3} & \frac{1}{R_3}+\frac{L_1}{\Delta}+\frac{L_2}{\Delta}-\frac{2M_{12}}{\Delta} & \frac{M_{12}-L_1}{\Delta}\\ -\mathrm{j}\omega C_6 & \frac{M_{12}-L_1}{\Delta} & \frac{1}{R_4}+\frac{L_1}{\Delta}+\mathrm{j}\omega C_6\end{bmatrix}\begin{bmatrix}\dot{U}_{n1}\\ \dot{U}_{n2}\\ \dot{U}_{n3}\end{bmatrix}=\begin{bmatrix}-\dot{I}_{\mathrm{S3}}\\ \dot{I}_{\mathrm{S3}}\\ \dot{I}_{\mathrm{S4}}\end{bmatrix}$$

【例 10－5】 电路如图 10－17 所示，图中元件的下标代表支路编号，设 $\dot{I}_{d2}=g_{21}\dot{U}_1$，$\dot{I}_{d4}=\beta_{46}\dot{I}_6$，请写出支路方程的矩阵形式。

解： 图 10－17（a）所示电路的有向图如图 10－17（b）所示。如果选结点④为参考结点，支路导纳矩阵可写为

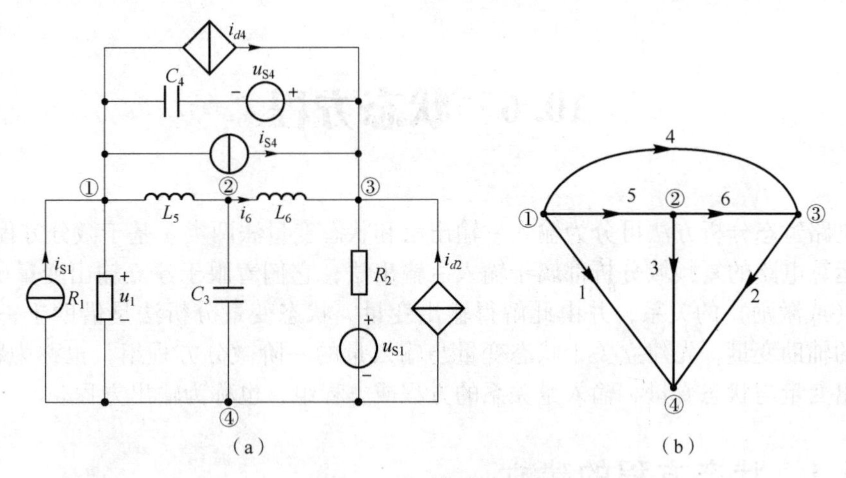

图 10-17　例 10-5 图

$$
\boldsymbol{Y}=\begin{bmatrix}
\frac{1}{R_1} & 0 & 0 & 0 & 0 & 0\\
-g_{21} & \frac{1}{R_2} & 0 & 0 & 0 & 0\\
0 & 0 & \mathrm{j}\omega C_3 & 0 & 0 & 0\\
0 & 0 & 0 & \mathrm{j}\omega C_4 & 0 & \frac{\beta_{46}}{\mathrm{j}\omega L_6}\\
0 & 0 & 0 & 0 & \frac{1}{\mathrm{j}\omega L_5} & 0\\
0 & 0 & 0 & 0 & 0 & \frac{1}{\mathrm{j}\omega L_6}
\end{bmatrix}
$$

电流源向量与电压源向量为

$$
\dot{\boldsymbol{I}}_{\mathrm{S}}=[\dot{I}_{\mathrm{S1}}\quad 0\quad 0\quad -\dot{I}_{\mathrm{S4}}\quad 0\quad 0]^{\mathrm{T}}
$$

$$
\dot{\boldsymbol{U}}_{\mathrm{S}}=[0\quad -\dot{U}_{\mathrm{S2}}\quad 0\quad \dot{U}_{\mathrm{S4}}\quad 0\quad 0]^{\mathrm{T}}
$$

支路电路矩阵方程为

$$
\dot{\boldsymbol{I}}=\boldsymbol{Y}(\dot{\boldsymbol{U}}+\dot{\boldsymbol{U}}_{\mathrm{S}})-\dot{\boldsymbol{I}}_{\mathrm{S}}
$$

将导纳矩阵、电压源和电流源矩阵代入上式得

$$
\begin{bmatrix}\dot{I}_1\\ \dot{I}_2\\ \dot{I}_3\\ \dot{I}_4\\ \dot{I}_5\\ \dot{I}_6\end{bmatrix}=
\begin{bmatrix}
\frac{1}{R_1} & 0 & 0 & 0 & 0 & 0\\
-g_{21} & \frac{1}{R_2} & 0 & 0 & 0 & 0\\
0 & 0 & \mathrm{j}\omega C_3 & 0 & 0 & 0\\
0 & 0 & 0 & \mathrm{j}\omega C_4 & 0 & \frac{\beta_{46}}{\mathrm{j}\omega L_6}\\
0 & 0 & 0 & 0 & \frac{1}{\mathrm{j}\omega L_5} & 0\\
0 & 0 & 0 & 0 & 0 & \frac{1}{\mathrm{j}\omega L_6}
\end{bmatrix}
\begin{bmatrix}\dot{U}_1+0\\ \dot{U}_2-\dot{U}_{\mathrm{S2}}\\ \dot{U}_3+0\\ \dot{U}_4+\dot{U}_{\mathrm{S4}}\\ \dot{U}_5+0\\ \dot{U}_6+0\end{bmatrix}-
\begin{bmatrix}\dot{I}_{\mathrm{S1}}\\ 0\\ 0\\ -\dot{I}_{\mathrm{S4}}\\ 0\\ 0\end{bmatrix}
$$

10.6　状态方程

动态电路暂态分析方法可分为输入 - 输出法和状态变量法两类。基于微分方程的时域分析和基于运算电路的复频域分析都属于输入 - 输出法，它们着眼于建立输出变量（或响应）与输入量（或激励）的关系，并由此解得输出变量。状态变量分析法是借助于一组被称为状态变量的辅助变量，先建立关于状态变量与输入量的一阶微分方程组，也称为状态方程，再建立输出变量与状态变量、输入量关系的方程或方程组，也称为输出方程。

10.6.1　状态方程的建立

1. 状态变量的选取

一个电路网络在任意时刻 t_0 的**状态**是一组最少信息的集合，如 $x(t_0)=\{x_1(t_0),x_2(t_0),\cdots,x_n(t_0)\}$，若 $t\geqslant t_0$ 加到电路网络的激励已知，则对于确定电路网络 $t\geqslant t_0$ 的任何响应，$x(t_0)$ 是一组必要且充分的信息。对于这组信息的变量 $x_1(t_0),x_2(t_0),\cdots,x_n(t_0)$ 称为电路网络的**状态变量**，是一组线性无关的变量。

当分析线性时不变动态电路时，必须预先确定电容的初始电压和电感的初始电流，结合电路在 $t>0$ 后的激励，就可以确定 $t>0$ 后的响应。因此，在线性时不变动态电路中，独立的电容电压与独立的电感电流一起构成电路的状态变量；而在非线性或时变电路中，独立的电容电荷与独立的电感磁链构成网络的状态变量。将状态变量写成形如 $\boldsymbol{x}(t)=[x_1(t)\quad x_2(t)\quad\cdots\quad x_n(t)]^{\mathrm{T}}$ 的列向量，称为状态向量。

2. 状态方程的建立

RLC 串联电路如图 10 - 18 所示。

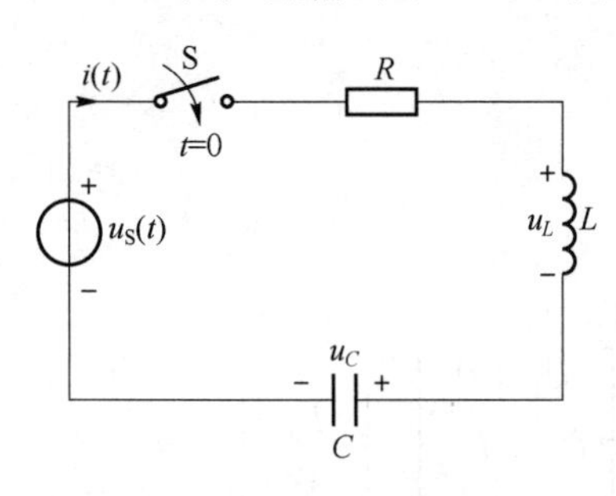

图 10 - 18　RLC 串联电路

以 RLC 串联电路的时域分析为例，列出以电容电压为求解对象的微分方程，即

$$LC\frac{\mathrm{d}^2u_C}{\mathrm{d}t^2}+RC\frac{\mathrm{d}u_C}{\mathrm{d}t}+u_C=u_{\mathrm{S}}$$

这是一个二阶线性微分方程。用来确定积分常数的初始条件应是电容上的电压和电感中的电流在 $t=t_0$ 时的初始值。这里以 t_0 时刻作为动态过程的起始时刻。

如果以电容电压 u_C 和电感电流 i_L 作为变量，电路方程有

$$C\frac{\mathrm{d}u_C}{\mathrm{d}t}=i_L$$

$$L\frac{\mathrm{d}i_L}{\mathrm{d}t}=u_{\mathrm{S}}-Ri_L-u_C$$

将这两个方程略作改变，可得

$$\begin{cases}\dfrac{\mathrm{d}u_C}{\mathrm{d}t}=0+\dfrac{1}{C}i_L+0\\ \dfrac{\mathrm{d}i_L}{\mathrm{d}t}=-\dfrac{1}{L}u_C-\dfrac{R}{L}i_L+\dfrac{1}{L}u_S\end{cases}$$

这是一个以 u_C、i_L 为状态变量的一阶微分方程组，仍然是用电容上的电压和电感中的电流在 $t=t_0$ 时的初始值来确定积分常数。因此，该方程组就是描述动态电路的状态方程。

如果用矩阵形式列写上述方程组，则有

$$\begin{bmatrix}\dfrac{\mathrm{d}u_C}{\mathrm{d}t}\\ \dfrac{\mathrm{d}i_L}{\mathrm{d}t}\end{bmatrix}=\begin{bmatrix}0 & \dfrac{1}{C}\\ -\dfrac{1}{L} & -\dfrac{R}{L}\end{bmatrix}\begin{bmatrix}u_C\\ i_L\end{bmatrix}+\begin{bmatrix}0\\ \dfrac{1}{L}\end{bmatrix}[u_S] \tag{10-31}$$

若令 $x_1=u_C$，$x_2=i_L$，$\dot{x}_1=\dfrac{\mathrm{d}u_C}{\mathrm{d}t}$，$\dot{x}_2=\dfrac{\mathrm{d}i_L}{\mathrm{d}t}$，则上述矩阵方程可变为

$$\begin{bmatrix}\dot{x}_1\\ \dot{x}_2\end{bmatrix}=\boldsymbol{A}\begin{bmatrix}x_1\\ x_2\end{bmatrix}+\boldsymbol{B}[u_S]$$

式中，$\boldsymbol{A}$、$\boldsymbol{B}$ 分别为

$$\boldsymbol{A}=\begin{bmatrix}0 & \dfrac{1}{C}\\ -\dfrac{1}{L} & -\dfrac{R}{L}\end{bmatrix},\ \boldsymbol{B}=\begin{bmatrix}0\\ \dfrac{1}{L}\end{bmatrix}$$

如果定 $\dot{\boldsymbol{x}}\triangleq[\dot{x}_1\quad \dot{x}_2]^{\mathrm{T}}$，$\boldsymbol{x}=[x_1\quad x_2]^{\mathrm{T}}$，$\boldsymbol{v}=[u_S]$，则状态方程还可以简写为

$$\dot{\boldsymbol{x}}=\boldsymbol{A}\boldsymbol{x}+\boldsymbol{B}\boldsymbol{v} \tag{10-32}$$

式（10－32）为状态方程的标准形式。$\boldsymbol{x}$ 状态向量，$\boldsymbol{v}$ 输入向量。一般情况下，设电路具有 n 个状态变量，m 个独立电源，则由 n 个状态变量组成 n 维列向量 $\boldsymbol{x}$，由 m 个输入函数组成 m 维列向量 $\boldsymbol{v}$，系数矩阵 $\boldsymbol{A}$ 为 $n\times n$ 阶方阵，$\boldsymbol{B}$ 为 $n\times m$ 阶矩阵。

对于给定的电路网络，可直接列写状态方程。设网络是常态的，即其中不含纯电容回路和纯电感割集，可选电感电流和电容电压作为状态变量。列写状态方程的方法有多种，如等效电源法、观察法、拓扑图法。等效电源法和观察法介绍如下。

等效电源法：将电感电流 i_L 等效为电流源，将电容电压 u_C 等效为电压源，原电路网络等效为电阻网络，利用解电阻网络的各种方法求得电感电压 u_L 和电容电流 i_C，它们是 i_L、u_C 和外施独立电源的函数，于是得到$\dfrac{\mathrm{d}i_L}{\mathrm{d}t}=\dfrac{1}{L}u_L$ 和$\dfrac{\mathrm{d}u_C}{\mathrm{d}t}=\dfrac{1}{C}i_C$ 的相关表达式，就得到状态方程。

【例 10－6】 电路如图 10－19（a）所示，试列写状态方程。

解：选 u_C、i_{L1}、i_{L2}为状态变量，列写状态方程为

$$\begin{bmatrix}\dfrac{\mathrm{d}u_C}{\mathrm{d}t}\\ \dfrac{\mathrm{d}i_{L1}}{\mathrm{d}t}\\ \dfrac{\mathrm{d}i_{L2}}{\mathrm{d}t}\end{bmatrix}=\boldsymbol{A}\begin{bmatrix}u_C\\ i_{L1}\\ i_{L2}\end{bmatrix}+\boldsymbol{B}\begin{bmatrix}u_S\\ i_S\end{bmatrix} \tag{10-33}$$

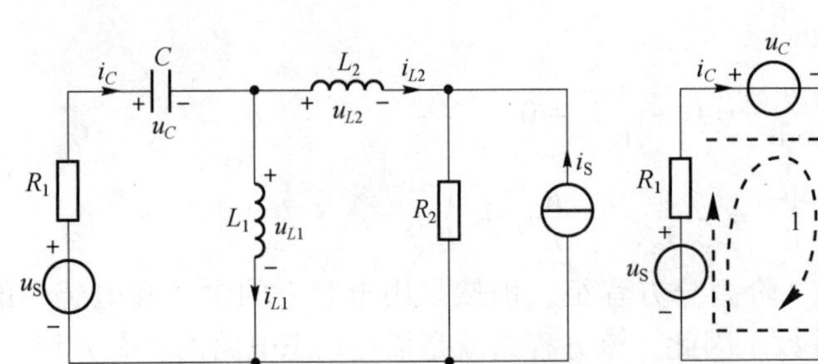

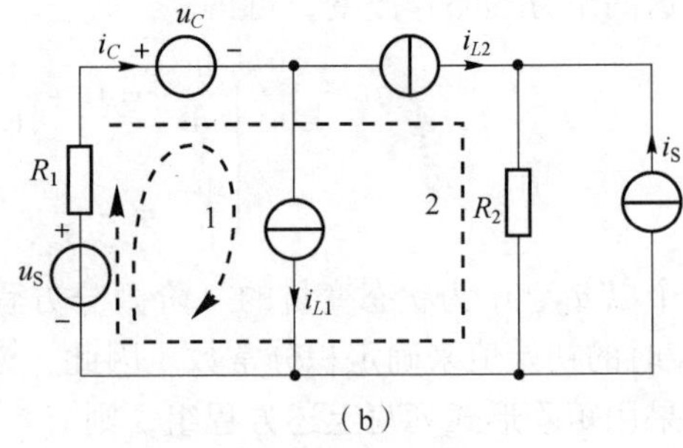

图 10－19　例 10－6 图

图中电容、电感电流和电压的参考方向一致，其电压和电路的关系有

$$i_C = C\frac{\mathrm{d}u_C}{\mathrm{d}t},\ u_{L1} = L_1\frac{\mathrm{d}i_{L1}}{\mathrm{d}t},\ u_{L2} = L_2\frac{\mathrm{d}i_{L2}}{\mathrm{d}t}$$

先写出以下矩阵方程

$$\begin{bmatrix} i_C \\ u_{L1} \\ u_{L2} \end{bmatrix} = \boldsymbol{A}_l \begin{bmatrix} u_C \\ i_{L1} \\ i_{L2} \end{bmatrix} + \boldsymbol{B}_l \begin{bmatrix} u_S \\ i_S \end{bmatrix} \tag{10-34}$$

式中，$\boldsymbol{A}_l$、$\boldsymbol{B}_l$ 为常数矩阵。

将图 10－19（a）中的电容用电压源等效替换，电感用电流源等效替换，得到图 10－19（b）。认为电压源 u_C、电流源 i_{L1}、i_{L2} 为已知，整个电路为电阻电路。

根据 KCL 有

$$i_C = i_{L1} + i_{L2}$$

根据 KVL，选取图（b）所示回路 1、2，有

$$\begin{aligned} u_{L1} &= u_S - u_C - i_C R_1 = u_S - u_C - R_1 i_{L1} - R_1 i_{L2} \\ u_{L2} &= -u_C - R_1 i_C + u_S - (i_S + i_{L2})R_2 \\ &= -u_C - R_1 i_{L1} - (R_1 + R_2) i_{L2} + u_S - i_S R_2 \end{aligned}$$

于是矩阵方程（10－34）可写为

$$\begin{bmatrix} i_C \\ u_{L1} \\ u_{L2} \end{bmatrix} = \begin{bmatrix} 0 & 1 & 1 \\ -1 & -R_1 & -R_1 \\ -1 & -R_1 & -(R_1 + R_2) \end{bmatrix} \begin{bmatrix} u_C \\ i_{L1} \\ i_{L2} \end{bmatrix} + \begin{bmatrix} 0 & 0 \\ 1 & 0 \\ 1 & -R_2 \end{bmatrix} \begin{bmatrix} u_S \\ i_S \end{bmatrix}$$

进一步写出状态方程（10－33）的形式，即

$$\begin{bmatrix} \dfrac{\mathrm{d}u_C}{\mathrm{d}t} \\ \dfrac{\mathrm{d}i_{L1}}{\mathrm{d}t} \\ \dfrac{\mathrm{d}i_{L2}}{\mathrm{d}t} \end{bmatrix} = \begin{bmatrix} 0 & \dfrac{1}{C} & \dfrac{1}{C} \\ -\dfrac{1}{L_1} & -\dfrac{R_1}{L_1} & -\dfrac{R_1}{L_1} \\ -\dfrac{1}{L_2} & -\dfrac{R_1}{L_2} & -\dfrac{(R_1 + R_2)}{L_2} \end{bmatrix} \begin{bmatrix} u_C \\ i_{L1} \\ i_{L2} \end{bmatrix} + \begin{bmatrix} 0 & 0 \\ \dfrac{1}{L_1} & 0 \\ \dfrac{1}{L_2} & -\dfrac{R_2}{L_2} \end{bmatrix} \begin{bmatrix} u_S \\ i_S \end{bmatrix}$$

写成标准形式为

$$\dot{\boldsymbol{x}} = \boldsymbol{A}\boldsymbol{x} + \boldsymbol{B}\boldsymbol{v}$$

式中，$x_1 = u_C$，$x_2 = i_{L1}$，$x_3 = i_{L2}$，$\dot{\boldsymbol{x}} = [\dot{x}_1 \quad \dot{x}_2 \quad \dot{x}_3]^{\mathrm{T}}$，$\boldsymbol{x} = [x_1 \quad x_2 \quad x_3]^{\mathrm{T}}$，$\boldsymbol{v} = [u_S \quad i_S]^{\mathrm{T}}$。

观察法：借助于“**常态树**”，这种树的树支包含了电路中所有电压源支路和电容支路，它的连支包含了电路中所有电流源支路和电感支路。当电路中不存在仅由电容和电压源支路构成的回路和仅由电流源和电感支路构成的割集时，特有树总是存在的。可以任选一个“常态树”，对单电容树支割集列写 KCL 方程，对单电感连支回路列写 KVL 方程，消去非状态变量，再整理成矩阵方程形式。

【例 10-7】 电路如图 10-20（a）所示，试选一棵“常态树”，列写其状态方程。

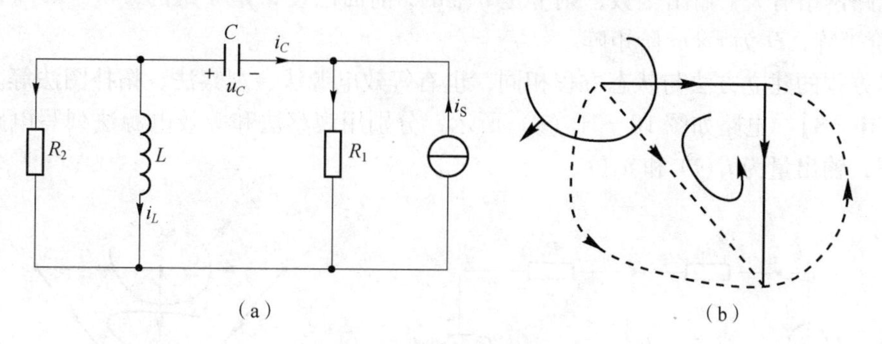

图 10-20　例 10-7 图

解：选“常态树”如图 10-20（b）所示。写图示割集的 KCL 方程和回路的 KVL 方程，有

$$C\frac{\mathrm{d}u_C}{\mathrm{d}t} + i_L + i_{R2} = 0$$

$$L\frac{\mathrm{d}i_L}{\mathrm{d}t} - R_1 i_{R1} - u_C = 0$$

上述两式中 i_{R1} 和 i_{R2} 是非状态变量，需要消去，因此写 i_{R1} 单树支割集的 KCL 方程和 i_{R2} 单连支回路的 KVL 方程为

$$i_{R1} + i_L + i_{R2} = i_S$$
$$R_2 i_{R2} = u_C + R_1 i_{R1}$$

联立两式解出

$$i_{R1} = \frac{1}{R_1 + R_2}(-u_C - R_2 i_L + R_2 i_S)$$

$$i_{R2} = \frac{1}{R_1 + R_2}(u_C - R_1 i_L + R_1 i_S)$$

因此可得到状态方程为

$$\frac{\mathrm{d}u_C}{\mathrm{d}t} = -\frac{1}{C}(i_L + i_{R2}) = \frac{1}{(R_1 + R_2)C}(-u_C - R_2 i_L - R_1 i_S)$$

$$\frac{\mathrm{d}i_L}{\mathrm{d}t} = \frac{1}{L}(R_1 i_{R1} + u_C) = \frac{1}{(R_1 + R_2)L}(R_2 u_C - R_1 R_2 i_L + R_1 R_2 i_S)$$

写出矩阵形式为

$$\begin{bmatrix} \frac{\mathrm{d}u_C}{\mathrm{d}t} \\ \frac{\mathrm{d}i_L}{\mathrm{d}t} \end{bmatrix} = \frac{1}{R_1 + R_2}\begin{bmatrix} -\frac{1}{C} & -\frac{R_2}{C} \\ \frac{R_2}{L} & -\frac{R_1 R_2}{L} \end{bmatrix}\begin{bmatrix} u_C \\ i_L \end{bmatrix} + \frac{i_S}{R_1 + R_2}\begin{bmatrix} -\frac{R_1}{C} \\ \frac{R_1 R_2}{L} \end{bmatrix}$$

10.6.2 输出方程的建立

输出方程是用状态变量和输入激励函数表示电路网络的输出方程，其矩阵形式为

$$\boldsymbol{y} = \boldsymbol{C}\boldsymbol{x} + \boldsymbol{D}\boldsymbol{v} \tag{10-35}$$

若电路网络有 r 个输出函数，则 $\boldsymbol{y}$ 是 r 维的，前面已设 $\boldsymbol{x}$ 是 n 维的，$\boldsymbol{v}$ 是 m 维的，则 $\boldsymbol{C}$ 为 $r\times n$ 阶矩阵，$\boldsymbol{D}$ 为 $r\times m$ 阶矩阵。

输出方程的建立方法与状态方程相同，也有等效电源法、观察法、拓扑图法等。

【例 10-8】 电路如图 10-21（a）所示，分别用观察法和等效电源法列写电路网络的输出方程，输出量为 $i_1(t)$ 和 $u_2(t)$。

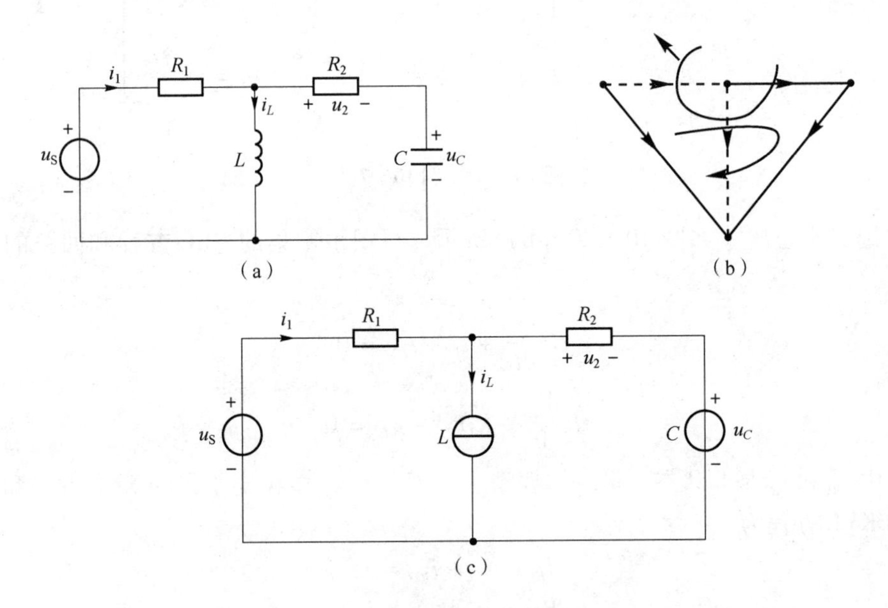

图 10-21 例 10-8 图

解：方法一：观察法。

选如图 10-21（b）所示的“常态树”，所求 i_1 支路为连支，u_2 支路为树支，列写图 10-21（b）中所示割集的 KCL 方程和回路的 KVL 方程分别为

$$\frac{u_2}{R_2} + i_L - i_1 = 0$$

$$R_1 i_1 + u_2 + u_C = u_S$$

联立上述两式，解出状态方程为

$$i_1 = \frac{-1}{R_1 + R_2}u_C + \frac{R_2}{R_1 + R_2}i_L + \frac{1}{R_1 + R_2}u_S$$

$$u_2 = -\frac{R_2}{R_1 + R_2}u_C - \frac{R_1 R_2}{R_1 + R_2}i_L + \frac{R_2}{R_1 + R_2}u_S$$

也可写出矩阵形式为

$$\begin{bmatrix} i_1 \\ u_2 \end{bmatrix} = \begin{bmatrix} \dfrac{-1}{R_1+R_2} & \dfrac{R_2}{R_1+R_2} \\ \dfrac{-R_2}{R_1+R_2} & \dfrac{-R_1R_2}{R_1+R_2} \end{bmatrix} \begin{bmatrix} u_C \\ i_L \end{bmatrix} + \begin{bmatrix} \dfrac{1}{R_1+R_2} \\ \dfrac{R_2}{R_1+R_2} \end{bmatrix} u_S$$

方法二：等效电源法。

将电容用电压源等效替代，将电感用电流源等效替代，得到如图 10－21（c）所示的纯电阻电路。根据 KCL 列写结点电流方程和根据 KVL 列写回路电压方程，计算结果与方法一相同。

10.7　线性网络矩阵方程的 MATLAB 辅助分析

MATLAB 是 Matrix Laboratory（矩阵实验室）的缩写，具有强大的矩阵处理功能。它以矩阵和向量为基本数据单元，具有丰富的矩阵操作和矩阵运算，电路网络的矩阵分析为计算机分析复杂网络提供了理论基础，而 MATLAB 的计算功能也使得分析复杂电路网络变得简单。

【例 10－9】　电路网络如图 10－22 所示，应用 MATLAB 辅助分析求解各支路电压、电流和功率。

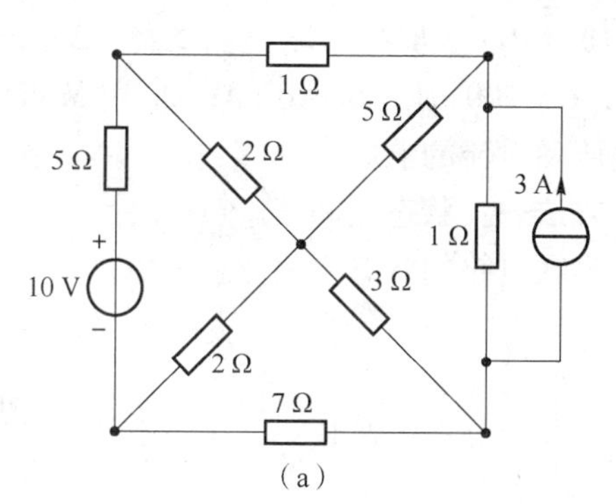

(a)

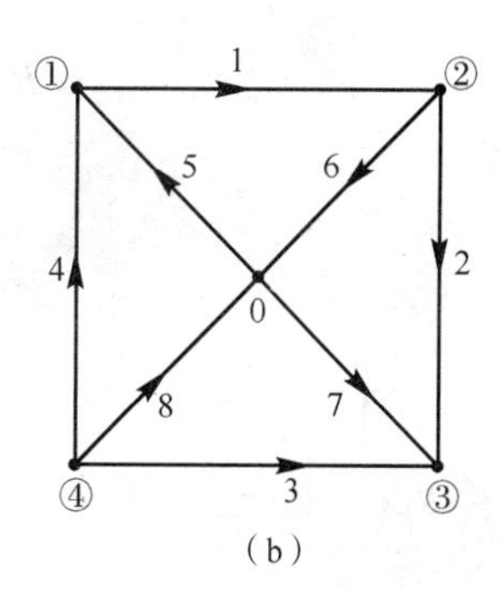

(b)

图 10－22　例 10－9 图

解：此题应用结点电压矩阵方程分析，程序如下：

```
A =[1 0 0 -1 -1 0 0 0;-1 1 0 0 0 -1 0 0;
    0 -1 -1 0 0 0 -1 0;0 0 1 1 0 0 0 1 ];      % 图10-24(b)中各结点割集
矩阵
Yb =[1 0 0 0 0 0 0 0;0 1 0 0 0 0 0 0;
     0 0 1/7 0 0 0 0 0;0 0 0 1/5 0 0 0 0;
     0 0 0 0 1/2 0 0 0;0 0 0 0 0 1/5 0 0;
     0 0 0 0 0 0 1/3 0;0 0 0 0 0 0 0 1/2];      % 对角导纳矩阵
 Us =[0 0 0 -10 0 0 0 0]';                     % 电压源矩阵
Is =[0 -3 0 0 0 0 0 0]';                       % 电流源矩阵
```

```
 Yn = A * Yb * (A');
Jn = A * ( - Is + Yb * Us);
 Un = inv(Yn) * Jn;
ub = (A') * Un                                    % 各支路电压
ib = + Is + (Yb * (ub - Us))                      % 各支路电流
pb = ub. * ib                                     % 各支路吸收功率
```

输出结果：

```
ub =                  ib =                 pb =
    0.1837                0.1837               0.0337
    2.8195               -0.1805              -0.5088
   -1.0677               -0.1525               0.1628
   -4.0709                1.1858              -4.8274
   -2.0043               -1.0021               2.0086
   -1.8206               -0.3641               0.6629
    0.9989                0.3330               0.3326
   -2.0666               -1.0333               2.1354
```

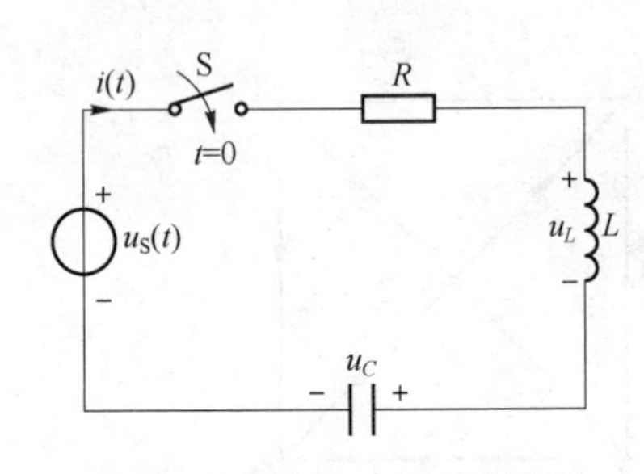

图 10－23　*RLC* 串联动态电路

【例 10－10】　*RLC* 串联电路如图 10－23 所示，设 $R=10\ \Omega$，$C=100\ \mu\text{F}$，$L=10\ \text{mH}$，应用 MATLAB 仿真分析电容电压和电流的响应。

解：方法一：状态空间法。

RLC 串联电路的状态空间方程为

$$\begin{bmatrix}\dfrac{\mathrm{d}u_C}{\mathrm{d}t}\\[2mm]\dfrac{\mathrm{d}i_L}{\mathrm{d}t}\end{bmatrix}=\begin{bmatrix}0 & \dfrac{1}{C}\\[2mm]-\dfrac{1}{L} & -\dfrac{R}{L}\end{bmatrix}\begin{bmatrix}u_C\\ i_L\end{bmatrix}+\begin{bmatrix}0\\ \dfrac{1}{L}\end{bmatrix}[u_S]=\boldsymbol{Ax}+\boldsymbol{Bv}$$

式中

$$\begin{bmatrix}0 & \dfrac{1}{C}\\[2mm]-\dfrac{1}{L} & -\dfrac{R}{L}\end{bmatrix}=\boldsymbol{A},\ \begin{bmatrix}0\\ \dfrac{1}{L}\end{bmatrix}=\boldsymbol{B}$$

输出方程为

$$y=u_C=[1\quad 0]x$$

程序如下：

```
>> A = [0 10000; -1000 -1000];
>> B = [0;1000];C = [1,0];D = 0;
>> [num,den] = ss2tf(A,B,C,D);
```

```
>> G =tf(num,den)
>> step(G)
```

运行结果：

```
Transferfunction:
2.274e -013 s + 1e007
--------------------
s^2 + 1000 s + 1e007
```

RLC 二阶电路的单位阶跃响应曲线如图 10 - 24 所示。

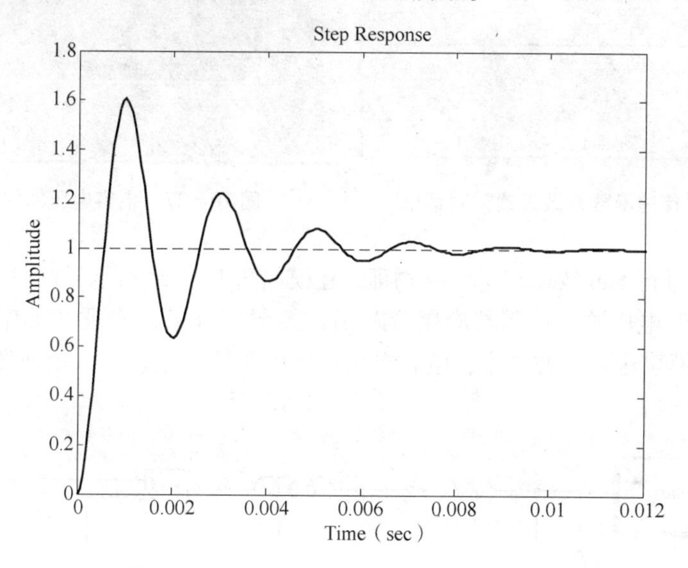

图 10 - 24 *RLC* 二阶电路的单位阶跃响应

以上仿真程序通过状态空间法得到了系统的传递函数，所以可以应用传递函数建模法求得响应结果。

方法二： 传递函数建模法。

仿真程序运行结果中，传递函数分子 s 一次项系数很小，可以忽略，于是得到传递函数为

$$G(s)=\frac{u_C(s)}{u_S(s)}=\frac{10^7}{s^2+10^3s+10^7}$$

打开 Simulink 软件，新建一个 Model 文件，建立如图 10 - 25 所示的传递函数仿真模型，双击 Transfer Fcn 图标，设置参数如图 10 - 26 所示，运行后示波器的显示结果如图 10 - 27 所示。

方法三： Sim Power Systems 建模法。

在 MATLAB 7.0 以上版本中，可以利用 Simulink \ Simscape \ Sim Power Systems 中的模块进行电路、电力电子、电机、电力传输等控制系统的物理级仿真，只需要把相应的电力电子元器件

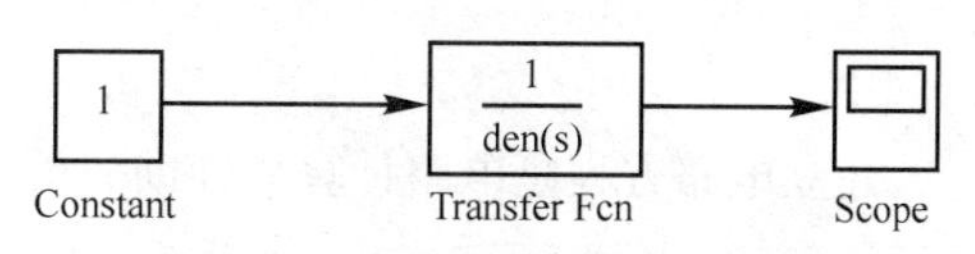

图 10 - 25 传递函数 Simulink 模型

或控制模块连接起来，设置好仿真参数，就可以得到类似真实电路中的有关实验数据，比采用 Simulink 模块进行的传递函数等仿真更接近真实实验。

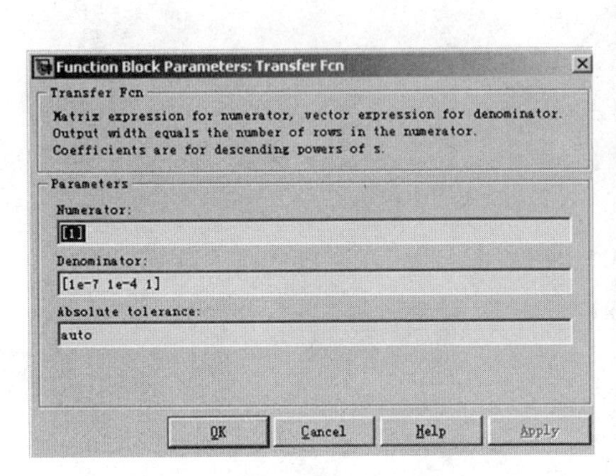

图 10－26 “传递函数参数设置”对话框

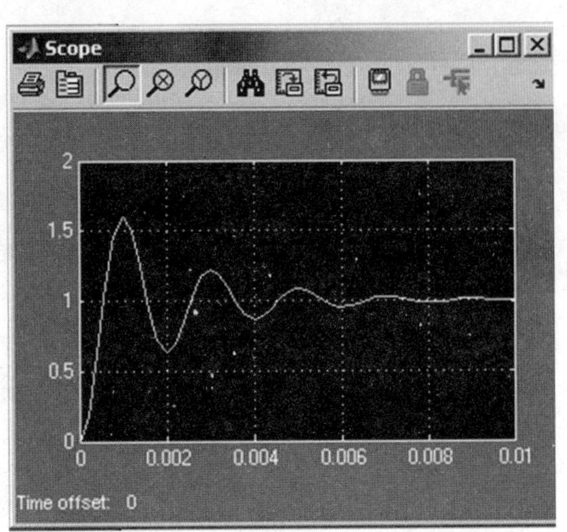

图 10－27 电容电压的单位阶跃响应

对图 10－23 进行 Sim Power Systems 物理级建模如图 10－28 所示，此时电源设为“DC100 V”，电源使用控制电压源，控制端应用阶跃函数控制其开通，实现开关作用，电路中的电流应用电流测试模块送入示波器中，电容电压应用电压测试模块送入示波器中，仿真显示基本与图 10－27 相似。

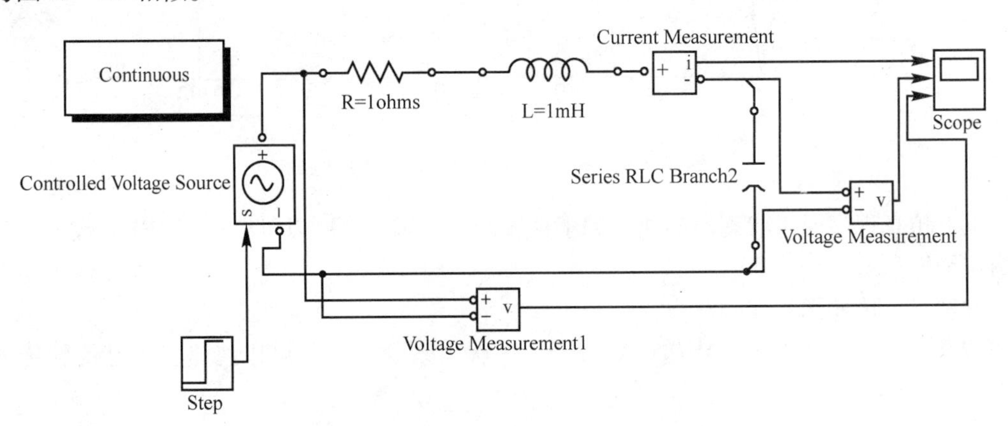

图 10－28 Sim Power Systems 电路模型图

10.8 应用实例

建立电路方程是电路计算机辅助分析法的关键，求解方程也是必不可少的环节。电路的稳态分析方程是线性代数方程组，如 $\dot{\boldsymbol{I}} = \boldsymbol{Y}(\dot{\boldsymbol{U}} + \dot{\boldsymbol{U}}_{\mathrm{S}}) - \dot{\boldsymbol{I}}_{\mathrm{S}}$；电路的暂态分析方程是状态方程，如 $\dot{\boldsymbol{x}} = \boldsymbol{A}\boldsymbol{x} + \boldsymbol{B}\boldsymbol{v}$。

10.8.1 线性代数方程组的数值解法

求解线性代数方程组的数值计算方法很多，如高斯消元法、LU 分解法、迭代法等。算法选择要考虑算法的精度、稳定性、计算时间、内存占用量等因素。高斯消去法是常用的算法。

设 n 维线性代数方程组为

$$\boldsymbol{A}\boldsymbol{x} = \boldsymbol{B} \tag{10-36}$$

求解这样的方程组最容易想到的方法是克莱姆法则求解，但应用该方法要计算（$n+1$）个 n 阶行列式，计算量大得惊人，如果用计算机计算也要消耗内存和时间。高斯消元法能够实现人工计算的简单化，当然计算机的计算量也大大降低，可以节省内存和计算时间。

1. 高斯消元法的原理

高斯消元法利用矩阵初等变换，将式（10－36）的系数矩阵 $\boldsymbol{A}$ 变换为下三角内元素全为零，主对角线元素全为1的矩阵，然后逐个计算 x_i。

首先，形成式（10－36）的增广矩阵，即

$$\bar{\boldsymbol{A}} = [\boldsymbol{A} \vdots \boldsymbol{B}] = \begin{bmatrix} a_{11} & a_{12} & \cdots & a_{1n} & \vdots & a_{1(n+1)} \\ a_{21} & a_{22} & \cdots & a_{2n} & \vdots & a_{2(n+1)} \\ \vdots & \vdots & & \vdots & & \vdots \\ a_{n1} & a_{n2} & \cdots & a_{nn} & \vdots & a_{n(n+1)} \end{bmatrix}$$

然后，对 $\boldsymbol{A}$ 进行 n 次初等变换，即由 $\bar{\boldsymbol{A}} \to \bar{\boldsymbol{A}}^{(1)} \cdots \to \bar{\boldsymbol{A}}^{(k)} \cdots \to \bar{\boldsymbol{A}}^{(n)}$，得

$$\bar{\boldsymbol{A}}^{(n)} = \begin{bmatrix} 1 & a_{12}^{(n)} & \cdots & a_{1n}^{(n)} & \vdots & a_{1(n+1)}^{(n)} \\ 0 & 1 & \cdots & a_{2n}^{(n)} & \vdots & a_{2(n+1)}^{(n)} \\ \vdots & \vdots & & \vdots & & \vdots \\ 0 & 0 & \cdots & 1 & \vdots & a_{n(n+1)}^{(n)} \end{bmatrix}$$

该过程的第 k 次变换，又分为归一计算和消元计算两步。归一计算的目标是将第 k 行主对角线元素变为1，消元计算的目标是将第 k 列主对角线元素以下的所有元素变为0。计算公式为

归一计算：$a_{kj}^{(k)} = a_{kj}^{(k-1)} / a_{kk}^{(k-1)} \qquad k = 1,2,\cdots,n, j = k+1, k+2, \cdots n+1$

消元计算：$a_{kj}^{(k)} = a_{ij}^{(k-1)} - a_{ik}^{(k-1)} a_{kj}^{(k)} \quad j = k+1, k+2, \cdots n+1, i = k+1, k+2, \cdots n$

最后，分 n 次逐个计算变量，称为回代过程。计算公式为

$$x_k = a_{n(n+1)}^{(n)} - \sum_{j=k+1}^{n} a_{kj}^{(n)} x_j \quad k = n, n-1, \cdots, 1$$

【例 10－11】 用高斯消元法求解 $\begin{bmatrix} 2 & 3 & 1 \\ 1 & 5 & 2 \\ 3 & 4 & 5 \end{bmatrix} \begin{bmatrix} x_1 \\ x_2 \\ x_3 \end{bmatrix} = \begin{bmatrix} 16 \\ 23 \\ 33 \end{bmatrix}$。

解：增广矩阵为

$$\bar{A}=\left[\begin{array}{ccc:c}2&3&1&16\\1&5&2&23\\3&4&5&33\end{array}\right]$$

① 第1次消去：

归一计算：第1行各元素除以 a_{11}，得

$$\left[\begin{array}{ccc:c}1&\frac{3}{2}&\frac{1}{2}&8\\1&5&2&23\\3&4&5&33\end{array}\right]$$

消元计算：将下三角的第1列元素变为0，得

$$\bar{A}^{(1)}=\left[\begin{array}{ccc:c}1&\frac{3}{2}&\frac{1}{2}&8\\0&\frac{7}{2}&\frac{3}{2}&15\\0&-\frac{1}{2}&\frac{7}{2}&9\end{array}\right]$$

② 第2次消去：

归一计算：第2行各元素除以 $a_{22}^{(1)}$，得

$$\left[\begin{array}{ccc:c}1&\frac{3}{2}&\frac{1}{2}&8\\0&1&\frac{3}{7}&\frac{30}{7}\\0&-\frac{1}{2}&\frac{7}{2}&9\end{array}\right]$$

消元计算：将下三角的第2列元素变为0，得

$$\bar{A}^{(2)}=\left[\begin{array}{cccc}1&\frac{3}{2}&\frac{1}{2}&8\\0&1&\frac{3}{7}&\frac{30}{7}\\0&0&\frac{26}{7}&\frac{78}{7}\end{array}\right]$$

③ 第3次消去

归一计算：第3行各元素除以 $a_{33}^{(2)}$，得

$$\bar{A}^{(3)}=\left[\begin{array}{ccc:c}1&\frac{3}{2}&\frac{1}{2}&8\\0&1&\frac{3}{7}&\frac{30}{7}\\0&0&1&3\end{array}\right]$$

第1次回代，从第3行得

$$x_3=3$$

第 2 次回代，从第 2 行得

$$x_2 = \frac{30}{7} - \frac{9}{7}x_3 = 3$$

第 3 次回代，从第 1 行得

$$x_1 = 8 - \frac{3}{2}x_2 - \frac{1}{2}x_3 = 2$$

2. 主元高斯消元法

在高斯消元法的归一计算中，总是以 $a_{kk}^{(k-1)}$ 为分母，当 $a_{kk}^{(k-1)}$ 的绝对值太小时，会产生很大的舍入误差，导致结果不可靠。选用绝对值最大的元素（称为主元）作为归一计算时的分母来克服此问题，称为主元高斯消元法。主元有列主元和全主元之分，列主元消元法是在本列剩余元素中选择主元，全主元消元法是在 剩余的系数矩阵中选择主元。

【例 10-12】 用列主元高斯消元法求解例 10-11 中的线性代数方程组。

解：增广矩阵为

$$\bar{\boldsymbol{A}} = \left[\begin{array}{ccc:c} 2 & 3 & 1 & 16 \\ 1 & 5 & 2 & 23 \\ 3 & 4 & 5 & 33 \end{array}\right]$$

① 第 1 次消去

由于第 1 列最大的元素 $a_{31} = 3$ 是主元，因此将第 1 行和第 3 行对调，得

$$\bar{A} = \left[\begin{array}{ccc:c} 3 & 4 & 5 & 33 \\ 1 & 5 & 2 & 23 \\ 2 & 3 & 1 & 16 \end{array}\right]$$

归一化计算：$\left[\begin{array}{ccc:c} 1 & \frac{4}{3} & \frac{5}{3} & 11 \\ 1 & 5 & 2 & 23 \\ 2 & 3 & 1 & 16 \end{array}\right]$

消元计算：$\bar{\boldsymbol{A}}^{(1)} = \left[\begin{array}{ccc:c} 1 & \frac{4}{3} & \frac{5}{3} & 11 \\ 0 & \frac{11}{3} & \frac{1}{3} & 12 \\ 0 & \frac{1}{3} & -\frac{7}{3} & -6 \end{array}\right]$

② 第 2 次消去

第 2 列最大元素 $a_{22}^{(1)} = \frac{11}{3}$ 是主元，不用对调。

归一化计算：$\left[\begin{array}{ccc:c} 1 & \frac{4}{3} & \frac{5}{3} & 11 \\ 0 & 1 & \frac{1}{11} & \frac{36}{11} \\ 0 & \frac{1}{3} & -\frac{7}{3} & -6 \end{array}\right]$

$$\text{消元计算}:\bar{A}^{(2)}=\left[\begin{array}{ccc:c}1 & \frac{4}{3} & \frac{5}{3} & 11\\ 0 & 1 & \frac{1}{11} & \frac{36}{11}\\ 0 & 0 & -\frac{78}{33} & -\frac{78}{11}\end{array}\right]$$

$$\text{归一化计算}:\bar{A}^{(2)}=\left[\begin{array}{ccc:c}1 & \frac{4}{3} & \frac{5}{3} & 11\\ 0 & 1 & \frac{1}{11} & \frac{36}{11}\\ 0 & 0 & 1 & 3\end{array}\right]$$

第 1 次回代，从第 3 行得

$$x_3=3$$

第 2 次回代，从第 2 行得

$$x_2=\frac{36}{11}-\frac{1}{11}x_3=3$$

第 3 次回代，从第 1 行得

$$x_1=11-\frac{4}{3}x_2-\frac{5}{3}x_3=2$$

10.8.2 状态方程的复频域解法

电路网络的状态方程列出之后，值的求解是非常必要的。状态方程的求解有时域法、复频域法和数值解法，这几种方法相比较，复频域解法计算较为简单，以下介绍复频域解法。

1. 齐次方程的解

状态方程 $\dot{\boldsymbol{x}}(t)=\boldsymbol{A}\boldsymbol{x}(t)$ 称为齐次状态方程，取拉普拉斯变换后，为

$$s\boldsymbol{X}(s)=\boldsymbol{A}\boldsymbol{X}(s)+\boldsymbol{x}(0)$$

整理方程，得

$$(s\boldsymbol{I}-\boldsymbol{A})\boldsymbol{X}(s)=\boldsymbol{x}(0)$$

进行拉氏反变换，得

$$x(t)=\mathscr{L}^{-1}[(s\boldsymbol{I}-A)^{-1}]x(0)$$

【例 10－13】 设系统状态方程为 $\begin{bmatrix}\dot{x}_1(t)\\ \dot{x}_2(t)\end{bmatrix}=\begin{bmatrix}0 & 1\\ -2 & -3\end{bmatrix}\begin{bmatrix}x_1(t)\\ x_2(t)\end{bmatrix}$，试求状态方程的解。

解：用拉氏变换求解

$$s\boldsymbol{I}-\boldsymbol{A}=\begin{bmatrix}s & 0\\ 0 & s\end{bmatrix}-\begin{bmatrix}0 & 1\\ -2 & -3\end{bmatrix}=\begin{bmatrix}s & -1\\ 2 & s+3\end{bmatrix}$$

$$(s\boldsymbol{I}-\boldsymbol{A})^{-1}=\frac{\operatorname{adj}(s\boldsymbol{I}-\boldsymbol{A})}{|s\boldsymbol{I}-\boldsymbol{A}|}=\frac{1}{(s+1)(s+2)}\begin{bmatrix}s+3 & 1\\ -2 & s\end{bmatrix}=\begin{bmatrix}\frac{2}{s+1}-\frac{1}{s+2} & \frac{1}{s+1}-\frac{1}{s+2}\\ \frac{-2}{s+1}+\frac{2}{s+2} & \frac{-1}{s+1}+\frac{2}{s+2}\end{bmatrix}$$

$\boldsymbol{\Phi}(t)=\mathscr{L}^{-1}[(s\boldsymbol{I}-\boldsymbol{A})^{-1}]$ 称为状态转移矩阵，故 $\boldsymbol{\Phi}(t)$ 为

$$\boldsymbol{\Phi}(t)=\begin{bmatrix}2e^{-t}-e^{-2t} & e^{-t}-e^{-2t}\\ -2e^{-t}+2e^{-2t} & -e^{-t}+2e^{-2t}\end{bmatrix}$$

状态方程的解为

$$\begin{bmatrix}x_1(t)\\ x_2(t)\end{bmatrix}=\boldsymbol{\Phi}(t)\begin{bmatrix}x_1(0)\\ x_2(0)\end{bmatrix}=\begin{bmatrix}2e^{-t}-e^{-2t} & e^{-t}-e^{-2t}\\ -2e^{-t}+2e^{-2t} & -e^{-t}+2e^{-2t}\end{bmatrix}\begin{bmatrix}x_1(0)\\ x_2(0)\end{bmatrix}$$

2. 非齐次状态方程的解

状态方程 $\dot{\boldsymbol{x}}(t)=\boldsymbol{A}\boldsymbol{x}(t)+\boldsymbol{B}\boldsymbol{u}(t)$ 称为非齐次状态方程，取拉普拉斯变换，得

$$s\boldsymbol{X}(s)-\boldsymbol{x}(0)=\boldsymbol{A}\boldsymbol{X}(s)+\boldsymbol{B}\boldsymbol{U}(s)$$

整理方程，得

$$(s\boldsymbol{I}-\boldsymbol{A})\boldsymbol{X}(s)=\boldsymbol{x}(0)+\boldsymbol{B}\boldsymbol{U}(s)$$

进行拉氏反变换，有

$$\boldsymbol{x}(t)=\mathscr{L}^{-1}[(s\boldsymbol{I}-\boldsymbol{A})^{-1}]\boldsymbol{x}(0)+\mathscr{L}^{-1}[(s\boldsymbol{I}-\boldsymbol{A})^{-1}\boldsymbol{B}\boldsymbol{U}(s)] \tag{10-37}$$

式（10-37）中第一项与初始状态有关，称为零输入响应，第二项与输入激励有关，称为零状态响应。

拉氏变换卷积定理为

$$\mathscr{L}^{-1}[F_1(s)F_2(s)]=\int_0^\tau f_1(t-\tau)f_2(\tau)\mathrm{d}\tau=\int_0^\tau f_1(\tau)f_2(t-\tau)\mathrm{d}\tau$$

式（10-37）可以表示为

$$\boldsymbol{x}(t)=\boldsymbol{\Phi}(t)\boldsymbol{x}(0)+\int_0^t\boldsymbol{\Phi}(\tau)\boldsymbol{B}\boldsymbol{u}(t-\tau)\mathrm{d}\tau \tag{10-38}$$

【例 10-14】 设系统状态方程为 $\begin{bmatrix}\dot{x}_1(t)\\ \dot{x}_2(t)\end{bmatrix}=\begin{bmatrix}0 & 1\\ -2 & -3\end{bmatrix}\begin{bmatrix}x_1(t)\\ x_2(t)\end{bmatrix}+\begin{bmatrix}0\\ 1\end{bmatrix}u$，且 $\boldsymbol{x}(0)=[x_1(0)\quad x_2(0)]^{\mathrm{T}}$。试求在 $u(t)=\varepsilon(t)$ 作用下状态方程的解。

解：由于 $u(t)=1, u(t-\tau)=1$，根据式（10-40）可得

$$\boldsymbol{x}(t)=\boldsymbol{\Phi}(t)\boldsymbol{x}(0)+\int_0^t\boldsymbol{\Phi}(\tau)\boldsymbol{B}\mathrm{d}\tau$$

由例 10-13 已求得

$$\boldsymbol{\Phi}(t)=\begin{bmatrix}2e^{-t}-e^{-2t} & e^{-t}-e^{-2t}\\ -2e^{-t}+2e^{-2t} & -e^{-t}+2e^{-2t}\end{bmatrix}$$

$$\int_0^t\boldsymbol{\Phi}(\tau)\boldsymbol{B}\mathrm{d}\tau=\int_0^t\begin{bmatrix}e^{-\tau}-e^{-2\tau}\\ -e^{-\tau}+2e^{-2\tau}\end{bmatrix}\mathrm{d}\tau=\begin{bmatrix}-e^{-\tau}+\frac{1}{2}e^{-2\tau}\\ e^{-\tau}-e^{-2\tau}\end{bmatrix}_0^\tau=\begin{bmatrix}-e^{-t}+\frac{1}{2}e^{-2t}+\frac{1}{2}\\ e^{-t}-e^{-2t}\end{bmatrix}$$

所以状态方程的解为

$$\boldsymbol{x}(t)=\begin{bmatrix}x_1(t)\\ x_2(t)\end{bmatrix}=\begin{bmatrix}2e^{-t}-e^{-2t} & e^{-t}-e^{-2t}\\ -2e^{-t}+2e^{-2t} & -e^{-t}+2e^{-2t}\end{bmatrix}\begin{bmatrix}x_1(0)\\ x_2(0)\end{bmatrix}+\begin{bmatrix}-e^{-t}+\frac{1}{2}e^{-2t}+\frac{1}{2}\\ e^{-t}-e^{-2t}\end{bmatrix}$$

习　题

10-1　写出题图 10-1 所示有向图的关联矩阵 $\boldsymbol{A}_a$ 及以结点 d 为参考点的降阶关联矩阵 $\boldsymbol{A}$。

10-2　对于题图 10-1 所示的有向图，若选择支路 1、2、3 为树，试写出基本回路矩阵 $\boldsymbol{B}_\mathrm{f}$。

10-3　对于题图 10-1 所示的有向图，若选择支路 1、2、3 为树，试写出基本割集矩阵 $\boldsymbol{Q}_\mathrm{f}$。

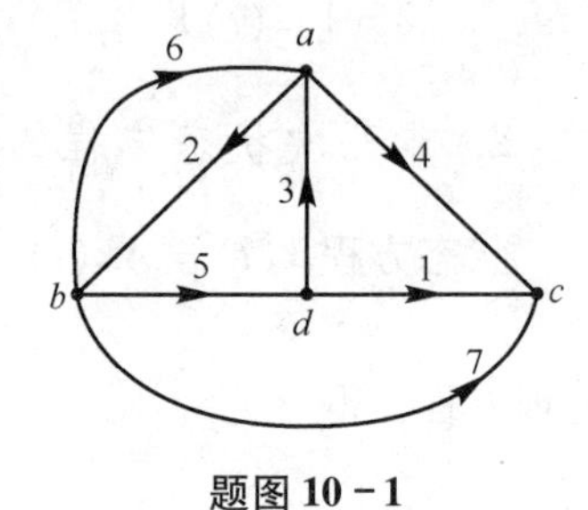

题图 10-1

10-4　已知某电路的基本回路矩阵为

$$\boldsymbol{B}_\mathrm{f}=\begin{bmatrix}1 & 0 & 0 & 1 & -1 & 1\\ 0 & 1 & 0 & 1 & 0 & 1\\ 0 & 0 & 1 & 0 & -1 & 1\end{bmatrix}$$

试画出电路的有向图，并求此电路的基本割集矩阵 $\boldsymbol{Q}_\mathrm{f}$。

10-5　已知某电路的基本割集矩阵为

$$\boldsymbol{Q}_\mathrm{f}=\begin{bmatrix}-1 & 1 & 0 & 0 & -1 & -1\\ -1 & 0 & 1 & 0 & 0 & -1\\ 0 & 0 & 0 & 1 & 1 & 1\end{bmatrix}$$

试写出其对应的基本回路矩阵 $\boldsymbol{B}_\mathrm{f}$。

10-6　电路及有向图如题图 10-2 所示，选支路 {4、5、6} 为树，试写出此电路的回路电流方程的矩阵形式（选取单连支回路作为独立回路）。

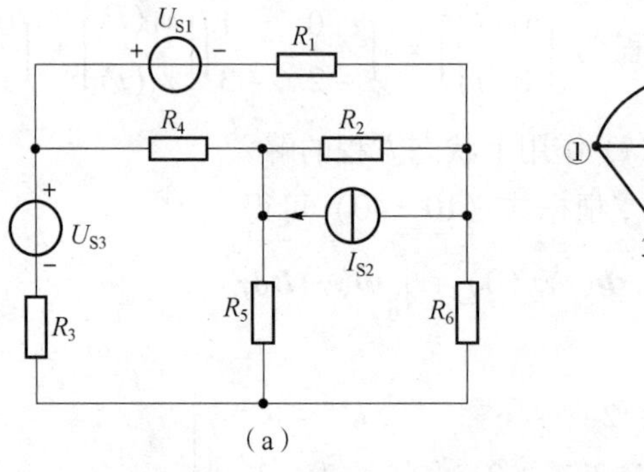

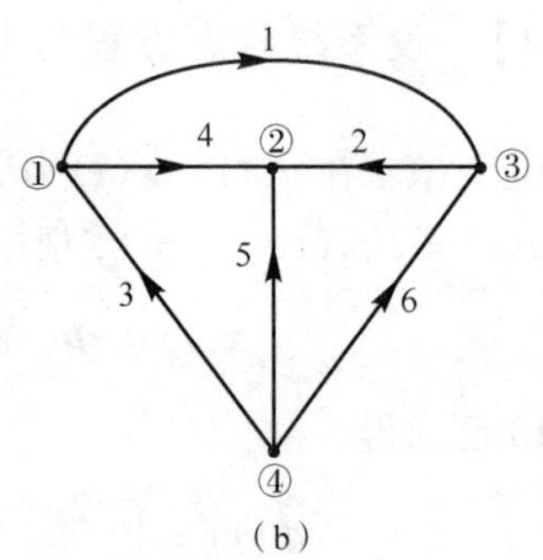

题图 10-2

10-7　电路及有向图如题图 10-2 所示，选结点④为参考结点，试列出电路结点电压方程的矩阵形式。

10-8　正弦交流电路及其拓扑图如题图 10-3 所示，电源角频率为 ω。

（1）写出关联矩阵 $\boldsymbol{A}$；

（2）求此电路的结点导纳矩阵 $\boldsymbol{Y}_n$；

（3）写出支路电流列向量 $\dot{\boldsymbol{I}}_\mathrm{S}$ 和电压源列向量 $\dot{\boldsymbol{U}}_\mathrm{S}$；

（4）写出该电路的结点电压方程的矩阵形式。

10－9　对题图 10－3 所示正弦交流电路，电源角频率为 ω，选支路集 {1，4，6} 为树，写出该电路的回路电流矩阵方程和割集电压矩阵方程。

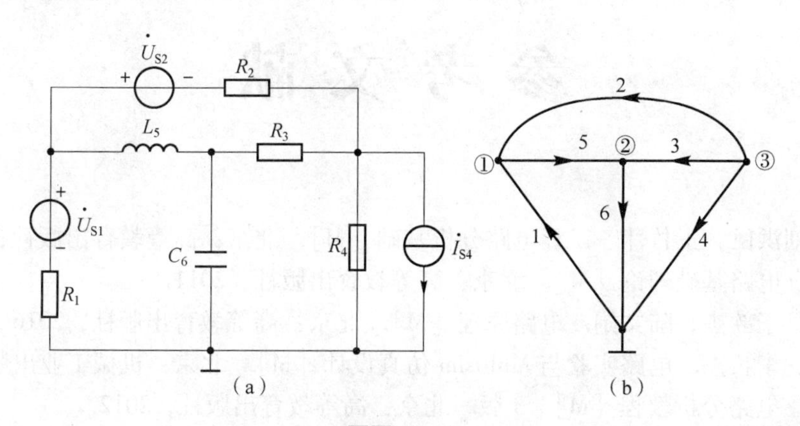

题图 10－3

10－10　对题图 10－4 所示电路，试写出结点分析法和网孔分析法求各元件的电流，可以应用 MATLAB 辅助计算矩阵。

10－11　试列写题图 10－5 所示电路的状态方程的矩阵形式。

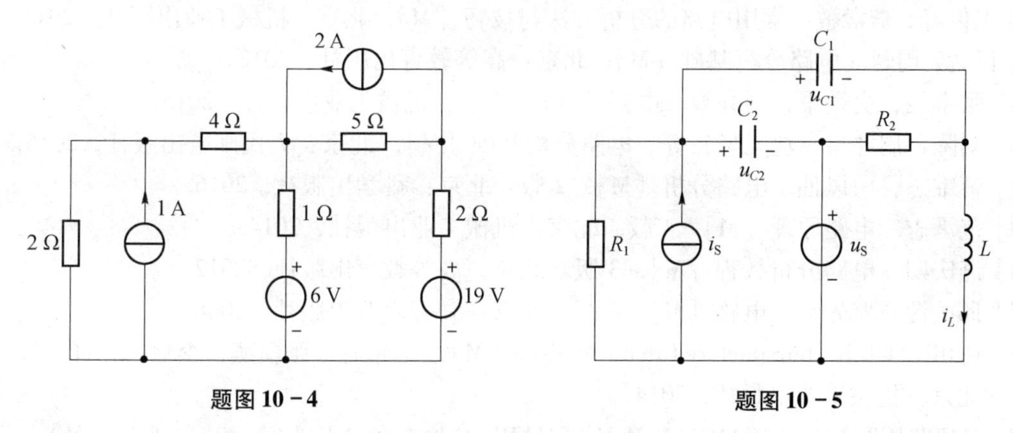

题图 10－4　　　　　　题图 10－5

10－12　试列写题图 10－6 所示电路的状态方程。

10－13　列出题图 10－7 所示电路的状态方程。选结点①和②的结点电压为输出量，写出输出方程。

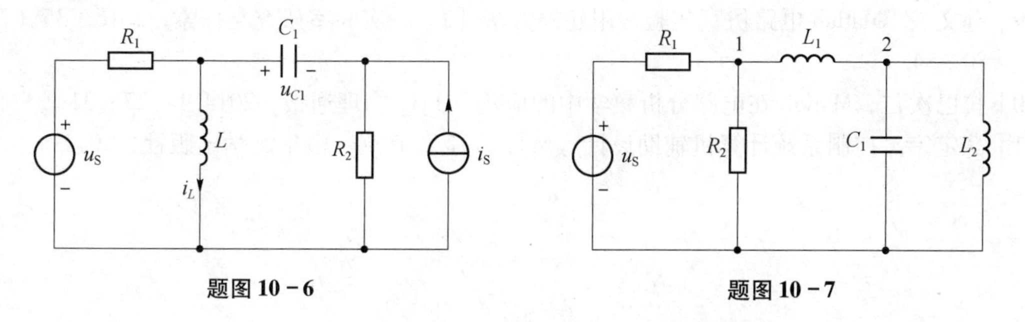

题图 10－6　　　　　　题图 10－7

参 考 文 献

[1] 齐超，刘洪臣，王竹萍．工程电路分析基础［M］．北京：高等教育出版社，2016.
[2] 孙雨耕．电路基础理论［M］．北京：高等教育出版社，2011.
[3] 朱桂萍，于歆杰，陆文娟．电路原理［M］．北京：高等教育出版社，2016.
[4] 陈晓平，李长杰．电路实验与 Multisim 仿真设计［M］．北京：机械工业出版社，2017.
[5] 燕庆明．电路分析教程［M］．3 版．北京：高等教育出版社，2012.
[6] 张永瑞，周永金，张双琦．电路分析—基础理论与实用技术［M］．2 版．西安：西安电子科技大学出版社，2011.
[7] THOMAS L F, DAVID M B（美）．交直流电路基础：系统方法［M］．殷瑞祥，殷粤捷，译．北京：机械工业出版社，2014.
[8] 王俊峰，李素敏．常用电路的分析方法与技巧［M］．北京：机械工业出版社，2011.
[9] 巨辉，周蓉．电路分析基础［M］．北京：高等教育出版社，2012.
[10] 张宇飞，史学军，周井泉．电路［M］．北京：机械工业出版社，2015.
[11] 刘陈，周井泉，沈元隆，等．电路分析基础［M］．北京：人民邮电出版社，2015.
[12] 董维杰，白凤仙．电路分析［M］．2 版．北京：科学出版社，2016.
[13] 范承志．电路原理［M］．4 版．北京：机械工业出版社，2014.
[14] 燕庆明．电路分析教程［M］．3 版．北京：高等教育出版社，2012.
[15] 邱关源，罗先觉．电路［M］．5 版．北京：高等教育出版社，2006.
[16] ROBERT L B. Introductory Circuit Analysis [M]．陈希有，张新燕，李冠林，译．12 版．北京：机械工业出版社，2014.
[17] MATTHEW N O S, SARHAN M M, CHARLES K A. Applied Circuit Analysis［M］．苏育挺，王建，张承乾，等译．北京：机械工业出版社，2014.
[18] CHARLES K A, MATTHEW N O S. Fundamentals of Electric Circuits［M］．段哲民，周巍，李宏等译．5 版．北京：机械工业出版社，2017.
[19] 孙文杰．Matlab 电路仿真实验常用建模方法［J］．实验室研究与探索，2016．35（7）：80－84.
[20] 拉巴次仁，Matlab 在电路分析教学中的应用［J］．物理通报，2014. 1：27－31.
[21] 薛定宇．控制系统计算机辅助设计［M］．3 版．北京：清华大学出版社，2012.